普通高等教育“十二五”规划教材

现代电工电子技术

第2版

主编　申永山　高有华
参编　龚淑秋　李忠波　袁　宏

机械工业出版社

本书是根据教育部电工学课程指导小组拟订的非电类电工、电子技术系列课程教学基本要求编写的，由电路分析基础、模拟电子技术、数学电子技术三大部分组成，内容包括：电路的基本概念与定律、电路分析方法、线性电路的暂态分析、正弦交流电路、三相交流电路、变压器、常用半导体器件、基本放大电路、集成运算放大电路、直流稳压电源、逻辑函数及其化简、门电路与组合逻辑电路、触发器与时序逻辑电路。

本书把先进的现代工具软件电子设计自动化（EDA）技术渗透到各章节，可以对分析、设计和研究方法等实现实例仿真。本书有配套的多媒体 CAI 课件。

本书可供高等理工科院校非电类本、专科的机械类、材料类、经济类、管理类、化工类、土建类、机电一体化类、计算机类等有关专业教学使用，也可作为夜大、电大、函授等成人大学及从事与电工电子相关的工程技术人员的培训教材和自修教材。

（本书编辑邮箱：jinacmp@ vip. 163. com）

图书在版编目（CIP）数据

现代电工电子技术/申永山，高有华主编．—2 版．—北京：机械工业出版社，2014. 7（2023. 1 重印）
普通高等教育“十二五”规划教材
ISBN 978-7-111-46059-6

Ⅰ. ①现…　Ⅱ. ①申…②高…　Ⅲ. ①电工技术 - 高等学校 - 教材②电子技术 - 高等学校 - 教材　Ⅳ. ①TM②TN

中国版本图书馆 CIP 数据核字（2014）第 040374 号

机械工业出版社（北京市百万庄大街 22 号　邮政编码 100037）
策划编辑：贡克勤　责任编辑：贡克勤　吉　玲
版式设计：常天培　责任校对：陈延翔
封面设计：马精明　责任印制：常天培
北京机工印刷厂有限公司印刷
2023 年 1 月第 2 版第 6 次印刷
184mm × 260mm · 21 印张 · 510 千字
标准书号：ISBN 978-7-111-46059-6
定价：43. 80 元

电话服务　　　　　　　　　网络服务
客服电话：010-88361066　　机　工　官　网：www. cmpbook. com
　　　　　010-88379833　　机　工　官　博：weibo. com/cmp1952
　　　　　010-68326294　　金　　书　　网：www. golden-book. com
封底无防伪标均为盗版　　机工教育服务网：www. cmpedu. com

第2版前言

本书自2007年1月出版发行以来，得到了各兄弟院校和广大读者的支持与关爱，历时7年，多次重印，已成为辽宁省精品课——电工学课程的实用教材。为了使该教材在论述的科学性、内容的合理性等方面更能适应高等教育迅速发展的需要以及高等理工科院校对电工电子技术课程深化教学改革的要求，编者在广泛吸收读者意见和建议的基础上进行修订。本次修订是在第1版基础上的总结和提高，在内容上做了精选、改写、调整和补充。

本次修订将深化电工电子技术课程的教学体系、教学内容、教学方法及教学手段等方面的改革，更加方便广大读者的学习和使用。

修订后的《现代电工电子技术》由原来的15章变为13章，结构紧凑。电路分析基础部分，调整了第3章线性电路的暂态分析的章节次序，并增加了第6章变压器。模拟电子技术部分，对第7章常用半导体器件的内容做了改动，更加直观和利于自修；第8章基本放大电路，增加了功率放大电路的内容；精简了反馈与振荡电路这一章内容，将其章节的部分内容并入第9章集成运算放大器中；第10章直流稳压电源增加了晶闸管和可控整流电路的内容，将整流电路由弱电的电子技术扩展到强电的电力电子技术。由于本课程的学时所限，数字电子技术部分，去掉了平时很少讲到的D-A与A-D转换器和半导体存储器与可编程逻辑部件这两章。

修订后的《现代电工电子技术》，对全书的例题及每节后的练习与思考和章后的习题做了必要的改动和增减，力求题型的多样化和难度的层次性。

本书是编者在多年教学实践中，经过多个教学过程，对课程体系、内容及教学方法和手段不断研究和总结，并广泛吸取兄弟院校有关教师的意见和建议编写的。本书共分3篇13章，可供56~80学时教学使用，书中带“*”号的内容，可根据专业和学时的情况进行取舍。电路分析基础篇（1~6章）可供20~30学时教学使用。模拟电子技术篇（7~10章）可供18~26学时教学使用。数字电子技术篇（11~13章）可供16~22学时教学使用。

本书由沈阳工业大学申永山（编写第5、6、8、10章）和高有华（编写第2、4、11、12章）担任主编。龚淑秋编写第1、3、9章，李忠波编写第13章和附录，袁宏编写第7章。

本书有配套的《电工技术试题题型精选汇编》《电子技术试题题型精选汇编》和《电工电子技术实验及课程设计》等系列教材，可供高等理工科院校本科、专科的机械类、材料类、化工类、建筑类、经济类、管理类、机电一体化类、计算机类等有关专业教学使用，也可作为夜大、电大、函授等成人大学及从事与电工电子技术相关工作的工程技术人员的培训和自修教材。

由于编者学识有限，本书难免有不妥和错误之处，恳请使用本书的读者提出批评指正。

编　者

第1版前言

本书是根据国家教育部电工学课程教学指导组拟定的电工电子技术课程教学基本要求和面向21世纪人才培养目标而编写的，是辽宁省2005年教学成果二等奖非电类理工科电工电子课程模块教学改革的研究与实践项目的一项研究成果，也是辽宁省精品课推出的精品教材。

本书是非电类专业的技术基础教程。通过本课程的学习，应使学生得到电工电子技术必要的基础理论、基本知识和基本技能，了解电工电子技术发展的概况，为培养学生工程实践素质、学习后续课程、从事有关的工程技术和科学研究工作打好理论和实践基础。

本书立足于电工电子课程教学的现代化，特点是内容及时反映科学技术发展的新成果；科学的模块教材体系；先进的教学手段；现代的分析、设计与研究方法，体现在以下几个方面：

1. 为适应新技术发展和教育教学改革的需要，本书在保证电工电子技术基础内容的前提下，加强了模拟集成电路和中、大规模数字集成电路的介绍、分析和应用。

2. 电工技术部分加强了基础理论、基本知识和基本技能的内容。删掉专业性较强的内容，如铁心线圈、变压器、电动机、电动机控制等内容，使这部分内容有更广泛的适应性。

3. 模拟电子技术部分分立元件内容更简练，方法更简捷，重点放在集成运算放大电路的分析和应用上。在直流稳压电源部分对电力电子技术的新发展作了概要介绍。

4. 数字电子技术部分充实了最新的数字电子器件和数字电子技术内容，加强了中、大、超大规模数字集成电路（MSI、LSI、VLSI）在组合逻辑电路和数字逻辑电路中的应用内容，例如，A-D和D-A转换器、CC7555型555定时器、可编程逻辑器件（PLD）等的分析和应用。

5. 本教材把先进的现代工具软件电子设计自动化（EDA）技术渗透到各章、节，使分析、设计和研究方法实现现代化，是对传统经典方法的补充和提升。

6. 与本教材配套的多媒体CAI课件是作者多年辛勤劳动的结晶，其中除了有系统的核心内容，还有大量的选择题（包括答案）和例题以及实际应用题的详解，便于多媒体教学和学生自学，可提高课堂教学的效率和效果。

7. 书中带*号内容属于加宽、加深内容，可由教师根据专业特点和学时多少决定取舍。为便于教学和学生自学，书中还编写了练习与思考、例题和习题。为使学生掌握先进的分析、设计工具，促进教学现代化，大部分章节后有利用电子设计自动化（EDA）软件对教学内容进行分析、研究和设计的作业题。在《电工技术试题题型精选汇编》和《电子技术试题题型精选汇编》中有相关的引导性例题。

求新的内容和体系、现代的分析、设计方法和先进的教学手段、配套的系列教学参考书，必然提高读者的认知能力、分析与解决实际问题的能力和创新能力。书中个别图因软件仿真结果，故其中图形、文字符号不作改动。

本书是编者在多年教学实践中，经过多个教学过程，对课程体系、内容及教学方法和手段不断研究和总结，并广泛吸取兄弟院校有关教师的意见和建议的基础上编写的。本书共分

3篇15章，可供56~80学时教学使用。电路分析基础篇（第1~5章）可供20~26学时教学使用。模拟电子技术篇（第6~10章）可供18~26学时教学使用。数字电子技术篇（第11~15章）可供18~28学时教学使用。

本书由沈阳工业大学申永山老师（编写第4、10章）和李忠波教授（编写第3、9、13、14、15章和附录）主编。沈阳工业大学袁宏教授编写第1、6、7章，高有华编写第2、11、12章，龚淑秋编写第5、8章。曹承志教授对本书原稿进行了仔细审阅，提出许多修改意见，在此深表谢意。

本教材有配套的《电工技术试题题型精选汇编》、《电子技术试题题型精选汇编》等系列教材。可供高等理工科院校大学本科、专科机械类、材料类、化工类、建筑类、经济类、管理类、机电一体化类、计算机科学类等有关专业教学使用。也可供从事与电工电子相关工作的工程技术人员参考。

由于编者学识有限，本书难免有不妥和错误之处，恳请使用本书的读者提出批评指正。

编　者

目　录

第 2 版前言
第 1 版前言

第 1 篇　电路分析基础

第 1 章　电路的基本概念与定律 …… 1
1.1　电路与电路模型 …… 1
1.2　电路的基本物理量及其参考方向 …… 2
1.3　电阻、电感和电容元件特性 …… 5
1.4　电压源和电流源 …… 9
1.5　基尔霍夫定律 …… 11
1.6　电功率的计算 …… 14
1.7　电位的计算与仿真分析 …… 16
小结 …… 18
习题 …… 18
第 2 章　电路分析方法 …… 21
2.1　电源等效变换法 …… 21
2.2　支路电流法 …… 24
2.3　弥尔曼定理 …… 26
2.4　叠加原理 …… 28
2.5　戴维南定理 …… 29
2.6　直流电路的仿真分析 …… 32
小结 …… 35
习题 …… 36
第 3 章　线性电路的暂态分析 …… 39
3.1　换路定律与初始值的确定 …… 39
3.2　*RC* 电路的时域分析 …… 42
3.3　一阶电路暂态分析的三要素法 …… 47
3.4　*RC* 积分电路与微分电路 …… 49
小结 …… 52
习题 …… 53
第 4 章　正弦交流电路 …… 56
4.1　正弦交流电的基本概念 …… 56
4.2　正弦量的相量表示法 …… 59
4.3　电阻元件的正弦交流电路 …… 61
4.4　电感元件的正弦交流电路 …… 63
4.5　电容元件的正弦交流电路 …… 65
4.6　正弦稳态电路的分析 …… 68
4.7　功率因数的提高 …… 75
*4.8　正弦交流电路的频率特性 …… 77
4.9　谐振电路 …… 80
4.10　正弦稳态电路的仿真分析 …… 84
小结 …… 88
习题 …… 89
第 5 章　三相交流电路 …… 93
5.1　三相电动势的产生与三相电源的连接 …… 93
5.2　三相电路负载的连接 …… 96
5.3　三相电路的功率 …… 104
5.4　三相对称电路的仿真分析 …… 107
5.5　安全用电技术 …… 108
小结 …… 110
习题 …… 111
第 6 章　变压器 …… 113
6.1　磁路 …… 113
6.2　变压器 …… 119
小结 …… 127
习题 …… 127

第 2 篇　模拟电子技术

第 7 章　常用半导体器件 …… 129
7.1　半导体与 PN 结 …… 129
7.2　二极管 …… 132
7.3　稳压管 …… 134
7.4　其他二极管 …… 136
7.5　晶体管 …… 137

小结 …… 141
习题 …… 142
第 8 章　基本放大电路 …… 144
8.1　放大电路的性能指标 …… 144
8.2　基本共射放大电路与仿真分析 …… 145
8.3　共集放大电路的特点与仿真分析 …… 155
8.4　多级放大电路的分析方法 …… 158
8.5　OCL 功率输出级的特点及仿真分析 … 160
*8.6　绝缘栅场效应晶体管及其放大电路 …… 163
小结 …… 166
习题 …… 166
第 9 章　集成运算放大电路 …… 169
9.1　典型差动放大电路 …… 169
9.2　集成运算放大器的结构、原理、符号及理想参数 …… 174
9.3　放大电路中的负反馈 …… 178
9.4　集成运算放大器的线性应用 …… 189
9.5　集成运算放大器的非线性应用 …… 195
9.6　使用 EWB 的分析与设计应用实例 …… 199
9.7　使用集成运算放大器应注意的问题 …… 200
小结 …… 202
习题 …… 203
第 10 章　直流稳压电源 …… 209
10.1　单相桥式整流电路 …… 209
10.2　滤波电路 …… 212
10.3　稳压电路 …… 216
*10.4　晶闸管和可控整流电路 …… 220
小结 …… 225
习题 …… 225

第 3 篇　数字电子技术

第 11 章　逻辑函数及其化简 …… 227
11.1　逻辑函数及其公式化简法 …… 227
11.2　逻辑函数的卡诺图化简法 …… 232
小结 …… 235
习题 …… 236
第 12 章　门电路与组合逻辑电路 …… 238
12.1　逻辑门电路 …… 238
12.2　集成逻辑门电路的仿真分析实例 …… 241
12.3　组合逻辑电路的分析与实例仿真 …… 243
12.4　常用集成组合逻辑电路 …… 248
*12.5　组合逻辑电路的竞争冒险 …… 255
小结 …… 256
习题 …… 256
第 13 章　触发器与时序逻辑电路 …… 261
13.1　RS 触发器 …… 261
13.2　JK 触发器 …… 266
13.3　D 触发器 …… 268
13.4　触发器功能的转换 …… 269
13.5　寄存器 …… 271
13.6　计数器 …… 278
13.7　脉冲分配器 …… 290
13.8　脉冲信号的产生与整形 …… 291
小结 …… 301
习题 …… 303
附录 …… 311
附录 A　半导体分立器件型号命名方法 …… 311
附录 B　常用半导体器件的参数 …… 312
附录 C　集成电路型号命名方法 …… 316
附录 D　国内外部分集成运算放大器同类产品型号对照表 …… 318
附录 E　几种国产集成运算放大器参数规格表 …… 319
附录 F　音频功率器件 D810 电路主要技术指标的典型值 …… 320
附录 G　三端式集成稳压器性能参数 …… 321
附录 H　功率场控器件的主要参数 …… 321
附录 I　二进制逻辑单元新旧图形符号对照表 …… 322
附录 J　555 定时器的主要性能参数 …… 323
参考文献 …… 325

第1篇　电路分析基础

第1章　电路的基本概念与定律

本章首先介绍电路-电路模型-电路元件-电路基本物理量及其参考方向；然后给出基尔霍夫定律，包括电流定律和电压定律；最后介绍电位与电功率的一般计算方法。这些内容都是分析计算电路的基础。

1.1　电路与电路模型

1.1.1　电路的组成及其基本功能

电路是电流流通的路径，它是由若干个电路元件或电工设备组成的有机整体。实际电路繁简不一，电路结构形式各异，但作为电路的基本组成必须具有电源（或信号源）、负载和中间环节三个部分。

在图1-1a给出的输配电电路中，发电机是电源，是提供电能的设备；电灯、电动机、电炉等是负载，是取用电能的设备；变压器和输电线是中间环节，是连接电源和负载的部分。而在图1-1b所示的扩音机电路中，传声器是输出信号的设备，称为信号源，相当于电源，但与上述发电机这种电源不同，信号源输出的电信号其变化规律取决于所加的信息；扬声器是接收和转换信号的设备，称为负载；放大器是连接信号源与负载的部分，称为中间环节。

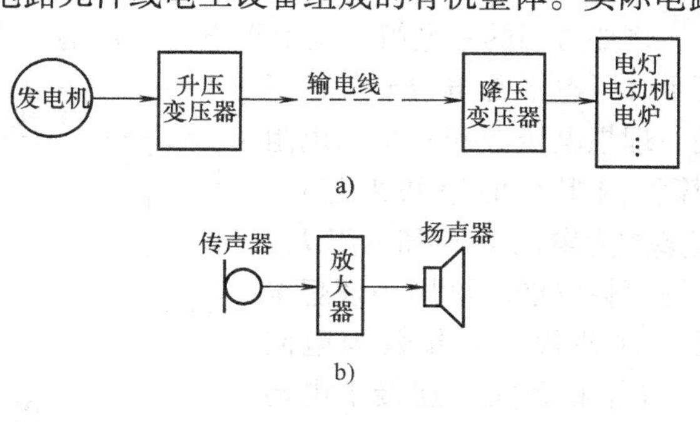

图1-1　电路示意图

a）输配电电路　b）扩音机电路

电路的基本功能按其所能完成的任务可分为两种：一种是实现电能的传输与转换，如输配电电路，先由发电机将热能、水能或原子能等转换为电能，经变压器和输电线将电能传输到负载，再由负载把电能转换为光能、热能、机械能等；一种是实现信号的传递与处理，如扩音机电路，先由传声器将声音信号转换为电信号，经放大器对输入的电信号进行放大处理后传递到扬声器，再由扬声器将电信号还原为声音。

无论是电能的传输与转换，还是信号的传递与处理，其中电源或信号源的电压或电流统称为激励，它将推动电路工作；由激励在电路各部分产生的电压和电流称为响应。所谓电路分析，就是在已知电路结构和元件参数的条件下，讨论电路的激励与响应之间的关系。

1.1.2 电路模型

实际电路是由电磁性质较为复杂的实际电路元件或器件组成的。当电流通过一个实际电路元件时，该元件所呈现的物理性质即能量转换关系往往不是单一的。例如，当一个白炽灯通以电流时，除具有消耗电能即电阻的性质外，还会产生磁场，具有电感性质。由于电感很小，可忽略不计，于是可认为白炽灯是一电阻元件。

为了便于对实际电路进行分析与计算，需要将实际电路元件按其主要物理性质，用一些理想电路元件来替代。理想电路元件，就是只反映某一种能量转换关系的元件。如理想电阻元件，只反映电能转换成其他能量且能量转换不可逆的物理过程；理想电感元件只反映电能转换成磁场能量的物理过程；理想电容元件只反映电能转换成电场能量的物理过程。因为以上这些理想电路元件工作时都将电能转换成其他形式的能量，故称为理想负载元件。此外，还有一些理想电路元件工作时可以向电路提供电能，故称为理想电源元件。如理想电压源、理想电流源和理想受控源等。理想电路元件的电路图形与符号如图 1-2 所示。由理想电路元件组成的电路，就是实际电路的电路模型。它是对实际电路电磁性质的科学抽象和概括。

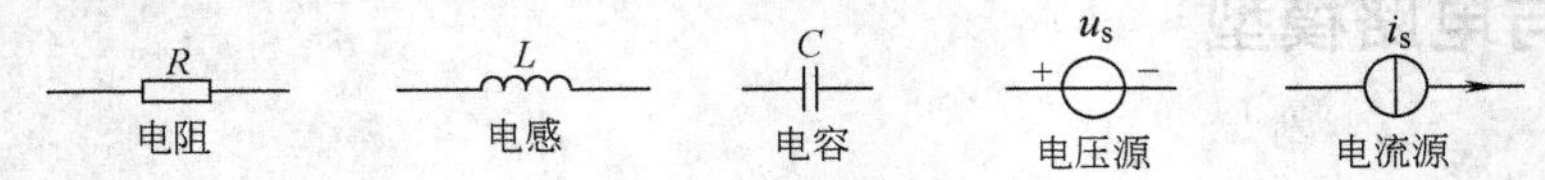

图 1-2 理想电路元件的电路图形与符号

例如常用的手电筒，是由干电池、灯泡、开关和导体等实际电路元件组成，如图 1-3a 所示。干电池是电源元件，可用一理想电压源和一个内电阻（简称内阻）的串联来替代，其参数为电动势 E 和电阻 R_0；灯泡消耗电能，可用一理想电阻元件替代，其参数为电阻 R；导体和开关是连接干电池和灯泡的中间环节，其电阻忽略不计，可用一个无电阻的理想导体替代，由此构成了手电筒电路模型，如图 1-3b 所示。

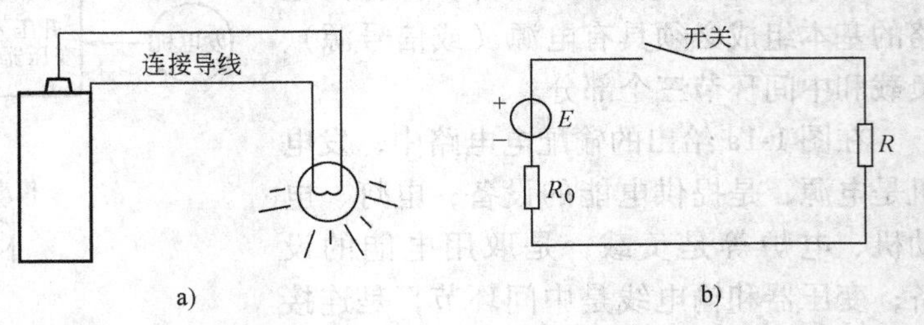

图 1-3 手电筒实际电路及其电路模型
a）手电筒实际电路 b）手电筒电路模型

今后我们所分析的都是电路模型，简称电路。而理想电路元件中的理想二字常略去不写，简称电路元件。

1.2 电路的基本物理量及其参考方向

1.2.1 电流及其参考方向

电流是由电荷的定向移动而形成的。单位时间内通过某一导体横截面积的电荷量，叫做电流强度，简称电流。如果在极短的时间 dt 内，通过导体横截面积的微小电荷量为 dq，则

电流为

$$i = \frac{\mathrm{d}q}{\mathrm{d}t} \tag{1-1}$$

式（1-1）表示电流 i 是电荷 q 对时间的变化率。

随时间而变化的电流，称为时变电流（例如交流电流），用小写字母 i 表示；不随时间而变化的电流，即 $\mathrm{d}q/\mathrm{d}t$ = 常数，称为恒定电流，简称直流，用大写字母 I 表示。

在国际计量单位中，电流的单位是 A（安培）。如果 1s（秒）内通过导体横截面的电量是 1C（库仑），导体中的电流就是 1A（安培）。

通常规定正电荷定向移动的方向或负电荷定向移动的反方向为电流的方向，也称电流的实际方向。在分析复杂的电路时，一般很难事先判断出电流的实际方向，而在列写方程、进行定量计算时，又必须已知其电流的方向为先决条件。为此，可先任意选定某一方向作为电流的方向，这个方向叫做电流的参考方向。当电流的参考方向与其实际方向一致时，电流为正值；反之，当电流的参考方向与其实际方向相反时，电流为负值。于是，在选定参考方向之后，电流值便成为代数量，有正负之分，由此可以判断出电流的实际方向。

电流的参考方向是任意指定的，在电路中一般用箭头表示，也可用双下标表示，如图 1-4 所示。在图 1-5 中示出电流的参考方向与其实际方向间的关系。

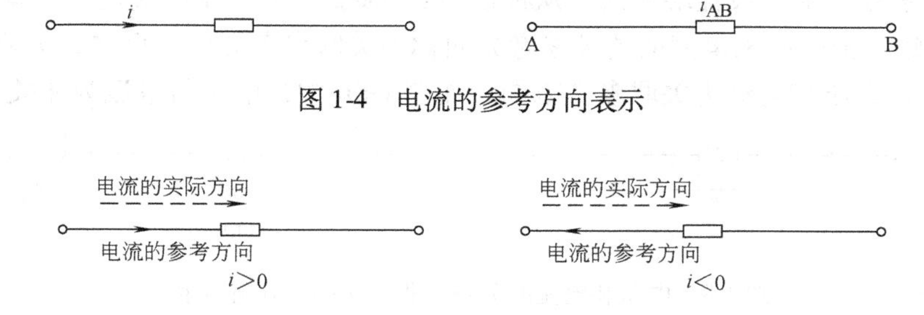

图 1-4　电流的参考方向表示

图 1-5　电流的参考方向与其实际方向间的关系

1.2.2　电压及其参考方向

电路中 a、b 两点间的电压被定义为：电场力把单位正电荷从 a 点移动到 b 点所做的功。如果 $\mathrm{d}q$ 为微小电荷量，$\mathrm{d}W$ 为电场力把微小电荷量从一点移动到另一点所做的功，则两点间的电压为

$$u = \frac{\mathrm{d}W}{\mathrm{d}q} \tag{1-2}$$

也可以将电压理解为：单位正电荷从高电位点移动到低电位点所失去的电能。

随时间而变化的电压，称为时变电压（例如交流电压），用小写字母 u 表示；大小和极性都不随时间而变化的电压，称为恒定电压，也称直流电压，用大写字母 U 表示。

在法定计量单位中，电压的单位是 V（伏特）。当电场力把 1C 的电荷量从一点移动到另一点所做的功为 1J（焦耳）时，该两点间的电压为 1V。

电路中两点间电压的实际方向是由高电位点指向低电位点的方向，即电位降低的方向。与电流相同，在分析电路时，也要先为电压选定参考方向。当电压的参考方向与其实际方向一致时，电压为正值；反之，电压为负值。在选定电压参考方向之后，可根据电压值的正负来判断电压的实际方向。

电压的参考方向也是任意指定的，可以用箭头表示；也可以用双下标表示，如 u_{AB} 表示A和B之间的电压参考方向是由A指向B；还可以用正（+）、负（−）极性表示，正极性端指向负极性端的方向是电压的参考方向。电压的参考方向的几种表示如图1-6所示，电压的参考方向与其实际方向间的关系如图1-7所示。

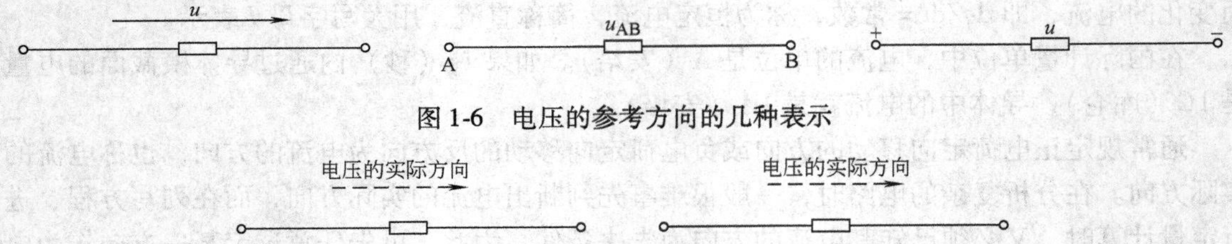

图1-6　电压的参考方向的几种表示

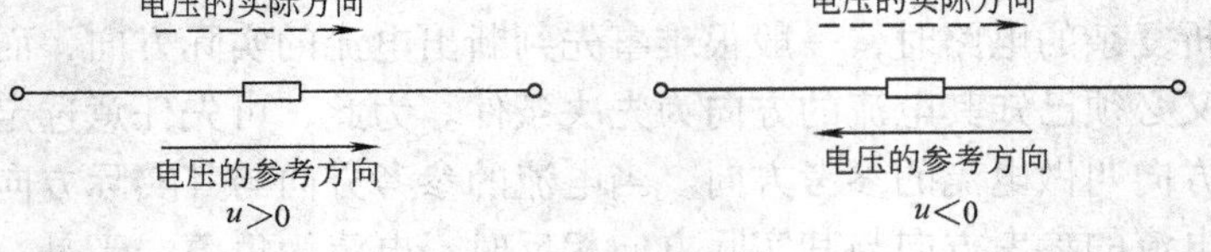

图1-7　电压的参考方向与其实际方向间的关系

“参考方向”在电路分析中起着十分重要的作用。对于一段电路或一个元件上的电压和电流的参考方向，原本可以独立无关地任意指定，但为了方便起见，通常指定电流的参考方向从标以电压参考“+”极性端流入，从标以电压参考“−”极性端流出，即电压与电流的参考方向一致，把电压和电流的这种参考方向称为关联参考方向，反之，为非关联参考方向，图1-8a中，电压与电流为关联参考方向，而图1-8b中，电压与电流为非关联参考方向。

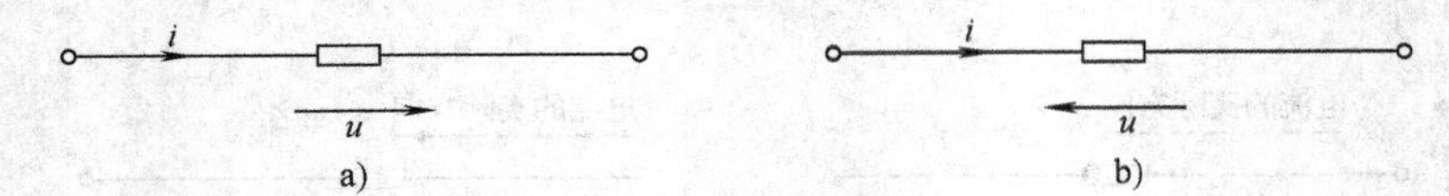

图1-8　电压和电流的关联及非关联参考方向表示

练习与思考

1-2-1　在图1-9a中，$U_{ab}=-10\text{V}$，试画出a、b两点的实际电压方向。

1-2-2　在图1-9b中，$U_1=-6\text{V}$，$U_2=4\text{V}$，求 U_{ab} 等于多少伏？

1-2-3　在图1-10中，元件B的电压、电流参考方向为关联参考方向，而对元件A，则是（　　）。

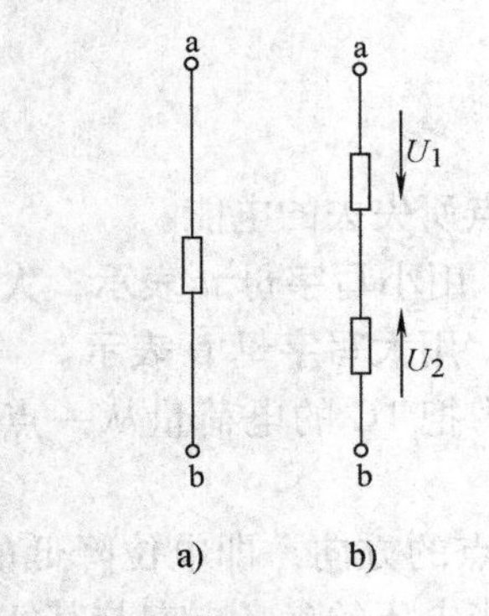

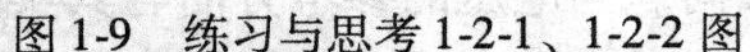

图1-9　练习与思考1-2-1、1-2-2图

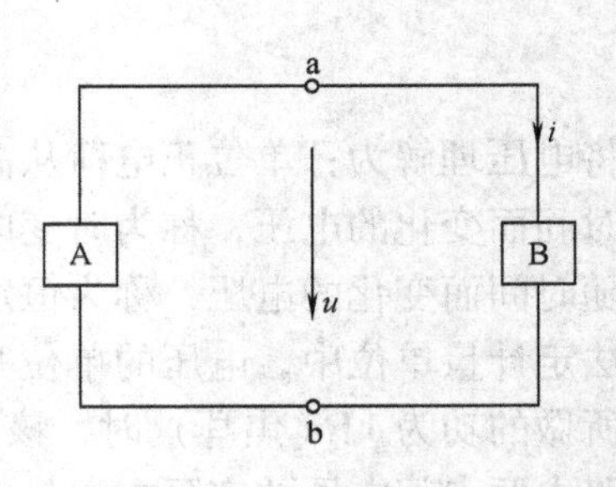

图1-10　练习与思考1-2-3图

1.3　电阻、电感和电容元件特性

电阻、电感和电容是组成电路模型的理想电路元件。所谓理想，就是突出元件的主要物理性质，而忽略其次要因素。元件的主要物理性质是指当把它们接入电路时，元件内部将进行什么样的能量转换过程以及表现在元件外部的主要特性。电路分析中，主要研究的是元件的外部特性，即元件端钮上的电压与电流关系，也称伏安关系。本节将讨论电阻、电感和电容三种电路元件的伏安特性及仿真分析。

1.3.1　电阻元件

电阻元件可分为线性电阻和非线性电阻两类，这里我们只讨论线性电阻。所谓线性电阻，是指电阻元件上的电压与通过的电流成线性关系，即电阻元件的阻值 R 为常数。在图1-11a 中电压与电流取关联参考方向，由欧姆定律可得出线性电阻元件端钮伏安关系为

$$i = \frac{u}{R} \tag{1-3}$$

图1-11b 为线性电阻的伏安特性曲线，它是一条通过坐标原点的直线。

图1-12 为电阻的实物图片。

如果将式（1-3）两边乘以 i，并对时间 t 取积分，则得

$$\int_0^t ui\mathrm{d}t = \int_0^t i^2 R\mathrm{d}t$$

上式表明，电能全部消耗在电阻上，并转换成热能而释放掉。可见，电阻元件中的能量转换是不可逆的。因此，电阻是耗能元件。

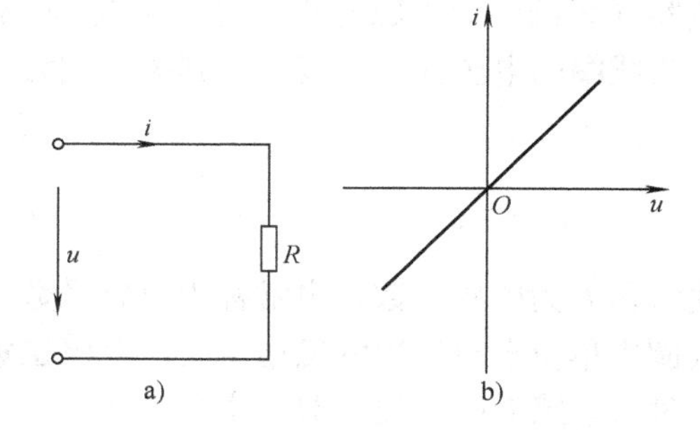

图1-11　线性电阻元件符号及其伏安特性曲线

在国际计量单位中，电阻的单位是 Ω（欧姆）。电阻的倒数称为电导，用符号 G 表示，即

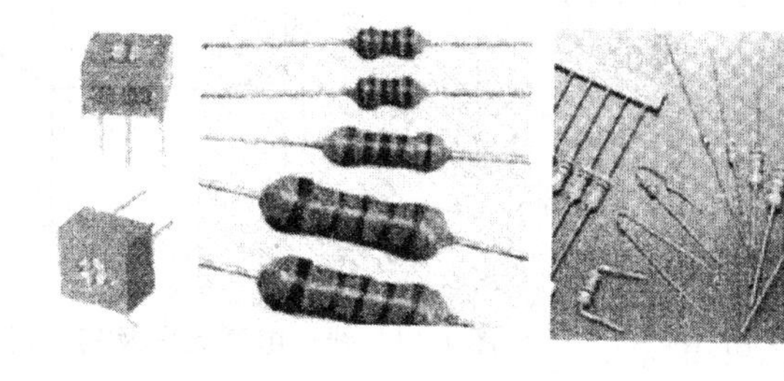
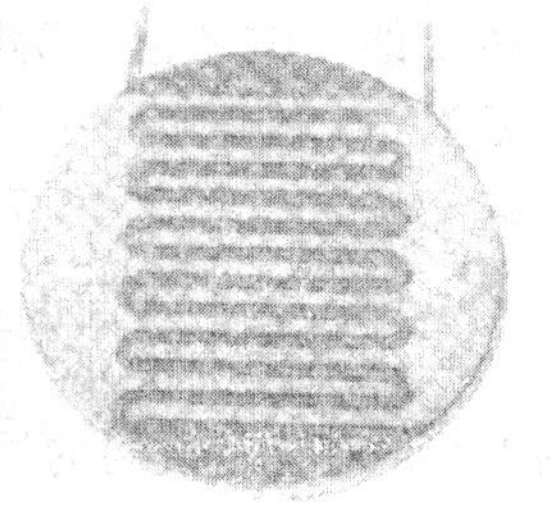

图1-12　电阻元件的实物图片

$$G = \frac{1}{R} \tag{1-4}$$

电导的单位是 S（西门子）。显然，欧姆定律还可表示为

$$i = Gu \tag{1-5}$$

1.3.2　电感元件

线圈是典型的电感元件。当忽略线圈电阻时，它就成为一个理想的电感元件。

当电流 i 通过图1-13所示的电感线圈时，线圈中会产生磁通 Φ。若线圈匝数为 N，则与 N 匝线圈相交链的磁通链为

$$\Psi = N\Phi \tag{1-6}$$

磁通 Φ 与电流 i 之间的方向符合右手螺旋定则。当磁通 Φ 发生变化时，线圈中要产生感应电动势。感应电动势 e_L 与磁通链 Ψ 的参考方向之间仍然符合右手螺旋定则。若线圈两端的电压 u 与通过它的电流 i 取关联参考方向，如图1-13所示，则感应电动势 e_L 为

$$e_L = -\frac{d\Psi}{dt} = -N\frac{d\Phi}{dt} \tag{1-7}$$

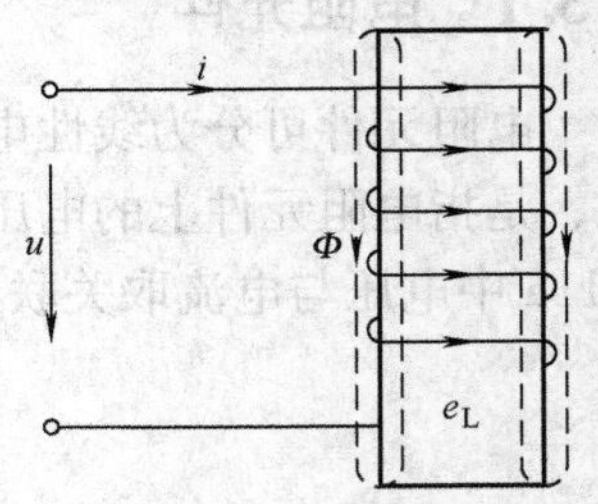

图1-13　电感元件

式（1-7）表明，感应电动势的大小等于磁通链的变化率。当电流 i 增大时，$d\Phi/dt>0$，式（1-7）中的 e_L 为负值，感应电动势 e_L 将阻碍电流 i 的增加。同理，当电流 i 减小时，$d\Phi/dt<0$，则 e_L 为正值，感应电动势 e_L 将阻碍电流 i 的减小。

磁通链或磁通是由通过线圈的电流产生的，当线圈为空心线圈（线圈中无铁磁材料）时，Ψ 或 Φ 与 i 成正比，比例系数称为线圈的电感并用 L 表示。其关系式为

$$\Psi = N\Phi = Li$$

或

$$L = \frac{\Psi}{i} = \frac{N\Phi}{i}$$

通常称 L 为电感系数，也常称为自感系数，是电感元件的参数。线圈匝数愈多，电感愈大；线圈中单位电流产生的磁通愈大，电感也愈大。当 Ψ 的单位是Wb（韦伯），电流的单位是A时，电感 L 的单位是H（亨利）。

图1-14给出了线性电感元件的电路符号和韦安特性曲线。线性电感元件的韦安特性曲线是通过原点的一条直线，电感值 L 为常数，与电感中电流的大小无关。

将磁通链 $\Psi = Li$ 代入式（1-7），得

$$e_L = -L\frac{di}{dt} \tag{1-8}$$

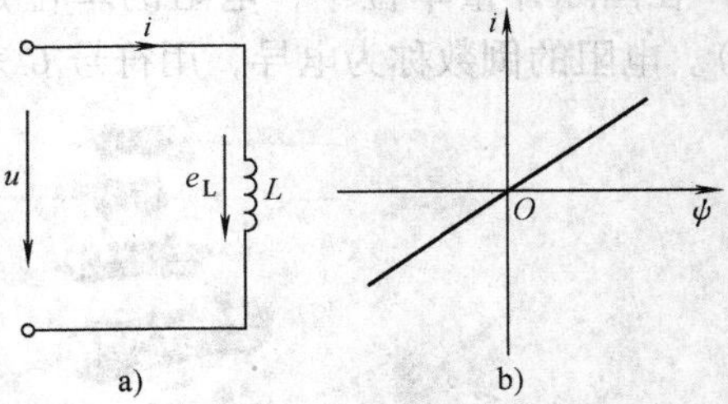

图1-14　线性电感元件及其韦安特性曲线

根据图1-14a中参考方向的规定，可得

$$u + e_L = 0$$

将式（1-8）代入上式得

$$u = L\frac{di}{dt} \tag{1-9}$$

式（1-9）说明线性电感元件两端的电压 u 与流过它的电流的变化率 di/dt 成正比，比例系数即为电感 L。

当线圈中通过不随时间而变化的恒定电流时，$di/dt=0$，则 $u=0$，这说明电感对直流电

流没有阻力，故电感元件对直流电流可视作短路；当线圈中通过随时间而变化的电流时，$\mathrm{d}i/\mathrm{d}t\neq0$，则 $u\neq0$，这说明电感对交流电流具有一定的阻力。由此得出结论：电感元件是一种动态元件。

电感元件的实物图片如图1-15所示。

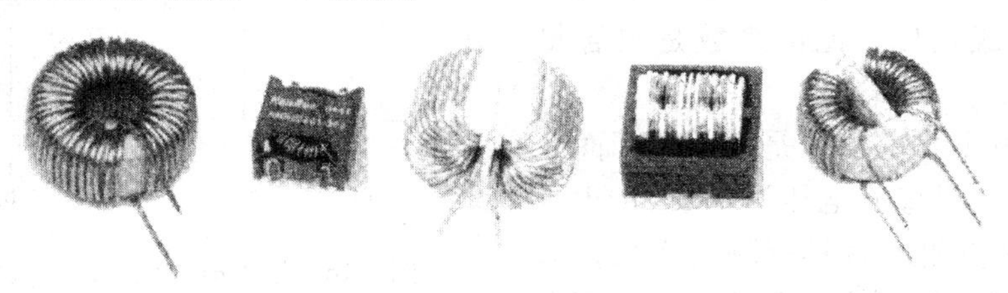

图1-15　电感元件的实物图片

式（1-9）是电感元件上的电压与其中电流的微分关系式。若将其两边积分，便可得出电感元件上的电压与其电流的积分关系式，即

$$i=\frac{1}{L}\int_{-\infty}^{t}u\mathrm{d}t=\frac{1}{L}\int_{-\infty}^{0}u\mathrm{d}t+\frac{1}{L}\int_{0}^{t}u\mathrm{d}t=i_0+\frac{1}{L}\int_{0}^{t}u\mathrm{d}t \tag{1-10}$$

式中，i_0 是初始值，即在 $t=0$ 时电感元件中通过的电流。若 $i_0=0$，则

$$i=\frac{1}{L}\int_{0}^{t}u\mathrm{d}t \tag{1-11}$$

如果将式（1-9）两边乘以 i，并积分之，则得

$$\int_{0}^{t}ui\mathrm{d}t=\int_{0}^{i}Li\mathrm{d}i=\frac{1}{2}Li^2 \tag{1-12}$$

式（1-12）说明当电感元件中的电流增大时，磁场能量增大，在此过程中电能转换为磁场能量，即电感元件从电源取用能量。式（1-12）中的 $\frac{1}{2}Li^2$ 就是磁场能量。当电感元件中的电流减小时，磁场能量减小，磁场能量转换为电能，即电感元件向电源返还能量。

1.3.3　电容元件

在电力系统和电子装置中常用的电容器就是典型的电容元件。电容元件的电路符号及电压、电流的参考方向如图1-16a所示。

电容器极板（由绝缘材料隔开的两个金属体）上所储存的电量 q 与其上所加电压 u 成正比，比例系数为

$$C=\frac{q}{u} \tag{1-13}$$

式（1-13）中，C 称为电容量，是电容元件的参数。线性电容的电容量 C 是常数。图1-16b给出了线性电容元件的库伏特性曲线。

当电荷的单位是C，电压的单位是V时，电容量的单位是F（法拉）。由于法拉的单位太大，工程上多采用μF（微法）或pF（皮法）。$1\mu\mathrm{F}=10^{-6}\mathrm{F}$，$1\mathrm{pF}=10^{-6}\mu\mathrm{F}=10^{-12}\mathrm{F}$。

在图1-16a所示的电压、电流参考方向下，当电压为正值时，上极板上储存的是正电荷，下极板上储存的是等量的负电荷。当极板上的电量 q 或电压 u 发生变化时，电路中产生

的电流为

$$i=\frac{\mathrm{d}q}{\mathrm{d}t}=C\frac{\mathrm{d}u}{\mathrm{d}t} \tag{1-14}$$

式（1-14）说明电容中的电流与其两端电压的变化率成正比，比例系数是电容量 C。

当电容两端所加的电压是不随时间而变化的恒定电压（即直流电压）时，$\mathrm{d}u/\mathrm{d}t=0$，则 $i=0$，这说明电容具有隔直作用，故电容元件对直流电流可视作开路；当电容两端所加电压是随时间而变化的电压时，$\mathrm{d}u/\mathrm{d}t\neq0$，则 $i\neq0$，这说明电容允许交流电流通过。因此得出结论：电容元件也是一种动态元件。电容元件的实物图片如图 1-17 所示。

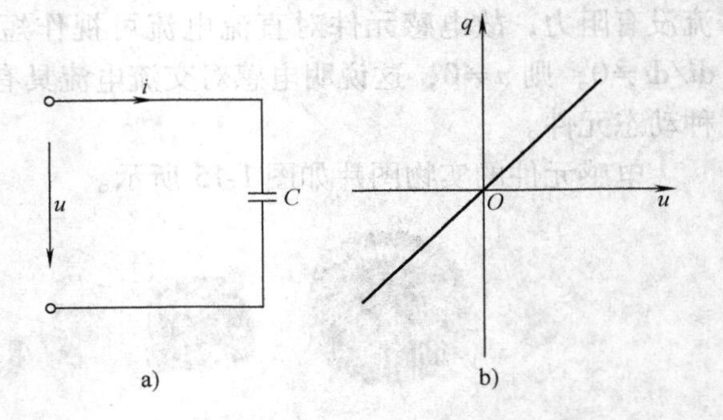

图 1-16　线性电容元件的库伏特性曲线

图 1-17　电容元件的实物图片

当电容元件上的电压增高时，电场能量增大，在此过程中电能转换为电场能量，即电容元件从电源取用能量（充电）。电场能量为 $\frac{1}{2}Cu^2$。当电压降低时，电场能量减小，电场能量转换成电能，即电容元件向电源返还能量（放电）。

下面将电阻元件、电感元件和电容元件在几个方面的特征列于表 1-1 中，以方便比较。

表 1-1　电阻元件、电感元件和电容元件的特征

特征 \ 元件	电阻元件	电感元件	电容元件
伏安关系式	$u=iR$	$u=L\frac{\mathrm{d}i}{\mathrm{d}t}$	$i=C\frac{\mathrm{d}u}{\mathrm{d}t}$
参数意义	$R=\frac{u}{i}$	$L=\frac{N\Phi}{i}$	$C=\frac{q}{u}$
能量	$\int_0^t i^2R\mathrm{d}t$	$\frac{1}{2}Li^2$	$\frac{1}{2}Cu^2$

练习与思考

1-3-1　在图 1-18 所示的 4 个电路中，试分别确定电路中的电压 u_C 和电流 i_L。

1-3-2　将一线圈串联一个电阻通过开关接在电池上，试分析在下列三种情况下，线圈中感应电动势的方向：1）开关闭合瞬间；2）开关闭合较长时间后；3）开关断开瞬间。

1-3-3　如果一个电感元件两端电压为零，其储能是否也一定等于零？如果一个电容元件中的电流为零，其储能是否也一定等于零？

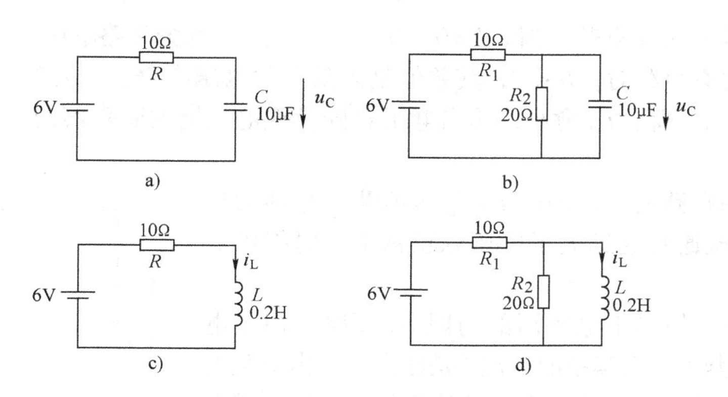

图 1-18　练习与思考 1-3-1 图

1-3-4　电感元件中通过直流电流时可视作短路，是否此时电感 L 为零？电容元件两端加直流电压时可视作开路，是否此时电容 C 为无穷大？

1.4　电压源和电流源

电源是将非电能转换为电能的元件或装置，它的作用是给外电路提供电能或电信号。干电池、蓄电池、发电机和电子稳压、稳流装置等都是常见的实际电源。

任何一个电源可以用两种不同的电路模型来表示。一种是用电压的形式来表示，称为电压源；一种是用电流的形式来表示，称为电流源。

1.4.1　电压源

电压源是实际电源的一种抽象，它能向外电路提供较为稳定的电压（时恒量或时变量）。电压源的电路模型是电动势 E 和内阻 R_0 的串联，如图 1-19 所示。图中 U 是电源端电压（即向外电路提供的电压），R_L 是负载电阻，I 是负载电流。

由图 1-19 所示电路可得

$$U = E - IR_0 \tag{1-15}$$

即电压源输出端口上的伏安关系式，称为电压源的外特性方程。由此可作出电压源的外特性曲线，如图 1-20 所示。根据图 1-20 和式（1-15）可以得出电压源的特点：

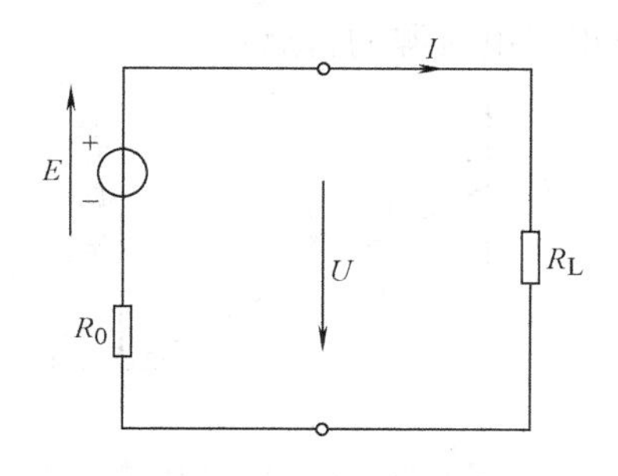

图 1-19　电压源电路模型

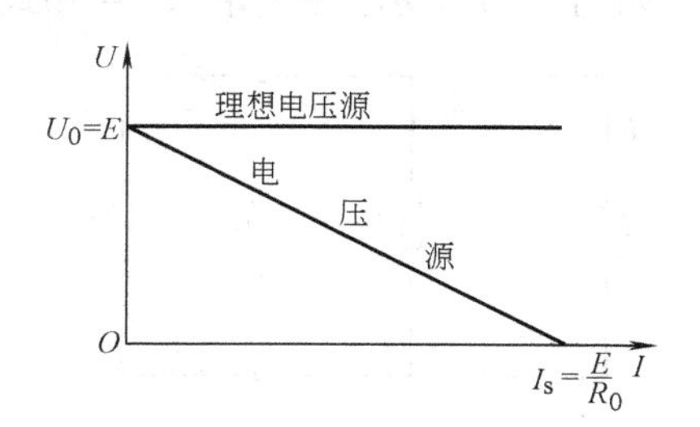

图 1-20　电压源和理想电压源外特性

1）当电压源开路（空载）时，$I=0$，$U=U_{oc}=E$，U_{oc}称为开路电压。

2）当电压源有负载时，$U<E$，其差值是内阻上的电压降 IR_0。显然，当负载电流增加时，输出电压 U 将下降。R_0 愈小，输出电压 U 随负载电流增加而降落的愈少，则外特性曲线愈平。

3）当电压源短路时，$U=0$，$I=I_{sc}=E/R_0$，I_{sc}称为短路电流。短路电流通常远远大于电压源正常工作时提供的额定电流。

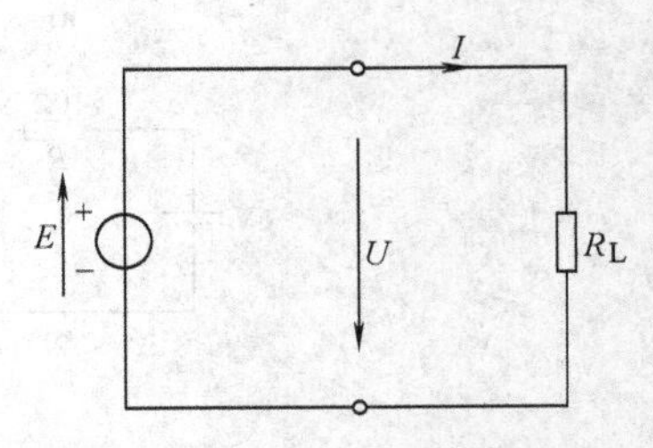

图 1-21　理想电压源电路

4）当 $R_0=0$（相当于电压源的内阻 R_0 短路）时，电压 U 恒等于电动势 E，而其中的电流 I 是任意的，由负载电阻 R_L 和电动势 E 确定。这样的电压源称为理想电压源或恒压源，其电路如图 1-21 所示。理想电压源的外特性曲线是与横轴平行的一条直线，如图 1-20 所示。如果一个电源的内阻远小于负载电阻，即 $R_0 \ll R_L$，则内阻上的电压降 $IR_0 \ll U$，于是 $U \approx E$，基本上恒定，可以认为该电源为理想电压源。通常用的稳压电源可以近似看作理想电压源。

电压源的实物图片如图 1-22 所示。

图 1-22　电压源的实物图片

1.4.2　电流源

电流源也是实际电源的一种抽象，它能向外电路提供较为稳定的电流（时恒量或时变量）。电流源的电路模型是电激流 I_s 和内阻 R_0 的并联，如图 1-23 所示。图中 I_s 是电流源的源电流，通常称为电激流，U 与 I 分别是电源的端电压和负载电流。

由图 1-23 所示电路可得

$$I_s=\frac{U}{R_0}+I \tag{1-16}$$

即电流源输出端口上的伏安关系式，称为电流源的外特性方程。由此可作出电流源的外特性曲线，如图 1-24 所示。根据图 1-24 和式（1-16）可以得出电流源的特点：

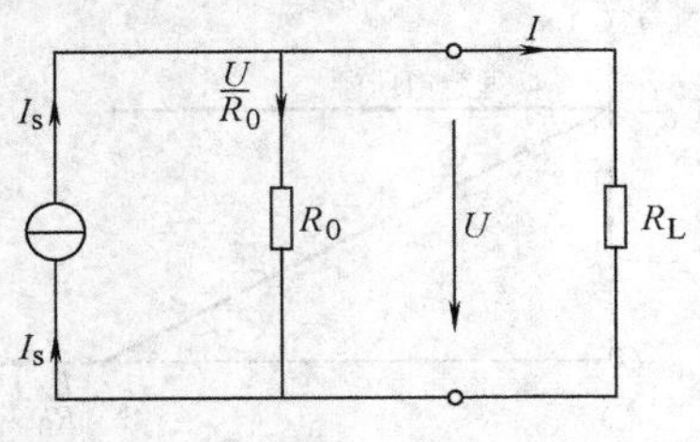

图 1-23　电流源电路

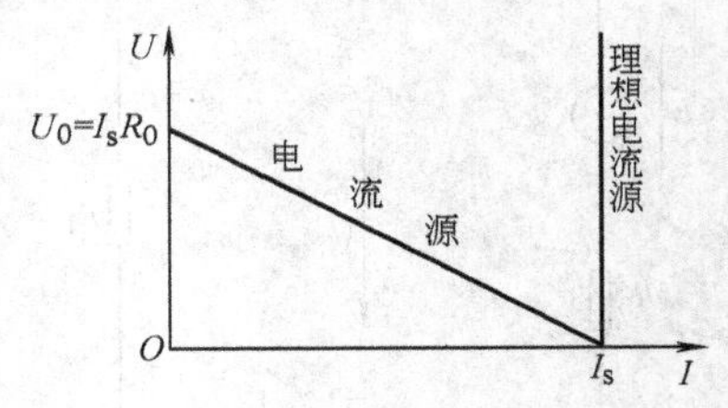

图 1-24　电流源和理想电流源的外特性

1）当电流源开路时，$I=0$，$U=U_{oc}=I_sR_0$，电激流全部流过内阻 R_0。

2）当电流源有负载时，I_s 分成两部分：一部分供给负载；另一部分在其内阻中通过。当负载电阻增加时，负载分得的电流减小，输出电压将随之增大。R_0 愈大，输出电流 I 随输出电压增大而减小得愈少，则外特性愈陡。

3）当电流源短路时，$U=0$，$I=I_{sc}=I_s$，电激流全部成为输出电流。

4）当 $R_0=\infty$（相当于电流源的内阻 R_0 断开）时，电流 I 恒等于电激流 I_s，而其两端的电压 U 是任意的，由负载电阻 R_L 和电激流 I_s 确定。这样的电流源称为理想电流源或恒流源，其电路如图1-25所示。如果一个电流源的内阻远大于负载电阻，即 $R_0>>R_L$，则输出电流 $I\approx I_s$，基本上恒定，可以认为该电流源为理想电流源。

一般电流源实物可由电子线路搭建而成，也可在实验室中见到，属于电子装置，电流源的实物图片如图1-26所示。

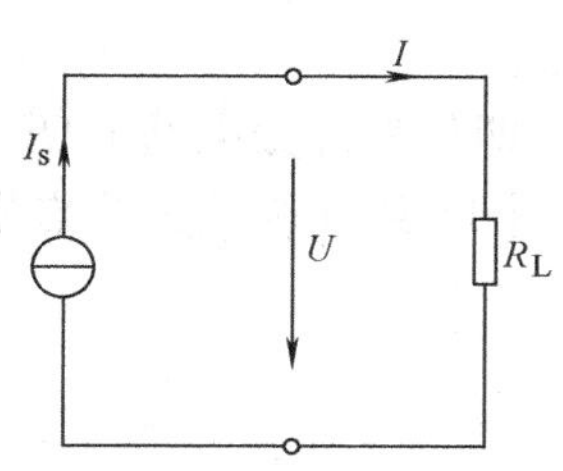

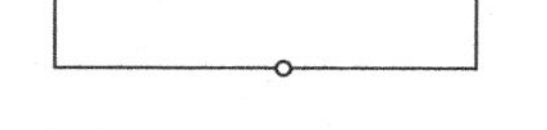

图1-25　理想电流源电路

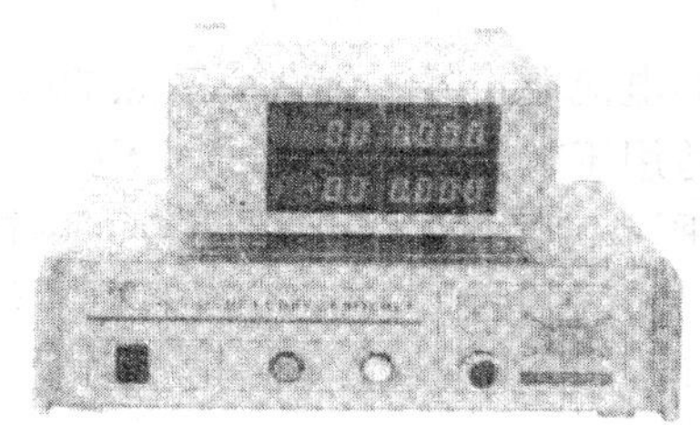

图1-26　电流源的实物图片

练习与思考

1-4-1　理想电压源能否短路？理想电流源能否开路？为什么？

1-4-2　一个理想电压源向外电路供电时，若再并联一个电阻，这个电阻是否会影响理想电压源对原来外电路的供电情况？

1-4-3　一个理想电流源向外电路供电时，若再串联一个电阻，这个电阻是否会影响理想电流源对原来外电路的供电情况？

1.5　基尔霍夫定律

电路中的各支路电压和支路电流必然要受到两种约束：一种是电路元件的特性对本元件的电压和电流造成的约束，这种约束与电路的连接无关，表示这种约束关系的是欧姆定律；另一种是电路元件的连接给支路电压和支路电流带来的约束，这种约束与组成电路的元件特性无关，表示这种约束关系的是基尔霍夫电流定律和电压定律，统称为基尔霍夫定律。电流定律应用于节点，电压定律应用于回路。

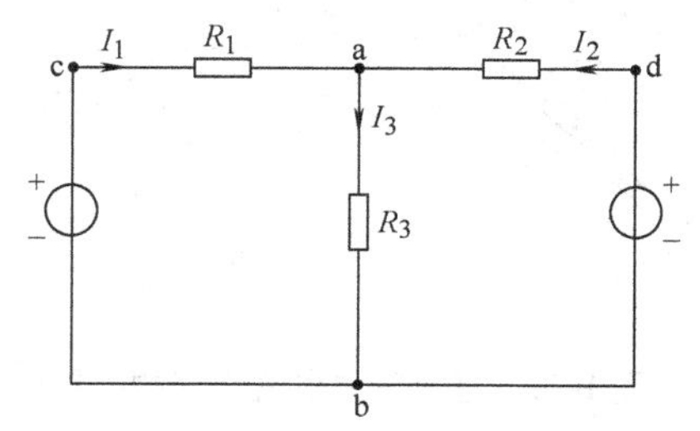

图1-27　电路举例

首先根据图1-27所示电路，介绍电路分析中常用的几个名词：

（1）支路　电路中的每一个分支称为支路，一条支路流过一个电流，称为支路电流。在图1-27所示电路中共有三条支路。

（2）节点　电路中三条（含三条）以上支路的连接点称为节点，在图1-27所示电路中共有两个节点，即节点a和节点b。

（3）回路　由一条或多条支路所构成的闭合路径称为回路。图1-27中共有三个回路，即adbca、abca和adba。

1.5.1　基尔霍夫电流定律

基尔霍夫电流定律（KCL）给出了电路中连接在同一节点上的各支路电流之间的关系，即对于电路中的任一节点在任一瞬时，流入该节点的电流代数和等于零
即

$$\Sigma i = 0 \tag{1-17}$$

如果规定参考方向指向节点的电流取正号，则背离节点的应取负号。

基尔霍夫电流定律不仅适用于节点，而且还适用于广义节点，即包围部分电路的任一假设的封合面。例如，图1-28所示的由虚线围成的闭合面可视为一个广义节点，其节点电流方程为

$$I_1 = I_2 + I_3 + I_4$$

或

$$I_1 - I_2 - I_3 - I_4 = 0$$

基尔霍夫电流定律体现的是电流的连续性，即电路中任何一点包括节点在内，电荷既不能堆积，也不能消失。

例1-1　试列写出图1-29所示电路中的b、c、d三个节点电流方程。

解　根据KCL和图1-29中标出的各支路电流参考方向，可以列出

节点b　$I_1 + I_2 + I_3 = 0$

节点c　$-I_2 - I_4 + I_6 = 0$ 或 $I_2 + I_4 = I_6$

节点d　$-I_3 + I_4 - I_5 = 0$ 或 $I_3 + I_5 = I_4$

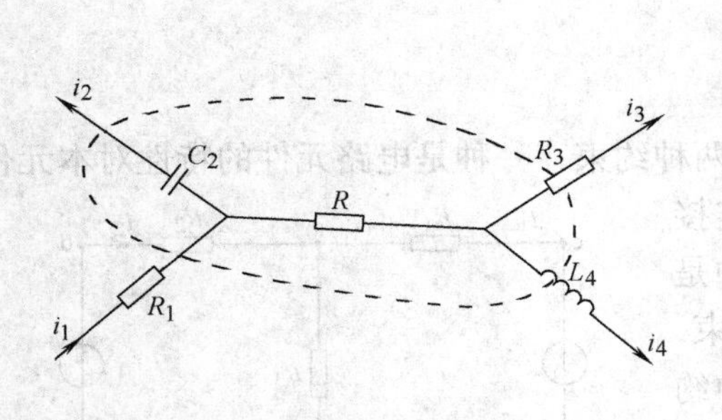

图1-28　基尔霍夫电流定律的扩展应用

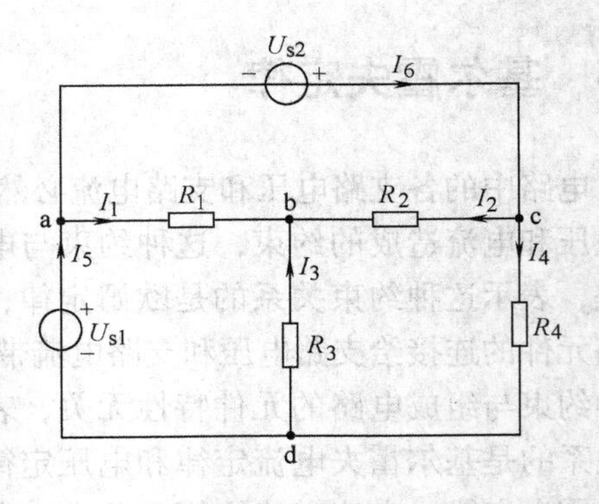

图1-29　例1-1图

1.5.2　基尔霍夫电压定律

基尔霍夫电压定律（KVL）给出了回路中各部分电压之间的关系。即对于电路中的任一

回路，在任一时刻，沿任一绕行方向绕行一周，该回路中各元件电压降代数和等于零

即
$$\Sigma u=0 \tag{1-18}$$

如果规定与绕行方向一致的电压降取正号，则与绕行方向相反的电压降取负号。

因为图1-30所示的电路是由电源电动势和电阻构成的，所以该回路电压方程还可以写成

$$-U_1+U_2+I_1R_1-I_2R_2=0$$

或
$$U_1-U_2=I_1R_1-I_2R_2$$

即
$$\Sigma U=\Sigma(IR)$$

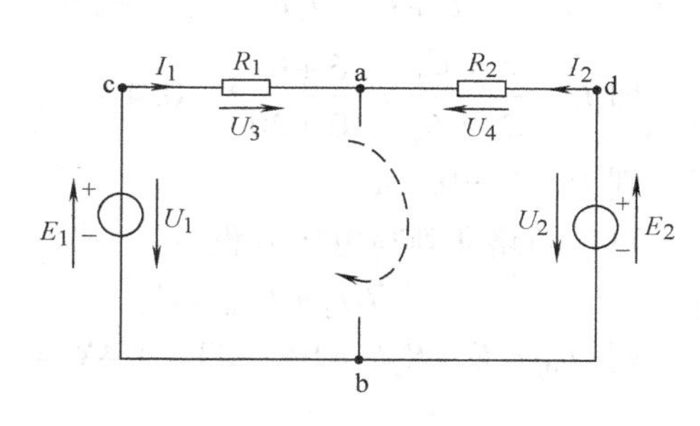

图1-30　图1-29中一个回路

基尔霍夫电压定律不仅适用于闭合的回路，而且还适用于开口的回路。以图1-31所示的两个电路为例，根据基尔霍夫电压定律列写出图示绕行方向的回路电压方程。对图1-31a，有

$$\Sigma u=U_{AB}-U_A+U_B=0$$

或
$$U_{AB}=U_A-U_B$$

对图1-31b，有

$$\Sigma u=-U+E+IR=0$$

或
$$U=E+IR$$

应该指出，基尔霍夫两个定律具有普遍性。它们不仅适用于各种不同元件构成的电路，也适用于任何变化的电压和电流。因此，基尔霍夫定律是分析电路中电压、电流关系的基本定律。

例1-2　列写出图1-32所示电路中三个回路的电压方程。

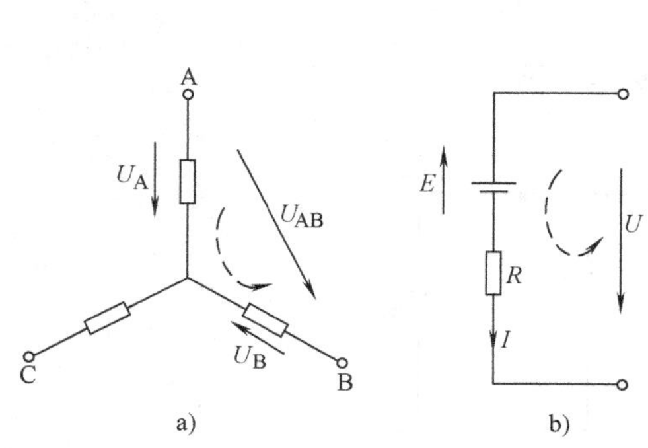

图1-31　基尔霍夫电压定律的扩展应用

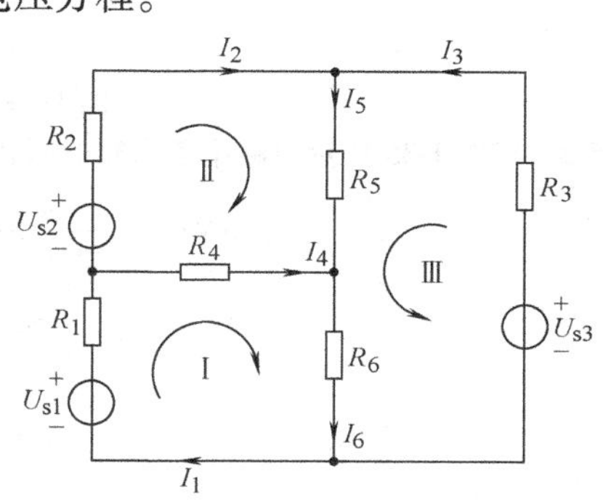

图1-32　例1-2图

解　根据KVL和图1-32中标出的各支路电流的参考方向和回路绕行方向，可得

回路Ⅰ　$R_1I_1+R_4I_4+R_6I_6=U_{s1}$

回路Ⅱ　$R_2I_2-R_4I_4+R_5I_5=U_{s2}$

回路Ⅲ　$R_3I_3+R_5I_5+R_6I_6=U_{s3}$

例1-3　已知图1-33所示电路中，$R_1=10\Omega$，$R_2=20\Omega$，$E=6V$，$U_s=6V$，试求I_1、I_2、I_3和U_{AB}。

解　根据KCL得节点C电流方程

$$-I_1+I_2-I_3=0$$

因为 AB 端开路

故 $I_3=0$

则有 $I_1=I_2$

对回路Ⅰ应用 KVL 列写回路电压方程得

$$E+U_s-I_1R_1-I_2R_2=0$$

即 $I_1=\dfrac{E+U_s}{R_1+R_2}=\dfrac{6+6}{10+20}\text{A}=0.4\text{A}$

则 $I_2=I_1=0.4\text{A}$

再对回路Ⅱ列写电压方程得

$$R_2I_2+U_{AB}=E$$

则 $U_{AB}=E-R_2I_2=6\text{V}-20\times0.4\text{V}=-2\text{V}$

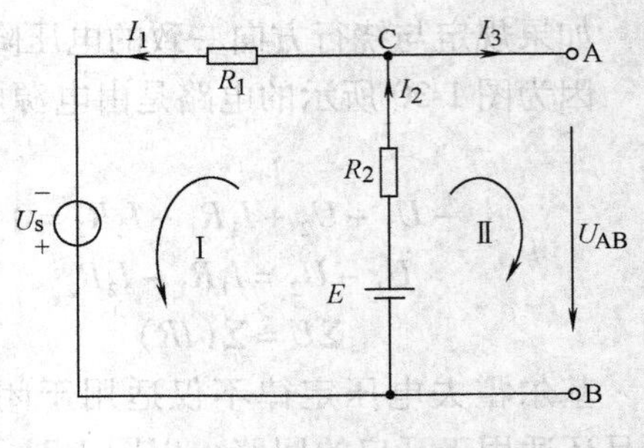

图 1-33 例 1-3 图

练习与思考

1-5-1 求图 1-34 所示各电路中的未知电流。

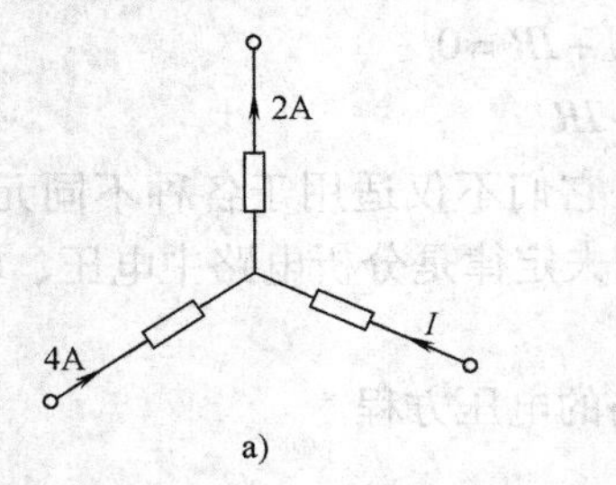

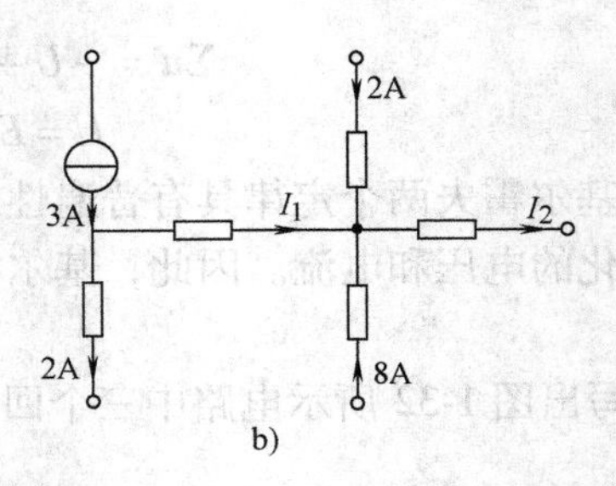

图 1-34 练习与思考 1-5-1 图

1-5-2 求图 1-35 所示电路中各未知电压和电流。

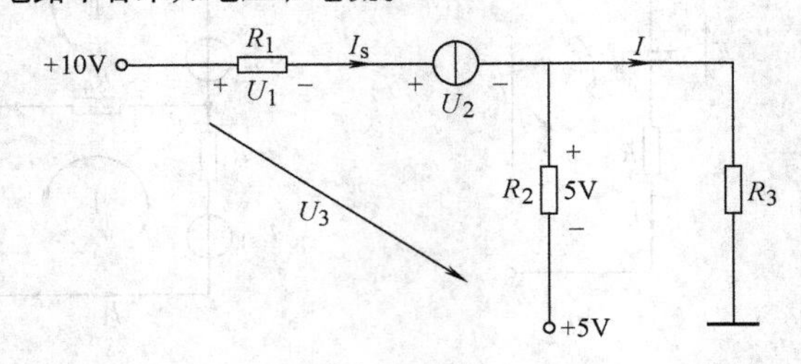

图 1-35 练习与思考 1-5-2 图

1.6 电功率的计算

对于电路中任意一个元件，总存在着吸收功率还是发出功率的问题。在物理学中，功率的定义为单位时间内能量的变化，也就是能量对时间的变化率，即

$$p=\frac{\mathrm{d}W}{\mathrm{d}t} \tag{1-19}$$

式中，W 是能量，单位为 J（焦耳）；t 是时间，单位为 s（秒）；p 是功率，单位为 W（瓦

特）。

在电路中，功率可以用电压和电流的乘积来表示，即

$$p=\frac{\mathrm{d}W}{\mathrm{d}t}=\frac{\mathrm{d}W}{\mathrm{d}q}\frac{\mathrm{d}q}{\mathrm{d}t}=ui \tag{1-20}$$

式中，u 为任一电路元件两端的电压；i 为通过该元件的电流。当 u 的单位为 V，i 的单位为 A 时，p 的单位为 W。

对任一电路元件：

1）当电压、电流取关联参考方向时，假定该元件吸收功率。功率表达式为

$$\left.\begin{aligned} &p=ui \\ \text{或}\quad &P=UI \quad （\text{直流情况下}） \end{aligned}\right\} \tag{1-21}$$

2）当电压、电流取非关联参考方向时，假定该元件吸收功率。功率表达式为

$$\left.\begin{aligned} &p=-ui \\ \text{或}\quad &P=-UI \end{aligned}\right\} \tag{1-22}$$

根据式（1-21）、式（1-22）计算功率，若结果为 $p>0$（或 $P>0$），则表示元件吸收功率，该元件为一负载；反之，若结果为 $p<0$（或 $P<0$），则表示该元件发出功率，该元件为一电源。

例 1-4　计算图 1-36 中各元件的功率，指出是发出功率还是吸收功率。

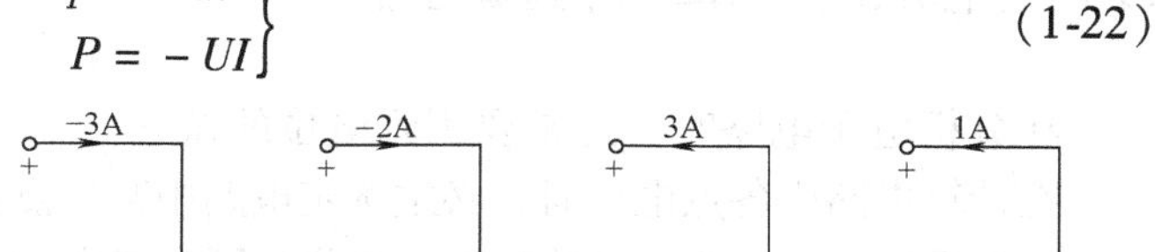
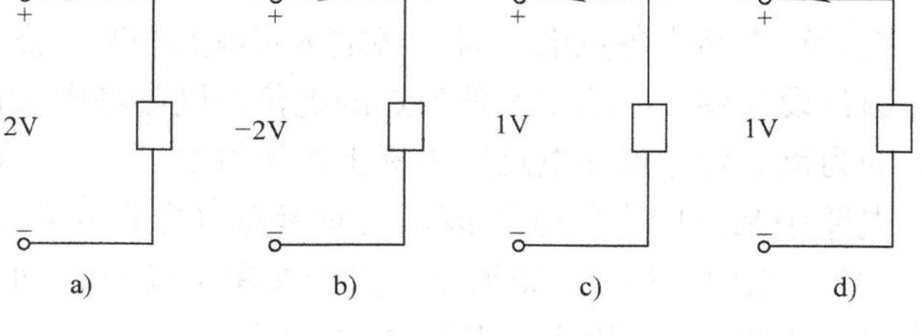

图 1-36　例 1-4 图

解　图 1-36a：电压电流为关联参考方向，由 $P=UI$，得

$$P=2\times(-3)\mathrm{W}=-6\mathrm{W}, P<0(\text{发出功率})$$

图 1-36b：因为电压电流为关联参考方向，故

$$P=(-2)\times(-2)\mathrm{W}=4\mathrm{W}, P>0(\text{吸收功率})$$

图 1-36c：因为电压电流为非关联参考方向，故

$$P=-1\times3\mathrm{W}=-3\mathrm{W}, P<0(\text{发出功率})$$

图 1-36d：因为电压电流为非关联参考方向，故

$$P=(-1)\times1\mathrm{W}=-1\mathrm{W}, P<0(\text{发出功率})$$

三个无源电路元件中，电阻上的电压与电流始终是关联方向，所以电阻元件始终吸收功率。而对于电感和电容元件，在直流稳态电路中，由于流过电容元件的电流为零，电感元件两端的电压为零，所以根据式（1-21），可知所消耗的功率为零。

对于电压源和电流源元件，当其实际电压降方向与电流方向一致时，则吸收功率；当其实际电压降方向与电流方向相反时，则发出功率。

例 1-5　求图 1-37 中各元件上的功率，并说明电路中吸收和发出的功率是否平衡？

解　不难判断电路中的电流为顺时针方向，大小为

$$I=\frac{U_1-U_2}{R}=\frac{10-5}{5}\mathrm{A}=1\mathrm{A}$$

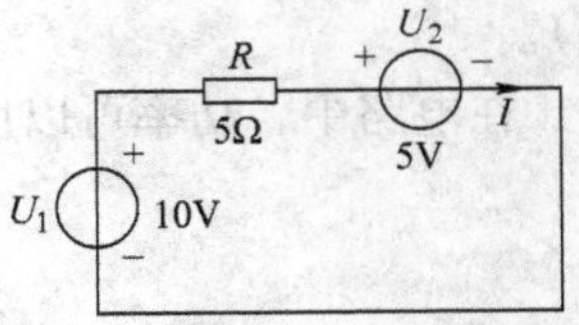

电压源 U_1 与电流方向相反，是发出功率：

$$P_1 = U_1 I = (10 \times 1)\text{W} = 10\text{W}(\text{发出功率})$$

或

$$P_1 = -U_1 I = (-10 \times 1)\text{W} = -10\text{W}$$

电压源 U_2 与电流方向相同，是吸收功率。

$$P_2 = U_2 I = (5 \times 1)\text{W} = 5\text{W}(\text{吸收功率})$$

或

$$P_2 = U_2 I = (5 \times 1)\text{W} = 5\text{W} > 0$$

电阻上的功率为

$$P_{\text{R}} = I^2 R = (1 \times 5)\text{W} = 5\text{W}(\text{吸收功率})$$

$$P_1 = P_2 + P_{\text{R}}$$

电路中吸收与发出的功率相等，即功率平衡。

图 1-37　例 1-5 图

1.7　电位的计算与仿真分析

在分析电子电路时，经常要用到电位的概念。

在计算电路中各点电位时，必须选定电路中某一点作为参考点，参考点的电位称为参考电位，通常设为零。电路中其他各点的电位都同参考电位比较，比参考电位高的为正，比参考电位低的为负。参考点在电路图中标上接地符号“⊥”。所谓“接地”并非真与大地相接。

电路中某点的电位等于该点与参考点（零电位点）之间的电压。

例如在图 1-38 中，如果设 a 点为参考电位点，即 $V_{\text{a}} = 0$（见图 1-39），则根据给出的电位定义可求出 b、c 和 d 三点的电位。即

$$V_{\text{b}} - V_{\text{a}} = U_{\text{ba}} \quad V_{\text{b}} = U_{\text{ba}} = -6 \times 10\text{V} = -60\text{V}$$

$$V_{\text{c}} - V_{\text{a}} = U_{\text{ca}} \quad V_{\text{c}} = U_{\text{ca}} = 20 \times 4\text{V} = 80\text{V}$$

$$V_{\text{d}} - V_{\text{a}} = U_{\text{da}} \quad V_{\text{d}} = U_{\text{da}} = 5 \times 6\text{V} = 30\text{V}$$

由计算结果得出 b 点电位比 a 点低 60V，而 c 点和 d 点的电位分别比 a 点高 80V 和 30V。

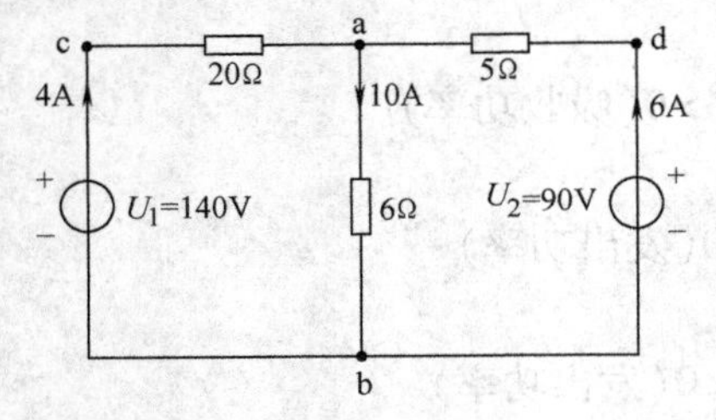

图 1-38　电路举例

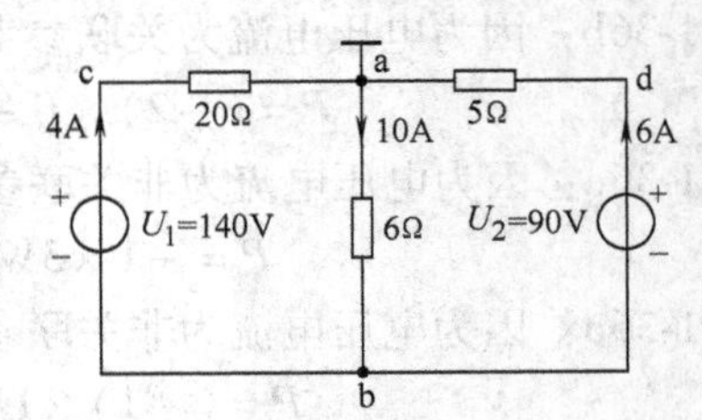

图 1-39　$V_{\text{a}} = 0$

如果设 b 点为参考电位点，即 $V_{\text{b}} = 0$（见图 1-40），则可得出

$$V_{\text{a}} = U_{\text{ab}} = 60\text{V}$$

$$V_{\text{c}} = U_{\text{cb}} = 140\text{V}$$

$$V_{\text{d}} = U_{\text{db}} = 90\text{V}$$

由此可以看出，参考点选得不同，电路中各点的电位值将不同，但是，任意两点间的电压值是不变的，所以各点电位的高低是相对的，而两点间的电压值是绝对的。表明电压的单值性。

最后，为简化电路的绘制，常常采用电位标注法，图 1-41 即为图 1-40 的简化电路。

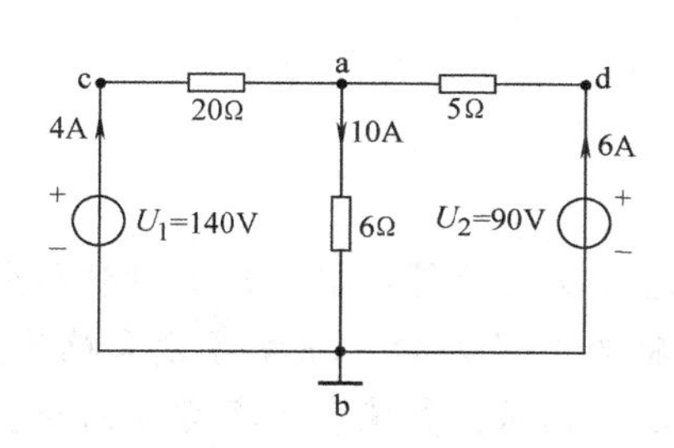

图 1-40　$V_b=0$

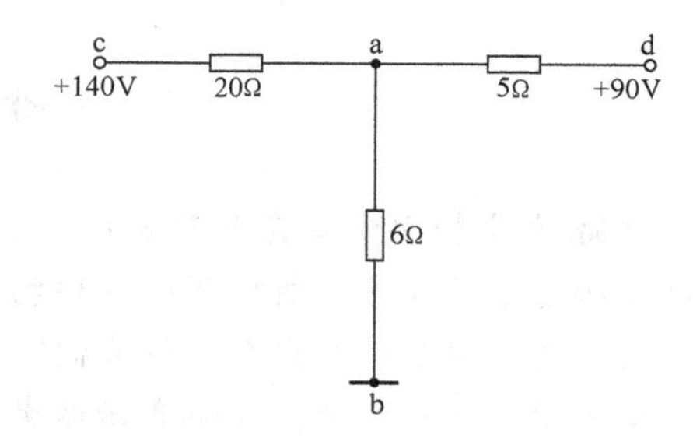

图 1-41　图 1-40 的简化电路

例 1-6　计算图 1-42 所示电路中开关 S 合上和断开时各点电位。

解　1）S 断开时

$V_e=0V$，$V_a=12V$，由于各电阻中无电流通过，没有电压降，所以 $V_c=V_b=V_d=V_a=12V$。

2）S 闭合时

$V_e=0V$，$V_a=12V$ 不变，由于 4kΩ 电阻上仍无电流通过，所以 $V_b=V_c=\frac{12}{2+2}\times 2V=6V$，$V_d=V_e=0V$。

例 1-7　电路如图 1-43 所示，用 EDA 仿真软件求解 a、b、c 点的电位。

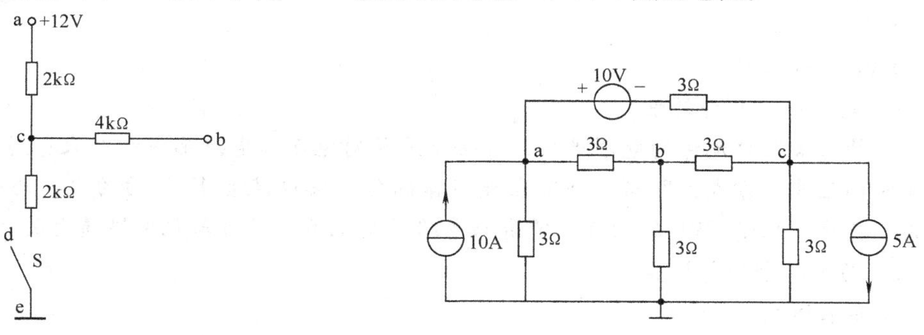

图 1-42　例 1-6 图　　图 1-43　例 1-7 图

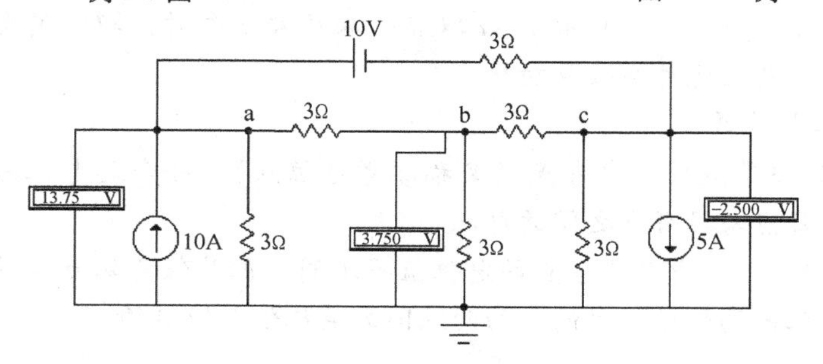

图 1-44　例 1-7 仿真结果

解　在 EWB 上创建仿真电路，直接用电压表测量各点电位，其电路和仿真结果如图 1-44所示。

小　　结

1. 电路主要物理量及其参考方向

电压和电流是电路分析中两个主要物理量。在电路分析与计算之前，需要对参与分析计算的电压、电流假定一个方向，该方向可任意指定，称为参考方向。在参考方向确定之后，电压、电流便成为代数量，正值表示参考方向与实际方向相同，负值表示参考方向与实际方向相反。

2. 理想电路元件及其伏安关系

1）电阻元件 R：关联参考方向下 $u=Ri$。

2）电感元件 L：关联参考方向下 $u=L\dfrac{\mathrm{d}i}{\mathrm{d}t}$。

3）电容元件 C：关联参考方向下 $i=C\dfrac{\mathrm{d}u}{\mathrm{d}t}$。

4）电压源：两端电压恒定，其中电流为任意值。

5）电流源：发出的电流恒定，两端电压为任意值。

3. 基尔霍夫定律

KCL：$\Sigma i=0$

KVL：$\Sigma u=0$

4. 电路中的两种约束

一种约束来自元件的电磁性质，即每个元件对电压和电流形成的约束；另一种约束来自元件的相互连接方式，即与一个节点相连接的各支路电流受 KCL 的约束，与一个回路相联系的各支路电压受 KVL 的约束。前者与电路结构无关，后者与元件性质无关。

5. 功率的分析与计算

功率表达式：$p=ui$

当一个元件的 u、i 取关联参考方向时，即假定该元件吸收功率，若计算结果为负值，说明该元件发出功率。当一个元件的 u、i 取非关联参考方向时，即假定元件发出功率，若计算结果为负值，说明该元件在吸收功率。

6. 电位的概念与计算

1）当选定电路中某点作为参考点（又称参考电位点），并令其电位为零时，电路中其他各点的电位即是各点与参考点之间的电压。

2）参考点选择不同，电路中各点的电位值将不同，但是任意两点间的电位差即电压值是不变的，各点电位的高低是相对的，而两点间的电压值是绝对的。

习　　题

1-1　写出图 1-45 所示电路中各元件的伏安关系式。

1-2　设电感 $L=1\mathrm{H}$，电流 i_L 的波形如图 1-46 所示。试写出电感两端电压 u_L 的表达式，并画出其波形图。

1-3　求图 1-47 所示电路中的电流 I_1 和 I_4。

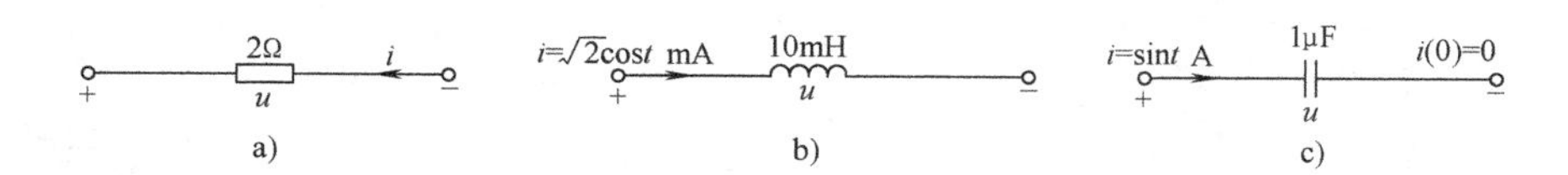

图 1-45　题 1-1 图

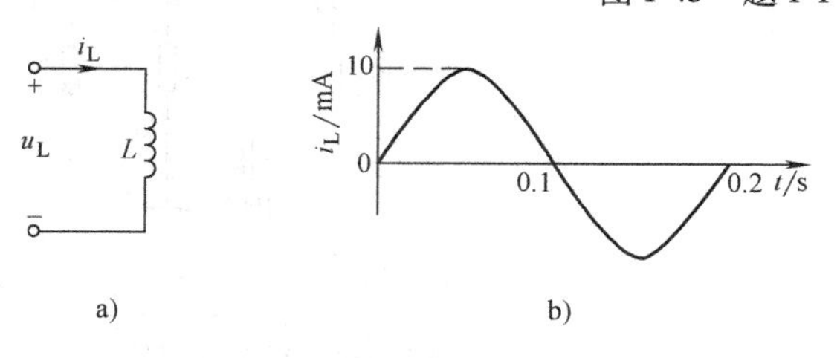

图 1-46　题 1-2 图

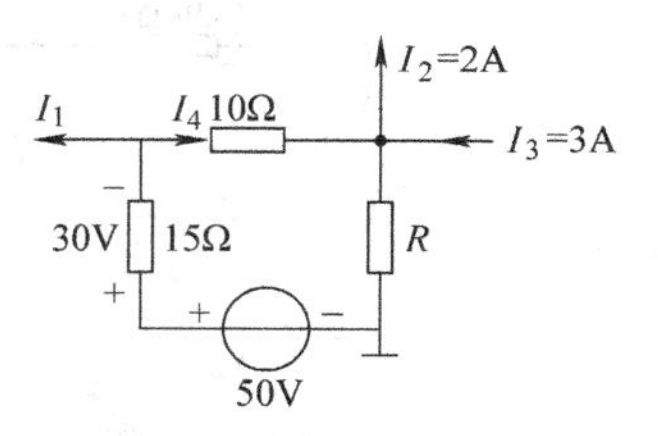

图 1-47　题 1-3 图

1-4　求图 1-48 所示电路中的 U_s 和 I。

1-5　电路如图 1-49 所示，求 U、I 和流过电压源的电流、电流源两端的电压。

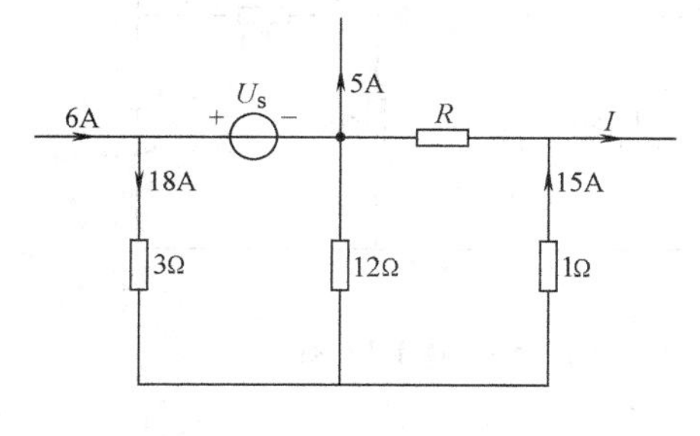

图 1-48　题 1-4 图

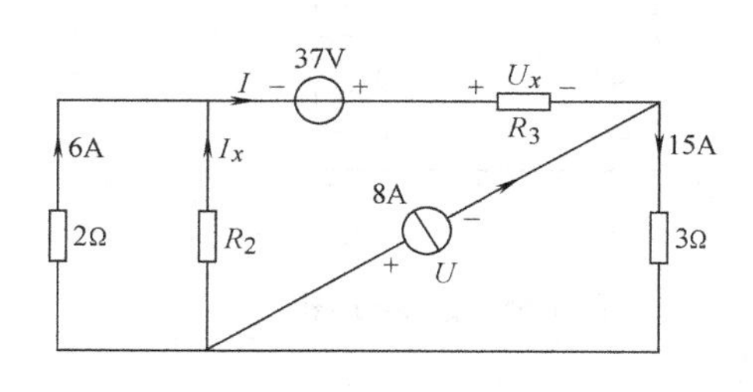

图 1-49　题 1-5 图

1-6　求图 1-50 所示电路中电流源上的功率。

1-7　在图 1-51 所示电路中，已知 $U_1=10\text{V}$，$E_1=4\text{V}$，$E_2=2\text{V}$，$R_1=4\Omega$，$R_2=2\Omega$，$R_3=5\Omega$，试求开路电压 U_2。

1-8　求图 1-52 所示电路中 A 点的电位。

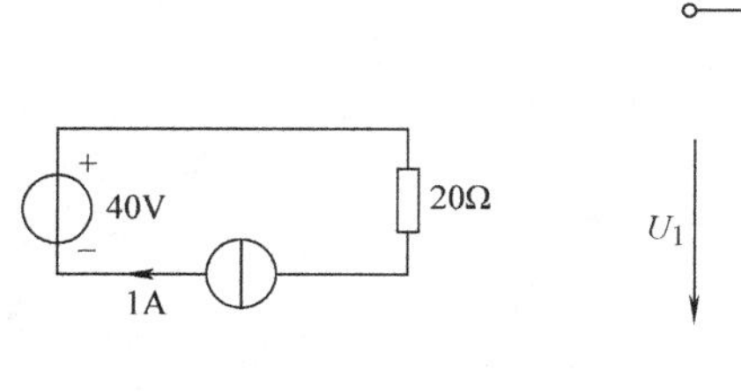

图 1-50　题 1-6 图

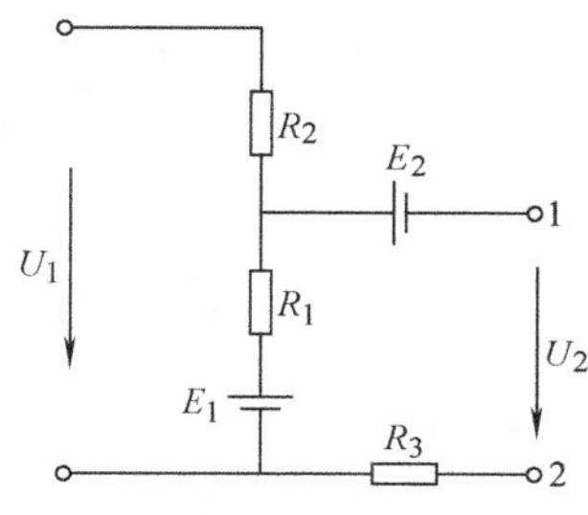

图 1-51　题 1-7 图

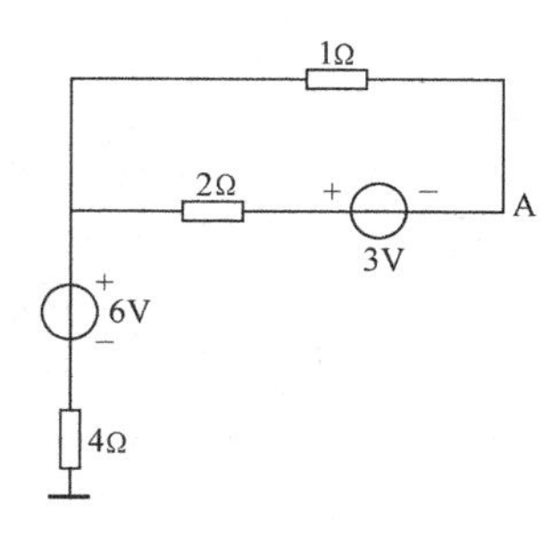

图 1-52　题 1-8 图

1-9　电路如图 1-53 所示，试求开关 S 在断开和闭合两种情况下 A 点的电位。

1-10　在图 1-54 电路中，求 B 点电位 V_B 及电阻 R。

1-11　求 1-55 图示电路中 A 点电位。

1-12　求图 1-56 所示电路中 A、B 两点的电位。如果将 A、B 两点短接，电路的工作状态是否改变?

1-13　求图 1-57 所示电路中电阻 R 吸收的功率。

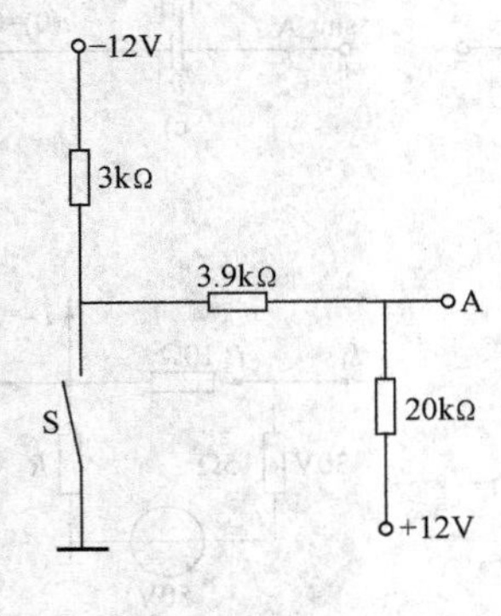

图 1-53　题 1-9 图

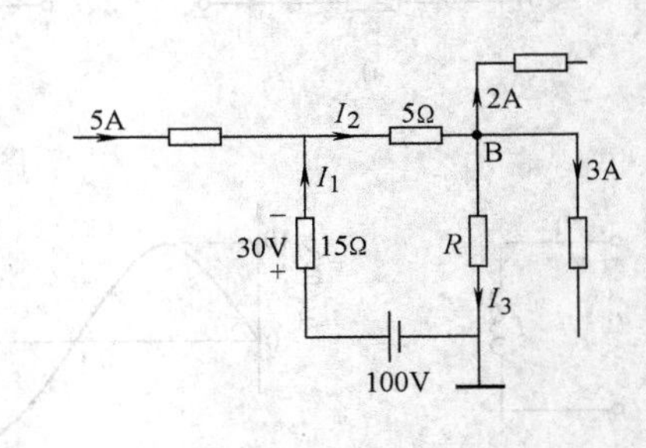

图 1-54　题 1-10 图

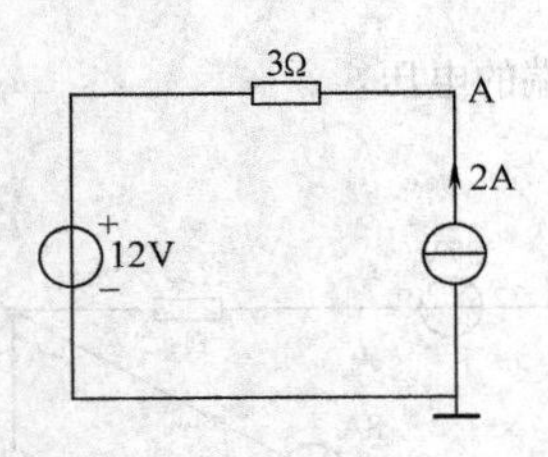

图 1-55　题 1-11 图

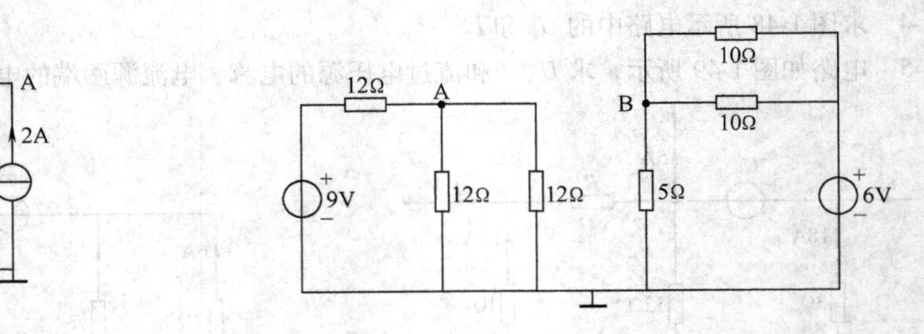

图 1-56　题 1-12 图

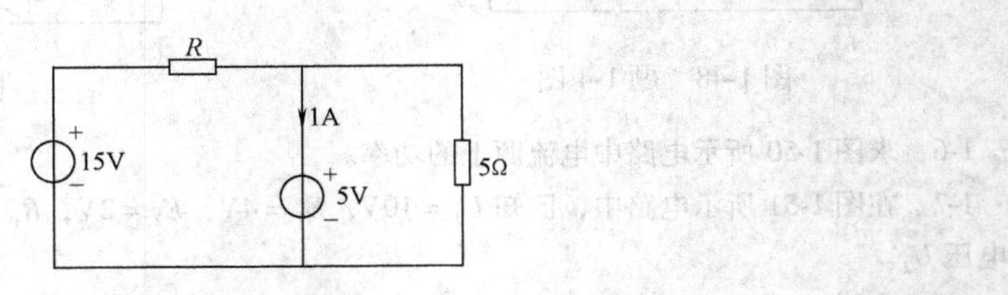

图 1-57　题 1-13 图

第 2 章　电路分析方法

在电路分析中，常常利用“等效”的概念将多个元件组成的电路化简为只由少数几个元件甚至一个元件组成的电路，从而使问题得到简化。“等效”是指电路的端口伏安特性相同。不含独立电源的二端网络称为无源二端网络，不含受控源的无源二端网络可通过电阻串、并联或 Y/△ 变换化简为简单的电路，含有受控源的无源二端网络可通过戴维南等效电路进行化简。含有独立电源的二端网络称为有源二端网络。有源二端网络可利用电源等效变换简化电路。本章首先阐述基于“等效”概念的电源等效交换法，然后介绍建立在 KCL 和 KVL 基础上的其他电路分析方法：支路电流法、弥尔曼定理以及建立在线性电路和“等效”基础上的叠加定理、戴维南定理。最后介绍各种电路分析方法在 EWB 工作平台上实现仿真的具体方法。上面介绍的电路分析方法在实际计算应用时，要根据电路的结构特点去分析与寻找计算的简便方法。

2.1　电源等效变换法

在含有多个电源（电压源或电流源）的复杂网络中，常常将电源进行合并，串、并联电阻等效为一个电阻，从而将复杂的网络简化。这种分析电路的方法称之为电源等效变换法。

由前面学到的知识可知，n 个电阻串联或并联可等效为一个电阻；n 个理想电压源串联可等效为一个理想电压源，其值为各个电压源值的代数和；n 个理想电流源并联可等效为一个理想电流源，其值为各个独立电流源值的代数和。在具体讲述电源等效变换电路分析方法之前，再介绍一个电路元件模型——实际电源，介绍它的两种外在表现形式及它们之间的等效变换。

2.1.1　实际电源的两种电路模型及等效变换

理想电压源的内阻恒等于零，理想电流源的内阻恒等于无穷。实际上，理想的电压源或理想的电流源是不存在的。对于电压源，总是存在着一个阻值较小的内阻；对于电流源，总是存在一个阻值较大的内阻。其电路模型如图 2-1 所示。

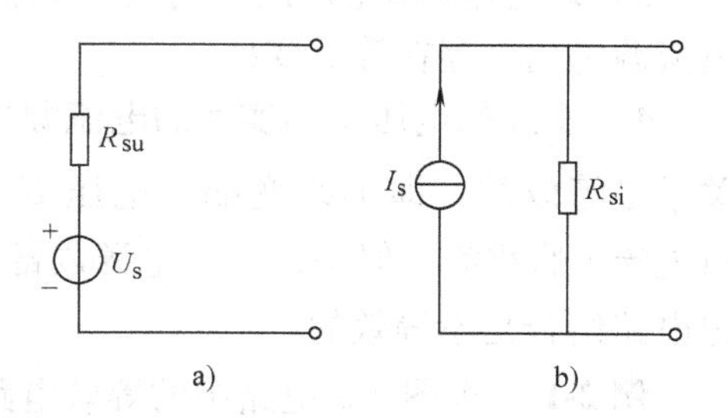

图 2-1　实际电源电路模型

a）实际电压源　b）实际电流源

既然实际电压源电路模型和实际电流源电路模型是实际电源的两种外在表现形式，那么这两种形式之间一定存在着等效变换。所谓的等效是指对同一个负载 R_L 而言，两种形式供电，负载 R_L 上的电压和流过 R_L 的电流应相等。对图 2-2，有下列等式：

$$I = I' \tag{2-1}$$

$$U = U' \tag{2-2}$$

由图 2-2 可知：

$$I = \frac{U_s - U}{R_{su}} \tag{2-3}$$

$$I' = I_s - \frac{U'}{R_{si}} \tag{2-4}$$

将式（2-3）和式（2-4）代入式（2-1）得

$$\frac{U_s}{R_{su}} - \frac{U}{R_{su}} = I_s - \frac{U'}{R_{si}} \tag{2-5}$$

由式（2-2）可知 $U = U'$，若令 $R_{su} = R_{si} = R_s$，则

$$I_s = \frac{U_s}{R_s} \tag{2-6}$$

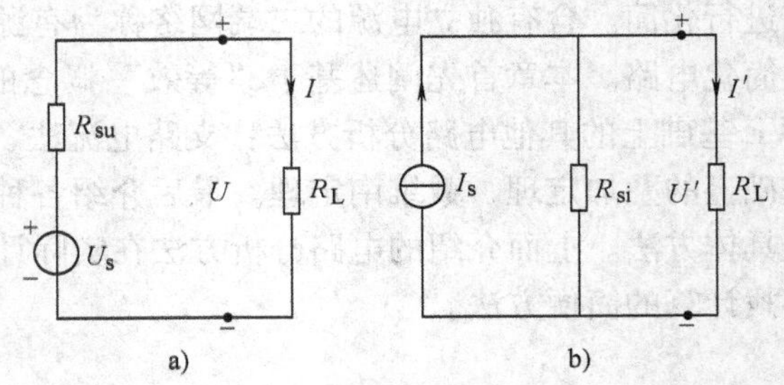

图 2-2 实际电源等效变换

由图 2-2a、b 和式（2-6）可以得出：实际的电压源可以转换成实际的电流源，电流源的电激流值等于电压源的电压值 U_s 除以内阻 R_{su}，方向对应关系为：高电位的方向对应电流源电激流的流出方向。同理，实际的电流源可以转换成实际的电压源，电压源的电压值等于实际电流源的电激流 I_s 乘以电流源的内阻 R_{si}，方向对应关系为：实际电流源电激流的流出方向对应电压源高电位的方向。

利用电阻串、并联的等效变换，理想电压源或理想电流源的合并及实际电源的等效变换等，可将复杂网络化成简单的电路，从而简化了计算。下面重点介绍含电压源和电流源较多的网络化简方法——电源等效变换法。

2.1.2 电源等效变换法

利用上面提到的等效变换，可以对电路进行分析，为了能进一步化简电路，需补充以下几点。

1）与理想电压源并联的任何元件对外电路不起作用，等效变换时这些元件可以去掉。

2）与理想电流源串联的任何元件对外电路不起作用，等效变换时这些元件可以去掉。

3）理想电压源的内阻等于零，理想电流源的内阻等于无穷大，所以理想电压源和理想电流源之间不存在等效变换。

4）实际的电压源和实际的电流源之间存在着等效变换。这种等效变换只对端钮的伏安关系是等效的，即不改变端口电压 U 和端口电流 I 的数值；但是，对于电源内部，两组电路组合是不等效的。

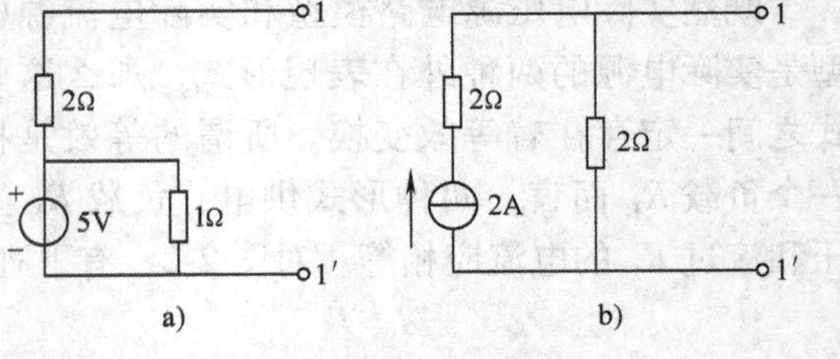

图 2-3 例 2-1 图

例 2-1 求图 2-3 电路中的等效电路。

解 对于图 2-3a，5V 电压源与 1Ω 电阻并联，1Ω 电阻去掉，可等效成 5V 电压

源，电路变换如图2-4所示。

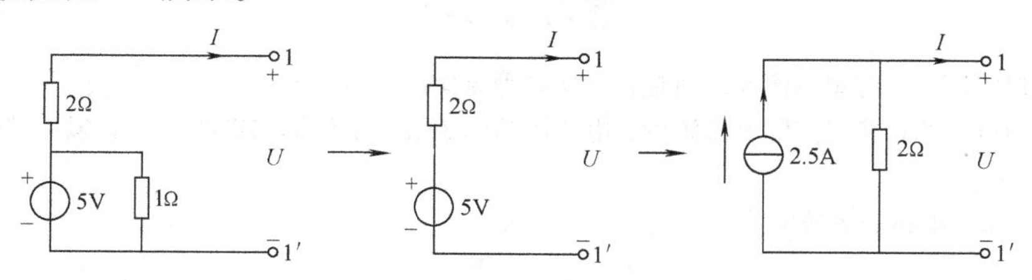

图2-4　图2-3a的解

对于图2-3b，2A电流源与2Ω电阻串联，2Ω电阻去掉，可等效成2A电流源，电路变换如图2-5所示。

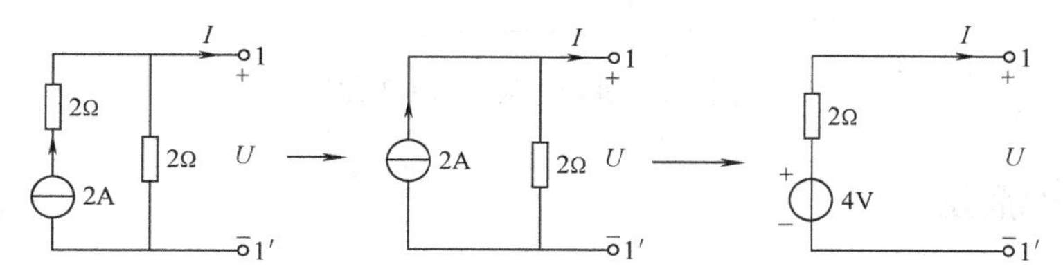

图2-5　图2-3b的解

例2-2　用电源等效变换求电流 I。

解　由图2-6可知，6V电压源和1Ω并联，1Ω去掉。6A电流源和12V电压源串联，12V电压源去掉。然后进行实际电压源和实际电流源的等效变换。电路的具体变换过程和结果如图2-7所示，故

$$I=\frac{9-4}{1+2+7}\mathrm{A}=0.5\mathrm{A}$$

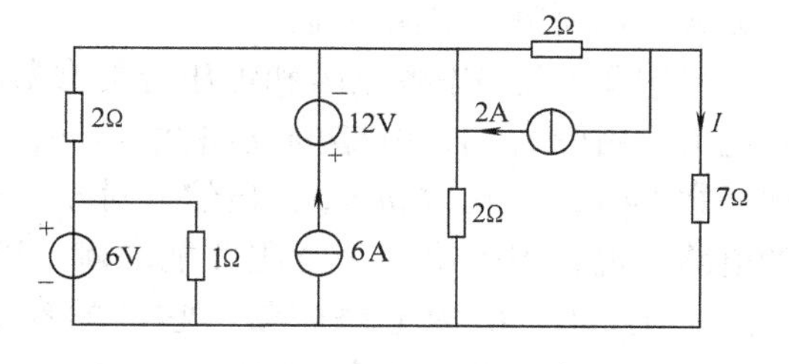

图2-6　例2-2图

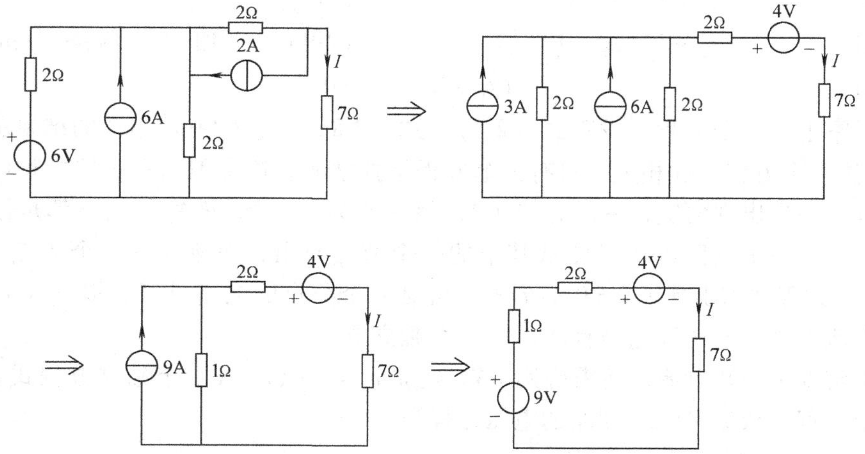

图2-7　例2-2解

练习与思考

2-1-1 理想电压源和理想电流源之间是否存在着等效变换？为什么？

2-1-2 实际电压源转换成实际电流源时，电压源的电压值和电流源的电激流值有怎样的关系？电压源的极性如何？

2-1-3 求图 2-8 电路的等效电路。

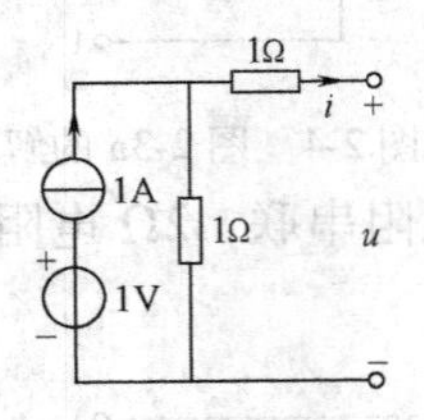

图 2-8 练习与思考 2-1-3 图

2.2 支路电流法

支路电流法是以支路电流为电路变量，应用 KCL 和 KVL，列出与支路电流数相等的独立方程，从而解得支路电流。

设图 2-9 电路中各电阻和恒压源的参数已知，求各支路电流。由图可知，电路的支路数 $b=6$，节点数 $n=4$，回路数 $l=7$，网孔数 $m=3$，显然，对于一个有 6 条支路的电路来说，需列出 6 个方程才能求解。以支路电流 I_1、I_2、I_3、I_4、I_5、I_6 为电路变量，它们的参考方向如图所示，根据 KCL，节点电流方程为

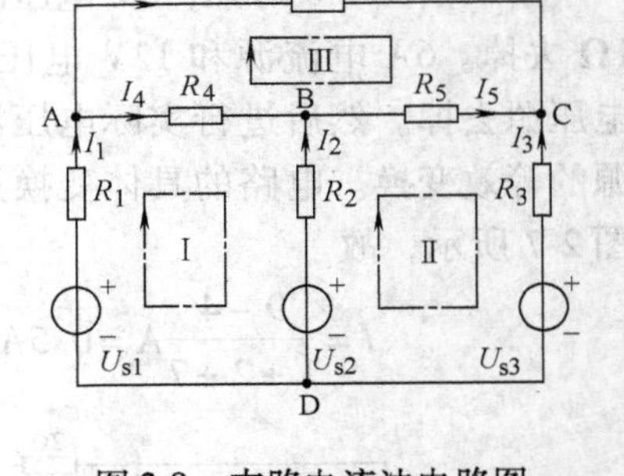

图 2-9 支路电流法电路图

节点 A $\quad I_1-I_4-I_6=0 \quad$ (2-7)

节点 B $\quad I_2+I_4-I_5=0 \quad$ (2-8)

节点 C $\quad I_3+I_5+I_6=0 \quad$ (2-9)

节点 D $\quad -(I_1+I_2+I_3)=0 \quad$ (2-10)

仔细观察上述 4 个方程，发现式（2-7）、式（2-8）、式（2-9）相加的结果就是式（2-10），所以这 4 个方程线性相关，只有三个方程是独立的。这是因为在这些方程中，每个支路电流均作为一项出现两次，一次为“+”，另一次为“-”，而每条支路都是接在两个节点之间的，所以每个支路电流必然从其中的一个节点流出，而流入另一个节点，最终使 n（节点数）个方程之和出现了 0=0 的形式，可见 n 个节点的电路只可能提供（$n-1$）个独立的节点电流方程。通常称电路有 $N=n-1$ 个独立节点。

为了求解 b 个未知电流，还需应用 KVL 建立 $m=b-(n-1)$ 个独立方程式。图 2-9 还需列出三个方程。根据 KVL，回路的电压方程为

回路Ⅰ $\quad I_1R_1-I_2R_2+I_4R_4=U_{s1}-U_{s2} \quad$ (2-11)

回路Ⅱ $\quad I_2R_2-I_3R_3+I_5R_5=U_{s2}-U_{s3} \quad$ (2-12)

回路Ⅲ $\quad -I_4R_4-I_5R_5+I_6R_6=0 \quad$ (2-13)

上述三个方程是独立的，这是因为我们每选一个回路，使这个回路至少具有一条新支路

（即该支路的电压源或电阻在已选取过的回路方程里未出现过），那么，按选取的先后次序来看后一个回路的方程必定具有前面回路方程所没有的电阻或电压源，因而它不能由前面那些回路方程导出。换句话说，用这样的方法所选取的回路，其回路方程一定是独立的。所以，可以用这种方法来选取独立回路，即每次选取的回路至少有一条新支路，并选足 m 个为止。另外，我们也可以按网孔列独立方程，一个网孔就是一个独立回路，网孔数就是独立回路数，按所有网孔列回路方程，就可以方便地得到 m 个独立的回路方程。

当然，并非所有回路的电压方程都是独立的，例如最外面回路的电压方程为

$$I_1R_1 + I_6R_6 - I_3R_3 = U_{s1} - U_{s3} \tag{2-14}$$

式（2-14）是式（2-11）、式（2-12）、式（2-13）相加的结果。由图2-9可知，最外面回路所关联的支路或者与回路Ⅰ有关，或者与回路Ⅱ、回路Ⅲ有关，并不包含新的支路。这样，该回路电压方程可以通过其他回路电压方程进行加减运算得到，故式（2-14）不是独立方程。

总之，对于 b 条支路、n 个节点的电路，应用KCL可以列出（$n-1$）个独立的节点电流方程，应用KVL可以列出 $m=b-(n-1)$ 个独立回路方程。独立方程的数目总共为 $(n-1)+[b-(n-1)]=b$ 个，正好是未知支路电流的数目。故当网络中所有电源及其他元件的参数均已给定时，应用KCL和KVL恰好列出 b 个独立方程，从而解得 b 个未知的支路电流。

综上所述，用支路电流法进行网络分析求其支路电流时，可以按以下步骤进行：

1）选定各支路电流的参考方向。

2）根据网络的节点数 n，任选 $n-1$ 个节点，应用KCL列（$n-1$）个节点电流方程。

3）选取独立回路，独立回路数应为 $m=b-(n-1)$ 个，并规定回路的绕行方向，然后根据所选定的独立回路应用KVL列回路方程。

4）联立节点电流方程和回路电压方程组成线性方程组，从而解出 b 条支路电流。

例2-3　用支路电流法求图2-10中各支路电流。

解　首先规定各支路电流的参考方向及回路方向。在本例题中，支路电流方向已经给定，只规定回路方向即可。回路方向如图2-10所示。应用KCL及KVL列方程如下：

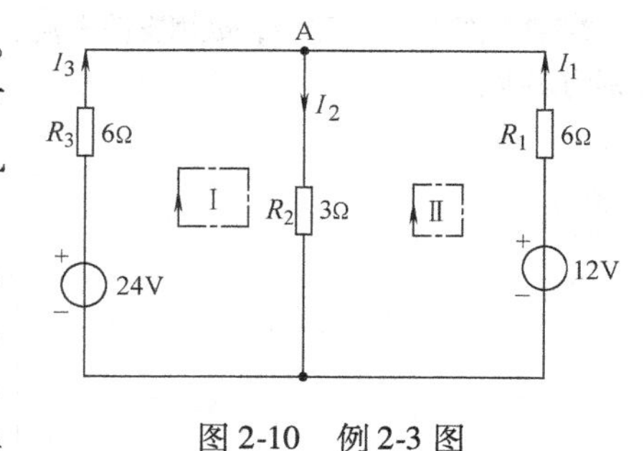

图2-10　例2-3图

节点A　$I_1 + I_3 = I_2$　(2-15)

回路Ⅰ　$R_2I_2 + R_3I_3 = 24$　(2-16)

回路Ⅱ　$-R_2I_2 - R_1I_1 = -12$　(2-17)

联立求解由式（2-15）~式（2-17）组成的三元线性方程组。由式（2-16）和式（2-17）得

$$I_3 = \frac{8-1I_2}{2} \tag{2-18}$$

$$I_1 = \frac{4-1I_2}{2} \tag{2-19}$$

将式（2-18）和式（2-19）代入式（2-15）解得

$$I_2 = 3\text{A}$$

将 $I_2=3\text{A}$ 代入式（2-18）和式（2-19）分别得

$$I_3=2.5\text{A}$$

$$I_1=0.5\text{A}$$

例 2-4　用支路电流法求各支路电流及电压。

解　首先规定回路方向，如图 2-11 所示。应用 KCL 和 KVL 列方程如下：

节点 A　　$I_1=I_2+2$　　(2-20)

节点 B　　$I_2+I_4=I_3$　　(2-21)

节点 C　　$I_4+I_5=2$　　(2-22)

回路 Ⅰ　　$R_2I_2+R_3I_3-2=0$　　(2-23)

回路 Ⅱ　　$R_4I_4+R_3I_3-R_5I_5=0$　　(2-24)

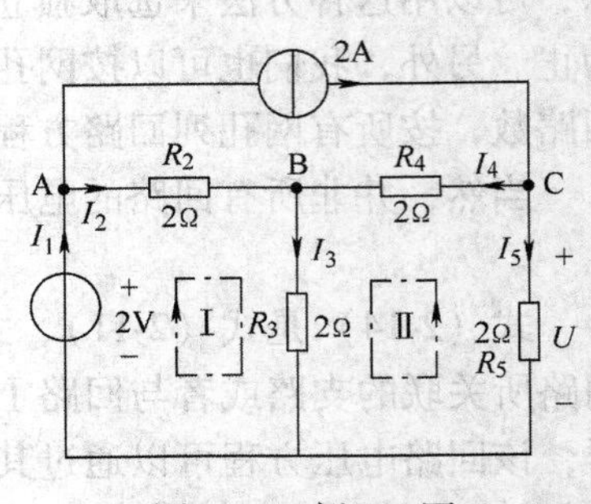

图 2-11　例 2-4 图

联立求解由式（2-20）~式（2-24）组成的五元线性方程组得

$$I_1=2.2\text{A}$$

$$I_2=0.2\text{A}$$

$$I_3=0.8\text{A}$$

$$I_4=0.6\text{A}$$

$$I_5=1.4\text{A}$$

于是　　$U=2\Omega I_5=2.8\text{V}$

练习与思考

2-2-1　某电路有 3 个节点和 5 条支路，采用支路电流法求解各支路电流时，应列出 KCL 方程数和 KVL 方程数分别为多少？两者的和应为多少？

2-2-2　图 2-12 电路中，欲用支路电流法求解流过电阻 R 的电流 I，需列出独立电流方程和电压方程数分别为多少？

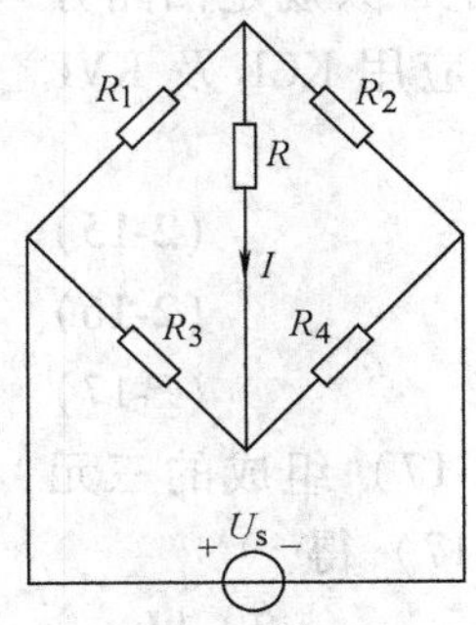

图 2-12　练习与思考 2-2-2 图

2.3　弥尔曼定理

前面讲述的支路电流法是选用网络的电流变量建立电路方程的分析方法。本节主要讨论选用网络电压变量的电路分析方法。对于只有两个节点而由多条支路并联组成的电路，在求各支路响应时，可以先求出这两个节点间的电压，而后再求各支路电流。弥尔曼定理给出了直接求解节点电压的公式。

弥尔曼定理表述为：在仅有两个节点的电路中，两节点间的电压等于流入节点电激流的代数和与并在两节点间所有电导之和的比值，即 $U=\Sigma I_s/(\Sigma G)$，并规定流入所选定的参考高电位端的电激流为正。

对于图 2-13 所示电路，应用弥尔曼定理求 a、b 两点之间的电压 U_{ab}。

$$U_{ab}=\frac{\Sigma I_s}{\Sigma G} \tag{2-25}$$

式中

$$\Sigma G=\frac{1}{R_1}+\frac{1}{R_2}+\frac{1}{R_3}+\frac{1}{R_4}$$

$$\Sigma I_s=\frac{U_{s1}}{R_1}+\frac{U_{s2}}{R_2}-\frac{U_{s3}}{R_3}+I_{s1}$$

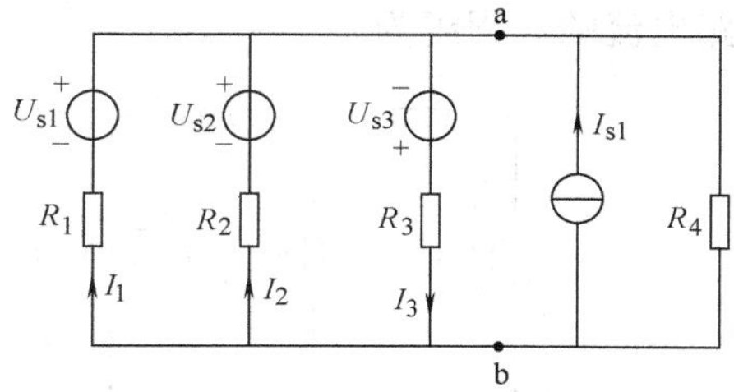

图 2-13　弥尔曼定理图例

如果进一步求支路电流，则通过列 KVL 方程即求得。

$$I_1=\frac{U_{s1}-U_{ab}}{R_1}$$

$$I_2=\frac{U_{s2}-U_{ab}}{R_2}$$

$$I_3=\frac{U_{s3}+U_{ab}}{R_3}$$

例 2-5　利用弥尔曼定理求图 2-14 中各支路电流。

解　首先选参考节点，标明支路电流的参考方向，利用弥尔曼定理求节点之间的电压 U_{10}。

$$U_{10}=\frac{U_{s1}/R_1+U_{s2}/R_2}{\frac{1}{R_1}+\frac{1}{R_2}+\frac{1}{R_3}}=\frac{12/100+8/50}{1/100+1/50+1/100}\text{V}=7\text{V}$$

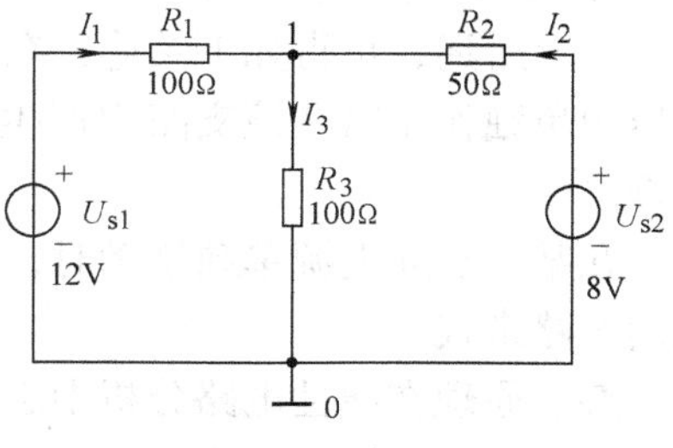

各支路电流为

$$I_1=\frac{U_{s1}-U_{10}}{R_1}=\frac{12-7}{100}\text{A}=0.05\text{A}$$

$$I_2=\frac{U_{s2}-U_{10}}{R_2}=\frac{8-7}{50}\text{A}=0.02\text{A}$$

图 2-14　例 2-5 图

$$I_3=\frac{U_{10}}{R_3}=\frac{7}{100}\text{A}=0.07\text{A}$$

如果电路中有多于两个的节点时，分析电路的方法可以采用节点电压分析法。关于这部分内容，本书不做详细介绍。

2.4　叠加原理

叠加原理是线性电路的一个重要定理，它反映了线性电路的两个基本性质，即叠加性和比例性。

图 2-15a 电路中，当支路电流的参考方向如图所示时，根据 KCL 和 KVL 列出的求解各支路电流的方程组为

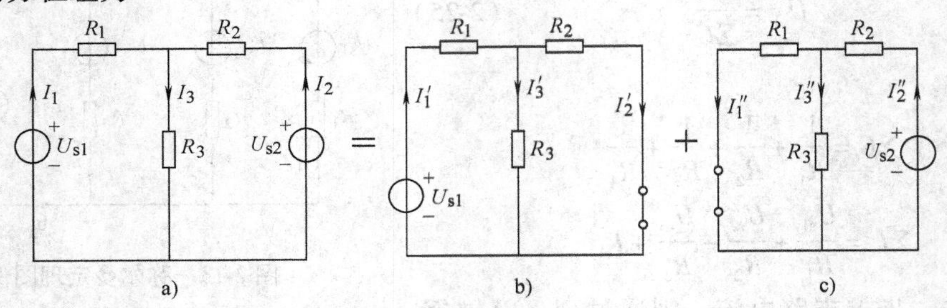

图 2-15　叠加原理图例

$$I_1+I_2-I_3=0$$
$$R_1I_1+R_3I_3=U_{s1}$$
$$R_2I_2+R_3I_3=U_{s2}$$

解得支路电流 I_1 为

$$I_1=\frac{R_2+R_3}{R_1R_2+R_1R_3+R_2R_3}U_{s1}-\frac{R_3U_{s2}}{R_1R_2+R_1R_3+R_2R_3}=I_1'-I_1''$$

上式中 I_1' 是电压源 U_{s1} 单独激励时支路 1 的电流，见图 2-15b，I_1'' 是电压源 U_{s2} 单独激励时支路 1 的电流，见图 2-15c，因为 I_1' 和 I_1'' 分别和 I_1 的参考方向相同和相反，所以 $I_1=I_1'-I_1''$。同理求得 $I_2=I_2''-I_2'$，$I_3=I_3'+I_3''$。

综上所述，可得如下结论：在线性电路中，任一支路电流（或电压）都是电路中各个电压源单独作用时在该支路中产生的电流（或电压）之和，线性电路的这一性质称为叠加原理。

在某一独立电源单独激励时，对其余不激励电源的处理是，恒压源用短路来代替，恒流源用开路来代替。

叠加原理在线性电路分析中起着重要作用，它是分析线性电路的基础。线性电路的许多定理可以从叠加原理导出。

使用叠加原理时，应注意下列几点：

1）叠加原理只能用来计算线性电路的电流和电压。对非线性电路，叠加原理不适用。

2）叠加原理在叠加时要注意电流和电压的参考方向，求和时要注意各个电流和电压的正负。

3）叠加时，对不作用电源的处理是，电压源用短路替代，电流源用开路替代。

4）由于功率不是电压或电流的一次函数，所以不能用叠加原理来计算。

例 2-6　用叠加原理求图 2-16a 中的 U_{ab}。

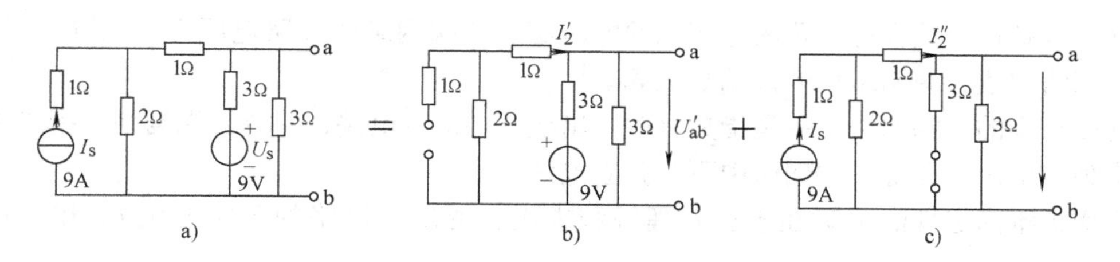

图 2-16　例 2-6 图

解　先把图 2-16a 分解成图 b 和图 c 所示的电源单独作用的电路，然后按下列步骤进行计算：

1）当电压源单独作用时（见图 2-16b）

$$U_{ab}'=\left[\frac{\frac{(1+2)\times3}{(1+2)+3}}{3+\frac{(1+2)\times3}{(1+2)+3}}\times9\right]\text{V}=\left(\frac{1.5}{3+1.5}\times9\right)\text{V}=3\text{V}$$

2）当电流源单独作用时（见图 2-16c）

$$I_2''=\frac{2}{2+1+\frac{3\times3}{3+3}}I_s=\left(\frac{2}{4.5}\times9\right)\text{A}=4\text{A}$$

$$U_{ab}''=\frac{3\times3}{3+3}\Omega I_2''=(1.5\times4)\text{V}=6\text{V}$$

3）当两个电源共同作用时

$$U_{ab}=U'_{ab}+U''_{ab}=(3+6)\text{V}=9\text{V}$$

练习与思考

2-4-1　叠加原理适用哪一类的电路?

2-4-2　如果激励源是一个非正弦的周期信号，此电路的分析是否能用叠加原理?

2-4-3　在计算线性电阻电路的电压和电流时，可用叠加原理。在计算线性电阻电路的功率时，是否也可以用叠加原理?

2-4-4　在计算非线性电阻电路的电压和电流时，是否可以用叠加原理?

2.5　戴维南定理

戴维南定理是电路分析的又一种重要分析方法。尤其分析网络中的一条支路的响应时，或者求最大功率传输问题，通常利用此分析方法。

如图 2-17a 所示，若想求得流过电阻 R_4 的电流 i_4，我们可作如下处理，首先将这条支路划出，而后把其余部分看作一个有源二端网络。图 2-17a 点画线框住的部分，可用一个标有 “N” 的框代替，等效为如图 2-17b 所示的电路。这个有源的二端网络 “N” 可以用一个电压源 U_{oc} 和一个电阻 R_0 的串联来表示，此电路模型即为戴维南定理。

戴维南定理可表述为：任何一个线性含源的二端网络，对外电路来说，可以用一条含源支路来等效替代，该含源支路的电压源的电压等于二端网络的开路电压 U_{oc}，其电阻等于含源二端网络化成无源网络后的入端电阻 R_0。

前面提到的二端网络，就是指具有两个出线端的部分电路，有源二端网络是指二端网络中含有独立电源，无源二端网络中不含独立电源。

应用戴维南定理的关键在于正确理解和求出含源二端网络的开路电压 U_{oc} 和入端电阻 R_0。

图 2-17b 表示的是一个含源的二端网络及其外电路，求得开路电压 U_{oc} 的方法就是求出 R_4 断开后 a、b 间的电压。入端电阻 R_0 的求法是将二端网络内部所有电压源的电压都置零（即电压源处用短路替代），所有网络内部电流源的电流都置零（即电流源处用开路代替），然后从无端二端网络 a、b 看进去的总电阻，如图 2-17c 所示。

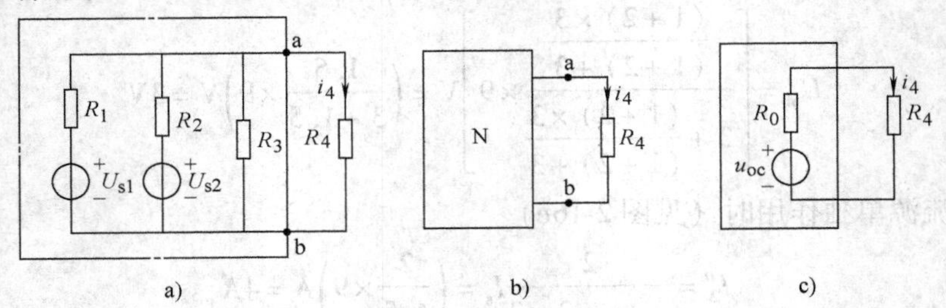

图 2-17　戴维南定理图例

例 2-7　用戴维南定理求图 2-18 电路中的 U_{AB}。

解　第一步　求开路电压 U_{oc}。首先将 $\frac{1}{3}\Omega$ 电阻断开如图 2-19a 所示，将电路化简为图 2-19b 所示，则 A、B 之间的开路电压为

$$U_{oc} = (2.5 + 2)\text{A} \times (2 /\!/ 1)\Omega = 3\text{V}$$

第二步　求入端电阻 R_0。

如图 2-19c 所示，将独立的电压源用短路线代替，独立电流源用断路代替，则 A、B 之间的等效电阻为

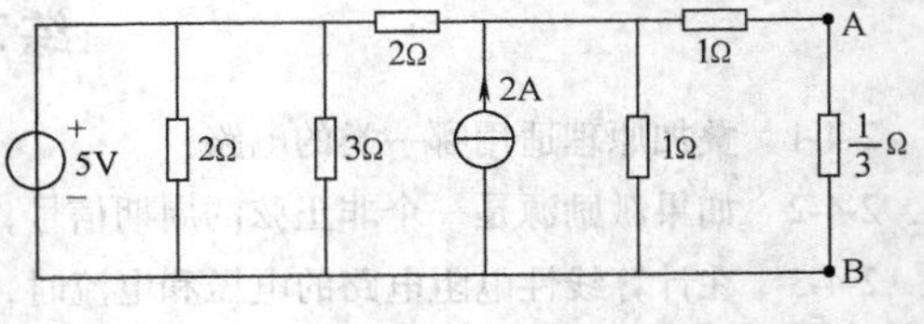

$$R_0 = 1\Omega + \frac{2 \times 1}{2 + 1}\Omega = \frac{5}{3}\Omega$$

图 2-18　例 2-7 图

第三步　求 U_{AB}。

求出二端网络的 U_{oc} 和 R_0 后，其戴维南等效电路如图 2-19d 所示，则利用分压定律求出 U_{AB} 为

$$U_{AB} = \frac{\frac{1}{3}}{\frac{5}{3} + \frac{1}{3}} \times 3\text{V} = 0.5\text{V}$$

例 2-8　图 2-20a 是一电桥电路。已知电路中各元件的参数，应用戴维南定理求 I_P 的表达式及电桥平衡条件。

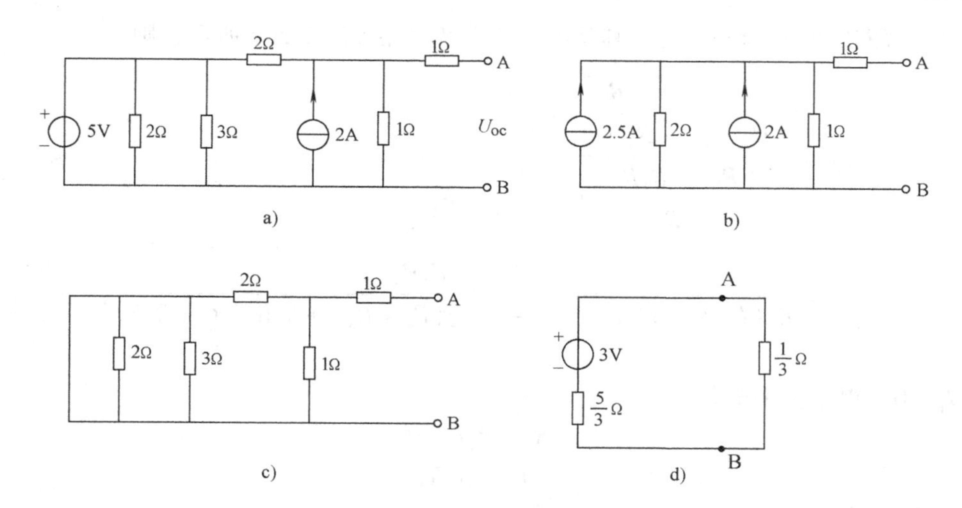

图 2-19　例 2-7 戴维南定理电路图

解　电桥是一种用来测量电阻等参数的精密仪器，如图 2-20a 电桥的 4 个臂是由电阻 R_1、R_2、R_3、R_4 组成。连接电源的 CD 端称为电源端，接入检流计的 AB 端称为电桥的输出端，R_P 为检流计的内阻。电桥平衡是指流过检流计的电流 $I_P=0$ 时的工作状态。

第一步，求开路电压 U_{oc}

首先将 R 支路断开如图 2-20b 所示，则 $U_{AB}=U_{oc}$

$$U_{oc}=U_{AB}=U_{AD}-U_{BD}$$

$$=\frac{R_3}{R_1+R_3}U_s-\frac{R_4}{R_2+R_4}U_s$$

$$=\left(\frac{R_3}{R_1+R_3}-\frac{R_4}{R_2+R_4}\right)U_s$$

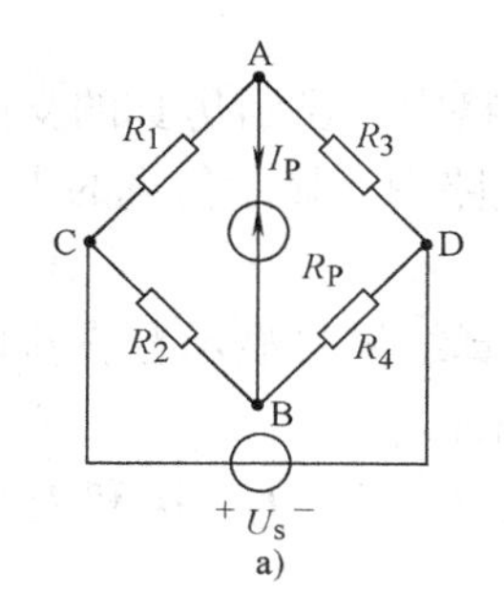

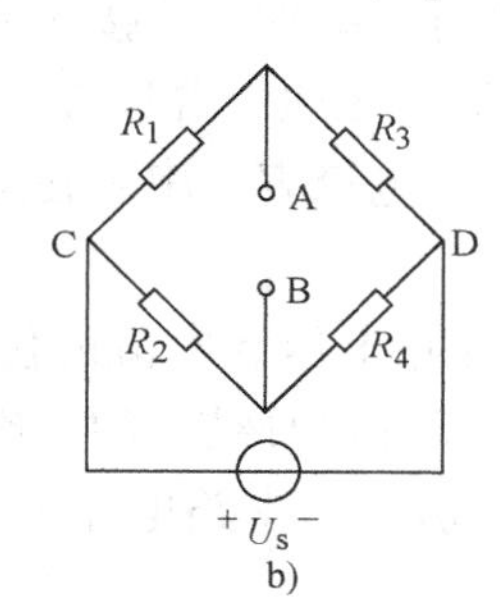

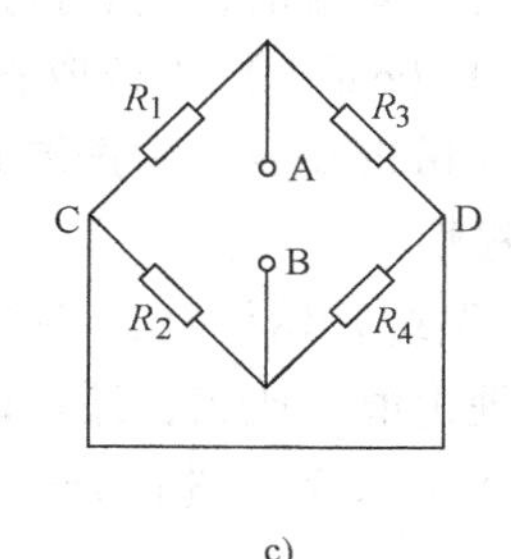

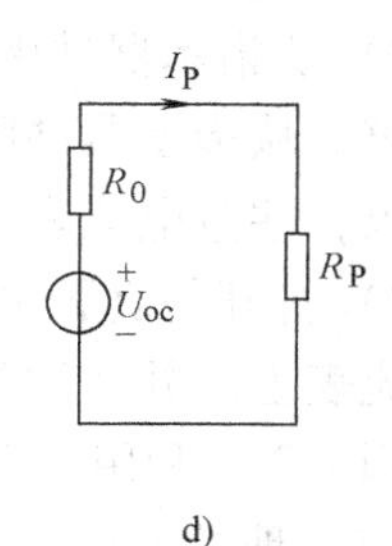

图 2-20　例 2-8 图

第二步，求入端电阻 R_0

如图 2-20c 电路所示，将独立电源置零，即用短接线来代替后，A、B 之间的等效电阻 R_0 为

$$R_0=R_1/\!/R_3+R_2/\!/R_4$$

$$=\frac{R_1R_3}{R_1+R_3}+\frac{R_2R_4}{R_2+R_4}$$

第三步，求电流 I_P

求出二端网络的 U_{oc} 和 R_0 后，其戴维南的等效电路如图 2-20d 所示，则

$$I_P = \frac{U_{oc}}{R_0 + R_P} = \frac{\dfrac{R_3}{R_1 + R_3} - \dfrac{R_4}{R_2 + R_4}}{\dfrac{R_1R_3}{R_1 + R_3} + \dfrac{R_2R_4}{R_2 + R_4} + R_P}U_s$$

$$= \frac{R_2R_3 - R_1R_4}{R_P(R_2 + R_4)(R_1 + R_3) + R_2R_4(R_1 + R_3) + R_1R_3(R_2 + R_4)}U_s$$

令 $I_P = 0$，得电桥平衡条件

$$R_1R_4 - R_2R_3 = 0$$
$$R_1R_4 = R_2R_3$$

2.6 直流电路的仿真分析

前面介绍了电源等效变换、支路电流、弥尔曼定理、叠加原理和戴维南定理电路分析方法。针对不同电路的特点，选择不同的电路分析方法，可使问题的求解简单快捷。利用 EWB（Electronics Workbench）可对采用不同电路分析方法求解的直流电路进行仿真，从而验证电路求解的正确性，同时还可以对电路分析方法中的验证性实验和设计性的实验进行仿真。

利用 EWB 对直流电路进行仿真的具体步骤如下：

1）先在 EWB 工作平台上画出待分析的电路，分别从基本元件库（Basic）和电源库（Source）中选取电阻和电源。双击元件符号，打开属性（Properties）对话框，选中“Value”卡，设置电源和电阻的参数值，然后按照电路结构，连接元件。

2）从指示器件库（Indicators）中选取直流电压表，并联在支路中，显示仿真的支路电压结果。从指示器件库（Indicators）中选取直流电流表，串联在支路中，显示仿真的支路电流结果，注意电流表的极性。

3）打开仿真开关，系统开始仿真，各个支路电压和电流的仿真结果将显示在直流电压和电流表上。并通过和理论值的比较，还可以验证仿真结果的正确性。

例 2-9 利用 EWB 对图 2-21a 进行分析，仿真出支路电流 I_1、I_2、I_3、I_4、I_5 和 I_6 的值及 E 点对地的电位 V_E。

解 首先从基本元件库（Basic）中选取电阻，双击元件符号，打开属性（Resistor Properties）对话框，选中“Value”卡，将电阻值设为图 2-21a 所示的参数值，同样从电源库（Source）中选取电压源和电流源，双击元件符号，进行参数选择。为使电路元件排放规则，可以利用工具按钮中的（Rotate，Flip Horizontal 和 Flip Vertical）按钮将水平放置的元件放置为垂直、水平和上下翻转。然后按照电路结构，连接元件，如图 2-21a 所示。注意仿真电路必须有接地参考点。

从指示器件库（Indicators）中选取直流电流、电压表，将电流表两端的接线与串接电路的连线重合，即可将电流表串入到相应的支路中。连接时注意电流表的极性。电流表默认的

属性是直流，因此无需改变电流表的任何设置。将电压表并联在电路中，可测得对应的电压值，串入电压、电流表的电路如图 2-21b 所示。

打开 EWB 界面右上角的仿真开关，系统开始仿真，各个支路电流和电压的仿真结果将显示在直流电流表、电压表上。如图 2-21c 所示。

将仿真结果与利用支路电流法对电路进行求解的结果比较，可以看出，仿真结果等于理论值，验证了仿真结果的正确性。

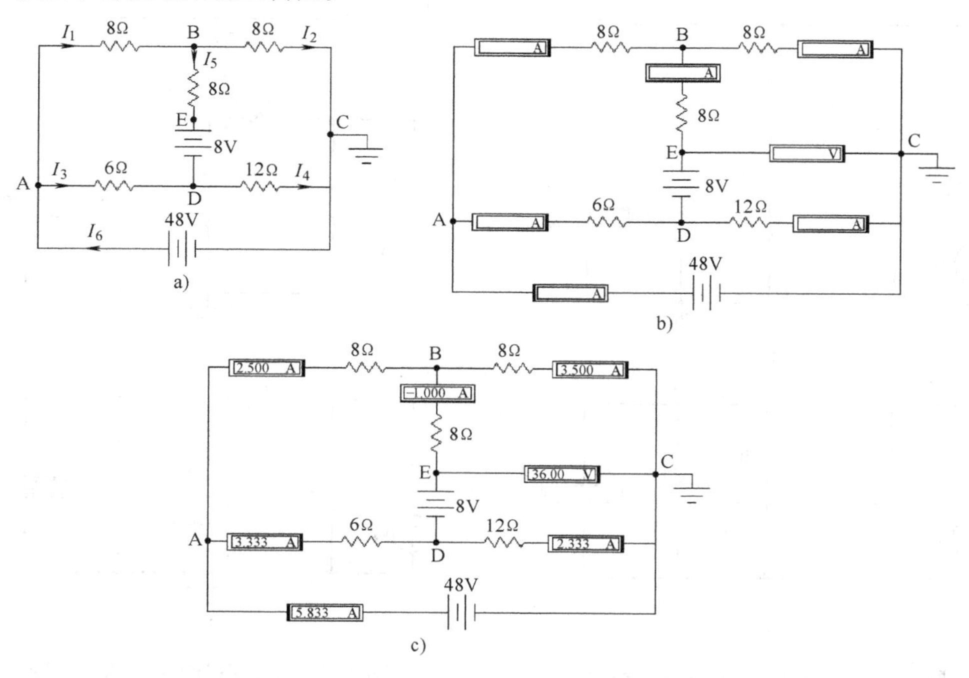

图 2-21　例 2-9 题图

a）电路连线图　b）仿真连线图　c）仿真结果

利用 EWB 对电路分析方法进行仿真时，通过 EWB 指示器件库（Indicators）中的直流电压、电流表，将各节点对地电位的仿真结果显示出来。除可以用上述方法对电路进行仿真外，还可以利用 EWB 提供的电路分析方法中的直流工作点分析（DC Operating Point Analysis）对电路进行分析，EWB 自动把电路中的所有节点的电压值及流过电源支路的电流数值，显示在分析结果图（Analysis Graph）中。弥尔曼定理可采用上述方法进行仿真。

利用 EWB 对该电路分析方法也可以对叠加定理进行仿真，通过 EWB 指示器件库（Indicators）中的直流电压表和直流电流表，可将各个电源单独作用时该支路电压或电流的仿真结果显示出来，然后叠加，求出全响应，并通过和理论值的比较，验证仿真结果的正确性。

例 2-10　用 EWB 验证例 2-6 的叠加原理分析方法。

解　在 EWB 中创建电压源 U_s 单独作用时的等效电路，如图 2-22a 所示。同理电流源 I_s 单独作用时的等效电路如图 2-22b 所示；电压源 U_s 与电流源 I_s 共同作用时的电路图 2-22c 所示。注意 a、b 间应接虚拟的直流电压表以测量支路电压。

打开电路仿真开关，图中 a、b 间电压如图 2-23 所示。通过仿真结果和例 2-6 理论值的比较可知，二者的结果是一致的。

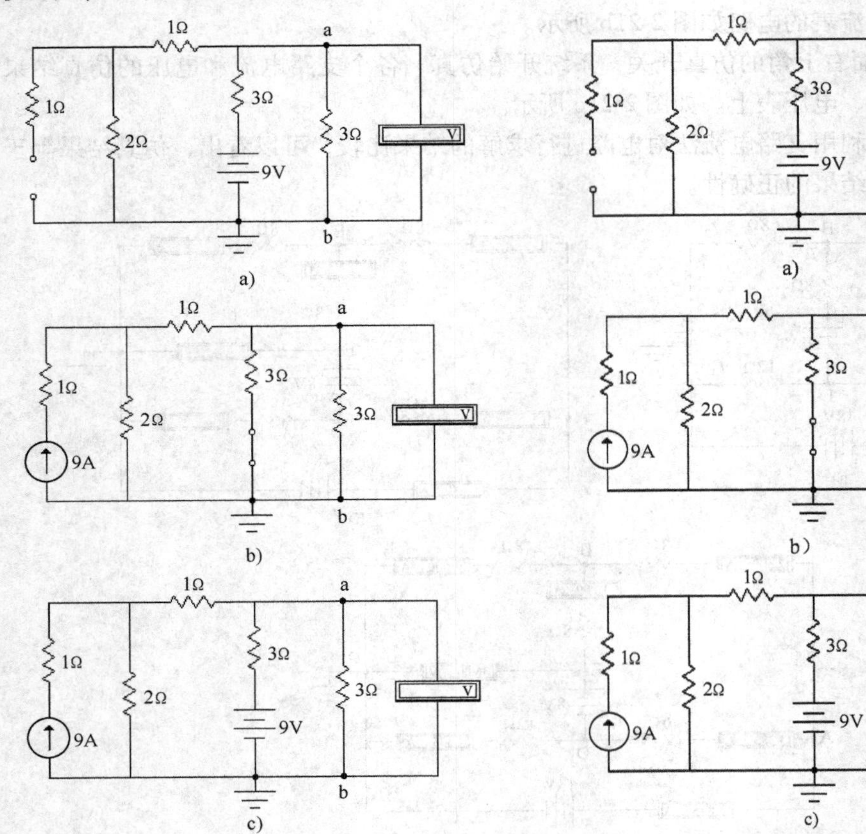

图 2-22　叠加原理实验仿真连线图

a）电压源 U_s 单独作用　b）电流源 I_s 单独作用

c）共同作用

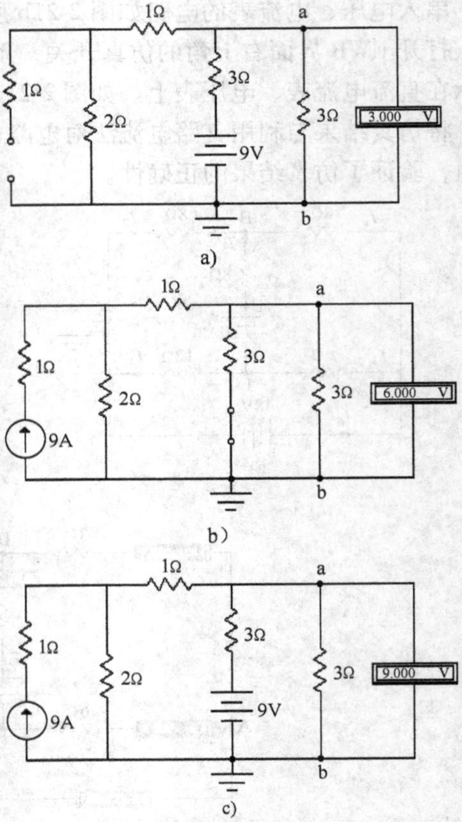

图 2-23　叠加原理实验仿真结果图

a）电压源 U_s 单独作用　b）电流源 I_s 单独作用

c）共同作用

下面通过例子介绍利用 EWB 仿真戴维南定理的具体过程。

例 2-11　用 EWB 验证电路的戴维南定理分析方法，要求：用戴维南定理求图 2-24 所示电路中的电流 I＝?

解

1）求开路电压 U_{oc}。按前面的方法在 EWB 中创建图 2-25 所示的电路，在端口处接入万用表，直接测量开路电压 U_{oc}。由仿真结果可知：二端网络的开路电压 U_{oc} 为 4.5V。

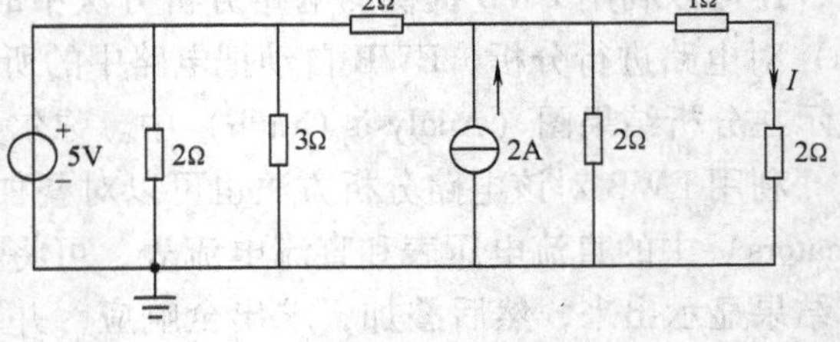

图 2-24　戴维南定理原理图

2）求等效电阻 R_{eq}。在 EWB 中创建电路，然后按照电路结构，连接元件。求等效电阻 R_{eq} 时，应将电压源短路，电流源开路，从仪器库（Instruments）中选取万用表，在端口处接入万用表可直接测量等效电阻 R_{eq}，二端网络等效电阻仿真图如 2-26 所示。由仿真结果可知：二端网络的等效电阻为 2Ω。

3）将开路电压 U_{oc} 和等效电阻 R_{eq} 仿真出结果后，在 EWB 中创建图 2-27 的电路，在端

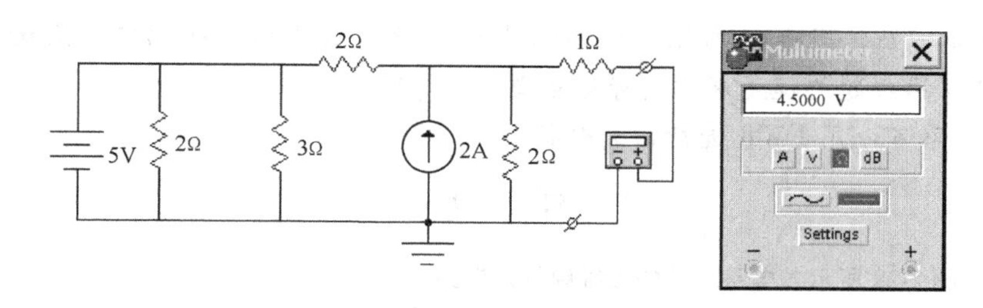

图 2-25　二端网络开路电压仿真图

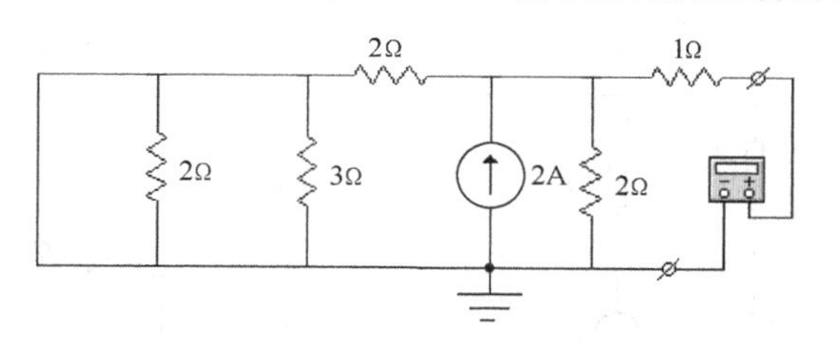

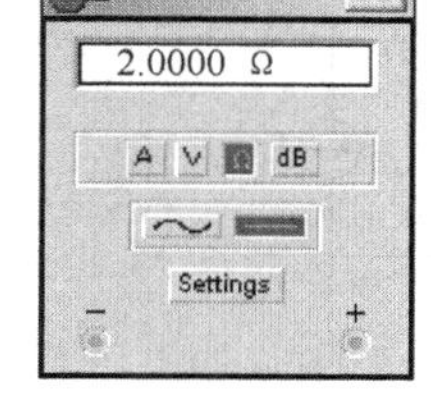

图 2-26　二端网络等效电阻仿真图

口处接入直流电流表，仿真出最终结果。

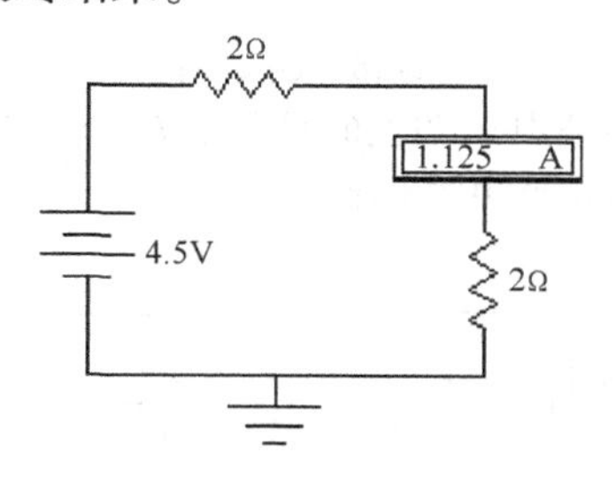

图 2-27　仿真结果

通过仿真结果和理论值的比较，同样可以验证仿真结果的正确性。

小　　结

1）电路分析方法是根据 KCL 和 KVL 直接演变出来的，对于具体的电路，选择适当的分析法，可以简化电路的计算。

2）支路电流法是基尔霍夫定律的直接应用，支路电流法是指以支路电流作为直接求解电路变量的电路分析方法，解题的关键是列出与支路数 b 相等的独立方程，应用 KCL 列 $n-1$ 个电流方程，应用 KVL，列 $b-(n-1)$ 个回路电压方程，其中 n 为电路的节点数，两组方程联立即可解得支路电流。

3）弥尔曼定理给出了求解只有两个节点的电路分析方法。是以节点电压作为电路独立变量的电路分析方法。

4）叠加原理是线性电路的一个重要定理，它反映了线性电路的两个基本性质，即叠加性和比例性。在运用叠加原理时，对不作用电源的处理是电压源用短接线来代替，电流源用开路线来代替。

5）戴维南定理说明一个含源单口网络可以用一个电压源等效代替，该电压源的电动势等于网络的开路电压，而等效内阻等于网络内部电源不起作用时从端口上看进去的等效电阻。戴维南定理的解题关键是求出其等效电路。

6）直流电路可以用 EWB 进行仿真分析。

习　　题

2-1 分别求图 2-28 所示各电路端口的戴维南等效电路。

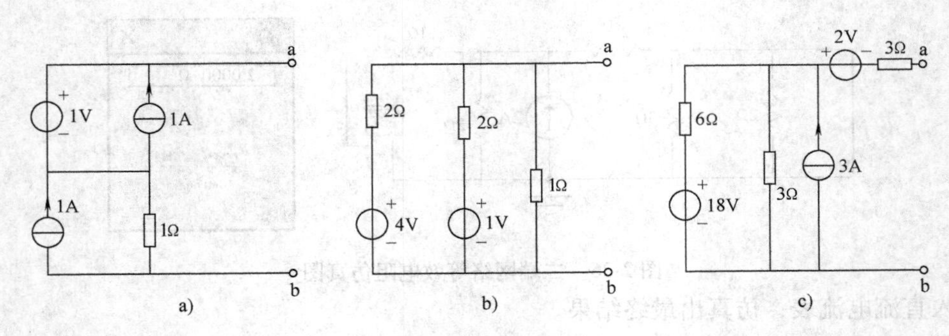

图 2-28 题 2-1 图

2-2 用电源等效变换将图 2-29 电路中 ab 以左的网络化成最简单的等效电流源。

2-3 用电源等效变换法求图 2-30 电路中的电流 I。

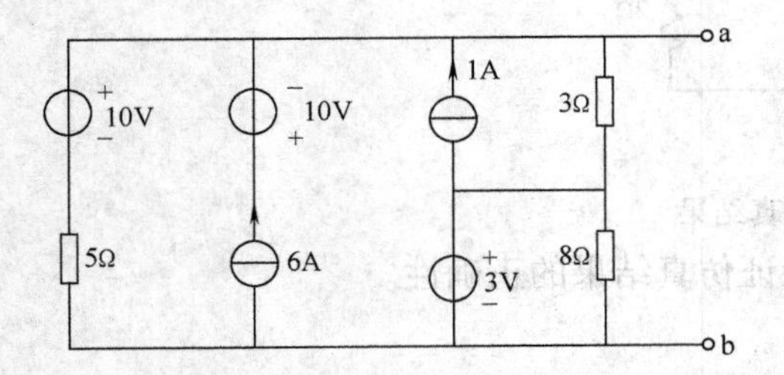

图 2-29 题 2-2 图

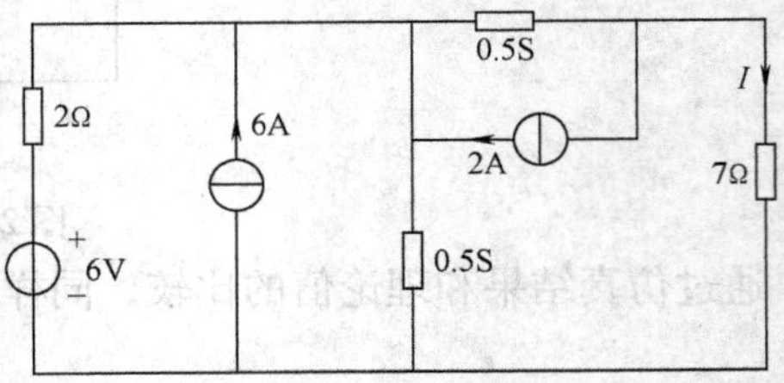

图 2-30 题 2-3 图

2-4 用电源等效变换求图 2-31 电路中的 U_{AB}。

2-5 用电源等效变换求图 2-32 电路中的 U_{AB}。

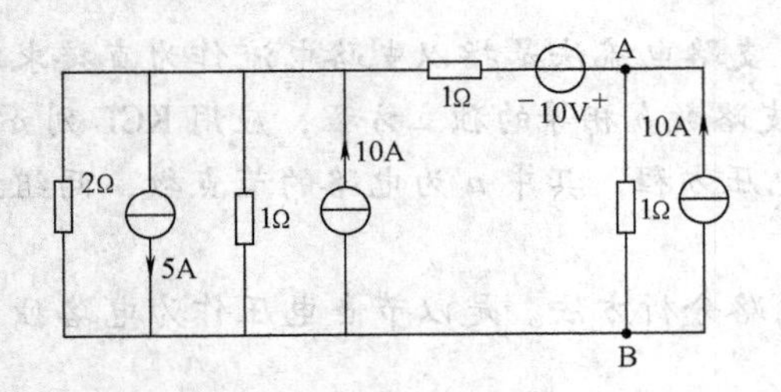

图 2-31 题 2-4 图

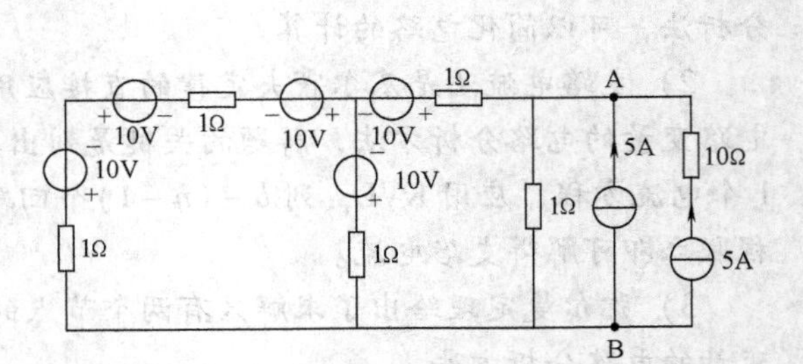

图 2-32 题 2-5 图

2-6 在图 2-33 中，用支路电流法求 I_1、I_2、I_3，并求电阻上消耗的功率及理想电流源发出的功率。

2-7 用支路电流求图 2-34 电路中的未知电流和电压。

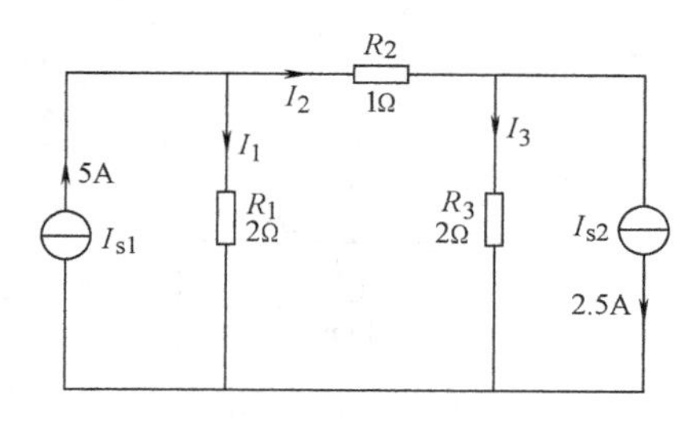

图 2-33　题 2-6 图

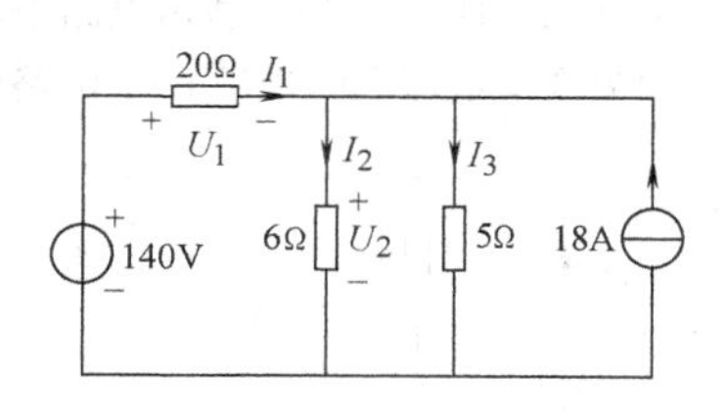

图 2-34　题 2-7 图

2-8　用支路电流法求图 2-35 电路中各支路的电流。

2-9　用弥尔曼定理求图 2-36 电路中的 $U_{N'N}$。

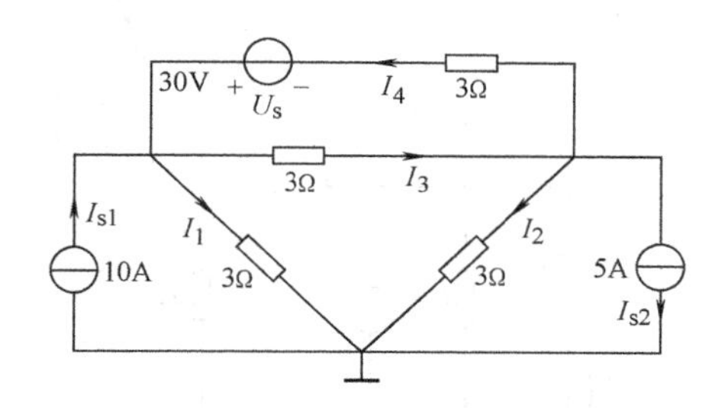

图 2-35　题 2-8 图

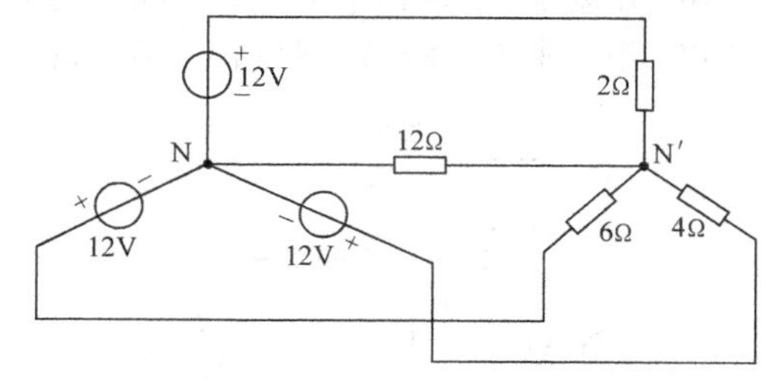

图 2-36　题 2-9 图

2-10　用叠加原理求图 2-37 电路中的 I。

2-11　用叠加原理求图 2-38 电路中的 U_{AB} 和 U。

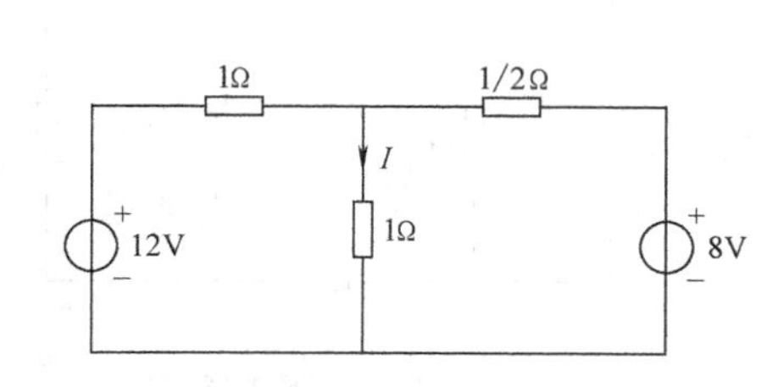

图 2-37　题 2-10 图

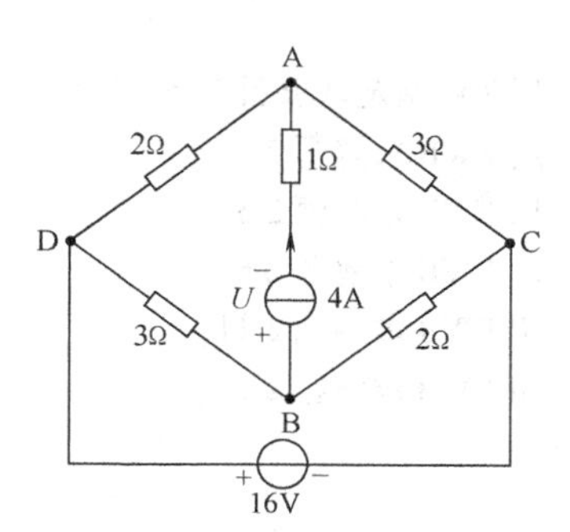

图 2-38　题 2-11 图

2-12　用叠加原理求图 2-39 所示电路中的电流 I。

2-13　用叠加原理求图 2-40 所示电路中的电压 U_0。

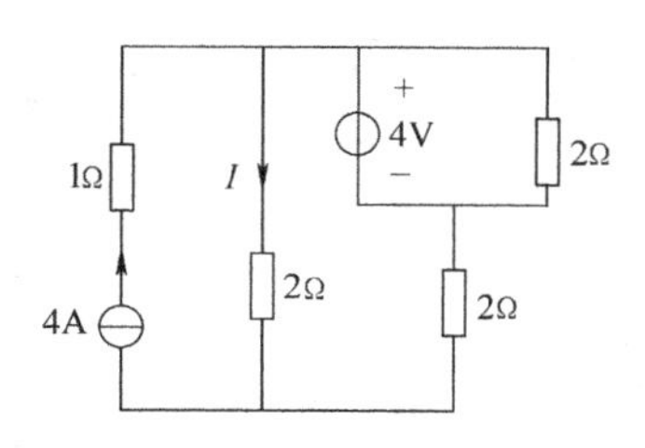

图 2-39　题 2-12 图

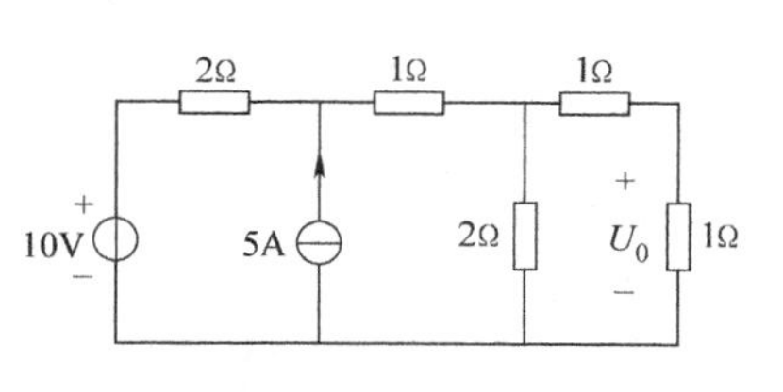

图 2-40　题 2-13 图

2-14 用叠加原理求图2-41所示电路中的电压 U。

2-15 用戴维南定理求图2-42所示电路中的电流 I。

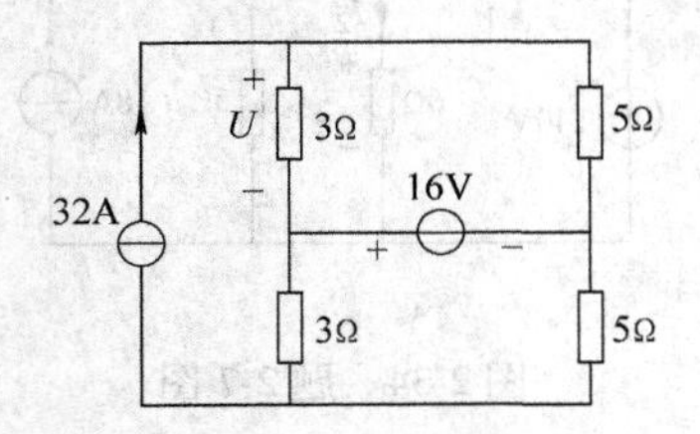

图2-41 题2-14图

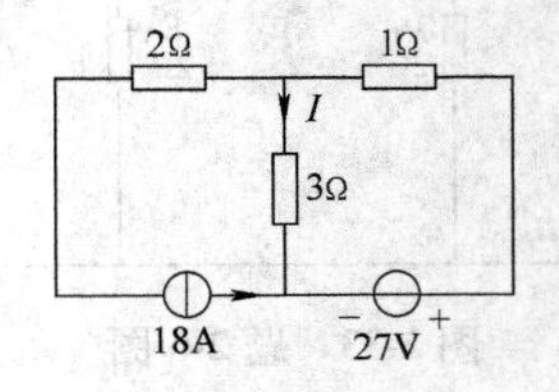

图2-42 题2-15图

2-16 用戴维南定理求图2-43所示电路中的电压 U。

2-17 用戴维南定理求图2-44所示电路中的 I。

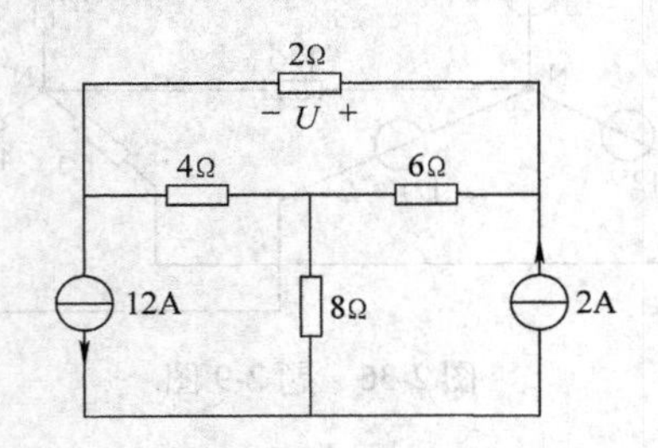

图2-43 题2-16图

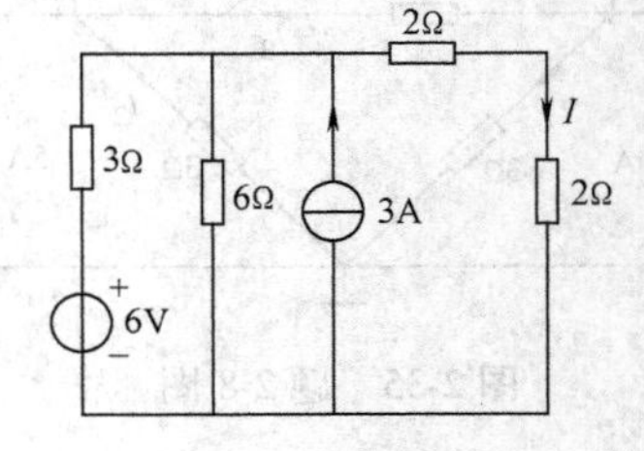

图2-44 题2-17图

2-18 用戴维南定理求图2-45所示中的电流 I_x。

2-19 用EWB求解题2-3。

2-20 用EWB求解题2-5。

2-21 用EWB求解题2-6。

2-22 用EWB求解题2-11。

2-23 用EWB求解题2-17。

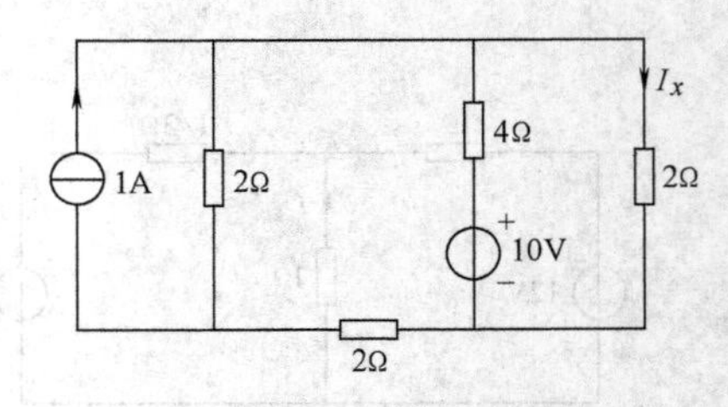

图2-45 题2-18图

第3章　线性电路的暂态分析

对于含有一个电容和一个电阻，或一个电感和一个电阻的电路，当电路的无源元件都是线性元件时，电路方程将是一阶微分方程，相应的电路称为一阶电阻电容电路（简称为 *RC* 电路）或一阶电阻电感电路（简称为 *RL* 电路）。本章主要以一阶电路为例，着重研究换路定律、求解一阶电路的经典法、三要素法以及 *RC* 电路对矩形波电压的响应。

3.1　换路定律与初始值的确定

前几章所讨论的电路，不论直流电路还是交流电路都是处于稳定状态的电路。所谓稳定状态，是指电路中电压和电流等物理量在给定的条件下已达到某一稳定值，对于正弦交流电是指其幅值达到某一稳定值。稳定状态简称稳态。

当电路接通、断开以及电路的参数、结构、电源等突然改变时，电路的运行状态将发生变化。其中电压、电流等物理量将从原来的稳定值变化到新的稳定值。如图3-1所示，当开关S指向b时，电路未接通电源且处于稳定状态，即电阻 R 中电流 $i=0$，电容器上的电压 $u_C=0$。当开关S合向a时，电路与直流电源 U_s 接通，电压源开始对电容器充电，电容器上的电压 u_C 由零逐渐上升，最后与 U_s 平衡，即 $u_C=U_s$；而充电电流 i 则从零突然增至 U_s/R，随即逐渐下降至零，充电结束。$u_C=0$、$i=0$ 和 $u_C=U_s$、$i=0$ 是该电路两个不同的稳态。显然，电路从一个稳定状态转变到另一个稳定状态需要一个过渡的时间，在这段时间内电路所发生的物理过程就叫做电路的过渡过程。与稳态相对应，电路的过渡过程一般所经历的时间很短暂，所以又称电路的过渡过程状态为暂态，过渡过程为暂态过程。

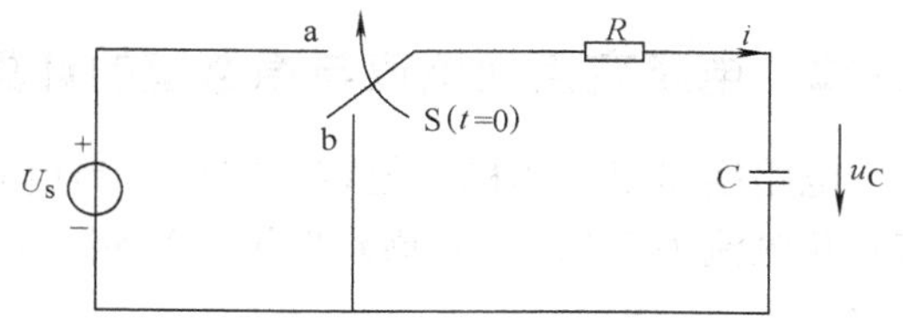

图3-1　*RC* 电路的换接

3.1.1　暂态过程产生的原因与换路定律

电路中的暂态过程是由于电路的接通、断开以及电路的参数、结构、电源的突然改变等原因所致。为叙述方便，将电路状态的这些改变统称为换路。然而并不是所有的电路在换路时都产生暂态过程，换路只是产生暂态过程的外在原因，它必须通过电路本身内因才起作用。例如，一个电阻与电源接通时，电阻中通过的电流及电阻两端的电压几乎不需要经过时间就都达到新的稳定值，就是说，电阻电路中的电压、电流等物理量可以发生突变，即电路换路时，没有暂态过程。那么产生暂态过程的内因是什么呢？是电路中存在储能元件：电感 L 和电容 C。

储能元件中的能量不能跃变，这是电路产生暂态过程的主要原因。能量既不可能无中生有，也不可能无由消失，它只能从一种形式转换成另一种形式，从一个储能元件传递到另一个储能或耗能元件，在转换和传递过程中，能量的积累或衰减都需要一定的时间，否则将意味着无穷大功率的存在，即 $\mathrm{d}W/\mathrm{d}t=\infty$。显然，这在客观上是不存在的。功率是有限的，能量只能作连续变化。正如火车、汽车的速度不能跃变，是因为它们的动能不能跃变；电动机的温升不能跃变，是因为其热能不能跃变等。在电路中，电感线圈储存的磁场能量为 $W_{\mathrm{M}}=Li_{\mathrm{L}}^{2}/2$，电容器储存的电场能量为 $W_{\mathrm{E}}=Cu_{\mathrm{C}}^{2}/2$，基于同样的道理，电感元件中的电流 i_{L} 和电容元件两端的电压 u_{C} 也都不可能发生跃变。

综上所述，电感元件中的电流 i_{L} 和电容元件两端的电压 u_{C} 不能跃变，它们都是时间的连续函数。设 $t=0$ 为换路瞬间，并以 $t=0_-$ 表示换路前的终了瞬间，$t=0_+$ 表示换路后的初始瞬间，那么，从 $t=0_-$ 到 $t=0_+$ 即换路前后瞬间，电感元件中的电流和电容元件两端的电压应该分别相等，而不能跃变，这就称为换路定律。

如果用 $i_{\mathrm{L}}(0_-)$ 和 $i_{\mathrm{L}}(0_+)$ 分别表示换路前后瞬间电感元件中的电流；用 $u_{\mathrm{C}}(0_-)$ 和 $u_{\mathrm{C}}(0_+)$ 分别表示换路前后瞬间电容元件两端的电压，则换路定律的数学表达式为

$$\left.\begin{aligned}i_{\mathrm{L}}(0_+)&=i_{\mathrm{L}}(0_-)\\u_{\mathrm{C}}(0_+)&=u_{\mathrm{C}}(0_-)\end{aligned}\right\}\tag{3-1}$$

换路定律仅适用于换路瞬间，根据它可确定 $t=0_+$ 时电路中电压和电流值，即暂态过程的初始值。初始值是进行电路暂态分析的必要条件。

3.1.2 电路变换初始值与稳态值的计算

电路换路以后的稳态值容易求得。当电路为直流激励时，可将电容元件视为开路（电容支路电流为零），将电感元件视为短路（电感上的电压为零），此时电路对应的解即为稳态解。

电路换路后的初始值一般不易直接求出，要经过以下三个步骤：

1）先求出换路前电容上的电压 $u_{\mathrm{C}}(0_-)$，电感上的电流 $i_{\mathrm{L}}(0_-)$。

2）造一个 0_+ 等效电路。根据换路定律，在换路后瞬间，电容上电压不能突变，可视为恒压源；同样换路后瞬间电感上电流不能突变，可视为恒流源，依此造出 0_+ 等效电路。

3）求解此 0_+ 等效电路，电路的解即为换路后的初始值。

例 3-1 已知电路如图 3-2 所示。当 $t=0$ 时，开关 S 由 a 点投向 b 点，求换路后瞬间各元件上电压和各支路电流：$u_{\mathrm{R1}}(0_+)$、$u_{\mathrm{R2}}(0_+)$、$u_{\mathrm{C}}(0_+)$、$u_{\mathrm{L}}(0_+)$、$i_1(0_+)$、$i_2(0_+)$。设换路前电路已处于稳定状态。

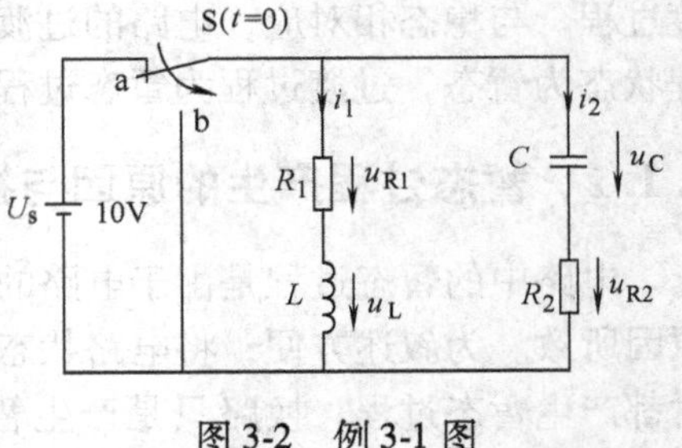

图 3-2 例 3-1 图

R_1 1kΩ R_2 2kΩ C 5μF L 0.1H

解 按求初值的三个步骤求解。

1）先求出 $u_{\mathrm{C}}(0_-)$ 和 $i_{\mathrm{L}}(0_-)$。

电路在换路前已处于稳态，显然有

$$u_{\mathrm{C}}(0_-)=U_{\mathrm{s}}=10\mathrm{V}$$

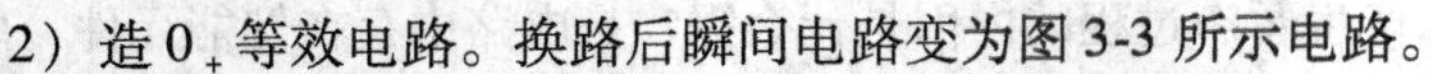

$$i_{\mathrm{L}}(0_-)=U_{\mathrm{s}}/R_1=(10/1)\mathrm{mA}=10\mathrm{mA}$$

2）造 0_+ 等效电路。换路后瞬间电路变为图 3-3 所示电路。

3）求解图 3-3 电路，所得各量均为换路后的初始值。

$$I_2(0_+)=-\frac{10}{2}\mathrm{mA}=-5\mathrm{mA}$$

$$I_1(0_+)=i_L(0_-)=10\text{mA}$$
$$u_{R1}(0_+)=10\text{V}$$
$$u_{R2}(0_+)=-10\text{V}$$
$$u_L(0_+)=-10\text{V}$$
$$u_C(0_+)=u_C(0_-)=10\text{V}$$

从求解的各初值中可以看到，换路前后电容上的电压和电感上的电流不能突变，但是电容上的电流及电感两端的电压可以突变，电阻上的电压电流也可以突变。

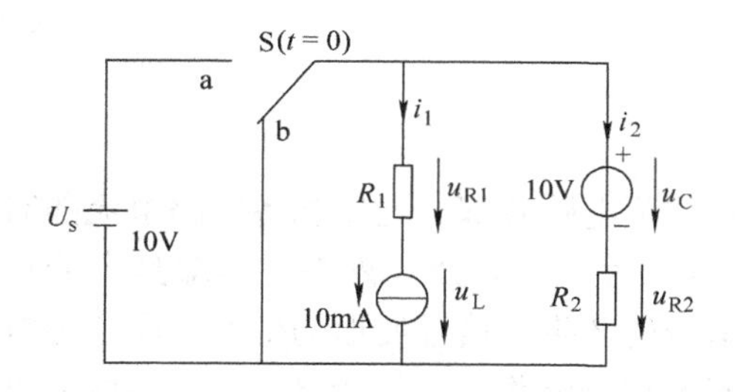

图 3-3　例 3-1 的 0_+ 等效电路

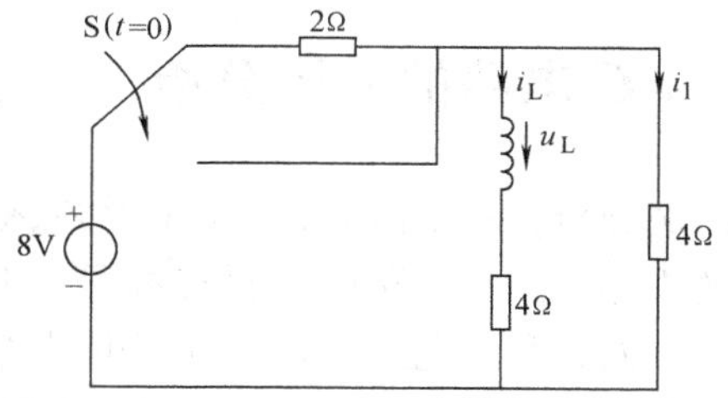

图 3-4　例 3-2 图

例 3-2　在图 3-4 所示电路中，换路前电路已处于稳态。$t=0$ 时，电路换路，试求电路初始值 $i_L(0_+)$、$i_1(0_+)$、$u_L(0_+)$，稳态值 $i_L(\infty)$、$i_1(\infty)$。

解　换路前电感上电流为

$$i_L(0_-)=\frac{1}{2}\times\frac{8}{2+2}\text{A}=1\text{A}$$

其 0_+ 等效电路如图 3-5 所示，解得各初值为

$$i_L(0_+)=i_L(0_-)=1\text{A}$$
$$i_1(0_+)=(8/4)\text{A}=2\text{A}$$
$$u_L(0_+)=(8-4\times1)\text{V}=4\text{V}$$

电路的激励电源为直流电压源，所以电路换路后达到新稳态后，电路中电感应视为短路，对应电路如图 3-6 所示。该电路的解即为稳态解。容易求得

$$i_L(\infty)=(8/4)\text{A}=2\text{A}$$
$$i_1(\infty)=(8/4)\text{A}=2\text{A}$$

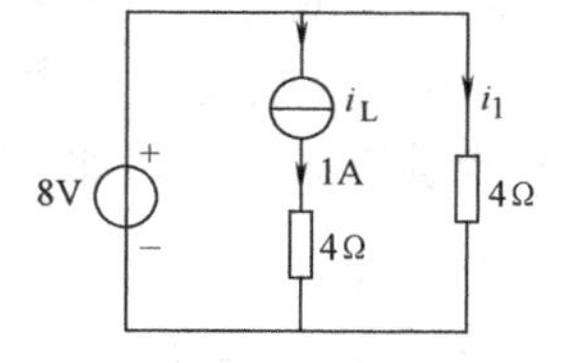

图 3-5　例 3-2 的 0_+ 等效电路

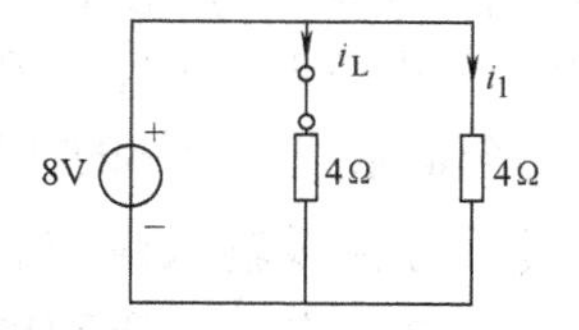

图 3-6　例 3-2 的新稳态电路

练习与思考

3-1-1　什么叫换路定律？它的理论基础是什么？

3-1-2　在图 3-7 所示电路中，换路前电路已处于稳态。$t=0$ 时，电路换路。试求电路的初始值。

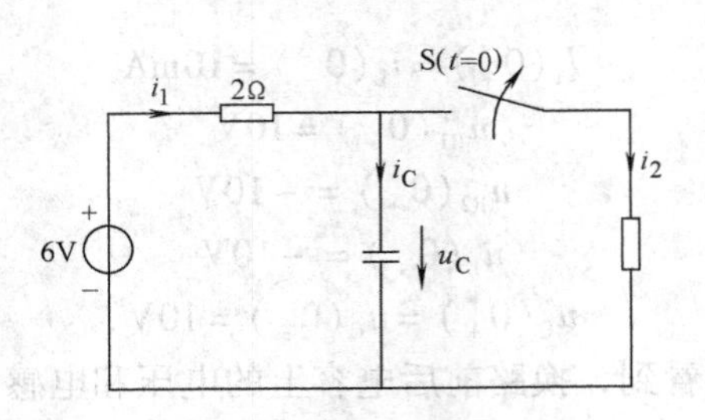

图 3-7　练习与思考 3-1-2 图

3.2　*RC* 电路的时域分析

时域分析，就是研究暂态过程中在激励源的作用下电路各部分电压和各支路电流随时间变化的规律。虽然电路中的暂态过程一般来说是很短暂的，但分析暂态过程却是十分重要的。一方面，利用电路的暂态过程可以实现振荡信号的产生、信号波形的变换、电子继电器的延时动作等；另一方面，暂态过程中还可能出现不利于电路工作的情况，例如某些电路在接通或断开时会产生过高的电压和过大的电流，这种电压和电流称之为过电压和过电流。过电压可能击穿电气设备的绝缘，过电流可能产生过大的机械力或引起电气设备和器件的局部过热，从而使其遭受机械损坏和热损坏。对某些电子器件，极短暂的过电压和过电流都将导致它们的损坏。因此进行时域分析的目的就是充分利用电路的暂态过程特性来满足技术上对电气线路和电气装置的性能要求，同时又要尽量防止暂态过程所产生的危害。

时域分析的最基本方法是经典法。其实质是根据欧姆定律和基尔霍夫定律列出表征该电路运行状态的以时间 t 为自变量的微分方程，然后再利用已知的初始条件求解。只有一种储能元件，其暂态过程可以用一阶微分方程来描述的电路，称为一阶电路。而有两种储能元件，其暂态过程可以用二阶微分方程描述的电路，称为二阶电路。没有储能元件的电路没有暂态过程。

3.2.1　零输入响应

图 3-8 所示一 *RC* 串联电路。开关 S 合在 a 点时，电容器已充电到 $u_C = U$，且电路已处于稳态。在 $t=0$ 时，将开关 S 从 a 点投向 b 点。这时电容器 C 将通过电阻 R 释放电荷，即把原来电容器中储存的电场能量释放给电阻并消耗掉，与此同时，放电电流 i 和电容器两端电压 u_C 将逐渐减小至零，电路达到新的稳态，这就是 *RC* 电路的放电过程。由于换路后该电路的响应完全是靠储能元件的初始储能来激励，没有外界能量的输入，因此，这时电路中发生的暂态过程称为零输入响应。下面我们要讨论的是换路后电路中的电压和电流随时间变化的规律。

首先根据 KVL，建立电路换路后（即开关 S 投向 b 点后）表征电路运行状态的方程式，对于图 3-8 所示的电路，换路后显然有

$$u_C + iR = 0 \tag{3-2}$$

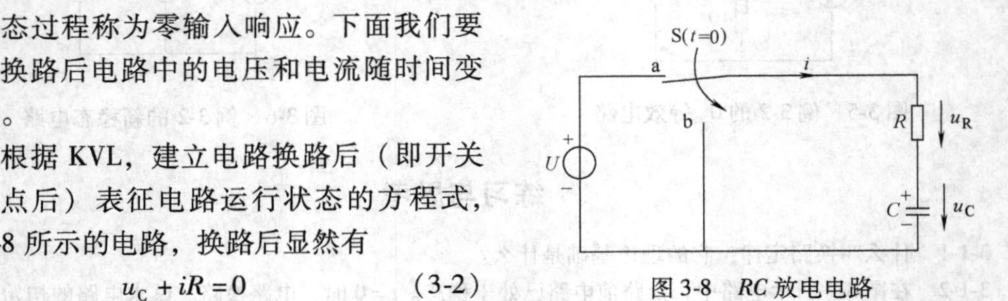

图 3-8　*RC* 放电电路

在图示关联参考方向下，i 和 u_C 之间的关系是

$$i = C\frac{du_C}{dt}$$

将 i 代入式（3-2）整理后得

$$RC\frac{du_C}{dt} + u_C = 0 \tag{3-3}$$

这是一个一阶常系数线性齐次微分方程。从数学分析可知，该微分方程的通解为

$$u_C = A\exp(pt)$$

其中 A 是积分常数。将 u_C 代入式（3-3）并进行整理得出该微分方程的特征方程

$$RCp + 1 = 0$$

其特征根为

$$p = -\frac{1}{RC}$$

因此，微分方程式（3-3）的通解为

$$u_C = A\exp\left(-\frac{1}{RC}t\right) \tag{3-4}$$

求出 u_C 的通解表达式后，再定积分常数 A。换路前电路已处稳态，$u_C(0_-) = U$。依换路定律有

$$u_C(0_+) = u_C(0_-) = U$$

代入式（3-4）可得积分常数

$$A = U$$

所以

$$u_C = U\exp\left(-\frac{1}{RC}t\right) \tag{3-5}$$

令

$$\tau = RC \tag{3-6}$$

则

$$u_C = U\exp\left(-\frac{t}{\tau}\right) \tag{3-7}$$

式中，τ 称为电路的时间常数。

求得 u_C 后，电阻上的电压和电路中的电流即可求出

$$u_R = -u_C = -U\exp\left(-\frac{t}{\tau}\right) \tag{3-8}$$

$$i = \frac{u_R}{R} = -\frac{U}{R}\exp\left(-\frac{t}{\tau}\right) \tag{3-9}$$

式（3-8）、式（3-9）中的负号表示电阻上的电压和放电电流的实际方向与图3-8中选定的参考方向相反。

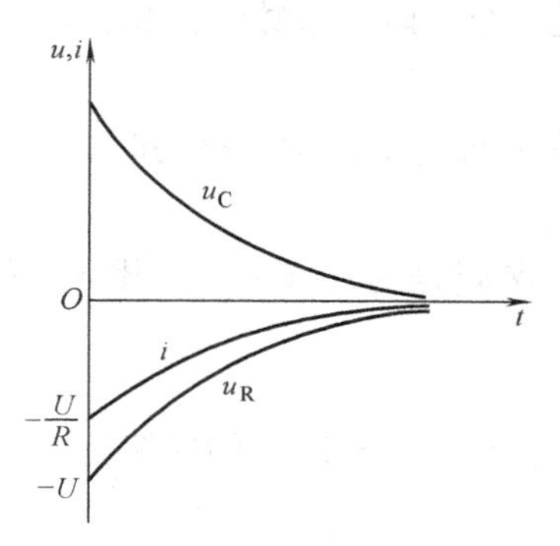

图3-9　u_C、u_R 和 i 的零输入响应曲线

u_C、u_R 和 i 随时间变化的曲线如图3-9所示。可见，在电容 C 通过电阻 R 放电的过程中，u_C 不能跃变，而是随时间按指数规律衰减。

现在我们着重讨论一下时间常数 τ。

当 R 的单位是 Ω，C 的单位是 F 时，$\tau=RC$ 的单位是 s，因为 τ 具有时间的量纲，所以被称为时间常数。τ 值的大小决定了电路的过渡过程进行的快慢，τ 值越大，u_C 衰减越慢，过渡过程所需的时间越长。当时间从零开始经过 τ 这么长时间，即 $t=\tau$ 时，由式（3-7）得

$$u_C=U\exp\left(-\frac{t}{\tau}\right)=U\exp(-1)=0.368U$$

这时电压 u_C 衰减到初始值的36.8%。由此，可将时间常数 τ 理解为放电电压 u_C 衰减到其初始值的36.8%所需的时间。

在放电过程中，时间 t 等于不同的 τ 的倍数值时，电容两端电压 u_C 的大小列表如下：

t	1τ	2τ	3τ	4τ	5τ
u_C	$0.368U$	$0.135U$	$0.05U$	$0.018U$	$0.007U$

从理论上讲，$t=\infty$ 时电路才能达到新的稳定状态，但从上表可以看出，当 $t=(3\sim5)\tau$ 时，u_C 已衰减到其初始值的5%～0.7%，通常工程上认为此时电路中的暂态过程结束，电路已经进入新的稳态。

3.2.2 零状态响应

电路如图3-10所示。设开关S断开时，电容器 C 中没有储存能量，即 $u_C(0)=0$ 这种情况叫做电路的零初始状态，简称零状态。$t=0$ 时开关S闭合，直流电源与电路接通并通过电阻 R 对电容 C 进行充电。这时电路中发生的暂态过程叫做零状态响应。研究零状态响应，就是研究电路接通后，u_C、u_R 和 i 随时间 t 变化的规律。

图3-10所示电路，当S接通后，根据KVL列出表征电路运行状态的方程

$$Ri+u_C=U \tag{3-10}$$

在图示关联参考方向下，i 和 u_C 的关系是

$$i=C\frac{du_C}{dt}$$

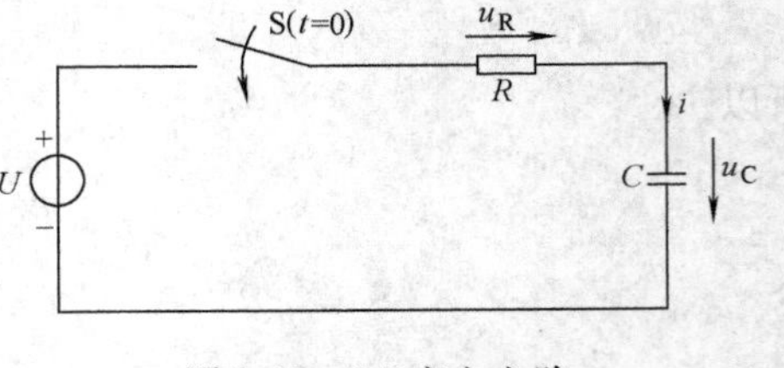

图3-10 *RC*充电电路

将 i 代入式（3-10）并整理得

$$RC\frac{du_C}{dt}+u_C=U \tag{3-11}$$

这是一个一阶常系数线性非齐次微分方程，其通解是由特解 u_C' 和补函数 u_C'' 两部分组成，即

$$u_C=u_C'+u_C''$$

特解 u_C' 即为电路达到稳态时的 u_C 值，显然

$$u_C'=u_C(\infty)=U$$

补函数 u_C'' 是与式（3-10）相对应的齐次微分方程的通解，其形式与式（3-4）相同，即

$$u_C''=A\exp\left(-\frac{t}{RC}\right)=A\exp\left(-\frac{t}{\tau}\right)$$

于是方程式（3-11）的通解为

$$u_C=U+A\exp\left(-\frac{t}{\tau}\right) \tag{3-12}$$

现在根据 u_C 的初始值来确定积分常数 A。已知 $u_C(0_-)=0$，根据换路定律

$$u_C(0_+) = u_C(0_-) = 0$$

代入式（3-12）得

$$u_C(0_+) = U + A = 0$$

所以

$$A = -U$$

从而得出电容器上的充电电压

$$u_C = U - U\exp\left(-\frac{t}{\tau}\right) = U\left[1 - \exp\left(-\frac{t}{\tau}\right)\right] \tag{3-13}$$

由此，可求出电路中的充电电流 i 和电阻两端的电压 u_R，分别为

$$i = C\frac{du_C}{dt} = \frac{U}{R}\exp\left(-\frac{t}{\tau}\right) \tag{3-14}$$

$$u_R = Ri = U\exp\left(-\frac{t}{\tau}\right) \tag{3-15}$$

u_C、u_R 和 i 随时间变化的曲线如图 3-11 所示。其中 u_C 是随时间按指数规律逐渐增大，最后趋于电源电压值 U，而 u_R 和 i 则均随时间按指数规律逐渐衰减至零。

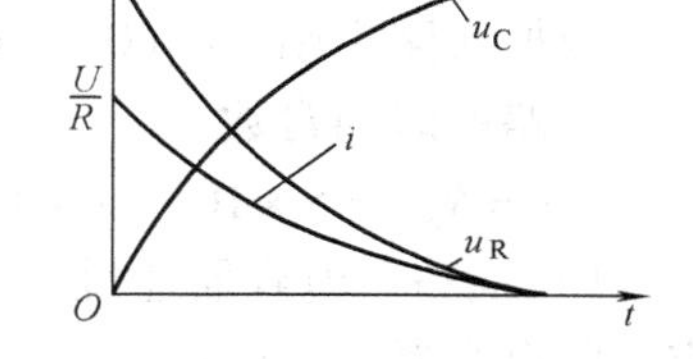

图 3-11　u_C、u_R、i 的变化曲线

前几式中的 τ 为充电电路的时间常数。它同样决定了电路暂态过程进行的快慢。当 $t = \tau$ 时

$$u_C = U\left[1 - \exp\left(1 - \frac{t}{\tau}\right)\right] = U[1 - \exp(-1)] = 0.632U$$

因此，可将充电电路的时间常数 τ 理解为电容器从零状态开始充电到其稳态值的 63.2% 所需要的时间。

同理，当 $t = (3 \sim 5)\tau$ 时，$u_C = (0.95 \sim 0.993)U$，即电容电压 u_C 已接近电源电压值，所以，通常认为经过（$3 \sim 5)\tau$ 这么长时间，电路的暂态过程已经结束并开始新的稳态运行。

3.2.3　完全响应及其分解形式

电路中的储能元件有初始储能时的状态，叫做非零初始状态，简称非零状态。在这种状态下，电路与电源接通，电路的暂态响应是由电源和储能元件的初始储能这两种激励共同作用的结果，因此叫做电路的完全响应。

在图 3-10 中，设换路前电容器上的电压为 U_0，根据换路定律

$$u_C(0_+) = u_C(0_-) = U_0$$

代入式（3-12）得积分常数

$$A = U_0 - U$$

将 A 值再代入式（3-12）则非零状态下的电容电压

$$\underbrace{u_C}_{\text{完全响应}} = \underbrace{U}_{\text{稳态分量}} + \underbrace{(U_0 - U)\exp\left(-\frac{t}{\tau}\right)}_{\text{暂态分量}} \tag{3-16}$$

式中，U 是电路稳定之后的电容电压，所以称为稳态分量；$(U_0 - U)\exp(-t/\tau)$ 这部分电压将随时间的增长而消失，故称为暂态分量。

由此可见，电路的完全响应等于稳态分量和暂态分量之和。

综上所述，可将求解一阶线性电路时域响应的步骤归纳如下：

1）按换路后的电路列出表征其运行状态的微分方程。

2）求出微分方程的特解，即稳态分量（可以利用计算稳态电路的方法求出）。

3）求出补函数，即暂态分量（可以通过解相应的齐次微分方程求出）。

4）求出通解，即特解与补函数之和。

5）根据电路的初始条件和换路定则确定暂态过程的初始值，从而定出积分常数并代入通解表达式。

以上通过求解微分方程分析电路时域响应的方法，通常被称为经典法。

例 3-3 电路如图 3-12 所示。设换路前电路已处于稳态，且 $R_1=1\text{k}\Omega$，$R_2=2\text{k}\Omega$，$R_3=5\text{k}\Omega$，$C=1\mu\text{F}$，电流源的电激流 $I_s=5\text{mA}$。当 $t=0$ 时，将开关 S 合向 2 端，求换路后 1）u_C 的时域响应；2）u_C 衰减到 2V 时所需的时间。

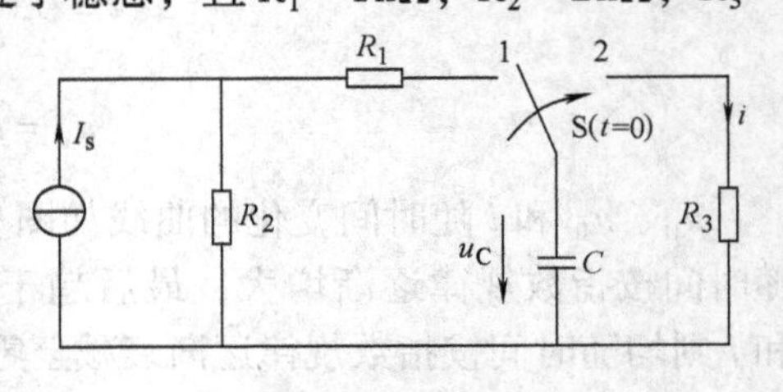

图 3-12 例 3-3 图

解 换路前 $u_C(0_-)=I_sR_2=5\times2\text{V}=10\text{V}$

根据换路定则 $u_C(0_+)=u_C(0_-)=10\text{V}$

电路的时间常数

$$\tau=R_3C=5\times10^3\times1\times10^{-6}\text{s}=5\times10^{-3}\text{s}$$

1）换路后电容器通过 R_3 放电，即为零输入响应，则电容器两端电压

$$u_C=u_C(0_+)\exp\left(-\frac{t}{\tau}\right)=10\exp(-200t)\text{V}$$

其中电流

$$i=-C\frac{du_C}{dt}=\frac{u_C(0_+)}{R_3}\exp\left(-\frac{t}{\tau}\right)$$

$$=\frac{10}{5}\exp(-200t)\text{mA}=2\exp(-200t)\text{mA}$$

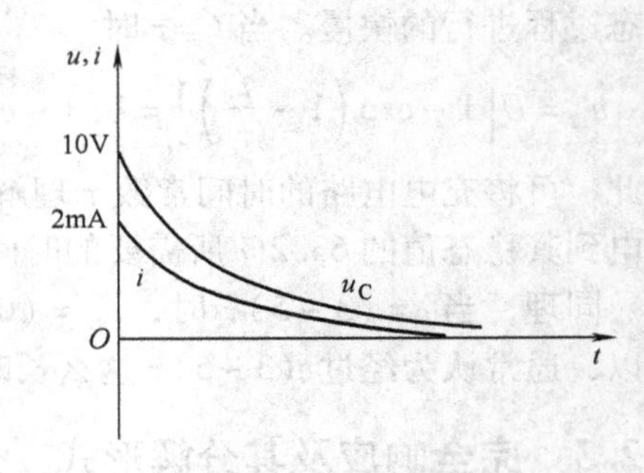

图 3-13 例 3-3u_C、i 的变化曲线

u_C 和 i 随时间变化的曲线如图 3-13 所示。

2）电容电压衰减到 2V 时

$$2=10\exp(-200t)$$

所需的时间为

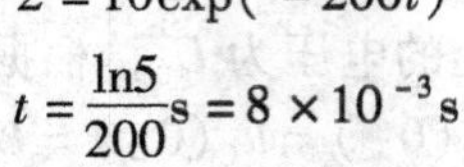

$$t=\frac{\ln5}{200}\text{s}=8\times10^{-3}\text{s}$$

当分析复杂电路的时域响应时，可应用戴维南定理将换路后储能元件以外的电路用电压源来等效，而后再利用由经典法所得出的结果求解。

练习与思考

3-2-1 完全响应可以分解为哪种形式？写出它的数学形式。

3-2-2 在如图 3-10 所示的 RC 串联电路中，欲使过渡过程进行的速度不变而又要使起始电流小些，你认为下述 4 种办法哪个正确？

1）加大电容并减小电阻。

2）加大电阻并减小电容。

3）加大电阻并加大电容。

4）减小电阻并减小电容。

3.3　一阶电路暂态分析的三要素法

无论是简单的还是复杂的电路，只要其中只含一种储能元件，其时域响应就可用一阶常系数线性微分方程来描述。这种电路就叫做一阶电路。

由前一节分析可知，当 RC 电路与恒定电压接通或脱离电源时，电路中各部分电压和各支路电流都是由稳态分量和暂态分量两部分叠加而成。如果用 $f(t)$ 表示随时间变化的电压或电流（统称为电路的完全响应），$f(0_+)$ 表示换路后电压或电流的初始值，$f(\infty)$ 表示换路后电压或电流的稳态值，则电路的时域响应对应式(3-16)可写成

$$f(t)=f(\infty)+[f(0_+)-f(\infty)]\exp\left(-\frac{t}{\tau}\right) \tag{3-17}$$

式（3-17）是分析一阶电路时域响应的一般公式。只要电路中电压或电流的初始值、稳态值和时间常数这三个要素确定了，那么，电路的时域响应也就完全确定了。利用三个要素求解一阶线性电路的方法叫做三要素法。

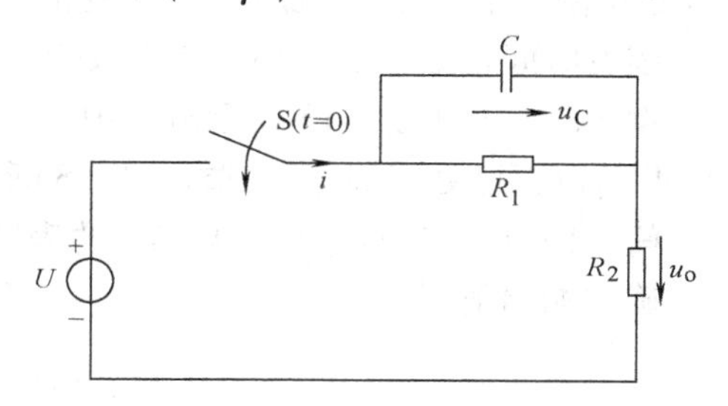

图3-14　例3-4图

例3-4　已知图3-14所示电路中 $u_C(0_-)=0$，$U=6\text{V}$，$R_1=10\text{k}\Omega$，$R_2=20\text{k}\Omega$，$C=10^3\text{pF}$，求 $t\geqslant 0$ 时的 u_C、u_o 和 i。

解　1）确定初始值。根据换路定则得 $u_C(0_+)=u_C(0_-)=0$，即换路瞬间电容相当于短路，所以

$$u_o(0_+)=U=6\text{V}$$

$$i(0_+)=\frac{U}{R_2}=\frac{6}{20}\text{mA}=0.3\text{mA}$$

2）确定稳态值

$$u_C(\infty)=\frac{R_1}{R_1+R_2}U=\frac{10}{10+20}\times 6\text{V}=2\text{V}$$

$$u_o(\infty)=U-u_C(\infty)=(6-2)\text{V}=4\text{V}$$

$$i(\infty)=\frac{U}{R_1+R_2}=\frac{6}{10+20}\text{mA}=0.2\text{mA}$$

3）确定电路的时间常数。

$$\tau=R_0C=\frac{R_1R_2}{R_1+R_2}C=\frac{10\times 20}{10+20}\times 10^3\times 10^3\times 10^{-12}\text{s}=\frac{2}{3}\times 10^{-5}\text{s}$$

式中，R_0 为储能元件以外电路的等效电阻。

4）将以上求出的三要素值代入式(3-17)，得出

$$u_C=2\text{V}+[0-2]\exp\left(-\frac{3}{2}\times 10^5 t\right)\text{V}$$

$$=[2-2\exp(-1.5\times 10^5 t)]\text{V}$$

$$u_o = 4\text{V} + [6-4]\exp\left(-\frac{3}{2}\times10^5 t\right)\text{V}$$
$$= [4+2\exp(-1.5\times10^5 t)]\text{V}$$
$$i = 0.2\text{mA} + [0.3-0.2]\exp\left(-\frac{3}{2}\times10^5 t\right)\text{mA}$$
$$= [0.2+0.1\exp(-1.5\times10^5 t)]\text{mA}$$

前面我们重点分析了 RC 电路的时域响应。对于工程技术中经常遇到的 RL 电路的时域分析，与 RC 电路相同，既可用经典法也可用三要素法。RL 电路时域响应的经典法分析，请读者自己进行。需要指出的是：RL 电路的时间常数 $\tau = L/R$，当电感 L 的单位为 H，电阻 R 的单位为 Ω 时，时间常数 τ 的单位为 s，其物理意义与 RC 电路的时间常数一样，即 τ 值的大小反映了暂态过程进行的快慢。L 越大，电感中储存的磁场能量就越大；R 越小，电感 L 通过电阻 R 释放能量就越慢，这些都将使暂态过程变慢。因此，改变参数 R、L 的大小，即可改变时间常数 τ 的大小，从而改变暂态过程进行的速度。

例 3-5　已知图 3-15 所示电路中，$U=220\text{V}$，$R_1=24\Omega$，$R_2=20\Omega$，$L=0.22\text{H}$。设开关 S 断开前电路已处于稳态。试求：1）S 断开后的电流 i；2）经过多长时间电流降至 8A。

解　1）应用三要素法求电流 i 的表达式

确定初始值

$$i(0_+) = i(0_-) = \frac{U}{R_2} = \frac{220}{20}\text{A} = 11\text{A}$$

确定稳态值

$$i(\infty) = \frac{U}{R_1+R_2} = \frac{220}{24+20}\text{A} = 5\text{A}$$

确定电路的时间常数

$$\tau = \frac{L}{R_0} = \frac{L}{R_1+R_2} = \frac{0.22}{24+20}\text{s} = 0.5\times10^{-2}\text{s}$$

式中，R_0 为储能元件以外电路的等效电阻。

将 $i(0_+)$、$i(\infty)$ 和 τ 值代入式（3-17）得

$$i = 5\text{A} + (11-5)\exp\left(-\frac{1}{0.5\times10^{-2}}t\right)\text{A} = [5+6\exp(-200t)]\text{A}$$

电流变化曲线如图 3-16 所示。

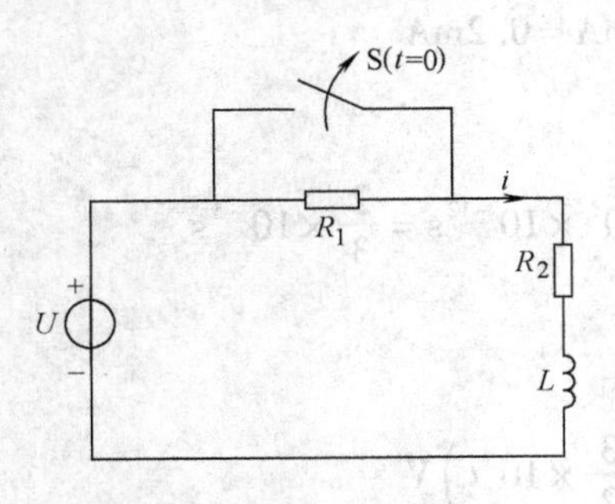

图 3-15　例 3-5 图

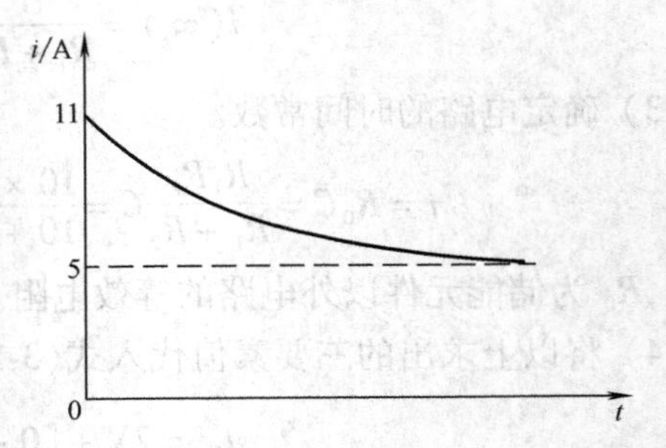

图 3-16　例 3-5 的电流变化曲线

2）当电流变化到 8A 时，由上式得

$$8 = 5 + 6\exp(-200t)$$

$$t = \frac{\ln 2}{200}\text{s} = 0.0035\text{s}$$

即电流 i 由初始值 11A 下降到 8A 所需要的时间是 0.0035s。

从上两例看出，对于一阶电路的暂态分析，使用三要素法非常便捷。

练习与思考

3-3-1　求解一阶电路三要素法中的三要素指的是哪三个量？

3-3-2　电路如图 3-17 所示，开关 S 在 $t=0$ 时闭合，试用三要素法求 $t \geqslant 0$ 时的 u_C。

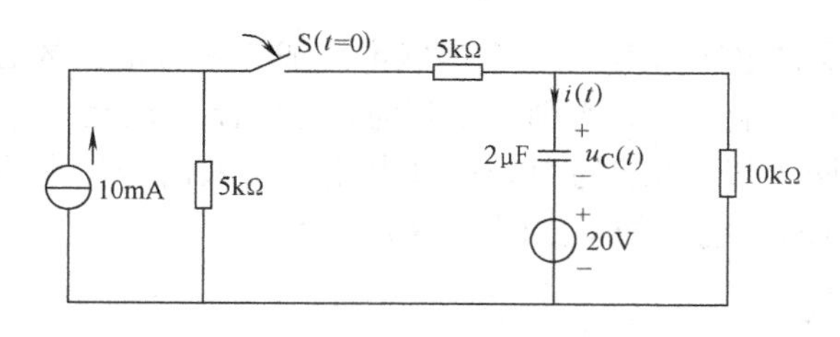

图 3-17　练习与思考 3-3-2 图

3.4　*RC* 积分电路与微分电路

在数字电路中，经常会碰到图 3-18a 所示的矩形波电压，通常又称矩形脉冲电压。该电压的脉冲幅度为 U_s，脉冲宽度为 t_p，如果脉冲是周期性变化的，则脉冲周期为 T。当矩形波电压作用于 *RC* 串联电路时，若选取不同的时间常数和输出端，将会产生我们希望得到的某种波形。

3.4.1　*RC* 积分电路的特点与仿真分析

图 3-18b 所示的 *RC* 串联电路，输入电压 u_i 为一矩形脉冲电压。此时输出电压 $u_o = u_C$。若在电路设计时取 $\tau >> t_p$，则在矩形脉冲电压作用下，电路的输出电压将是和时间基本成线性关系的锯齿波电压。具体分析如下：

对于图 3-18b 所示的电路，根据 KCL 定律有

$$u_i = u_R + u_o$$

由于 τ 值较大，充电过程进行得很慢，$u_o = u_C$ 一直很小，即 $u_o = u_C << u_R$，于是有

$$u_i \approx u_R = iR$$

而

$$i = C\frac{\mathrm{d}u_o}{\mathrm{d}t}$$

所以

$$u_o \approx \frac{1}{RC}\int u_i \mathrm{d}t$$

上式表明，输出电压 u_o 与输入电压 u_i 对时间的积分近似成比例，因此，称这种电路为积分电路。

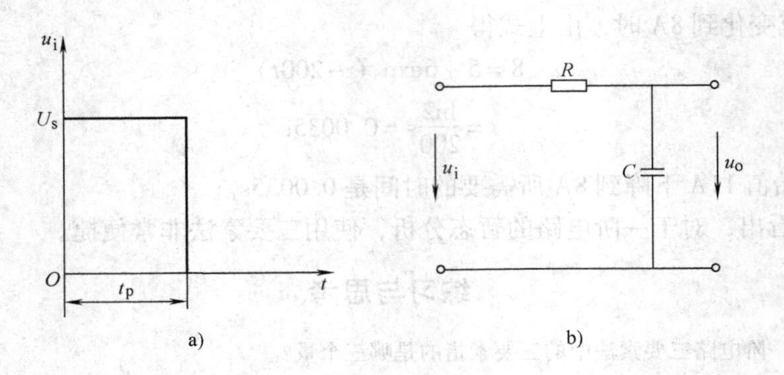

图 3-18　积分电路

必须注意，在矩形脉冲电压作用下，*RC* 串联电路成为积分电路的必要条件是：①$\tau >> t_p$；②输出电压 u_o 从电容 *C* 两端引出。否则不成其为积分电路，也就不能产生锯齿波电压。

在 EWB 中创建如图 3-19a 所示的积分仿真电路。输入信号频率为 1000Hz，$t_p = 0.5\text{ms}$，而电路的时间常数 $\tau = 1\text{ms}$。仿真结果如图 3-19b 所示。

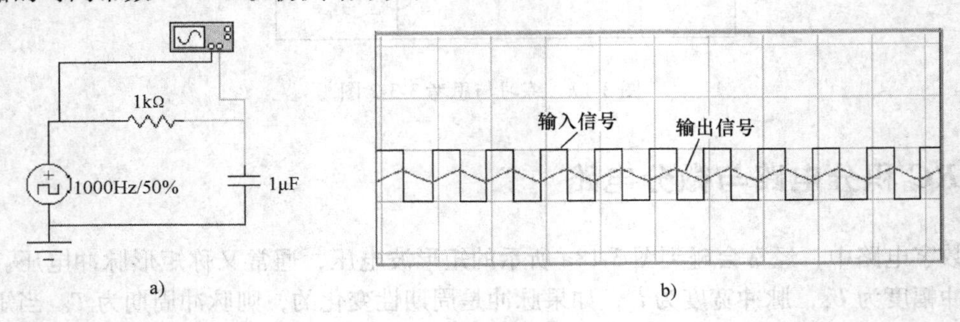

图 3-19　积分电路仿真结果

当减小电路的时间常数 τ 时，其仿真结果如图 3-20 所示。可见 τ 值的大小对输出波形的形状有较大影响。

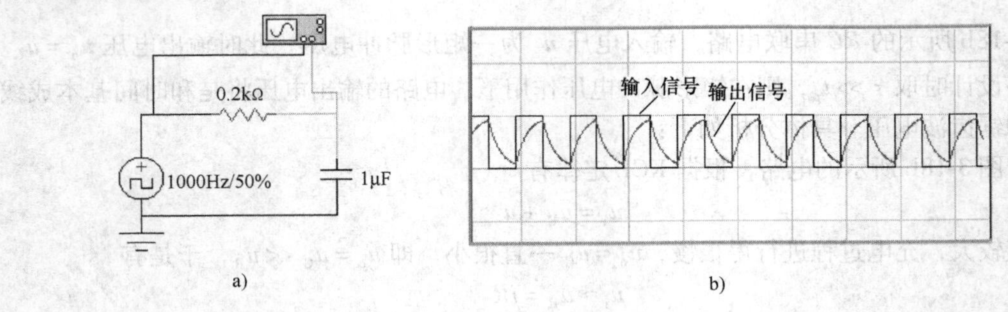

图 3-20　τ 值较小时的仿真结果

3.4.2　*RC* 微分电路的特点与仿真分析

图 3-21b 所示的 *RC* 串联电路，输入电压 u_i 为一矩形脉冲电压，电阻 *R* 两端的电压为输出电压 u_o，电容 *C* 无初始储能。在 $0 \leqslant t \leqslant t_p$ 时，相当于 *RC* 电路与恒定电压接通的情况，即

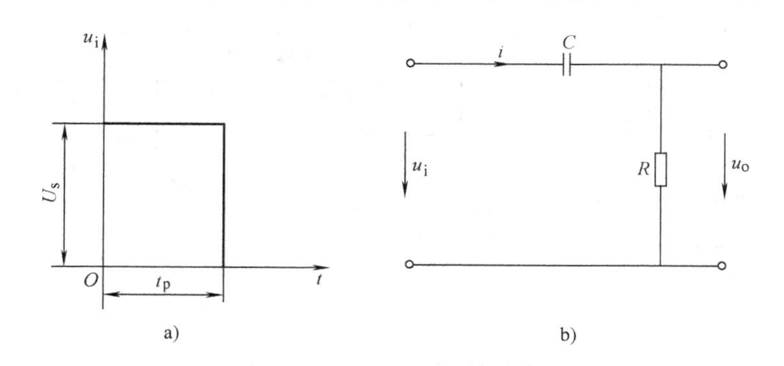

图 3-21　微分电路

零状态响应，根据前面对 RC 电路暂态过程的分析可得

$$u_o = U_s \exp\left(-\frac{t}{\tau}\right) \quad 0 \leqslant t \leqslant t_p$$

当时间常数 $\tau << t_p$ 时，接通电源后电容器迅速充电，其电压值很快增长到 U_s，同时，输出电压 u_o 也由 U_s 很快衰减至零。这样便在输出端输出一个峰值为 U_s 的正尖顶脉冲，如图 3-22 所示。

当 $t = t_p$ 时，输入电压 u_i 消失，电路换路。当 $t \geqslant t_p$ 时，电路的状态为零输入响应，即电容 C 通过电阻 R 迅速放电，输出电压为

$$u_o = -U_s \exp\left(-\frac{t-t_p}{\tau}\right) \qquad t \geqslant t_p$$

此时输出端输出一个峰值为 U_s 的负尖顶脉冲。

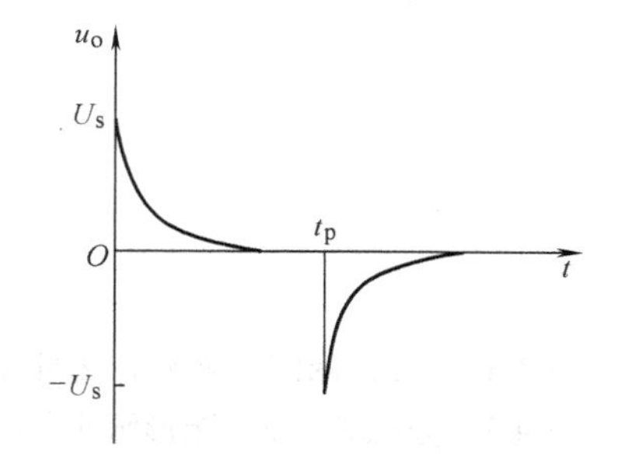

图 3-22　尖顶脉冲电压

正、负尖顶脉冲用途很广，如在脉冲数字电路中常用来做触发器的触发信号，也常用来触发晶闸管等。

图 3-21b 所示的电路，由于 $\tau << t_p$，电容器的充、放电进行得很快，除去电容充电和放电这段极短的时间外，可以认为

$$u_i = u_C + u_R \approx u_C$$

所以

$$u_o = Ri = RC\frac{du_C}{dt} \approx RC\frac{du_i}{dt}$$

上式表明，输出电压 u_o 与输入电压 u_i 对时间的微分近似成比例，因此称之为微分电路。

必须注意，在矩形波电压作用下，RC 串联电路成为微分电路的必要条件是：①$\tau << t_p$；②输出电压 u_o 要从电阻 R 两端引出。如果 $\tau >> t_p$，则输出电压 u_o 将不再是尖顶脉冲，而是接近于输入电压的波形，并且 τ 越大，接近的程度也越高，晶体管放大电路中的阻容耦合电路就是如此。

在 EWB 中创建如图 3-23a 所示的微分仿真电路，$t_p = 0.05\text{s}$，电路时间常数 $\tau = 0.005\text{s}$。仿真结果如图 3-23b 所示。可见输入与输出间具有微分关系。

当增大电路时间常数 τ 时，其仿真结果如图 3-24 所示。由此可见 τ 值的大小影响输出信号的形状。

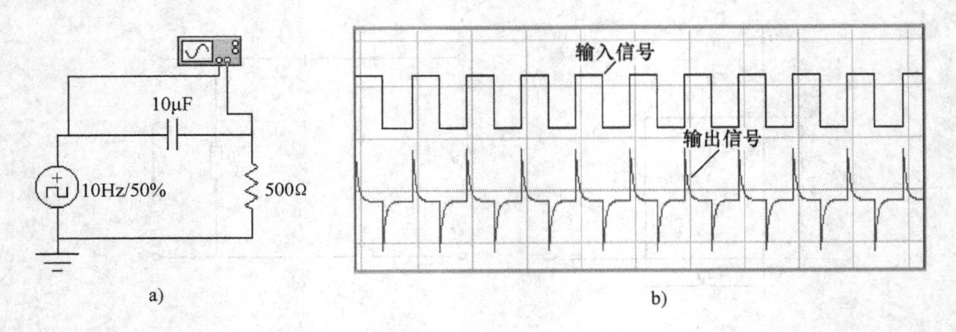

图 3-23　微分电路仿真结果

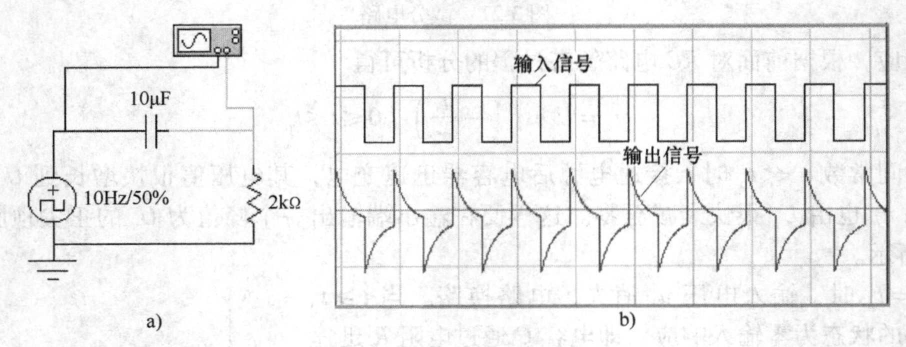

图 3-24　τ 值较大时的仿真结果

练习与思考

3-4-1　什么叫积分电路？什么叫微分电路？RC 组成积分电路和微分电路的条件是什么？

3-4-2　分析 $T \ll \tau$ 时矩形脉冲序列作用下 RC 串联电路的时域响应曲线。

小　结

1. 当电路中含有储能元件时，它从一个稳定状态转变到另一个稳定状态需要一个过渡时期，电路在这段时期内所发生的过程就叫做电路中的过渡过程。产生过渡过程的原因是能量不可能发生跃变。

2. 电容器储存的电场能量为 $W_E = Cu_C^2/2$，电感线圈储存的磁场能量为 $W_M = Li_L^2/2$，因此，电容器两端的电压 u_C 和电感线圈中的电流 i_L 都不能发生跃变，将这个原则应用到换路的瞬间就是：电容器两端的电压和电感线圈中的电流在换路前和换路后的瞬间保持不变，这就是换路定律，用数学式表达就是

$$u_C(0_+) = u_C(0_-)$$
$$i_L(0_+) = i_L(0_-)$$

3. 初始储能为零的响应叫做零状态响应，零状态响应是由输入激励产生的；输入激励为零的响应叫做零输入响应，它是由初始储能引起的。

过渡过程中的暂态分量（又称自由分量）是个随时间的增长逐渐衰减并最后为零的分量，其变化规律与输入激励无关；而稳态分量（又称强制分量）的大小和变化规律则是由

输入激励所决定的。

4. 由于考虑的角度不同，一阶线性电路的完全响应可以分解为零状态响应与零输入响应之和，也可以分解为暂态分量与稳态分量之和，用数学式表示就是

$$f(t)=\underbrace{f(\infty)}_{\text{稳态分量}}+\underbrace{[f(0_+)-f(\infty)\exp(-t/\tau)]}_{\text{暂态分量}} \tag{a}$$

$$f(t)=\underbrace{f(\infty)[1-\exp(-t/\tau)]}_{\text{零状态响应}}+\underbrace{f(0_+)\exp(-t/\tau)}_{\text{零输入响应}} \tag{b}$$

式中，$f(t)$ 为待求量；$f(\infty)$ 是它的稳态分量；$f(0_+)$ 是其初始值；τ 是电路的时间常数。

5. $f(\infty)$、$f(0_+)$ 和 τ 称为一阶电路的三要素。只要知道了这三个要素，把它们代入小结 4 中的式（a）或式（b），待求量便可立即求得。这个方法就叫做求解一阶电路的三要素法。

习　　题

3-1　已知图 3-25 所示电路在换路前已处于稳态。试求换路后瞬间各支路电流和各储能元件电压。设 $u_C(0_-)=0$。

3-2　在图 3-26 所示电路中，已知 $U=16\text{V}$，$R_1=20\text{k}\Omega$，$R_2=60\text{k}\Omega$，$R_3=R_4=30\text{k}\Omega$，$C=1\mu\text{F}$，$L=1.5\text{mH}$，且换路前电路已处于稳态。试求换路后瞬间各支路电流和储能元件电压。

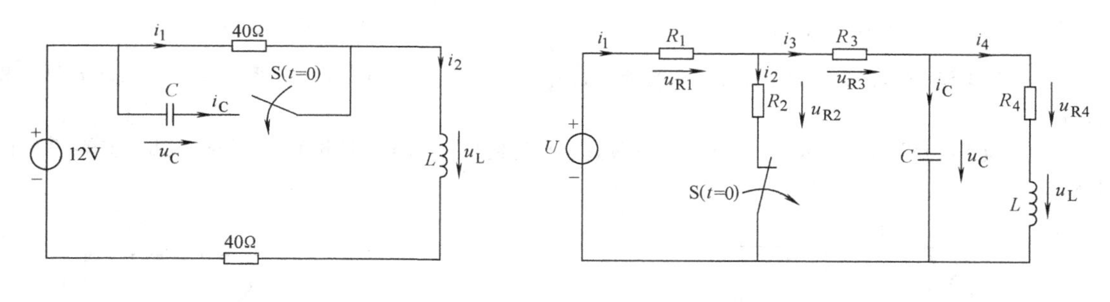

图 3-25　题 3-1 图　　　　图 3-26　题 3-2 图

3-3　求图 3-27 所示电路中开关 S 接通与断开时的时间常数。已知 $R_1=R_2=R_3=1\text{k}\Omega$，$C=1000\text{pF}$。

3-4　求图 3-28 所示电路中开关 S 在“1”和“2”位置时的时间常数。已知 $R_1=3\text{k}\Omega$，$R_2=2\text{k}\Omega$，$L=2.5\text{mH}$。

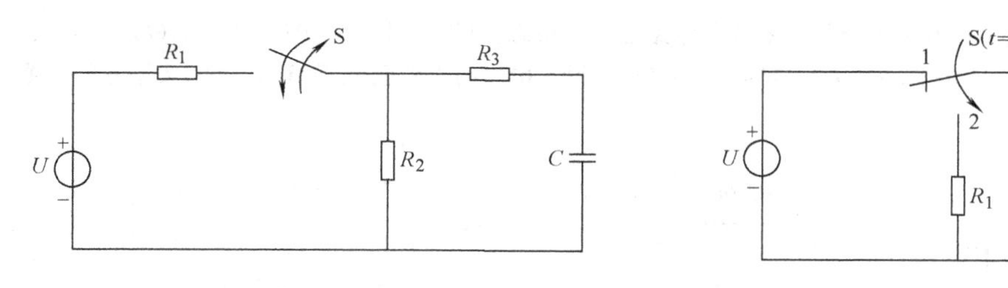

图 3-27　题 3-3 图　　　　图 3-28　题 3-4 图

3-5　求图 3-29 所示电路在开关 S 闭合时的时间常数。已知 $R_1=R_2=10\text{k}\Omega$，$C=10\mu\text{F}$。

3-6　已知图 3-30 所示电路中 $E=9\text{V}$，$R_1=6\Omega$，$R_2=3\Omega$，$C=1000\mu\text{F}$，且电路原已处于稳态。$t=0$ 时开关 S 闭合，试求 S 闭合后的 $i(t)$ 和 $u(t)$。

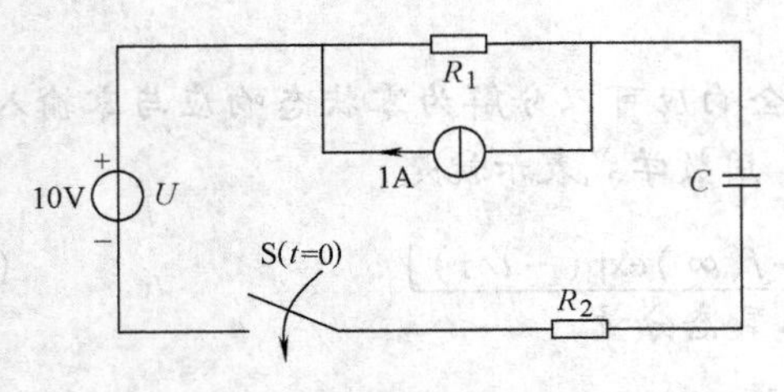

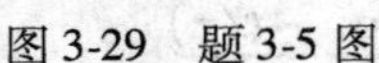
图 3-29　题 3-5 图

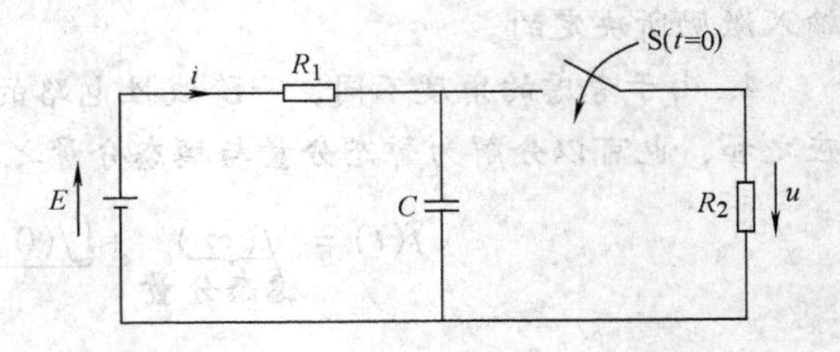

图 3-30　题 3-6 图

3-7　已知图 3-31 中 $E_1=10\text{V}$，$E_2=5\text{V}$，$R_1=R_2=4\text{k}\Omega$，$R_3=2\text{k}\Omega$，$C=100\mu\text{F}$，开关 S 在位置 a 时电路已处于稳态。求开关 S 由 a 合向 b 后的 $u_C(t)$ 和 $i_0(t)$。

3-8　已知图 3-32 所示电路换路前已处于稳态。试求换路后的 $u_C(t)$。

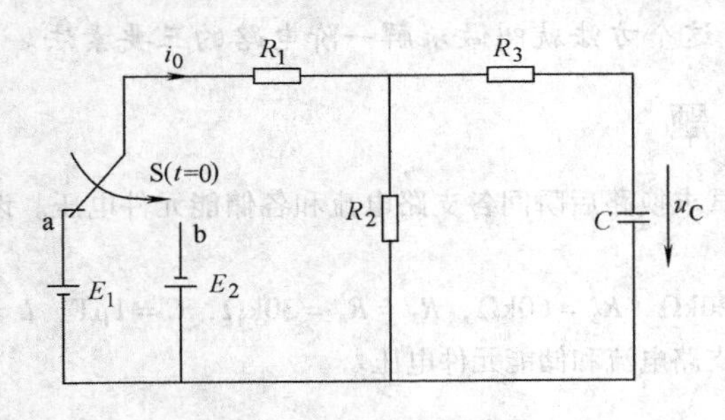

图 3-31　题 3-7 图

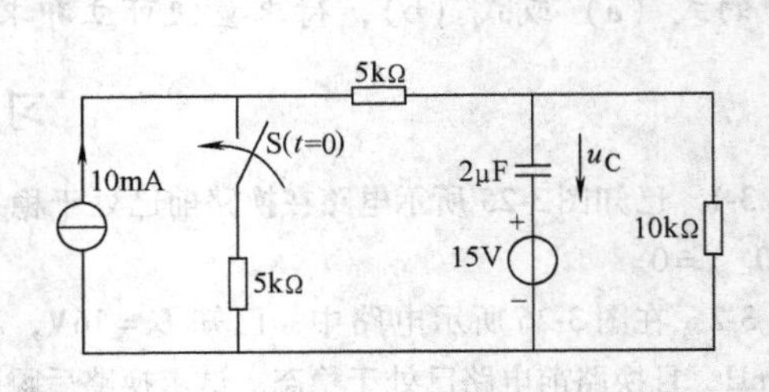

图 3-32　题 3-8 图

3-9　图 3-33 所示含受控源电路原已处稳态，且 $i_L(0_-)=0$，$t=0$ 时电路换路，求 $t\geqslant0$ 时的 $i_L(t)$ 和 $i_1(t)$。

3-10　电路如图 3-34 所示，开关 S 处于 a 位置时已达到稳态，$t=0$ 时开关由 a 切换至 b，求 $t\geqslant0$ 时的电流 $i_L(t)$。

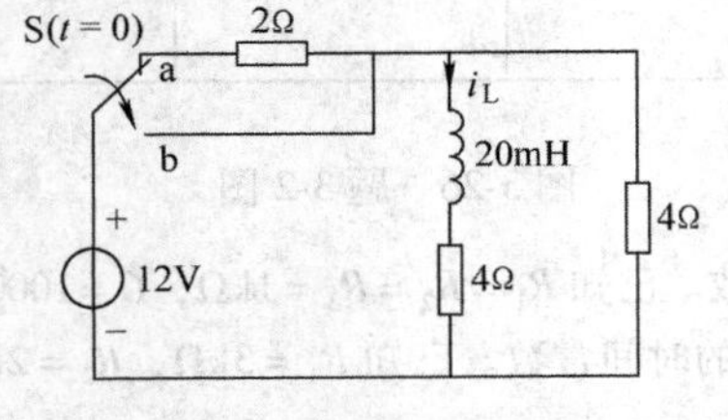

图 3-33　题 3-9 图

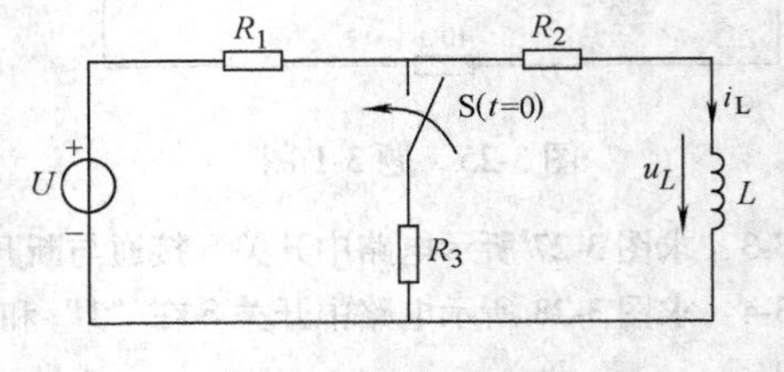

图 3-34　题 3-10 图

3-11　已知图 3-35 所示电路中开关 S 闭合前电路已处于稳态。试求 S 闭合后的 $i_1(t)$、$i_2(t)$、$i_L(t)$。

3-12　1）求图 3-36 所示电路开关 S 接通后的 $i_L(t)$，设 S 接通前电路已处于稳态；2）求开关 S 接通稳定后再断开的 $i_L(t)$。

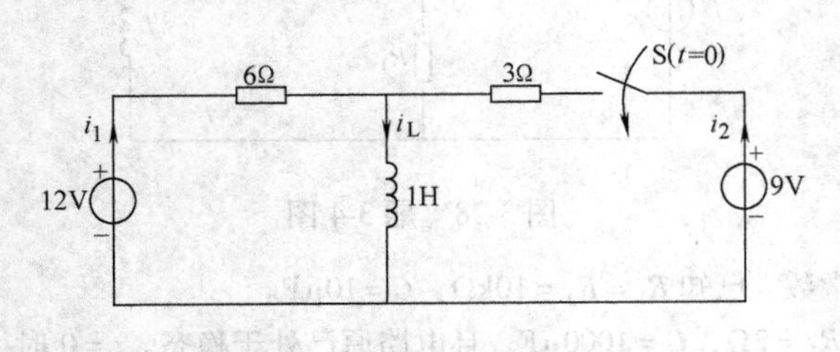

图 3-35　题 3-11 图

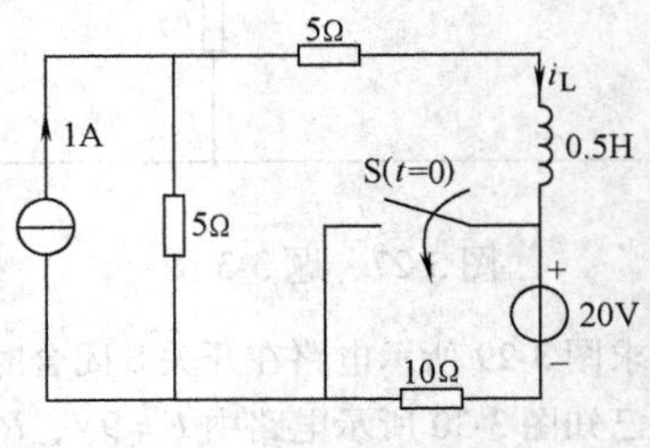

图 3-36　题 3-12 图

3-13　在图 3-37a 所示电路中输入图 3-37b 所示的脉冲电压 u_i，试用 EDA 仿真求出 u_o 的波形并作说明。

3-14　试对题 3-7 用 EDA 软件进行仿真研究，测出时间常数，描绘电容电压曲线。

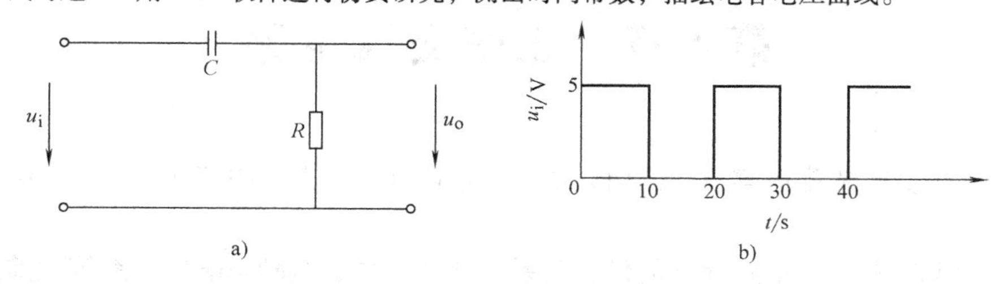

图 3-37　题 3-13 图

第 4 章　正弦交流电路

正弦交流电具有输配电容易、使用方便、价格便宜等优点，因而在电力工程中应用极为广泛。

在正弦交流电路中，电路元件的伏安关系、功率关系、激励与响应关系等比前述的直流电路复杂得多，因而正弦交流电路的分析求解也相当麻烦。为解决这一难题，引入了正弦量的相量表示法，使正弦电路的稳态分析纳入直流电阻性电路分析的模式，使电路的分析计算得以简化。

本章内容包括正弦交流电的表示法；*RLC* 的正弦交流特性；正弦稳态电路的分析方法；功率因数的研究以及电路的频域分析等 5 部分内容，内容和编排上适于采用多媒体辅助教学。章后还有利用计算机辅助分析和设计的作业题。

正弦量是最基本的时变周期量，掌握正弦交流电路的理论和方法，将为进一步学习三相电路、变压器、交流电机以及周期性非正弦电路等打下基础。

4.1　正弦交流电的基本概念

正弦交流电是指按正弦规律变化的电压、电流和电动势等物理量，并统称正弦量。激励源为正弦量的电路即为正弦交流电路。以正弦交流电流 i 为例，它可以用三角函数式

$$i = I_{\mathrm{m}}\sin(\omega t + \psi) \tag{4-1}$$

和波形图表示，如图 4-1 所示。由正弦电流 i 的这两种描述方法可见，正弦量的特征是由下面三个要素决定的，即频率（周期和角频率）、幅值（有效值）以及相位（初相位）。

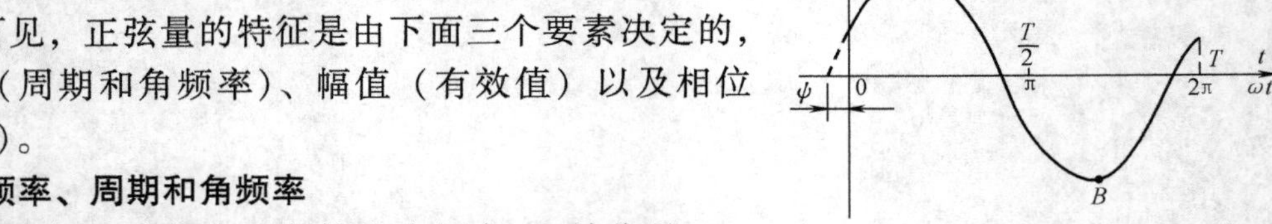

图 4-1　正弦电流的波形图

1. 频率、周期和角频率

正弦量每秒钟变化的次数称为频率 f，单位是 Hz。正弦量变化一周所需的时间称为周期，单位是 s。频率和周期互为倒数，即

$$f = \frac{1}{T} \tag{4-2}$$

正弦量每秒钟相位角的变化称为角频率 ω，因正弦量在一周期 T 内经历了 2π rad，所以角频率为

$$\omega = \frac{2\pi}{T} = 2\pi f \tag{4-3}$$

单位是 rad/s（弧度每秒）。

f、T、ω 都是表示正弦量变化速度的，若知其一，便可求出另两个。已知我国工频电源的频率 $f = 50\mathrm{Hz}$，则可求出其周期 $T = (1/50)\mathrm{s} = 0.02\mathrm{s}$，角频率 $\omega = 2\pi f = 2 \times 3.14 \times 50\mathrm{rad/s} =$

314rad/s。

2. 幅值与有效值

幅值与有效值是衡量正弦量值的大小的。

幅值是正弦量变化过程中呈现的最大值，对正弦电流用 I_m 表示。

通常一个正弦量的大小是用有效值表示的。正弦电流 i 在一个周期 T 内通过某一电阻 R 产生的热量若与一直流电流 I 在相同的时间和相同的电阻上产生的热量相等，那么这个直流电流 I 就是正弦交流电流 i 的有效值。

依上所述，应有

$$\int_0^T i^2 R\mathrm{d}t = I^2RT$$

由此可得正弦电流 i 的有效值

$$I = \sqrt{\frac{1}{T}\int_0^T i^2\mathrm{d}t} \tag{4-4}$$

可见，正弦电流 i 的有效值为其方均根值。并且这一结论适用于任意周期量。

把 $i = I_m\sin\omega t$ 代入式(4-4)，可得正弦电流 i 的有效值 I 与其最大值 I_m 的关系为

$$I = \frac{I_m}{\sqrt{2}} \tag{4-5}$$

同理可得正弦电压 $u = U_m\sin\omega t$ 和正弦电动势 $e = E_m\sin\omega t$ 的有效值分别为

$$U = \frac{U_m}{\sqrt{2}} \tag{4-6}$$

$$E = \frac{E_m}{\sqrt{2}} \tag{4-7}$$

通常所说的交流电流、电压值指的就是有效值，例如交流电压220V，即是指有效值，其幅值应为$\sqrt{2}\times 220\text{V} = 311\text{V}$。

3. 相位和初相位

式(4-1)中$(\omega t+\psi)$称为正弦电流的相位角或相位。$(\omega t+\psi)$决定正弦电流的取值，当时间 t 连续变化时，相位反映了正弦量变化的进程。

$t=0$ 时的相位称为初相位角或初相位。初相位决定了计时起点 $t=0$ 时正弦量的大小，计时起点不同，正弦量的初相位也不同。

在同一正弦电路中，一般各正弦量的频率是相同的。各正弦量除了有大小之别，相互间还有一定的相位关系。设两个同频率的正弦量为

$$u = U_m\sin(\omega t+\psi_u) \tag{4-8}$$

$$i = I_m\sin(\omega t+\psi_i) \tag{4-9}$$

其波形图如图4-2所示。u 与 i 的相位差为

$$\begin{aligned}\varphi &= (\omega t+\psi_u) - (\omega t+\psi_i)\\ &= \psi_u - \psi_i\end{aligned} \tag{4-10}$$

可见，同频率的两个正弦量的相位差即是它们的初相位之差。φ 值与计时起点和计时时刻无关。

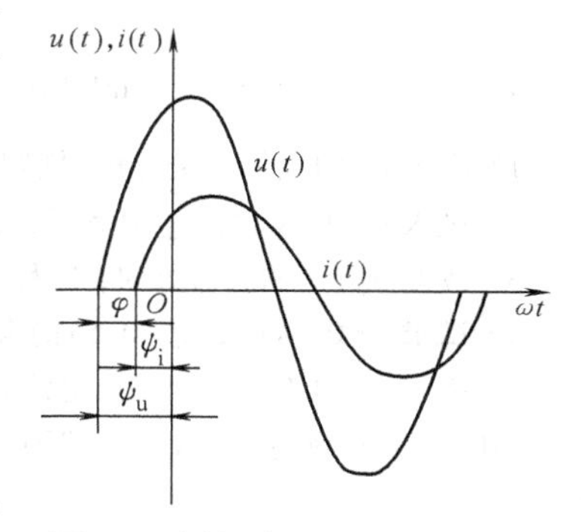

图4-2　同频率正弦量的相位差

若 $\psi_u > \psi_i$，则 φ 角为正，u 比 i 先达到正的最大值，称为 u 超前 i 相位角 φ，或称为 i 滞后 u 相位角 φ。若 $\psi_u < \psi_i$ 情况与上述相反。

若两个同频率正弦量的相位差 $\varphi=0$，称这两个正弦量为同相位，或同相；若 $\varphi=180°$ 称之为反相；若 $\varphi=90°$，称之为正交。波形图如图 4-3 所示。

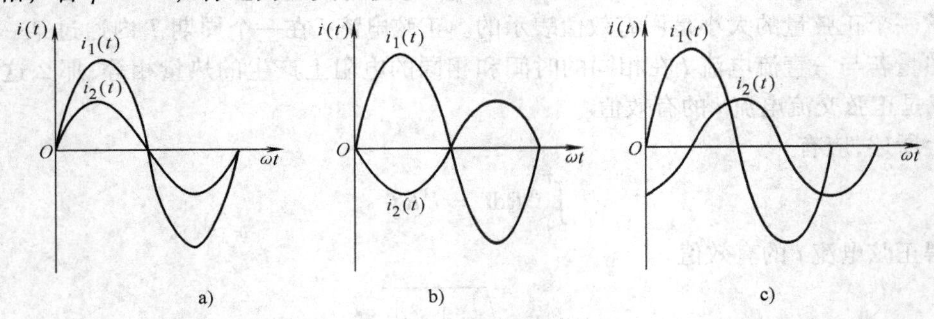

图 4-3 同相频率正弦量的相位关系

a）同相 b）反相 c）正交

例 4-1 已知 $u_1(t)$ 和 $u_2(t)$ 在相关参考方向情况下的瞬时表达式为

$$u_1(t)=100\sin(314t+120°)\text{V}$$

$$u_2(t)=50\sin(314t-90°)\text{V}$$

1）求 $u_1(t)$ 与 $u_2(t)$ 的相位差，哪个电压超前？2）若改变 $u_2(t)$ 的参考方向，再求两者的相位差，哪个电压超前？

解

1）$\varphi=\psi_1-\psi_2=120°-(-90°)=210°$

一般两个同频率正弦量相位差的绝对值都限定在 180°范围内，所以

$$\varphi=210°-360°=-150°$$

可见 $u_2(t)$ 超前 u_1 相位角 150°。

2）若改变 $u_2(t)$ 的参考方向，其表示式应变为 $u_2(t)=-50\sin(\omega t-90°)\text{V}$，因此 u_1 与 u_2 的相位差

$$\varphi=120°-90°=30°$$

并且是 u_1 超前 u_2 相位角 30°。

练习与思考

4-1-1 已知 $u_{ab}(t)=100\sin\left(2\pi t+\frac{\pi}{4}\right)\text{V}$

1）指出 u_{ab} 的幅值、有效值、周期、频率、角频率及初相位，并画出波形图。

2）试求 $t=0.5\text{s}$ 时，$u_{ab}(0.5)$ 的大小和实际方向。

3）改变 $u_{ab}(t)$ 的参考方向，试写出 $u_{ba}(t)$ 的表达式。

4）试求 $t=0.5\text{s}$ 时，$u_{ba}(0.5)$ 的大小和实际方向。

4-1-2 对图 4-1 所示的正弦电流 $i(t)$，若将计时起点移至 A、B 处后，求 $i(t)$ 的初相位角分别为多少。

4-1-3 某正弦电压有效值为 380V，频率为 50Hz，在 $t=0$ 时的值 $u(0)=380\text{V}$，该正弦电压的表达式为（ ）。

a）$u=380\sin314t$ V b）$u=537\sin(314t+45°)$ V c）$u=380\sin(314t+90°)$ V。

4-1-4　$u=5\sin(6\pi t+10°)\mathrm{V}$ 与 $i=3\cos(6\pi t-15°)\mathrm{A}$ 的相位差 $\psi_{\mathrm{u}}-\psi_{\mathrm{i}}$ 是(　　)。
a) 25°　b) -65°　c) -25°。

4.2　正弦量的相量表示法

同频率的正弦量可用有向线段（相量图）和复数（相量式）表示，这样就可把正弦电路的分析计算由繁琐的三角函数运算转化为平面几何和代数运算问题。

如图4-4所示，从直角坐标原点出发作一有向线段 $\dot{I}_{\mathrm{m}}$，它的长度等于正弦量的最大值 I_{m}，与横轴的夹角等于正弦量的初相角 ψ，并以正弦量角频率 ω 的角速度逆时针旋转，则在任一瞬间，该有向线段 $\dot{I}_{\mathrm{m}}$ 在纵轴上的投影就等于该正弦量的瞬时值，即 $i(t)=I_{\mathrm{m}}\sin(\omega t+\psi)$。

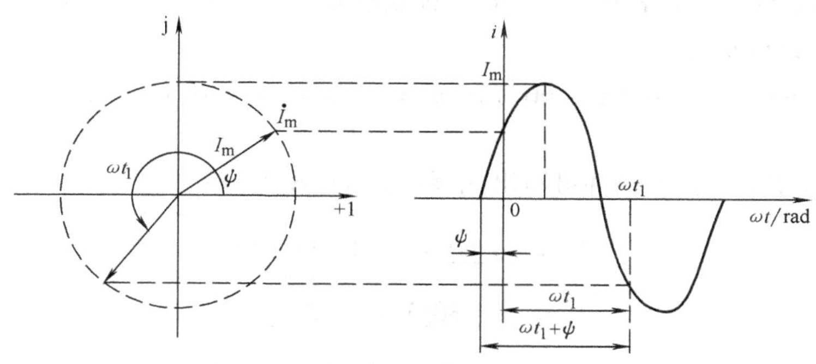

图4-4　用旋转有向线段表示正弦量

有向线段 $\dot{I}_{\mathrm{m}}$ 以角频率 ω 旋转时，可完全代表一个正弦量。但在同频率正弦量的电路分析中，正弦量的表示只需大小和相位两个要素，因此有向线段 $\dot{I}_{\mathrm{m}}$ 即可代表正弦电流 $i(t)=I_{\mathrm{m}}\sin(\omega t+\psi)$，并称 $\dot{I}_{\mathrm{m}}$ 为正弦电流 i 的最大值相量。若有向线段的长度取正弦电流 i 的有效值 I，则上述有向线段称为正弦电流 i 的有效值相量，并用 $\dot{I}$ 表示。工程上常用有效值相量表示正弦量。

若把有效值相量 $\dot{I}$ 置于复平面上，可得正弦量的复数表示。由图4-5可知，相量 $\dot{I}$ 可表示为复代数式，或称复直角坐标式

$$\dot{I}=a+\mathrm{j}b \tag{4-11}$$

这种表示适用于复数的加、减运算。相量 $\dot{I}$ 又可表示为复指数式，或称复极坐标式

$$\dot{I}=I\mathrm{e}^{\mathrm{j}\psi} \tag{4-12}$$

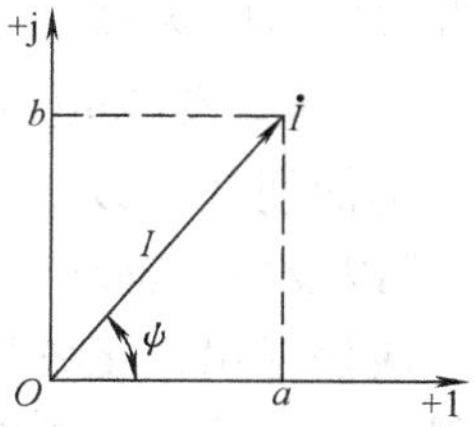

图4-5　相量的复数表示

在工程上常写作

$$\dot{I}=I\angle\psi \tag{4-13}$$

复极坐标式适用于复数的乘、除运算。

复直角坐标式和复极坐标式可通过计算器的 $R \to P$ 和 $P \to R$ 功能键直接相互转换。也可由图 4-5 确定的关系进行转换，若将直角坐标式转换为极坐标式，需求出该复数的模值 I 和辐角 ψ，此时

$$I = \sqrt{a^2 + b^2} \tag{4-14}$$

$$\psi = \arctan \frac{b}{a} \tag{4-15}$$

若将极坐标式转换为直角坐标式，需求出该复数的实部 a 和虚部 b，此时

$$a = I\cos\psi \tag{4-16}$$

$$b = I\sin\psi \tag{4-17}$$

综上所述，一个正弦量除了可以用瞬时值三角函数式和波形图表示外，还可用相量图、复直角坐标式和复极坐标式表示。并且这 5 种表示方式可以互相转换，只要知道其一，就可转换为其他几种表示方式。

例 4-2　已知 $u_1 = 8\sqrt{2}\sin(\omega t + 60°)\,\text{V}$，$u_2 = 6\sqrt{2}\sin(\omega t - 30°)\,\text{V}$，求 $u = u_1 + u_2$。

解

1）用相量式求。由已知条件可写出 u_1 和 u_2 的有效值相量

$$\dot{U}_1 = 8\angle 60°\,\text{V} = (4 + \text{j}6.9)\,\text{V}$$

$$\dot{U}_2 = 6\angle -30°\,\text{V} = (5.2 - \text{j}3)\,\text{V}$$

$$\dot{U} = \dot{U}_1 + \dot{U}_2 = (4 + \text{j}6.9 + 5.2 - \text{j}3)\,\text{V} = (9.2 + \text{j}3.9)\,\text{V} = 10\angle 23.0°\,\text{V}$$

$$u = 10\sqrt{2}\sin(\omega t + 23.0°)\,\text{V}$$

2）用相量图求。在复平面上，复数用有向线段表示时，复数间的加、减运算满足平行四边形法则，那么正弦量的相量的加、减运算就满足该法则，因此还可用作图的方法——相量图法求出 $\dot{U} = \dot{U}_1 + \dot{U}_2$，其相量图如图 4-6 所示。根据总电压 $\dot{U}$ 的长度 U 和它与实轴的夹角 ψ 可写出 u 的瞬时值表达式

$$u = \sqrt{2}U\sin(\omega t + \psi)\,\text{V} = 10\sqrt{2}\sin(\omega t + 23.0°)\,\text{V}$$

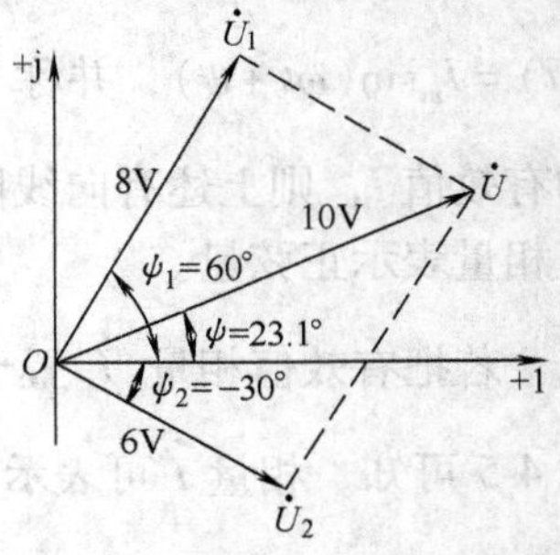

为简便计，以后在画相量图时，复平面上的“+1”和“+j”以及坐标轴均可省去不画。

图 4-6　例 4-2 的相量图

应该指出，正弦量是时间的实函数，正弦量的复数形式和相量图表示只是一种数学手段，目的是简化运算，正弦量既不是复数又与空间矢量有本质的区别。

若以 $\text{e}^{\pm \text{j}\alpha}$ 乘以相量 $\dot{U} = U\text{e}^{\text{j}\psi}$ 则得 $\dot{U}'$

$$\dot{U}' = U\text{e}^{\text{j}\psi}\text{e}^{\pm \text{j}\alpha} = U\text{e}^{\text{j}(\psi \pm \alpha)}$$

可见 $\dot{U}'$ 比 $\dot{U}$ 逆时针或顺时针旋转 α 角。

当 $\alpha = \pm 90°$ 时，由欧拉公式得

$$e^{\pm j90°} = \cos 90° \pm j\sin 90° = \pm j \tag{4-18}$$

此时，$\dot{U}' = Ue^{j(\psi \pm 90°)} = \pm j\dot{U}$ 比 $\dot{U}$ 逆时针或顺时针旋转 90°，因此称 $e^{\pm j90°} = \pm j$ 为旋转 90°的因子。

练习与思考

4-2-1　$\dot{I} = e^{j90°}$ A 的复代数表示式是（　　）。

a）$\dot{I} = 1\angle 90°$ A　b）$\dot{I} = -j$A　c）$\dot{I} = j$A

4-2-2　与 $i = 5\sqrt{2}\sin(\omega t + 36.9°)$(A)对应的电流相量 $\dot{I}$ 是(　　)。

a）$(4 + j3)$A　b）$(4 - j3)$A　c）$(3 + j4)$A

4-2-3　指出下列各式的错误

a）$i = 6\angle 30°$A　b）$\dot{U} = 50\sin(\omega t + 45°)$V　c）$I = 10\exp(j30°)$A　d）$I = 2\sin(314t + 10°)$A

e）$\dot{I} = 10\sin\pi t$A　f）$\dot{I} = 30e^{-30°}$A　g）$u = 5\sin(\omega t - 20°) = 5e^{-j20°}$V

4-2-4　已知 $i_1 = 8\sqrt{2}\sin(\omega t + 60°)$A，$i_2 = 6\sqrt{2}\sin(\omega t - 30°)$A，试用复数计算 $i = i_1 + i_2$，并画出相量图。

4.3　电阻元件的正弦交流电路

单个元件电阻、电感或电容组成的电路称为单一参数电路，掌握它的伏安关系、功率消耗及能量转换是分析正弦电路的基础。本节首先分析线性电阻元件的正弦交流电路。

4.3.1　伏安关系

有一线性电阻 R，其激励电流 i 与响应电压 u 的参考方向如图 4-7a 所示。在激励情况下，其伏安关系为

$$u = Ri \tag{4-19}$$

若设电流 $i = I_m\sin\omega t$，并称为参考正弦量（因初相位角为零），则代入一般式（4-19）可得

$$u = Ri = I_m R\sin\omega t = U_m\sin\omega t \tag{4-20}$$

由此可见，u 与 i 的伏安关系可表述如下：

1）u 是与 i 同频同相的正弦电压。

2）u 与 i 的幅值或有效值间是线性关系，其比值是线性电阻 R，即

$$\frac{U_m}{I_m} = \frac{U}{I} = R \tag{4-21}$$

3）u 与 i 的波形如图 4-7b 所示。

4）u 与 i 伏安关系的相量形式为

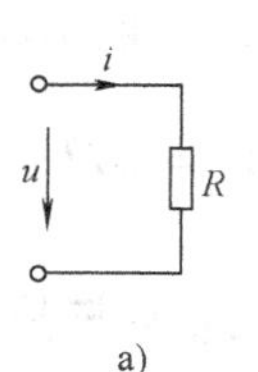

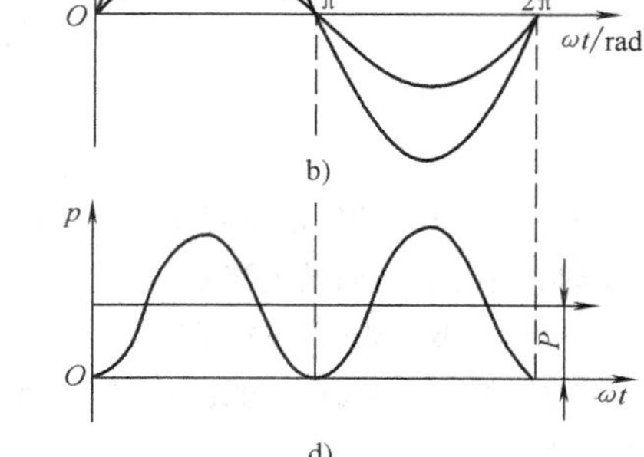

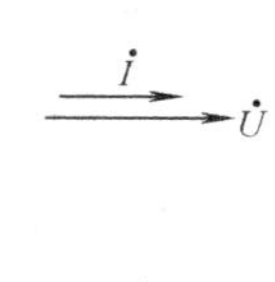

图 4-7　电阻元件的正弦交流电路

$$\dot{I} = I\mathrm{e}^{\mathrm{j}0°} = I\angle 0° = I$$

$$\dot{U} = U\mathrm{e}^{\mathrm{j}0°} = U\angle 0° = U$$

$$\frac{\dot{U}}{\dot{I}} = \frac{U}{I}\mathrm{e}^{\mathrm{j}0°} = \frac{U}{I} = R \tag{4-22}$$

这就是欧姆定律的相量形式。

5）u 与 i 的相量图如图 4-7c 所示。

4.3.2　功率消耗与能量转换

（1）瞬时功率　在任一瞬间，某元件瞬时电压 u 与瞬时电流 i 的乘积，称为该元件的瞬时功率，并用小写的 p 表示，即

$$\begin{aligned} p = p_{\mathrm{R}} &= ui = U_{\mathrm{m}}I_{\mathrm{m}}\sin^2\omega t \\ &= U_{\mathrm{m}}I_{\mathrm{m}}\frac{1-\cos 2\omega t}{2} \\ &= UI(1-\cos 2\omega t) \end{aligned} \tag{4-23}$$

由式（4-23）可见，p 由两部分组成，并且在任一瞬间总有

$$p \geqslant 0 \tag{4-24}$$

这说明电阻元件在正弦电路中是消耗功率的。

由式（4-23）可画出图 4-7d 所示瞬时功率 p 的波形图。

（2）平均功率　瞬时功率 p 在一周期内的平均值称为平均功率，并用大写 P 表示，即

$$\begin{aligned} P &= \frac{1}{T}\int_0^T p\mathrm{d}t \\ &= \frac{1}{T}\int_0^T UI(1-\cos 2\omega t)\mathrm{d}t \\ &= UI = I^2R = \frac{U^2}{R} \end{aligned} \tag{4-25}$$

平均功率亦称有功功率，单位是 W 或 kW。

（3）能量转换　由式（4-24）可知电阻元件是消耗功率的，吸取电源提供的电能转换为热能散发掉，是一种不可逆转换。在一周期内转换成的热能为

$$W_{\mathrm{R}} = \int_0^T p\mathrm{d}t = UIT = I^2RT = \frac{U^2}{R}T \tag{4-26}$$

练习与思考

4-3-1　把一个 10Ω 的电阻元件接到 $f=50\mathrm{Hz}$，电压有效值 $U=10\mathrm{V}$ 的正弦交流电源上，当电源频率 $f=100\mathrm{Hz}$ 时，通过该电阻的电流是（　　）。

a）增大　b）减小　c）不变

4-3-2　把一个 10Ω 电阻元件接到 $f=50\mathrm{Hz}$ 初相位 $-60°$，电压有效值为 10V 的交流电源上，电阻中电流的瞬时值 i 是（　　）。

a）1A　b）$\sqrt{2}\sin(314t-60°)$A　c）$\sqrt{2}$A

4.4　电感元件的正弦交流电路

一个直流电阻 R 很小的空心线圈可视为理想的线性电感 L。下面讨论在正弦电路中，L 的伏安关系，功率消耗以及能量转换的情况。

4.4.1　伏安关系

线性电感 L 中的电流 i 和端电压 u 的参考方向如图 4-8a 所示。在一般激励下，线性电感的伏安关系为

$$u=-e=L\frac{\mathrm{d}i}{\mathrm{d}t}$$

若设电流 $i=I_{\mathrm{m}}\sin\omega t$ 为参考正弦量，代入上式，可得正弦激励下电感 L 的端电压为

$$\begin{aligned}u&=L\frac{\mathrm{d}(I_{\mathrm{m}}\sin\omega t)}{\mathrm{d}t}=I_{\mathrm{m}}\omega L\cos\omega t\\&=I_{\mathrm{m}}\omega L\sin(\omega t+90^\circ)\\&=U_{\mathrm{m}}\sin(\omega t+90^\circ)\end{aligned}\tag{4-27}$$

由此式可知：

1）u 与 i 是同频率的正弦量。

2）在相位上，u 超前 i 相位角 90°。

3）在值的大小上，u 与 i 的有效值（或最大值）间受感抗 X_{L} 的约束，表示为

$$X_{\mathrm{L}}=\frac{U}{I}=\frac{U_{\mathrm{m}}}{I_{\mathrm{m}}}=\omega L=2\pi fL\tag{4-28}$$

这说明在一定的电压 U 的情况下，电感 L 中的电流，除与 L 值的大小有关外，还与激励源的频率 f(或 ω)有关。当 U、L 确定时，f 越大，X_{L} 就越大，则 I 就越小，这就是电感线圈阻碍高频电流的作用，例如无线电设备中的高频扼流圈；f 越小，X_{L} 就越小，则 I 就越大；当 $f=0$ 时，$X_{\mathrm{L}}=0$，$I=\infty$，即电感 L 对直流相当于短路。X_{L} 有电阻的量纲，单位是 Ω。

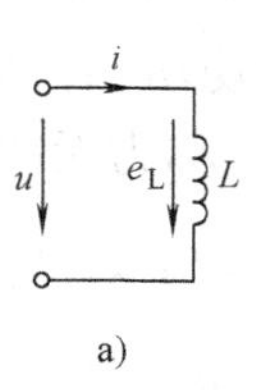

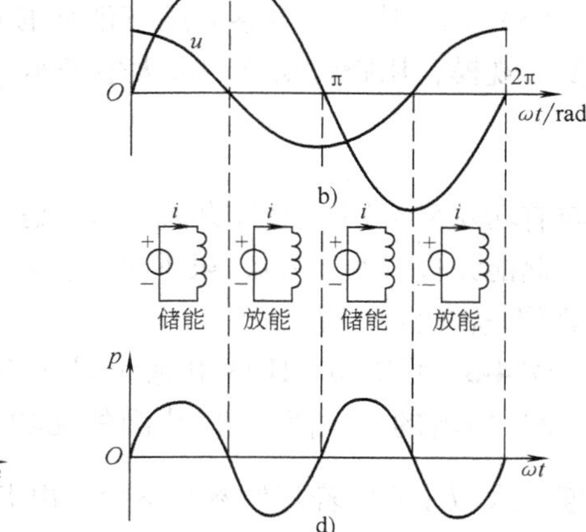

图 4-8　电感元件的正弦交流电路

4）电流 i 与电压 u 的波形如图 4-8b 所示。

5）电压与电流相量之比称为复感抗，用 Z_{L} 表示：

$$Z_{\mathrm{L}}=\frac{\dot{U}}{\dot{I}}=\frac{U\angle 90^\circ}{I\angle 0^\circ}=\mathrm{j}X_{\mathrm{L}}=\mathrm{j}2\pi fL\tag{4-29}$$

复感抗 Z_{L} 的单位是 Ω。复感抗 Z_{L} 既反映了 L 中 u 与 i 大小的关系 $|Z_{\mathrm{L}}|=U/I=X_{\mathrm{L}}$，

又反映了 u 与 i 的相位关系 $\psi_u - \psi_i = 90°$。但是复感抗不是相量，因它不是时间的函数，只是一个计算量。式（4-29）是关于线性电感 L 的欧姆定律的相量形式。

6）u 与 i 的相量图如图 4-8c 所示。

4.4.2 功率消耗与能量转换

（1）线性电感 L 的瞬时功率与能量转换　由瞬时功率定义可得

$$\begin{aligned} p_L &= ui = U_m I_m \sin(\omega t + 90°)\sin\omega t \\ &= U_m I_m \sin\omega t \cos\omega t = \frac{U_m I_m}{2}\sin 2\omega t \\ &= UI\sin 2\omega t \end{aligned} \tag{4-30}$$

由式（4-30）可见，p_L 是一个幅值为 UI，并以 2ω 的角频率随时间而变化的交变量，其波形如图 4-8d 所示。

在第一个和第三个 1/4 周期内，p_L 为正值（u 与 i 同为正或同为负），且 i 在增大，说明电感 L 从电源吸取电能，转换为磁能储存在线圈的磁场中；在第二个和第四个 1/4 周期内，p_L 为负值（u 与 i 一正一负），且 i 在减小，说明电感 L 将储存的磁能转换为电能归还给电源。可以看出，理想电感 L 在正弦交流激励下，不断地与电源进行能量交换，但却不消耗能量。

（2）线性电感 L 的平均功率　瞬时功率 p_L 在一周期内的平均值即为平均功率

$$P_L = \frac{1}{T}\int_0^T p_L \mathrm{d}t = \frac{1}{T}\int_0^T UI\sin 2\omega t \mathrm{d}t = 0 \tag{4-31}$$

可见理想电感在正弦交流电路中是不消耗能量的。

（3）无功功率　电感 L 虽不消耗有功功率，但要求与电源间进行能量交换，这种能量交换的规模，用瞬时功率的最大值表示，称为无功功率，并记作

$$Q_L = UI = I^2 X_L = \frac{U^2}{X_L}$$

为与有功功率区别，无功功率的单位是 var（乏）或 kvar（千乏）。

储能元件（L 或 C），虽本身不消耗能量，但需占用电源容量并与之进行能量交换，对电源是一种负担。

例 4-3　已知 0.1H 的电感线圈（略 R_{Cu}）接在 10V 的工频电源上。求：1）线圈的感抗；2）电流的有效值；3）线圈的无功功率；4）线圈的最大储能；5）设电压的初相位为零度，求 $\dot{I}$；6）若其他参数不变，电源电压的频率变为 5000Hz，再求电流 I。

解

1）感抗

$$X_L = 2\pi f L = 2\pi \times 50 \times 0.1\Omega = 31.4\Omega$$

2）电流有效值

$$I = \frac{U}{X_L} = \frac{10}{31.4}\text{A} = 0.318\text{A}$$

3）无功功率

$$Q_L = UI = 10\text{V} \times 0.318\text{A} = 3.18\text{var}$$

4）最大储能

$$W_{LM}=\frac{1}{2}LI_m^2=\frac{1}{2}\times0.1\times(\sqrt{2}\times0.318)^2\text{J}=0.01\text{J}$$

5）设 $\dot{U}=10\angle0°\text{V}$，则

$$\dot{I}=\frac{\dot{U}}{\text{j}X_L}=\frac{10\angle0°}{\text{j}31.4}\text{A}=0.318\angle-90°\text{A}=-\text{j}0.318\text{A}$$

6）当 $f=5000\text{Hz}$ 时

$$X_L=2\times3.14\times5000\times0.1\Omega=3140\Omega$$

$$I=\frac{10}{3140}\text{A}=0.00318\text{A}=3.18\text{mA}$$

可见，频率增高后，电感线圈中的电流减小了。

练习与思考

4-4-1　在图 4-8a 电感元件的正弦交流电路中，$L=200\text{mH}$，$u=80\sin(1000t+105°)\text{V}$，则电感中电流 $i=$(　　)。

a) $0.4\sin(1000t+15°)\text{A}$　b) $0.04\sin(1000t-165°)\text{A}$　c) $0.2\sqrt{2}\angle15°\text{A}$

4-4-2　指出下列各式哪些是对的，哪些是错的。

$u=L\frac{\text{d}i}{\text{d}t}$, $u=X_Li$, $u=Li$, $i=i_0+\frac{1}{L}\int_0^t u\text{d}t$

$U=\text{j}\omega LI$，$\dot{U}=X_L\dot{I}$，$\dot{I}=-\text{j}\frac{\dot{U}}{\omega L}$，$\dot{I}=\frac{\dot{U}}{\text{j}\omega L}$

$p_L=ui=0$，$P_L=0$，$Q_L=UI=I^2X_L$

4.5　电容元件的正弦交流电路

图 4-9a 是正弦交流激励下的线性电容电路，电路中的电流 i 和电容器两端的电压 u 的参考方向如图中所示。下面讨论该电路的伏安关系、功率消耗和能量转换。

4.5.1　伏安关系

线性电容 C 的瞬时伏安关系为

$$i=C\frac{\text{d}u}{\text{d}t}$$

若设电压 $u=U_m\sin\omega t$ 为参考正弦量，代入上式得流过线性电容 C 的电流为

$$\begin{aligned}i&=C\frac{\text{d}(U_m\sin\omega t)}{\text{d}t}=\omega CU_m\cos\omega t\\&=\omega CU_m\sin(\omega t+90°)\\&=I_m\sin(\omega t+90°)\end{aligned}\tag{4-32}$$

由式（4-32）可知：

1）i 与 u 是同频率的正弦量。

2）i 超前 u 相位角 90°。

3）u 与 i 的有效值（或最大值）之比称为容抗，记作

$$X_C=\frac{U}{I}=\frac{U_m}{I_m}=\frac{1}{\omega C}=\frac{1}{2\pi fC} \quad (4\text{-}33)$$

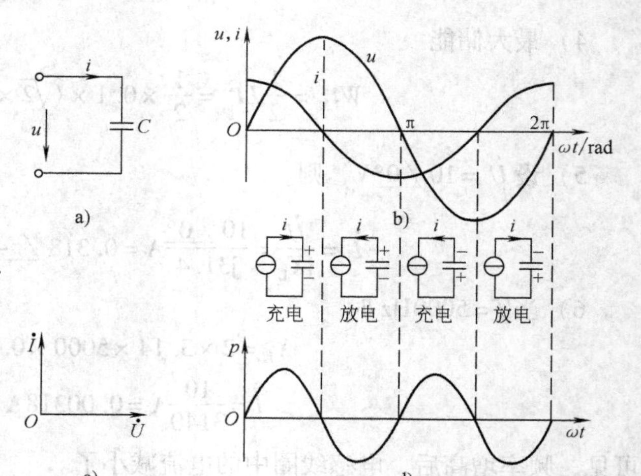

图 4-9　电容元件的正弦交流电路

容抗 X_C 的单位是 Ω。当电压 U 和电容 C 确定时，容抗 X_C 的大小与频率 f 有关，当 f 较高时，容抗 X_C 较小，电容中通过的电流较大，说明电容对高频电流的阻碍作用较小；当 f 较低时，容抗 X_C 较大，电容中通过的电流较小，说明电容对低频电流的阻碍作用较大。若 $f=0$，即对直流而言 $X_C\to\infty$，电容可视作开路。总之电容有隔直流、通交流的作用。

频率一定时，容抗 X_C 与电容 C 的值成反比。

4）电压 u 与电流 i 的波形如图 4-9b 所示。

5）电压与电流相量之比称为复容抗，用 Z_C 表示，即

$$Z_C=\frac{\dot{U}}{\dot{I}}=\frac{U\angle 0^\circ}{I\angle 90^\circ}=-\mathrm{j}X_C=-\mathrm{j}\frac{1}{\omega C}=\frac{1}{\mathrm{j}2\pi fC} \quad (4\text{-}34)$$

复容抗 Z_C 的单位是 Ω。Z_C 反映了通过电容电流 i 与端电压 u 大小的关系 $|Z_C|=U/I=X_C$，也反映了 u 与 i 的相位关系 $\psi_u-\psi_i=-90^\circ$。Z_C 和 Z_L 同样不是相量，只是计算量。式（4-34）是线性电容 C 的欧姆定律的相量形式。

6）u 与 i 的相量图如图 4-9c 所示。

4.5.2　功率消耗与能量转换

（1）线性电容 C 的瞬时功率与能量转换　由瞬时功率的定义可得

$$\begin{aligned}p_C&=ui=U_mI_m\sin(\omega t+90^\circ)\sin\omega t\\&=UI\sin2\omega t\end{aligned} \quad (4\text{-}35)$$

由式（4-35）可见，p_C 是一个幅值为 UI，并以 2ω 的角频率随时间而变化的交变量，其波形如图 4-9d 所示。

在第一个和第三个 1/4 周期内，电压值在增高，即电容在充电，使电源的电能转换为电场能量储存在电场中，所以 p 为正值。在第二个和第四个 1/4 周期内，电压值在降低，即电容在放电，把储存的电场能量放还给电源，所以 p 是负的。就这样，理想的线性电容，在正弦交流激励下，不断地与电源进行能量交换，但却不消耗能量。

（2）线性电容 C 的平均功率　根据定义，其平均功率为

$$P_C=\frac{1}{T}\int_0^T p_C\mathrm{d}t=\frac{1}{T}\int_0^T UI\sin2\omega t\mathrm{d}t=0 \quad (4\text{-}36)$$

可见理想电容在正弦交流电路中是不消耗能量的。

（3）无功功率 无功功率是用来表示电容元件与电源间能量交换的规模大小的，根据定义记作

$$Q_C = -UI = -I^2X_C = -\frac{U^2}{X_C} \tag{4-37}$$

单位是 var 或 kvar。若同取电流为参考正弦量，则电容的无功功率为负值。电感的为正值，二者具有互补性。

例 4-4 已知图 4-9a 中的电容 $C=4.75\mu F$，$u=\sqrt{2}\times 220\sin 314t\,V$。求：1）容抗 X_C；2）电容中电流有效值 I_C；3）电容中电流的瞬时值 i_C；4）电容的有功功率 P_C 和无功功率 Q_C；5）电容的最大储能 W_{CM}；6）若其他参数不变，电源电压的频率变为 5000Hz，再求电流 I_C。

解

1）容抗

$$X_C = \frac{1}{2\pi fC} = \frac{1}{2\times 3.14\times 50\times 4.75\times 10^{-6}}\Omega = 670\Omega$$

2）电流有效值

$$I_C = \frac{U}{X_C} = \frac{220}{670}A = 0.328A$$

3）电流瞬时值

$$i_C = 0.328\sqrt{2}\sin(314t+90°)A$$

4）有功功率

$$P_C = 0W$$

无功功率

$$Q_C = UI_C = 220\times 0.328\text{var} = 72.25\text{var}$$

5）电容的最大储能

$$W_{CM} = \frac{1}{2}CU_m^2 = \frac{1}{2}\times 4.75\times 10^{-6}\times(\sqrt{2}220)^2 J = 0.23J$$

6）若 $f=5000Hz$，电容的容抗为

$$X_C = \frac{1}{2\pi fC} = \frac{1}{2\times 3.14\times 5\times 10^3\times 4.75\times 10^{-6}}\Omega = 6.7\Omega$$

电容中的电流

$$I_C = \frac{U}{X_C} = \frac{220}{6.7}A = 32.8A$$

可见频率增高后，容抗降低了，通过电容的电流增加了。

练习与思考

4-5-1 流过 0.5F 电容的电流是 $i=\sqrt{2}\sin(100t-30°)A$，则电容的端电压 $u=$（ ）。

a）$0.02\sqrt{2}\sin(100t-120°)V$ b）$0.02\sin(100t-120°)V$ c）$0.02\sqrt{2}\sin(100t+60°)V$

4-5-2 $R=1k\Omega$ 的电阻与 $C=50\mu F$ 的电容并联后，作用 $I=2mA$ 的直流电流，求电阻和电容支路的电流和它们的端电压。

4-5-3 若上题作用的是有效值为 2mA，频率为 1000Hz 的正弦交流电流，再求各支路电流和并联元件的端电压。

4.6　正弦稳态电路的分析

下面以 R、L、C 串联电路为例，介绍正弦稳态电路的相量模型分析法和相量图分析法，并讨论功率关系。

4.6.1　正弦稳态电路的相量模型分析方法

对图4-10a所示 R、L、C 串联电路，为了求得正弦电压 u，正弦电流 i 与电路参数间的关系，可先作出图4-10b所示的原电路的相量模型。相量模型的电路结构与原电路相同；但电路变量要用相量表示，即电压用 $\dot{U}$ 表示，电流用 $\dot{I}$，电动势用 $\dot{E}$ 表示；电路元件的参数用复阻抗 Z（或复导纳 $Y=1/Z$）表示，即电感用 jX_L 表示，电容用 $-jX_C$ 表示，电阻用 R 表示。在直流电路中得到的电路定律、定理及分析方法都相应地适用于相量模型，因此正弦稳态电路分析，通过相量模型这一变换，就可按直流电阻电路的模式进行分析。最后将求得的电压、电流相量 $\dot{U}$、$\dot{I}$ 转换为瞬时值 u、i，或将求得的复阻抗 jX_L、$-jX_C$ 转换为 L、C 的值。

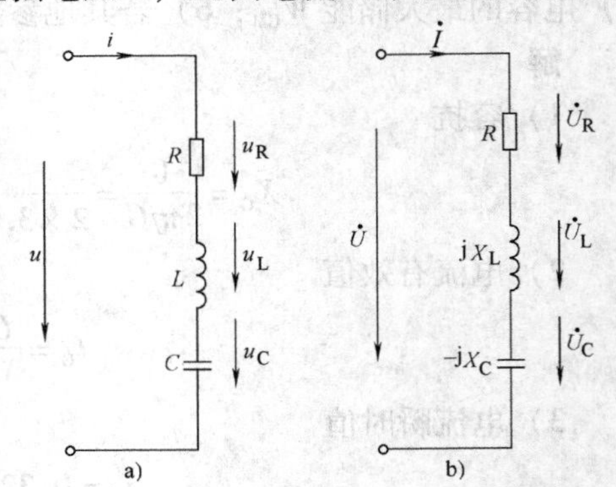

图4-10　相量模型分析方法
a）R、L、C 串联电路　b）相量模型

按上述方法，R、L、C 串联电路总的复阻抗应为

$$
\begin{aligned}
Z &= \frac{\dot{U}}{\dot{I}} = R + jX_L - jX_C \\
&= R + j(X_L - X_C) \\
&= |Z| e^{j\varphi} = |Z| \angle \varphi \\
&= \frac{U}{I} \angle \psi_u - \psi_i
\end{aligned} \tag{4-38}
$$

复阻抗 Z 的模

$$
|Z| = \frac{U}{I} = \sqrt{R^2 + (X_L - X_C)^2} \tag{4-39}
$$

约束着 u 与 i 有效值之间的关系。

复阻抗 Z 的辐角

$$
\varphi = \psi_u - \psi_i = \arctan \frac{X_L - X_C}{R} \tag{4-40}
$$

表示了 u 与 i 之间的相位关系。

由式(4-39)、式(4-40)可知，复阻抗的模 $|Z|$，实部 R 和虚部电抗 $X = X_L - X_C$ 构成一个阻抗三角形，如图4-11所示，φ 称为阻抗角。

电路的性质由电路参数决定，当 $X_L - X_C > 0$ 时，$\varphi = \psi_u - \psi_i > 0$，电路呈电感性；当 $X_L - X_C$

<0 时，$\varphi=\psi_u-\psi_i<0$，电路呈电容性；当 $X_L-X_C=0$ 时，$\varphi=\psi_u-\psi_i=0$，电路呈纯电阻性。

对于任意一个线性无源二端网络，求得其复阻抗 Z，就可知其端电压、电流间大小和相位关系以及该网络的性质。

4.6.2　正弦稳态电路的相量图分析方法

这种方法可更直观地展示各电路变量间大小和相位关系，但准确性较差。一般作图前先确定一个参考正弦量，对于串联电路定电流为参考正弦量为宜，对并联电路定电压为参考正弦量为宜。

对图4-10a所示的 R、L、C 串联电路，设电流 $\dot{I}$ 为参考正弦量，则电感上的电压 $\dot{U}_L=jX_L\dot{I}$，超前于 $\dot{I}$ 角90°，其长度为 $U_L=X_LI$；电容上的电压 $\dot{U}_C=-jX_C\dot{I}$，滞后 $\dot{I}$ 角90°，其长度 $U_C=X_CI$；电阻上的压降 $\dot{U}_R=R\dot{I}$，与 $\dot{I}$ 同相，长度 $U_R=RI$。总电压 $\dot{U}=\dot{U}_R+\dot{U}_L+\dot{U}_C$，相量图如图4-12所示。

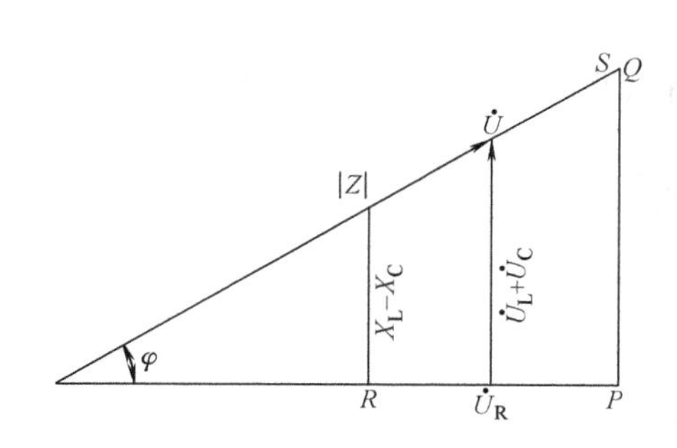

图4-11　阻抗、电压和功率三角形

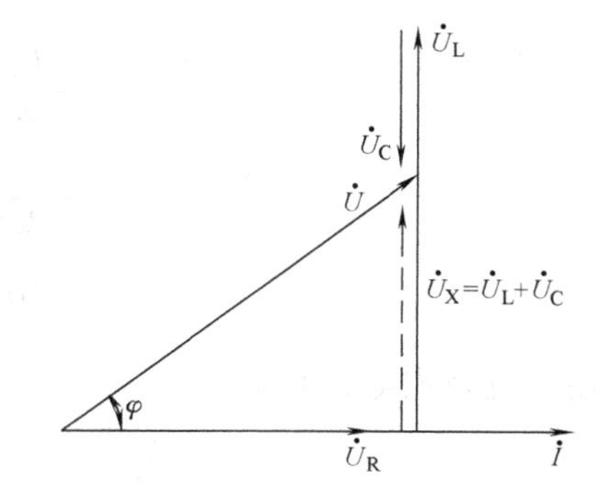

图4-12　R、L、C 串联电路的相量图

在相量图中，总电压 $\dot{U}$、电阻元件电压 $\dot{U}_R$ 和电抗元件上的电压 $\dot{U}_X=\dot{U}_L+\dot{U}_C$ 组成一个电压三角形。电压三角形与阻抗三角形对应边之比为电流 I，它们是相似三角形，如图4-11所示。有效值电压的关系是

$$U^2=U_R^2+U_X^2=U_R^2+(U_L-U_C)^2 \tag{4-41}$$

应特别注意，此处总电压的有效值不等于各元件有效值电压之和，即 $U\neq U_R+U_L+U_C$。

相量图法将正弦稳态电路分析的问题转变为平面几何的问题，具有简单、直观的优点，它与相量模型法相辅相成，是正弦电路的基本分析方法。下面是这两种分析方法的应用举例。

例4-5　电路如图4-13所示，已知 $R_1=1.5\text{k}\Omega$，$R_2=1\text{k}\Omega$，$L=1/3\text{H}$，$C=1/6\mu\text{F}$，$u_s=40\sqrt{2}\sin3000t\text{V}$，求电流 i_C。

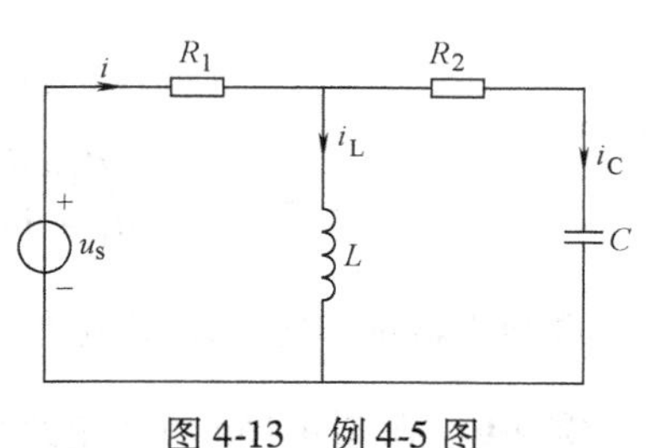

图4-13　例4-5图

解

作原电路的相量模型

$$\dot{U}_s=40\angle0°\text{V}$$

$$j\omega L = j3000 \times \frac{1}{3}k\Omega = j1k\Omega$$

$$-j\frac{1}{\omega C} = -j\frac{1}{3000 \times \frac{1}{6} \times 10^{-6}}k\Omega = -j2k\Omega$$

故得图 4-14 所示的相量模型。

电路的总复阻抗

$$Z = R_1 + \frac{j\omega L\left(R_2 - j\frac{1}{\omega C}\right)}{j\omega L + \left(R_2 - j\frac{1}{\omega C}\right)}$$

$$= \left(1.5 + \frac{j1 \times (1 - j2)}{j1 + 1 - j2}\right)k\Omega$$

$$= (2 + j1.5)k\Omega$$

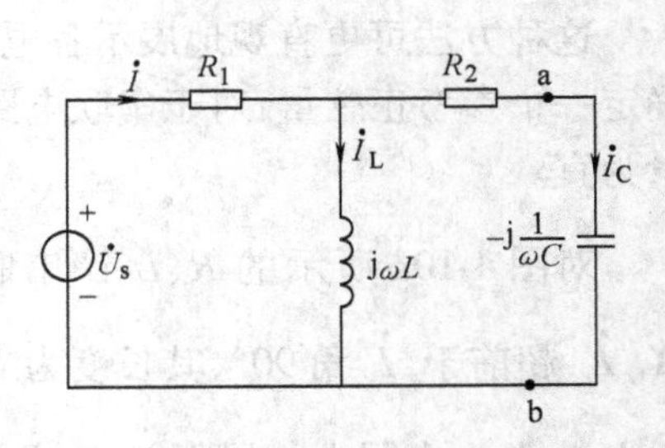

图 4-14　例 4-5 图的相量模型

电路中的总电流相量

$$\dot{I} = \frac{\dot{U}_s}{Z} = \frac{40\angle 0^\circ}{2 + j1.5}mA$$

$$= \frac{40\angle 0^\circ}{2.5\angle 36.9^\circ}mA$$

$$= 16\angle -36.9^\circ mA$$

利用分流公式得到电流 $\dot{I}_C$

$$\dot{I}_C = \frac{j\omega L}{j\omega L + R_2 - j\frac{1}{\omega C}}\dot{I}$$

$$= \frac{j1}{1 - j} \times 16\angle -36.9^\circ mA$$

$$= 11.32\angle 98.1^\circ mA$$

将 $\dot{I}_C$ 转换为瞬时值

$$i_C = 11.3\sqrt{2}\sin(3000t + 98.3^\circ)mA$$

本例题还可以先求出除电容 C 之外的戴维南等效电路模型，戴维南等效电路中的电压源相量和内阻抗分别为

$$\dot{U}_{oc} = \dot{U}_s\frac{j\omega L}{R_1 + j\omega L} = 40\frac{j}{1.5 + j}V$$

$$= (12.3 + j18.5)V = 22.2\angle 56.4^\circ V$$

$$Z_{eq} = R_2 + \frac{R_1 j\omega L}{R_1 + j\omega L} = \left(1 + \frac{j1.5}{1.5 + j}\right)k\Omega = (1.46 + j0.69)k\Omega$$

再利用戴维南定理求出电流 $\dot{I}_C$ 相量，然后转换为瞬时值。读者感兴趣的话可自行求解。

例 4-6　在图 4-15a 所示电路中，已知总电压 $U = 100V$，$I_1 = I_2 = 10A$，且 $\dot{I}$、$\dot{U}$ 同相，

求电流 I 和各元件参数 R、X_L、X_C 的值。

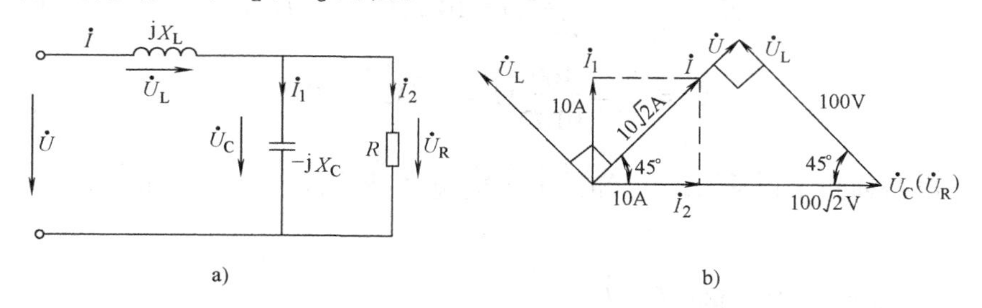

图 4-15　例 4-6 图

a）电路图　b）相量图

解法 1　因电阻与电容并联部分的电压 $U_R = U_C$，又已知 $I_1 = I_2 = 10\text{A}$，所以 $R = X_C$。

若设 $\dot{I}_2 = 10\angle 0°\text{A}$，则 $\dot{I}_1 = 10\angle 90°\text{A}$ 由

$$\dot{I} = \dot{I}_1 + \dot{I}_2 = (10 + j10)\text{A} = 10\sqrt{2}\angle 45°\text{A}$$

得 $I = 10\sqrt{2}\text{A} = 14.14\text{A}$。

该电路的复阻抗

$$Z = jX_L + \frac{R(-jX_C)}{R - jX_C}$$

将 $R = X_C$ 代入并化简为

$$Z = \frac{R}{2} + j\left(X_L - \frac{R}{2}\right)$$

由 $\dot{U}$、$\dot{I}$ 同相，可知 Z 的虚部为零。因此可得

$$\frac{R}{2} = \frac{U}{I} = \frac{100}{10\sqrt{2}}\Omega = \frac{10}{\sqrt{2}}\Omega$$

$$R = 10\sqrt{2}\Omega$$

$$X_C = R = 10\sqrt{2}\Omega$$

$$X_L = \frac{R}{2} = 5\sqrt{2}\Omega$$

解法 2　用相量图分析，设并联部分电压 $\dot{U}_R = \dot{U}_C$ 为参考正弦量，则 $\dot{I}_2$ 与之同相，有效值（线段长度）为 10A，$\dot{I}_1$ 超前 $\dot{U}_C$ 角 90°，值为 10A，总电流 $\dot{I} = \dot{I}_1 + \dot{I}_2$ 超前 $\dot{U}_R$ 角 45°，且其值为 $I = 10\sqrt{2}\text{A}$。见图 4-15b。

$\dot{U}_L$ 超前 $\dot{I}$ 角 90°，即超前 $\dot{U}$ 为 90°，而 $\dot{U}$ 与 $\dot{U}_R$ 相位差是 45°，又有 $\dot{U}_L + \dot{U}_R = \dot{U}$，可见 $\dot{U}_L$、$\dot{U}_R$、$\dot{U}$ 组成一个等腰直角三角形，故得

$$U_L = U = 100\text{V}$$

$$U_C = U_R = 100\sqrt{2}\text{V}$$

所以

$$R = \frac{U_R}{I_2} = \frac{100\sqrt{2}}{10}\Omega = 10\sqrt{2}\Omega = 14.14\Omega$$

$$X_C = \frac{U_C}{I_1} = \frac{100\sqrt{2}}{10}\Omega = 10\sqrt{2}\Omega = 14.14\Omega$$

$$X_L = \frac{U_L}{I} = \frac{100}{10\sqrt{2}}\Omega = 5\sqrt{2}\Omega = 7.07\Omega$$

例 4-7 电路如图 4-16 所示，已知：$\dot{I} = 4\angle 0°$ A 求电压 $\dot{U}_1$、$\dot{U}_2$ 和 $\dot{U}_s$。

解

$$\begin{aligned}\dot{U}_1 &= [(10 + j25)\Omega]\dot{I} \\ &= (10 + j25) \times 4\angle 0° \text{V} \\ &= (40 + j100)\text{V}\end{aligned}$$

$$\begin{aligned}\dot{U}_2 &= \left(\frac{10 \times (-j10)}{10 - j10}\Omega\right)\dot{I} \\ &= (20 - j20)\text{V}\end{aligned}$$

$$\dot{U}_s = \dot{U}_1 + \dot{U}_2 = (60 + j80)\text{V}$$

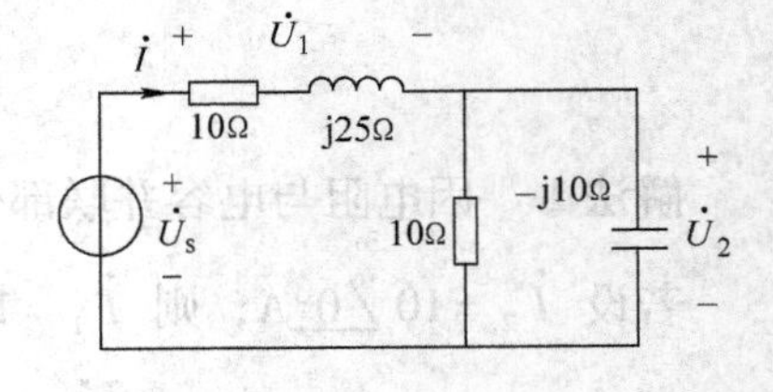

图 4-16 例 4-7 图

4.6.3 正弦交流电路中的功率

1. 瞬时功率

$$\begin{aligned}p &= ui = U_m\sin(\omega t + \varphi)I_m\sin\omega t \\ &= 2UI\sin(\omega t + \varphi)\sin\omega t \\ &= UI\cos\varphi - UI\cos(2\omega t + \varphi)\end{aligned} \tag{4-42}$$

p 是一个常量与一个正弦量的迭加。

2. 平均功率

由平均功率定义有

$$\begin{aligned}P &= \frac{1}{T}\int_0^T p\mathrm{d}t \\ &= \frac{1}{T}\int_0^T [UI\cos\varphi - UI\cos(2\omega t + \varphi)]\mathrm{d}t \\ &= UI\cos\varphi\end{aligned} \tag{4-43}$$

平均功率即是电阻元件上消耗的有功功率。由电压三角形，平均功率还可表示为

$$P = U_R I = I^2 R = \frac{U_R^2}{R}$$

对于有多个电阻元件的网络，总的有功功率是各电阻元件消耗的有功功率之和。

3. 无功功率

无功功率是电路与电源间进行能量交换的那部分功率，是电流 I 与电压的无功分量 U_X 的乘积，即

$$Q = IU_X = IU\sin\varphi \tag{4-44}$$

或

$$\begin{aligned}Q &= I^2 X = I^2(X_L - X_C) \\ &= I(U_L - U_C) = Q_L - Q_C\end{aligned}$$

式（4-43）、式（4-44）适用于任一线性无源二端网络。

4. 视在功率

任一线性无源二端网络端口电压与电流有效值乘积，即为该网络的视在功率

$$S = UI = I^2 |Z| \tag{4-45}$$

交流电气设备是按照规定的额定电压 U_N 和额定电流 I_N 设计和使用的，因此具有额定视在功率

$$S_N = U_N I_N$$

视在功率的单位是 V · A（伏安）或 kV · A（千伏安），以区别平均功率和无功功率。

平均功率 P、无功功率 Q 与视在功率 S 的关系为

$$P^2 + Q^2 = (UI\cos\varphi)^2 + (UI\sin\varphi)^2 = (UI)^2 = S^2 \tag{4-46}$$

可见，P、Q、S 组成一个功率三角形，如图 4-11 所示，它与阻抗三角形、电压三角形是相似三角形。引入这三个三角形的目的，是为了帮助理解和记忆正弦稳态电路中各量间的关系。

例 4-8　在三个复阻抗串联电路中，已知 $Z_1 = (2 + \mathrm{j}1)\Omega$，$Z_2 = (5 - \mathrm{j}3)\Omega$，$Z_3 = (1 - \mathrm{j}4)\Omega$，作用电压 $u = 20\sqrt{2}\sin 314t$ V，求电流 i 和电路的功率 P、Q、S，并说明电路的性质。

解

$$\dot{I} = \frac{\dot{U}}{Z} = \frac{20\angle 0°\text{V}}{Z_1 + Z_2 + Z_3} = \frac{20\angle 0°\text{V}}{(2 + \mathrm{j}1 + 5 - \mathrm{j}3 + 1 - \mathrm{j}4)\Omega}$$

$$= 2\angle 36.86°\text{A}$$

$$i = 2\sqrt{2}\sin(314t + 36.86°)\text{A}$$

电流超前电压 36.86°，是容性电路。

$$P = UI\cos 36.86° = 20 \times 2 \times 0.8\text{W} = 32\text{W}$$

或
$$P = I^2(R_1 + R_2 + R_3) = 2^2(2 + 5 + 1)\text{W} = 32\text{W}$$

$$Q = UI\sin(-36.86°) = 20 \times 2 \times (-0.6)\text{var} = -24\text{var}$$

或
$$Q = I^2(X_1 - X_2 - X_3) = 2^2(1 - 3 - 4)\text{var} = -24\text{var}$$

无功功率 Q 是负值，也说明是容性电路。

$$S = UI = 20 \times 2\text{V} \cdot \text{A} = 40\text{V} \cdot \text{A}$$

上例中可见，n 个复阻抗串联的等效复阻抗为

$$Z = Z_1 + Z_2 + \cdots + Z_n \tag{4-47}$$

在并联电路中，为计算方便，电路参数常常用复导纳 Y 表示，其定义为

$$Y = \frac{\dot{I}}{\dot{U}} = \frac{1}{Z} \tag{4-48}$$

复导纳的单位是 S（西门子）。n 个复导纳并联的等效复导纳为

$$Y = Y_1 + Y_2 + \cdots + Y_n \tag{4-49}$$

例 4-9　在图 4-17a 所示电路中，已知 $G = 1\text{S}$，$L = 2\text{H}$，$C = 0.5\text{F}$，$i_s = 3\sqrt{2}\sin 2t$ A，求 u_s，并判断电路性质。

解　作原电路的相量模型如图 4-17b 所示。图中

$$\dot{I}_s = 3\angle 0^\circ \text{A}$$

$$Y_G = G = 1\text{S}$$

$$Y_L = \frac{1}{j\omega L} = -j\frac{1}{4}\text{S}$$

$$Y_C = j\omega C = j\text{S}$$

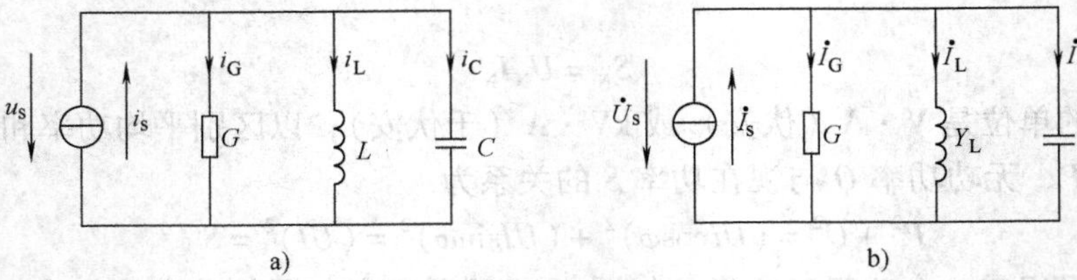

a)　　b)

图4-17　例4-9图

由式（4-49）可求得这一并联电路的总导纳

$$Y = Y_G + Y_L + Y_C = \left(1 - j\frac{1}{4} + j\right)\text{S}$$

$$= (1 + j0.75)\text{S} = 1.25\angle 36.9^\circ \text{S}$$

由相量模型可得

$$\dot{U}_s = \frac{\dot{I}}{Y} = \frac{3\angle 0^\circ}{1.25\angle 36.9^\circ} = 2.4\angle -36.9^\circ \text{V}$$

$$u_s = 2.4\sqrt{2}\sin(2t - 36.9^\circ)\text{V}$$

导纳角 $\theta = \psi_i - \psi_u = 36.9^\circ$，说明电流超前电压，电路呈电容性。由电路参数容纳 $\omega C = 1\text{S}$ 大于感纳 $1/(\omega L) = 1/4\text{S}$（或容抗 $1/(\omega C)$ 小于感抗 ωL），则电容支路的电流 I_C 将大于电感支路电流，使总电流呈容性，超前于总电压。

练习与思考

4-6-1　在 RC 串联电路中，电压与电流关系表达式正确的是（　　）。

a）$i = \frac{u}{|Z|}$　b）$I = \frac{U}{R + X_C}$　c）$I = \frac{U}{|Z|}$

4-6-2　在 RC 串联电路中，电压与电流关系表达式错误的是（　　）。

a）$U = U_R + U_C$　b）$u = iR + \frac{1}{C}\int i\mathrm{d}t$　c）$\dot{U}_C = \frac{-j\frac{1}{\omega C}}{R + \frac{1}{j\omega C}}\dot{U}$

4-6-3　已知无源二端网络的端口电压和电流分别为 $\dot{U} = 30\angle 45^\circ \text{V}$，$\dot{I} = -3\angle -165^\circ \text{A}$，求该网络的复阻抗 Z；该网络的性质；平均功率 P；无功功率 Q；视在功率 S。

4-6-4　有一 R、L、C 串联电路，已知 $R = X_L = X_C = 5\Omega$，端电压 $U = 10\text{V}$，则 $I =$（　　）A。

a）2/3　b）1/2　c）2

4-6-5　在图4-18所示电路中，$X_L = X_C = R$，并已知安培计 A_1 的读数为3A，则安培计 A_2、A_3 的读数应为（　　）。

a）1A、1A　b）3A、0A　c）$3\sqrt{2}$A、3A

4-6-6　图4-19所示电路的复阻抗 Z_{ab} =（　　）。

a）（1－j）Ω　b）（1＋j）Ω　c）$\frac{2}{3}\Omega$

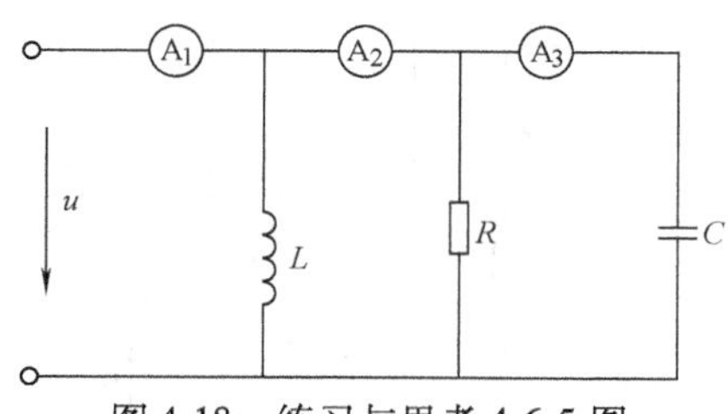

图4-18　练习与思考4-6-5图

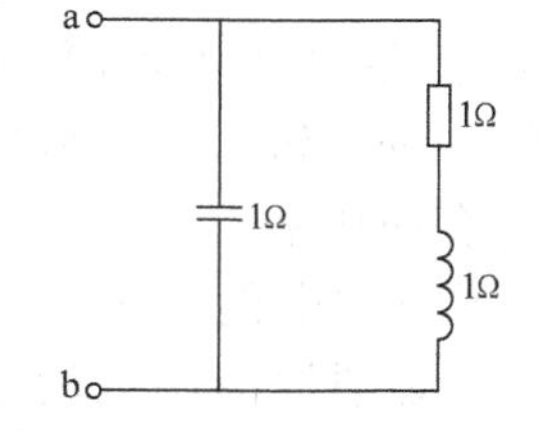

图4-19　练习与思考4-6-6图

4-6-7　若某支路的复阻抗 $Z=(8-\mathrm{j}6)\Omega$，则其复导纳 Y =（　　）S。

a）$\frac{1}{8}-\mathrm{j}\frac{1}{6}$　b）0.08＋j0.06　c）0.8－j0.6

4-6-8　已知某元件的复导纳为 $Y=0.1\angle-30°\mathrm{S}$，可判断其为（　　）元件。

a）电阻性　b）电感性　c）电容性

4.7　功率因数的提高

由式（4-43）可知，在正弦交流电路中，平均功率 P 在一般情况下并不等于视在功率 UI。除纯阻性电路外，一般 P 小于 UI，决定平均功率与视在功率关系的是 $\cos\varphi$，称之为功率因数，即

$$\cos\varphi=\frac{P}{S}\tag{4-50}$$

对于无独立电源的单口网络，端口等效阻抗为 $Z=|Z|\angle\varphi_Z$，阻抗角 φ_Z 称为该网络的功率因数角，是端口电压与电流的相位差角，即 $\varphi_Z=\psi_u-\psi_i$，因此网络的功率因数 $\cos\varphi=\cos\varphi_Z$ 的值取决于网络的参数。当阻抗为电感性时，$\varphi_Z>0$；阻抗为电容性时，$\varphi_Z<0$。但无论 φ_Z 是正还是负，$\cos\varphi_Z$ 总为正值，可见单给出 $\cos\varphi$ 值，不能表明电路的性质，因此习惯上在 $\cos\varphi$ 上加以“滞后”或“超前”字样。所谓滞后，是指电流滞后电压，即 φ_Z 为正值的情况；所谓超前，是指电流超前电压，即 φ_Z 为负值的情况。

在工业生产中，多为感性负载。例如最常用的异步电动机，在额定负载时功率因数约为0.7～0.9，而轻载时可降至0.2～0.3。其他如工频炉、电焊变压器、荧光灯等负载的功率因数也都较低。功率因数不高将产生以下两方面的不良影响：

1. 增加输电线路的功率损耗

当输电线路的电压 U 一定，负载的有功功率 P 也一定时，由式（4-43）可得

$$I=\frac{P}{U\cos\varphi}$$

即输电线中的电流 I 与功率因数 $\cos\varphi$ 成反比。$\cos\varphi$ 越低，输电线路上的电流就越大，设输电线的电阻为 R_l，则输电线的功率损耗 $\Delta P=I^2R_l$ 也会越大，这将造成较大的电能浪费。若采取加大导线截面积的办法降低 ΔP，代价是投入更多的有色金属铜或铝。

2. 发电设备的容量不能充分利用

发电设备的额定容量 S_N 是一定的。由 $P=S_N\cos\varphi$ 可知，发电机能输出的有功功率 P 与

负载的功率因数 $\cos\varphi$ 成正比，$\cos\varphi$ 越低，P 越小，而无功功率越大，电路中的能量交换规模越大，这就使发电设备的利用率大为降低。

例如容量为 1000kV · A 的变压器，若 $\cos\varphi=1$，能发出 1000kW 的有功功率，而在 $\cos\varphi=0.7$ 时，则只能发出 700kW 的有功功率。

因此，为了节省电能和提高电源设备的利用率，必须提高用电设备的功率因数。按照供用电管理规则，需高压供电的工业企业用户的平均功率因数不低于 0.95，需低压供电的用户不低于 0.9。

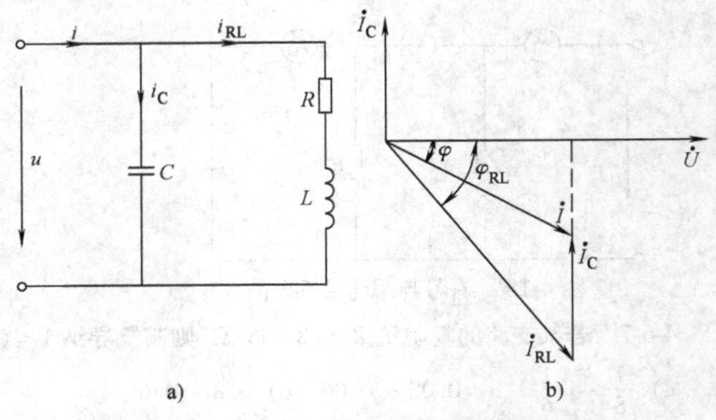

图 4-20　并联电容提高感性负载的功率因数

提高功率因数，常用的方法是在感性负载的两端并联电容器（靠近负载或置于用户变电所中），其电路图和相量图分别如图 4-20a、b 所示。

在感性负载 RL 支路上并联电容器 C 后，因电压 U（额定）和负载参数不变，所以流过负载支路的电流

$$I_{RL}=\frac{U}{\sqrt{R^2+X_L^2}}$$

不变。其次，负载本身的功率因数

$$\cos\varphi_{RL}=\frac{R}{\sqrt{R^2+X_L^2}}$$

不变。电路中消耗的有功功率

$$P=I_{RL}^2R=UI_{RL}\cos\varphi_{RL}=UI\cos\varphi$$

也不变。但从相量图上看，并联电容器 C 后，总电压 $\dot{U}$ 与总电流 $\dot{I}$ 的相位差减小了，总功率因数 $\cos\varphi$ 增大了。功率因数的提高是指电源或电网的功率因数提高，而不是提高某个感性负载的功率因数。

电容的作用是补偿了一部分电感性负载所需要的无功功率，从而使负载与电源间的能量交换减少，提高了电源设备的利用率。随电容 C 的增加，φ 角随之减小，$\cos\varphi$ 随之增大，总电流 I 也随之减小，补偿的效果亦愈明显。若继续增大 C 的值，会出现 $\cos\varphi=1$，甚至超前的 $\cos\varphi$（过补偿使电路变为容性），这是没有必要的，一般功率因数补偿到接近 1 即可。那么，如何根据具体的功率因数补偿的要求计算电容 C 的值呢？

若把功率因数由 $\cos\varphi_{RL}$ 提高到 $\cos\varphi$，则由图 4-20 中的相量图可求得电容 C 的值：由

$$\frac{U}{I_C}=X_C=\frac{1}{\omega C}$$

得

$$C=\frac{I_C}{U\omega}=\frac{I_{RL}\sin\varphi_{RL}-I\sin\varphi}{U\omega}=\frac{\frac{P}{U\cos\varphi_{RL}}\sin\varphi_{RL}-\frac{P}{U\cos\varphi}\sin\varphi}{U\omega}$$

$$=\frac{P}{U^2\omega}\left(\tan\varphi_{RL}-\tan\varphi\right)\tag{4-51}$$

例4-10　现有电压 $u=220\sqrt{2}\sin314\text{V}$、额定视在功率 $S_N=10\text{kV}\cdot\text{A}$ 的正弦交流电源，供电给有功功率 $P=8\text{kW}$、功率因数 $\cos\varphi=0.6$ 的感性负载，试求解下列问题：1）该电源供出电流是否超过额定值？2）欲将电路的功率因数提高到0.95，应并联多大电容？3）并联电容后，电源供出的电流是多少？

解　1）由 $P=UI\cos\varphi$ 可求出电源供出电流，即负载取用电流为

$$I=\frac{P}{U\cos\varphi}=\frac{8\times10^3}{220\times0.6}\text{A}=60.6\text{A}$$

而电源的额定电流为

$$I_N=\frac{S_N}{U_N}=\frac{10\times10^3}{220}\text{A}=45.5\text{A}$$

可见该电源提供的电流60.6A已超过额定电流值45.5A，使电源过载工作，即

$$S=UI=220\times60.6\text{kV}\cdot\text{A}=13.3\text{kV}\cdot\text{A}$$

2）由 $\cos\varphi_{RL}=0.6$ 得 $\varphi_{RL}=53.13°$

由

$$\cos\varphi=0.95 \text{ 得 } \varphi=18.19°$$

则

$$C=\frac{P}{U^2\omega}(\tan\varphi_{RL}-\tan\varphi)=\frac{8\times10^3}{220^2\times314}(\tan53.13°-\tan18.19°)\mu\text{F}=526\mu\text{F}$$

欲将功率因数提高到0.95需并联526μF电容。

3）并联电容后，电源提供的电流为

$$I'=\frac{P}{U\cos\varphi}=\frac{8\times10^3}{220\times0.95}\text{A}=38.3\text{A}$$

此时电源提供的电流38.3A，小于其额定电流45.5A，使电源不再过载工作，电源向负载提供的视在功率为

$$S=UI'=220\times38.3\text{kV}\cdot\text{A}=8.4\text{kV}\cdot\text{A}$$

练习与思考

4-7-1　提高供电电路功率因数的意义有下列几种说法，其中正确的有（　　）。

a）减少了用电设备的无功功率　b）减少了用电设备的有功功率，提高了电源设备的容量　c）可以节省电能　d）可减少电源向用电设备提供的视在功率　e）可提高电源设备的利用率并减小输电线路中的损耗

4-7-2　已知某感性负载的阻抗 $|Z|=7.07\Omega$，$R=5\Omega$，则其功率因数为（　　）。

a）0.5　b）0.6　c）0.707

4-7-3　对于感性负载，（　　）采用串联电容器的方法提高功率因数。

a）可以　b）不可以

4-7-4　若每支荧光灯的功率因数为0.5，则当 N 支荧光灯并联时，总的功率因数应是（　　）。

a）等于0.5　b）大于0.5　c）小于0.5

4-7-5　若每支荧光灯的功率因数为0.5，当 N 支荧光灯与 M 支白炽灯并联时，总的功率因数应（　　）。

a）等于0.5　b）大于0.5　c）小于0.5

*4.8　正弦交流电路的频率特性

在正弦稳态电路分析中，激励信号的幅值与电路参数不变时，电路的响应随激励信号频

率变化的函数关系称为电路的频率特性或频率响应。对于图 4-21 所示的无独立电源的线性双口网络，其频率特性通常用输出端口的响应函数 $R(\mathrm{j}\omega)$ 与输入端口的激励函数 $E(\mathrm{j}\omega)$ 之比，即网络函数

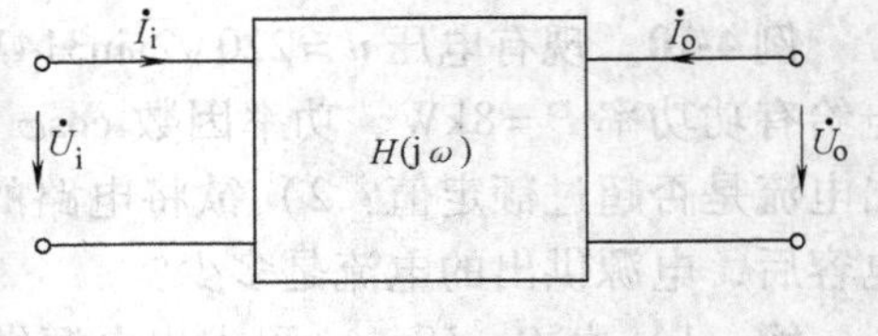

图 4-21　双口网络

$$H(\mathrm{j}\omega)=\frac{R(\mathrm{j}\omega)}{E(\mathrm{j}\omega)} \tag{4-52}$$

表示。当 $R(\mathrm{j}\omega)$ 和 $E(\mathrm{j}\omega)$ 取端口上的不同值时，可得到不同含义的网络函数。例如输出端口取电压 $\dot{U}_\mathrm{o}$，输入端口取电压 $\dot{U}_\mathrm{i}$ 则得

$$H_{uu}(\mathrm{j}\omega)=\frac{\dot{U}_\mathrm{o}}{\dot{U}_\mathrm{i}}=|H_{uu}(\mathrm{j}\omega)|\angle\varphi(\omega) \tag{4-53}$$

并称为转移电压比，常应用于电子技术中。上式可分别表示为转移电压比的幅频特性

$$H_{uu}(\omega)=|H_{uu}(\mathrm{j}\omega)| \tag{4-54}$$

和相频特性

$$\varphi(\omega)=\varphi_{u_\mathrm{o}}(\omega)-\varphi_{u_\mathrm{i}}(\omega) \tag{4-55}$$

幅频特性表示转移电压比在大小上与频率 ω 的关系；相频特性表示输出端口电压 $\dot{U}_\mathrm{o}$ 与输入端口电压 $\dot{U}_\mathrm{i}$ 的相位差 $[\varphi_{u_\mathrm{o}}(\omega)-\varphi_{u_\mathrm{i}}(\omega)]$ 与频率 ω 的关系。下面举例说明如何求得一个无源线性双口网络的频率特性。

例 4-11　试求图 4-22a 所示 RC 串并联网络的转换电压比 $H_{uu}(\mathrm{j}\omega)=\dot{U}_\mathrm{o}/\dot{U}_\mathrm{i}$，并画出其幅频与相频特性曲线。

解

令
$$Z_1=R+\frac{1}{\mathrm{j}\omega C}=\frac{1+\mathrm{j}\omega RC}{\mathrm{j}\omega C}$$

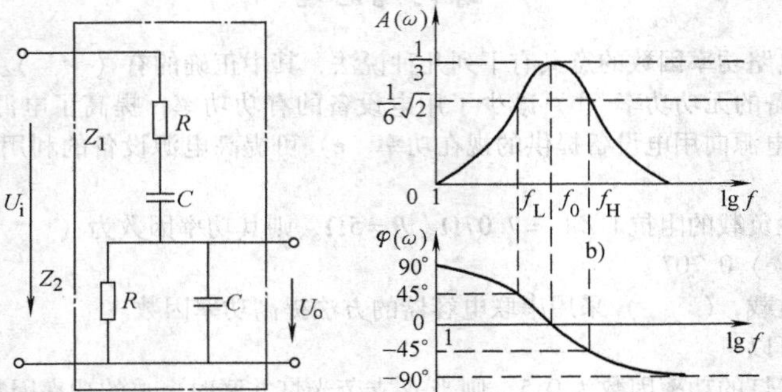

图 4-22　RC 串并联网络及其频率特性

$$Z_2=\frac{R\dfrac{1}{\mathrm{j}\omega C}}{R+\dfrac{1}{\mathrm{j}\omega C}}=\frac{R}{1+\mathrm{j}\omega RC}$$

则其转移电压比为

$$H_{uu}(\mathrm{j}\omega)=\frac{\dot{U}_{\mathrm{o}}}{\dot{U}_{\mathrm{i}}}=\frac{Z_2}{Z_1+Z_2}=\frac{\dfrac{R}{1+\mathrm{j}\omega RC}}{\dfrac{1+\mathrm{j}\omega RC}{\mathrm{j}\omega C}+\dfrac{R}{1+\mathrm{j}\omega RC}}$$

$$=\frac{1}{3+\mathrm{j}\left(\omega RC-\dfrac{1}{\omega RC}\right)}$$

$$=\frac{1}{\sqrt{3^2+\left(\omega RC-\dfrac{1}{\omega RC}\right)^2}}\bigg/\arctan\frac{1-(\omega RC)^2}{3\omega RC} \tag{4-56}$$

转移电压比的幅频特性为

$$H_{uu}(\omega)=\frac{1}{\sqrt{3^2+\left(\omega RC-\dfrac{1}{\omega RC}\right)^2}} \tag{4-57}$$

转移电压比的相频特性为

$$\varphi(\omega)=\arctan\frac{(1-\omega RC)^2}{3\omega RC} \tag{4-58}$$

由式（4-57）和式（4-58）可分别画出图4-22b和图4-22c所示的转移电压比 $H_u(\mathrm{j}\omega)$ 的幅频特性曲线和相频特性曲线。

当 $\omega=\omega_0=1/(RC)$，即 $f=f_0=1/(2\pi RC)$ 时的频率 f_0 称为选频网络的中心频率，此时网络的转移电压比最大

$$H_{uu}(\omega_0)=\frac{1}{3}$$

并且输出电压 $\dot{U}_{\mathrm{o}}$ 与输入电压 $\dot{U}_{\mathrm{i}}$ 同相。

频率大于或小于 f_0 时，$H_{uu}(\omega)$ 都将随之下降，当 $H_{uu}(\omega)=(1/\sqrt{2})H_{uu}(\omega_0)=(1/\sqrt{2})(1/3)$ 时所对应的频率称为上限频率 f_{H} 和下限频率 f_{L}，如图4-22b所示，在 f_{L} 与 f_{H} 之间的频率范围称为通频带

$$f_{\mathrm{W}}=f_{\mathrm{H}}-f_{\mathrm{L}}$$

故该电路有选频或带通的性质，又叫带通滤波器。

练习与思考

4-8-1　试写出图4-23所示 RC 电路的转移电压比 $H_{uu}(\mathrm{j}\omega)$，画出其幅频与相频特性曲线，说明其通频带的特点。

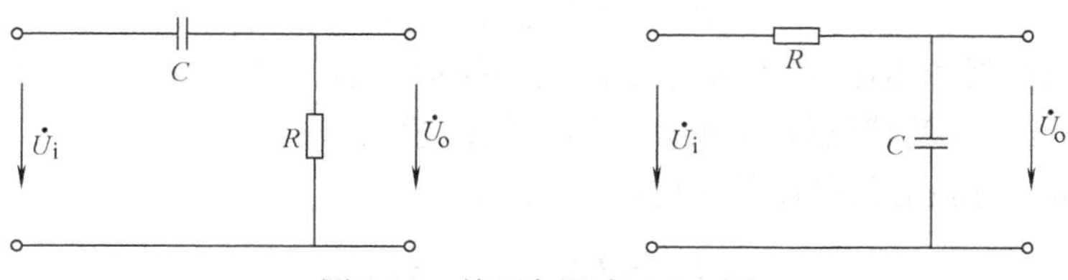

图4-23　练习与思考4-8-1图

4.9　谐振电路

在同时具有电感和电容元件的电路中，一般电路端口电压与电流是不同相的，当调节电路参数或改变电源频率，使它们同相，这时电路中就发生了谐振现象。谐振现象在工程上既有可利用的一面，又有造成危害的一面，因而要了解产生谐振的条件及谐振电路的特点。按发生谐振的电路组成不同，可分为串联谐振和并联谐振。下面分别加以讨论。

4.9.1　串联谐振

对图4-10a所示的R、L、C串联电路，根据谐振的概念可知，谐振时该电路的复阻抗

$$Z = R + \mathrm{j}\left(\omega_0 L - \frac{1}{\omega_0 C}\right)$$

的虚部应为零，即

$$\omega_0 L = \frac{1}{\omega_0 C} \tag{4-59}$$

这就是R、L、C串联电路的谐振条件。当电源频率ω_0不变时，调节电路参数L、C或者L、C不变改变电源频率ω都可满足式(4-59)，使电路发生谐振。由式(4-59)可得谐振时的谐振角频率ω_0和谐振频率f_0：

$$\omega_0 = \frac{1}{\sqrt{LC}} \tag{4-60}$$

$$f_0 = \frac{1}{2\pi\sqrt{LC}} \tag{4-61}$$

串联谐振电路具有下列特征：

1）最小的纯阻性阻抗

$$|Z| = \sqrt{R^2 + (X_{\mathrm{L}} - X_{\mathrm{C}})^2} = R \tag{4-62}$$

2）最大的谐振电流

$$I_0 = \frac{U}{R} \tag{4-63}$$

3）此时电源不负担与L和C间的能量交换，能量交换在L和C之间进行，电路仍有容抗和感抗，并称为谐振电路的特性阻抗，记作

$$\rho = \omega_0 L = \frac{1}{\omega_0 C} = \sqrt{\frac{L}{C}} \tag{4-64}$$

ρ与R之比称为电路的品质因数，用Q表示，即

$$Q = \frac{\rho}{R} = \frac{\omega_0 L}{R} = \frac{1}{\omega_0 RC} = \frac{1}{R}\sqrt{\frac{L}{C}} \tag{4-65}$$

式中R较小，是线圈电阻、电容器介质损耗等附加电阻，一般$Q = 50 \sim 200$。Q值越大，串联谐振电路的电压特征就越显著，这就是品质因数的意义。

4）谐振电压。电阻上的电压等于电源电压，即

$$U_{\mathrm{R0}} = RI_0 = R\frac{U}{R} = U \tag{4-66}$$

电感和电容上的电压是电源电压的 Q 倍：

$$U_{L0}=I_0X_{L0}=\frac{U}{R}\omega_0L=QU \tag{4-67}$$

$$U_{C0}=I_0X_{C0}=\frac{U}{R}\frac{1}{\omega_0C}=QU \tag{4-68}$$

因此，串联谐振也称为电压谐振。谐振电压的这一特征多应用于无线电工程，例如调谐选频电路，可以通过调节 C（或 L）的参数，使电路谐振于某一频率，使这一频率的信号被接收，其他频率的信号被抑制。但是在电气工程上，一般要防止产生电压谐振，因为电压谐振时产生的高电压和大电流会损坏电气设备。

5）串联谐振时的功率。有功功率为

$$P=I_0^2R=\frac{U^2}{R} \tag{4-69}$$

电感和电容上的无功功率是电源提供有功功率的 Q 倍，即

$$I_0U_{L0}=I_0U_{C0}=\frac{U}{R}QU=Q\frac{U^2}{R}=QP \tag{4-70}$$

6）串联谐振的相量图如图 4-24 所示。

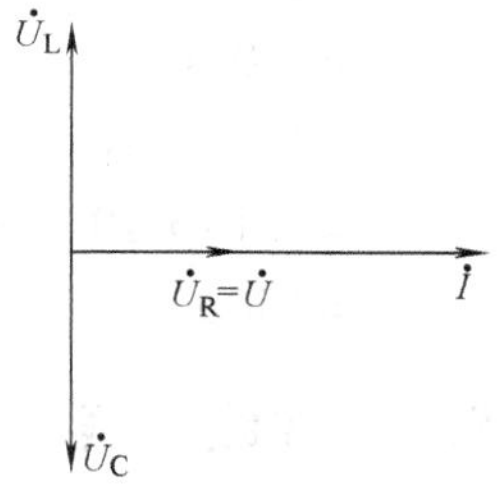

图 4-24　串联谐振的相量图

例 4-12　将一线圈与一电容器串联，线圈的 $L=4\text{mH}$，$R=50\Omega$，电容 $C=160\text{pF}$，接在 $U=25\text{V}$ 的电源上。1）当 $f_0=200\text{kHz}$ 时发生谐振，求谐振电流 I_0 与电容器上的电压 U_{C0}；2）当频率增加 10% 时，求电流 I 与电容器上的电压 U_C。

解　1）当 $f_0=200\text{kHz}$，电路发生谐振时

$$X_{C0}=X_{L0}=2\pi f_0L=2\times3.14\times200\times10^3\times4\times10^{-3}\Omega=5000\Omega$$

$$I_0=\frac{U}{R}=\frac{25}{50}\text{A}=0.5\text{A}$$

$$U_{C0}=I_0X_{C0}=0.5\times5000\text{V}=2500\text{V}(\gg U)$$

2）当频率增加 10% 时

$$X_L=5500\Omega$$

$$X_C=4500\Omega$$

$$|Z|=\sqrt{50^2+(5500-4500)^2}\Omega\approx1000\Omega(\gg R)$$

$$I=\frac{U}{|Z|}=\frac{25}{1000}\text{A}=0.025\text{A}\ (\ll I_0)$$

$$U_C=IX_C=0.025\times4500\text{V}=112.5\text{V}\ (\ll 2500\text{V})$$

可见，偏离谐振频率 10%，I 和 U_C 就大大减小。

例 4-13　某收音机的调谐电路如图 4-25a 所示，天线线圈的电感 $L=0.3\text{mH}$，$R=16\Omega$。欲收听 640kHz 某电台广播，应将可变电容 C 调到多少皮法？若各频率信号在 L 中感应出电压为 $U=2\mu\text{V}$，试求该电台信号在回路中的电流和线圈（或电容）两端的电压。

解　由收音机调谐回路的等效电路图 4-25b 可知，这是串联谐振问题，故

$$f_0=\frac{1}{2\pi\sqrt{LC}}$$代入参数得

$$640\times10^{3}\text{Hz}=\frac{1}{2\times3.14\times\sqrt{0.3\times10^{-3}C}}\text{Hz}$$

可算出

$$C=204\text{pF}$$

这时

$$I_0=\frac{U}{R}=\frac{2\times10^{-6}}{16}\mu\text{A}=0.13\mu\text{A}$$

$$\begin{aligned}X_{\text{C}}&=X_{\text{L}}=2\pi f_0L\\&=2\times3.14\times640\times10^{3}\times0.3\times10^{-3}\Omega\\&=1200\Omega\end{aligned}$$

$$\begin{aligned}U_{\text{C}}&=U_{\text{L}}=I_0X_{\text{L}}\\&=0.13\times10^{-6}\times1200\mu\text{V}\\&=156\mu\text{V}\end{aligned}$$

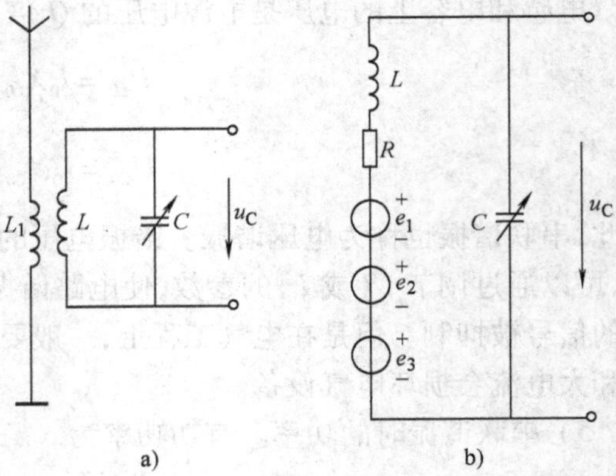

图4-25　例4-13图

a）接收机的调谐电路　b）等效电路

4.9.2　并联谐振

图4-18所示的R、L、C并联谐振电路，完全可用上述串联谐振电路的分析模式来分析，这里从略。下面分析工程上常用的电感线圈与电容器并联的谐振电路，电感线圈用R和L的串联组合来表示，电路如图4-26a所示。

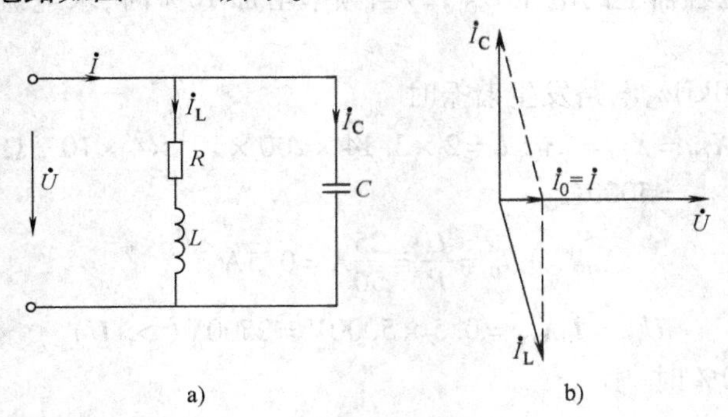

图4-26　R、L与C并联谐振电路

a）电路　b）相量图

同串联谐振一样，当端口电压$\dot{U}$与电流 $\dot{I}$ 同相时，电路发生谐振，谐振时电路的等效复导纳Y（或复阻抗Z）的虚部为零，由此可得并联谐振的条件与谐振频率。由谐振时

$$\begin{aligned}Y=\frac{\dot{I}}{\dot{U}}&=\frac{1}{R+\text{j}\omega_0L}+\text{j}\omega_0C=\frac{R-\text{j}\omega_0L}{R^2+(\omega_0L)^2}+\text{j}\omega_0C\\&=\frac{R}{R^2+(\omega_0L)^2}+\text{j}\left[\omega_0C-\frac{\omega_0L}{R^2+(\omega_0L)^2}\right]\end{aligned}\tag{4-71}$$

得谐振条件为

$$\omega_0C-\frac{\omega_0L}{R^2+(\omega_0L)^2}=0\tag{4-72}$$

由此可得谐振角频率 ω_0 和谐振频率 f_0 为

$$\omega_0=\frac{1}{\sqrt{LC}}\sqrt{1-\frac{CR^2}{L}} \tag{4-73}$$

$$f_0=\frac{1}{2\pi\sqrt{LC}}\sqrt{1-\frac{CR^2}{L}} \tag{4-74}$$

将品质因数 $Q=\frac{1}{R}\sqrt{\frac{L}{C}}$ 代入上式得

$$\omega_0=\frac{1}{\sqrt{LC}}\sqrt{1-\frac{1}{Q^2}}\approx\frac{1}{\sqrt{LC}} \tag{4-75}$$

$$f_0=\frac{1}{2\pi\sqrt{LC}}\sqrt{1-\frac{1}{Q^2}}\approx\frac{1}{2\pi\sqrt{LC}} \tag{4-76}$$

因为通常有 $Q>>1$，在此条件下并联谐振与串联谐振有相同形式的谐振频率表达式。

并联谐振电路有下列特征：

1）电路呈现最小的谐振电导，将式（4-73）代入式（4-71）可得

$$g_0=\frac{RC}{L} \tag{4-77}$$

或表示为最大的纯阻性阻抗 $|Z_0|$，它是特性阻抗 ρ 的 Q 倍，即

$$|Z_0|=Q\omega_0 L=Q\rho \tag{4-78}$$

2）电路的总电流 I 最小，即

$$I=I_0=Ug_0=U\frac{RC}{L} \tag{4-79}$$

或

$$I_0=\frac{UR}{R^2+(\omega_0 L)^2} \tag{4-80}$$

3）谐振时，支路电流 I_{C0} 和 I_{L0} 是总电流 I_B 的 Q 倍，即

$$I_{C0}=U\omega_0 C=\frac{\omega_0 L}{R}\frac{URC}{L}=QI_0$$

$$I_{L0}=\frac{U}{\sqrt{R^2+(\omega_0 L)^2}}\approx\frac{U}{\omega_0 L}=\frac{1}{\omega_0 RC}\frac{URC}{L}=QI_0$$

由此，并联谐振也称为电流谐振。

4）谐振时，电路消耗的有功功率为

$$P=I_0^2 R$$

5）并联谐振的相量图如图 4-26b 所示。

例 4-14　在图 4-27 所示电路中，已知 $R_1=10.1\Omega$，$R_2=1000\Omega$，$C=10\mu F$，$U_S=100V$，电路发生谐振时的角频率 $\omega_0=10^3 rad/s$。试求：1）电感 L 的值；2）谐振电流 I_0；3）谐振电压 U_{L0}；4）谐振电压 U_{C0}。

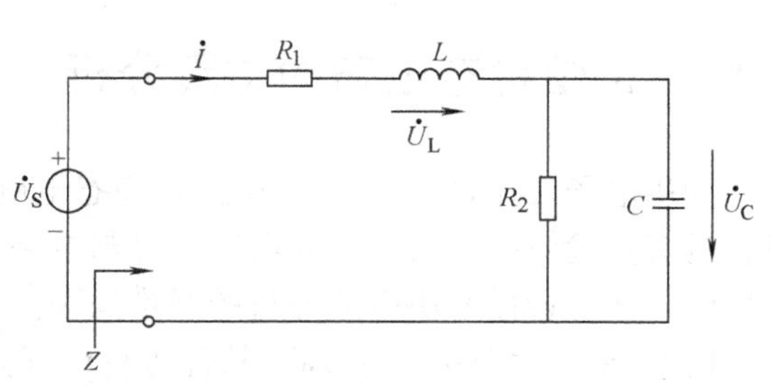

图 4-27　例 4-14 图

解　谐振时复阻抗 Z 表示为

$$Z_0 = R_1 + j\omega_0 L + \frac{-jX_C R_2}{R_2 - jX_C} = (10.1 + j\omega_0 L + 9.9 - j99)\Omega$$
$$= [20 + j(\omega_0 L - 99)]\Omega$$

此时有
$$\omega_0 L - 99\Omega = 0$$
解得
$$L = 99\text{mH}$$
谐振电流
$$I_0 = \frac{U}{|Z_0|} = \frac{100}{20}\text{A} = 5\text{A}$$
谐振电压
$$U_{L0} = I_0 \omega_0 L = 5 \times 10^3 \times 99 \times 10^{-3}\text{V} = 495\text{V}$$
谐振电压
$$\dot{U}_{C0} = \dot{I}_0 \frac{-jX_C R_2}{R_2 - jX_C} = 5 \times (9.9 - j99)\text{V}$$
$$= 5 \times 99.5 \angle -84.3°\text{V}$$
$$= 497.5 \angle -84.3°\text{V}$$
所以
$$U_{C0} = 497.5\text{V}$$

通过本例可知，此电路的谐振频率与 R_1 无关，电容和电感两端电压都高于电源电压。

练习与思考

4-9-1　图 4-28 所示电路正处于谐振状态，当开关 S 由 A 点置于 B 点后，电压表 V 的读数将（　　）。

a）增大　b）减小　c）不变

4-9-2　处于谐振状态的 R、L、C 串联电路，若 $R < \omega_0 L = 1/(\omega_0 C)$，则电容电压 U_C 与电源电压 U 的关系为（　　）。

a）$U_C = U$　b）$U_C > U$　c）$U_C < U$

4-9-3　处于谐振状态的 R、L、C 串联电路，若增加电容 C 的值，则电路将呈现（　　）。

a）电感性　b）电容性　c）电阻性

4-9-4　某感性负载串联电容后接额定电压 U_N，若所串联的电容使电路发生谐振，则负载所受的电压 U 与其额定电压 U_N 的关系是（　　）。

a）$U = U_N$　b）$U > U_N$　c）$U < U_N$

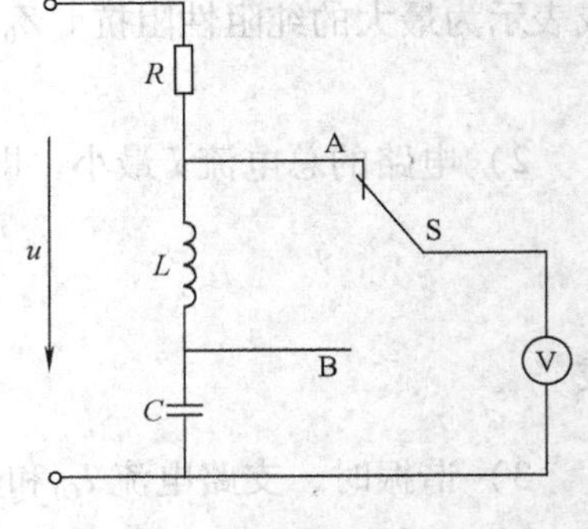

图 4-28　练习与思考 4-9-1 图

4-9-5　处于谐振状态的 R、L、C 并联电路若减小其 L 值，则电路将呈现（　　）。

a）电阻性　b）电感性　c）电容性

4-9-6　R、L、C 并联电路原处于感性状态，若保持电源频率不变，调节可变电容 C 使其发生谐振，则应使 C 值（　　）。

a）增大　b）减小　c）需经试探方知其增减

4.10　正弦稳态电路的仿真分析

利用电子工作台（EWB）对正弦稳态电路进行仿真分析，可使分析结果直观，贴近实际，具有实验效果，用于研究电路变量与电路结构、电路参数的内在关系，加深对电路性能的理解，还可帮助解决电路分析的疑难问题。

例 4-15　对例 4-9 用 EWB 软件进行仿真分析。

解　在 EWB 主界面创建仿真电路，接入交流电流表和电压表测量各支路电流和电压，如图4-29所示。

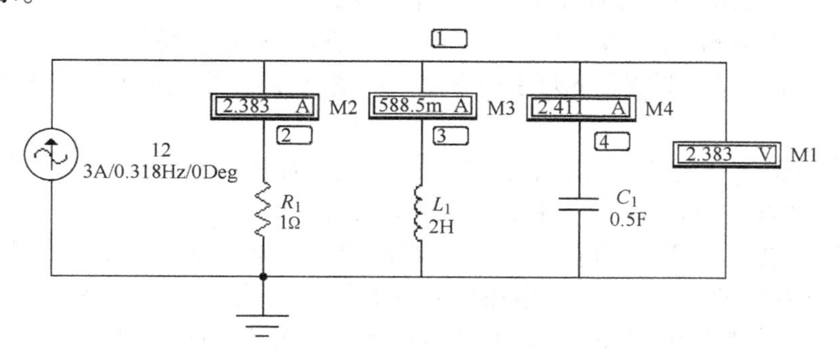

图4-29　例4-9仿真电路图

由图可见，恒流源两端电压 $U_s=2.383\approx2.4\text{V}$。并可同时测得各支路电流 $I_{R1}=2.38\text{A}$，$I_{L1}=688.50\text{mA}$，$I_{C1}=2.41\text{A}$。对图4-29中的节点1进行交流频率分析，得到图4-30所示的频率特性曲线，当

$$f=\frac{2}{2\pi}=\frac{1}{\pi}=0.318\text{Hz}$$

时，

$$\psi_u=-36.9°$$

所以

$$\dot{U}_s=2.4\angle-36.9°\ \text{V}$$

$$u_s=2.4\sqrt{2}\sin\ (2t-36.9°)\text{V}$$

由频率特性曲线可观测电路性质随频率变化情况，当 $f=0.318\text{Hz}$ 时，电路呈电容性。

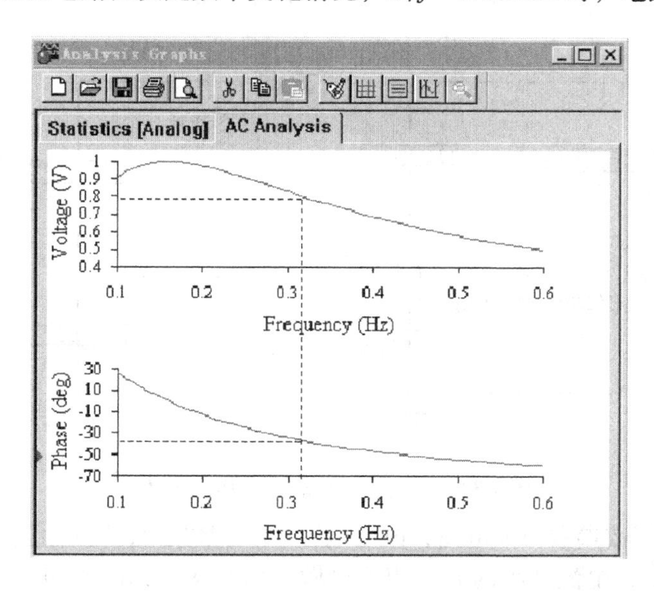

图4-30　图4-29中节点1的频率特性曲线

例4-16　一个20W的荧光灯电路，镇流器是一个铁心线圈，可等效为电阻R1 =60Ω和

电感 L = 1. 87H 串联的电路，灯管在工作时的电阻 R2 = 170Ω，电源电压 $u = 220\sqrt{2}\sin 314t$V。试用 EWB 软件仿真观测：1）荧光灯的工作电流，灯管和镇流器两端电压；2）加入补偿电容 C1 后，调节 C1 的值，观测荧光灯工作电流、补偿电容 C1 中电流变化情况和功率因数改变的情况。

解　1）荧光灯工作电流，灯管和镇流器两端电压如图 4-31 所示。荧光灯工作电流是 344. 9mA，灯管两端电压是 68. 6V，镇流器两端电压是 206. 2V。

2）加入补偿电容 C1 后，调节 C1 的值，观测荧光灯电路总的工作电流随 C1 值的增加逐渐减小，如图 4-32 所示。当 C1 值增加到 46%，即为 4. 6μF 时，电路工作电流达到最小为 124. 3mA，功率因数逐渐增加到 1。继续增加补偿电容 C1 的值，电路工作电流将增加，功率因数将下降，进入过补偿状态。电容 C1 的电流随 C1 值的增加始终增加，而荧光灯本身的电流和电压保持不变。

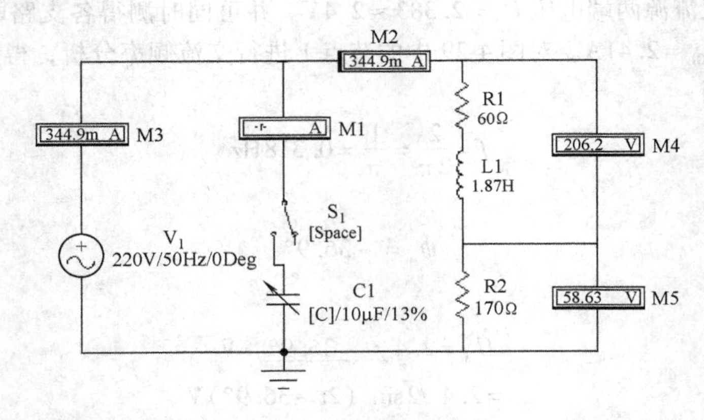

图 4-31　功率因数研究仿真电路图

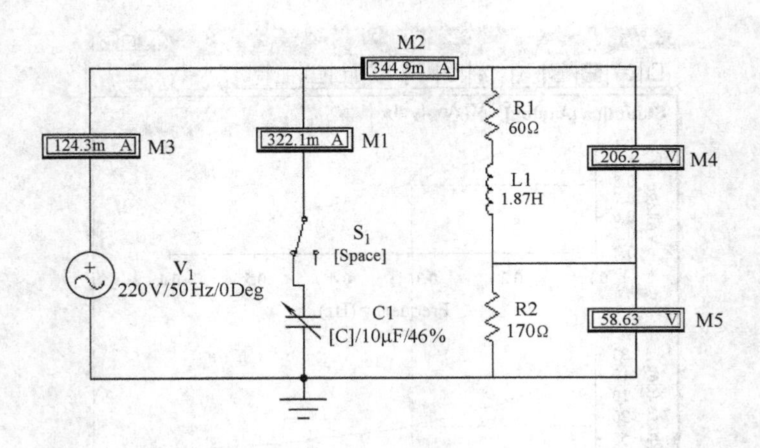

图 4-32　改变 C1 研究功率因数的变化

图 4-33 是功率因数参数扫描电路，改变电容 C1 的参数值，可通过节点 9 观测荧光灯电路总电流变化的波形，电流减小的同时相位也做超前变化，如图 4-34 所示。为了观测到图 4-34 所示的参数扫描波形，需要按图 4-35 和图 4-36 设置参数扫描对话框和瞬时分析对话框。

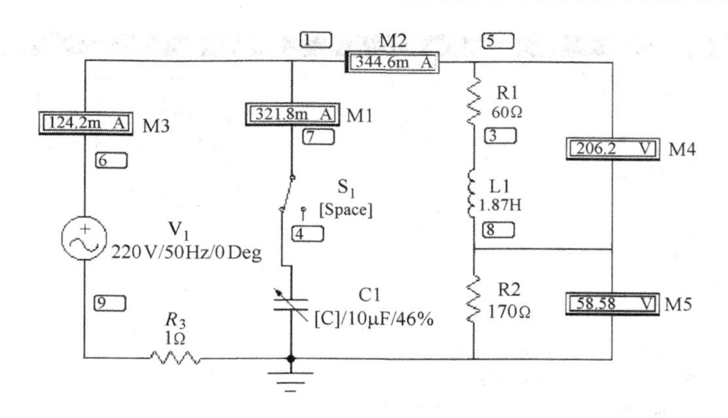

图 4-33　功率因数参数扫描电路

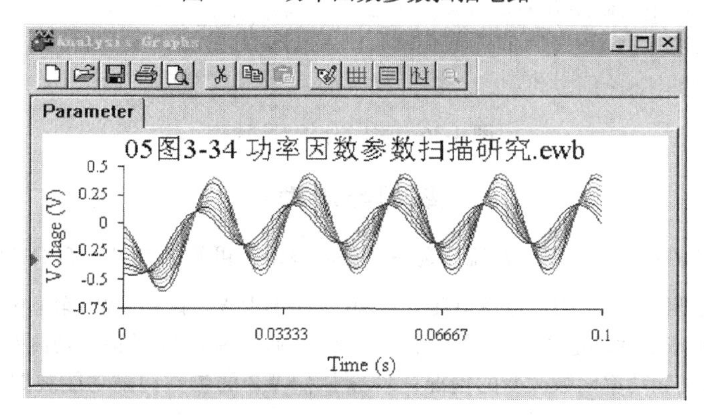

图 4-34　荧光灯电流波形随 C1 变化情况

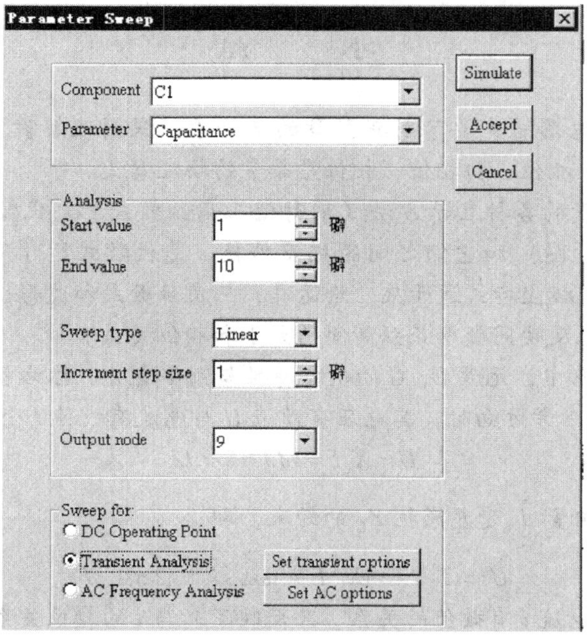

图 4-35　参数扫描对话框

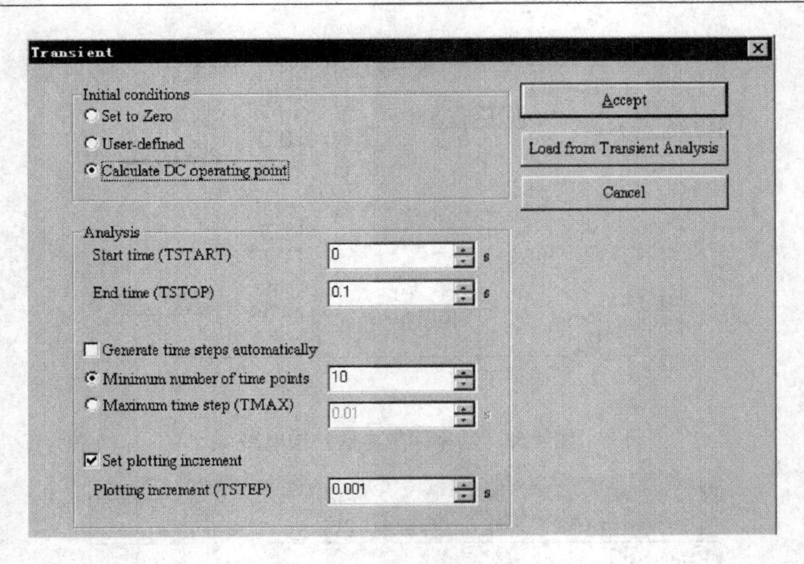

图 4-36　瞬时分析对话框

练习与思考

4-10-1　一个 40W 的荧光灯电路，镇流器是一个铁心线圈，可等效为 $R_1=50\Omega$ 和 $L=1.23\text{H}$ 串联的电路，灯管在工作时的电阻 $R_2=216\Omega$，电源电压 $u=220\sqrt{2}\sin 314t$ V。试用 EWB 软件仿真观测：1）荧光灯的工作电流，灯管和镇流器两端电压；2）加入补偿电容 C_1 后，调节 C_1 的值，观测荧光灯工作电流、补偿电容 C_1 中电流变化情况和功率因数改变的情况；3）利用 EWB 的参数扫描功能观测荧光灯电路总电流的波形。

4-10-2　试对例 4-14 利用 EWB 软件进行仿真分析。

小　　结

1. 学习正弦交流电路首先要了解正弦量的三要素，深刻理解瞬时值、幅值、有效值、周期、频率、角频率、相位、初相位、相位差等量的物理意义。

2. 熟练掌握正弦量的各种表示方法（瞬时值三角函数式、复代数式、复指数式、复极坐标示、波形图和相量图）和它们之间的相互转换。复代数式适于同频率正弦量间的加、减运算；复指数式和复极坐标式适于乘、除运算；三角函数式和波形图能反映正弦量的变化过程；相量图能直观地反映同频率正弦量间的大小和相位关系。

3. 在正弦交流电路中，元件 L、C 的伏安特性与频率有关，称为频域伏安特性。对于电感 L、在 u 与 i 为相关参考方向时，其电压有效值 U 与电流有效值 I 受感抗 X_L 的约束，即

$$U=X_L I=\omega LI=2\pi fLI$$

其电压相量 $\dot{U}$ 与电流相量 $\dot{I}$ 受复感抗 Z_L 的约束，即

$$\dot{U}=Z_L\dot{I}=\mathrm{j}X_L\dot{I}=\mathrm{j}\omega L\dot{I}=\mathrm{j}2\pi fL\dot{I}$$

Z_L 即反映了电压 u 与电流 i 有效值的关系，又反映了 u 与 i 的相位关系。

同样，对于电容 C 也可得到有效值和相量频域伏安关系：

$$U = X_C I = \frac{1}{\omega C}I = \frac{1}{2\pi fC}I$$

$$\dot{U} = -jX_C\dot{I} = -j\frac{1}{\omega C}\dot{I} = \frac{1}{j2\pi fC}\dot{I}$$

对于一个线性电阻R，在正弦交流电路中，其伏安关系与频率无关，即

$$U = RI$$

$$\dot{U} = R\dot{I}$$

4. R、L、C的功率消耗与能量转换。电阻R在正弦电路中消耗功率，转换为热能散发掉，是不可逆转换，其瞬时功率$p \geqslant 0$，其平均功率用u、i有效值表示：$P = UI = I^2R = U^2/R$。

电感元件L不消耗平均功率，但与电源间进行能量交换，交换的规模用无功功率Q表示：$Q = UI = I^2X_L = U^2/X_L$。

电容元件C也不消耗平均功率，也存在与电源间的能量交换，其规模为$Q = UI = I^2X_C = U^2/X_C$。

5. 本章介绍了正弦稳态电路的两种分析方法。第一种方法是相量模型法。这种方法是保持原电路结构不变，把所有电路变量用相量形式表示，即u、$U \to \dot{U}$，i、$I \to \dot{I}$，e、$E \to \dot{E}$；把所有的元件参数用复阻抗表示，即$R \to R$，$L \to jX_L$，$C \to -jX_C$，这样就得到原电路的相量模型。在求解相量模型中的电路变量时，可按直流电阻电路的方式去处理，可使用前两章讲过的定律、定理和分析方法。这种方法求出的是相量$\dot{U}$、$\dot{I}$、$\dot{E}$，再根据要求变为瞬时值或有效值。

第二种方法是相量图法。对同频率的正弦量而言，由有效值和初相位即可画出其相量图，相量图能直观反映各相量间关系，并将正弦稳态电路的求解问题转化为平面几何的求解问题，使分析思路清晰。用相量图法分析串联电路时应设电流$\dot{I}$为参考正弦量；分析并联电路时应设电压$\dot{U}$为参考正弦量。相量图法与相量模型法相辅相成，是正弦稳态分析的基本方法。

6. 线性、无源单口网络在正弦激励下的功率关系：有功功率$P = UI\cos\varphi$，无功功率$Q = UI\sin\varphi$，视在功率$S = UI$，$S = \sqrt{P^2 + Q^2}$。

7. 理解功率因数的概念和意义，掌握提高功率因数的方法。

8. 对一个双口网络，输出电压与输入电压相量之比$H_{uu}(j\omega) = \dot{U}_o/\dot{U}_i$是常用的网络函数，称为该网络的转移电压比，即该网络的频率特性。$H_{uu}(\omega) = \dot{U}_o/\dot{U}_i$和$\varphi(\omega)$分别称为幅频特性与相频特性。$H_{uu}(\omega)$下降到其最大值的$1/\sqrt{2}$时所对应的较低频率和较高频率分别称为下限频率$f_L$和上限频率$f_H$，通频带为$f_W = f_H - f_L$。

9. 掌握串联谐振与并联谐振的谐振条件、谐振频率与谐振特征。

习　　题

4-1　已知工频电源电压$U = 220V$，在瞬时值为$+150V$时开始作用于电路，试写出该电压的瞬时表达

式（两种可能），并画出波形图和相量图。

4-2　已知通过线圈的电流 $i=10\sqrt{2}\sin314t$ A，线圈的电感 $L=70$mH（电阻忽略不计），设电源电压 u、电流i及感应电动势 e_L 的参考方向如图 4-37 所示，试分别计算 $t=T/6$，$t=T/4$ 和 $t=T/2$ 瞬间 i、u 和 e_L 的值，并用正弦波形表示出三者关系。

4-3　流过 0.5F 电容的电流为 $i=\sqrt{2}\sin(100t-30°)$A，求电容的端电压 u，并画相量图。

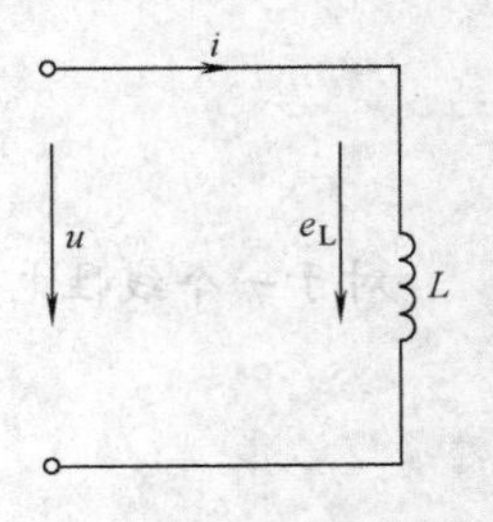

图 4-37　题 4-2 图

4-4　某 RC 串联电路，已知 $R=8\Omega$，$X_C=6\Omega$，总电压 $U=10$V，试求电流 $\dot{I}$ 和电压 $\dot{U}_R$、$\dot{U}_C$，并画出相量图。

4-5　为了测量电感线圈的 R 和 L 值，在电感线圈两端加 $U=110$V，$f=50$Hz 的正弦交流电压，测得流入线圈中的电流 $I=5$A，消耗的平均功率 $P=400$W，试计算线圈参数 R 和 L。

4-6　R、L、C 串联电路由 $I_s=0.1$A，$\omega=5000$rad/s 的正弦恒流源激励，已知 $R=20\Omega$，$L=7$mH，$C=10\mu$F，试求各元件电压 $\dot{U}_R$、$\dot{U}_L$、$\dot{U}_C$ 和总电压 $\dot{U}$，并画相量图。

4-7　R、L、C 并联电路总电流 $I=3.4$A，试求总电压 U 和通过各元件电流 I_R、I_L、I_C，并画相量图。已知 $R=12.5\Omega$，$X_L=5\Omega$，$X_C=20\Omega$。

4-8　在图 4-38 所示各电路中，求未标出测量值的安培计及伏特计 A、V 的读数。

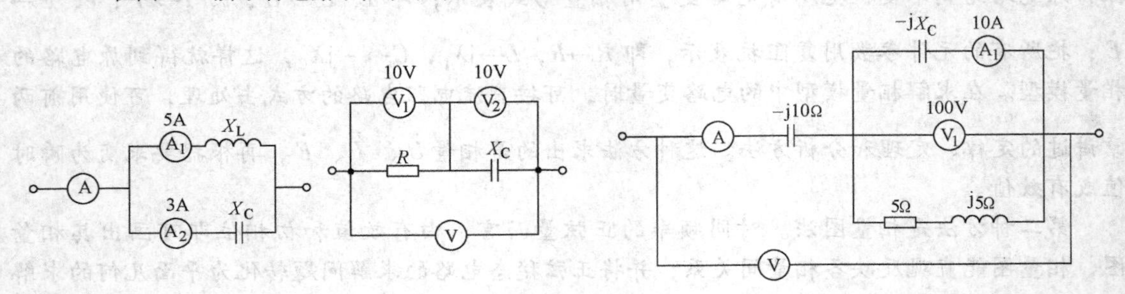

图 4-38　题 4-8 图

4-9　已知图 4-39 电路中电流表 A_1、A_2、A_3 的读数分别为 5A、20A、25A。试求：1）图中电流表 A 的读数；2）若维持电流表 A_1 的读数不变，而把电路的频率提高一倍，再求其他表的读数。

4-10　在图 4-40 所示电路中，已知电流表 A_1 的读数为 $5\sqrt{2}$A，A_2 的读数 5A，电压表 V 的读数为 5V，$\dot{U}_1$ 滞后 $\dot{U}_2$ 相位角 90°，$\omega=1000$rad/s，求电路参数 R、L、C。

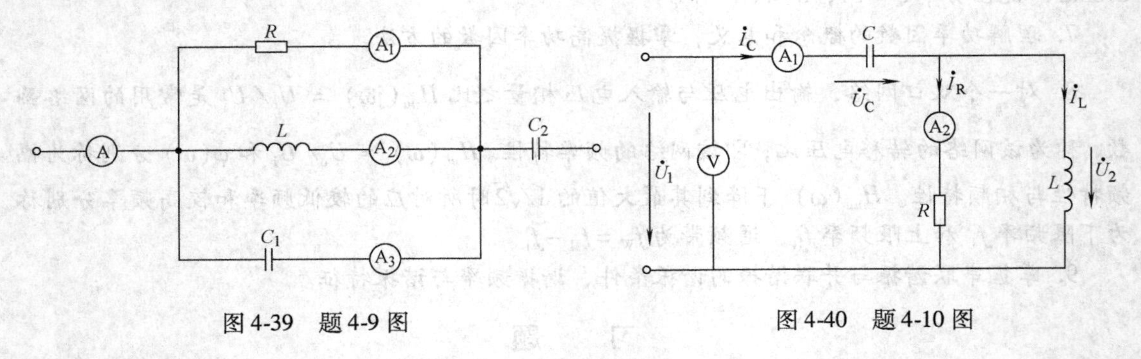

图 4-39　题 4-9 图　　　　图 4-40　题 4-10 图

4-11　在图 4-41 所示电路中，已知 $X_L=5\Omega$，$R=X_C=10\Omega$，$\dot{I}=1$A。试求：1）$\dot{I}_1$、$\dot{I}_2$、$\dot{U}$；2）该电路

的无功功率及功率因数，并说明该电路呈何性质。

4-12　某工厂变电所经配电线向一车间供电，若该车间一相负载的等效电阻 $R_2=10\Omega$，等效电抗 $X_2=10.2\Omega$，配电线的电阻 $R_1=0.5\Omega$，电抗 $X_1=1\Omega$，如图4-42所示。1）为保证车间的电压 $U_2=220\text{V}$，求电源电压 U 和线路上压降 U_1 各为多少；2）求负载有功功率 P_2 和线路功率损失 P_1。

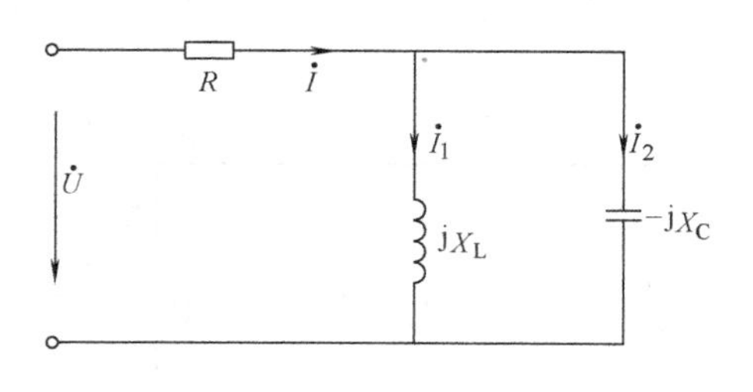

图4-41　题4-11图

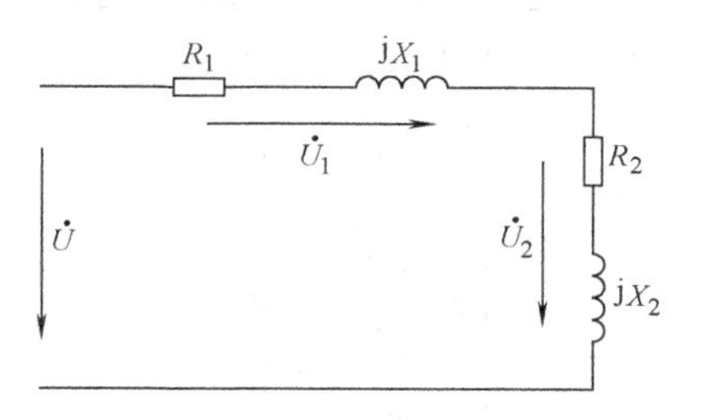

图4-42　题4-12图

4-13　在图4-43所示电路中，$G=0.1\text{S}$，$|Y_C|=0.1\text{S}$，Z_1 为感性，$U_1=U_2$，$\dot{U}$ 与 $\dot{I}$ 同相，试求 Z_1。

4-14　正弦稳态电路如图4-44所示，已知 $\dot{I}_1=2\sqrt{2}\angle 45°\text{A}$，求：1）总复阻抗 Z；2）电压源电压 $\dot{U}_s$；3）电路的有功功率 P、无功功率 Q 和视在功率 S。

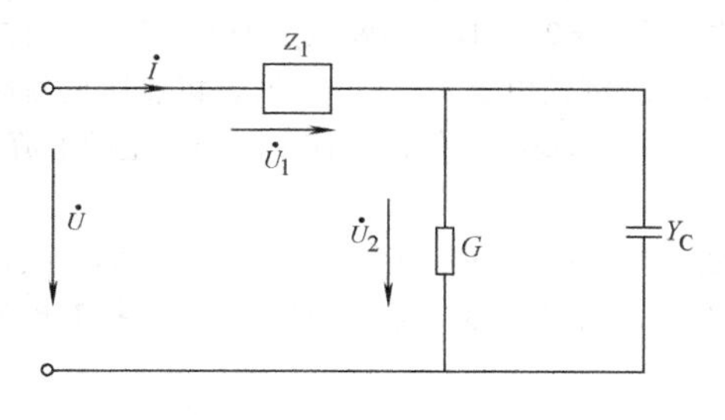

图4-43　题4-13图

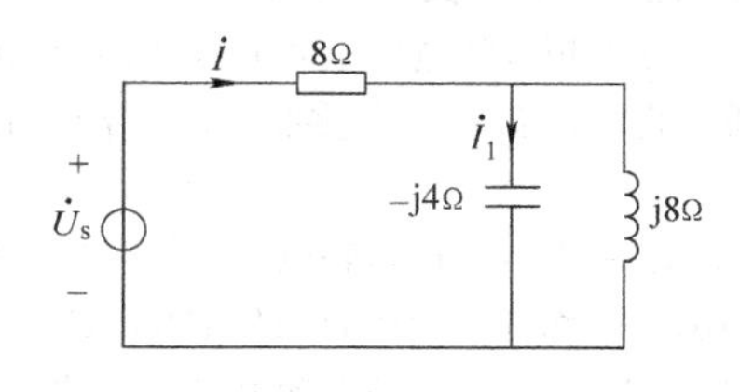

图4-44　题4-14图

4-15　电路如图4-45所示，已知 $R_1=R_2=X_L=5\Omega$，$\dot{U}_2=100\sqrt{2}\angle 0°\text{V}$，$R_1$ 右侧部分电路的功率因数为0.707（容性）。

1）画 $\dot{I}_1$、$\dot{I}_2$、$\dot{I}$ 和 $\dot{U}_2$ 的相量图；2）试求出电流 $\dot{I}_1$、$\dot{I}_2$、$\dot{I}$ 和容抗 X_C。

4-16　电路如图4-46所示，已知 $\dot{U}=100\angle 0°\text{V}$，其他参数如图所示。试求：1）电流 $\dot{I}_1$、$\dot{I}_2$；2）电路的无功功率 Q；3）说明该电路呈何种性质。

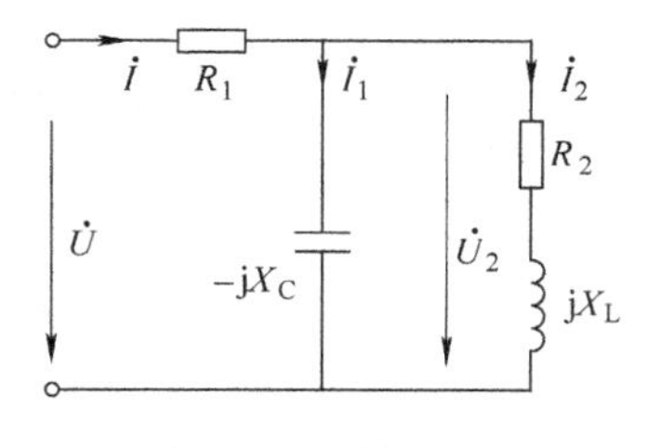

图4-45　题4-15图

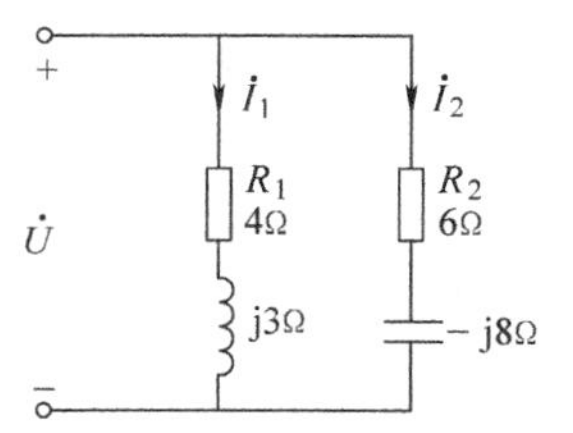

图4-46　题4-16图

4-17　电路如图4-47所示，R、L、C 串联电路接于电压保持20V不变，频率可调的电源上，当角频率调至 $\omega=1000\text{rad/s}$ 时，电路中电流出现最大值100mA，此时 V_2 电压表读数为50V。试求：1）电阻 R、电感 L 和电容 C 的值；2）确定电压表 V_1 的读数；3）当 $\omega=500\text{rad/s}$ 时，求电路中电流 I，并指出此时电路的性质。

4-18　图4-48中 Z_1 和 Z_2 为某车间的两个单相负载，Z_1 的有功功率 $P_1=800\text{W}$，$\cos\varphi_1=0.5$（感性），Z_2 的有功功率 $P_2=500\text{W}$，$\cos\varphi_2=0.65$（感性），接于 $U=220\text{V}$，$f=50\text{Hz}$ 的电源上。试求：1）电流 $\dot{I}$；2）两个负载的总功率因数 $\cos\varphi$；3）欲使功率因数 $\cos\varphi$ 提高到0.85，求应并联电容 C 的值；4）并联 C 后总电流 I' 比并联 C 前减小了多少？

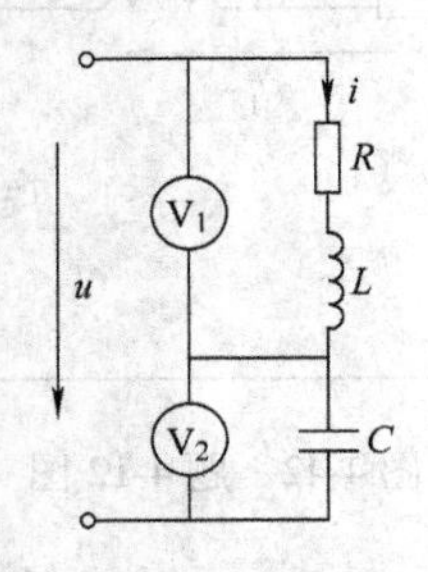

图4-47　题4-17图

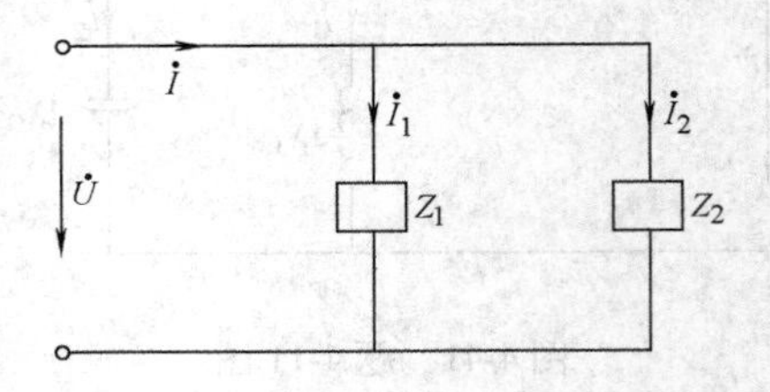

图4-48　题4-18图

4-19　有一阻抗 $Z=(4+\text{j}3)\Omega$ 的负载，接于 $u=220\sqrt{2}\sin314t\ \text{V}$ 的电源上，若电源只允许供出38A的电流，则应在该负载上并联多大的电容 C？

4-20　已知收音机天线调谐回路（见图4-25）的等效电感为 $L=250\mu\text{H}$，等效电阻为 $R=20\Omega$，感应到谐振回路的各种频率的电压信号有效值均为 $10\mu\text{V}$。试求：1）当可变电容 $C=150\text{pF}$ 时，可收听到哪个频率的广播？此时 I 和 U_C 各是多少？2）若 R、L、C 不变，再求 $f_1=1200\text{kHz}$ 的信号在回路中产生的电流 I 及 U_C。

4-21　有一 R、L、C 串联电路，接于电压保持10V不变，频率可调的电源上，当频率增加时，电流从10mA(500Hz)增加到最大值60mA(1000Hz)。试求：1）电阻 R、电感 L 和电容 C 的值；2）谐振时电容两端电压 U_C；3）谐振时磁场中和电场中所储的最大能量。

第 5 章　三相交流电路

目前世界上电力系统所采用的供电方式，绝大多数是三相制，所谓三相制，就是由三个频率相同而相位不同的电压源（或电动势）作为供电电源组成的供电体系。

三相交流电路是由一组频率相同、振幅相等、相位互差 120°的三个电动势组成的供电系统。

由于三相交流电有许多优点，例如，三相交流电易于获得；广泛应用于电力拖动的三相交流电动机结构简单、性能良好、可靠性高；三相交流电的远距离输电比较经济等，所以，目前在电力工程中几乎全部采用三相制。

5.1　三相电动势的产生与三相电源的连接

三相电动势是由三相交流发电机产生的。三相交流发电机如图 5-1 所示，它是由定子和转子两大部分组成，定子和转子之间有一定的气隙。在定子上对称地安放着三组匝数相同的绕组，每一组绕组称为一相，各相绕组结构相同，它们的始端用 A、B、C 标记，末端用 X、Y、Z 来表示。三相绕组的三个线圈 AX、BY、CZ 均匀分布在定子铁心圆表面的槽内。各相绕组的线圈数目和匝数完全相同，并且在空间位置上彼此相差 120°电角度。这样布置的定子绕组将构成三相对称的绕组。转动部分称为转子，转子通过转动，在气隙中产生按正弦规律变化的磁感应强度，转子通常是一对由直流电源供电的磁极，并且配以合适的极面形状。

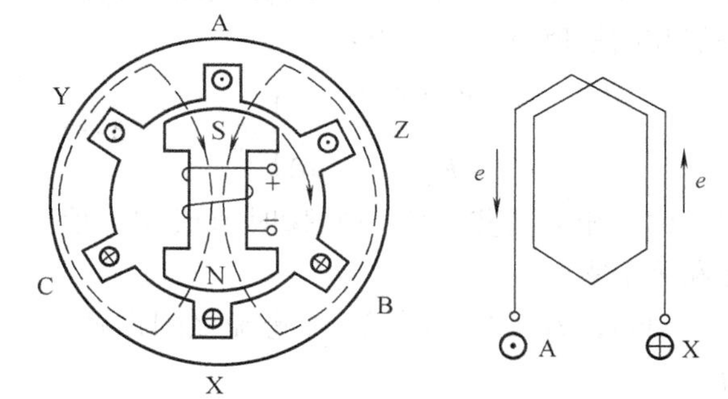

图 5-1　三相发电机原理图

5.1.1　三相电动势的产生

由三相交流发电机的结构和特点可知，当转子绕组在原动机的拖动下，顺时针方向以等角速度 ω 旋转时，气隙中形成一旋转磁场，定子上的每相绕组依次被磁力线切割，产生频率相同、幅值相等的正弦电动势 e_A、e_B、e_C。选定电动势的参考方向为绕组的末端指向始端。由图 5-1 可见，S 极的轴线先到达 U 处，这时 U 相的电动势达到最大值，经过 120°后，S 极轴线达到 B 处，B 相此时的电动势到达最大值，同理再转过 120°后，C 相电动势才达到正的最大值。所以在相位上 e_A 超前 e_B120°，e_B 超前 e_C120°，e_C 又超前 e_A120°，若以 e_A 作为参考相量，其瞬时的电动势数学表达式为

$$\left.\begin{aligned}e_A &= E_m\sin\omega t\\ e_B &= E_m\sin(\omega t-120°)\\ e_C &= E_m\sin(\omega t-240°)\\ &= E_m\sin(\omega t+120°)\end{aligned}\right\}\tag{5-1}$$

它们的相量表示式为

$$\left.\begin{aligned}\dot{E}_A &= E\angle 0° = E\\ \dot{E}_B &= E\angle -120° = E\left(-\frac{1}{2}-j\frac{\sqrt{3}}{2}\right)\\ \dot{E}_C &= E\angle 120° = E\left(-\frac{1}{2}+j\frac{\sqrt{3}}{2}\right)\end{aligned}\right\}\tag{5-2}$$

如果将三相电动势用相量图和波形图表示，则如图 5-2 所示。

具有上述特点的电动势，即三个频率相同，最大值相等，相位互差 120° 的电动势，称为对称三相电动势。三相对称电动势的瞬时值和相量值有如下特点：

$$\left.\begin{aligned}e_A+e_B+e_C&=0\\ \dot{E}_A+\dot{E}_B+\dot{E}_C&=0\end{aligned}\right\}\tag{5-3}$$

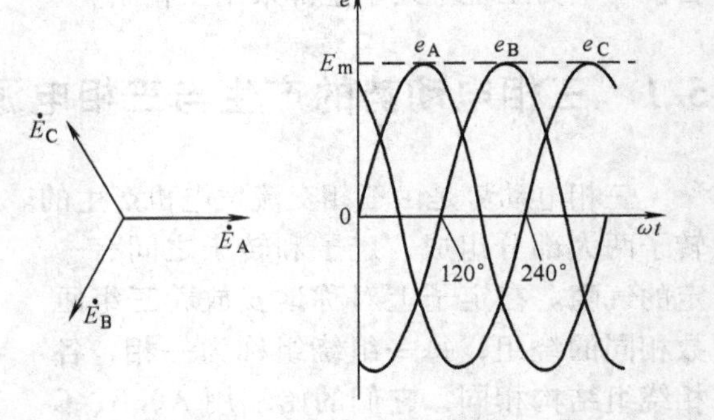

图 5-2　三相电动势的相量图和波形图

即对称三相电动势，它们的瞬时值或相量值之和等于零。

同理，若三个电压或三个电流之间也满足上述关系，则称为对称三相电压或对称三相电流。

三相电动势组成的三相电源可向负载提供三相正弦交流电。三相正弦交流电出现正幅值（或零值）的先后顺序，称为相序。相序是 A-B-C-A 时，称为正序或顺序。若相序是 A-C-B-A 时，称为负序或逆序。

5.1.2　三相电源的连接

三相电源的连接方式通常有两种，即星形联结和三角形联结。

（1）三相电源的星形（Y）联结　如图 5-3a 所示，如果把三相电源的末端 X、Y、Z 连接在一起形成一个公共点 N，而从三相电源的首端 A、B、C 向外引出的三条输出线，这就构成了三相电源的星形（Y）联结。按星形（Y）方式连接的电源简称为星形电源。公共点 N 叫做中性点或零点。从首端引出的输出线叫做端线或相线，分别用 A 线、B 线和 C 线来称呼。从 N 点引出的线叫做零线或中性线，如果中性线接地，则该线又称为地线。

三相电源连接成星形时，可以得到两种电压：一种是端线与中性线之间的电压，称为相电压，其有效值用 U_A、U_B、U_C 或一般地用 U_p 表示；而任意两相线之间的电压，称为线电压，其有效值用 U_{AB}、U_{BC}、U_{CA} 或一般地用 U_l 表示。相电压的参考方向，选定为自相线指向中性线；线电压的参考方向，例如 U_{AB}，是自 A 线指向 B 线。

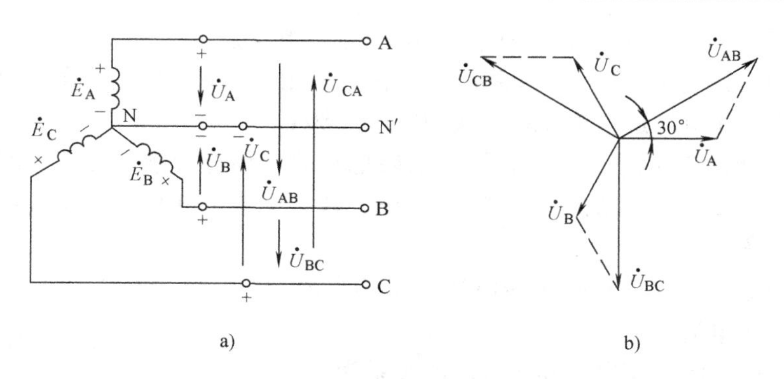

图5-3　三相电源Y联结及电压相量图

三相电源的相电压，其大小同三相电动势基本上相等，因为电源内阻抗上的电压降同相电压相比是很小的，可以忽略不计，所以三相电源的相电压，也是对称三相电压。如以A相为参考相量，则有

$$\left.\begin{aligned}\dot{U}_A&=U_p\underline{/0^\circ}=U_p\\ \dot{U}_B&=U_p\underline{/-120^\circ}=U_p\left(-\frac{1}{2}-\mathrm{j}\frac{\sqrt{3}}{2}\right)\\ \dot{U}_C&=U_p\underline{/120^\circ}=U_p\left(-\frac{1}{2}+\mathrm{j}\frac{\sqrt{3}}{2}\right)\end{aligned}\right\}\tag{5-4}$$

三相电源星形联结时，相电压和线电压显然不相等，根据图5-3a标明的参考方向，相电压和线电压之间的关系为

$$\left.\begin{aligned}\dot{U}_{AB}&=\dot{U}_A-\dot{U}_B\\ \dot{U}_{BC}&=\dot{U}_B-\dot{U}_C\\ \dot{U}_{CA}&=\dot{U}_C-\dot{U}_A\end{aligned}\right\}\tag{5-5}$$

将式（5-4）代入式（5-5）得

$$\begin{aligned}\dot{U}_{AB}&=U_p-U_p\left(-\frac{1}{2}-\mathrm{j}\frac{\sqrt{3}}{2}\right)=\sqrt{3}U_p\left(\frac{\sqrt{3}}{2}+\mathrm{j}\frac{1}{2}\right)\\ &=\sqrt{3}U_p\underline{/30^\circ}=\sqrt{3}\dot{U}_A\underline{/30^\circ}\\ \dot{U}_{BC}&=U_p\left(-\frac{1}{2}-\mathrm{j}\frac{\sqrt{3}}{2}\right)-U_p\left(-\frac{1}{2}+\mathrm{j}\frac{\sqrt{3}}{2}\right)=\mathrm{j}\sqrt{3}U_p\\ &=\sqrt{3}U_p\underline{/-90^\circ}=\sqrt{3}\dot{U}_B\underline{/30^\circ}\\ \dot{U}_{CA}&=U_p\left(-\frac{1}{2}+\mathrm{j}\frac{\sqrt{3}}{2}\right)-U_p=\sqrt{3}U_p\left(-\frac{\sqrt{3}}{2}+\mathrm{j}\frac{1}{2}\right)\\ &=\sqrt{3}U_p\underline{/150^\circ}=\sqrt{3}\dot{U}_C\underline{/30^\circ}\end{aligned}$$

可见，三相电源的线电压其有效值是对应相电压有效值的$\sqrt{3}$倍，相位上比对应的相电压超前30°，图5-3b是它们的相量图。

显然，对星形联结的三相电源来说，线电流等于相电流。

星形接法的三相电源，可引出4根导线，称为三相四线制，能为负载提供两种电压。在低压配电系统中，相电压通常为220V，线电压为380V。

（2）三相电源的三角形（△）联结　如果把对称三相电源顺次相接，即X与B，Y与C，Z与A，组成一回路，再从三个连接点引出三条导线向外送电，如图5-4所示，就构成了三相电源的三角形联结。

显然，三角形联结的三相电源线电压等于相电压，但线电流不等于相电流。

三角形联结的电源，相电压和线电压的关系为

$$\dot{U}_{AB} = \dot{U}_A$$

$$\dot{U}_{BC} = \dot{U}_B$$

$$\dot{U}_{CA} = \dot{U}_C$$

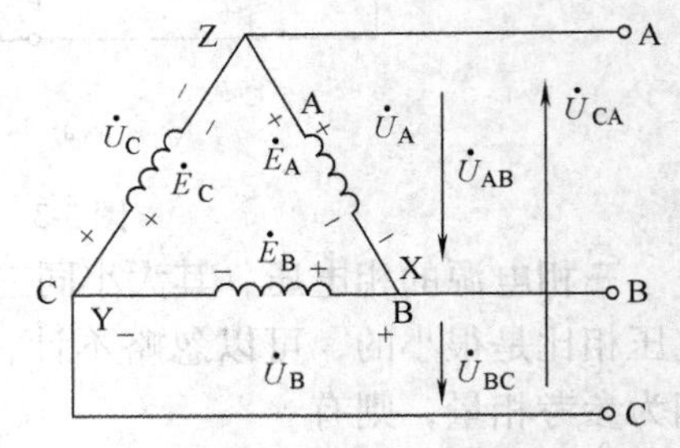

图5-4　三相电源的三角形联结

如果三相电源电动势对称，则三相电压的相量和为

$$\dot{U}_A + \dot{U}_B + \dot{U}_C = U_p\underline{/0^\circ} + U_p\underline{/-120^\circ} + U_p\underline{/120^\circ} = 0$$

这样能保证在没有输出的情况下，电源内部没有环流。但如果某相绕组接反（如CZ绕组），则三角形回路的总电压为

$$\dot{U} = \dot{U}_A + \dot{U}_B - \dot{U}_C = -2\dot{U}_C$$

这时，在三角形回路中，有一个大小等于相电压两倍的电源存在。由于绕组本身阻抗很小，回路将产生很大的环流，电动机有烧毁的危险，这是绝对不允许的。实际电源的三相电动势不是理想的对称三相电动势，它们之和并不绝对等于零，故三相电源通常都连接成星形，而不连接成三角形。

练习与思考

5-1-1　已知对称三相电源的B相电压瞬时值为 $u_B = 220\sqrt{2}\sin(\omega t + 60^\circ)$ V，写出其他两相电压的瞬时表达式，并画出波形图。

5-1-2　三相电源Y联结时，若线电压 $u_{AB} = 380\sqrt{2}\sin(\omega t + 30^\circ)$ V，写出线电压、相电压的相量表达式，并做相量图。

5-1-3　三相电源△联结，若一相绕组接反，将会出现什么现象？

5.2　三相电路负载的连接

三相电路的负载由三部分组成，其中每一部分称为一相负载。像照明电灯一类的单相负载可分成三组，分别接于各端线与中性线之间。由于所并联的灯数不同，通常这三相负载的总阻抗是不相等的。各相负载的复阻抗相等的三相负载，称为对称三相负载。一般三相电动机、三相变压器都可以看成对称三相负载。

由对称三相电源和对称三相负载所组成的电路，称为对称三相电路。

与三相电源一样，三相负载也可以有星形和三角形两种连接方式。

5.2.1　负载星形联结的三相电路

图 5-5 所示电路，三个负载 Z_A、Z_B、Z_C 的一端连接在一起，成为一个公共点 N′，该点称为负载的中性点，并且将该点接到三相电源的中性线上，而各负载的另一端分别接到三相电源的端线上，这种负载的连接方法，称为Y联结法。此电路用 4 根导线把电源和负载连接起来，这种电路，称为三相四线制电路。其中 Z_N 为中性线阻抗。若把中性线去掉，只用三根端线连接电源和负载，则称为三相三线制电路。

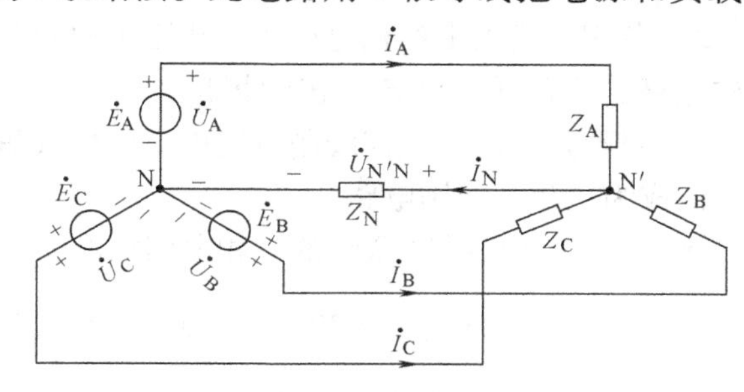

图 5-5　负载是Y联结的电路

三相电源接通负载后，三条端线（A、B、C）中的电流称为线电流，每相负载中的电流，称为相电流，Y联结时，线电流等于相电流，分别用 i_A、i_B、i_C 表示。中性线里的电流称为中性线电流，用 i_N 表示。

1. 对称负载星形联结的三相电路

三相负载有对称和不对称两种情况，对称三相负载的特征是各相负载的阻抗都完全相同，即

$$Z_A = Z_B = Z_C = |Z|\angle\varphi$$

或者

$$|Z_A| = |Z_B| = |Z_C| = |Z|$$

$$\varphi_A = \varphi_B = \varphi_C = \varphi$$

图 5-5 所示电路，设三相负载的阻抗分别为 Z_A、Z_B、Z_C，其相电压和线电压分别为 $\dot{U}_A$、$\dot{U}_B$、$\dot{U}_C$ 和 $\dot{U}_{AB}$、$\dot{U}_{BC}$、$\dot{U}_{CA}$。以 $\dot{U}_A$ 为参考相量，则

$$\left.\begin{aligned}
\dot{I}_A &= \frac{\dot{U}_A}{Z_A} = \frac{U_p}{|Z_A|}\angle 0-\varphi = \frac{U_p}{|Z|}\angle -\varphi = I\angle -\varphi \\
\dot{I}_B &= \frac{\dot{U}_B}{Z_B} = \frac{U_p}{|Z_B|}\angle -120^\circ-\varphi = \frac{U_p}{|Z|}\angle -120^\circ-\varphi = I\angle -120^\circ-\varphi \\
\dot{I}_C &= \frac{\dot{U}_C}{Z_C} = \frac{U_p}{|Z_C|}\angle 120^\circ-\varphi = \frac{U_p}{|Z|}\angle 120^\circ-\varphi = I\angle 120^\circ-\varphi
\end{aligned}\right\} \tag{5-6}$$

所以，对于对称的三相电路

$$\left.\begin{aligned}
I_A = I_B = I_C &= \frac{U_p}{|Z|} \\
\varphi_A = \varphi_B = \varphi_C &= \arctan\frac{X}{R}
\end{aligned}\right\} \tag{5-7}$$

根据 KCL，中性线电流为

$$\dot{I}_N = \dot{I}_A + \dot{I}_N + \dot{I}_C = \frac{1}{Z}(\dot{U}_A + \dot{U}_B + \dot{U}_C) = 0$$

综上所述，对称负载的Y联结电路中：

1）由于三相电源和负载的对称性，各相电压和电流也都是对称的。因此，只要某一相电压、电流求得，其他两相就可以根据对称关系直接写出。

2）各相电流仅由各相电压和各相阻抗决定，各相的计算具有独立性。也就是说，三相对称电路的计算可以归结一相来计算。

3）对称负载的三相四线制电路中，中性线里没有电流通过。这样，中性线完全可以省去，而成为三相三线制电路。

例 5-1　对称负载Y联结的三相电路如图 5-5 所示，已知 $Z_A = Z_B = Z_C = (6+j8)\Omega$，设电源电压 $u_{AB} = 380\sqrt{2}\sin(\omega t + 30^\circ)$ V。试求：1）$\dot{U}_A$、$\dot{U}_B$、$\dot{U}_C$及 $\dot{U}_{AB}$、$\dot{U}_{BC}$、$\dot{U}_{CA}$；2）$\dot{I}_A$、$\dot{I}_B$、$\dot{I}_C$及 i_A、i_B、i_C；3）画电压电流的相量图。

解　因为负载对称，故只计算一相即可

1）由题可知 $\dot{U}_{AB} = 380\angle 30^\circ$V

而
$$\dot{U}_{AB} = \sqrt{3}\dot{U}_A\angle 30^\circ \text{V}$$

所以
$$\dot{U}_A = 220\angle 0^\circ \text{V}$$

知道 $\dot{U}_B$和 $\dot{U}_C$，则

$$\dot{U}_B = \dot{U}_A\angle -120^\circ = 220\angle -120^\circ \text{V}$$

$$\dot{U}_C = \dot{U}_A\angle 120^\circ = 220\angle 120^\circ \text{V}$$

$$\dot{U}_{BC} = \dot{U}_{AB}\angle -120^\circ = 380\angle -90^\circ \text{V}$$

$$\dot{U}_{CA} = \dot{U}_{AB}\angle 120^\circ = 380\angle 150^\circ \text{V}$$

2）
$$\dot{I}_A = \frac{\dot{U}_A}{Z_A} = \frac{220\angle 0^\circ}{6+j8}\text{A} = 22\angle -53.1^\circ \text{A}$$

则
$$\dot{I}_B = \dot{I}_A\angle -120^\circ = 22\angle -173.1^\circ \text{A}$$

$$\dot{I}_C = \dot{I}_A\angle 120^\circ = 22\angle 66.9^\circ \text{A}$$

$$i_A = 22\sqrt{2}\sin(\omega t - 53.1^\circ)\text{A}$$

$$i_B = 22\sqrt{2}\sin(\omega t - 173.1^\circ)\text{A}$$

$$i_C = 22\sqrt{2}\sin(\omega t + 66.9^\circ)\text{A}$$

3）相量图如图 5-6 所示。

2. 不对称负载星形联结的三相电路

如果三相负载的阻抗 $Z_A \neq Z_B \neq Z_C$ 时，我们称为三相不对称负载电路，具有这种负载的

三相电路，称为不对称三相电路。

不对称负载星形联结时，通常采用三相四线制，如图5-5所示，中性线的存在，可以保证负载的相电压基本等于电源的相电压。换言之，星形联结的不对称三相负载，采用三相四线制时，仍然能使负载获得对称的三相电压。但是此时的中性线电流不等于零，相电流也不对称。所以，只能逐相分别进行计算。

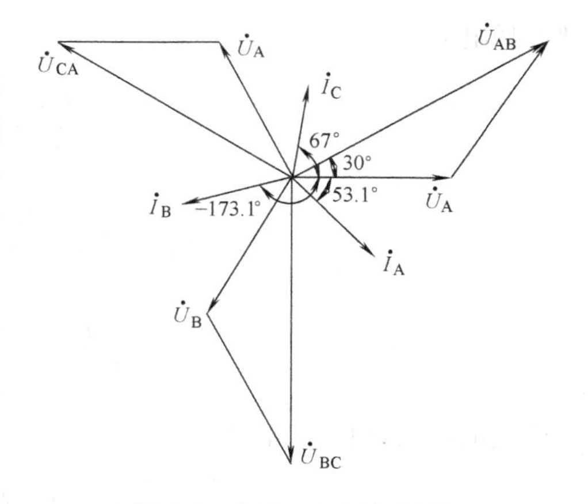

图5-6　电流、电压相量图

不对称负载的星形联结，如果采用三相三线制，如图5-7所示，虽然电源电压对称，但负载的相电压 $\dot{U}_{AN'}$、$\dot{U}_{BN'}$、$\dot{U}_{CN'}$却不对称。电源的中性点和负载的中性点之间，即N点和N′点之间将出现电位差。为计算各相电流，需要先求出N′N之间的电压 $\dot{U}_{N'N}$，然后分别逐相计算。电压 $\dot{U}_{N'N}$的存在，将造成负载两端的相电压或大于额定值，或小于额定值。用电设备可能因此而受到损害，或者不能正常工作。所以，星形联结的不对称三相负载，必须采用三相四线制电路，中性线不可省掉，而且为了防止中性线突然断开，在中性线里不许安装熔断器及开关。

三相四线制电路的中性线，其主要作用是保证不对称负载的相电压基本上等于电源的相电压。由于电源电压一般总是对称的，所以中性线的作用在于使不对称的三相负载获得对称的三相电源电压，以保证负载在额定电压下正常工作。

例5-2　图5-8所示电路中，三相对称电源线电压为380V，三相负载不对称，$Z_A = Z_B = 10\Omega$，$Z_C = 5\underline{/60°}\Omega$。试求：1）有中性线时，负载的相电流 $\dot{I}_A$、$\dot{I}_B$、$\dot{I}_C$及中性线电流$\dot{I}_N$，并画相量图；2）当中性线断开时，各相负载的相电流 $\dot{I}_A$、$\dot{I}_B$、$\dot{I}_C$及相电压 $\dot{U}'_A$、$\dot{U}'_B$、$\dot{U}'_C$；3）当中性线断开且C相负载短路时，各相负载的电压$\dot{U}'_A$、$\dot{U}'_B$、$\dot{U}'_C$及电流 $\dot{I}'_A$、$\dot{I}'_B$和 $\dot{I}'_C$，并画相量图。

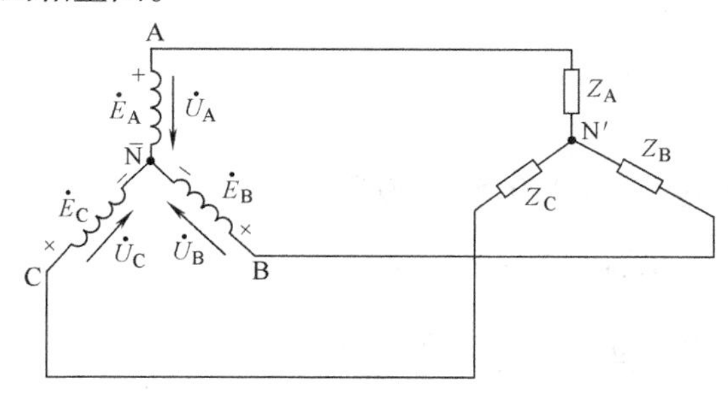

图5-7　三相三线制电路

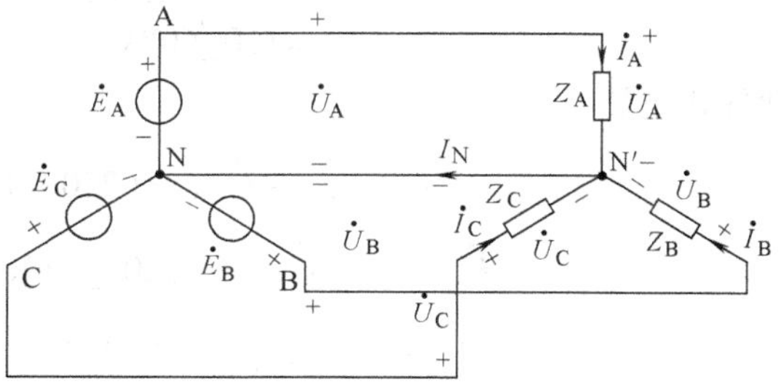

图5-8　例5-2图

解　1）因为有中性线，所以 $U_{N'N} = 0$

各相电流以A相电压为参考电压，即

$$\dot{U}_A = \frac{380}{\sqrt{3}}\underline{/0°}\text{V} = 220\underline{/0°}\text{V}$$

则各相电流

$$\dot{I}_A=\frac{\dot{U}_A}{Z_A}=\frac{220\angle 0^\circ}{10}A=22\angle 0^\circ A$$

$$\dot{I}_B=\frac{\dot{U}_B}{Z_B}=\frac{220\angle -120^\circ}{10}A=22\angle -120^\circ A$$

$$\dot{I}_C=\frac{\dot{U}_C}{Z_C}=\frac{220\angle 120^\circ}{5\angle 60^\circ}A=44\angle 60^\circ A$$

中性线电流的计算根据 KCL，有

$$\begin{aligned}\dot{I}_N&=\dot{I}_A+\dot{I}_B+\dot{I}_C=(22\angle 0^\circ+22\angle -120^\circ+44\angle 60^\circ)A\\&=22A+22\times\left(-\frac{1}{2}-j\frac{\sqrt{3}}{2}\right)A+44\times\left(\frac{1}{2}+j\frac{\sqrt{3}}{2}\right)A\\&=22\sqrt{3}\times\left(\frac{\sqrt{3}}{2}+j\frac{1}{2}\right)A=38.1\angle 30^\circ A\end{aligned}$$

电流、电压的相量关系如图 5-9a 所示。

2）当中性线断开时，$\dot{I}_{N'N}=0$，利用弥尔曼定理求电源中性点和负载中性点的电压 $\dot{U}_{N'N}$

$$\begin{aligned}\dot{U}_{N'N}&=\frac{\dot{U}_A/Z_A+\dot{U}_B/Z_B+\dot{U}_C/Z_C}{\frac{1}{Z_A}+\frac{1}{Z_B}+\frac{1}{Z_C}}\\&=\frac{220/10+220\angle -120^\circ/10+220\angle 120^\circ/5\angle 60^\circ}{\frac{1}{10}+\frac{1}{10}+\frac{1}{5\angle 60^\circ}}V\\&=\frac{38.1\angle 30^\circ}{0.346\angle -30^\circ}V\\&=110\angle 60^\circ V\end{aligned}$$

则各相电压

$$\dot{U}'_A=\dot{U}_A-\dot{U}_{N'N}=(220-110\angle 60^\circ)V=190.5\angle -30^\circ V$$

$$\dot{U}'_B=\dot{U}_B-\dot{U}_{N'N}=(220\angle -120^\circ-110\angle 60^\circ)V=330\angle -120^\circ V$$

$$\dot{U}'_C=\dot{U}_C-\dot{U}_{N'N}=(220\angle 120^\circ-110\angle 60^\circ)V=190.5\angle 150^\circ V$$

各相电流

$$\dot{I}_A=\frac{\dot{U}'_A}{Z_A}=\frac{190.5\angle -30^\circ}{10}A=19.05\angle -30^\circ A$$

$$\dot{I}_B=\frac{\dot{U}'_B}{Z_B}=\frac{330\angle -120^\circ}{10}A=33\angle -120^\circ A$$

$$\dot{I}_C=\frac{\dot{U}'_C}{Z_C}=\frac{190.5\angle 150^\circ}{5\angle 60^\circ}\text{A}=38.1\angle 90^\circ\text{A}$$

其电流电压的相量图如图5-9b所示。

3）当中性线断开且C相负载短路时，电路如图5-10a所示，此时负载的中性点N′即为C点，负载电压为

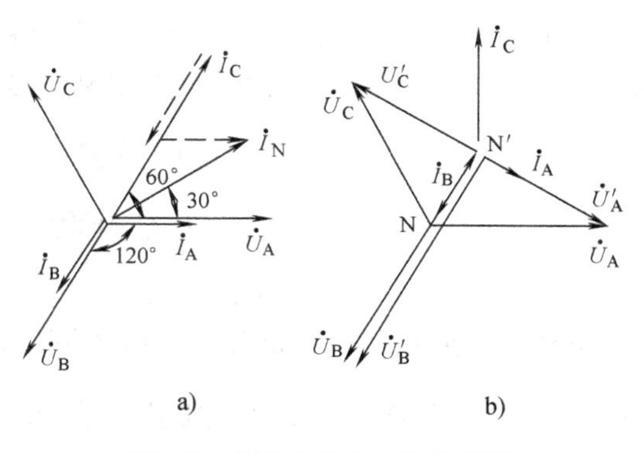

图5-9　例5-2中1）、2）的解图

$$\dot{U}'_A=\dot{U}_{AC}=380\angle -30^\circ\text{V}$$

$$\dot{U}'_B=\dot{U}_{BC}=380\angle -90^\circ\text{V}$$

$$\dot{U}'_C=0\text{V}$$

负载电流为

$$\dot{I}_A=\frac{\dot{U}'_A}{Z_A}=\frac{380\angle -30^\circ}{10}\text{A}=38\angle -30^\circ\text{A}$$

$$\dot{I}_B=\frac{\dot{U}'_B}{Z_B}=\frac{380\angle -90^\circ}{10}\text{A}=38\angle -90^\circ\text{A}$$

$$\dot{I}_C=-(\dot{I}_A+\dot{I}_B)=-(38\angle -30^\circ+38\angle -90^\circ)\text{A}=65.8\angle 120^\circ\text{A}$$

其电流电压相量图如图5-10b所示。

从本例题可知，当负载不对称时，会引起电源中性点和负载中性点的电位偏移，这种偏移造成了相电压过高或过低，对负载运行不利，同时，由于此时负载承受的不是额定电压，故负载不能正常工作。可见中性线在实际工程中的作用。

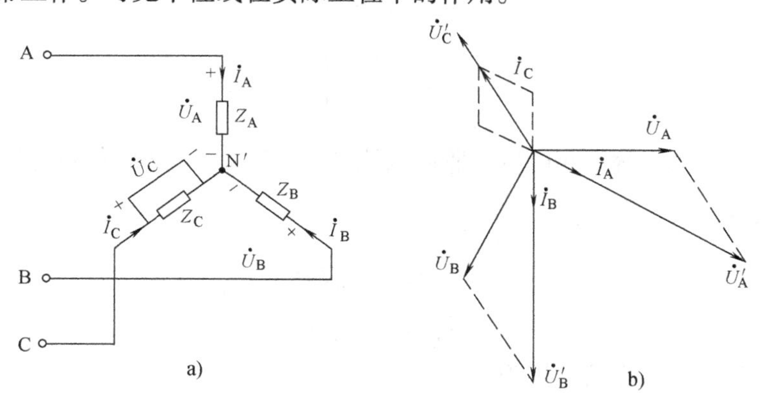

图5-10　例5-2中3）的解图

5.2.2　负载三角形联结的三相电路

图5-11是负载为三角形联结的情况，三相负载各相依次连接在三相电源的两根相线之间，称为负载的三角形联结，每相负载的阻抗分别用Z_{AB}、Z_{BC}、Z_{CA}表示，电压和电流的参考方向在图中标出。

由于每相负载接于两根端线之间，所以各相的相电压就是电源的线电压，因此，无论负载对称与否，其相电压总是对称的，即

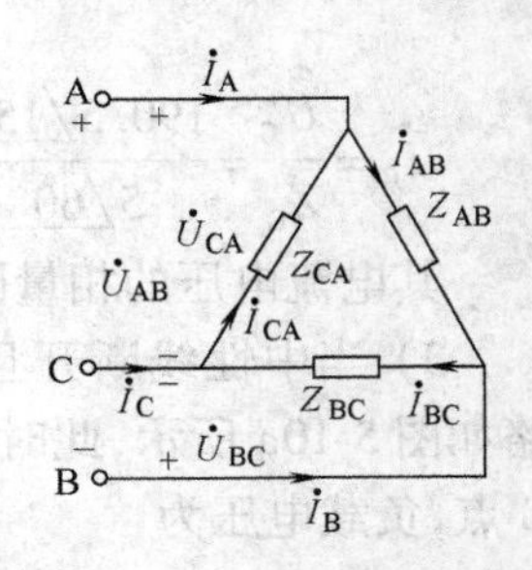

图 5-11　负载为△联结的三相电路

$$\dot{U}_{AB}=U_l\angle 0°$$

$$\dot{U}_{BC}=U_l\angle -120°$$

$$\dot{U}_{CA}=U_l\angle 120°$$

但是负载三角形联结时，负载的相电流同线电流并不相同，线电流仍用 $\dot{I}_A$、$\dot{I}_B$、$\dot{I}_C$表示，相电流则以下标 AB、BC、CA 表示，即 $\dot{I}_{AB}$、$\dot{I}_{BC}$、$\dot{I}_{CA}$。应用 KCL 可得

$$\left.\begin{aligned}\dot{I}_A&=\dot{I}_{AB}-\dot{I}_{CA}\\ \dot{I}_B&=\dot{I}_{BC}-\dot{I}_{AB}\\ \dot{I}_C&=\dot{I}_{CA}-\dot{I}_{BC}\end{aligned}\right\}\tag{5-8}$$

式（5-8）即为线电流与相电流之间关系的相量表达式。

1. 对称负载三角形联结的三相电路

当三相负载对称时，即 $Z_{AB}=Z_{BC}=Z_{CA}=Z$ 时，各相电流为

$$\left.\begin{aligned}\dot{I}_{AB}&=\frac{\dot{U}_{AB}}{Z}\\ \dot{I}_{BC}&=\frac{\dot{U}_{BC}}{Z}\\ \dot{I}_{CA}&=\frac{\dot{U}_{CA}}{Z}\end{aligned}\right\}\tag{5-9}$$

因为 $\dot{U}_{AB}$、$\dot{U}_{BC}$、$\dot{U}_{CA}$为对称三相电压，所以电流 $\dot{I}_{AB}$、$\dot{I}_{BC}$、$\dot{I}_{CA}$必定是对称三相电流，其有效值均为 I_p，若 $\dot{I}_{AB}=I_p\angle 0°$，则

$$\dot{I}_{BC}=I_p\angle -120°$$

$$\dot{I}_{CA}=I_p\angle 120°$$

知道了相电流，于是各线电流分别为

$$\dot{I}_A=\dot{I}_{AB}-\dot{I}_{CA}=I_p\angle 0°-I_p\angle 120°=\sqrt{3}I_p\angle -30°=I_l\angle -30°$$

$$\dot{I}_B=\dot{I}_{BC}-\dot{I}_{AB}=I_p\angle -120°-I_p\angle 0°=\sqrt{3}I_p\angle -150°=I_l\angle -150°$$

$$\dot{I}_C=\dot{I}_{CA}-\dot{I}_{BC}=I_p\angle 120°-I_p\angle -120°=\sqrt{3}I_p\angle 90°=I_l\angle 90°$$

可见，这时的线电流也是对称三相电流，其大小是相电流$\sqrt{3}$倍，即 $I_l=\sqrt{3}I_p$。而相位上，线电流滞后其相电流 30°，即 $\dot{I}_A$比 $\dot{I}_{AB}$，$\dot{I}_B$比 $\dot{I}_{BC}$，$\dot{I}_C$比 $\dot{I}_{CA}$均滞后 30°。

图 5-12 是线电流和相电流的相量图。从相量图上很容易看出，对称三相线电流和相电流的相位关系和大小关系。

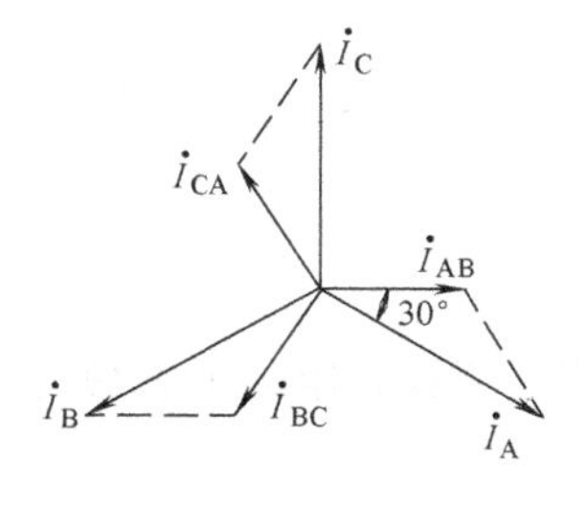

图 5-12　对称负载三角形联结的电流相量图

这种对称三相电路同样可以只计算其中一相。求得该相电流后，其余两相电流和各线电流即可由上述关系直接得出。

例 5-3　在图 5-11 电路中，设三相对称电源线电压为 380V，三角形联结的对称负载每相阻抗 $Z=(4+\mathrm{j}3)\Omega$，试求各相电流与线电流。

解　设 $\dot{U}_{AB}=380\underline{/0^\circ}\mathrm{V}$　则

$$\dot{I}_{AB}=\frac{\dot{U}_{AB}}{Z}=\frac{380\underline{/0^\circ}}{4+\mathrm{j}3}\mathrm{A}=76\underline{/-36.9^\circ}\mathrm{A}$$

根据对称负载的三相电路的特点可得其余两相电流为

$$\dot{I}_{BC}=\dot{I}_{AB}\underline{/-120^\circ}=76\underline{/-156.9^\circ}\mathrm{A}$$

$$\dot{I}_{CA}=\dot{I}_{AB}\underline{/120^\circ}=76\underline{/83.1^\circ}\mathrm{A}$$

各线电流为

$$\dot{I}_A=\sqrt{3}\dot{I}_{AB}\underline{/-30^\circ}=\sqrt{3}\times76\underline{/-30^\circ-36.9^\circ}\mathrm{A}=131.6\underline{/-66.9^\circ}\mathrm{A}$$

根据对称负载的特点，则

$$\dot{I}_B=\dot{I}_A\underline{/-120^\circ}=131.6\underline{/-186.9^\circ}\mathrm{A}=131.6\underline{/173.1^\circ}\mathrm{A}$$

$$\dot{I}_C=\dot{I}_A/\underline{/120^\circ}=131.6\underline{/53.1^\circ}\mathrm{A}$$

如果传输线上有线路阻抗，需将三角形负载转化成星形负载，利用前面所学的Y-△变换，在对称负载情况下，$Z_Y=Z_\triangle/3$。然后化成单相计算。

2. 负载不对称三角形联结的三相电路

对于不对称三相负载，虽然各相负载电压仍然是三相电源的对称线电压，但各相负载的阻抗已不等同，即 $Z_{AB}\neq Z_{BC}\neq Z_{CA}$，因此，不对称三相负载的相电流，只能逐相分别进行计算，即

$$\left.\begin{aligned}\dot{I}_{AB}&=\frac{\dot{U}_{AB}}{Z_{AB}}\\\dot{I}_{BC}&=\frac{\dot{U}_{BC}}{Z_{BC}}\\\dot{I}_{CA}&=\frac{\dot{U}_{CA}}{Z_{CA}}\end{aligned}\right\}\tag{5-10}$$

其相电流的有效值为

$$I_{AB}=\frac{U_{AB}}{|Z_{AB}|}$$

$$I_{BC}=\frac{U_{BC}}{|Z_{BC}|}$$

$$I_{CA}=\frac{U_{CA}}{|Z_{CA}|}$$

相电流和相电压的相位差为

$$\varphi_{AB}=\arctan\frac{X_{AB}}{R_{AB}}$$

$$\varphi_{BC}=\arctan\frac{X_{BC}}{R_{BC}}$$

$$\varphi_{CA}=\arctan\frac{X_{CA}}{R_{CA}}$$

负载不对称时的各线电流，也只能按式（5-8）逐一分别计算，其有效值和初相位均取决于相关相电流的大小和相位，已不能简单套用$\sqrt{3}$倍的关系了。

5.3　三相电路的功率

5.3.1　三相电路功率的计算

三相电路的功率与单相电路一样，分为有功功率、无功功率和视在功率。

1. 平均功率（有功功率）P

三相负载所吸收的平均功率等于各相负载平均功率之和，即

$$P=U_AI_A\cos\varphi_A+U_BI_B\cos\varphi_B+U_CI_C\cos\varphi_C \tag{5-11}$$

式中，φ_A、φ_B、φ_C 分别是 A 相、B 相、C 相的电压和电流之间的相位差。

在负载对称的三相电路中，由于各相电流和各相电压的有效值相等，而且各相电流和电压的相位差也相等，即

$$U_A=U_B=U_C=U_p$$

$$I_A=I_B=I_C=I_p$$

$$\varphi_A=\varphi_B=\varphi_C=\varphi_p$$

因而各相平均功率 P_p 也相等，此时三相平均功率为

$$P=3U_pI_p\cos\varphi \tag{5-12}$$

请注意，$\cos\varphi$ 是每相电路的功率因数角。

当负载作星形联结时

$$U_p=\frac{U_l}{\sqrt{3}}$$

$$I_p=I_l$$

将上式代入式（5-12）得

$$P=\sqrt{3}U_lI_l\cos\varphi$$

当负载作三角形联结时

$$U_p = U_l$$

$$I_p = \frac{I_l}{\sqrt{3}}$$

当上式代入式（5-12）得

$$P = \sqrt{3} U_l I_l \cos\varphi$$

因此三相平均功率用线电压、线电流表示为

$$P = \sqrt{3} U_l I_l \cos\varphi \tag{5-13}$$

注意，φ 仍为相电压和相电流的相位差，即负载的阻抗角。

2. 无功功率 Q

三相电路的无功功率亦等于各相无功功率之和，即

$$Q = Q_A + Q_B + Q_C = U_A I_A \sin\varphi_A + U_B I_B \sin\varphi_B + U_C I_C \sin\varphi_C$$

在对称的三相电路中，由于 $Q_A = Q_B = Q_C = Q_p$，所以

$$Q = 3 U_p I_p \sin\varphi = \sqrt{3} U_l I_l \sin\varphi \tag{5-14}$$

这里 φ 仍为相电压与相电流的相位差，即负载阻抗角。

3. 视在功率 S

三相电路的视在功率

$$S = \sqrt{P^2 + Q^2} \tag{5-15}$$

在对称的三相电路中

$$S = 3 U_p I_p = \sqrt{3} U_l I_l \tag{5-16}$$

4. 功率因数 $\cos\varphi$

三相电路的功率因数定义为

$$\cos\varphi = \frac{P}{S} \tag{5-17}$$

在对称的三相电路中，功率因数为

$$\cos\varphi = \frac{P}{\sqrt{3} U_l I_l}$$

对于对称三相电路中三相电路的功率因数同时也是其中每相的功率因数。

例 5-4　三相电路如图 5-13 所示，已知：$U_l = 220\text{V}$，$R = 8\Omega$，$X_L = 6\Omega$。试求：1）每相负载的相电流和线电流的有效值；2）三相负载的平均功率、无功功率、视在功率。

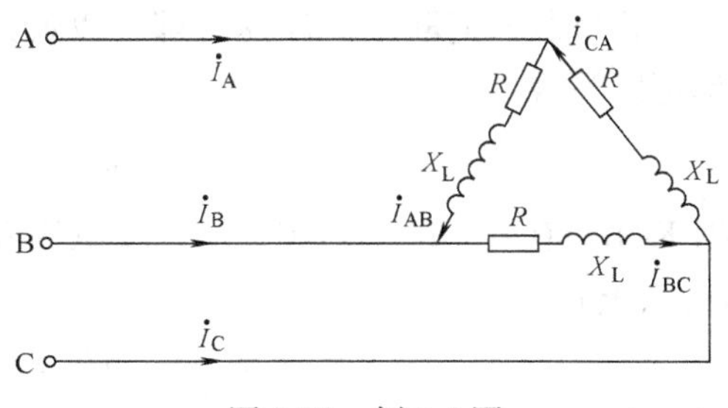

图 5-13　例 5-4 图

解　1）因三相负载对称，连接成三角形，所以有 $U_p = U_l$，$I_l = \sqrt{3} I_p$。

由题可知：$U_p = U_l = 220\text{V}$

则相电流为

$$I_{AB}=I_{BC}=I_{CA}=I_p=\frac{U_p}{|Z|}=\frac{220}{\sqrt{8^2+6^2}}\text{A}=22\text{A}$$

线电流为

$$I_l=\sqrt{3}I_p=\sqrt{2}\times 22\text{A}=38.1\text{A}$$

2）由 $R=8\Omega$，$X_L=6\Omega$ 可知

$$\varphi=\arctan\frac{X_L}{R}=\arctan\frac{6}{8}=36.9°$$

知道 φ 角后，便可以对功率进行计算

$$P=\sqrt{3}U_lI_l\cos\varphi=\sqrt{3}\times 220\times 38.1\times\cos 36.9°\text{W}=11.64\text{kW}$$

$$Q=\sqrt{3}U_lI_l\sin\varphi=\sqrt{3}\times 220\times 38.1\times\sin 36.9°\text{W}=8.72\text{kvar}$$

$$S=\sqrt{3}U_lI_l=\sqrt{3}\times 220\times 38.1\text{W}=14.56\text{kVA}$$

5.3.2　三相电路功率的测量

1. 三相四线制电路功率的测量

三相四线制电路负载不对称星形联结，可用三只功率表分别测量各相功率，电路的接线图如图 5-14 所示。

三个表读数之和即为三相总功率

$$P=P_1+P_2+P_3$$

若上述星形负载对称，仅需测量出任意一相的功率，然后乘以 3 便是三相总功率。这种测量方法常称为一表法。

2. 三相三线制电路功率的测量

在三相三线制电路中，不论对称与否，可使用两个功率表的方法来测量三相功率，它们的接线图如图 5-15 所示。

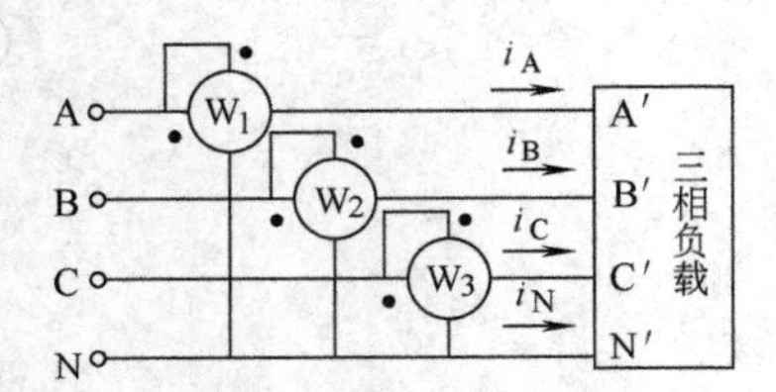

图 5-14　三表法测量功率的接线图

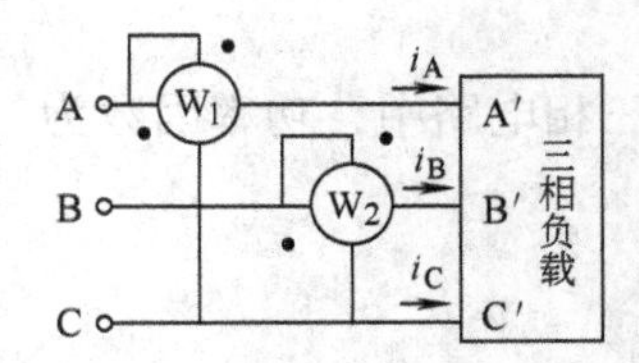

图 5-15　用二表法测量功率的接线图

不管负载如何联结，计算时都可以通过Y-△变换化成星形负载，因此三相电路的瞬时功率可以写成

$$p=p_A+p_B+p_C=u_{AN'}i_A+u_{BN'}i_B+u_{CN'}i_C$$

根据 KCL，有 $i_A+i_B+i_C=0$，所以线电流 i_C 可以用其他两个线电流来替代，即 $i_C=-(i_A+i_B)$代入上式得

$$p=(u_{AN'}-u_{CN'})i_A+(u_{BN'}-u_{CN'})i_B=u_{AC}i_A+u_{BC}i_B$$

则三相电路的平均功率

$$P = \frac{1}{T}\int_0^T p\mathrm{d}t = U_{AC}I_A\cos\varphi_1 + U_{BC}I_B\cos\varphi_2 \tag{5-18}$$

式中，φ_1 为电压相量 $\dot{U}_{AC}$与电流 $\dot{I}_A$的相位差；φ_2 为电压相量 $\dot{U}_{BC}$与电流相量 $\dot{I}_B$之间的相位差。

图5-15第一块功率表的读数见 W_1，第二块功率表的读数见 W_2。可见，两个功率表读数的代数和就是三相电路的总的平均功率。

对于负载对称的三相电路，设负载的阻抗角为 φ，由于 $\dot{U}_{AC}$滞后 $\dot{U}_A$30°，$\dot{U}_{BC}$超前 $\dot{U}_B$30°，所以

$$\varphi_1 = \varphi_A - 30° = \varphi - 30°$$
$$\varphi_2 = \varphi_B + 30° = \varphi + 30°$$

所以，对称的三相三线制电路中有

$$\left.\begin{aligned} P_1 &= U_{AC}I_A\cos(\varphi - 30°) \\ P_2 &= U_{BC}I_B\cos(\varphi + 30°) \end{aligned}\right\} \tag{5-19}$$

由式（5-19）可知，两个功率表的读数与功率因数之间存在一定关系：

1）若 $\varphi = 0$，即负载为电阻时，两表读数相等，$P = P_1 + P_2 = 2P_1 = 2P_2$。

2）若 $|\varphi| = 60°$，则其中一只功率表的读数为零，即 $P = P_1 + P_2 = P_1$（或 P_2）。

3）若 $|\varphi| > 60°$，则其中一只功率表的读数为负值，总功率是两表读数之差。

例5-5　图5-15所示电路，设负载为三相异步电动机，其功率 $P = 2.5\text{kW}$，$\cos\varphi = 0.866$，线电压 $U_l = 380\text{V}$，试求：图中两个功率表的读数。

解　要求功率表的读数，可利用式（5-19）即可求出

$$\begin{aligned} P_1 &= U_{AC}I_A\cos(\varphi - 30°) = U_l\frac{P}{\sqrt{3}U_l\cos\varphi}\cos(\varphi - 30°) \\ &= \frac{2.5}{\sqrt{3}\times 0.866}\cos(\arccos 0.866 - 30°)\text{kW} \\ &= 1.668\text{kW} \end{aligned}$$

$$\begin{aligned} P_2 &= U_{BC}I_B\cos(\varphi + 30°) = \frac{U_lP}{\sqrt{3}U_l\cos\varphi}\cos(\varphi + 30°) \\ &= \frac{2.5}{\sqrt{3}\times 0.866}\cos(\arccos 0.866 + 30°)\text{kW} \\ &= 0.833\text{kW} \end{aligned}$$

可以验证：$P = P_1 + P_2 = 2.5\text{kW}$，与给定电动机的额定值一致。

5.4　三相对称电路的仿真分析

用EDA软件对例5-2的三种情况进行仿真分析，仿真图及结果分别如图5-16、图5-17、图5-18所示。仿真结果与计算结果基本一致。

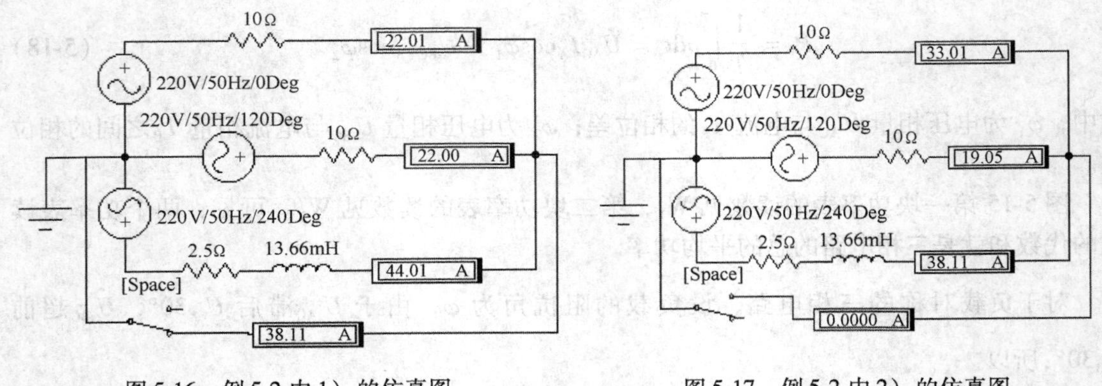

图 5-16　例 5-2 中 1）的仿真图　　　　图 5-17　例 5-2 中 2）的仿真图

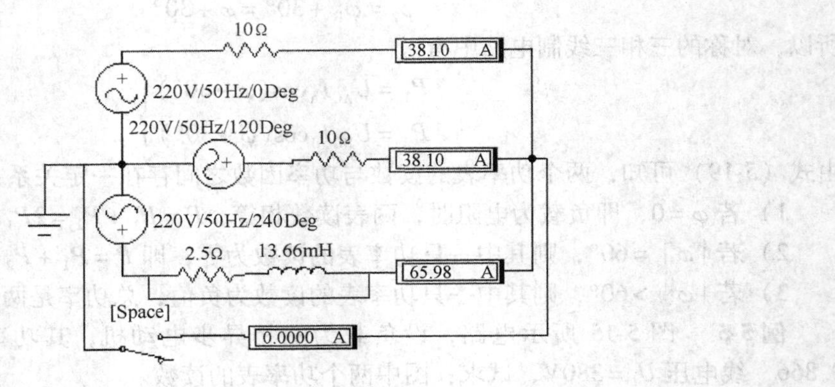

图 5-18　例 5-2 中 3）的仿真图

5.5　安全用电技术

5.5.1　安全用电常识

1. 触电及对人体的伤害

当人体触及带电体，带电体与人体之间闪击放电或电弧波及人体时，人体与大地或其他导体构成电流通路，此种情况称为触电。

经验表明：当 1mA 左右的电流通过人体时，人就会感觉发麻；当通过人体的电流不超过 10mA 时，触电者可以自己摆脱电源，不致于造成事故；当电流在 20 ~ 25mA 时，触电者会感到剧痛，甚至神经麻痹，肌肉剧烈收缩，已经无法自己摆脱电源，人体电阻会迅速下降，电流上升，有生命危险；如果电流达到 100mA，很短时间就会使人窒息，造成死亡。

7mA 以下的电流为安全电流；而 36V 以下的电压则为安全电压。

2. 人体触电的两种情况

（1）与正常带电部位的接触　如图 5-19 所示，人体触及三相电源中的一根电线，称单相触电。这时，人体承受的是相电压，电流经人体、大地回到电源，是十分危险的。如图 5-20 所示，人体同时和两根相线接触，称两相触电。此时，人体承受的是线电压，其触电后果更为严重。

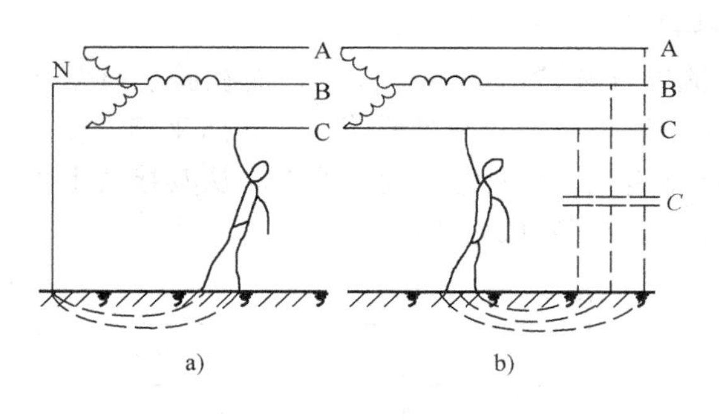

图5-19　单相触电

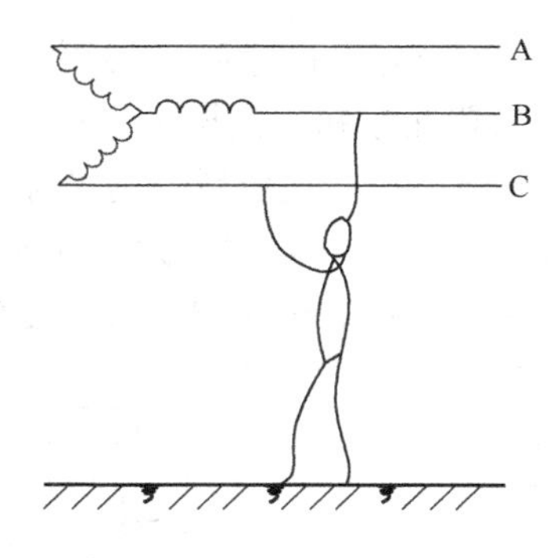

图5-20　两相触电

（2）与正常时不带电部分的接触　在电气设备中有些部分正常时是不带电的，如电气设备的外壳等。但如果绝缘损坏，外壳就可能带电，人体触及带电的外壳，将发生触电事故。

3. 触电后的急救

触电事故发生后，首先应使触电者脱离电源，拉开电源开关或用有绝缘手柄的工具、干燥木棒把电线断开。而当触电者尚未脱离电源时，施救者切不可和触电者的肌体直接接触，以防触电。如果触电者脱离电源后已失去知觉，必须将其安置在空气畅通处，解开衣服，让其平直仰卧，用软衣物垫在触电者的身下，使其头比肩稍低，以免妨碍呼吸，并立即请专业医生进行急救。

4. 接地保护和接零保护

（1）接地保护　把电气设备的金属外壳和接地线连接起来，称为接地保护。接地保护多用于中性点不接地的低压线路系统中。接地电阻 R 不得大于 4Ω。图5-21为三相交流电动机的接地保护。C 为相线与地之间的分布电容，当电动机某相绕组碰壳时，将出现图中虚线所示的电容电流。当外壳接地时，如图5-21b所示，由于人体电阻比接地电阻 R 大得多，所以几乎没有电流经过人体，就不会有触电危险。但是如果机壳不接地，如图5-21a所示，则碰壳的一相经人体及分布电容形成回路，人体将会有较大的电流通过，就会发生触电危险。

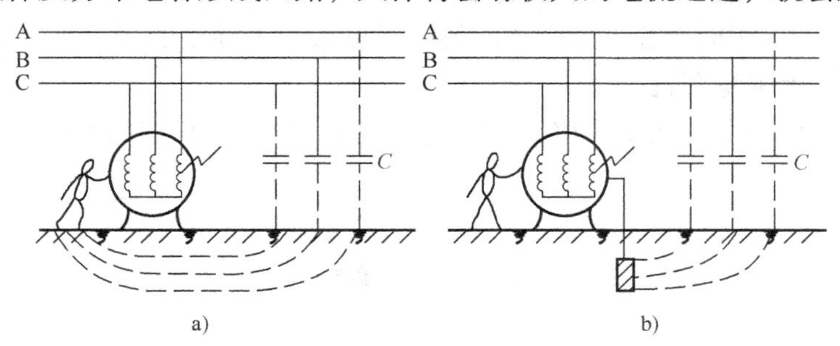

图5-21　三相交流电动机的接地保护

（2）接零保护　把电气设备的外壳和电源的零线连接起来，称为接零保护。接零保护用于中性点接地的三相四线制低压电路中。图5-22为三相交流电动机的接零保护。当电动机某相绕组碰壳时，便会有一短路电流从该相流向零线，使熔断器的熔丝熔断，切断电源，从而避免了人身触电的危险。必须注意，在接零导线中，不允许安装熔断器。

(3) 三孔插座和三极插头　以上是三相交流电气装置的防触电保护，而在我们日常生活中常接触到单相电气装置。为了保证人身安全，对单相电气装置要使用三孔插座和三极插头。如图5-23所示，其中1为三孔插座、2为接地电极、3为电气设备外壳。从其接线上可以看出，因为外壳是和保护零线相连接的，人体不会有触电的危险。

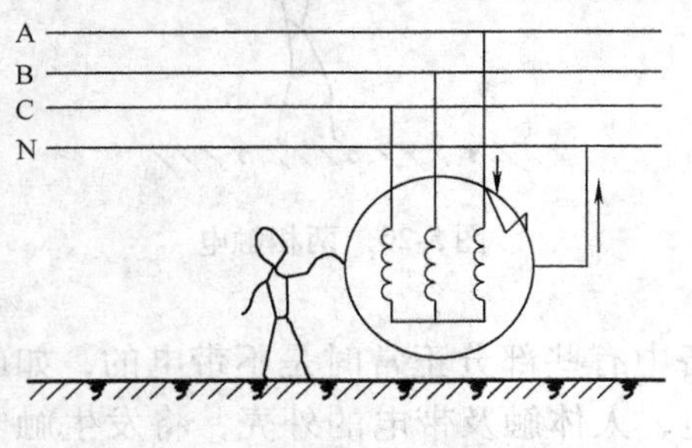

图5-22　三相交流电动机的接零保护

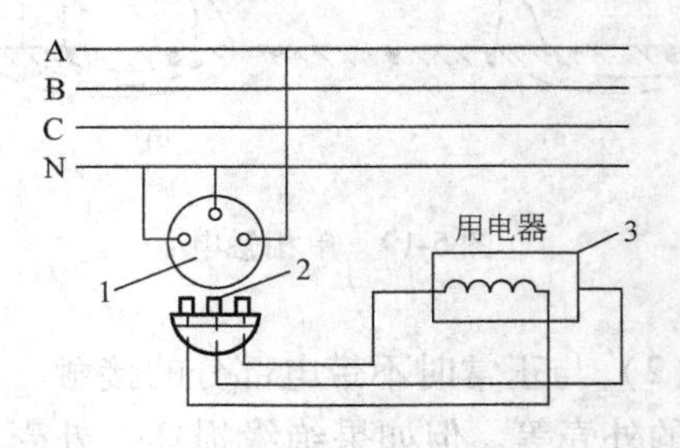

图5-23　三孔插座和三极插头的接地

5.5.2 静电防护和电气防火、防爆常识

1. 静电防护

首先应设法不产生静电。为此，可在材料选择、工艺设计等方面采取措施。其次是产生了静电，应设法使静电的积累不超过安全限度。其方法有泄露法、中和法等。前者接地，可增加绝缘表面的湿度、涂上导电涂剂等，使积累的静电荷尽快泄露掉；后者使用感电中和器、高压中和器等，可使积累的静电荷被中和掉。

2. 电气防火、防爆

引起电气火灾和爆炸的原因是电气设备过热和电火花、电弧。为此，不要使电气设备长期超载运行。要保持必要的防火间距及良好的通风。要有良好的过热、过电流保护装置。在易爆的场地，如矿井、化学车间等，要采用防爆电器。

出现了电气火灾怎么办？

1）首先切断电源。注意拉闸时应使用绝缘工具。

2）来不及切断电源时或在不准断电的场合，可采用不导电的灭火剂带电灭火。若用普通水枪灭火，应穿上绝缘套靴。

最后，还应强调指出，在安装和使用电气设备时，事先应详细阅读有关说明书，按照操作规程操作。

小　结

1. 三相电动势是由三相交流发电机产生的，对称的三相电源是指三相电源的电压幅值相等、频率相同、相位上彼此相差120°。对称负载和对称三相电源组成的电路，称之为三相对称电路，三相对称电路中，其相电压、相电流、线电压及线电流均是对称的。

2. 三相电路的负载及电源的连接均有Y和△联结两种，通常三相电源的连接方式为Y。

3. 负载作Y联结的电路，在对称情况下有 $U_l=\sqrt{3}U_p$，相位上 $\dot{U}_l$ 超前 $\dot{U}_p$ 30°，电流之间

的关系为 $I_l = I_p$。若负载不对称，则分别计算。

4. 不对称负载星形联结时，采用三相四线制，这时负载能获得对应三相电压，中性线的作用是保证每相负载获得与电源电压基本相等的端电压，以确保三相负载能够正常工作。

5. 负载作三角形联结的电路，在对称情况下有 $U_l = U_p$，$I_l = \sqrt{3}I_p$，相位上，线电流滞后相应相电流 30°，若负载不对称，则逐相计算。

6. 三相电路的功率有平均功率、无功功率、视在功率、瞬时功率。三相功率的测量可采用三表法和二表法。前者适用于三相四线制电路，后者适用三相三线制电路。若负载对称三相四线制电路也可以用一表法测量。

7. 为了安全用电，应懂一些安全用电常识和技术。防止触电的安全技术有接地保护和接零保护；对单相电路要使用三孔插座和三极插头。同时，也要了解静电防护和电气防火、防爆常识。

习　题

5-1　三相电动机的三个绕组的6个端头分别接在一块接线板上，如图5-24所示。每个绕组的额定电压为220V，问对称三相电源的线电压为380V及220V时，各端头与电源线应如何接线？

5-2　一台三相变压器的三相绕组星形联结，每相额定电压220V，出厂试验时测得相电压 $U_A = U_B = U_C = 220V$，但线电压却为 $U_{AB} = U_{CA} = 220V$，$U_{BC} = 380V$，试问这种现象是如何造成的？画出相量图并指出改正办法。

5-3　已知对称三相电路中，若B相电压的瞬时值 $u_B = 311\sin(\omega t - 90°)V$，试写出其他各相电压的瞬时值表达式、相量表达式及相量图。

5-4　某对称三相电路，负载作星形联结时线电压为380V，负载的 $R = 10\Omega$，$X_L = 15\Omega$，求负载的相电流为多少？

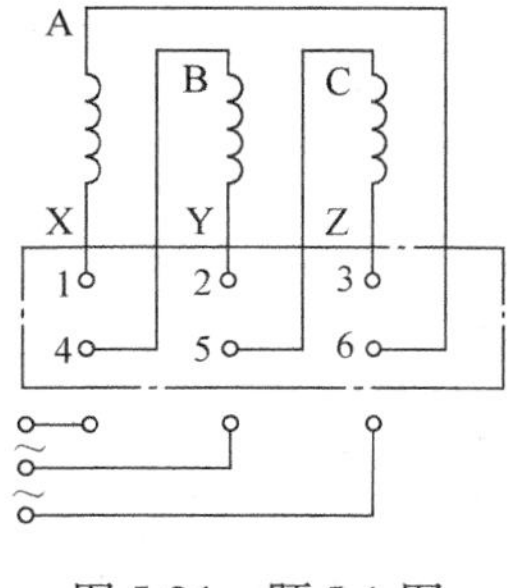

图5-24　题5-1图

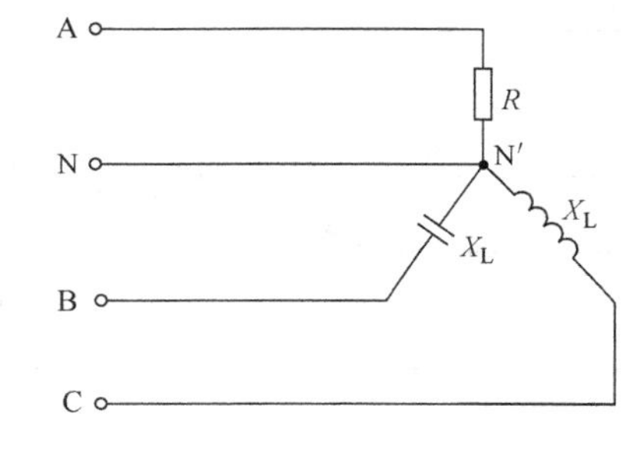

图5-25　题5-5图

5-5　图5-25所示三相电路的电源电压 $U_l = 380V$，每相负载阻抗均为10Ω，试问这能否称为对称三相负载和对称三相电路？试计算各相电流和中性线电流，并画相量图。

5-6　已知对称三相电路的星形负载 $Z = (165 + j84)\Omega$，端线阻抗 $Z_l = (2 + j1)\Omega$，中性线阻抗 $Z_N = (1 + j1)\Omega$，线电压 $U_l = 380V$，求负载端的电流和线电压，并作相量图。

5-7　拟选用额定电压为220V的负载组成三相电路，对于线电压为380V和220V的两种电源，负载应如何连接？试求出下列两种情况下的相电流和线电流：

1）设三相对称负载，$Z = 20\angle 45°\Omega$。

2）设三相不对称负载，$Z_A = 20\Omega$，$Z_B = -j20\Omega$，$Z_C = j20\Omega$。

5-8　图5-26所示电路，两组负载均作星形联结，负载并联，一组对称，一组不对称。已知 $Z = (5 + j5)\Omega$，

$Z_A=10\Omega, Z_B=j10\Omega$，$Z_C=-j10\Omega$，线电压对称，$U_l=380V$。设电压表的内阻为无限大，求电压表读数。

5-9 三相电路如图5-27所示，电源电压为380/220V。A相为一只220V，40W，$\cos\varphi=0.5$的荧光灯，B相为一只220V，40W，$\cos\varphi=0.5$的荧光灯和一只220V，100W的白炽灯。C相为5只220V，100W的白炽灯，求中性线断开时，各相负载的相电压。

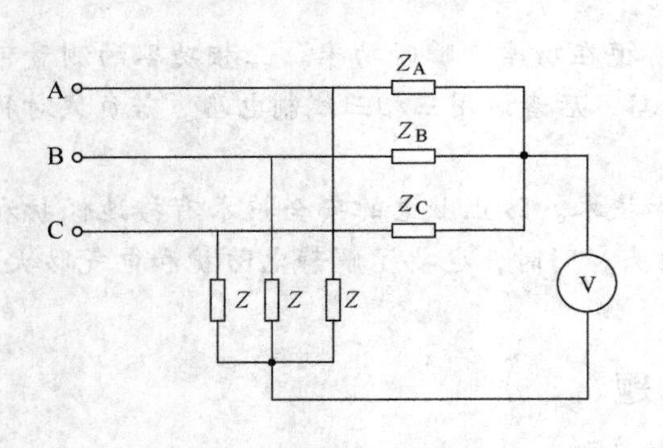

图5-26 题5-8图

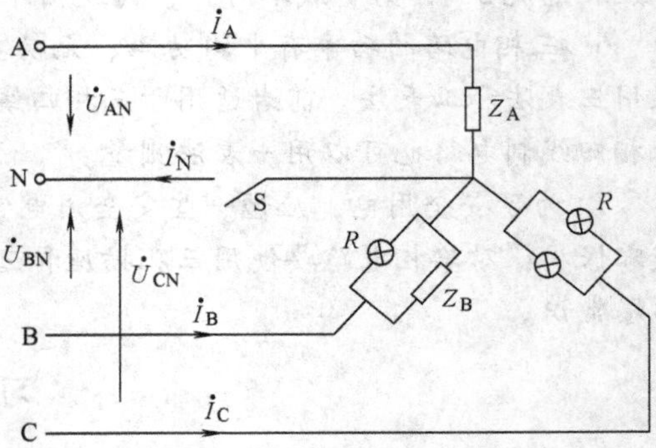

图5-27 题5-9图

5-10 图5-28所示电路，三个电阻负载星形联结，已知电源的线电压$U_l=380V$，负载电阻$R_A=10\Omega$，$R_B=R_C=20\Omega$。试求：1）负载的各相电压，相电流及中性线电流，并作相量图；2）如无中性线，再求1）中各项，并比较1）、2）所得结果；3）如无中性线，当A相短路时，求各相电压和电流；4）如无中性线，当C相断路时求另外两相的电压和电流；5）在3）、4）中如有中性线，则其结果又如何？

5-11 三相电路如图5-29所示，每相$R=8\Omega$，$X_L=6\Omega$，线电压为380V。试求：1）每相负载的相电流和线电流；2）三相负载的平均功率、无功功率和视在功率的大小。

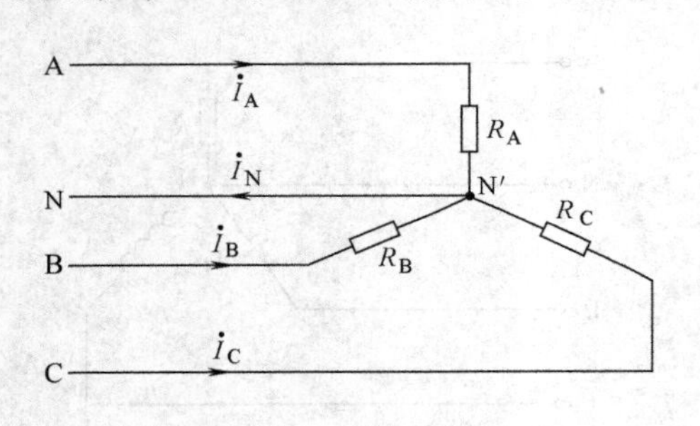

图5-28 题5-10图

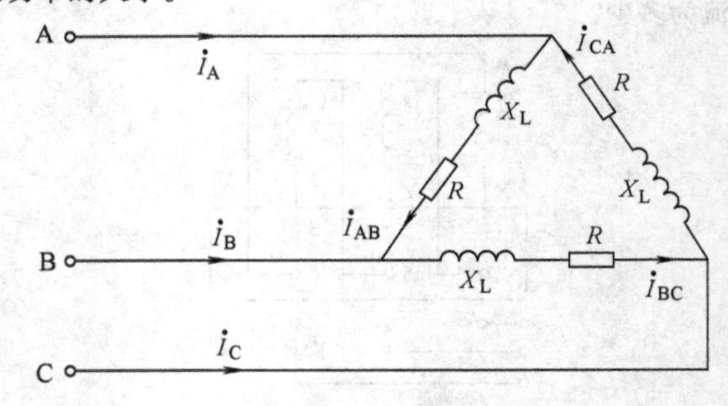

图5-29 题5-11图

5-12 对称三相负载星形联结，已知每相阻抗$Z=(30.8+j23.1)\Omega$，电源的线电压$U_l=380V$，求三相功率S、P、Q和功率因数$\cos\varphi$。

5-13 已知负载为三角形联结的三相对称电路，其线电流$I_l=5.5A$，有功功率$P=7760W$，功率因数$\cos\varphi=0.8$，求电源的线电压U_l，电路的视在功率S和负载的每相阻抗Z。

5-14 接地保护和接零保护分别应用于何种低压供电系统中？

第6章　变　压　器

在很多电气设备中，如变压器、电机、电磁仪表、继电器等，既有电路问题，又有磁路问题，因此必须全面掌握电路和磁路的基本理论和基本方法，才能对各种电气设备进行分析和综合应用。

6.1　磁路

为了使较小的励磁电流产生足够大的磁通（或磁感应强度），在电机、变压器及各种铁磁元件中常用磁性材料做成一定形状的铁心。铁心的磁导率比周围空气或其他物质的磁导率高得多，因此磁通的绝大部分经过铁心而形成一个闭合通路。这种人为造成的磁通的路径，称为磁路。

磁路的问题是局限在一定路径内的磁场问题。因此，磁场的基本性质、基本物理量和基本定律是研究磁路的理论基础。例如磁场的基本物理量：磁力线、磁通 Φ、磁感应强度 B、磁场强度 H，以及磁通的连续性原理、安培环路定律等都适用于磁路。

6.1.1　磁场的基本物理量

1. 磁感应强度

具有外部磁场的物体称为磁体（也称为磁钢或磁铁）。研究结果表明，磁体对运动的电荷有力的作用，它是通过一种特殊形态的物质——磁场来传递的。磁场中的任何一点，都存在特定的方向。当电荷 q 垂直于该方向运动时，则要受到力 f 的作用。f 的大小与电荷 q 及它的运动速度 v 成正比，即

$$f \propto qv$$

实验证明，在磁场中的同一点上，对于不同的 q 和 v，比值 $f/(qv)$ 都相同。可见这一比值反映了该点磁性的本质，称为磁感应强度 $\boldsymbol{B}$。

$\boldsymbol{B}$ 是一个矢量。在国际单位制中，$\boldsymbol{B}$ 的单位为 T（特斯拉，$1\mathrm{T}=\mathrm{Wb/m^2}$）。在工程计算中也采用 Gs（高斯），它们的换算关系为

$$1\mathrm{T} = 10^4\mathrm{Gs}$$

2. 磁通

在工程上通常用磁力线来形象地描述空间磁场的强弱和方向，磁力线上各点的方向与该点 $\boldsymbol{B}$ 的方向一致，大小则用磁力线的疏密来表示。通过一个面的磁力线总数叫做磁通量，简称磁通 $\boldsymbol{\Phi}$。即

$$\Phi = \int_S \boldsymbol{B} \cdot \mathrm{d}\boldsymbol{S} \tag{6-1}$$

在均匀的磁场中则有

$$\Phi = \boldsymbol{BS}$$

磁通不是矢量。在国际单位制中，Φ 的单位为 Wb（韦伯），S 为单位为 m^2。在工程计算中，常用 Mx（麦克斯韦）作磁通单位，它同韦伯的关系为

$$1\text{Mx} = 10^{-8}\text{Wb}$$

3. 磁场强度、磁导率

表征磁场性质的另一个基本物理量是磁场强度，用 $\boldsymbol{H}$ 表示。它也是一个矢量，其单位为 A/m（安/米）。

磁场的两个基本物理量之间存在下列关系：

$$B = \mu H$$

式中，μ 称为磁导率，由磁场该点处的介质性质所决定，其单位是 H/m（亨/米）。

磁导率的数值随介质的性质而异，变化范围很大。真空中的磁导率 μ_0 为 $4\pi \times 10^{-7}$ H/m。通常把某种物质的磁导率 μ 与 μ_0 之比称为该物质的相对磁导率 μ_r。表 6-1 列出了几种常用物质的相对磁导率。

表 6-1　各类物质的相对磁导率

材料名称	组　别	相对磁导率 μ_r
钛	抗磁性物质	0.99983
银	抗磁性物质	0.99998
铅	抗磁性物质	0.999983
铜	抗磁性物质	0.999991
铋	抗磁性物质	0.999991
真空	顺抗磁性物质	1
空气	顺抗磁性物质	1.0000001
铝	顺磁性物质	1.00002
钯	顺磁性物质	1.0008
2-81 坡莫合金粉（81Ni2Mo）	铁磁性物质	130
镍	铁磁性物质	600
锰锌铁氧体	铁磁性物质	1500
软钢（0.2C）	铁磁性物质	3000
铁（0.2 杂质）	铁磁性物质	5000
硅钢（4Si）	铁磁性物质	7000
78 坡莫合金（78Ni）	铁磁性物质	100000
纯铁（0.05 杂质）	铁磁性物质	200000
导磁合金（5Mo79Ni）	铁磁性物质	1000000

6.1.2　磁性材料的磁性能

磁性材料又称铁磁材料，主要是指铁、镍、钴及其合金，它们具有下列性能。

1. 高导磁性

磁性材料的磁导率很高，$\mu \gg \mu_0$，两者之比可达数百到数万，即磁性材料具有被强烈磁化的特性。

当把磁性材料放在磁场强度为 H 的磁场内时，磁性材料就会被磁化，这是由其内部的结构决定的。磁性材料是由许多小磁畴组成的，在没有外磁场作用时，小磁畴排列无序，对外部不显示磁性。在外磁场作用下，一些小磁畴就会顺向外磁场方向而形成规则的排列，此时磁性材料对外显示出磁性。随着外磁场的增强，大量磁畴都转到与外磁场相同的方向，这样便产生了一个很强的与外磁场同方向的磁化磁场，使磁性材料内的磁感应强度大大增强。磁性材料的磁化如图 6-1 所示。

磁性材料的高导磁性能被广泛地应用于电工设备中，如在电机、变压器以及各种铁磁元件的线圈中都放有用铁磁材料作成的铁心。由于高导磁性，在具有闭合铁心的线圈中通入不大的励磁电流，便可产生足够大的磁通和磁感应强度，这就解决了既要磁通大、又要励磁电流小的矛盾。利用这一性质可使同一容量的电机的重量和体积大大减轻和减小。

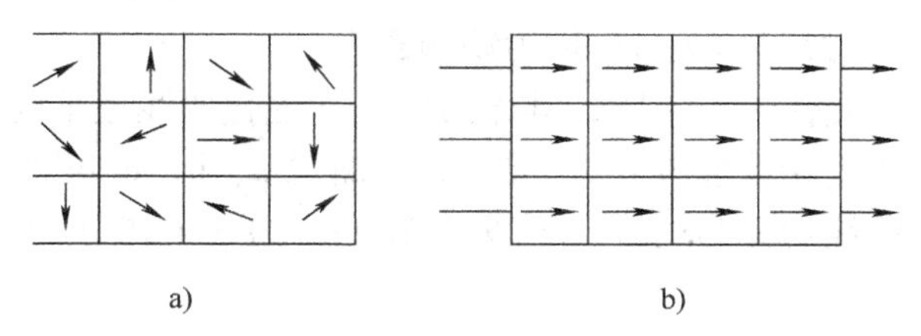

图 6-1 磁性材料的磁化
a）磁化前 b）磁化后

2. 磁饱和性

磁性材料由于磁化所产生的磁化磁场不会随着外磁场的增强而无限地增强。当外磁场增大到一定程度时，磁性物质的全部磁畴的磁场方向都转向与外部磁场方向一致，磁化磁场的磁感应强度将趋向某一定值。各种磁性材料的磁化曲线（B-H 曲线）是用实验方法测验出来的，如图 6-2 所示。其中 B_J 是磁场内磁性物质的磁化磁场的磁感应强度曲线，B_0 是磁场内不存在磁性物质时的磁感应强度直线，B 是 B_J 曲线和 B_0 直线的纵坐标相加即磁场的 B-H 磁化曲线。当 H 比较小时，B 与 H 近似成正比地增加，当 H 增加到一定值后，B 的增加趋缓，最后趋于磁饱和。

根据式 $B=\mu H$ 知 $\mu=B/H$，由于 B 与 H 不成正比，所以磁性材料的 μ 值不是常数，而是随 H 而变。B 和 μ 与 H 的关系曲线如图 6-3 所示。

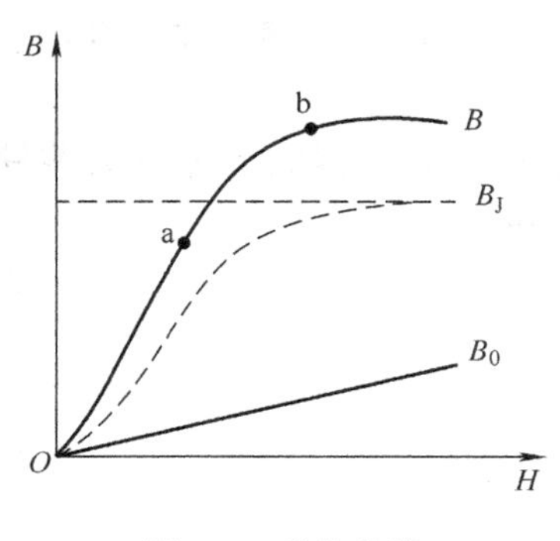

图 6-2 磁化曲线

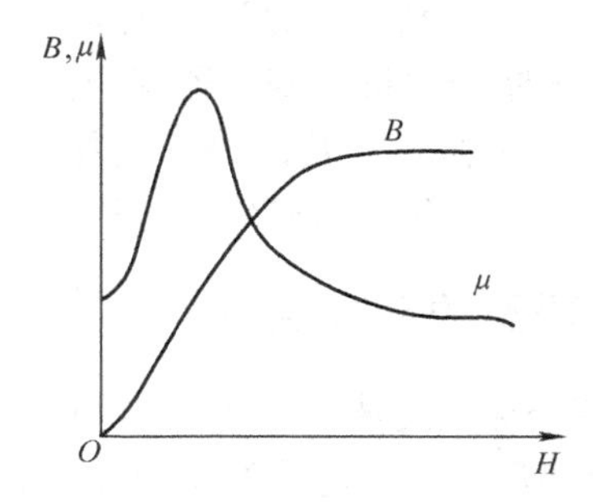

图 6-3 B 和 μ 与 H 的关系

由于磁通 Φ 与 B 成正比，产生磁通的励磁电流 I 与 H 成正比，因此在存在磁性物质的情况下，Φ 与 I 也成正比。

3. 磁滞性

磁性材料被磁化时，磁感应强度滞后于磁场强度变化的性质称为磁性材料的磁滞性。

当铁心线圈中通入交流电时，铁心就受到交变磁化。磁性材料在交变磁场中反复磁化，其 B-H 关系曲线是一条回形闭合曲线，称为磁滞回线，如图 6-4 所示。

由图可见，当磁场强度 H 减小到 0 时，B 并未回到零值，此时的 B_r 称为剩磁感应强度，简称剩磁。例如，永久磁铁的磁性就是由剩磁产生的；自励直流发电机的磁极，为了使电压能建立，也必须具有剩磁。

若要去掉剩磁，应改变线圈中励磁电流的方向，使铁磁材料反向磁化。当磁场强度为 $-H_c$ 时，$B=0$，H_c 称为矫顽磁力。

磁性物质不同，其磁滞回线和磁化曲线也不同。图 6-5 给出了几种常见磁性物质的磁化曲线（由实验测得）。图 6-5 中曲线 a、b、c 分别是铸铁、铸钢和硅钢片的磁化曲线。这三条曲线均分为两段，下段 H 为 $0\sim1.0$（$\times10^3$）A/m，上段 H 为 $1\sim10$（$\times10^3$）A/m。

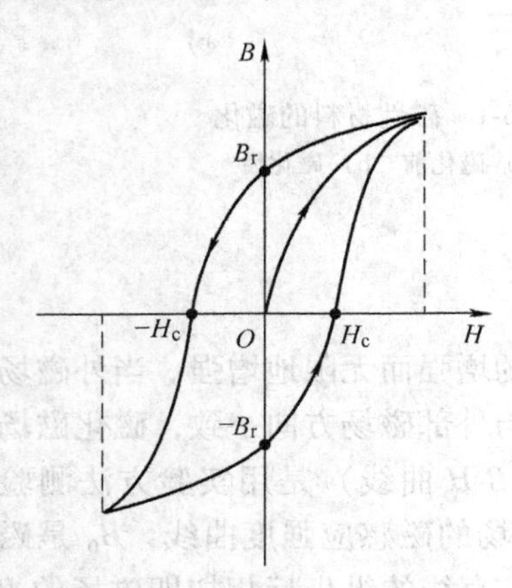

图 6-4　磁滞回线

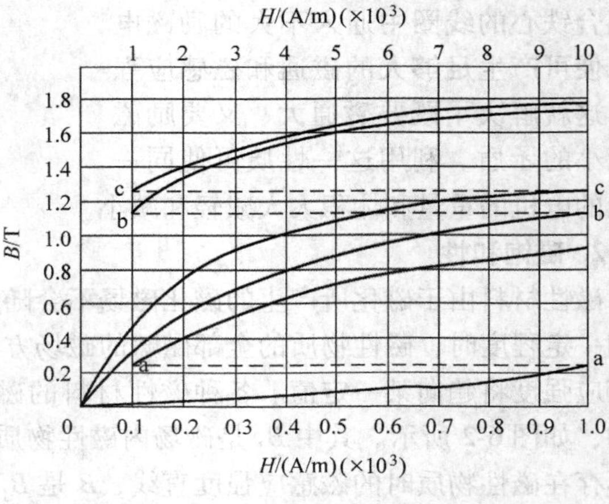

图 6-5　几种常见磁性物质的磁化曲线

按磁性物质的磁性能，磁性材料可分为三种类型。

（1）硬磁材料（永磁材料）　其磁滞回线很宽，B_r 和 H_c 都很大，如钴钢、铝镍钴合金等，常用来制造永久磁铁。

（2）软磁材料　其磁滞回线很窄，B_r 和 H_c 很小，如铸铁、硅钢、坡莫合金、铁氧体等，常用来制造电机、变压器等的铁心。

（3）矩磁物质　其磁滞回线接近矩形，B_r 大，H_c 小，如镁锰铁氧体及某些铁镍合金等，在电子技术和计算机中，可用作记忆元件和逻辑元件。

6.1.3　磁路的基本定律

1. 安培环路定律（全电流定律）

该定律反映了由电流激励磁场的关系：

$$\oint_l H\mathrm{d}l = \sum_{k=1}^{n} I_k$$

积分回路的绕行方向和产生该磁场的电流方向符合右手螺旋定则。

2. 磁路的欧姆定律

图 6-6 所示为一个环形铁心线圈磁路，其平均（中心线）长度为 l，截面积为 S，励磁线圈匝数为 N，励磁电流为 I。设磁路的平均长度比截面积的尺寸大得多，则可认为截面内

的磁场是均匀的，沿中心线上各点磁场强度矢量的大小相等，其方向又与积分路径一致，由安培环路定律有

$$\oint H \mathrm{d}l = \sum I$$

得出

$$IN = Hl = \frac{B}{\mu}l = \frac{\Phi}{\mu S}l$$

或

$$\Phi = \frac{IN}{\dfrac{l}{\mu S}} = \frac{F_{\mathrm{m}}}{R_{\mathrm{m}}} \tag{6-2}$$

式中

$$R_{\mathrm{m}} = \frac{l}{\mu S}$$

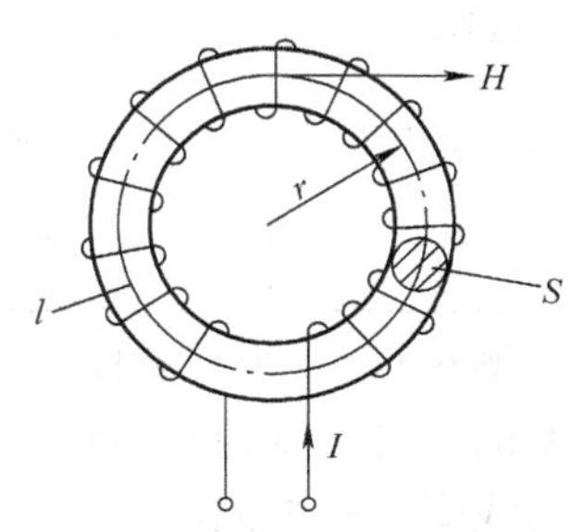

图6-6　环形铁心线圈

式（6-2）是磁路的欧姆定律，与电路的欧姆定律相似。磁路中的磁通 Φ 与电路中的电流 I 对应；磁路中的磁动势 F_{m}（$=NI$）对应电路中的电动势 E；磁路中的磁阻 R_{m} 对应电路中的电阻。

这里磁动势 F_{m} 的单位为 A；磁阻 R_{m} 的单位为 H^{-1}；ΦR_{m} 是磁压降，单位为 A。

由于铁磁物质的磁导率 μ 不是常数，磁阻 R_{m} 难以算出确定值，因此，磁路欧姆定律一般仅用于磁路的定性分析，而磁路的定量计算要用全电流定律辅以物质的磁化曲线来进行。

3. 磁路的基尔霍夫定律

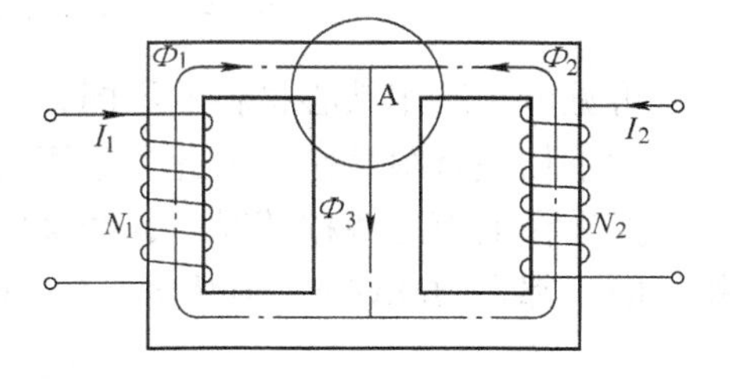

图6-7　有分支的磁路

（1）磁路的基尔霍失磁通定律　如图6-7有分支的磁路，在节点A，流入节点的磁通 Φ_1、Φ_2 取正号，流出节点的 Φ_3 取负号，代数和为零 $\Phi_1 + \Phi_2 - \Phi_3 = 0$ 写成一般形式

$$\sum \Phi = 0 \tag{6-3}$$

因此磁路节点基尔霍夫磁通定律为：在磁路的节点处，磁通的代数和恒等于零。

（2）磁路基尔霍夫磁压降定律　在磁路的任一闭合回路中，磁压降的代数和等于磁动势的代数和，即

$$\sum \Phi R_{\mathrm{m}} = \sum NI \quad 或 \quad \sum Hl = \sum NI \tag{6-4}$$

其中，磁通的方向与回路绕行方向一致时，Hl 取正号，反之取负号；电流的方向与回路绕行方向符合右手螺旋关系时，NI 取正号，反之取负号。

磁路与电路各量的对应关系如表6-2所示。由表可见，二者之间虽然有着诸多相似之处，但是磁路和电路之间有着本质的区别：①电流表示带电质点的运动，它在导体中运动时，电场力对带电质点作功而消耗能量，其功率损失为 RI^2；磁通并不代表某种质点的运动，$R_{\mathrm{m}}\Phi^2$ 也不代表什么功率损失；②自然界存在有良好的电绝缘材料，但却尚未发现对磁通绝缘的材料。空气的磁导率几乎可以看作是最低的了，因此磁路中没有断路情况，但有漏磁

现象。

表 6-2　磁路与电路各量的对应关系

磁路			电路		
名称	符号	单位	名称	符号	单位
磁通	Φ	Wb	电流	I	A
磁压	$\Phi R_m(Hl)$	A	电压	IR	V
磁动势	F_m	A	电动势	E	V
磁阻	$R_m=\dfrac{l}{\mu S}$	1/H	电阻	$R=\dfrac{l}{\gamma S}$	Ω
磁感应强度	$B=\dfrac{\Phi}{S}$	T	电流密度	$J=\dfrac{I}{S}$	A/mm^2
磁通定律	$\Sigma\Phi=0$		KCL	$\Sigma I=0$	
磁压降定律	$\Sigma Hl=\sum F$		KVL	$\Sigma IR=\Sigma E$	
欧姆定律	$\Phi=\dfrac{F_m}{R_m}$		欧姆定律	$I=\dfrac{U}{R}$	

例 6-1　一个具有闭合的均匀铁心线圈，其匝数为 300，铁心中的磁感应强度为 0.9T，磁路的平均长度为 45cm。试求：1）铁心材料为铸铁时线圈中的电流；2）铁心材料为硅钢片时线圈中的电流。

解　先从图 6-5 中的磁化曲线查出磁场强度 H，然后再根据式（6-4）算出电流。

$$H_1=9000\text{A/m},\ I_1=\frac{H_1 l}{N}=\frac{9000\times 0.45}{300}\text{A}=13.5\text{A}$$

$$H_2=260\text{A/m},\ I_2=\frac{H_2 l}{N}=\frac{260\times 0.45}{300}\text{A}=0.39\text{A}$$

可见由于所用铁心材料的不同，要得到同样的磁感应强度，则所需要的磁动势或励磁电流的大小相差就很悬殊。因此，采用磁导率高的铁心材料，可使线圈的用铜量大为降低。

如果在上面的两种情况下，线圈中通有同样大小的电流 0.39A，则铁心中的磁场强度是相等的，都是 260A/m。但从图 6-5 的磁化曲线可查出的

$$B_1=0.05\text{T},B_2=0.9\text{T}$$

两者相差 17 倍，磁通也相差 17 倍。在这种情况下，如果要得到相同的磁通，那么铸铁铁心的截面积就必须增加 17 倍。因此，采用磁导率高的铁心材料，可使铁心的用铁量也大为降低。

例 6-2　有一环形铁心线圈，其内径为 10cm，外径为 15cm，铁心材料为铸钢。磁路中含有一空气隙，其长度等于 0.2cm。设线圈中通有 1A 的电流，如要得到 0.9T 的磁感应强度，试求线圈匝数。

解　磁路的平均长度为

$$l=\frac{10+15}{2}\pi\text{cm}=39.2\text{cm}$$

从图 6-5 中所示的铸钢的磁化曲线查出，当 $B=0.9$T 时，$H_1=500$A/m，于是

$$H_1 l_1=500\times(39.2-0.2)\times 10^{-2}\text{A}=195\text{A}$$

空气隙中的磁场强度为

$$H_0 = \frac{B_0}{\mu_0} = \frac{0.9}{4\pi \times 10^{-7}}\text{A/m} = 7.2 \times 10^5 \text{A/m}$$

于是

$$H_0\delta = 7.2 \times 10^5 \times 0.2 \times 10^{-2}\text{A} = 1440\text{A}$$

总磁动势为

$$IN = \sum (Hl) = H_1 l_1 + H_0\delta = (195 + 1440)\text{A} = 1635\text{A}$$

线圈匝数为

$$N = \frac{IN}{I} = \frac{1635}{1} = 1635$$

可见，当磁路中含有空气隙时，由于其磁阻较大，磁动势差不多都用在空气隙上面。

6.2 变压器

变压器是一种静止的电气设备，它利用电磁感应原理，将一种交流电压等级的电能转换成同频率的另一种交流电压等级的电能。电力系统中采用高电压输电，用升压变压器将发电机发出的电压（通常为10.5～20kV）逐级升高到220～500kV，来减少线路损耗。而在用户端，用电设备又必须使用低电压，这要用降压变压器将输送过来的高压电能转换成低压电能来供应电力用户。在电子电路中，变压器除了用作电源变压器外，还用作耦合元件传递信号，实现阻抗匹配。此外，还有一些专用的或特种的变压器。总之，变压器既可传输能量，又能传递信息，品种繁多，应用也很广泛，是一种常见的电磁装置。

6.2.1 变压器的分类和构造

1. 分类

变压器可以按用途、绕组数目、相数、冷却方式分别进行分类。

按用途分类：电力变压器、互感器、特殊用途变压器。

按绕组数目分类：双绕组变压器、三绕组变压器、自耦变压器。

按相数分类：单相变压器、三相变压器。

按冷却方式分类：干式变压器、油浸变压器。

2. 构造

变压器主要由铁心和绕组两大部分构成。铁心是变压器的磁路部分，为了提高磁路的磁导率和降低铁心损耗，铁心通常用厚度为0.27mm、0.3mm、0.35mm的硅钢片叠成。

绕组是变压器的电路部分，它用圆形或矩形截面的绝缘导线，绕在绝缘材料做的框架制成一定形状的线圈。接电源的绕组称为一次绕组；接负载的绕组称为二次绕组。铁心、一次绕组和二次绕组相互间要很好绝缘。

变压器结构型式有两类：心式变压器，如图6-8a所示，其特点是绕组包围着铁心。心式变压器用铁量较少，构造简单，绕组的安装和绝缘比较容易，多用于容量较大的变压器中；另一类型是壳式变压器，如图6-8b所示。它的特点是铁心包围着绕组，用铜量较少，多用于小容量的变压器中。

除了干式变压器以外，电力变压器的器身都放在油箱中，为了提高绝缘强度和加强散

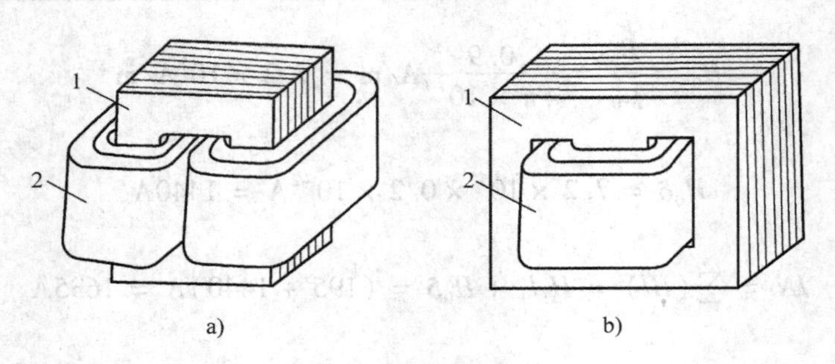

图 6-8 单相变压器外形

1—铁心 2—绕组

热，箱内充满变压器油。同时，变压器的引线从油箱内穿过油箱盖时，必须经过绝缘套管，以使高压引线和接地的油箱绝缘。

6.2.2 变压器的工作原理

1. 变压器的空载运行

为方便计，我们先来分析变压器的**空载运行**情况。图 6-9 所示二次绕组未接负载的状态就是空载运行状态。

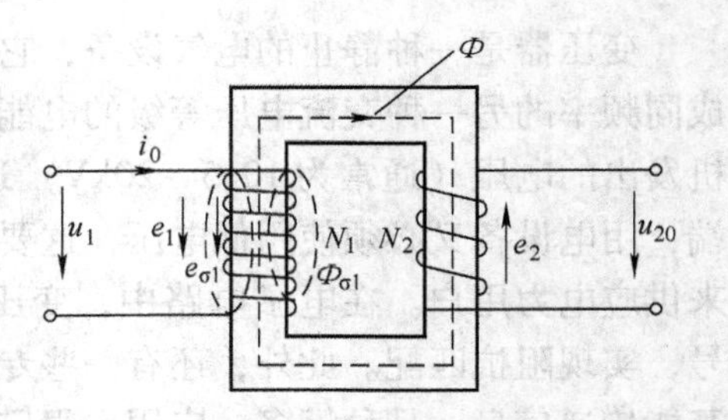

图 6-9 变压器的空载运行

空载时变压器二次绕组不通电流，对一次绕组的工作状态没有任何影响，因此一次绕组中各物理量的情况以及它们相互间的关系与交流铁心线圈完全一样。一次绕组电路的基尔霍夫电压定律方程为

$$u_1 = -e_1 + R_1 i_0 + L_{\sigma 1}\frac{\mathrm{d}i_0}{\mathrm{d}t}$$

写成相量形式则是

$$\dot{U}_1 = -\dot{E}_1 + R_1\dot{I}_0 + \mathrm{j}X_{\sigma 1}\dot{I}_0$$

式中，u_1、$\dot{U}_1$ 为电源电压；i_0、$\dot{I}_0$ 为空载状态下的一次电流；R_1 为一次绕组的等效电阻；$L_{\sigma 1}$ 为一次绕组的漏电感；$X_{\sigma 1}$ 为一次绕组的漏感抗，$X_{\sigma 1} = \omega L_{\sigma 1}$。

同样，当忽略掉微不足道的 $R_1\dot{I}_0 + \mathrm{j}X_1\dot{I}_0$ 时

$$\dot{U}_1 \approx -\dot{E}_1$$

从而有

$$U_1 \approx E_1 = 4.44fN_1\Phi_\mathrm{m} \tag{6-5}$$

式中，N_1 为一次绕组的匝数。

主磁通 Φ 不仅穿过一次绕组，同时还要穿过二次绕组，并引起感应电动势

$$e_2 = -N_2\frac{\mathrm{d}\Phi}{\mathrm{d}t}$$

同样有

$$E_2 = 4.44fN_2\Phi_\mathrm{m} \tag{6-6}$$

式中，N_2 为二次绕组的匝数。

二次绕组的感应电动势等于二次侧的开路电压，即

$$\dot{U}_{20} = \dot{E}_2$$

空载运行时

$$\frac{U_1}{U_{20}} \approx \frac{E_1}{E_2} = \frac{N_1}{N_2} = k_u \tag{6-7}$$

即电压之比近似地等于匝数之比，可见变压器能够变换电压。k_u 称作变压器的电压比。

2. 变压器的负载运行

变压器二次绕组接上负载的运行状态就叫变压器的负载运行状态。如图6-10所示。图中各物理量都是负载情况下的。

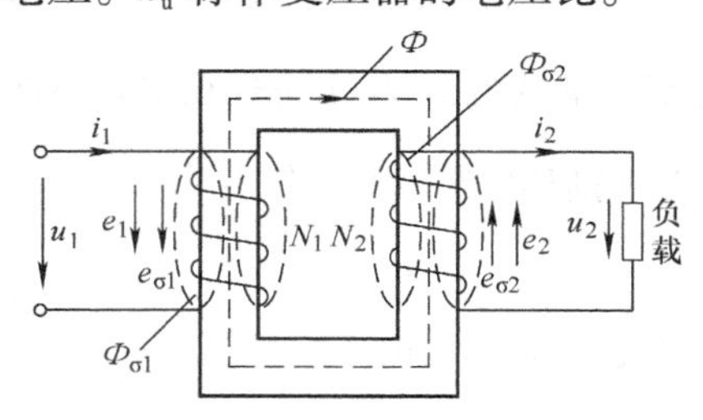

图6-10　变压器的负载运行

接上负载后二次绕组中就有电流 i_2 通过并流向负载。i_2 的出现，就要在二次绕组中产生电阻压降 R_2i_2，产生漏磁通 $\Phi_{\sigma2}$，并引起二次漏感电动势 $e_{\sigma2}$。如用 $L_{\sigma2}$表示二次绕组的漏电感、$X_{\sigma2}$表示二次绕组的漏感抗，则二次各物理量之间的关系可由二次电压平衡方程式表示出来：

$$u_2 = e_2 + e_{\sigma2} - R_2i_2$$

或

$$\dot{U}_2 = \dot{E}_2 - R_2\dot{I}_2 - jX_{\sigma2}\dot{I}_2 \tag{6-8}$$

二次电流 i_2 的出现，当然也要产生既穿过二次绕组，也穿过一次绕组的磁通，并在一次绕组中产生感应电动势。这就破坏了一次绕组原来的电压平衡状态，从而使一次电流也要发生变化。但我们又知道，当电源电压不变时，铁心中的主磁通最大值 Φ_m 基本不变，那么产生该磁通的磁动势也就应该保持恒定。所以，二次侧出现电流后，一次电流也必然发生变化，使得它们的合成总磁动势仍保持原来的数值，这就是磁动势平衡方程式

$$\dot{I}_1N_1 + \dot{I}_2N_2 = \dot{I}_0N_1 \tag{6-9}$$

该方程式也可理解为变压器负载时一次绕组电流所建立的磁动势 $\dot{I}_1N_1$ 可以分解成两部分,一部分是用来产生主磁通的磁动势 $\dot{I}_0N_1$,另一部分是用来补偿 $\dot{I}_2N_2$ 的。

一次电流既然已从 $\dot{I}_0$ 变化到 $\dot{I}_1$,则电压平衡方程式也应改为

$$\dot{U}_1 = -\dot{E}_1 + R_1\dot{I}_1 + jX_{\sigma1}\dot{I}_1 \tag{6-10}$$

一次电压平衡方程式（6-10）、二次电压平衡方程式（6-8）和磁动势平衡方程式（6-9）是用来描述变压器运行情况的三个基本方程式。

为了分析方便，通常把 R_1、$X_{\sigma1}$、R_2、$X_{\sigma2}$集中画在绕组之外并和绕组串联起来，如图6-11所示。这时不考虑 R_1、$X_{\sigma1}$、R_2、$X_{\sigma2}$的那一部分就叫做理想变压器了。

3. 变压器的功能

（1）电压变换　变压器空载运行时，已给出了

$$\frac{U_1}{U_{20}} \approx \frac{E_1}{E_2} = \frac{N_1}{N_2} = k_u$$

这一公式说明一、二次电压之比近似地等于其匝数之比。实际上当正常负载运行时，由于 $R_1\dot{I}_1 + \dot{j}I_1X_{\sigma1}$在 U_1 中所占的比重和 $R_2\dot{I}_2 + \dot{j}I_2X_{\sigma2}$在 $\dot{U}_2$ 中所占的比重都仍然是很小的，可

以忽略，因此

$$\frac{U_1}{U_2} \approx \frac{E_1}{E_2} = \frac{N_1}{N_2} = k_u \tag{6-11}$$

仍然成立，即电压之比近似地等于匝数之比，这就是变压器变换电压的功能。

（2）电流变换 理论和实践都证明，磁动势平衡方程式中的 $\dot{I}_0N_1$ 通常总是比 $\dot{I}_1N_1$ 小得多，空载电流 $\dot{I}_0$往往是正常负载时电流 $\dot{I}_1$的百分之几。因此变压器在正常负载下工作时，$\dot{I}_0N_1$ 可以忽略，从而有

$$\dot{I}_1N_1 \approx -\dot{I}_2N_2$$

只考虑电流大小时

$$\frac{I_1}{I_2} \approx \frac{N_2}{N_1} = \frac{1}{k_u} \tag{6-12}$$

即：一、二次绕组中电流之比等于其匝数的反比，这就是变压器变换电流的功能。

（3）阻抗变换 当把阻抗为 Z_L 的负载接到变压器的二次侧时（见图6-12）则

$$|Z_L| = \frac{U_2}{I_2}$$

而对电源来讲，输入端子的右部可以看成一个二端网络，它应该具有的等效阻抗为

$$|Z_L'| = \frac{U_1}{I_1} \approx \frac{U_2k_u}{I_2/k_u} = k_u^2\frac{U_2}{I_2}$$

即

$$|Z_L'| = k_u^2|Z_L| \tag{6-13}$$

式中的 Z_L'叫做负载阻抗 Z_L 在一次侧的等效阻抗，它等于实际负载阻抗 Z_L 的 k_u^2 倍。根据变压器的这一功能，电子电路中常用变压器作为阻抗变换器。

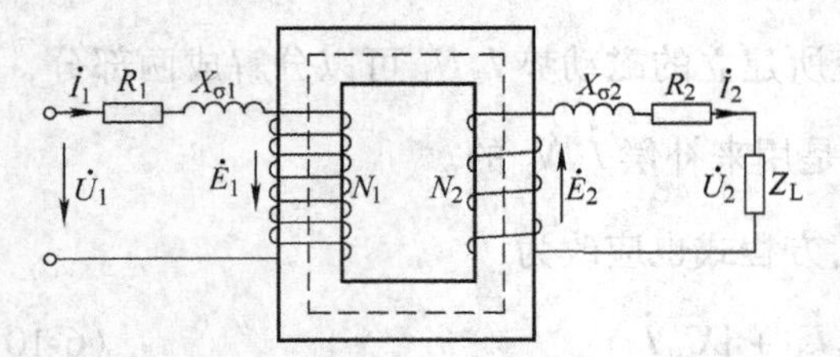

图6-11 参数集中的变压器电路

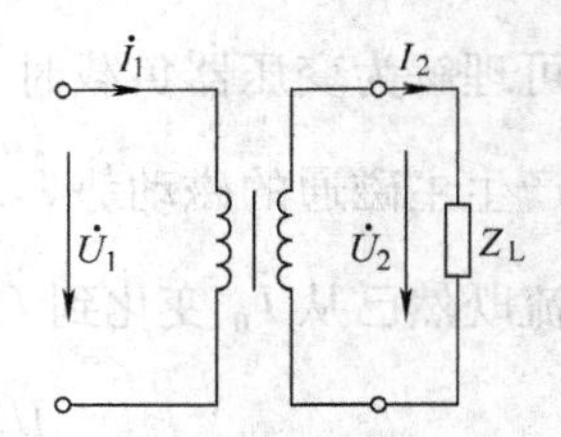

图6-12 变压器的阻抗变换

例6-3 有一台降压变压器，一次电压 $U_1 = 380$V，二次电压 $U_2 = 36$V，如果接入一个36V、60W 的灯泡，求：1）一、二次的电流各是多少？2）相当于一次侧接上一个多少欧的电阻？

解 灯泡可看成纯电阻，功率因数为1，因此二次电流为

$$I_2 = \frac{P}{U_2} = \frac{60}{36}\text{A} = 1.67\text{A}$$

由于

$$k_u = \frac{U_1}{U_2} = \frac{380}{36} = 10.56$$

则一次电流可求得为

$$I_1 = \frac{I_2}{k_u} = \frac{1.67}{10.56}\text{A} = 0.158\text{A}$$

灯泡的电阻
$$R_L = \frac{U_2^2}{P} = \frac{36^2}{60}\Omega = 21.6\Omega$$

则一次侧的等效电阻为

$$R_L' = k_u^2 R_L = (10.56)^2 \times 21.6\Omega = 2407\Omega$$

或
$$R_L' = \frac{U_1}{I_1} = \frac{380}{0.158}\Omega = 2407\Omega$$

例 6-4 在图 6-13 中，交流信号源的电动势 $E = 120\text{V}$，内阻 $R_0 = 800\Omega$，负载电阻 $R_L = 8\Omega$。试求：1）当 R_L 折算到一次侧的等效电阻 $R_L' = R_0$ 时，求变压器的匝数比和信号源输出的功率；2）当将负载直接与信号源连接时，信号源输出多大功率？

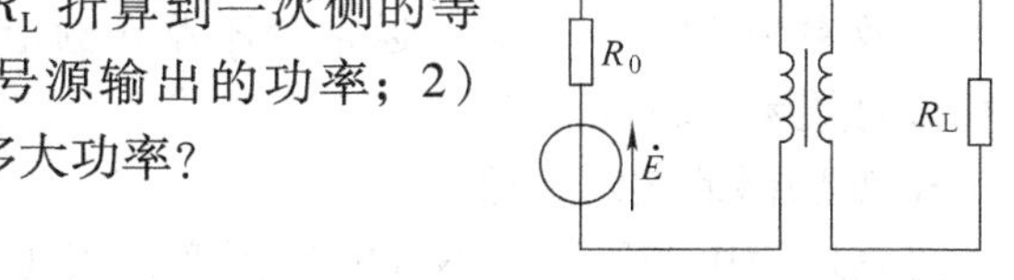

图 6-13 例 6-4 图

解 1）变压器的匝数比应为

$$\frac{N_1}{N_2} = \sqrt{\frac{R_L'}{R_L}} = \sqrt{\frac{800}{8}} = 10$$

信号源的输出功率为

$$P = \left(\frac{E}{R_0 + R_L'}\right)^2 R_L' = \left(\frac{120}{800 + 800}\right)^2 \times 800\text{W} = 4.5\text{W}$$

2）当将负载直接接在信号源上时

$$P = \left(\frac{120}{800 + 8}\right)^2 \times 8\text{W} = 0.176\text{W}$$

此例说明了变压器的阻抗变换功能可实现负载阻抗与信号源阻抗相匹配，从而使负载得到最大输出功率。

6.2.3 变压器的外特性和技术参数

根据前面分析可知，当变压器带负载运行而且电源电压 U_1 不变时，负载电流 I_2 增加，一、二次绕组阻抗上的压降要随之增加，因而二次绕组的端电压 U_2 会降低。

1. 变压器的外特性

在电源电压 U_1 和负载的功率因数不变的情况下，二次电压 U_2 随 I_2 的变化关系 $U_2 = f(I_2)$ 称为变压器的外特性，如图 6-14 所示。

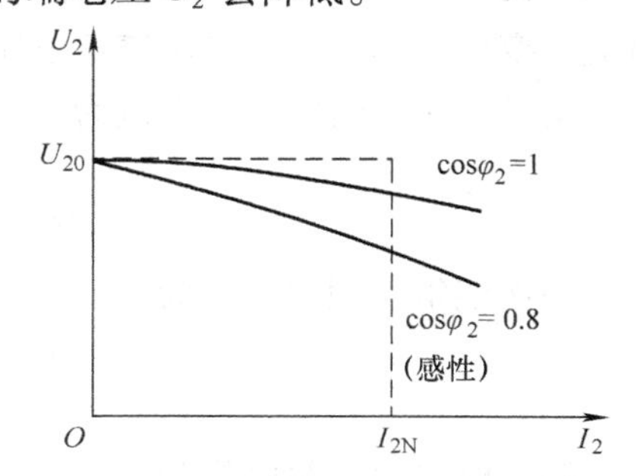

图 6-14 变压器的外特性

对电阻性或电感性负载来说，变压器的外特性是一条稍微向下倾斜的曲线。变压器外特性的变化情况可用电压调整率来表示。电压调整率是指变压器从空载到额定负载（二次电流等于额定电流）时，二次绕组电压的相对变化量，可表示为

$$\Delta U\% = \frac{U_{20} - U_2}{U_{20}} \times 100\% \tag{6-14}$$

一般变压器的绕组电阻及漏磁感抗较小，电压调整率不大，约为 5%。

2. 变压器的效率

变压器并不是百分之百地传递电能。变压器的功率损耗有两部分，铜损（ΔP_{Cu}）与铁损（ΔP_{Fe}）。铜损是一、二次绕组中的电流在绕组电阻上产生的损耗，铜损与负载大小（正比于电流的二次方）有关。铁损是交变的主磁通在铁心中产生的磁滞损耗及涡流损耗，由于变压器工作时，主磁通基本上不变，所以铁损的大小与负载大小无关。变压器的效率为

$$\eta = \frac{P_2}{P_1} = \frac{P_2}{P_2 + \Delta P_{Cu} + \Delta P_{Fe}} \tag{6-15}$$

式中，P_2 为变压器输出的有功功率；P_1 为输入的有功功率。

由于变压器的铜损、铁损较小、效率很高，大型电力变压器的效率可达99%，小型变压器的效率为60% ~90%。通常变压器在额定负载的60% ~80%时效率最高，任何变压器在轻载时效率都较低。

3. 变压器的技术参数

正确地使用变压器，不仅能保证变压器正常工作，还能使其具有一定的使用寿命。因此，必须了解变压器的技术指标和额定值。

（1）额定电压 U_{1N}，U_{2N}　U_{1N} 指一次绕组应当施加的正常电压。U_{2N} 指一次侧为额定电压 U_{1N} 时二次侧的空载电压。U_{1N}，U_{2N} 对三相变压器是指其线电压。变压器带负载运行时因有内阻抗压降，变压器二次侧的输出额定电压应比负载所需的额定电压高5% ~10%。

（2）额定电流 I_{1N}，I_{2N}　一次侧额定电流 I_{1N} 是指在 U_{1N} 作用下一次绕组允许通过电流的限额。I_{2N} 指一次侧为额定电压时，二次绕组允许长期通过的电流限额。

（3）额定容量 S_N　额定容量 S_N 指变压器输出的额定视在功率。它表示变压器在额定工作条件下输出最大功率的能力，单位为V·A（伏安）或kV·A（千伏安）。

单相变压器：
$$S_N = U_{2N} I_{2N} \approx U_{1N} I_{1N}$$

三相变压器：
$$S_N = \sqrt{3} U_{2N} I_{2N} \approx \sqrt{3} U_{1N} I_{1N}$$

（4）额定频率 f_N　额定频率 f_N 指电源的工作频率。我国的工业频率是50Hz。

例6-5　一单相变压器，额定容量50kV·A，额定电压为10000V/230V，当该变压器向 $R=0.83\Omega$，$X_L=0.618\Omega$ 的负载供电时，正好满载。试求变压器一次绕组和二次绕组的额定电流，变压器满载时的二次绕组电压和电压调整率。

解　二次绕组的额定电流为

$$I_{2N} = \frac{S_N}{U_{2N}} = \frac{50000}{230}\text{A} = 217\text{A}$$

一次绕组的额定电流为

$$I_{1N} = \frac{S_N}{U_{1N}} = \frac{50000}{10000}\text{A} = 5\text{A}$$

满载时二次绕组电压为

$$U_2 = I_{2N} |Z_2| = I_{2N} \times \sqrt{R^2 + X_L^2} = 217 \times \sqrt{0.83^2 + 0.618^2}\text{V} = 224.5\text{V}$$

电压调整率为

$$\Delta U\% = \frac{U_{20} - U_2}{U_{20}} \times 100\% = \frac{230 - 224.5}{230} \times 100\% = 2.4\%$$

6.2.4 常用变压器

变压器的种类很多，除了前面讨论的双绕组单相变压器外，还有三相变压器以及特殊用途的变压器，如可以得到多种不同输出电压的多绕组变压器，实验室里常用的自耦调压器，工业上常用的具有陡峭外特性的电焊变压器，测量用的电压互感器、电流互感器。这些变压器的工作原理与前面讨论的变压器相类似，但又各有自己的特点。

1. 三相变压器

变换三相电压可采用三相变压器。图 6-15 和图 6-16 分别是三相组式变压器和三相心式变压器示意图。

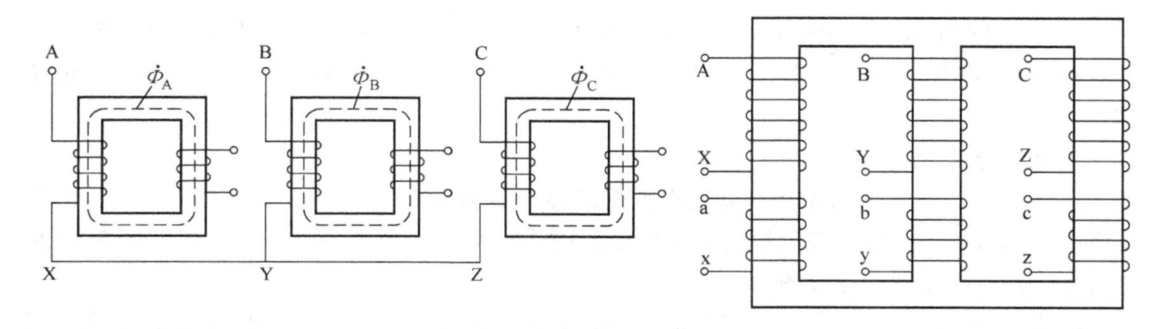

图 6-15 三相组式变压器　　　　图 6-16 三相心式变压器

三相组式变压器，即三单相变压器组，是用三台同样的单相变压器组成。其特点是三相之间只有电的联系，没有磁的联系。根据电源电压和各一次绕组的额定电压，可把一次绕组和二次绕组接成星形或三角形。

三相心式变压器，其特点是三相之间既有电的联系，又有磁的联系。它是使用最广泛的用来变换三相电压的变压器。AX，BY，CZ 分别为三个相的高压绕组，ax，by，cz 分别为三个相的低压绕组。三相变压器的每一相，都相当于一个单独的单相变压器，三相变压器的一、二次绕组可分别接成星形或三角形。

2. 自耦变压器

实验室中常用自耦变压器来平滑地变换交流电压，其电路原理图如图 6-17 所示。自耦变压器只有一个绕组，其二次绕组是一次绕组的一部分，二次绕组匝数可调，两者同在一个磁路上，所以自耦变压器的一、二次电压之比与双绕组变压器相同。改变二次绕组的匝数，就可以获得不同的输出电压 U_2。一、二次绕组电压之比和电流之比为

$$\frac{U_1}{U_2} = \frac{N_1}{N_2} = k \qquad \frac{I_1}{I_2} = \frac{N_2}{N_1} = \frac{1}{k}$$

单相自耦变压器，其二次绕组抽头往往做成能沿线圈自由滑动的触头形式，以达到平滑均匀地调节电压的目的，故又称作自耦调压器，其外形和电路如图 6-18 所示。自耦变压器使用中应注意以下几点：

1）与双绕组的变压器相比较，自耦变压器虽然节约了一个独立的二次绕组，但是由于一、二次绕组间有直接的电联系，在不当的接线或公共绕组部分断开的情况下二次侧会出现高电压，这将危及操作人员的安全。

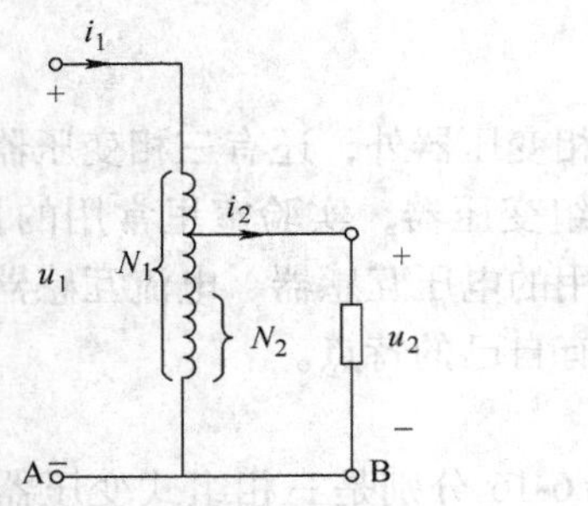

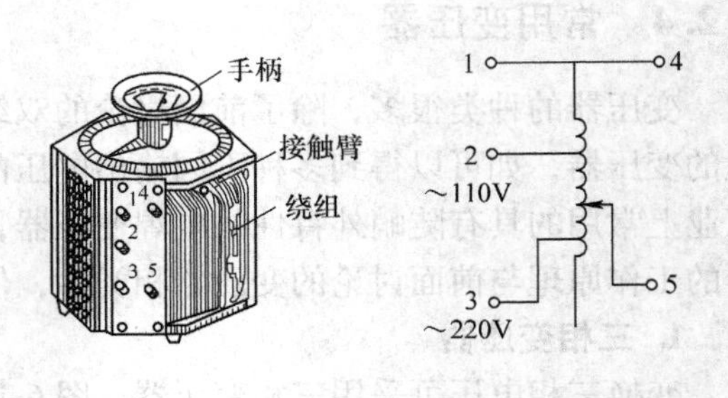

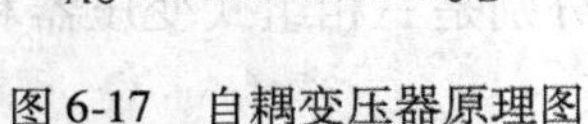

图 6-17　自耦变压器原理图　　　　图 6-18　自耦变压器外形和电路图

2）自耦变压器的一次侧和二次侧不可接错，否则可能造成电源短路或烧坏变压器。

3）在使用自耦变压器时，二次绕组的输出电压位置应从零开始逐渐调到负载所需电压值。

3. 仪用互感器

（1）电流互感器　电流互感器是根据变压器的变流原理制成的，主要是用来扩大测量交流电流的量程。一般用来测量交流大电流，或进行交流高电压下电流的测量。图 6-19 是电流互感器的接线图和符号图。

电流互感器的一次绕组的匝数很少，串接在被测电路中，二次绕组的匝数很多，它与电流表或其他仪表及继电器的电流线圈相连接。

$$被测电流（I_1）=电流表读数（I_2）\times N_2/N_1$$

由于电流互感器一次绕组匝数 N_1 很少，二次绕组匝数 N_2 很多，所以流过电流表的电流 i_2 很小，所以电流互感器实际上是利用小量程的电流表来测量大电流。电流互感器二次绕组使用的电流表规定为 5A 或 1A。采用电流互感器可以使测量仪表与高压电路断开，以保证人身与设备安全。

尽管电流互感器一次绕组匝数很少，但其中流过很大的负载电流，因此磁路中的磁通势 I_1N_1、磁路中的磁通都很大。所以使用电流互感器时二次绕组绝对不能开路，否则会在二次侧产生过高的电压而危及操作人员的安全。为安全起见，电流互感器的铁心及二次绕组的一端应该接地。

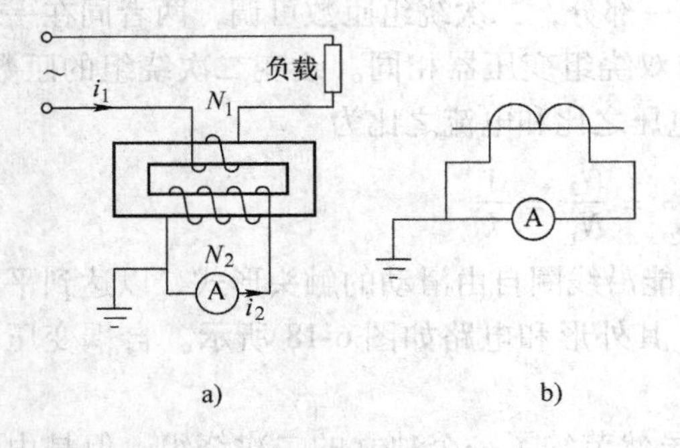

图 6-19　电流互感器的接线图及符号

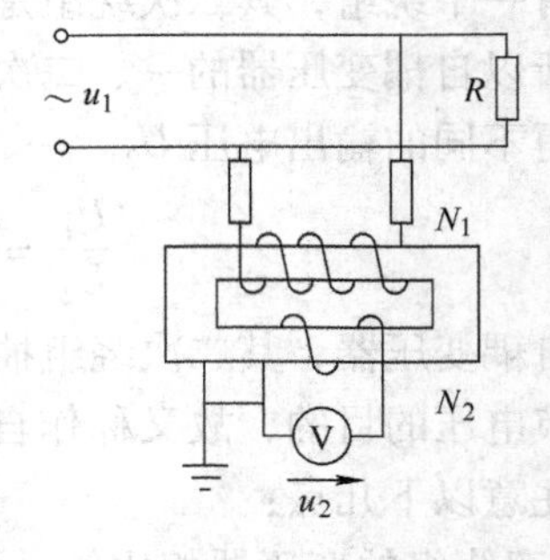

图 6-20　电压互感器的接线图

（2）电压互感器　因电压表的量程有限，当要测量交流电路的高电压时可采用电压互感器。电压互感器是一种匝数比较多的仪用变压器，电压互感器的接线图如图 6-20 所示。它在低压侧进行测量。

$$被测电压（U_1）=电压表读数（U_2）\times N_1/N_2$$

在使用电压互感器时，其二次绕组严禁短路，否则会产生很大的短路电流烧坏电压互感器，因而，其一、二次绕组都应具有短路保护。另为安全起见，电压互感器的铁心、金属外壳及二次绕组一端都必须可靠接地，以防绕组间绝缘损坏时，造成绕组上出现高压。

小 结

1. 磁路是磁通集中通过的路径，由磁性材料制成。它可分为硬磁材料（用来创造永久磁铁和直流励磁的铁心）和软磁材料（用作交流励磁铁心）。

2. 磁路欧姆定律 $\Phi = F_m/R_m$，其中 $F_m = NI$、$R_m = l/(\mu S)$，对定性分析和粗略估算磁路有用。

3. 磁路基尔霍夫两定律

$$\sum \Phi = 0$$

$$\sum \Phi R_m = \sum NI \text{ 或} \sum Hl = \sum NI$$

4. 变压器运行由三个基本方程式决定

$$\dot{U}_1 = -\dot{E}_1 + R_1\dot{I}_1 + jX_{L1}\dot{I}_1 \quad 一次电压平衡方程$$

$$\dot{U}_2 = \dot{E}_2 - R_2\dot{I}_2 - jX_{L2}\dot{I}_2 \quad 二次电压平衡方程$$

$$\dot{I}_1N_1 + \dot{I}_2N_2 = \dot{I}_0N_1 \quad 磁动势平衡方程$$

变压器有变电压、变电流、变换阻抗三种功能，即

$$\frac{U_1}{U_2} = k_u, \frac{I_2}{I_1} = k_u, Z'_L = k^2 Z_L$$

式中，$k = N_1/N_2$ 是匝数比或电压比。

变压器的功率损耗 ΔP 由可变损耗 $\Delta P_{Cu} = I_1^2R_1 + I_2^2R_2$ 和不变损耗 $\Delta P_{Fe} = \Delta P_h + \Delta P_e$ 构成，其效率为

$$\eta = \frac{P_2}{P_2 + \Delta P} = \frac{P_2}{P_1} = \frac{P_2}{U_1I_1\cos\varphi_1}$$

习 题

6-1 有一台变压器为 22V/110V 的一次和二次电压，匝数为 $N_1 = 2000$ 匝，$N_2 = 1000$ 匝，有人为了节省铜，将匝数减少为 400 匝和 200 匝，可行否？为什么？

6-2 有台电压为 110V/36V 的变压器，有人想得到二次电压 72V，把它接到同频率 220V 电源上，结果如何？为什么？

6-3 一台单相变压器的额定容量 $S_N = 50\text{kV}\cdot\text{A}$，额定电压为 10kV/230V，满载时二次电压为 220V，则其额定电流 I_{1N} 和 I_{2N} 各是多少？

6-4 已知信号源的内电阻 $R_0 = 10\text{k}\Omega$，用输出变压器带一个电阻为 $R_L = 3.2\Omega$ 的扬声器，为使扬声器获得最大的功率，输出变压器的匝数比应该是多少？

6-5　输出变压器一次绕组匝数为 N_1，二次绕组有匝数为 N_2 和 N_3 的两个抽头。将16Ω的负载接 N_2 抽头，或将4Ω的负载接 N_3 抽头，它们换算到一次侧的阻抗相等，达到阻抗匹配，那么 N_2: N_3 应是多少？

6-6　有一线圈匝数 $N=1000$ 匝，绕在由铸钢制成的闭合铁心上，铁心截面积 $S=20\text{cm}^2$，平均长度 $l=50\text{cm}$，在铁心中产生磁通 $\Phi=0.002\text{Wb}$，线圈中应通入多大的直流？

如铁心有一段空气隙，长度为 $L_0=0.2\text{cm}$，保持铁心中磁感应强度不变的话，应通入多大的直流？

6-7　铸钢制成的均匀螺线环，见图6-6，已知其截面积 $S=2\text{cm}^2$，平均长度 $l=40\text{cm}$，线圈匝数 $N=800$ 匝，要求磁通 $\Phi=2\times10^{-4}\text{Wb}$，铸钢材料的 B-H 曲线数据见下表。求线圈中的电流 I。

B/T	0.5	0.6	0.7	0.8	0.9	1.0	1.2	1.3	1.4
$H/$ $(\text{A}\cdot\text{m}^{-1})$	380	470	550	680	800	920	1280	1570	2080

6-8　有一单相照明变压器，容量为10kV·A，电压为3300V/220V，今欲在二次侧接上60W、220V的白炽灯，如果变压器在额定情况下运行。试求：1）这种电灯可接多少盏；2）一、二次绕组的额定电流。

6-9　有一变压器，额定电压10000V/230V，额定电流5A/215A。空载时，高压绕组自10000V电源上取用功率340W，电流0.43A。试求：1）变压器的电压比；2）空载电流占额定电流的百分数；3）空载时一次绕组的功率因数。

6-10　额定容量50kV·A，额定电压6000V/230V的单相变压器。试求：1）变压器的电压比；2）当变压器在满载情况下向功率因数为0.85的负载供电时，测得二次绕组端电压为220V，求输出的有功功率、视在功率和无功功率。

6-11　一台容量 $S_N=20\text{kV}\cdot\text{A}$ 的照明变压器，它的电压为6600V/220V，问它能够正常供应220V、40W的白炽灯多少盏？能供应 $\cos\varphi=0.6$、电压220V、功率40W的荧光灯多少盏？

第2篇　模拟电子技术

第7章　常用半导体器件

半导体器件是组成半导体电路的核心器件，电路的性能除了取决于其结构和类型之外，还与其所用器件的特性和参数有着密切的关系。因此，学习电子技术必须首先了解常用半导体器件的工作原理，掌握它的特性和参数。半导体的种类很多，本章只讨论最基本的双极型半导体器件——半导体二极管、稳压管和晶体管，以及单极型器件——场效应晶体管。

7.1　半导体与PN结

7.1.1　半导体的基本知识

自然界中的物质按导电能力可分为导体、绝缘体和半导体。

导体：容易导电的物质称为导体，金属一般都是导体，如铁、铜、铝、金、银等；

绝缘体：几乎不导电的物质称为绝缘体，如橡皮、陶瓷、塑料、石英等；

半导体：导电特性处于导体和绝缘体之间的物质称为半导体，如锗、硅、砷化镓和一些硫化物等。

半导体的导电机理不同于其他物质，其特点为

1）当受外界光和热的作用后，其导电能力明显增强，利用此特性可制成各种光电器件和太阳能电池等。

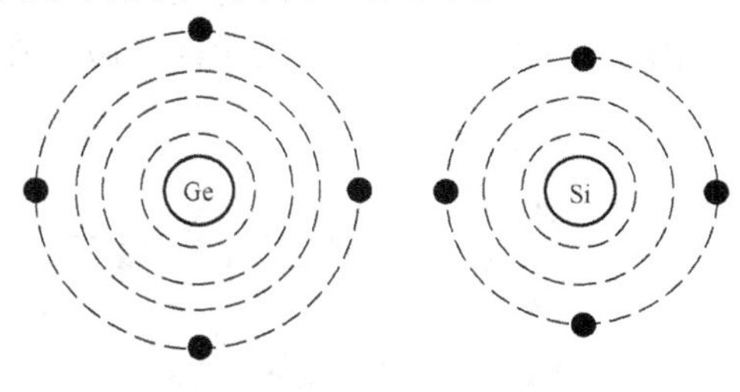

图7-1　硅和锗的原子结构示意图

2）在纯净的硅晶体中掺入某些杂质，其导电能力明显增强，利用这种导电性能的可控性，可以制成各种类型的半导体器件。

半导体的原子外层电子为4个，图7-1为硅和锗的原子结构示意图。

7.1.2　本征半导体和杂质半导体

1. 本征半导体

本征半导体或称纯净半导体，即无杂质、无位错、晶格完整、没有任何缺陷的单晶体结构的半导体。以半导体硅为例，组成晶体时，每个硅原子的4个价电子分别与相邻4个硅原子的价电子组成共价键结构，如图7-2所示。图中的硅原子只画出最外层的价电子，每个硅原子是具有8个外层价电子的稳定状态。在热力学温度0K时，价电子被牢牢地束缚在原子

核周围，晶体中没有自由电子，呈现绝缘体状态。

2. 杂质半导体

为了增强半导体的导电性能，可在本征半导体中掺入其他微量元素，掺入杂质的半导体叫做杂质半导体。根据掺入杂质的不同，可以获得 N 型半导体和 P 型半导体。

N 型半导体：在本征半导体硅（或锗）中掺入微量的五价元素磷（P），如图 7-3 所示，磷原子最外层有 5 个价电子，其中 4 个价电子与相邻的 4 个硅原子的价电子组成共价键，剩下一个价电子由于受原子核的束缚较弱，在室温下很容易成为自由电子。同时，磷原子因失去一个电子电离为正离子。每个杂质原子施舍一个自由电子，这就使得半导体中的自由电子数目大大地增加。杂质原子提供的自由电子数将远远超过由热激发产生的空穴数。这种杂质半导体以电子导电为主，故称其为电子型半导体或 N 型半导体。在 N 型半导体中，自由电子为多数载流子（简称多子），空穴为少数载流子（简称少子）。

N 型半导体中的杂质元素磷的原子在硅晶体中给出一个多余的电子，故称磷为施主杂质。

P 型半导体：若在本征半导体硅中掺入微量的三价元素硼（B），硼原子最外层有 3 个价电子，这 3 个价电子在与相邻的 4 个硅原子组成共价键时还有一个空位未被填满，与其相邻的硅原子的价电子很容易填补这个空位，于是就产生了一个空穴，如图 7-4 所示。硼原子在晶体中接受了一个电子后电离为负离子。

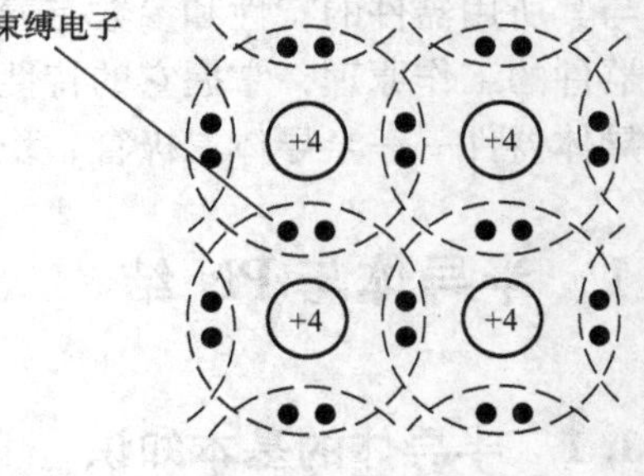

图 7-2　本征半导体的共价键结构

由于掺杂，这种杂质半导体中的空穴数目增加了，空穴数目远远超过了自由电子数目，这种以空穴导电为主的半导体叫做空穴型半导体或 P 型半导体。在 P 型半导体中，空穴为多数载流子，自由电子为少数载流子。

由于 P 型半导体的杂质元素硼原子在硅晶体中接受了电子，故称其为受主杂质。

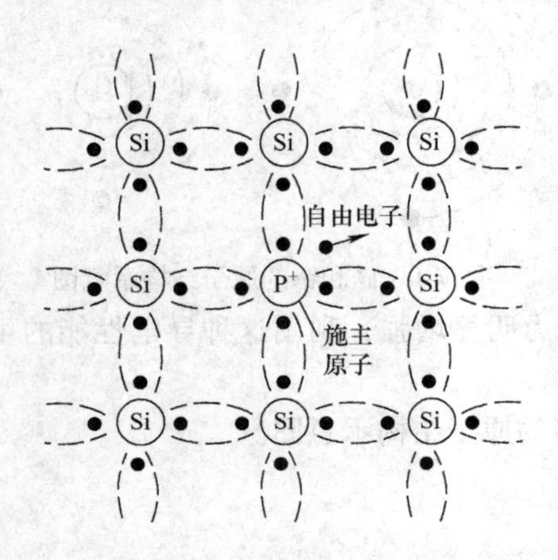

图 7-3　N 型半导体中的杂质电离

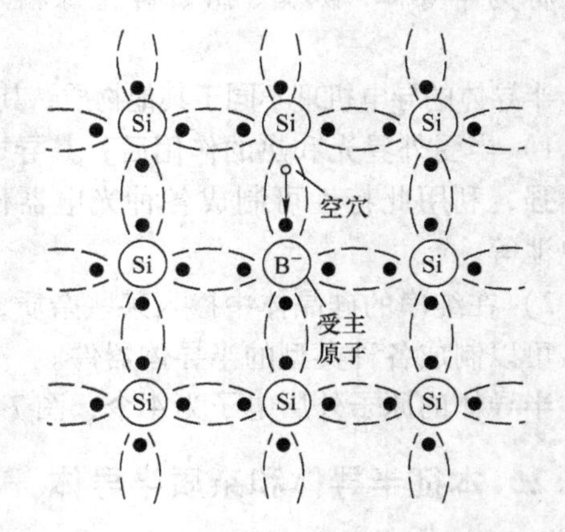

图 7-4　P 型半导体中的杂质电离

7.1.3　PN 结

1. PN 结的形成

通过某种工艺过程使 P 型半导体和 N 型半导体结合在一起，在半导体的交界面附近就形成了 PN 结。PN 结是构成各种半导体器件的基础，如图 7-5 所示。

图中○代表 P 型半导体的多数载流子空穴，⊖代表 P 型半导体中被晶格固定而不能移动的负离子。图中●代表 N 型半导体中的多数载流子自由电子，⊕代表 N 型半导体中被晶格固定而不能移动的正离子。

由于 P 型区的多数载流子是空穴，N 型区的多数载流子是电子，因此在交界面处明显存在着两种载流子的浓度差。这样，电子和空穴都要从浓度高的地方向浓度低的地方扩散。于是，由 P 型区扩散到 N 型区的空穴与 N 型区交界面附近的电子复合；由 N 型区扩散到 P 型区的多子电子与 P 型区交界面附近的空穴复合，形成扩散电流 I_F。扩散的结果使 P 型区一边失去空穴，留下了不能移动的负电荷；N 型区一边失去电子，留下了不能移动的正电荷。不能移动的正负电荷在 PN 结交界面两侧形成了“空间电荷区”。在空间电荷区内产生了方向由正电荷区指向负电荷区的内电场 E_1。内电场 E_1 出现后对两区多子的扩散起阻碍作用，正是由于这个原因也常把空间电荷区叫做阻挡层。

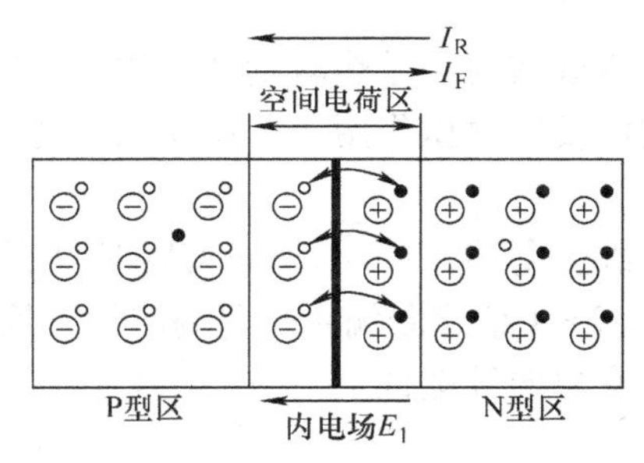

图 7-5　PN 结的形成

内电场阻止两区多子继续扩散的同时，却有利于两区的少子越过空间电荷区进入对方区内。少数载流子在内电场作用下有规则地运动形成漂移电流 I_R。

PN 结形成之初，多子扩散运动占绝对优势，随着内电场的形成、增强，多子扩散运动逐渐减弱，而少子漂移运动却逐渐增强。当扩散电流 I_F 和漂移电流 I_R 大小相等、方向相反、达到动平衡时，空间电荷区的宽度就确定下来，一个平衡的 PN 结也就形成了。由于空间电荷区在形成过程中载流子已耗尽，所以空间电荷区也称为耗尽层。

2. PN 结的单向导电性

PN 结具有单向导电的特性，是其构成半导体器件的主要工作机理。PN 结在无外加电压的情况下，扩散运动和漂移运动处于动态平衡，这时通过 PN 结的电流为零。

PN 结正向偏置　PN 结外加正向电压（即外电源正极接 P 型区，负极接 N 型区），如图 7-6 所示。此时外加电场 E_s 的方向与内电场的方向相反，外加电场削弱了内电场，空间电荷区变窄。原来处于平衡状态的多子扩散运动和少子漂移运动失去了平衡，致使多子扩散运动的规模超过了少子漂移运动的规模。由于参与扩散的是多数载流子，所以形成了较大的扩散电流，这就是流过 PN 结的正向电流。PN 结正向偏置时呈现了很小的电阻，即 PN 结导通。

PN 结的反向偏置　PN 结外加反向电压（即外电源正极接 N 型区，负极接 P 型区），如图 7-7 所示。

此时外加电场的方向与内电场的方向一致，外电场使 PN 交界面两侧的空穴和自由电子移走，从而使空间电荷区变宽，内电场增强。增强了的内电场阻止两区多子的扩散运动，致使扩散电流几乎为零。由于漂移电流是少数载流子定向运动形成的，而少数载流子的数量又很少，因此反向电流很小，这时 PN 结呈现很高的电阻，即 PN 结截止。

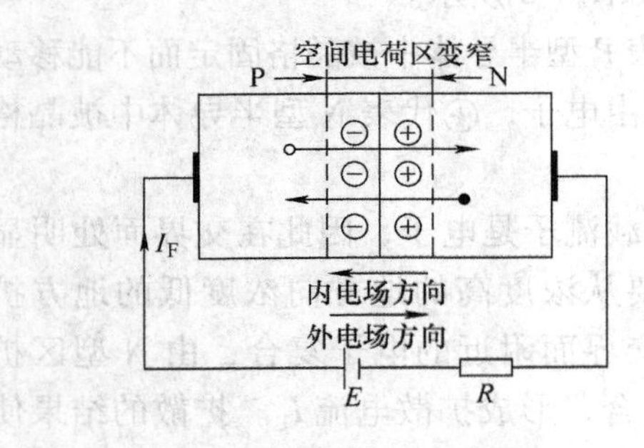

图 7-6　PN 结正向偏置

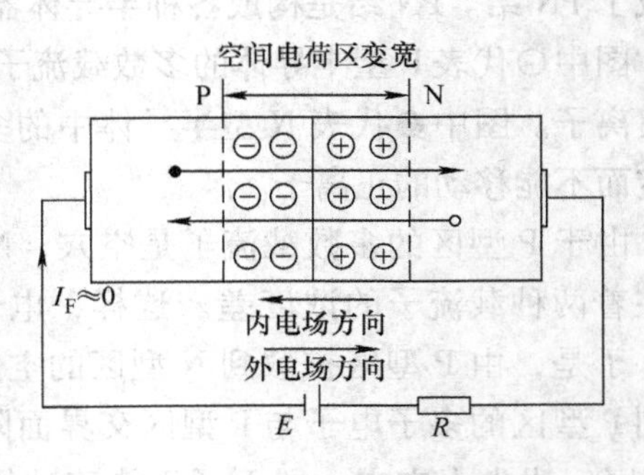

图 7-7　PN 结反向偏置

少数载流子是热激发产生的，随着环境温度的升高，少数载流子的数量增多。即使是在相同的反向电压作用下，反向电流也会因温度升高而增大，也就是说温度对反向电流的影响很大。

综上所述，PN 结正向偏置时呈现低阻性，正向电流较大，此时 PN 结处于正向导通状态；当 PN 结反向偏置时呈高阻性，反向电流很小，此时 PN 结处于反向截止状态。可见 PN 结具有单向导电性。

7.2　二极管

7.2.1　二极管的结构与符号

二极管是由 PN 结加上欧姆接触电极、两端引出线和管壳封装制成。接在 P 型区的引出线叫阳极 A，接在 N 型区的引出线叫阴极 K，如图 7-8a 所示，图 7-8b 所示为各种不同型号的二极管实物图片。

二极管通常有点接触型二极管、面接触型二极管、硅平面开关管等几种类型。

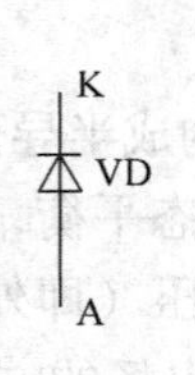

a)

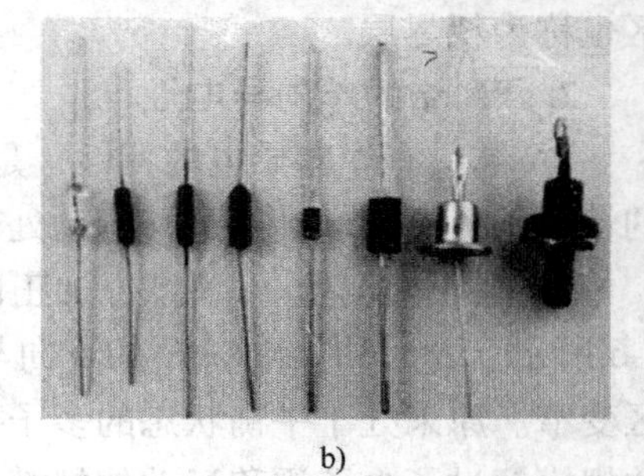

b)

图 7-8　二极管图形符号和实物图片

7.2.2　二极管的伏安特性

二极管的管压降 U 与其电流 I 的关系曲线，叫做二极管的伏安特性曲线，可用实验方法测得，或用图示仪测之。图 7-9a 为硅二极管 2CP10 的伏安特性，图 7-9b 为锗二极管 2AP15 的伏安特性。

从伏安特性曲线上可得出如下规律：

（1）正向特性　二极管正向偏置，在坐标的第一象限。它又可分为两段：从坐标原点 0 到 a 点为第一段，二极管外加正向电压较小，外部电场不足以克服内电场对载流子扩散运动造成的阻力，此时正向电流很小，呈现电阻较大。这段区域称为“死区”。对应 a 点的门坎电压 U_{on} 叫“死区电压”，其数值大小随二极管的结构材料不同而异，并受环境温度影响。

一般来说，硅二极管“死区电压”约为0.5V，锗二极管为0.1V。

正向电压超过死区电压后，随着正向电压的增加，内电场大大削弱，有利于扩散，电流按指数规律迅速增长。但正向电压在小范围内变化，其电流变化很大。通常二极管正常导通（电流适中）后的正向管压降基本恒定，硅管压降约为0.7V，锗管约为0.3V。当环境温度变化时，在室温附近，温度每升高1℃，二极管的正向降压减小2~2.5mV。

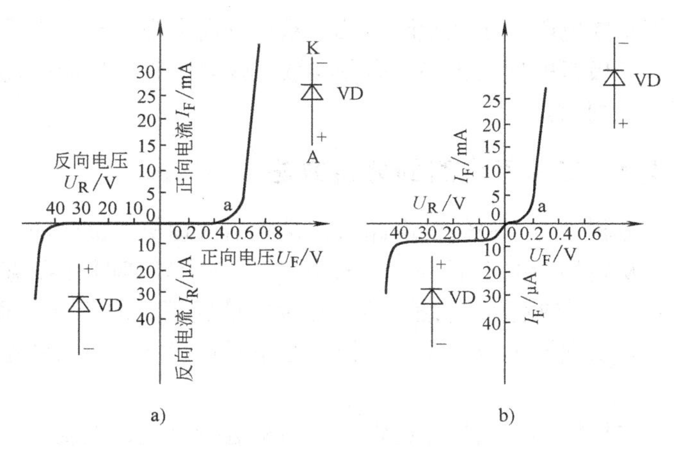

图7-9　二极管的伏安特性

（2）反向特性　二极管反向偏置，在坐标第三象限。在反向电压小于反向击穿电压的范围内，由少数载流子形成的反向电流很小，叫反向饱和电流。其值对于硅管是纳安级的，锗管的是十几微安，并且随着温度升高，反向饱和电流明显增加，而且与反向电压的大小基本无关。

由二极管的正向与反向特性可直观的看出：①二极管是非线性器件；②二极管具有单向导电性。

当反向电压超过一定数值后，反向电流急剧增大，这时二极管被“反向击穿”，对应的电压叫做反向击穿电压U_{BR}。使用二极管时，应避免反向电压超过击穿电压，防止损坏二极管。

7.2.3　二极管的主要参数

器件的参数是其特性的定量描述，是正确使用和合理选择器件的依据。结合二极管的伏安特性曲线，不难引出如下主要参数：

1. 最大整流电流I_{DM}

指管子长期工作时，允许通过的最大正向平均电流。这是二极管的重要参数，当二极管中的电流过大时，就会引起PN结过热而使管子烧坏。对于大功率二极管，为了降低结温，增加管子的负载能力，要求管子安装在规定散热面积的散热器上使用。

2. 最高反向工作电压U_{RM}

指管子运行时允许承受的最大反向电压瞬时值。若工作时，管子上所加的反向电压值超过了U_{RM}，管子就有可能被反向击穿而失去单向导电性。为确保安全，一般手册上给出的最高反向工作电压U_{RM}通常为反向击穿电压的一半。

3. 反向电流I_R

指在一定环境温度条件下，二极管承受反向工作电压、又没有反向击穿时，其反向电流的值。它的值愈小，表明管子的单向导电特性愈好。温度对反向电流影响较大，经验值是，温度每升高10℃，反向电流约增大一倍。使用时应加以注意。

4. 直流电阻R_D

指二极管两端所加的直流电压与流过它的直流电流之比。阻值与工作点有关。良好的二极管正向电阻等于几十欧至几千欧；反向电阻大于几十千欧至几百千欧。

二极管的参数很多，有些参数仅仅表示管子性能的优劣，使用时可参看相关手册，此处不一一列出。

7.2.4　二极管电路的分析方法

分析含有二极管的电路时，常常引入理想二极管的概念。

从特性曲线上看到，二极管正向偏置导通时存在管压降，硅管约为0.7V；锗管约为0.3V。反向偏置时有漏电流。在理想情况下，取正向导通管压降为零，二极管用短路线代替；取反向漏电流为零，二极管处于断路状态。在二极管电路分析中常常认为二极管是理想的。

二极管的单向导电特性，可用来进行整流、检波、限幅和钳位等。

例7-1　电路如图7-10a所示，已知 $E=2V$，$R=100\Omega$，$u_i=5\sin\omega tV$，试画出输出电压 u_o 的波形。设二极管VD是理想的。

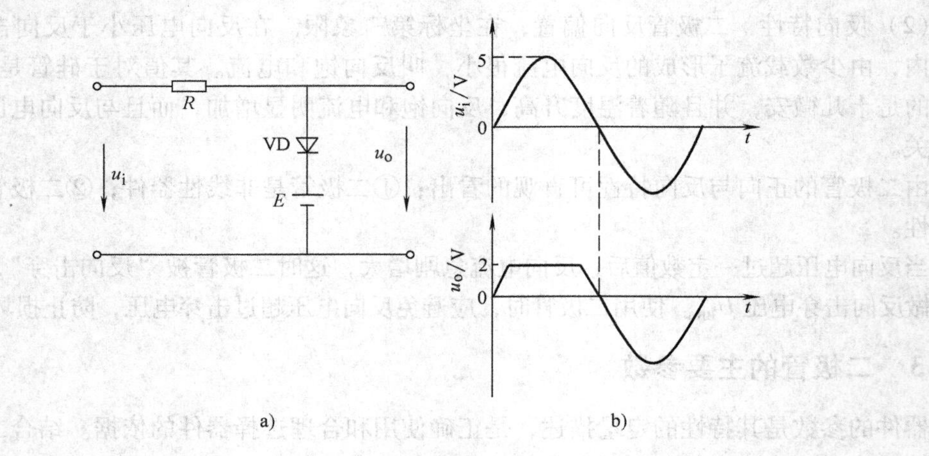

图7-10　例7-1图

a）例7-1电路　b）例7-1输入输出波形

解　由图7-10a可知，二极管VD的阴极电位为2V，由于输出端开路，所以当 $u_i>2V$ 时VD正偏导通，管压降为0，输出 $u_o=E=2V$；当 $u_i<2V$ 时，VD反偏截止，相当于开路，电阻 R 中无电流，故 $u_o=u_i$，输出波形如图7-10b所示。

显然，电路把输出电压的正峰值限制在2V，这种电路叫限幅电路。由于它起到修整波形的作用，故又称整形电路。

7.3　稳压管

7.3.1　稳压管及其伏安特性

稳压管是一种特殊的二极管，结构与二极管相同，专门工作在反向击穿状态，它利用PN结反向击穿后特性陡直的特点，在电路中起稳压作用。稳压二极管的文字符号用VS表示，图形符号如图7-11a所示，而图7-11b所示为某种稳压管的实物图片。

通过实验测得稳压管伏安特性曲线如图7-12所示。从特性曲线看到，稳压管正向偏压时，其特性和普通二极管一样；反向偏压时，开始一段和二极管一样，当反向电压大到一定数值以后，反向电流突然上升，而且电流在一定范围内增长时，管子两端电压只有少许增加，变化很小，具有稳压性能。这种“反向击穿”是可恢复的，只要外电路限流电阻保证电流在限制范围内，就不致引起热击穿损坏稳压管。

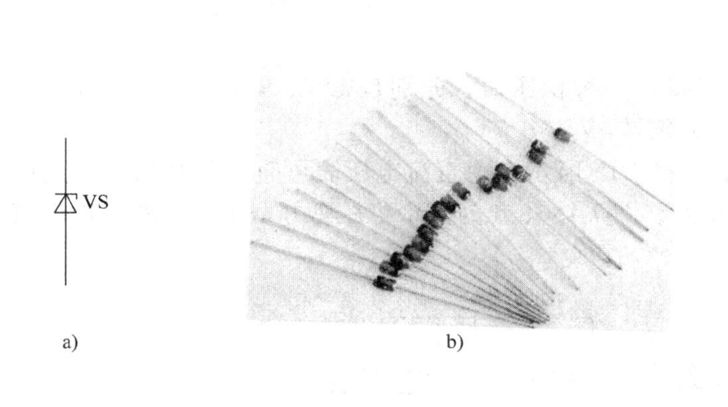

图7-11　稳压二极管图形符号和实物图片

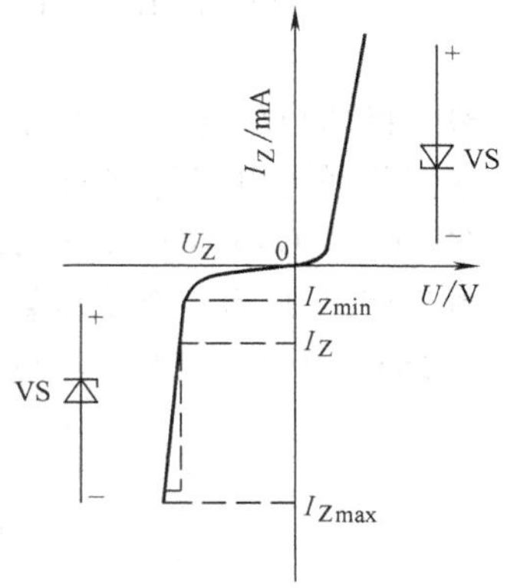

图7-12　稳压管伏安特性

7.3.2　稳压管的主要参数

（1）稳定电压 U_Z　指稳压管在正常工作时管子的端电压，一般为3～25V，高的可达200V。

（2）稳定电流 I_Z　稳压管正常工作时的参考电流。开始稳压时对应的电流叫最小稳压电流 I_{Zmin}，而对应额定功耗时的稳压电流叫最大稳压电流 I_{Zmax}，在使用时实际电流不得超过此值，超过此值时，稳压二极管将出现热击穿而损坏。

（3）稳压管额定功耗 P_{Zm}　指保证稳压管安全工作所允许的最大功率损耗，即 $P_{Zm}=U_ZI_Z$。如果稳压管工作时消耗的功率超过了这个数值，管子将会烧坏。

7.3.3　稳压二极管的应用与仿真分析

稳压二极管主要用来构成稳压电路，如图7-13所示。

U_I 是不稳定的可变直流电压，需要得到稳定的电压 U_O，在二者之间加稳压电路。它由限流电阻 R 和稳压管VS构成，稳压管的稳压值用 U_Z 表示，R_L 是负载电阻。这样 R_L 上即可获得电压 $U_O=U_Z$。

例7-2　在图7-14中，已知两个稳压管 VS_1 和 VS_2 的稳压值均为 $U_Z=6.3V$，输入电压 $U_I=20V$，电阻 $R=1k\Omega$，求 $U_O=$？已知稳压管的正向压降为0.7V。

解　$U_I=20V$，VS_1 反向击穿，两端电压稳定为6.3V；VS_2 正向导通，管压降为0.7V，故 $U_o=7V$。

例7-3　两只硅稳压管的稳压值分别为 $U_{Z1}=6V$，$U_{Z2}=9V$，设稳压管正向管压降为0.7V，把它们串联相接可得到几种稳压值，各是多少？如果把它们并联相接可得到几种稳压值，各是多少？

图7-13　稳压管稳压电路　　　　图7-14　例7-2图

解　将两只稳压管串联至少可以得到4种稳压值，分别是15V、9.7V、6.7V、1.4V。而把它们并联也可以得到两种电压，分别是6V和0.7V。

在EWB中创建4个稳压管电路如图7-15所示，用直流电压表可直接仿真出输出电压值。图7-15a、b为两个稳压管串联电路；图7-15c、d为两个稳压管并联电路。所得输出值分别为15V、9.7V、6V、0.7V。

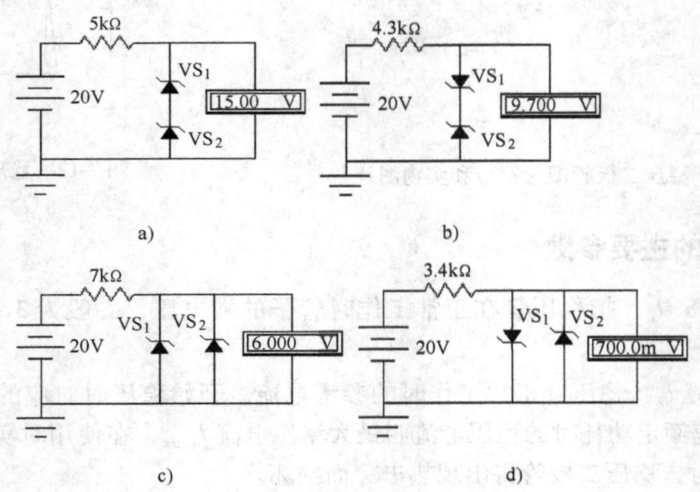

图7-15　例7-3仿真图

7.4　其他二极管

1. 发光二极管

发光二极管是一种将电能转化为光能的特殊二极管。简写成LED（Light Emitting Diode，LED）它与普通二极管一样由PN结构成，也具有单向导电性。是一种由磷化镓（GaP）等半导体材料制成的、能直接将电能转变成光能的发光显示器件。当其内部有一定电流通过时，它就会发光。图7-16a是图形符号，图7-16b是发光二极管的实物图片。

LED应用在电子通信和家用电器的各种电子回路中，通常用于显示各种信息，如家用音响、计算机、手机、交通信号灯及商场火车站售票处的大屏幕显示看板等。图7-17为LED用作七段数码显示器的图例。无论在显示方面还是在电子通信以及照明领域，LED的应用正在迅速增长。LED是一种低电压、低电流光源、其发光效率（lm/W）远大于传统的钨丝灯泡，荧光灯泡。此外LED发热量低，在正常使用的情况下，LED寿命可长达10万h，无毒，可循环利用，不易破碎，不产生紫外线，只有极少热量，具有一种环保、节能、便于

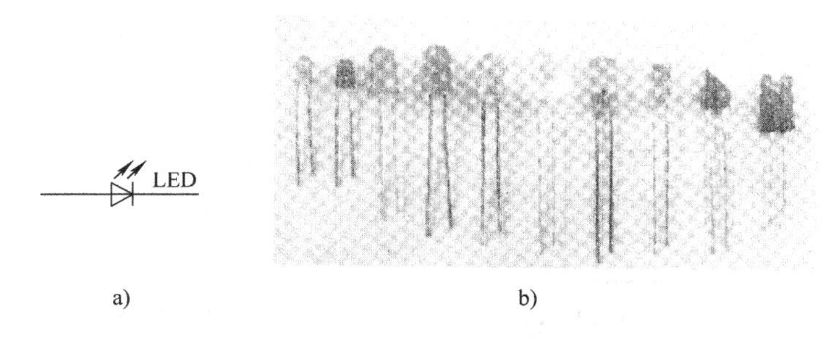

图 7-16　发光二极管的符号及实物图片

应用的特点。高亮度的二极管可替代白炽灯等照明器具，具有很大开发潜力，可用于改进各种照明设备。

2. 光敏二极管

光敏二极管（亦称光电二极管）和普通二极管一样，也是由一个 PN 结组成的半导体器件，具有单方向导电性，不同之处是光敏二极管的外壳上有一个透明的窗口以便接收光线照射，实现光电转换，如图 7-18 所示。光敏二极管是在反向电压作用下工作的，没有光照射，反向电流极其微弱，叫暗电流；有光照时，反向电流迅速增大，称为光电流。光的强度越大，反向电流也越大。光的变化引起光敏二极管电流变化，这就可以把光信号转换成电信号，成为光电传感器件。在电路中通过它把光信号转换成电信号。

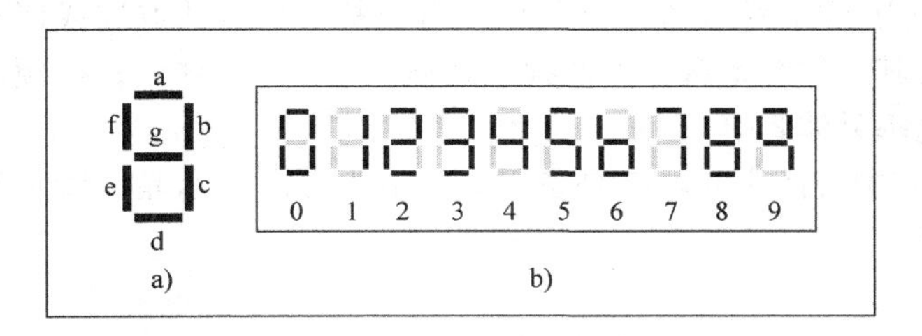

图 7-17　LED 用作七段数码显示器
a）分段示意图　b）发光显示图

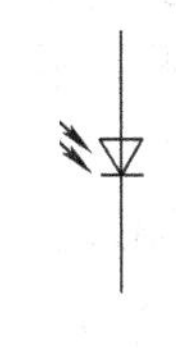

图 7-18　光敏二极管的图形符号

7.5　晶体管

7.5.1　晶体管的构造和工作原理

1. 晶体管的构造

在纯净的半导体基片上，按生产工艺扩散掺杂制成两个紧密相关的 PN 结，分三个区，引出三个电极，封装在金属或塑料外壳内，晶体管的结构示意图、符号与实物图片如图 7-19 所示。在两个 PN 结中间的区域叫基区，它的特点是掺杂浓度较小，很薄，约几微米到十几微米。由基区引出的电极叫基极，文字符号记做 B 或 b。基区两侧分别是发射区和集电区。与基区接触面积较小，且掺杂浓度较大（高掺杂）的区域，叫发射区。引出的电极叫发射极，记做 E 或 e。另一侧是掺杂浓度较小，接触面较大的区域叫集电区，相应的引出线叫集电极，记做 C 或 c。集电区与基区间的 PN 结叫集电结，发射区与基区间的 PN 结叫发射结。

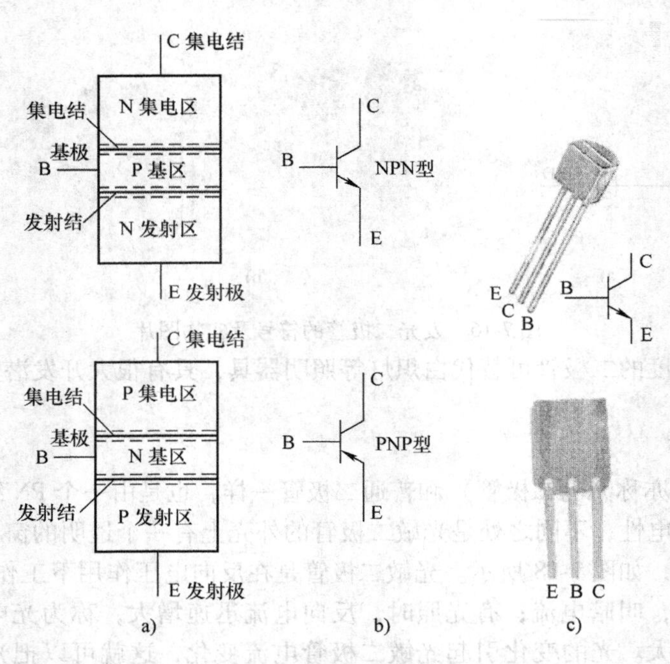

图 7-19　晶体管的结构示意图、符号与实物图片

a）结构　b）符号　c）实物图片

按掺杂方式不同制成的晶体管分为 NPN 型和 PNP 型两种；由于基片材料选取硅或锗不同，可分为硅晶体管和锗晶体管；按其工作频率可分为低频、高频、超高频晶体管；按额定功率不同分为小功率、中功率、大功率晶体管等。

晶体管的图形符号见图 7-19b，其中带箭头的电极是发射极，箭头方向指示晶体管工作时实际的电流方向。

2. 晶体管的工作原理

晶体管与外电路连接后，并满足一定条件时，才能谈及工作原理。图 7-20 电路是以 NPN 型硅晶体管接成共射形式的示意图。

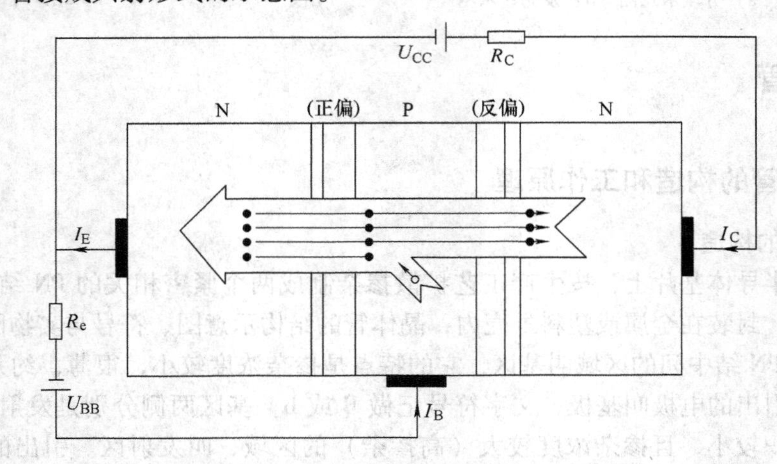

图 7-20　NPN 型晶体管工作原理示意图

现在外电路提供给晶体管的条件是：电压源 U_{BB} 通过电阻 R_B 提供给发射结正向偏置；

而电压源 U_{CC} 通过电阻 R_C 加到集电极，使集电结处于反向偏置。在这种外部条件下，晶体管内的载流子在外电场作用下产生定向运动，形成图中箭头方向所示的基极电流 I_B、集电极电流 I_C 和发射极电流 I_E。

由于发射结正向偏置，基区低掺杂，发射区高掺杂，载流子浓度差别很大，于是发射区的多数载流子—自由电子在正向偏压作用下，有利于扩散，即发射区向基区注入大量自由电子。扩散到基区的自由电子，在基区将发生复合和继续扩散。由于基区很薄，同时又是低掺杂，所以从发射区注入过来的自由电子仅有少量与基区的空穴复合，形成基极电流 I_B，其余大多数继续扩散，因集电结反向偏置，有利于收集由基区来的大量自由电子，被集电极收集的电子形成集电极电流 I_C 的主要部分。

显然，基极电流 I_B 远小于集电极电流 I_C，并且发射极电流 I_E 一定等于 I_B 与 I_C 之和，即

$$I_B + I_C = I_E \tag{7-1}$$

晶体管的集电极电流 I_C 稍小于 I_E，但远大于 I_B，I_C 与 I_B 的比值在一定范围内保持基本不变。特别是基极电流有微小的变化时，集电极电流将发生较大的变化。例如，I_B 由 40μA 增加到 50μA 时，I_C 将从 3.2mA 增大到 4mA，即

$$\beta = \frac{\Delta I_C}{\Delta I_B} = \frac{(4-3.2)\times10^{-3}}{(50-40)\times10^{-6}} = 80 \tag{7-2}$$

式中的 β 为晶体管的电流放大倍数。不同型号、不同类型和用途的晶体管，其 β 值的差异较大，大多数晶体管的 β 值通常在几十至一百多。式（7-1）和式（7-2）表明，微小的基极电流 I_B 可以控制较大的集电极电流 I_C，故双极性晶体管属于电流控制元件。因为参加导电的有自由电子和空穴，故又叫双极型半导体晶体管。

至于 PNP 型晶体管，外部电压源极性相反，注入载流子为空穴，实际电流方向相反，分析方法相似。

7.5.2　晶体管的特性曲线

晶体管有三个电极，以哪一个电极为其公共端，就会有相应的伏安特性曲线。这里我们主要介绍以发射极为公共端，即共射组态的伏安特性曲线。晶体管是两端口的非线性器件，如图 7-21 所示。其中图 7-21a 为 NPN 型，图 7-21b 为 PNP 型。

晶体管的特性曲线可通过晶体管图示仪测得。

1. 输入伏安特性曲线

当集电极与发射极间的电压 u_{CE} 为某一常数值时，晶体管的基极与发射极间电压 u_{BE} 改变对基极电流 i_B 的影响关系曲线，叫输入特性曲线。

$$i_B = f(u_{CE}) \tag{7-3}$$

式（7-3）描述的输入特性曲线如图 7-22 所示。从输入特性曲线上看到：

1）晶体管的输入特性与二极管的正向特性相似。但由于存在集电极与发射极间电压 u_{CE} 的影响，输入特性曲线通常以两条典型曲线代表：一条对应 $u_{CE}=0V$，另一条对应 $u_{CE}>1V$。前一条相当于二极管正向特性；后一条曲线，因为 $u_{CE}>0$，随着 u_{CE} 增大曲线将逐渐向右移动。当 u_{CE} 增至大于 1V 后，由于发射区注入到基区的多数载流子绝大部分被吸引到集电区，只要保持 u_{BE} 不变，即使 u_{CE} 再增大，i_B 基本不再变化。

2）同样存在一个“死区电压”，硅管 $u_{BE}\approx0.5V$、锗管 $u_{BE}\approx0.1V$，$i_B=0$；而当 $i_B>0$

时，在较宽的数值范围内，对应 u_{BE} 近于一个常数，即硅管 $u_{BE}=0.6\sim0.7V$；锗管 $u_{BE}=0.2\sim0.3V$。在直角坐标中以实际电流和电压方向来说，NPN 型管在第一象限，PNP 型管在第三象限。

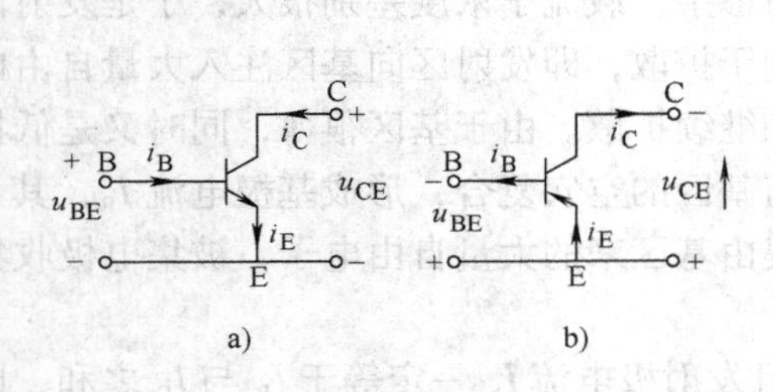

图 7-21　NPN 型和 PNP 型晶体管两端口电路
a）NPN 型　b）PNP 型

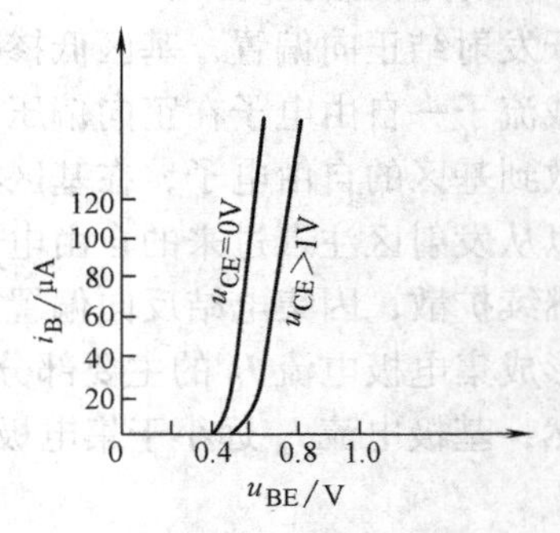

图 7-22　NPN 型晶体管 3DG6 的输入特性曲线

2. 输出特性曲线

输出特性曲线用函数关系表示：

$$i_C=f(u_{CE}) \tag{7-4}$$

它表征当基极电流 i_B 为参变量、并取某一定值时，集电极电流 i_C 随集电极—发射极间管压降 u_{CE} 变化的曲线。给定一个基极电流 i_B，就对应一条 i_C 曲线，整体是个曲线族。NPN 型晶体管 3DG6 输出特性如图 7-23 所示。

从输出特性曲线上看到，它大致分三个区域：

（1）截止区　它对应 $i_B=0$ 以下的区域。对于 NPN 型硅晶体管 $u_{BE}<0.5V$，锗管 $u_{BE}<0.1V$，可认为 $i_B=0$，但为了可靠截止，常取发射结零偏压或反偏压。因此截止区的外部条件是发射结反偏，集电结反偏。特点是 $i_B=0$，$i_C=I_{CEO}$，$u_{CE}\approx U_{CC}$。（其中 I_{CEO} 为穿透电流，见 7.5.3）

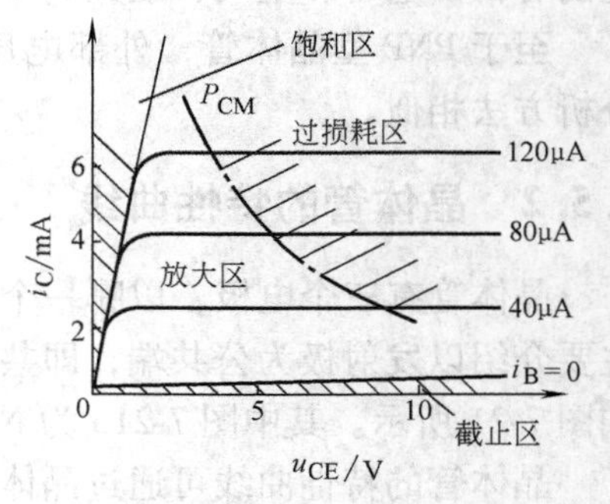

图 7-23　NPN 型晶体管 3DG6 输出特性曲线

（2）饱和区　当 u_{CE} 很小时，i_C 随 u_{CE} 增加直线上升变化。在该区域内，$u_{BE}>u_{CE}$，即 NPN 型硅管 $u_{CE}<0.7V$，锗管 $u_{CE}<0.3V$ 的区域。饱和区的外部条件是发射结正向偏压，集电结也正向偏压。特点是 $i_C\neq\beta i_B$，在深度饱和时小功率硅管的饱和压降 $u_{CES}\approx0.3V$，锗管 $u_{CES}\approx0.1V$。饱和电流。

（3）放大区　对应输出特性曲线的平坦部分，其特征是 i_C 由 i_B 决定，满足 $I_B+I_C=I_E$，与 u_{CE} 关系不大，具有恒流特性。因此，可以把晶体管看成是一个电流控制器件。放大区的外部条件是发射结正偏，集电结反偏。NPN 型管 $U_C>U_B>U_E$，PNP 型管 $U_E>U_B>U_C$。

7.5.3　晶体管的主要参数

1. 电流放大系数

直流电流放大系数

$$\bar{\beta} \approx \frac{I_C}{I_B} \tag{7-5}$$

交流电流放大系数

$$\beta = \frac{\Delta I_C}{\Delta I_B} \tag{7-6}$$

一般情况下，$\bar{\beta} \approx \beta$，通常$\beta$为20～150。

2. 极间反向电流

（1）集电结反向饱和电流I_{CBO}　指发射极开路、集电结反偏时流过集电结的反向饱和电流I_{CBO}。对于小功率的硅管I_{CBO}一般在0.1μA以下；锗管I_{CBO}在几微安至十几微安。

（2）穿透电流I_{CEO}　指基极开路，从集电极穿透过来流入发射极的电流为穿透电流。在输出特性曲线上，它对应$i_B=0$时，曲线对应的$i_C=I_{CEO}$。它是衡量晶体管质量好坏的重要参数之一，其值愈小愈好。

3. 极限参数

（1）集电极最大允许电流I_{CM}　当I_C过大时，电流放大系数β将下降，使β下降至正常值的2/3时的I_C值，定义为集电极最大允许电流I_{CM}。

（2）反向击穿电压　当集电极开路时，发射极—基极间的反向击穿电压BU_{EBO}，一般5V左右。

当发射极开路时，集电极—基极间的反向击穿电压BU_{CBO}，一般在几十伏以上。

当基极开路时，集电极—发射极间的反向击穿电压BU_{CEO}，通常比BU_{CBO}小些。

（3）集电极最大允许功率损耗P_{CM}

$$P_{CM} = i_C u_{CE} \tag{7-7}$$

集电结耗散功率若超过P_{CM}值，集电结过热，使管子性能变坏或烧毁。

式（7-7）在图7-23输出特性曲线上是条双曲线，叫集电极允许功率损耗曲线。当$i_C u_{CE} > P_{CM}$，在P_{CM}曲线的右上方，称作功率过损耗区；当$i_C u_{CE} < P_{CM}$，在P_{CM}曲线的左下方是半导体三极管功率损耗安全工作区（大功率管要加散热片）。

环境温度变化时，对晶体管的参数I_{CBO}、U_{BE}、β均有影响。

集电结反向饱和电流I_{CBO}随温度的升高而升高，实际表明I_{CBO}与温度T成指数关系。通常硅管优于锗管。

发射结压降U_{BE}具有负的温度系数。温度每升高1℃，U_{BE}将减小2～2.5mV。

电流放大系数β随温度升高而增大。温度每升高1℃，β增加0.5%～1.0%。

总之，掌握二极管、稳压二极管、晶体管的有关参数，以及这些参数随温度变化的关系，是正确运用半导体器件的关键。同时也是灵活应用这些器件的基本功。要结合特性曲线来理解其参数。

小　　结

本章从半导体的特性、本征半导体、N型半导体、P型半导体、PN结开始，着重介绍了半导体二极管、稳压管和晶体管的结构、工作原理、特性曲线和主要参数。

对载流子运动规律，应有一定的理解，并能解释半导体器件的导电机理、外特性曲线和温度特性等。这对电子器件的正确使用很有帮助。

半导体二极管的应用很广，对含有半导体二极管电路的分析关键是：首先判断二极管的状态，即将二极管从电路中拿下来，计算端口电位，若阳极高于阴极，二极管导通，在理想情况下，用短路线代替二极管；反之，二极管截止，二极管视为断路，然后按照没有二极管的电路求解各处的电压、电流和波形等。若电路中含有多个二极管，应同时求出它们的阳极与阴极的电位，电位差值较大的二极管抢先导通，电路状态发生改变后，再重新确定其他二极管的状态。

对稳压管应重点理解特性曲线和主要参数，以达到灵活运用的目的。

晶体管的输入特性和输出特性曲线对理解晶体管的原理、特性和应用晶体管很重要。尤其是输出特性曲线，涵盖了晶体管从控制关系到特性参数等要素。应重点掌握晶体管工作在放大区、截止区和饱和区的外部条件，并能运用该条件判断晶体管的工作状态。

习　题

7-1　什么是本征半导体？什么是N型半导体？什么是P型半导体？

7-2　内电场形成后使得空间电荷区内存在电势差。将PN结两端用导线连接起来，导线中是否有电流产生？

7-3　怎样将PN结正向偏置、反向偏置？

7-4　图7-24中$VD_1 \sim VD_3$为理想二极管，A、B、C灯都相同，试问哪个灯最亮？

7-5　图7-25中各二极管均为硅管，说明二极管的工作状态，并求电路中的电流I。

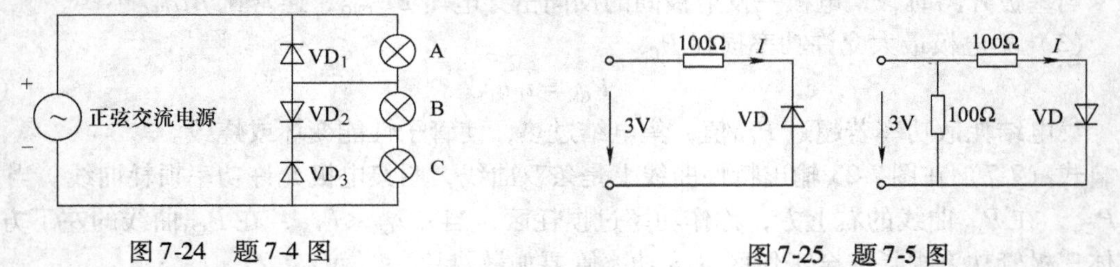

图7-24　题7-4图　　　　图7-25　题7-5图

7-6　在图7-26中，$E=5\text{V}$，$u_i=10\sin\omega t$ V，VD是理想二极管，试画出各图u_o的波形。

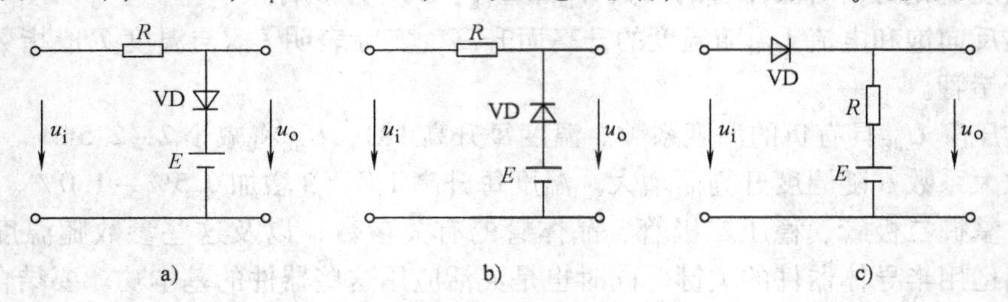

图7-26　题7-6图

7-7　试判断图7-27中二极管是导通还是截止？并求出A0两端电压U_{A0}。设二极管为理想器件。

7-8　判断图7-28所示电路中各二极管是否导通，并求A、B两端的电压值。设二极管正向压降为0.7V。

7-9　图7-29所示的电路中，VS_1和VS_2为稳压二极管，其稳定工作电压分别为6V和7V，且具有理想的特性。求输出电压U_o为多少？

7-10　两个稳压管的稳压值$U_{Z1}=5\text{V}$，$U_{Z2}=7\text{V}$。它们的正向导通压降均为0.6V，电路在以下两种接法时，输出电压 u_o 为多少？若电路输入为正弦信号 $u_i=20\sin\omega t$ V，画出图 7-30a 输出电压的波形。

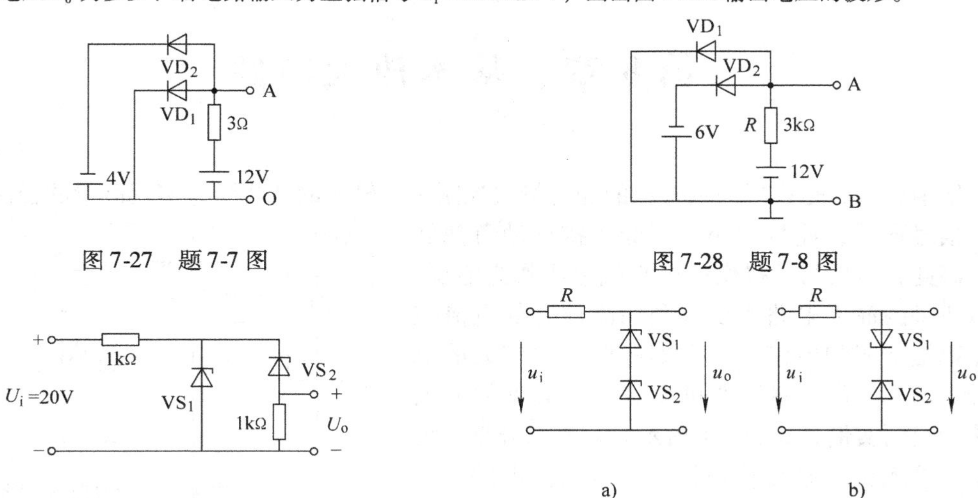

图 7-27　题 7-7 图

图 7-28　题 7-8 图

图 7-29　题 7-9 图

图 7-30　题 7-10 图

7-11　在晶体管放大电路中测得三个晶体管的各个电极的电位如图 7-31 所示。试判断各晶体管的类型（是 PNP 型管还是 NPN 型管，是硅管还是锗管），并区分 e、b、c 三个电极。

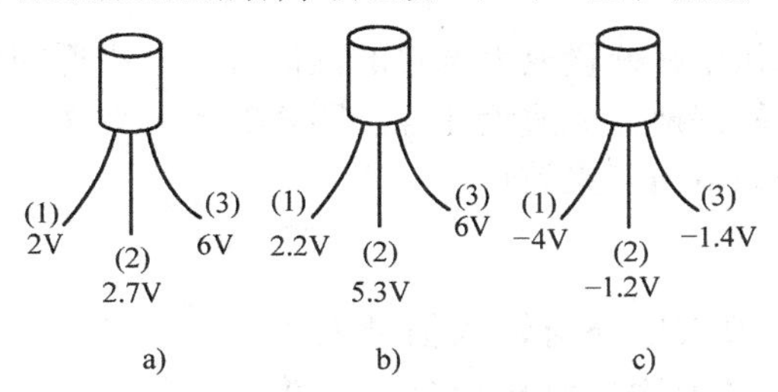

图 7-31　题 7-11 图

7-12　晶体管工作在放大区、饱和区、截止区的条件是什么？其外部性能有何特点？

第 8 章　基本放大电路

所谓放大，是指用一个较小的变化量去控制一个较大的变化量，实现能量的控制。由于输入信号微弱，能量较小，不能直接推动负载做功，因此，需要另外提供一个直流电源作为能源。本章所讲的放大电路主要是利用晶体管的电流控制作用把微弱的电信号放大到所要求的较大的电信号。例如，常见的扩音机就是一个典型的放大电路的应用实例，如图 8-1 所示。核心部分是放大电路，输入信号来自传声器，经过放大电路，把输出信号送到扬声器。

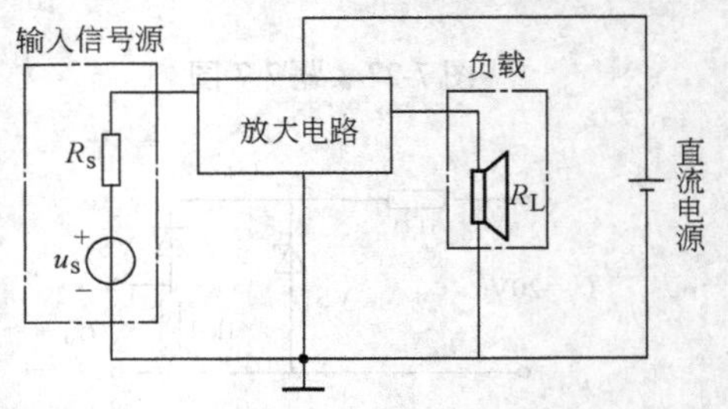

图 8-1　扩音机放大电路示意图

8.1　放大电路的性能指标

放大电路的性能指标是用来衡量放大电路的性能或质量高低的定量参数，一个放大电路必须具有优良的性能才能较好地完成放大任务。图 8-2 是反映放大电路交流性能的等效电路图。放大电路的性能常用如下指标来衡量。

1. 电压放大倍数 $\dot{A}_u$

电压放大倍数是衡量放大电路对输入信号放大能力的主要性能指标，定义为输出电压变化量与输入电压变化量之比。对正弦交流信号，为有效值相量之比。即

$$\dot{A}_u = \frac{\dot{U}_o}{\dot{U}_i} \tag{8-1}$$

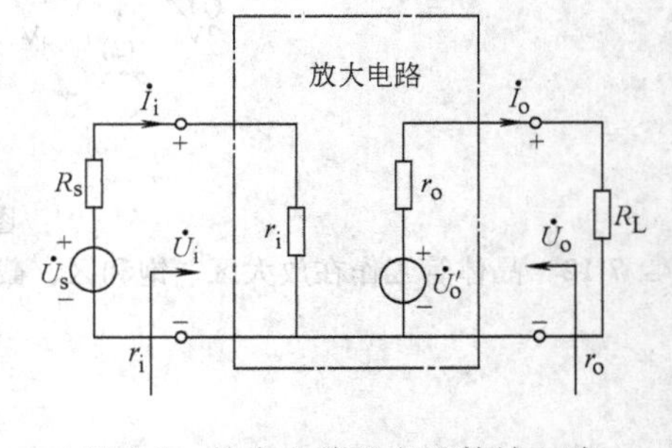

图 8-2　放大电路的交流等效电路

$\dot{A}_u$是复数，反映了输出和输入的幅值比与相位差。

放大电路的性能指标中的放大倍数除电压放大倍数外，还有电流放大倍数（输出电流与输入电流之比）和功率放大倍数（输出功率和输入功率之比）。

2. 输入电阻 r_i

放大电路的输入信号是由信号源提供的。对信号源来说，放大电路相当于它的负载，这个负载的电阻就是放大电路的输入电阻 r_i。它是从信号源两端往放大电路里边看进去的等效电阻，数值上等于放大电路的输入电压变化量与输入电流变化量之比，当输入信号为正弦交流时，为有效值相量之比。即

$$r_i = \frac{\dot{U}_i}{\dot{I}_i} \tag{8-2}$$

当信号源的 $\dot{U}_s$和 R_s 一定时，r_i 越大，放大电路从信号源中得到的输入电压 $\dot{U}_i$ 越大，信号源中流过的电流 $\dot{I}_i$ 越小，因此对信号源的影响程度就越小。

在多级放大电路中，与信号源相连接的是第一级，因此，整个放大电路的输入电阻就是第一级的输入电阻。

3. 输出电阻 r_o

放大电路的输出信号是送给负载的。对负载来说，放大电路和信号源可以由一个等效电压源替代，这个等效电压源的内阻就是放大电路的输出电阻 r_o。它等于负载开路时，从放大电路输出端往里看进去的等效电阻。用戴维南定理中求等效电阻的方法可求出 r_o。即

$$r_o = \frac{\dot{U}_o}{\dot{I}_o} \qquad (R_L\text{ 开路，}\dot{U}_s = 0) \tag{8-3}$$

也可通过实验的方法测得。当负载 R_L 开路时测得的输出电压为 $\dot{U}_o'$，接上负载 R_L 时测得的输出电压为 $\dot{U}_o$，则

$$r_o = \left(\frac{\dot{U}_o'}{\dot{U}_o} - 1\right)R_L \tag{8-4}$$

由于输出电阻 r_o 的存在，接入负载 R_L 后，输出电压将下降。r_o 越小，输出电压下降的越小，放大电路的带负载能力越强；反之，放大电路的带负载能力越差。

在多级放大电路中，与负载相连接的是最后一级，因此，整个放大电路的输出电阻就是最后一级的输出电阻。

4. 放大电路的通频带 f_{bw}

因为放大电路中有电容存在，电容的容抗随频率变化，所以，放大电路的输出电压也随频率变化而变化，因此，电压放大倍数 $\dot{A}_u$也随频率的变化而变化。电压放大倍数的模 $|\dot{A}_u|$ 随频率变化的曲线称为幅频特性曲线，如图 8-3 所示。

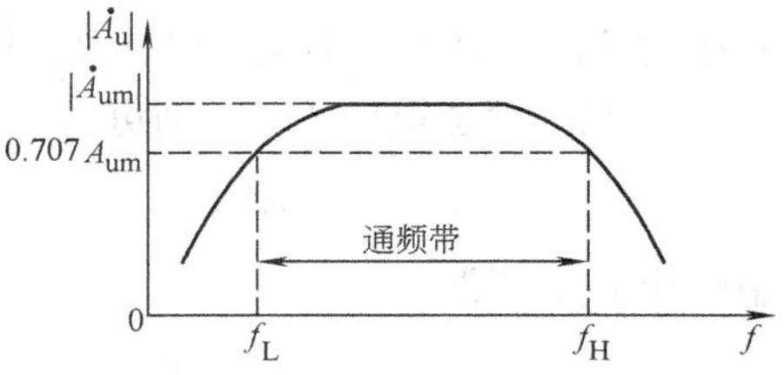

图 8-3　放大电路的幅频特性曲线

图中$|\dot{A}_{um}|$为中频段的电压放大倍数，当信号频率升高或降低，使$|\dot{A}_u|$下降至$|\dot{A}_{um}|/\sqrt{2}$时所对应的频率分别为f_H和f_L，分别称为上限截止频率和下限截止频率。两者之间的频率范围$f_H - f_L$ 称为通频带f_{BW}，即

$$f_{BW} = f_H - f_L \tag{8-5}$$

8.2　基本共射放大电路与仿真分析

8.2.1　静态分析（计算法）

1. 放大电路的组成

以 NPN 型管为核心的共射放大电路如图 8-4 所示。C_1 和 C_2 为耦合电容。作用是“隔直

通交”，一方面隔断放大电路与信号源及负载之间的直流联系，另一方面又起到交流耦合作用，保证交流信号畅通无阻地经过放大电路。电容值一般为几十微法，用的是电解电容，连接时要注意其极性。V_{CC}除了为输出信号提供能量外，它还和R_B、R_C一起为晶体管提供偏置，保证晶体管的发射结正偏、集电结反偏，使晶体管工作在放大区，起到电流放大和控制作用。

2. 静态分析

对于一个放大电路的分析主要包括两个方面：静态分析和动态分析。静态分析主要确定静态工作点，动态分析主要研究放大电路的性能指标。

当输入信号为零（$u_i=0$）时，放大电路只有直流电源作用，各处的电流和电压都是直流量，称为直流工作状态或静止状态，简称静态。此时的晶体管各极电流和极间电压分别用I_B、I_C、U_{BE}、U_{CE}表示（有的文献用I_{BQ}、I_{CQ}、U_{BEQ}、U_{CEQ}表示），它们代表着输入、输出特性曲线上的一个点，称为静态工作点，简称Q点。

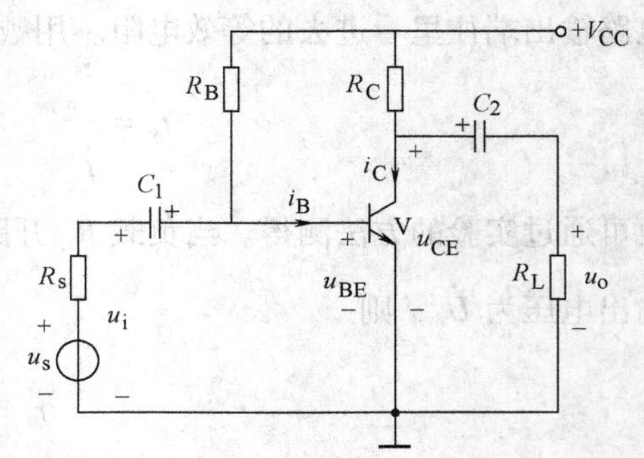

图8-4 共发射极基本放大电路

静态工作点可由估算法求得，也可由图解法确定。本章只介绍估算法。

用估算法首先要画出放大电路的直流通路。因为电容的隔直作用，所以图8-4的共发射极放大电路的直流通路如图8-5a所示。

由输入回路可知 $V_{CC}=I_BR_B+U_{BE}$

则

$$I_B=\frac{V_{CC}-U_{BE}}{R_B} \tag{8-6}$$

式中的U_{BE}，对于硅管约为0.7V，锗管约为0.2V。忽略穿透电流I_{CEO}，则可得

$$I_C=\beta I_B \tag{8-7}$$

由输出回路可得

$$U_{CE}=V_{CC}-I_CR_C \tag{8-8}$$

此式也称直流负载线。

根据式（8-6）~式（8-8）就可以估算出放大电路的静态工作点。求出静态工作点后，还可以在输入、输出特性曲线上标注工作点，如图8-5b所示。

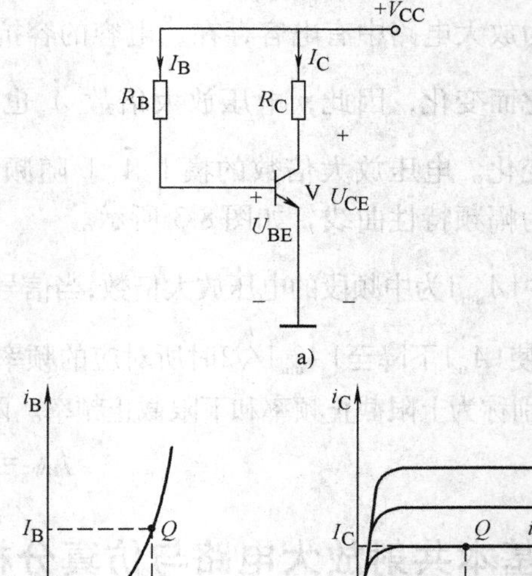

图8-5 共发射极放大电路的直流通路和静态工作点

例8-1 在图8-4中，已知$V_{CC}=12\text{V}$，$R_B=500\text{k}\Omega$，$R_C=3\text{k}\Omega$，$\beta=100$，晶体管为硅管，求静态工作点I_B、I_C、U_{CE}；讨论晶体管是否工作在放大区。

解 由式（8-6）~式（8-8）可得

$$I_B=\frac{V_{CC}-U_{BE}}{R_B}=\left(\frac{12-0.7}{500\times10^3}\right)\text{mA}=0.0226\text{mA}$$

$$I_C=\beta I_B=100\times0.0226\text{mA}=2.26\text{mA}$$

$$U_{CE}=V_{CC}-I_CR_C=(12-2.26\times3)\text{V}=5.2\text{V}$$

因为 $U_{BE}<U_{CE}<V_{CC}$，故晶体管处于放大区。

如果将偏流电阻 R_B 的值改为200kΩ，其结果将会怎样？请读者自行分析。

在放大电路中，字母的不同写法代表着不同的含义，常用的如下：

1）小写的字母，小写的下角标，表示瞬时值，如 i_b、i_c、u_{be}、u_{ce}、u_o 等。

2）大写字母，大写下角标，表示直流量，如 I_B，I_C，U_{BE}，U_{CE}。

3）大写字母，小写下角标，表示交流量的有效值，如 U_i，U_o 等。

4）小写字母，大写下角标，表示交流分量和直流分量叠加的总量，如 $i_B=I_B+i_b$，$i_C=I_C+i_c$，$u_{CE}=U_{CE}+u_{ce}$，$u_{BE}=U_{BE}+u_{be}$。

8.2.2　动态分析（微变等效电路法）

动态分析有图解分析法和微变等效电路分析法。本章只介绍微变等效电路分析法。

1. 晶体管的微变等效电路

（1）基本概念　微变是指信号变化范围小，小信号。在此范围内，晶体管的 u、i 变化量之间的关系基本上是线性的，可以用一个等效的线性电路来替代。等效是指从三个引出端看进去，其电压与电流的变化和原来的一样。

（2）简化的微变等效电路　虽然晶体管的输入特性曲线是非线性的，但当输入信号很小时，在 Q 点附近的工作段可认为是直线。则 Δu_{BE} 与 Δi_B 成正比，其比值可用线性电阻 r_{be} 表示，r_{be} 称为晶体管的输入电阻。

$$r_{be}=\left.\frac{\Delta u_{BE}}{\Delta i_B}\right|_{u_{CE}=\text{常数}}=\left.\frac{u_{be}}{i_b}\right|_{u_{ce}=0} \tag{8-9}$$

同理在小信号的条件下，晶体管的输出电阻 r_{ce} 也是一个常数：

$$r_{ce}=\left.\frac{\Delta u_{CE}}{\Delta i_C}\right|_{i_B=\text{常数}}=\left.\frac{u_{ce}}{i_c}\right|_{i_b=0} \tag{8-10}$$

则图8-6a 的晶体管可由8-6b 的线性模型替代，由于 r_{ce} 的阻值很高（在几百千欧左右），故可以视其开路忽略不计，这样就可得到简化的微变等效电路，如图8-6c 所示。

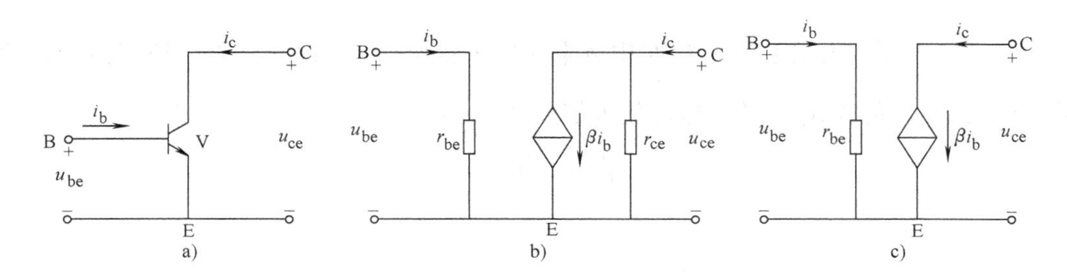

图8-6　晶体管及其微变等效电路

对于低频小功率的晶体管，输入电阻 r_{be} 常用下式估算（I_E 的单位为 mA）：

$$r_{be}=300\Omega+(1+\beta)\frac{26\text{mV}}{I_E} \tag{8-11}$$

2. 放大电路的微变等效电路分析法

图8-4所示的共射放大电路的微变等效电路如图8-7所示。根据此电路可求出放大电路的性能指标 $\dot{A}_u$、r_i、r_o。

（1）电压放大倍数 $\dot{A}_u$　由图可知：

$$\dot{U}_i=\dot{I}_b r_{be}$$

$$\dot{U}_o=-\dot{I}_c(R_C/\!/R_L)=-\beta\dot{I}_b R_L'$$

式中，$R_L'=R_C/\!/R_L$。

则由式（8-1）可得

$$\dot{A}_u=\frac{\dot{U}_o}{\dot{U}_i}=\frac{-\beta\dot{I}_b R_L'}{\dot{I}_b r_{be}}=-\beta\frac{R_L'}{r_{be}} \tag{8-12}$$

式中的负号表示输出电压与输入电压的相位相反。

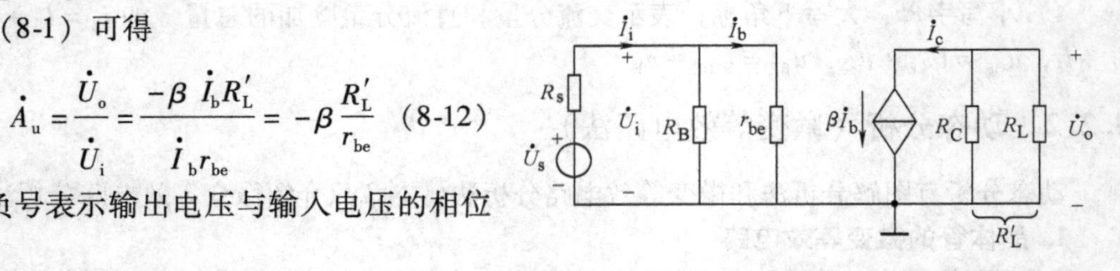

图8-7　共射放大电路的微变等效电路

（2）输入电阻 r_i　由图可知：

$$\dot{I}_i=\dot{I}_{RB}+\dot{I}_b=\frac{\dot{U}_i}{R_B}+\frac{\dot{U}_i}{r_{be}}$$

则由式（8-2）可得

$$r_i=\frac{\dot{U}_i}{\dot{I}_i}=R_B/\!/r_{be} \tag{8-13}$$

（3）输出电阻 r_o　用戴维南定理中求等效电阻的方法，令 $\dot{U}_s=0$，负载 R_L 开路。加电压 $\dot{U}$，求电流 $\dot{I}$。因为 $\dot{U}_s=0$，则 $\dot{I}_b=0$，则可得

$$r_o=\frac{\dot{U}}{\dot{I}}=R_C/\!/r_{ce}\approx R_C \tag{8-14}$$

（4）关于电压放大倍数　$\dot{A}_u$ 也叫中频电压放大倍数 $\dot{A}_{um}$。除它之外，还有信号源的电压放大倍数 $\dot{A}_{us}$，负载 R_L 开路的电压放大倍数 $\dot{A}_{u0}$。由于

$$\dot{U}_i=\frac{r_i}{r_i+R_s}\dot{U}_s$$

则可得

$$\dot{A}_{us}=\frac{\dot{U}_o}{\dot{U}_s}=\frac{\dot{U}_o}{\frac{R_s+r_i}{r_i}\dot{U}_i}=\frac{r_i}{R_s+r_i}\dot{A}_u \tag{8-15}$$

而对于空载（$R_L \to \infty$）

$$\dot{A}_{u0} = -\beta \frac{R_C}{r_{be}} \tag{8-16}$$

例 8-2　放大电路如图 8-8a 所示，$R_B = 270\text{k}\Omega$，$R_C = R_L = 3\text{k}\Omega$，$R_s = 500\Omega$，$\beta = 70$，$V_{CC} = 12\text{V}$，晶体管为硅管。试求：

1）放大电路的静态工作点。

2）画微变等效电路。

3）放大电路的输入电阻 r_i。

4）放大电路的输出电阻 r_o。

5）电压放大倍数 $\dot{A}_{um}$、$\dot{A}_{u0}$、$\dot{A}_{us}$。

解　1）由式（8-6）～式（8-8）可得

$$I_B = \frac{V_{CC} - U_{BE}}{R_B} = \frac{12 - 0.7}{270 \times 10^3}\text{A} = 42\mu\text{A}$$

$$I_C = \beta I_B = 70 \times 42\mu\text{A} = 2.9\text{mA}$$

$$U_{CE} = U_{CC} - I_C R_C = (12 - 2.9 \times 3)\text{V} = 3.3\text{V}$$

2）微变等效电路如图 8-8b 所示。

3）由式（8-11）和式（8-13）可得

$$r_{be} = 300\Omega + (1+\beta)\frac{26\text{mV}}{I} = \left(300 + 71 \times \frac{26}{2.9}\right)\Omega = 0.94\text{k}\Omega$$

$$r_i = R_B // r_{be} = (270 // 0.94)\Omega \approx 0.94\text{k}\Omega$$

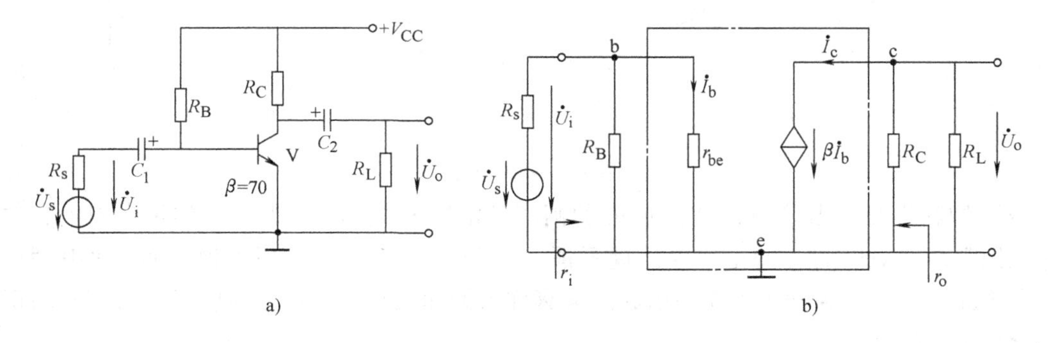

图 8-8　例 8-2 图

4）由式（8-14）可得

$$r_o \approx R_C = 3\text{k}\Omega$$

5）由式（8-12）、式（8-15）和式（8-16）可得

$$\dot{A}_{um} = -\beta \frac{R_L'}{r_{be}} = -70 \times \frac{3 // 3}{0.94} = -110$$

$$\dot{A}_{u0} = -\beta \frac{R_C}{r_{be}} = -70 \times \frac{3}{0.94} = -220$$

$$\dot{A}_{us} = \frac{r_i}{R_s + r_i}\dot{A}_u = \frac{0.94}{0.5 + 0.94} \times (-110) = -72$$

可见由于输入电阻 r_i 较小，与信号源的内阻 R_s 相比相差不大，使 $\dot{A}_{us}$ 明显减小，对电压放大倍数有影响。

8.2.3　共射放大电路的波形失真与仿真分析

1. 波形失真

波形失真是指输出信号的波形与输入信号的波形不再相似，这是放大电路应该尽量避免的。由于晶体管工作在特性曲线的非线性区域引起的失真称为非线性失真。当静态工作点选择不当（过低或过高）或输入信号的幅度较大时，部分输出信号进入非线性区域，产生失真。进入截止区的为截止失真，进入饱和区的为饱和失真。

（1）截止失真　在图8-9a中，由于 Q 点过低，而 u_i 的幅值又相对比较大，所以在 u_i 的负半周里出现 u_{BE} 小于死区电压的部分，使 i_b 的负半周出现平顶。对应 i_c 的负半周出现平顶，$u_{ce}(u_o)$ 的正半周也出现平顶，如图8-9b所示。这种由于晶体管进入截止区工作而引起的失真称为截止失真。特点是对应于输入信号的负半周部分出现了平顶失真。

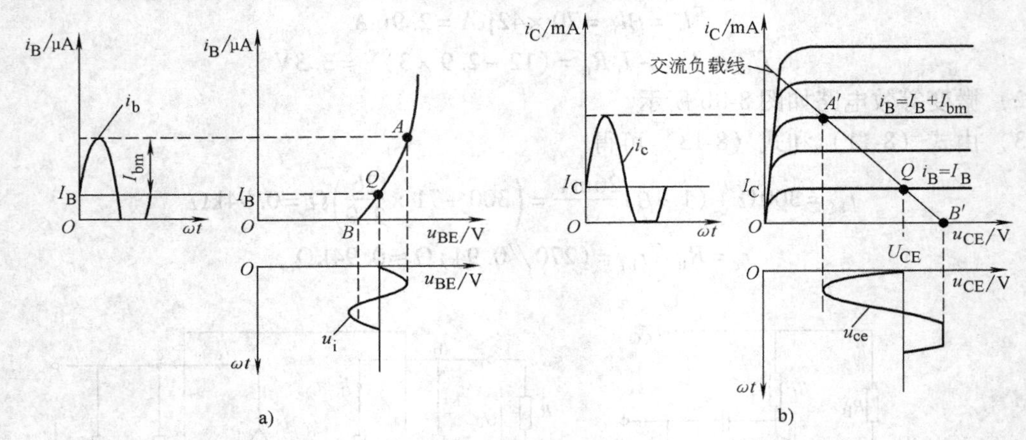

图8-9　截止失真

（2）饱和失真　当 Q 点过高，而 u_i 的幅值又相对比较大时，则在 u_i 的正半周里有的部分进入饱和区，对应的 i_c 的正半周出现平顶，$u_{ce}(u_o)$ 的负半周出现平顶，如图8-10所示。这种由于晶体管进入饱和区工作而引起的失真称为饱和失真。特点是对应于输入信号的正半周部分出现了平顶失真。

需要说明的是：如果输入信号的幅度过大，有可能同时出现截止失真和饱和失真。

2. 静态工作点稳定的共射放大电路

如前所述，如果静态工作点设置不当，就有可能引起非线性失真，影响放大性能。前图8-4所示的放大电路中，偏置电流

$$I_B = \frac{V_{CC} - U_{BE}}{R_B} \approx \frac{V_{CC}}{R_B}$$

当 R_B 一经选定后，I_B 也就固定不变。此种电路称为固定偏置放大电路。但在这种电路中，当更换晶体管或温度发生变化，都将会引起晶体管的参数（I_{CBO}，U_{BE}，β）发生变化，进而使静态 I_C 发生变化，从而引起非线性失真。

由于固定偏置放大电路本身的限制，不能稳定静态工作点。为此，常采用如图8-11a所示的分压式偏置放大电路，R_{B1}、R_{B2}构成偏置电路，同时在射极加R_E和旁路电容C_E。其直流通路如图8-11b所示。

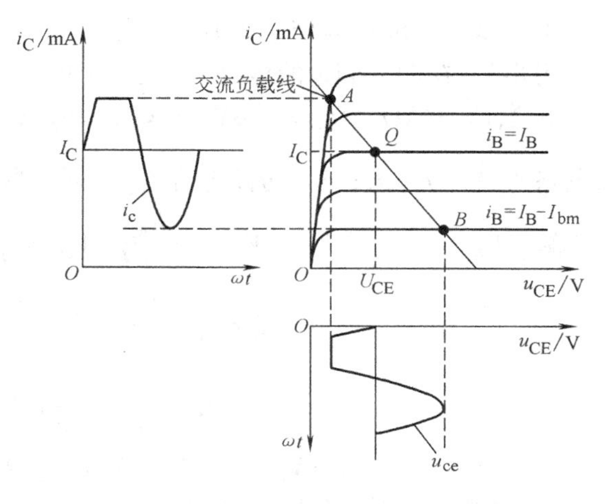

图8-10 饱和失真

由图8-11b可列出

$$I_1 = I_2 + I_B$$

如果使

$$I_2 >> I_B \tag{8-17}$$

其

$$I_1 \approx I_2 \approx \frac{V_{CC}}{R_{B1} + R_{B2}}$$

则基极电位

$$V_B = I_2 R_{B2} = \frac{R_{B2}}{R_{B1} + R_{B2}} V_{CC} \tag{8-18}$$

可认为V_B与晶体管的参数无关，不受温度影响。

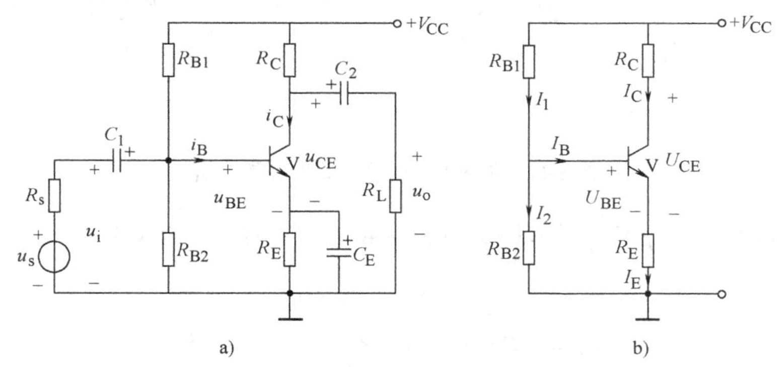

图8-11 分压式偏置放大电路

同时由图8-11b也可得出

$$U_{BE} = V_B - V_E = V_B - I_E R_E \tag{8-19}$$

如果使

$$V_B >> U_{BE} \tag{8-20}$$

则

$$I_C \approx I_E = \frac{V_B - U_{BE}}{R_E} \approx \frac{V_B}{R_E} \tag{8-21}$$

也可认为静态值I_C不受温度影响。

因此，只要满足式（8-17）和式（8-20）两个条件，V_B和I_E或I_C就与晶体管的参数几乎无关，不受温度变化的影响，从而静态工作点得以基本稳定。实质是：由式（8-19）可知，当由于某种原因使I_C增大时，R_E上的压降$I_E R_E$也增大，就会使U_{BE}减小，从而使I_B减小，进而使I_C减小，反之亦然。工作点得以稳定。

对于硅管而言，在估算时一般取$I_2 = (5 \sim 10) I_B$和$V_B = (5 \sim 10) U_{BE}$。对于锗管而言，

$I_2 = (10 \sim 20) I_B$ 和 $V_B = (5 \sim 10) U_{BE}$。

例 8-3 在图 8-11a 的电路中，已知 $V_{CC}=12V$，$R_{B1}=20k\Omega$，$R_{B2}=10k\Omega$，$R_C=2k\Omega$，$R_E=2k\Omega, R_L=6k\Omega$，$U_{BE}=0.6V$，$\beta=40$。1）试求静态值；2）画出微变等效电路；3）计算该电路的 $\dot{A}_u$、r_i、r_o；4）旁路电容 C_E 断开（脱焊），计算 $\dot{A}_u$、r_i、r_o。

解 1）

$$V_B = \frac{R_{B2}}{R_{B1}+R_{B2}}V_{CC} = \frac{10}{20+10} \times 12V = 4V$$

$$I_C \approx I_E = \frac{V_B - U_{BE}}{R_E} = \frac{4-0.6}{2}mA = 1.7mA$$

$$I_B = \frac{I_C}{\beta} = \frac{1.7}{40}mA = 0.0425mA$$

$$U_{CE} = V_{CC} - I_C(R_C + R_E) = [12 - 1.7 \times (2+2)]V = 5.2V$$

2）微变等效电路如图 8-12 所示。

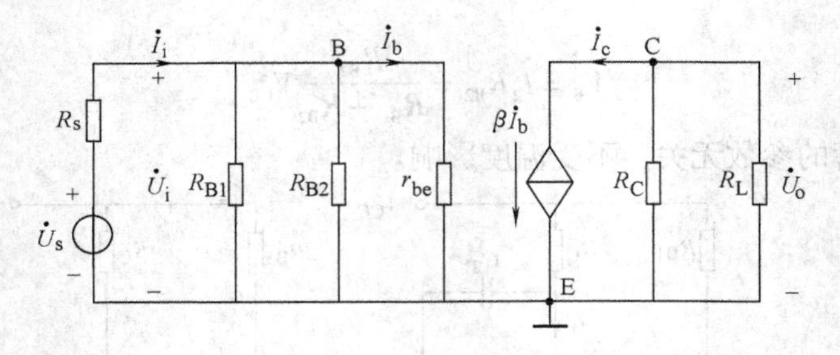

图 8-12 图 8-11a 电路的微变等效电路

3）$r_{be} = 300\Omega + (1+\beta)\dfrac{26mV}{I_E} = \left[300 + (1+40) \times \dfrac{26}{1.7}\right]\Omega \approx 0.93k\Omega$

$$\dot{A}_u = -\beta\frac{R_L'}{r_{be}} = -40 \times \frac{\frac{2\times6}{2+6}}{0.93} = -64.5$$

$$r_i = R_{B1} // R_{B2} // r_{be} \approx 0.82k\Omega$$

$$r_o \approx R_C = 2k\Omega$$

4）当 C_E 断开时的微变等效电路如图 8-13 所示。

由图可得

$$\dot{U}_i = \dot{I}_b r_{be} + \dot{I}_e R_E = \dot{I}_b[r_{be} + (1+\beta)R_E]$$

$$\dot{U}_o = -\beta\dot{I}_b(R_C // R_L)$$

则可得

$$\dot{A}_u = \frac{\dot{U}_o}{\dot{U}_i} = -\beta\frac{R_C // R_L}{r_{be} + (1+\beta)R_E} \tag{8-22}$$

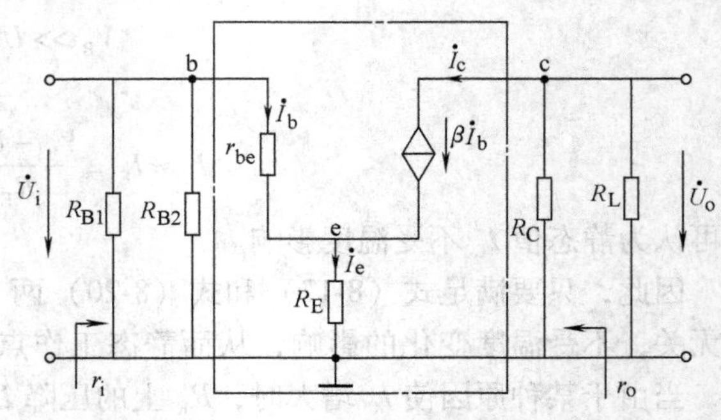

图 8-13 C_E 断开时的微变等效电路

代入数值得

$$\dot{A}_u = -40 \times \frac{\frac{2\times6}{2+6}}{0.93+(1+40)\times2} = -0.72$$

可见,电压放大倍数大大降低,由此可看出旁路电容 C_E 的重要。

同理可求得 r_i 和 r_o:

$$r_i = R_{B1} /\!/ R_{B2} /\!/ [r_{be} + (1+\beta)R_E] \quad (8\text{-}23)$$

代入数值得

$$r_i = 6.17\text{k}\Omega$$

可见输入电阻增大。

$$r_o \approx R_C = 2\text{k}\Omega$$

而输出电阻基本保持不变。

3. 用 EDA 软件对共射放大电路进行仿真分析

基本共射放大电路及参数如图 8-14 所示，晶体管的 $\beta=100$，测量各静态值并观察电路的输入输出波形。

在 EWB 中创建共射放大电路，先调整静态工作点，将电位器调节至 45%，断开输入信号，各静态值的仿真结果如图 8-15 所示。

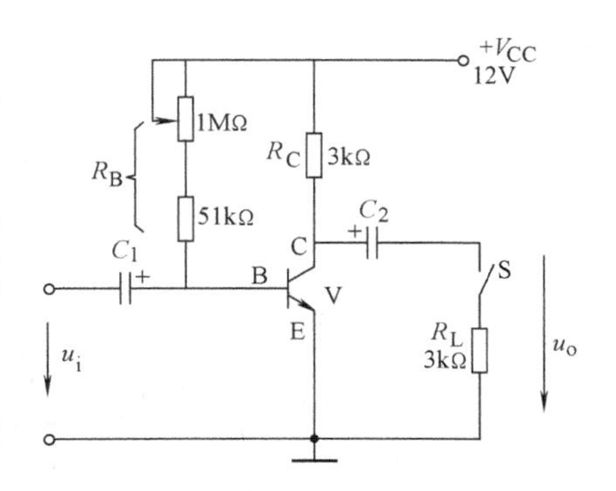

图 8-14　基本共射放大电路

调节信号发生器，使输入信号 u_i 的幅值为 9mV，将负载 R_L 接上和断开时的电路的输入输出仿真值分别如图 8-16a、b 所示。

保持 u_i 不变，用示波器观察的输入输出波形仿真图如图 8-17 所示。如果将电位器调节至 15%，输出信号出现饱和失真，仿真图如图 8-18 所示。

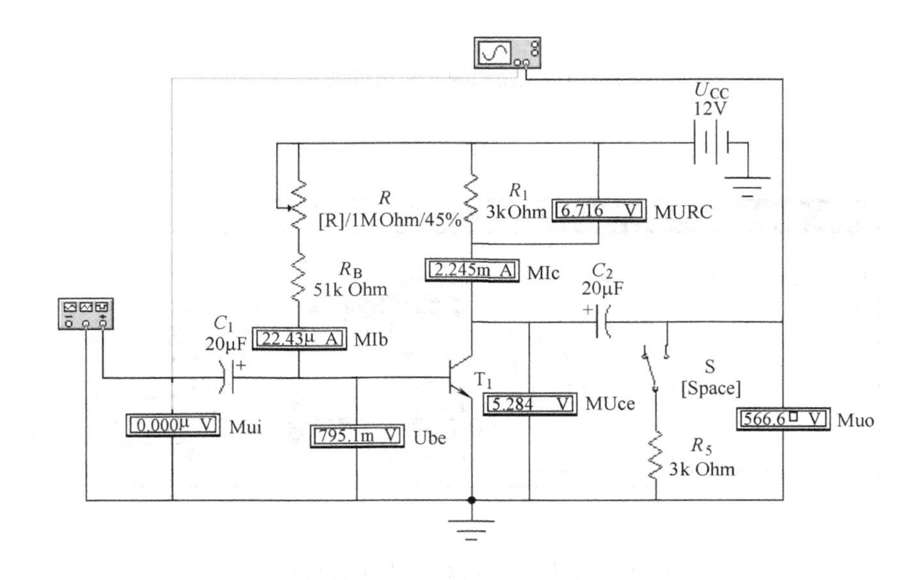

图 8-15　共射放大电路的静态值的仿真

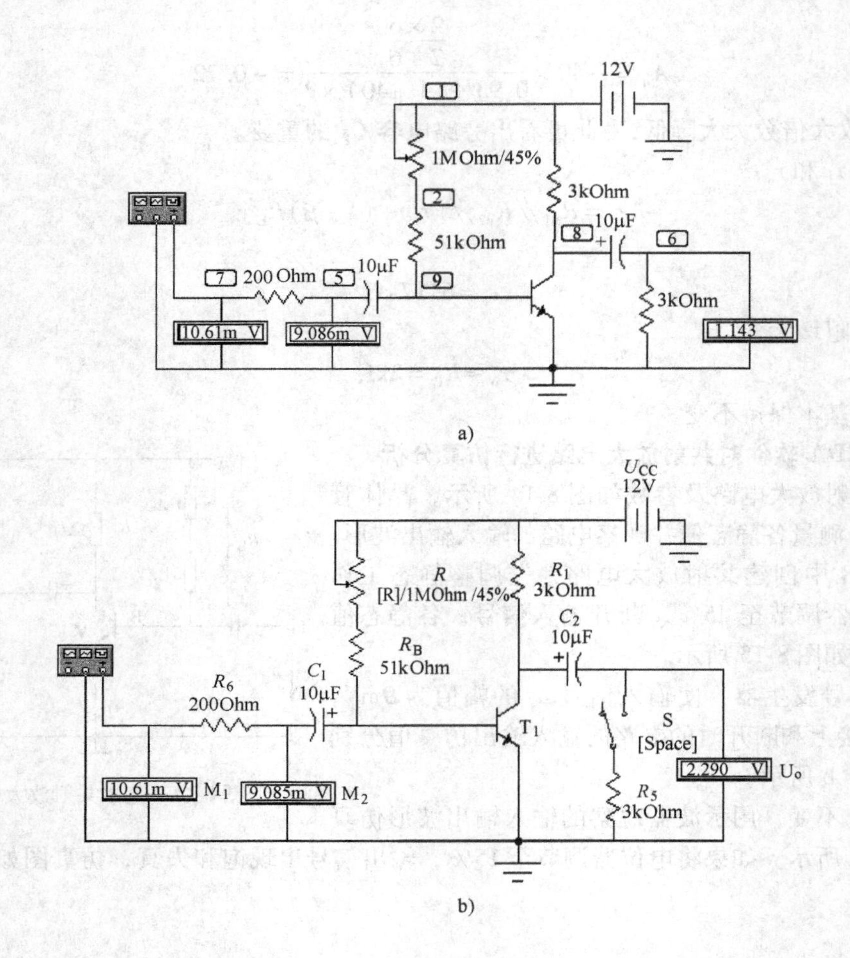

图 8-16　电路的输入输出仿真值

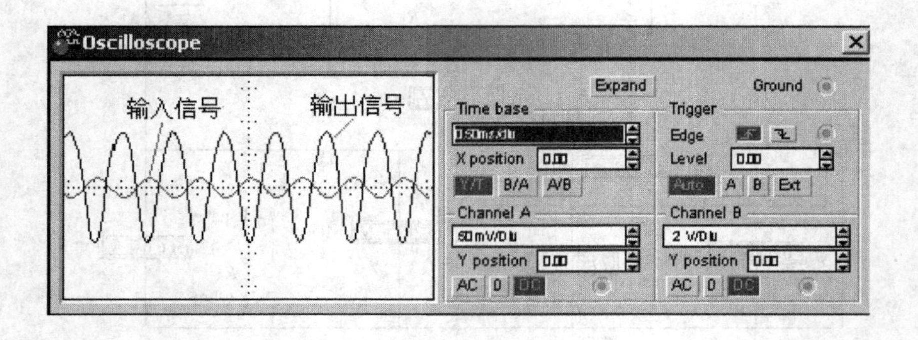

图 8-17　放大电路的输入输出波形仿真图

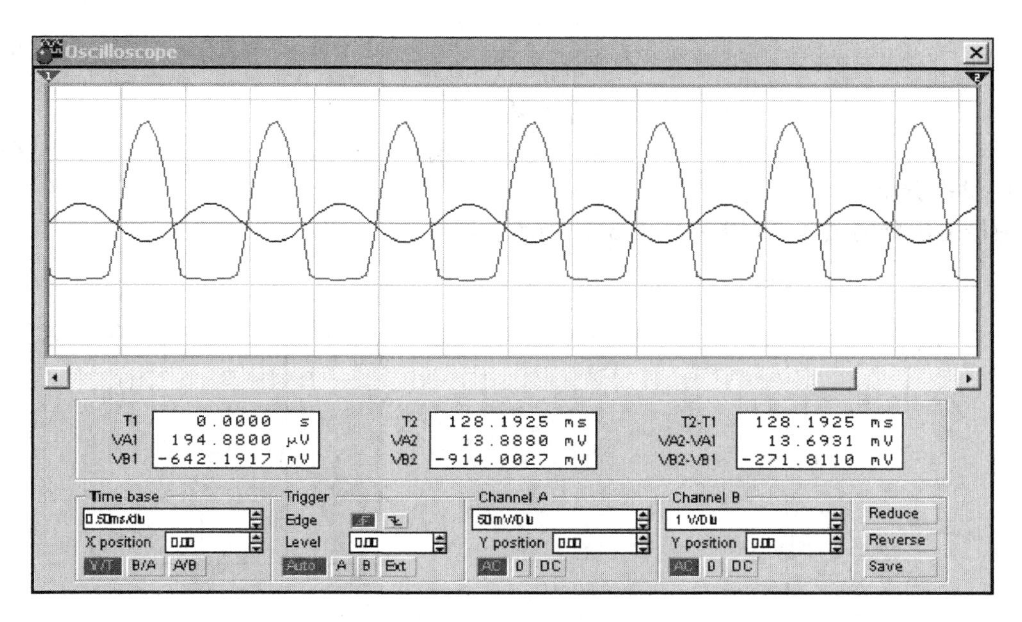

图 8-18　放大电路饱和失真时的波形仿真图

8.3　共集放大电路的特点与仿真分析

1. 共集电极放大电路的组成

共集电极电路如图 8-19a 所示。图中各元器件的功能与共射放大电路一样。图 8-19b 是其交流通路，可见输入信号 $\dot{U}_s$加到基极—集电极之间；输出信号 $\dot{U}_o$取自发射极—集电极之间，因此集电极是输入回路和输出回路的公共地端，故得名该电路叫共集电极电路。由于输出信号从发射极取出来，故又叫“射极输出器”。

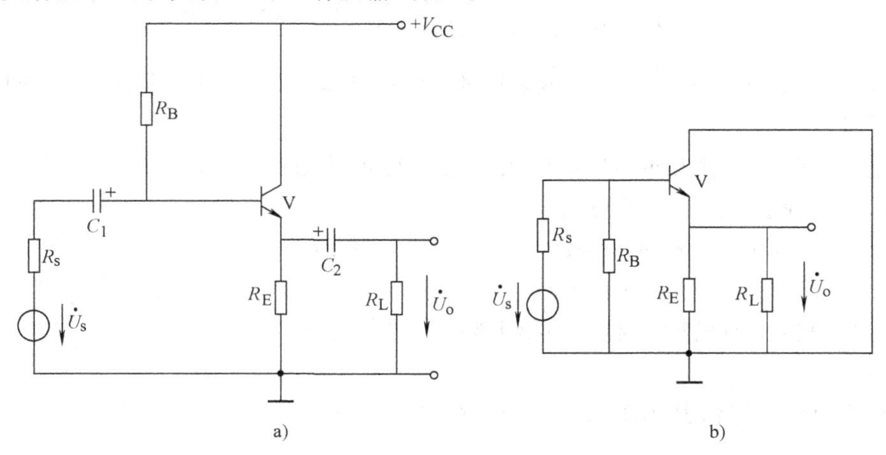

图 8-19　共集电极电路和交流通路

2. 静态分析

射极输出器的直流通路如图 8-20 所示。由图可得

$$I_B = \frac{V_{CC} - U_{BE}}{R_B + (1+\beta)R_E} \tag{8-24}$$

$$I_C = \beta I_B \approx I_E$$

$$U_{CE} = V_{CC} - I_E R_E \tag{8-25}$$

3. 动态分析

射极输出器的微变等效电路如图 8-21 所示。

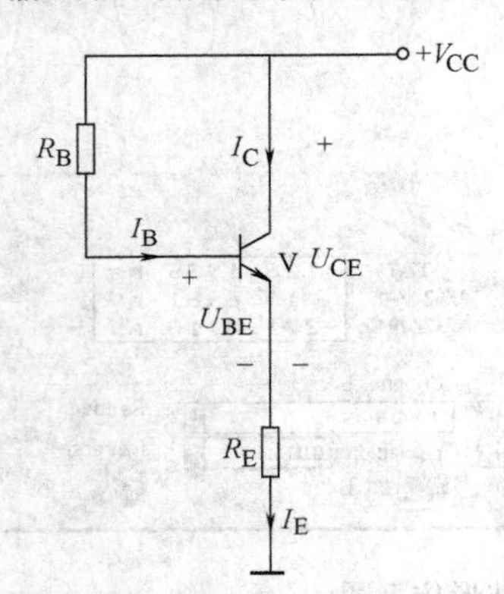

图 8-20　射极输出器的直流通路

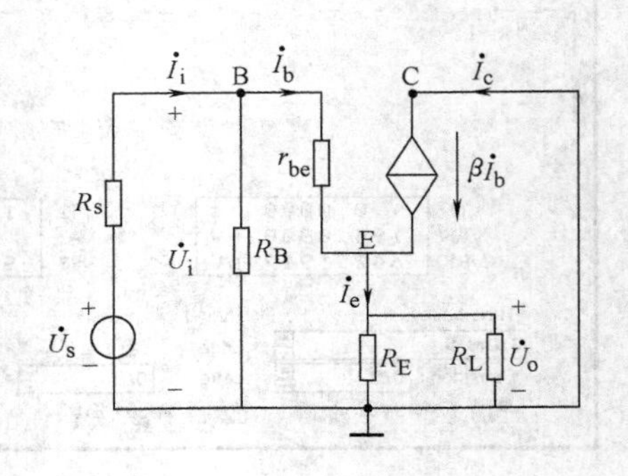

图 8-21　射极输出器的微变等效电路

（1）电压放大倍数 $\dot{A}_u$　由图 8-21 所示的射极输出器的微变等效电路可得

$$\dot{U}_o = R_L' \dot{I}_e = (1+\beta) R_L' \dot{I}_b$$

式中

$$R_L' = R_E /\!/ R_L$$

$$\dot{U}_i = r_{be} \dot{I}_b + R_L' \dot{I}_e = r_{be} \dot{I}_b + (1+\beta) R_L' \dot{I}_b$$

$$\dot{A}_u = \frac{\dot{U}_o}{\dot{U}_i} = \frac{(1+\beta) R_L' \dot{I}_b}{r_{be} \dot{I}_b + (1+\beta) R_L' \dot{I}_b} = \frac{(1+\beta) R_L'}{r_{be} + (1+\beta) R_L'} \tag{8-26}$$

因 $r_{be} << (1+\beta) R_L'$，故 $\dot{U}_o \approx \dot{U}_i$，两者同相，大小基本相等。但 U_o 略小于 U_i，即 $|\dot{A}_u|$ 接近 1，但恒小于 1。

（2）输入电阻 r_i　射极输出器的输入电阻 r_i 也可从图 8-21 所示的微变等效电路经过计算得出，即

$$r_i = R_B /\!/ [r_{be} + (1+\beta) R_L'] \tag{8-27}$$

其阻值很高，可达几十千欧到几百千欧。

（3）输出电阻　射极输出器的输出电阻 r_o 可从图 8-22 的电路求出。

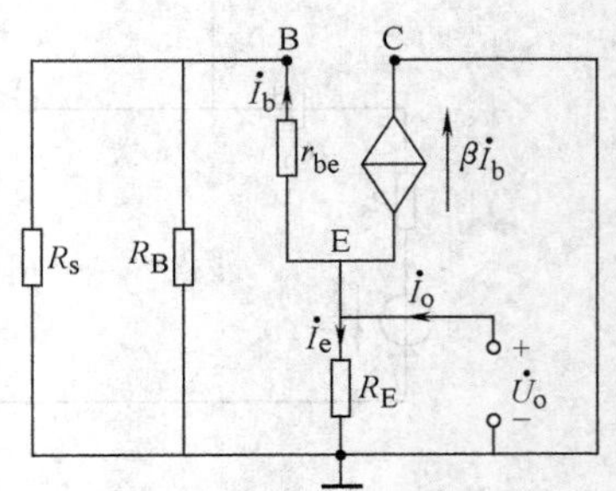

图 8-22　计算 r_o 的等效电路

将信号源短路，保留其内阻 R_s，R_s 与 R_B 并联后的等效电阻为 R_s'。在输出端将 R_L 去掉，加一交流电压 $\dot{U}_o$，产生电流 $\dot{I}_o$：

$$\dot{I}_o = \dot{I}_b + \beta\dot{I}_b + \dot{I}_e = \frac{\dot{U}_o}{r_{be}+R_s'} + \beta\frac{\dot{U}_o}{r_{be}+R_s'} + \frac{\dot{U}_o}{R_E}$$

$$r_o = \frac{\dot{U}_o}{\dot{I}_o} = \frac{1}{\dfrac{1+\beta}{r_{be}+R_s'} + \dfrac{1}{R_E}}$$

所以

$$r_o = R_E // \frac{r_{be} + (R_s // R_B)}{1+\beta} \tag{8-28}$$

可见射极输出器的输出电阻是很低的，由此也说明射极输出器具有恒压输出特性。

4. 共集电极放大电路的特点

1）电压放大倍数 $\dot{A}_u \to 1$，表示输出电压 $\dot{U}_o$与输入电压 $\dot{U}_i$同相位，并且值近似相等，即输出电压跟随输入电压。

2）输入电阻 r_i 很大，同时与负载电阻 R_L 有关。

3）输出电阻 r_o 很小，与信号源内阻 R_s 有关。

4）虽然它没有电压放大，却有电流放大能力。其电流放大倍数 $\dot{A}_i = \dfrac{\dot{I}_o}{\dot{I}_i} = (1+\beta)\dfrac{R_E}{R_E+R_L}$，所以有功率放大能力。

5. 共集电极放大电路的应用

共集电极电路具有输入电阻高，输出电阻低的特点，在与共射电路组合构成多级放大电路时，它可以用作输入级、中间级或输出级，借以提高放大电路的性能。

（1）用作输入级　由于共集电路的输入电阻很高，用作多级放大电路的输入级时，可以提高整个放大电路的输入电阻，因此输入电流很小，减轻了信号源的负担，在测量仪器中应用，提高其测量精度。

（2）用作输出级　因其输出电阻很小，用作多级放大的输出级时，可以大大提高多级放大电路带负载的能力。

（3）用作中间级　在多级放大电路中，有时前后两级间的阻抗匹配不当，影响了放大倍数的提高。如在两级之间加入一级共集电路，它能够起到阻抗变换，即：前一级放大电路的外接负载正是共集电路的输入电阻，这样前级的等效负载提高了，从而使前一级电压放大倍数提高；它的输出却是后级的信号源，由于输出电阻很小，使后一级接受信号能力提高，即电压放大倍数增加，从而整个放大电

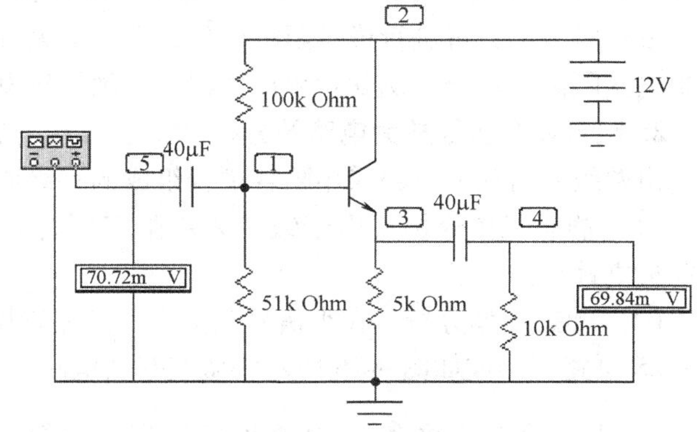

图 8-23　射极输出器仿真电路

路的电压放大倍数提高。

6. 用 EDA 软件对射极输出器进行仿真分析

射极输出器即共集放大电路及参数如图 8-23 所示。晶体管的 $\beta=100$，调节信号发生器，测出输入信号和输出信号的仿真值。

由图可知，电压放大倍数为 69.84/70.72 = 0.99，与实际相符。

观察各点的波形。1、3、4、5 点的波形如图 8-24 所示。5 为输入波形（为了便于观看，纵轴提高 1V），4 点为输出波形，由图可知，输出信号与输入信号同相位，这也与实际相符。

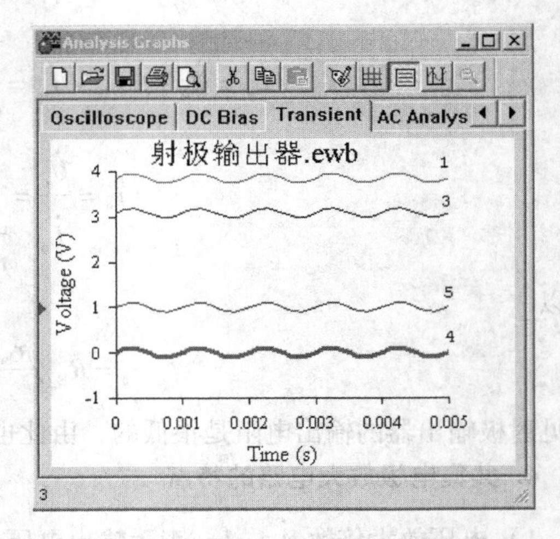

图 8-24　图 8-23 电路各点的波形

8.4　多级放大电路的分析方法

前面介绍的单级放大电路，其电压放大倍数一般在几十至几百倍。对于实际需要来说，为了获得更大的电压放大倍数，要把几个单级放大电路级联起来构成多级放大电路。

1. 多级放大电路的耦合方式

为了保证每级放大电路均能正常工作，使信号不失真地逐级放大和传送，级与级之间要采用合适的连接方式，即“耦合”。通常分阻容（*RC*）耦合、直接耦合、变压器耦合三种耦合方式。

（1）阻容耦合　前面讨论的三种基本放大电路都是阻容耦合方式。其特点是：各级的静态工作点彼此独立，互不影响；只能放大交流信号，不能放大缓慢的直流信号；在分立元器件组成的放大电路中普遍使用。

（2）直接耦合方式　前后级间直接耦合，因此各级的静态工作点相互有影响；它不仅能放大交流信号，还能放大直流和缓慢变化的电信号；在集成电路中普遍使用。

（3）变压器耦合方式　前后级间采用变压器耦合，因此各级的静态工作点彼此独立计算；改变匝数比，可进行最佳阻抗匹配，得到最大输出功率；常用在功率放大的场合，或者需要电压隔离的场合，例如功率放大器、晶闸管触发电路等。

2. 阻容耦合多级放大电路的分析

由两级共射放大电路采用阻容耦合组成的多级放大电路，如图 8-25 所示。

（1）静态工作分析　由于级间采用阻容耦合方式，所以各级的静态工作点互不影响，彼此独立计算。

（2）动态工作分析　在小信号范围内，晶体管用线性化了的 *h* 参数微变等效电路替代，图 8-25 电路可绘成如图 8-26 所示的微变等效电路。

1）电压放大倍数 $\dot{A}_u$　由图 8-26 可以看出第二级的输入电阻 r_{i2} 相当前级的外接负载 R_{L1}，即 $R_{L1}=r_{i2}$。

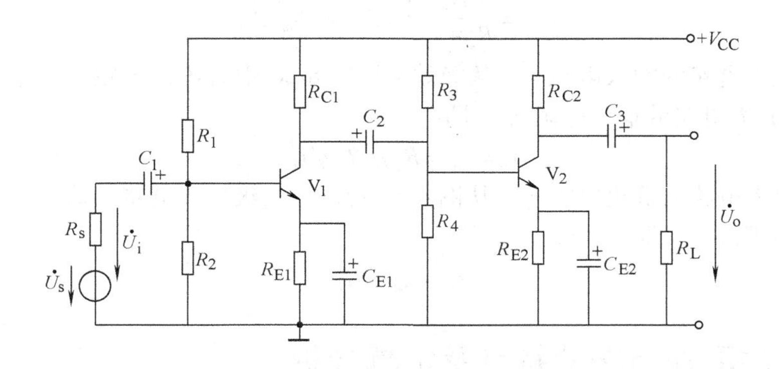

图 8-25　两级阻容耦合放大电路

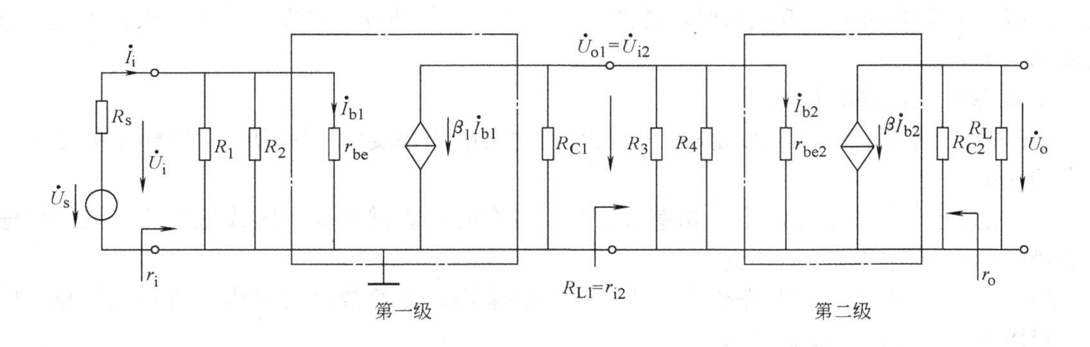

图 8-26　图 8-25 两级放大电路的微变等效电路

因此

$$\dot{A}_{u1}=\frac{\dot{U}_{o1}}{\dot{U}_i}=-\frac{\beta_1(R_{C1}/\!/r_{i2})}{r_{be1}}$$

式中

$$r_{i2}=R_3/\!/R_4/\!/r_{be2}$$

同理

$$\dot{A}_{u2}=-\frac{\dot{U}_o}{\dot{U}_{i2}}=-\frac{\beta_2(R_{C2}/\!/R_L)}{r_{be2}}$$

所以

$$\dot{A}_u=\frac{\dot{U}_o}{\dot{U}_i}=\frac{\dot{U}_{o1}}{\dot{U}_i}\frac{\dot{U}_o}{\dot{U}_{o1}}=\frac{\dot{U}_{o1}}{\dot{U}_i}\frac{\dot{U}_o}{\dot{U}_{i2}}=\dot{A}_{u1}\dot{A}_{u2} \tag{8-29}$$

显然总的电压放大倍数 $\dot{A}_u$ 等于每级电压放大倍数 $\dot{A}_{u1}\dot{A}_{u2}\cdots$连乘积。

如果考虑信号源内阻 R_s 时，则有

$$\dot{A}_{us}=\frac{r_i}{R_s+r_i}\dot{A}_{u1}\dot{A}_{u2}=\dot{A}_{us1}\dot{A}_{u2} \tag{8-30}$$

2）多级放大电路的输入电阻 r_i 从等效电路图 8-26 中看出，多级放大电路的输入电阻 R_i 就是第一级放大电路的输入电阻 r_{i1}。即

$$r_i=r_{i1}=R_1//R_2//r_{be1} \tag{8-31}$$

3）多级放大电路的输出电阻 r_o 从图 8-26 看出，多级放大电路的输出电阻 r_o 就是最末级电路的输出电阻 r_{oN}，即

$$r_o=r_{o2}=R_{C2} \tag{8-32}$$

8.5 OCL 功率输出级的特点及仿真分析

在多级放大电路的末级，有时还有末前级，一般需要设置功率放大电路，简称为功放。因为多级放大电路的末端负载需要足够的功率推动。例如使扬声器发声、电动机转动或记录仪表工作等。

1. 功率放大电路的特点

1）输入、输出的电压幅度都较大，尤其是输出电流幅度大。因为只有这样才能输出足够大的功率。

2）在大幅度信号的作用下，功率管的工作点有时可能进入饱和区或截止区，从而使输出信号产生较严重的非线性失真。

3）由于功放管在大信号条件下工作，不允许采用微变等效电路法将功放管线性化，所以一般用图解法分析其动态过程。

2. 对功率放大电路的要求

1）在不失真的情况下输出尽可能大的功率。为了达到这一目的，往往功放管工作在极限状态，这时要考虑功放管的极限参数。

2）由于是功率放大，故要求尽可能提高效率。

3）输出较大功率使功放管电压和电流幅值足够大，不可避免地会产生非线性失真。注意电路的非线性失真要小。

4）要考虑功放管的管耗和热保护。

3. 功率放大器的类型

按照放大电路的工作状态分类把功放分为甲类、乙类、甲乙类三种，如图 8-27 所示。在图 8-27a 中，静态工作点 Q 大致在交流负载线的中点，称为甲类功放。在此状态下，功放管在一个周期内总是处于导通状态，无论有无输入信号，电源供给的功率 $P_E=V_{CC}I_C$ 总是不变的，当无信号输入时，电源功率全部消耗在管子和电阻上。在 8-27c 中，静态工作点 Q 下移到 $I_C\approx 0$ 处，称为乙类功放。在此状态下，功放管只在信号的半个周期处于导通状态，管耗最小。在 8-27b 中，静态工作点 Q 设置在靠近截止区，为甲乙类功放。在此状态下，功放管的导通状态持续时间大于信号的半个周期而小于信号的一个周期。由图 8-27 可见，在甲乙类和乙类状态下工作时，虽然提高了效率，但也产生了严重的失真。

按照功放电路与末级负载间的耦合方式来分类，又可分为变压器耦合功放、OTL（无输出变压器）功放、OCL（无输出电容）功放和 BTL（双向推挽无输出变压器）功放。

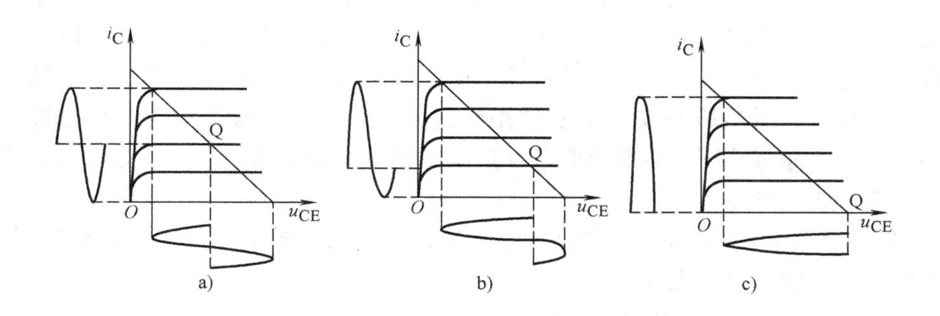

图 8-27　放大电路的工作状态

此外，功率放大器又可分为分立元器件功放和集成功放。

4. 无输出电容(OCL)乙类互补对称功率放大电路

电路如图 8-28 所示。其中 V_1、V_2 为导电类型（NPN、PNP）互异（互补）性能参数相同的功放管，每管组成射极输出电路，输出与负载 R_L 直接耦合（无输出电容所以称 OCL），双电源供电。两管都无偏置因而都工作在乙类，并且交替导通、互相补足，所以称为 OCL 乙类互补对称功率放大电路。

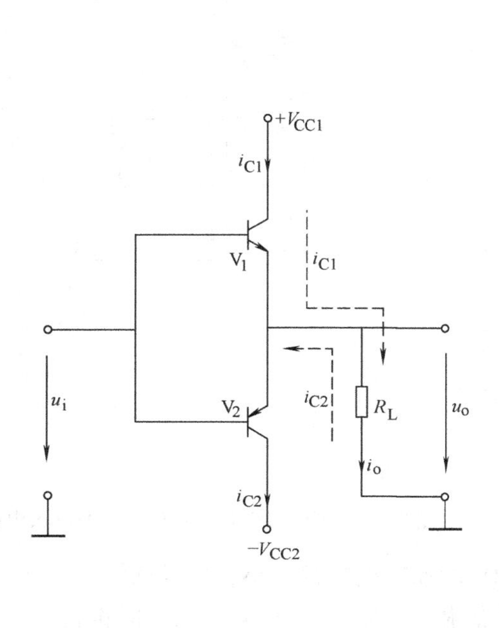

图 8-28　OCL 乙类互补对称功率放大电路

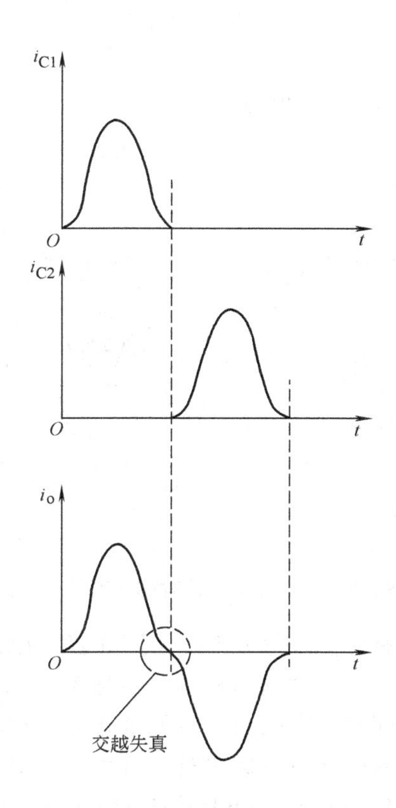

图 8-29　乙类互补对称功率放大电路的交越失真

对乙类互补对称功率放大电路，由于没有直流偏置，当输入信号 u_i 的幅度低于管子的死区电压时，V_1、V_2 均截止，$i_{C1}=i_{C2}=0$，$i_o=0$，且 $u_o=0$，就使得输出的电流、电压的波形发生畸变。这种由于管子的死区电压使输出电流的波形在正负半周过零处产生的非线性失真叫做交越失真，如图8-29所示。为了减小和克服交越失真，通常在两个互补管子的基极间建立一个较小的静态偏压，使两个管子在静态时都处于微导通状态，就是下面要说的甲乙类互补对称功率放大电路。

图8-30a是在EWB中创建的乙类功率放大器仿真电路。图8-30b为仿真结果，从图中明显看出输出信号出现了交越失真。

5. OCL甲乙类互补对称功率放大电路

图8-31所示是一种OCL甲乙类互补对称电路的原理图。R_1、R、R_2、VD_1、VD_2 静态时有电流通过，此静态电流在 R、VD_1、VD_2 上的压降加在 V_1、V_2 的两个发射结上使 V_1、V_2 建立一定的静态偏置而微导通。由于电路完全对称，静态时 V_1、V_2 管电流相等，负载 R_L 中无电流通过，两管的发射极电位 $V_A=0$。

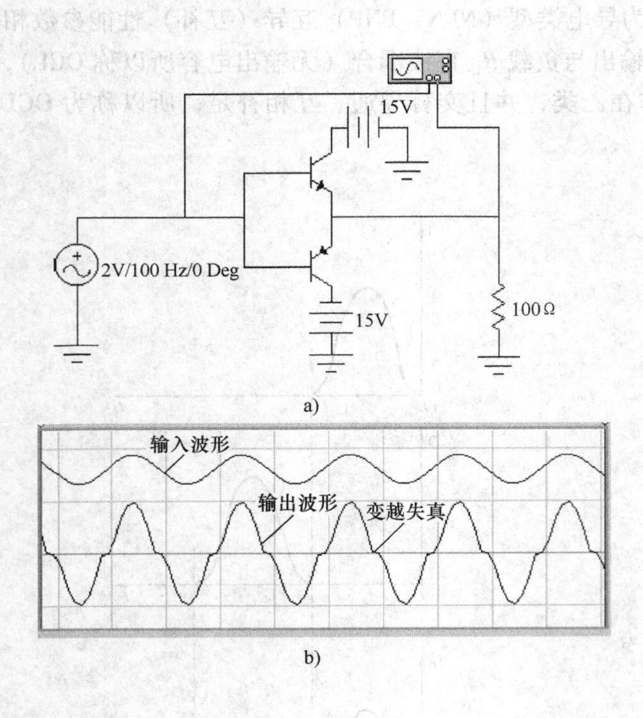

图8-30 OCL乙类互补对称功率放大电路仿真分析

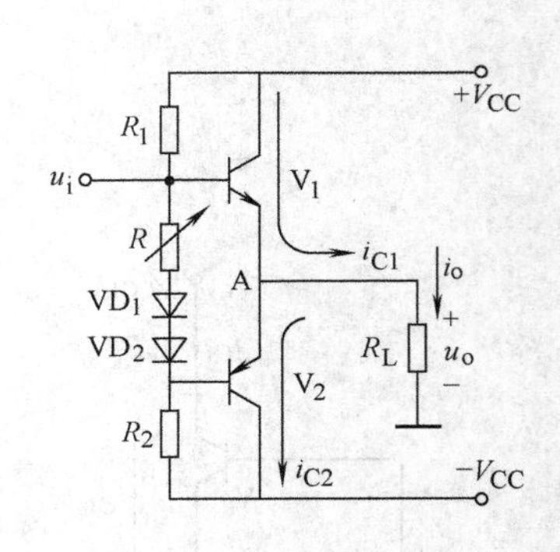

图8-31 OCL甲乙类互补对称功率放大电路

当有交流信号 u_i 时，因 R 的阻值及 VD_1、VD_2 的动态电阻都很小，可以认为 V_1、V_2 管的基极交流电位基本相等，两管轮流工作在过零点附近。V_1、V_2 管的导通时间都比半个周期长，即有一定的交替时的重迭导通时间，这样就克服了交越失真。尽管如此，但为了提高工作效率，在设置偏置时，应尽可能接近乙类状态。

图8-32a是在EWB中创建的甲乙类互补对称放大电路仿真图。图8-32b为仿真结果，从图中看出，与乙类互补对称电路相比，输出信号不存在交越失真。

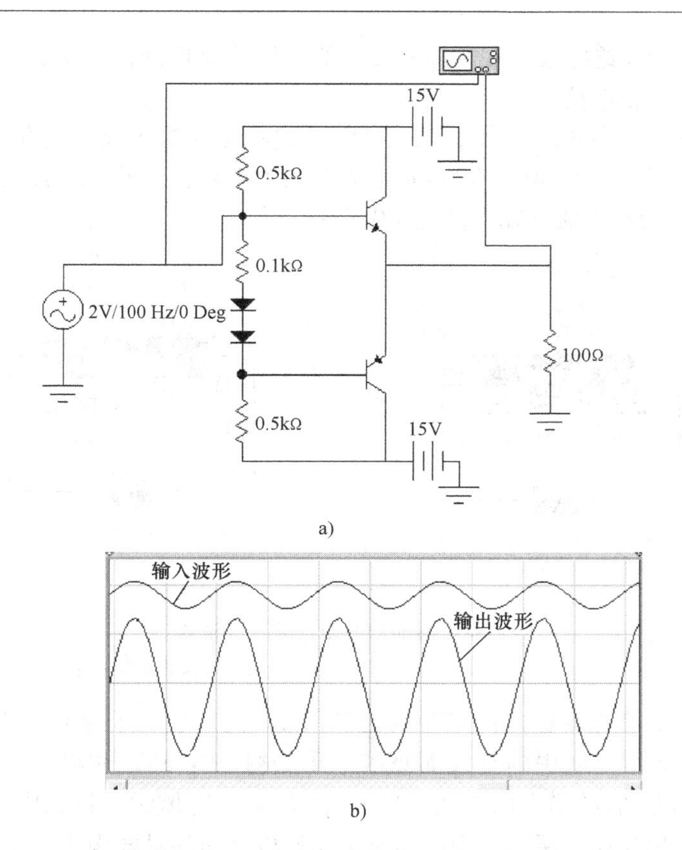

图 8-32　OCL 甲乙类互补对称放大电路仿真分析

*8.6　绝缘栅场效应晶体管及其放大电路

场效应晶体管是利用电场效应来控制半导体中多子运动的单极型半导体器件。根据结构的不同主要分为结型场效应晶体管（JFET）和绝缘栅场效应晶体管（IGFET）两大类，每一类又有 N 沟道和 P 沟道之分。

与 JFET 不同，IGFET 的栅极被绝缘层（二氧化硅）隔离，是由金属、氧化物和半导体制成，故又称金属—氧化物—半导体场效应晶体管（MOSFET）。按工作方式又分为增强型和耗尽型两种。本节只讨论 N 沟道增强型 MOS 管。

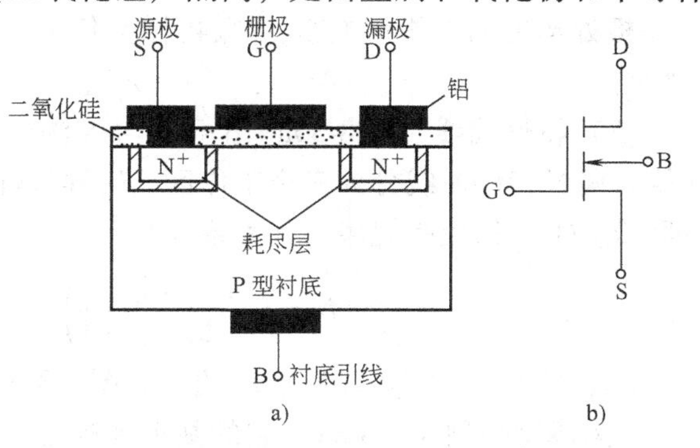

图 8-33　N 沟道增强型绝缘栅场效应晶体管的结构和图形符号

1. N 沟道增强型 MOSFET

（1）结构和电路符号　图 8-33 是 N 沟道增强型 MOSFET 的结构示意图（见图 8-33a）和图形符号（见图 8-33b）。是用一块低掺杂浓度的 P 型硅片作衬底（B），在其上制作出两个高掺杂浓度的 N^+ 区并引出两个电极，分别称为源极 S 和漏极 D。

P 型硅表面上覆盖 SiO_2 绝缘层，在漏源两极间的绝缘层上再制作一层金属铝，称为栅极 G。衬底 B 通常与源极 S 相连接。

（2）工作原理 从图 8-33 可见，增强型管原始状态在漏源极之间存在两个背向连接的 PN 结，所以，只要 $U_{GS}=0$，就不存在导电沟道。此时无论电压 u_{DS} 的极性如何，都有一个 PN 结反偏，也就不会有电流存在，即 $i_D=0$。

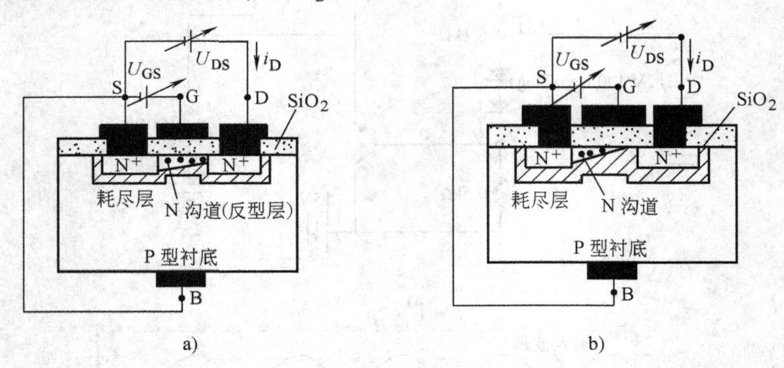

图 8-34 增强型 NMOS 管工作原理图

a）$U_{GS} \geqslant U_{GS(th)}$ 时产生沟道 b）U_{DS} 较大时沟道被预夹断

按图 8-34 那样，在栅源极之间加正向电压 U_{GS}，则产生一个垂直于 P 型衬底的纵向电场。该电场将排斥 P 型衬底中的空穴而吸引电子到衬底与 SiO_2 交界的表面，形成耗尽层。这个耗尽层的宽度随 U_{GS} 的增大而加宽，当 U_{GS} 增加到一定值时，衬底中的电子在 P 型材料中形成了 N 型层，称为反型层。反型层构成了漏源极之间的导电沟道。随着 U_{GS} 的增大，反型层中电子增多，反型层加宽，导电沟道的电阻将减小。导电沟道形成后，若在漏源极间加正向电压 U_{DS}，电子便从源区经 N 型沟道（反型层）向漏区漂移，形成了漏极电流 i_D。把在漏源电压 U_{DS} 作用下，开始形成漏极电流 i_D 的栅源电压 U_{GS} 称为开启电压 $U_{GS(th)}$。

U_{GS} 对导电沟道即 i_D 起控制作用。$U_{GS}=0$，$i_D=0$，只有在 $U_{GS} \geqslant U_{GS(th)}$ 时，才能形成导电沟道，而且随着 U_{GS} 的增大 i_D 也增大（故称为“增强型” MOSFET）。

U_{DS} 对导电有一定的影响。反型层的形状是楔形的，这是电压 U_{DS} 使沟道内电场分布不均匀造成的。当 U_{DS} 较小使 $U_{GD}>U_{GS(th)}$，i_D 随 U_{DS} 线性增加，当 U_{DS} 较大使 $U_{GD}=U_{GS(th)}$ 时，在 D 极处沟道消失称预夹断，U_{DS} 再增大使 $U_{GD}<U_{GS(th)}$，夹断区向左延伸，此时 i_D 具有恒流特性。

（3）特性曲线 图 8-35a、b 分别为 N 沟道增强型 MOSFET 的漏极特性曲线和转移特性曲线。漏极特性曲线分为三个工作区。转移特性曲线可由输出特性曲线绘出，反映的是在恒流区 U_{GS} 对 i_D 的控制规律，其关系式是

$$i_D=I_{D0}\left(\frac{U_{GS}}{U_{GS(th)}-1}\right)^2 \qquad (U_{GS}>U_{GS(th)}) \tag{8-33}$$

式中，I_{D0} 是 $U_{GS}=2U_{GS(th)}$ 时的 i_D 值，如图 8-35b 所示。

P 沟道增强型 MOSFET，它的基本结构是以低掺杂浓度的 N 型硅片为衬底，在其上制作两个高掺杂浓度的 P^+ 区。工作原理与特性曲线与 N 沟道增强型 MOSFET 相类似，但在使用时应注意，P 沟道增强型 MOSFET 的外加电压 U_{DS}、U_{GS} 的极性和漏极电流 i_D 的方向与 N 沟

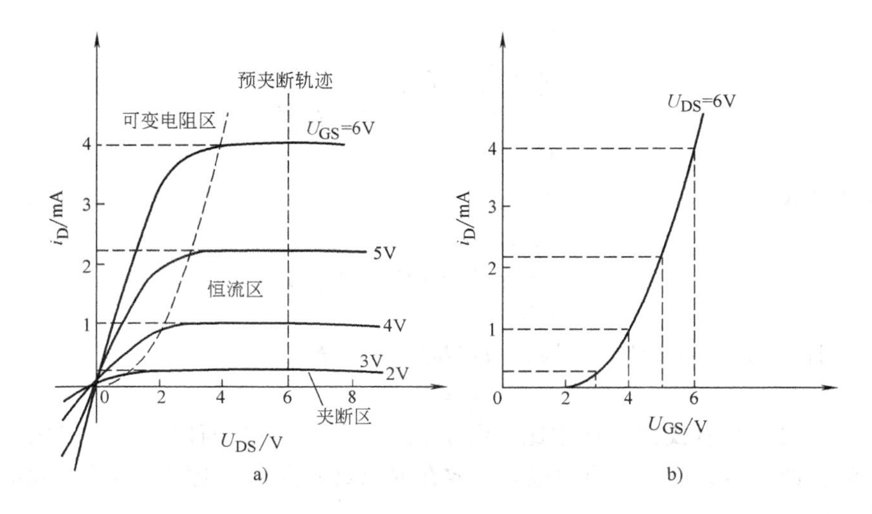

图 8-35　N 沟道增强型 MOSFET 的特性曲线

道增强型 MOS 管完全相反。

N 沟道耗尽型 MOS 管的结构与增强型 MOS 管基本相同，只是在制造时已在 SiO_2 绝缘层中掺入大量的正离子，在由它所产生的纵向电场作用下，即使是在 $U_{GS}=0$ 时也建立了 N 型导电沟道（出现反型层）。

2. 场效应晶体管放大电路

和双极型晶体管相比较，场效应晶体管的源极、漏极、栅极相当于它的发射极、集电极、基极。两者的放大电路也类似，场效应晶体管放大电路有共源极放大电路和源极输出器等。同样，场效应晶体管放大电路也必须设置合适的静态工作点。图 8-36 是场效应晶体管的分压式偏置共源极放大电路。

（1）静态分析

$$U_{GS}=\frac{R_{G2}}{R_{G1}+R_{G2}}V_{DD}-R_sI_D=V_G-R_sI_D \tag{8-34}$$

$$U_{DS}=V_{DD}-I_D(R_D+R_s) \tag{8-35}$$

（2）动态分析　图 8-36 的微变等效电路如图 8-37 所示。

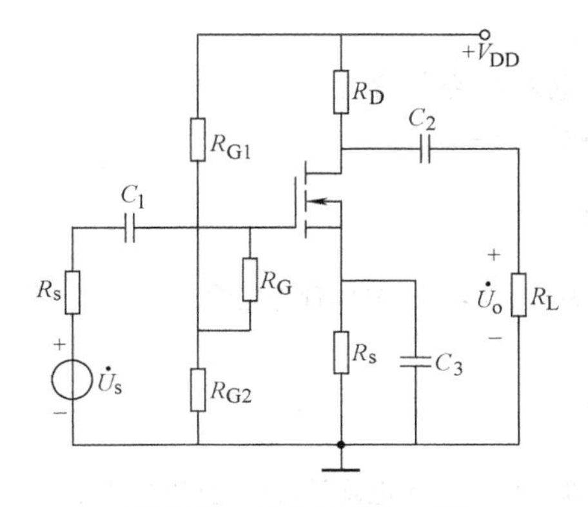

图 8-36　共源极放大电路

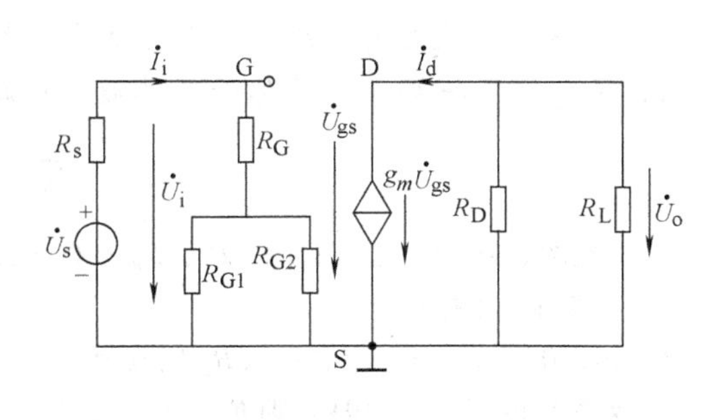

图 8-37　图 8-36 的微变等效电路

由图可知

$$\dot{A}_u=\frac{\dot{U}_o}{\dot{U}_i}=\frac{-g_m\dot{U}_{gs}R_L'}{\dot{U}_{gs}}=-g_mR_L' \tag{8-36}$$

式中，$R_L'=R_D /\!/ R_L$。

$$r_i=\frac{\dot{U}_i}{\dot{I}_i}=R_G+(R_{G1} /\!/ R_{G2}) \tag{8-37}$$

式中的 R_G 的阻值很大，一般为兆欧级，故可提高 r_i 的值。

$$r_o=R_D \tag{8-38}$$

共源放大电路与共射放大电路相比，由于 g_m（跨导，单位西门子，一般用 mS）较小，电压放大倍数较低，但其输入电阻却很大，故在要求具有高输入电阻的放大电路时，经常应用共源放大电路。

例8-4　在图8-36所示的电路中，已知 $V_{DD}=20V$，$R_D=5k\Omega$，$R_s=1.5k\Omega$，$R_{G1}=100k\Omega$，$R_{G2}=47k\Omega$，$R_G=2M\Omega$，$R_L=10k\Omega$，$g_m=2mA/V$，$I_D=1.5mA$。试求：1）静态值；2）电压放大倍数。

解　$U_{GS}=\frac{R_{G2}}{R_{G1}+R_{G2}}V_{DD}-R_sI_D=\left(\frac{47}{100+47}\times20-1.5\times1.5\right)V=4.14V$

$$U_{DS}=V_{DD}-I_D(R_D+R_s)=[20-1.5\times(5+1.5)]V=10.25V$$

$$\dot{A}_u=-g_mR_L'=-2\times\frac{5\times10}{5+10}=-6.67$$

小　　结

1. 从放大电路的性能指标入手，理解放大电路的概念。

2. 掌握放大电路的静态分析（计算法）和动态分析（微变等效电路法）。

3. 理解电压放大倍数、输入电阻、输出电阻等动态指标的含义及它们对放大器性能的影响。

4. 熟悉基本共射电路、工作点稳定的共射电路及共集电路的静态和动态分析，了解其各自的特点。

5. 了解多级放大电路级间耦合方式和多级放大电路的分析方法。

6. 了解绝缘栅场效应晶体管及其放大电路的静动态分析。

习　　题

8-1　在图8-38中，已知 $V_{CC}=12V$，$R_B=400k\Omega$，$R_C=3k\Omega$，$\beta=50$，晶体管为硅管。

1）计算静态工作点。

2）如希望静态 $I_C=1mA$，那么 R_B 应改为多少？

3）如希望静态 $U_{CE}=10V$，则 R_B 又应是多少？

4）电路元器件的参数保持原来给定数值，但晶体管的 $\beta=200$，放大电路是否仍能正常工作。

8-2　单管放大器如图8-39所示，其中 $R_B=500k\Omega$，$R_C=R_L=5.1k\Omega$，$\beta=42$。试求：

1）估算电路的静态工作点。

2）计算电路的电压放大倍数 $\dot{A}_u$。

3）计算电路的输入电阻 r_i、输出电阻 r_o。

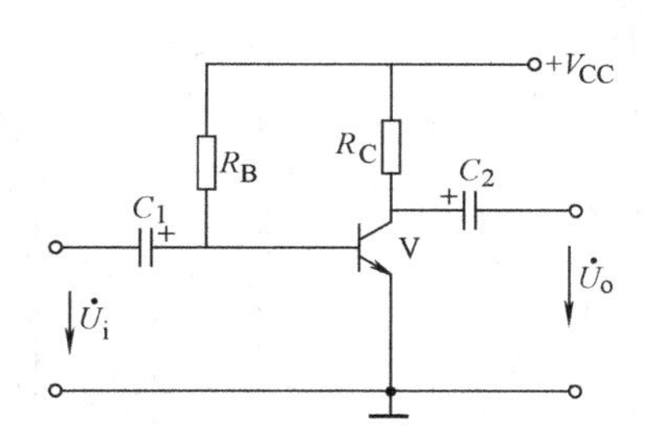

图8-38　题8-1图

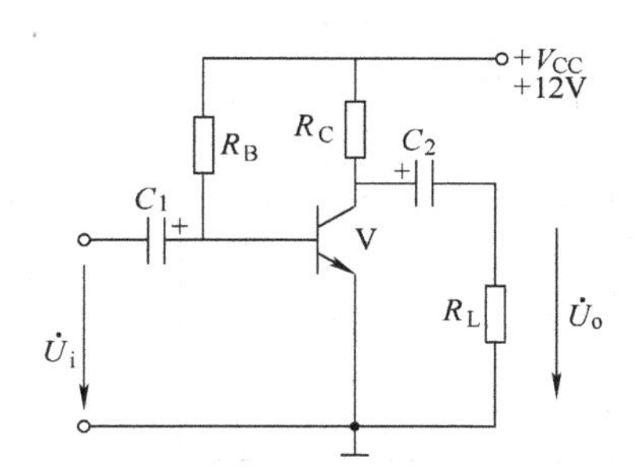

图8-39　题8-2图

8-3　放大电路如图8-40所示。$R_{B1}=40\text{k}\Omega$，$R_{B2}=20\text{k}\Omega$，$R_C=2\text{k}\Omega$，$R_E=2\text{k}\Omega$，硅管。

1）求电路的静态工作点。

2）画出电路的微变等效电路。

3）计算电压放大倍数 $\dot{A}_u$。

8-4　在图8-40的放大电路中，如果把电容 C_E 断开，试求：

1）画出微变等效电路。

2）计算电路的输入电阻 r_i 和输出电阻 r_o。

3）计算电压放大倍数 $\dot{A}_u$。

4）若在输出端接上 $R_L=2\text{k}\Omega$ 的负载，再求 $\dot{A}_u$。

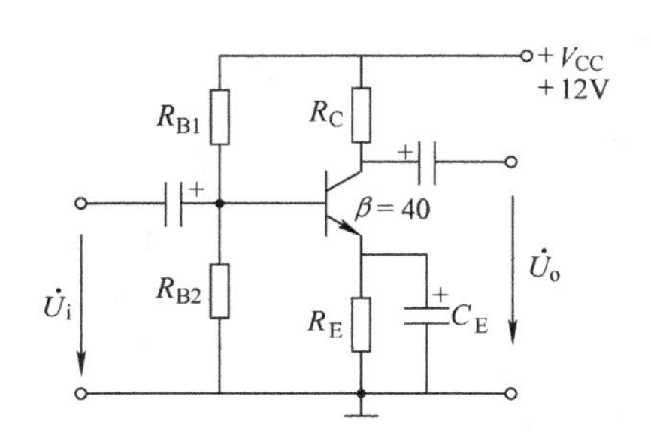

图8-40　题8-3图

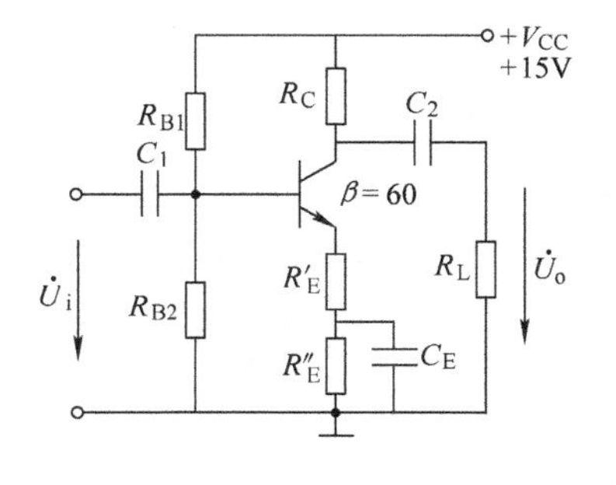

图8-41　题8-5图

8-5　电路如图8-41所示。求解下列问题：

1）求静态电流 I_C 值。

2）画出放大电路的微变等效电路。

3）计算放大电路电压放大倍数 $\dot{A}_u$，输入电阻 r_i 和输出电阻 r_o。

4）为提高电压放大倍数，将 R_C 由3kΩ改为10kΩ可否？

5）若更换一个 $\beta=30$ 的同型号晶体管，静态电流 I_C 是增大、减小，还是保持不变。

8-6　如图 8-42 所示电路，计算静态时的 V_E、计算 r_i、r_o、$\dot{A}_{us}$。

8-7　电路如图 8-43 所示，计算 $\dot{A}_u$、r_i、r_o。

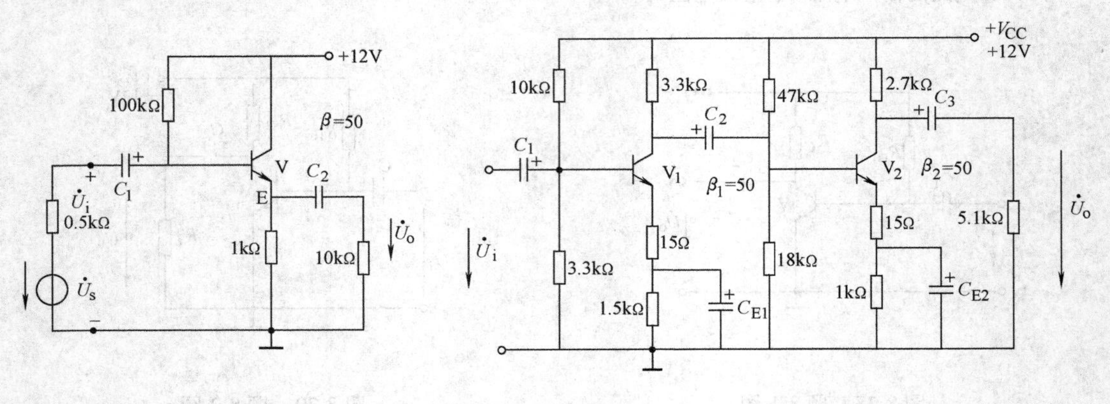

图 8-42　题 8-6 图　　　图 8-43　题 8-7 图

8-8　用 EDA 软件对题 8-5 进行仿真分析。

8-9　放大电路及参数如图 8-44 所示，场效应晶体管的 $g_m = 1\text{mA/V}$。要求：1）画出微变等效电路；2）求出放大电路的动态参数 $\dot{A}_u$、r_i、r_o。

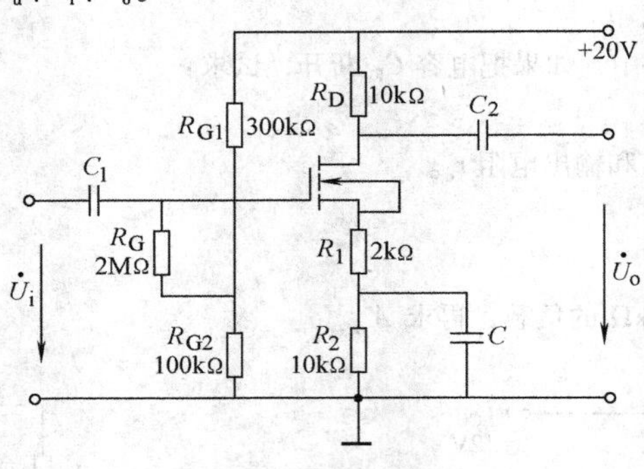

图 8-44　题 8-9 图

第 9 章　集成运算放大电路

集成运算放大器是一种高增益的直接耦合多级放大电路，是一种典型的模拟集成电路，其应用十分广泛。本章将根据自动测量和自动控制系统等方面信号处理的需要，介绍集成运算放大器的线性与非线性应用。从基本典型电路入手，着重于概念、原理和基本分析方法的讨论，旨在为运算放大器更广泛的应用打下基础。

集成运算放大器是一种线性集成电路，内部采用直接耦合的电路结构。这种直接耦合电路零点漂移问题较为严重，因此电路输入级采用了差动放大电路。

9.1　典型差动放大电路

1. 零点漂移问题

一个理想的直接耦合放大器，当输入信号为零时，其输出端的电压变化量应为零。而一个实际的直接耦合多级放大电路，当输入信号 u_i 为零时，输出端电压变化量不为零，而是不规则地缓慢变化着，这种现象就叫零点漂移，简称零漂。由于零漂引起输出端电压变化，看上去好像是一个输出信号，而实际上是由第一级产生的漂移电压信号，被逐级放大后，在输出端产生的一个漂移电压信号，当输入信号较微弱时，经放大后在输出端有可能被漂移电压信号淹没，使放大器不能正常工作。

引起零漂的原因很多，如晶体管参数（I_{CEO}、U_{BE}、β）随温度的变化，电路元件随时间老化，电源电压波动等。其中以温度引起的零漂尤为严重，称之为温漂，故常常认为零漂就是温漂。温漂的指标是这样描述的：环境温度每变化 1°C，将放大电路输出端出现的漂移电压 $\Delta U_o'$ 折合到输入端，用这个折合到输入端的漂移电压数值表示零漂的大小，用 $\Delta U_i'$ 表示。例如某放大电路的电压放大倍数 $A_u=100$，当温度变化了 $\Delta T=10°C$ 时，其输出电压变化了 $\Delta U_o'=0.5V$，则放大电路的零点漂移为

$$\Delta U_i' = \left|\frac{\Delta U_o'}{A_u \Delta T}\right| = \left(\frac{0.5 \times 1000}{100 \times 10}\right) \text{mV/°C} = 0.5\text{mV/°C}$$

多级放大器的零漂受第一级零漂的影响最大，因为第一级的零漂会被逐级放大。级数越多，放大倍数越高，零漂就越严重。减小零漂是直接耦合多级放大电路要解决的主要矛盾。减小零漂除了精选元件并进行老化处理外，最有效的办法是采用差动电路。

2. 典型的差动放大电路

（1）电路结构与静态工作情况　图 9-1 为典型的差动放大电路。它是由两个特性相同、参数对称的单管放大电路构成。两管射极均通过电阻 R_E 与负电源串联支路接地。电路有两个输入端 a 和 b；有两个输出端分别是两管的集电极 C_1 和 C_2。静态时，即 $u_{i1}=u_{i2}=0$ 时，电源 V_{CC} 与 U_{EE} 及其他电路元件配合使 V_1、V_2 两管发射结正偏，集电结反偏，其基极电流由 R_E、R_B、U_{EE} 共同确定，$I_C=\beta I_B$。分析时应注意流经 R_E 的静态电流是 $2I_E$。

（2）输入与输出方式　差动放大电路有两种输入方式：双端输入和单端输入；有两种

输出方式：双端输出和单端输出。双端输入是指两个输入信号 u_{i1} 和 u_{i2} 分别从两个 a、b 输入端对地加入，如图 9-1 所示。单端输入是指信号 u_i 从一个输入端对地输入，另一个输入端接地，如图 9-2 所示。双端输出是指输出信号从两管集电极间输出，即 $u_o = u_{C1} - u_{C2}$，如图 9-1 所示。单端输出是指信号从某一集电极对地输出。图 9-2 就是一种单端输出方式的差动电路。

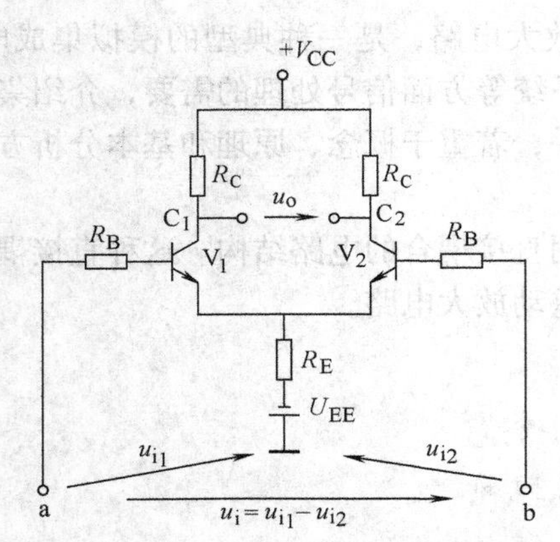

图 9-1　典型的差动放大电路

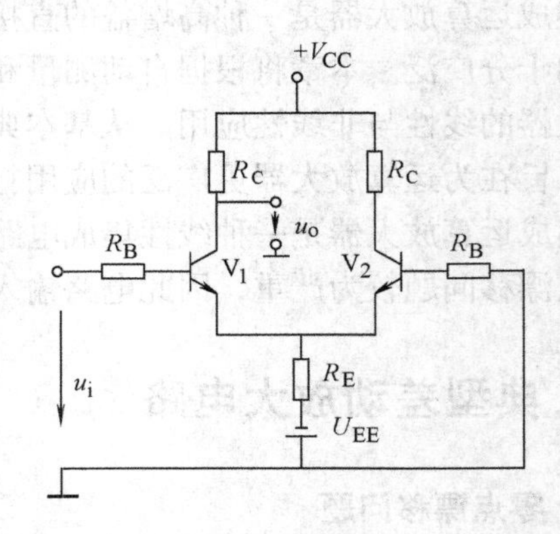

图 9-2　单端输入、单端输出的差动电路

综上所述，差动电路的输入输出方式有以下 4 种：

双端输入双端输出

双端输入单端输出

单端输入双端输出

单端输入单端输出

（3）对零点漂移的抑制作用　对于图 9-1 和图 9-2 电路，当环境温度不变、输入信号为零时，由于电路对称，两管集电极电位相同，输出电压为 $u_o = U_{C1} - U_{C2} = 0$。

当环境温度变化时，相应地两管的集电极电位随之变化，但由于电路对称，故其变化量的大小和方向必然是相同的，这时电路若采用双端输出方式，则输出变化量仍为零，即 $u_o = (U_{C1} + \Delta U_{C1}) - (U_{C2} + \Delta U_{C2}) = 0$，显然此时电路没有零漂。而若采用单端输出方式，则 $u_{o1} = U_{C1} + \Delta U_{C1}$，而 $u_o = U_{C1} + \Delta U_{C1} - U_{C1} = \Delta U_{C1}$，显然输出变化量不为零，会有零漂产生。但由于 R_E 的存在，单端输出的零漂也会得到有效的控制。这是因为 R_E 的电流负反馈作用能够大大减小由于温度改变（或其他原因）而引起的集电极电流的改变，从而使 ΔU_{C1} 减至最小。

R_E 能够抑制零漂是通过它的电流负反馈作用实现的，R_E 越大，反馈量 U_E 越大，抑制零漂的效果就越好。但由于 R_E、U_{EE} 及 R_B 是确定静态工作点的参数，故 R_E 不能无限增大。

综上所述，典型差动放大电路抑制零漂的情况可以总结如下：

双端输出的差动放大电路能够抑制由各种原因引起的以 I_C 变化为特征的零点漂移，抑制的效果取决于两管参数的对称程度，如果两管参数完全对称，则电路能够完全地抑制零漂。

单端输出的差动放大电路能够抑制以 I_C 变化为特征的各种原因引起的零点漂移，抑制的效果取决于 R_E 的大小，如果 R_E 很大，可望使零漂减至最小。

典型差动放大电路同样能够抑制共模干扰信号，在知道共模信号的定义后，读者可自己分析电路抑制共模信号的原理。

（4）差模信号与共模信号　差动放大电路的输入信号也分两种：差模信号与共模信号。

当两个输入端对地的输入信号大小相等、方向相反时，称差动放大电路接受差模输入。两输入信号分别表示为 u_{id1} 和 u_{id2}，$u_{id1}=-u_{id2}$，如图9-3所示，两端输入信号之差用 u_{id} 表示，$u_{id}=u_{id1}-u_{id2}=2u_{id1}$，称 u_{id} 为差模输入信号。

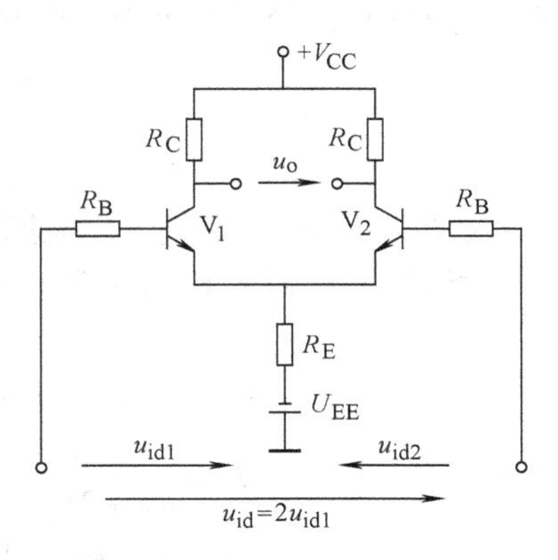

图9-3　差模输入的差动放大电路

共模信号是加在两输入端的大小相等，极性相同的信号，在图9-1中，若有 $u_{i1}=u_{i2}$，则称电路接受共模输入。两个信号可分别表示为 u_{ic1} 和 u_{ic2}，$u_{ic}=u_{ic1}=u_{ic2}$，u_{ic} 就称为共模输入信号。干扰信号相当于共模信号，共同作用于两个输入端。

若加在两端的输入信号 u_{i1} 和 u_{i2} 的大小和极性都是任意的，则可以把这样的信号分解为差模信号和共模信号，每个输入端上既含有差模输入，又含有共模输入。根据图9-1的正方向有

$$u_{i1}=u_{ic1}+u_{id1}=u_{ic}+\frac{1}{2}u_{id} \tag{9-1}$$

$$u_{i2}=u_{ic2}+u_{id2}=u_{ic}-\frac{1}{2}u_{id} \tag{9-2}$$

联立求解以上两式得

$$u_{id}=u_{i1}-u_{i2} \tag{9-3}$$

$$u_{ic}=\frac{1}{2}(u_{i1}+u_{i2}) \tag{9-4}$$

例9-1　电路如图9-1所示。1）若已知 $u_{i1}=10\text{mV}$，$u_{i2}=6\text{mV}$，试求差模信号 u_{id} 和共模信号 u_{ic}；2）若已知 $u_{id}=8\text{mV}$，$u_{ic}=2\text{mV}$，试求 u_{i1} 和 u_{i2}。

解　1）根据式（9-3）得

$$u_{id}=u_{i1}-u_{i2}=(10-6)\text{mV}=4\text{mV}$$

$$u_{id1}=\frac{1}{2}u_{id}=\frac{1}{2}\times4\text{mV}=2\text{mV}$$

根据式(9-4)有

$$u_{ic}=\frac{1}{2}(u_{i1}+u_{i2})=\frac{1}{2}(10+6)\text{mV}=8\text{mV}$$

2）根据式（9-1）和式（9-2）得

$$u_{i1}=u_{ic}+\frac{1}{2}u_{id}=\left(2+\frac{1}{2}\times8\right)\text{mV}=6\text{mV}$$

$$u_{i2}=u_{ic}-\frac{1}{2}u_{id}=\left(2-\frac{1}{2}\times8\right)\text{mV}=-2\text{mV}$$

3. 典型差动放大电路的静态分析

静态分析的目的是计算电路的静态工作点，即计算出两管的 I_B、I_C 和 U_{CE}。由于两侧电

路完全对称，所以只需求出一侧静态值即可。

$$I_{C1}=I_{C2}=I_C$$
$$I_{B1}=I_{B2}=I_B$$
$$U_{CE1}=U_{CE2}=U_{CE}$$

对图9-1电路，将输入端短路，得到电路的静态通路如图9-4所示。

对路径Ⅰ可列出KVL方程，此时应注意流过 R_E 的电流是 $I_{E1}+I_{E2}=2I_E$。KVL方程如下：

$$I_BR_B+U_{BE}+2R_E(1+\beta)I_B=U_{EE}$$

解得

$$I_B=\frac{U_{EE}-U_{BE}}{R_B+2R_E(1+\beta)}$$
$$I_C=\beta I_B\approx I_E$$

由路径Ⅱ可列出KVL方程如下：

$$I_CR_C+U_{CE}+2I_ER_E=V_{CC}+U_{EE}$$

解得

$$U_{CE}\approx V_{CC}+U_{EE}-I_C(R_C+2R_E)$$

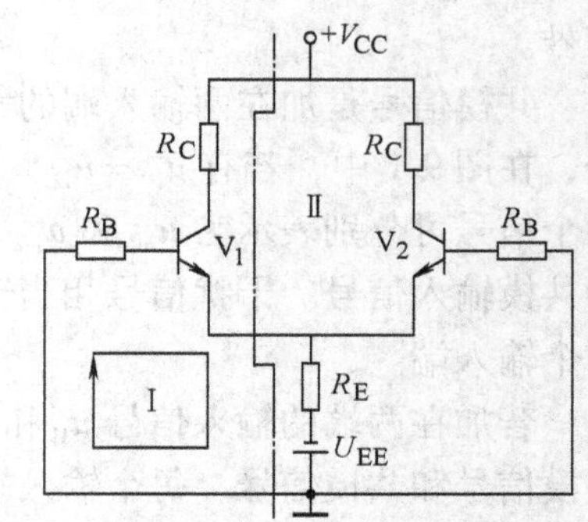

图9-4 典型差动放大电路的静态通路

4. 典型差动放大电路的动态分析

动态分析的任务是讨论差动放大电路对差模与共模信号的放大能力，以及各种输入、输出方式下电路的电压放大倍数和电路的输入输出电阻。

（1）双端输入、双端输出的差动电路 双端输入的差动放大电路要考虑共模输入和差模输入两种情况。

1）共模输入。图9-1电路中，如果 $u_{i1}=u_{i2}$，则相当于电路接受共模信号，两个信号可表示为 u_{iC1} 和 u_{iC2}，由于 $u_{iC1}=u_{iC2}$，且极性相同，则由此引起的两管集电极电位的变化相同，总的输出电压为零。这说明双端输出的差动放大电路对共模信号无放大作用，电路完全对称时，共模放大倍数 $A_c=0$。

2）差模输入。差模输入的电路如图9-3所示，两个信号 u_{id1} 和 u_{id2} 大小相等，方向相反，共同通过 R_E 作用于两管的基极，显然 u_{id1} 引起 V_1 管集电极电流增大 ΔI_{C1}，相应地集电极电位下降 ΔU_{C1}；u_{id2} 引起 V_2 管的集电极电流减小 ΔI_{C2}，V_2 集电极电位增加 ΔU_{C2}。这时两管集电极电位分别为 $(U_{C1}-\Delta U_{C1})$ 和 $(U_{C2}+\Delta U_{C2})$，由于两管参数对称，应有

$$U_{C1}=U_{C2}$$
$$\Delta U_{C1}=\Delta U_{C2}$$

电路输出信号为

$$u_o=(U_{C1}-\Delta U_{C1})-(U_{C2}+\Delta U_{C2})=-2\Delta U_{C1}$$

应用前面学过的分析晶体管放大电路的方法可以计算出此电路的差模电压放大倍数 A_d。这里注意，两管流过 R_E 的动态电流大小相等，方向相反，因此 $\Delta I_E=0$，可见 R_E 的存在并不影响差模放大倍数。图9-3电路单边放大倍数分别为

$$A_{d1}=\frac{-\Delta U_{C1}}{u_{id1}}=-\frac{\beta R_{C1}}{R_{B1}+r_{be1}}=-\frac{\beta R_C}{R_B+r_{be}}$$

$$A_{d2}=\frac{\Delta U_{C2}}{-u_{id2}}=-\frac{\beta R_{C2}}{R_{B2}+r_{be2}}=-\frac{\beta R_C}{R_B+r_{be}}$$

整个电路的差模电压放大倍数为

$$A_{\mathrm{d}}=\frac{u_{\mathrm{o}}}{u_{\mathrm{id}}}=\frac{-2\Delta U_{\mathrm{C1}}}{2u_{\mathrm{id1}}}=-\frac{\beta R_{\mathrm{C}}}{R_{\mathrm{B}}+r_{\mathrm{be}}} \tag{9-5}$$

当图9-3电路两管集电极间接有负载 R_{L} 时，差模电压放大倍数为

$$A_{\mathrm{d}}=-\frac{\beta R_{\mathrm{L}}'}{R_{\mathrm{B}}+r_{\mathrm{be}}} \tag{9-6}$$

由于电路完全对称，两管集电极电位一增一减，且变化量相等，在 $R_{\mathrm{L}}/2$ 处必然是信号的零电位点。所以式(9-6)中的 $R_{\mathrm{L}}'=R_{\mathrm{C}}/\!/(R_{\mathrm{L}}/2)$。

双端输入的差动放大电路的输入电阻是从两个输入端看进去的等效电阻，用 r_{id} 表示。由于 R_{E} 对差模信号不起作用，所以

$$r_{\mathrm{id}}=2(r_{\mathrm{be}}+R_{\mathrm{B}}) \tag{9-7}$$

电路的输出电阻为

$$r_{\mathrm{o}}=2R_{\mathrm{C}} \tag{9-8}$$

（2）双端输入、单端输出的差动放大电路　双端输入、单端输出的差动放大电路如图9-5所示。对于差模信号，$u_{\mathrm{i1}}=-u_{\mathrm{i2}}=u_{\mathrm{i}}/2$。由上面分析的双端输入、双端输出的差动放大电路可知，其单边输出信号为 ΔU_{C1}，即 $u_{\mathrm{o}}=-\Delta U_{\mathrm{C1}}$，所以差模电压放大倍数为

$$A_{\mathrm{d}}=\frac{u_{\mathrm{o}}}{u_{\mathrm{id}}}=\frac{-\Delta U_{\mathrm{C1}}}{2u_{\mathrm{i1}}}=-\frac{1}{2}\times\frac{\beta R_{\mathrm{L}}'}{R_{\mathrm{B}}+r_{\mathrm{be}}} \tag{9-9}$$

$$R_{\mathrm{L}}'=R_{\mathrm{C}}/\!/R_{\mathrm{L}}$$

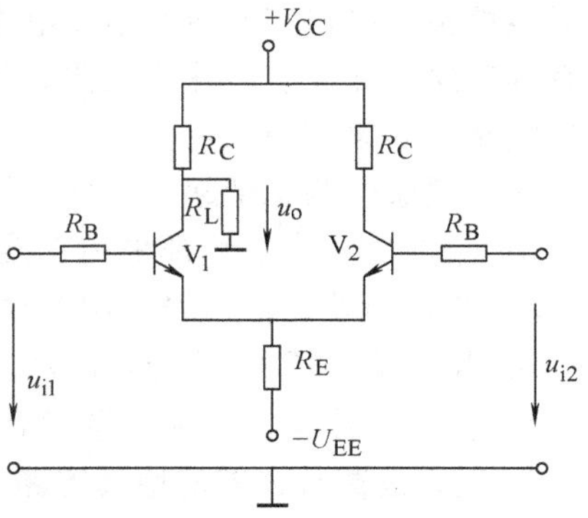

图9-5　双端输入、单端输出方式

可见，当 $R_{\mathrm{L}}=\infty$ 时双端输入、单端输出的差动电路的差模电压放大倍数是双端输入、双端输出电路的一半。

对于共模信号，$u_{\mathrm{i1}}=u_{\mathrm{i2}}$，这两个信号在两个晶体管内所引起的两个发射极电流的增量，同时同方向流经 R_{E}，不难求出单端输出的共模电压放大倍数为

$$A_{\mathrm{c}}=\frac{u_{\mathrm{o}}}{u_{\mathrm{ic}}}=-\frac{\beta R_{\mathrm{L}}'}{R_{\mathrm{B}}+r_{\mathrm{be}}+2(1+\beta)R_{\mathrm{E}}} \tag{9-10}$$

可见单端输出的差动电路对共模信号亦有放大作用，但放大倍数较小。从式(9-10)可看出，放大倍数的大小，主要取决于 R_{E} 的取值。当 $R_{\mathrm{E}}\gg(R_{\mathrm{B}}+r_{\mathrm{be}})$ 时，可以认为

$$A_{\mathrm{c}}\approx-\frac{R_{\mathrm{L}}'}{2R_{\mathrm{E}}} \tag{9-11}$$

当 R_{E} 取值很大时，A_{c} 会很小。

双端输入的差动电路，当输入既有差模信号又有共模信号时，其输出电压应为差模输出与共模输出的代数和，即

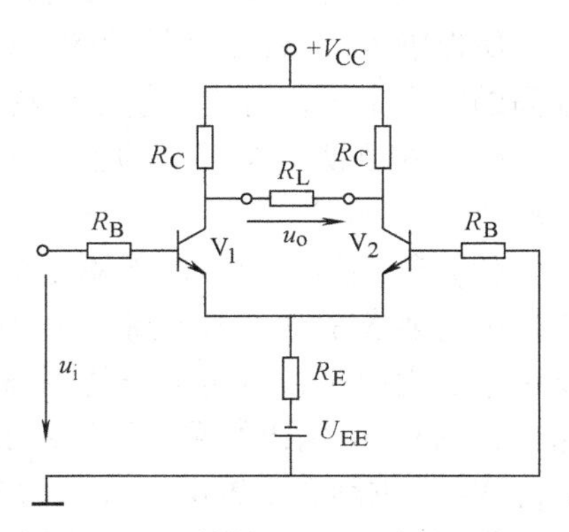

图9-6　单端输入、双端输出的差动电路

$$u_o = A_d u_{id} + A_c u_{ic}$$

（3）单端输入、双端输出的差动电路　单端输入、双端输出的差动电路如图 9-6 所示。在这种方式下，当 R_E 足够大时，其分析计算与双端输入、双端输出的差动电路相同。

（4）单端输入、单端输出的差动电路　电路如图 9-2 所示。根据单端输入、双端输出电路的分析结果不难看出，当 R_E 足够大时，单端输入、单端输出电路的差模、共模电压放大倍数及电路输入输出电阻均与双端输入、单端输出差动电路相同，这里不再赘述。

9.2　集成运算放大器的结构、原理、符号及理想参数

1. 集成电路的概念

集成电路是利用半导体的制造工艺，把管子、电阻、电容及电路连线等做在一个半导体基片上，形成不可分割的固体块。集成电路中，元件密度高、连线短、焊点少、外部引线少，因此大大提高了电子线路及电子设备的灵活性和可靠性。

模拟集成电路是以电压或电流为变量对模拟量进行放大、转换、调制的集成电路，它可分为线性集成电路和非线性集成电路。线性集成电路是指输入信号和输出信号的变化成线性关系的电路，如集成运算放大器。非线性集成电路是指输入输出信号的变化成非线性关系的集成电路，如集成稳压器。

线性集成电路总结起来有如下特点：

1）集成电路中一般都采用直接耦合的电路结构，而不采用阻容耦合结构。

2）集成电路的输入级采用差动放大电路，其目的是为了克服直接耦合电路的零漂。

3）NPN 管和 PNP 管配合使用，从而改进单管的性能。

4）大量采用恒流源来设置静态工作点或做有源负载，用以提高电路性能。

2. 集成运算放大器的原理电路

集成运算放大器的类型很多，电路也各不相同，但从电路的总体结构上看，它们都具有许多共同之处，通常都是由输入级、中间级、输出级和偏置电路组成。图 9-7 所示电路为集成运算放大器 F741 的简化原理图。

（1）输入级　输入级是接受微弱电信号、消除零点漂移且具有一定增益的关键一级，它将决定整个电路技术指标的优劣。这样就要求输入级有尽可能高的共模拟制比和高输入阻抗。所以输入级通常采用带恒流源的差动放大电路，这一级不但能有效地抑制零漂，且具有较高的输入阻抗，对输入信号也具有一定的放大能力。

（2）中间级　中间级的主要任务是提供足够高的电压放大倍数，通常由多级放大电路组成。

（3）输出级　该级的作用是提供一定幅度的电流和电压输出，用以驱动负载工作。对输出级的要求是输入阻抗高、输出阻抗低。输出阻抗低是为了提高带负载能力；输入阻抗高是为了实现中间级与输出级的隔离。所以输出级常采用互补对称或准互补对称功率放大电路，见图 9-7。输出级采用了甲乙类互补对称功率放大电路 V_{10}、V_{11} 工作在二极管状态，为 V_{12}、V_{13} 提供静态偏置电压（约为 1.4V），从而消除了交越失真。

集成运算放大器除上述三部分外，还要有一些辅助电路，如过电流、过电压、过热保护电路等，图中略。

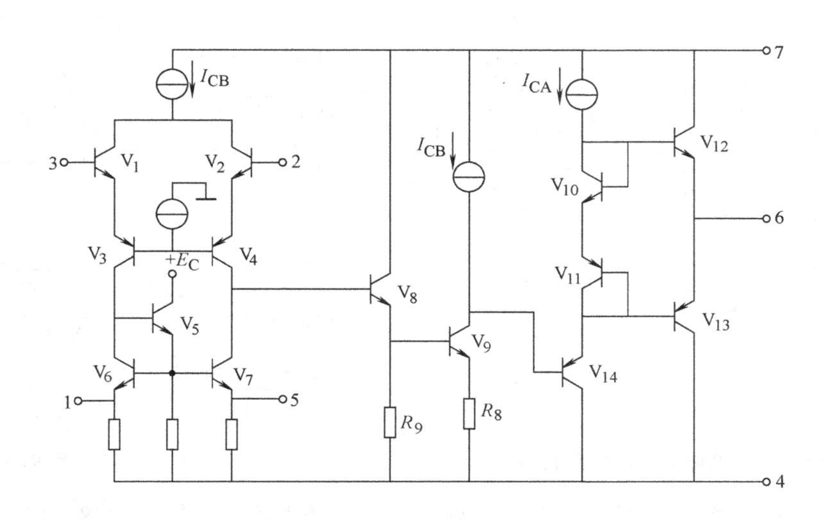

图 9-7　集成运算放大器 F741 的简化原理图

3. 集成运算放大器芯片介绍

（1）外形与符号　集成运算放大器是一个固体块，有三种封装形式，即单列直插式（SIP 型）、双列直插（DIP 型）式、贴片（SMD 型）式。图 9-8a 为双列直插式外形图，而图 9-8b 为贴片式外形图。中小功率集成运算放大器外形可以是贴片式或双列式，而单列式多为大功率（如 PA46）。

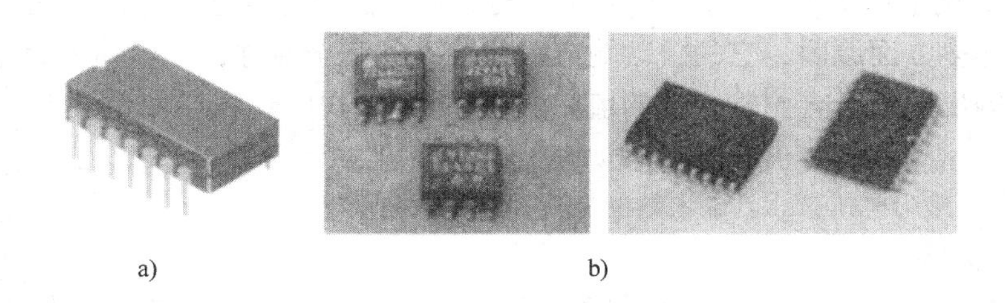

a)　　　b)

图 9-8　集成运算放大器芯片外形

集成运算放大器在电路中用图 9-9 所示符号来表示。集成运放器有两个输入端，分别是同相输入端和反相输入端，有一个输出端。各端信号分别表示为 u_+、u_-、u_o。如果不特殊说明，上述三个信号电压均指对地电压，所以图 9-9a 可简化表示为图 9-9b。

（2）LM324 简介　集成电路分为 TTL 和 MOS 两大类。TTL 集成电路是指其中有源器件采用双极型晶体管，而 MOS 电路是指电路中有源器件采用单极型的场效应晶体管。目前两种电路同样得到广泛应用。

LM324 是 TTL 电路的一个典型产品，属于通用型集成运算放大器（简称运放）。它是在同一块半导体基片上制作了 4 个完全相同的运放单元。该运放的特点是具有较宽的工作电压范围，并且既可采用双电源工作，又可采用单电源工作。双电源工作时电源电压使用范围为 ±1.5 ~ ±18V；单电源工作时电压范围为 3 ~ 15V，失调电压典型值为 ±2mV。由于 LM324 是四运放，因此在需要较多运放的场合，使用它就显得很方便。

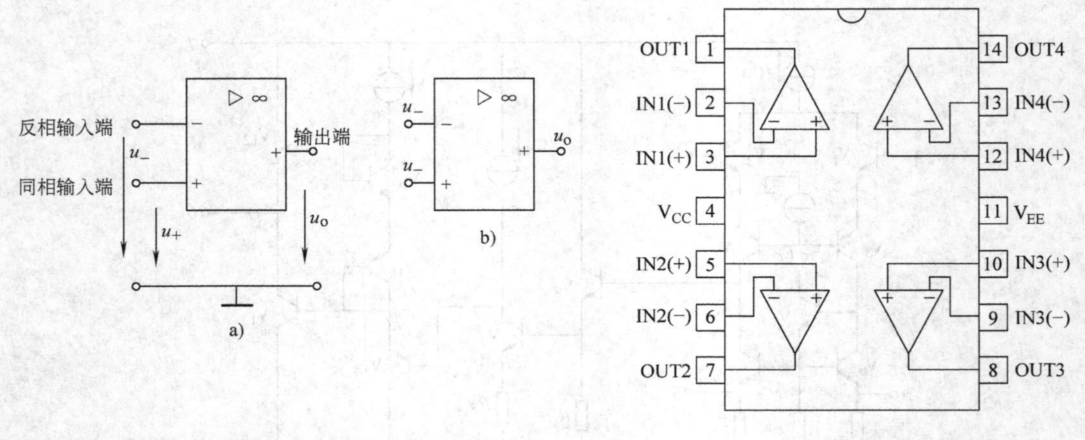

图9-9　运算放大器的电路符号　　　　图9-10　LM324引脚图

LM324的引脚如图9-10所示。TTL运算放大器的种类很多，如LM258、LM101等。

4. 集成运算放大器的主要参数

运算放大器的好坏常用一些参数表征。为了合理地选用和正确地使用运放，必须了解其各主要参数的意义。下面介绍集成运放的一些主要参数。

（1）开环差模电压增益A_d　A_d是集成运放在开环状态、输出不接负载时的直流差模电压增益。它是决定运算放大器运算精度的主要因素。$A_d = |\Delta U_o / \Delta U_i|$，$A_d$越大，说明性能越好，目前运放的$A_d$可以达到$10^5 \sim 10^8$，理想运放的$A_d$值为无穷大。

（2）输入失调电压U_{OS}　当输入信号为零时，运算放大器的输出电压应为零。但实际上由于制造工艺等多方面原因，它的差动输入级很难做到完全对称，故当输入为零时，输出并不为零，这一输出电压折合到输入端的值就称为输入失调电压，即

$$U_{OS} = \frac{\Delta U_o}{A_d}$$

理想运放的U_{OS}为零。

（3）输入失调电流I_{OS}　当输入信号为零时，输入级两个差动管静态基极电流之差称为输入失调电流，用I_{OS}表示，一般为微安数量级，其值越小越好。理想运放的I_{OS}为零。

（4）输入偏置电流I_B　当输入信号为零时，输入级两个差动管静态基极电流的平均值称为输入偏置电流，它的大小反映了运放输入电阻的高低。它的典型值是几百纳安，其值越小越好。

（5）差模输入电阻r_{id}和输出电阻r_o　差模输入电阻是指差模信号输入时运放的输入电阻，它反映了运算放大器对信号源的影响程度，r_{id}越大，对输入信号影响越小。它的典型值为1MΩ，国产高输入阻抗的运放，其值可达到$10^{12}\Omega$。

输出电阻R_o是指元件在开环状态下，输出端电压变化量与输出电流变化量的比值。它的数值大小能反映元件带负载能力的强弱。R_o的数值一般是几十欧到几百欧，其值越小越好。

集成运算放大器还有其他一些参数，此处从略。

5. 理想运算放大器的条件和两个重要结论

（1）理想运算放大器的条件　在讨论模拟信号的运算电路时，为了使问题分析简化，

通常把集成运放看成理想器件。理想运放应满足如下几个条件：

1）开环差模电压增益无穷大，即 $A_d=\infty$。

2）开环差模输入电阻无穷大，即 $r_{id}=\infty$。

3）开环输出电阻为零，即 $r_o=0$。

4）输入失调电压 U_{OS} 和输入失调电流 I_{OS} 为零。

目前用户能买到的许多集成运放都很接近理想运放，因此在分析集成运放的应用电路时将它视为理想运放是符合实际的，会给电路分析带来较大的方便，虽然会产生一些误差，但往往都是在工程允许范围之内的。

（2）运算放大器的电压传输特性与基本工作方式　图9-11a是集成运放开环运用时的示意图，图中 u_+、u_- 是相应输入端电压，u_o 为输出电压，其电压传输特性如图9-11b所示。从图9-11b可以看出，集成运放有两个工作区，当输入电压 u_i 在AB之间时运放处于线性工作区，在AB段以外时则处于非线性工作区。

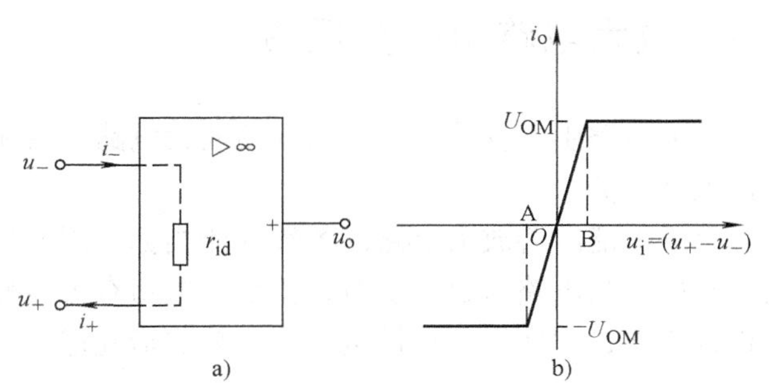

图9-11　集成运算放大器的电压传输特性

运放在线性区时，输入输出之间满足关系式

$$u_o=A_d(u_+-u_-) \tag{9-12}$$

由于 A_d 很大，所以运放开环工作时线性区很窄，u_i 仅为几毫伏甚至更小。为扩大外部线性工作范围，必须对运放施加足够深的负反馈，以便压低运放的差模输入信号，保证运放处于线性工作区，所以运放的线性应用电路均为负反馈电路。

运算放大器工作在非线性区时，输入输出之间无线性关系，输出只有两个稳定状态：一个是正向饱和值 U_{OM}；另一个是负向饱和值 $-U_{OM}$。U_{OM} 是运算放大器所能达到的最大输出值，约比电源电压低1.5V。运算放大器的输入信号过大或工作在开环状态或加正反馈时，运放均可进入非线性区。

（3）理想运放的两个重要结论

1）虚短，即 $u_+=u_-$。由式(9-12)可知，在线性范围内集成运放的差动输入信号电压为

$$|u_+-u_-|=\frac{u_o}{A_d}$$

由于理想运放的 $A_d=\infty$，而输出电压 u_o 又是一个有限值，因此有

$$u_+-u_-=0 \text{ 即 } u_+=u_- \tag{9-13}$$

此为虚短，即两个输入端电位相等，好像短接在一起一样，但实际上又不是短接在一起，所以称虚短。理想运算放大器工作在线性区时，虚短现象总是存在的。

2）虚断，即 $i_-=i_+=0$（见图9-11a）

$$u_--u_+=i_-r_{id}$$

$$i_-=\frac{u_--u_+}{r_{id}}$$

而理想运放的 $r_{id}=\infty$，且 $|u_--u_+|$ 又是有限值，所以有

$$i_- = i_+ = \frac{u_- - u_+}{r_{id}} = 0$$

即
$$i_- = i_+ = 0 \tag{9-14}$$

此为虚断，即从输入端流入或流出的电流为零，好像输入端与运放器件断开一样，但实际上不是断开，所以称虚断。理想运算放大器工作在线性区和非线性区时，虚断现象总是存在的。

正确运用上述两个结论，可以使集成运放应用电路的分析过程大大简化。

9.3　放大电路中的负反馈

放大电路引入反馈后，称为反馈放大电路，或闭环电路。反馈电路又有负反馈电路和正反馈电路之分。

负反馈能改善放大电路的各种性能指标，因而广泛应用在模拟电子技术中。在负反馈放大电路中，当电路参数改变时，负反馈电路有可能变为正反馈电路，引起自激振荡使电路不能正常工作，因此在负反馈电路中要采取措施避免自激振荡的产生。

9.3.1　反馈的基本概念

图9-12是第8章讨论过的静态工作点稳定电路，该电路通过射极电阻 R_E 把输出端的静态电流 I_{CQ} 返送到输入端，进而使 I_{CQ} 较为稳定。当由于某些原因，如直流电源电压的变化或环境温度改变等，使 I_{CQ} 增大，则流过 R_E 的电流 I_{EQ} 也增大，R_E 两端电压 U_{EQ} 将升高，这个反映 I_{CQ} 变化的电压又作用于输入回路，使 U_{BEQ} 减小，I_{BQ} 也将减小，从而使 I_{CQ} 减小，达到自动稳定静态工作点的目的。这一过程表示如下：

$$I_{CQ}\uparrow \rightarrow I_{EQ}\uparrow \rightarrow U_{EQ}\uparrow \rightarrow U_{BEQ}(=U_{BQ}-U_{EQ})\downarrow \rightarrow I_{BQ}\downarrow \rightarrow I_{CQ}\downarrow$$

上述过程是直流负反馈的过程。

由上述可知，所谓反馈就是把放大电路的输出量（电压或电流信号）的部分或全部，通过一定方式返送到输入回路的过程。那么，反馈放大电路必由两部分组成，即基本放大电路 $\dot{A}$ 和反馈网络 $\dot{F}$，如图9-13所示。其中基本放大电路指未加反馈的单级、多级放大电路，或者是集成运算放大器。反馈网络可由电阻、电感、电容或半导体器件等组成。上例的反馈网络就是由射极电阻 R_E 构成的。

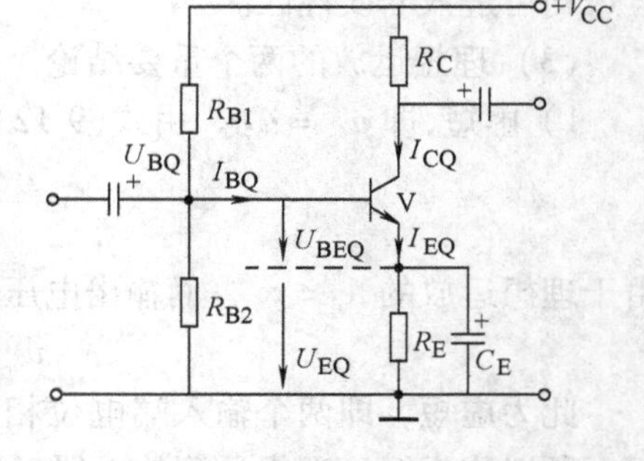

图9-12　静态工作点稳定电路

反馈可以分为直流反馈和交流反馈。如果反馈网络能把输出的某个直流量返送到输入回路，那么该电路引进的就是直流反馈。图9-12所示就是直流反馈电路。若将图9-12电路中的射极旁路电容 C_E 去掉，如图9-14所示，则输出回路中的交流分量 i_C 通过 R_E，产生交流电压降 u_e，并且出现在输入回路中，这种能把输出的某个交流量返送到输入回路的过程叫做引进了交流反馈。显然，图9-14所示电路既有直流反馈，又有交流反馈。

反馈又有负反馈和正反馈之分。当图 9-14 所示电路的输入交流电压 u_i 一定时，若 β 值随温度升高而变大，使输出电流 i_c 上升，将产生与图 9-12 电路相似的稳定过程：

$$i_c\uparrow \rightarrow i_e\uparrow \rightarrow u_e\uparrow \rightarrow u_{be}(=u_i-u_e)\downarrow \rightarrow i_b\downarrow \rightarrow i_c\downarrow$$

即 i_c 有保持稳定不变的趋势。在上述过程中，由于反馈的引入使净输入信号（$u_{be}=u_i-u_e$）减小，从而使放大电路的放大倍数下降，这样的反馈称为负反馈。虽然负反馈使放大倍数下降，但换取了其他许多性能的改善，因此在放大电路中得到广泛应用，这是本章要讨论的主要内容。相反，我们把引入反馈后使输入回路的信号增强的反馈称为正反馈。虽然正反馈在放大电路中能适当提高放大倍数，但使放大电路其他性能变差，因此在放大电路中很少采用，而主要应用于振荡电路和数字电路的暂态过程中。

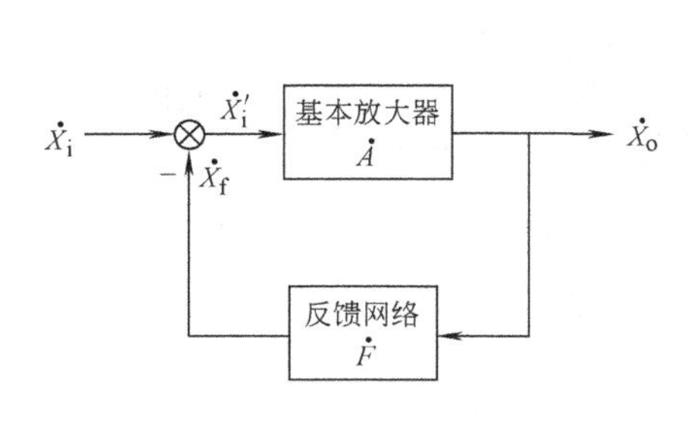

图 9-13　负反馈放大电路的原理框图

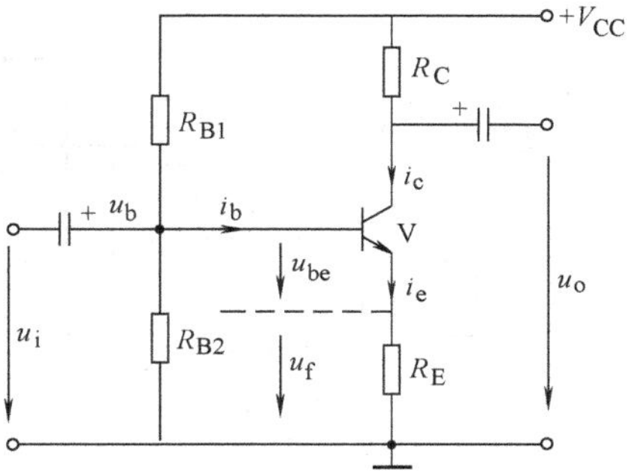

图 9-14　具有交流负反馈的电路

9.3.2　反馈的分类

除了正反馈和负反馈两大类反馈外，在负反馈放大电路中，为了达到不同的目的，可以在输出回路和输入回路中采用不同的连接方式，形成不同类型的负反馈放大电路。图 9-15 中给出了负反馈放大电路的 4 种基本类型的框图。其中图 a 是电压串联负反馈，图 b 是电流串联负反馈，图 c 是电压并联负反馈，图 d 是电流并联负反馈。

这 4 种不同类型的负反馈，从形式上看，可由输出量和输入回路按不同方式的排列组合而得到，但实质上，这 4 种不同的反馈类型对放大电路的性能有着不同的影响，因此，研究这 4 类负反馈的分类规律是尤为重要的。现在把输出回路和输入回路的反馈方式分别加以比较和说明。

1. 电压反馈和电流反馈

从图 9-15 电路的 4 个框图的输出回路中可以看出，图 a 和图 c 的形式相同，图 b 和图 d 的形式相同。

在图 a 和图 c 的输出回路中，反馈网络跨接于输出电压的两端，即进入反馈网络的是输出电压 u_o 的一部分，也就是说，反馈信号的来源是输出电压。我们把这种反馈信号取自输出电压的反馈方式称为电压反馈。

在图 b 和图 d 的输出回路中，反馈网络串接于输出回路，即进入反馈网络的是输出电流

i_o，也就是说，反馈信号的来源是输出电流。我们把这种反馈信号取自输出电流的反馈方式称为电流反馈。

例如图 9-14 电路中，流入反馈网络 R_E 的是射极电流 i_e，由于 $i_c \approx i_e$，所以也可认为流入反馈网络的是输出回路中的电流 i_c。反馈信号 $u_f = u_e \approx i_c R_E$，即反馈信号正比于输出电流 i_c。因此，从输出回路看，这个电路是电流反馈电路。

在放大电路中，电流负反馈电路大多是将反馈电阻串接于射极回路，如图 9-14 所示的电路，反馈信号取自 i_c，而不是取自流过负载电阻 R_L 中的输出电流 i_o。因此，通过负反馈稳定的是 i_c，而不是 i_o。所以对于图 9-14 的电路，用框图 9-15b 来表示时，图中的 i_o 实际应为 i_c，而 R_L 实际应为 $R_L' = R_L /\!/ R_C$。

2. 串联反馈和并联反馈

从图 9-15 电路的 4 个框图的输入回路中可以看出，图 a 和图 b 的形式相同，图 c 和图 d 的形式相同。

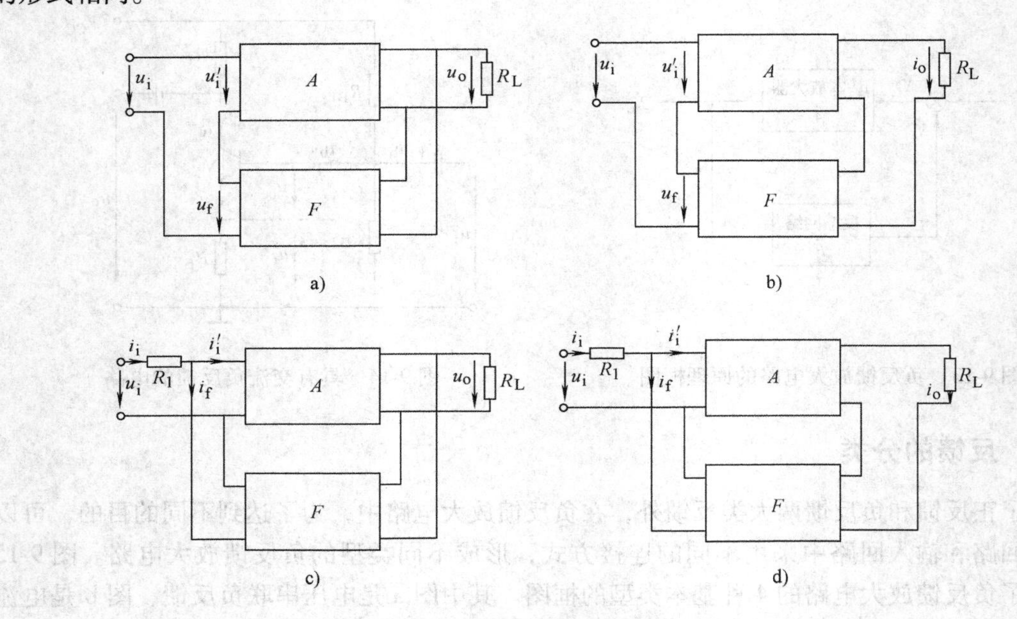

图 9-15　4 类负反馈框图

a）电压串联　b）电流串联　c）电压并联　d）电流并联

在图 a 和图 b 的输入回路中，反馈网络串联于输入回路，使得反馈电压 u_f（由于是串联电路，用电压表示，分析起来比较方便）与输入信号 u_i 串联之后，共同作用于基本放大电路的输入端（即 u_i'）。我们把这种反馈信号串联于输入回路的反馈方式叫串联反馈。

为了得到负反馈，就必须使反馈电压 u_f 减弱输入电压 u_i，因此在接入反馈网络时，一定要使反馈电压的极性满足负反馈的条件。在图 a 和图 b 的输入回路中，引入反馈电压后，净输入电压 u_i'（即基本放大电路的输入电压 u_{be}）为

$$u_i' = u_i - u_f$$

减弱了输入电压（一般 u_i、u_i'、u_f 相位相同），所以是串联负反馈。

例如图 9-14 电路中，反馈电压 u_f 串联于输入回路，且减弱了输入电压，因此从输入回路的反馈方式来看，这个电路是串联负反馈。

在图 c 和图 d 的输入回路中，反馈网络并联于输入回路中，使得反馈电流 i_f（由于是并联回路，用电流表示，分析起来比较方便）与输入电流 i_i 并联之后，共同作用于基本放大电路的输入端（即 i'_i）。我们把这种反馈信号并联于输入回路的反馈方式叫并联反馈。

为了得到负反馈，必须使反馈电流 i_f 减弱输入电流 i_i，因此在接入反馈网络时，一定要使反馈电流的方向满足负反馈的条件。在图 c 和图 d 的输入回路中，引入反馈电流后，净输入电流 i'_i（即基本放大电路的输入电流 i_b）为

$$i'_i = i_i - i_f$$

从而减弱了输入电流（一般 i_i、i'_i、i_f 相位相同），所以是并联负反馈。

9.3.3　反馈放大电路类型的判别

反馈类型的判别，是指判别电路中是交流反馈还是直流反馈；判别是正反馈还是负反馈；若判定为交流负反馈，则再进一步判别是属于上述 4 种反馈类型（反馈组态）的哪一种。

上面已经介绍了直流反馈和交流反馈的概念。在电路中，直流反馈多采用电容把交流信号短路，使反馈信号 x_f 中仅含有直流分量而不含有交流分量。在交流反馈中，可以不用电容器把反馈信号中的交流分量短路，即使反馈信号 x_f 中既有直流信号，也有交流信号；或者利用电容器把直流信号隔断，只允许交流信号通过，使反馈信号 x_f 中只有交流信号。直流负反馈能稳定电路的静态工作点，交流负反馈能影响放大电路的性能，而不同的交流负反馈组态，对放大电路性能的影响不同。下面主要介绍如何判别交流负反馈的极性（正或负反馈）和负反馈的 4 种组态，并举例说明判别的步骤和方法。

例 9-2　图 9-16a 是由集成运放构成的电路。试判别该电路中的反馈类型。

为了便于分析，我们把图 9-16a 的电路改画成图 9-16b。

判别按下列步骤和方法进行。

1. 判别电路中有无反馈

方法是找有无联系输出回路与输入回路的元件（即找反馈网络）。若有这个元件，输出回路的电量就可以通过这个元件反送到输入回路，则可判定电路中有反馈。否则电路中无反馈。

在图 9-16a 中，R_F 连接了输出回路和输入回路，R_F 和 R_1 构成了反馈网络，所以图 9-16a 的电路中有反馈。

2. 判别反馈极性

采用瞬时极性法，它是指：某瞬时在电路输入端加上一个对“地”为正（或为负）的信号，依次判定在该瞬时电路中有关各点的信号极性，找到反馈信号的极性，若反馈信号使净输入信号削弱，则为负反馈，若反馈信号使净输入信号增强，则为正反馈。

在图 9-16b 中，设某瞬时在电路输入端加上一个对“地”为（+）的信号 u_i，由于电路的输入端是集成运放的同相输入端，则输出 u_o 为（+），u_o 作用在 R_1 上的电压降 u_f 为反馈信号，其极性是上（+）下（-）（与图中所示 u_f 的正方向一致），因此，净输入信号 $u_d = u_i - u_f$，可见，反馈信号 u_f 的存在，使净输入信号 u_d 削弱，故该电路是负反馈。

3. 判别是串联反馈还是并联反馈

采用输入假想开路法。若假想输入开路（指反馈网络与基本放大电路输入端及信号源

之间连接的回路被假想断开）后，反馈信号对净输入信号没有影响，则为串联反馈。若假想输入开路后，反馈信号对净输入信号仍有影响，则为并联反馈。

在图9-16的电路中，若信号源断开，反馈信号就不能加到基本放大电路的输入端，即输入假想开路后，反馈信号对净输入信号无影响，所以图9-16的电路为串联反馈。从图9-16b可以看出，输入信号、反馈信号、净输入信号，在输入回路是以电压形式叠加，也说明是串联反馈形式。

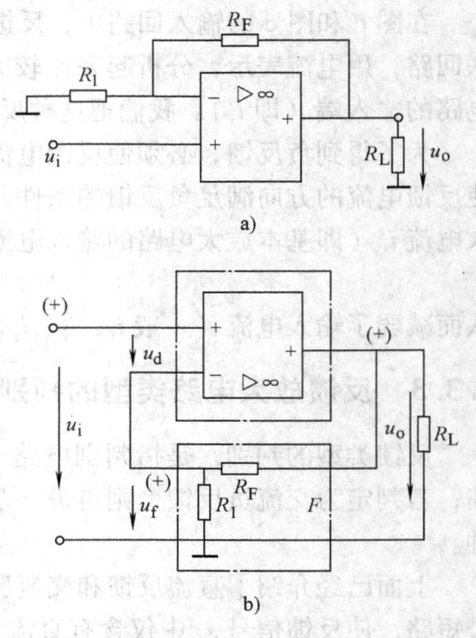

图9-16 例9-2图

4. 判别是电压反馈还是电流反馈

采用输出假想短路法。反馈放大电路加上适当的输入信号，假想负载 R_L 短接，（即输出短路），$u_o=0$，经分析后，若这时反馈信号 $x_f=0$，说明反馈信号与输出电压有关，或说反馈信号是取自输出电压，则为电压反馈。若假想负载短接后，$x_f\neq0$，说明反馈信号不是取自输出电压，而是反馈信号与输出电流有关，则为电流反馈。

由图9-16知，R_L 短路后，$u_o=0$，由输出引起的反馈信号 $u_f=0$，说明图9-16的电路是电压反馈。

综合上述分析知，图9-16a的电路是电压串联负反馈放大电路。

例9-3 图9-17a是由集成运放构成的电路，试判别该电路中的反馈类型。

同样，为了便于分析，把图9-17a的电路改画成图9-17b。判别仍按照上述的4个步骤和方法进行。

1. 判别有无反馈

方法是采用找反馈网络。由图9-17b知，R_F 连接了输出回路和输入回路，R_F 和 R_4 构成反馈网络，所以图9-17a的电路中有反馈。

2. 判别反馈极性

采用瞬时极性法。对于图9-17b，设某瞬时在其输入端加上对“地”为正的输入信号 u_i，这时输入电流 i_i 和净输入电流 i_d（由于是实际的集成运放，虽然流入运放的电流很小，但毕竟不为零）的实际方向与图中所标的正方向一致。由于 u_i 为（+），集成运放反相输入端的信号也为（+），输出端A点的电位极性为（－），B点的电位极性也为（－），则该瞬时 i_f 的实际方向与图中 i_f 的正方向一致。这时净输入信号 $i_d=i_i-i_f$，可见，反馈信号 i_f 的存在，使净输入信号 i_d 削弱，故图9-17a的电路为负反馈。

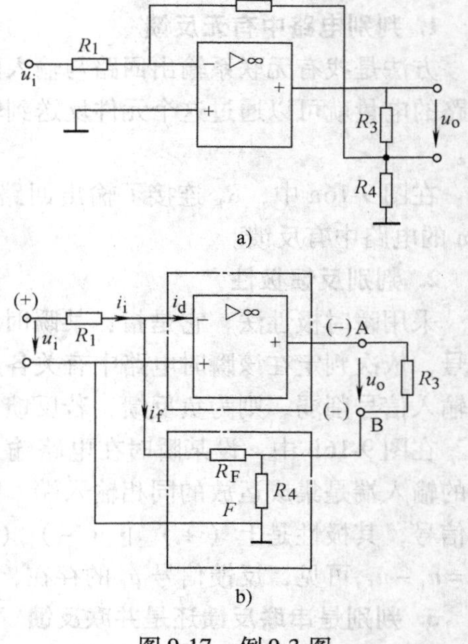

图9-17 例9-3图

3. 判别是串联反馈还是并联反馈

采用输入假想开路法。由图9-17b知，由于反馈网络并联在基本放大电路的输入端，若假想输入开路后，反馈信号仍对净输入信号有影响，说明图9-17a的电路是并联反馈。

4. 判别是电压反馈还是电流反馈

采用输出假想短路法。由图9-17b知，假想负载电阻 R_3 被短接，$u_o=0$，但由于 R_4 的存在，B点电位仍然受输出信号的影响，因此，反馈信号 i_f 仍然存在，即 $u_o=0$，$i_f\neq0$，说明反馈信号不是与输出电压有关，而是与输出电流有关。故为电流反馈。

综合上述分析知，图9-17a的电路是电流并联负反馈放大电路。

用上述判别的步骤和方法，可以判定图9-18a的电路是电压并联负反馈。图9-18b的电路是电流串联负反馈。对图9-18a、b两个电路，这里不作详细说明，请读者自己分析。

集成运算放大器有两个输入端，由集成运算放大器构成的反馈放大电路，在一般情况下可以用下述的简便方法来判别是串联反馈还是并联反馈。当反馈信号和输入信号分别处在集成运算放大器的两个输入端上时为串联反馈，当它们同在一个输入端上时为并联反馈。

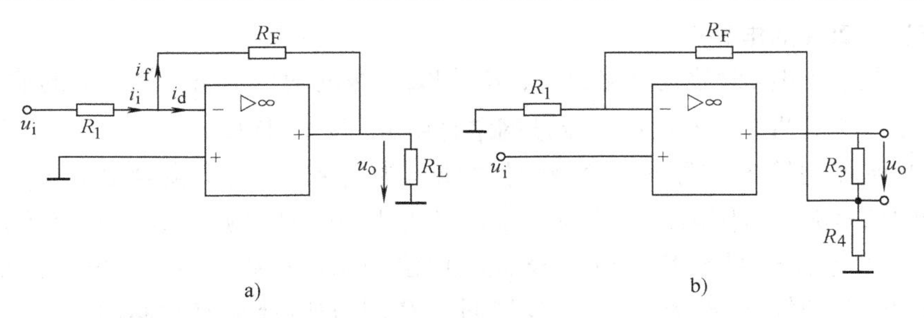

图9-18　电压并联和电流串联负反馈电路

例9-4　图9-19是由集成运算放大器构成的电路，试判别该电路中的反馈类型。

1. 判别有无反馈

由图9-19知，R_F 联系了输出回路和输入回路，所以电路中有反馈。

2. 判别反馈极性

设某瞬时在电路输入端加上对“地”为（+）的信号 u_i，由于输入信号加到了集成运算放大器的反相输入端，所以输出 u_o 为（-），反馈到输入回路的反馈信号 u_f 的实际极性与图9-19中 u_f 的正方向一致，这时净输入信号 $u_d=u_i+u_f$，可见，由于反馈信号 u_f 的存在，使净输入信号 u_d 增强了，说明该电路为正反馈。

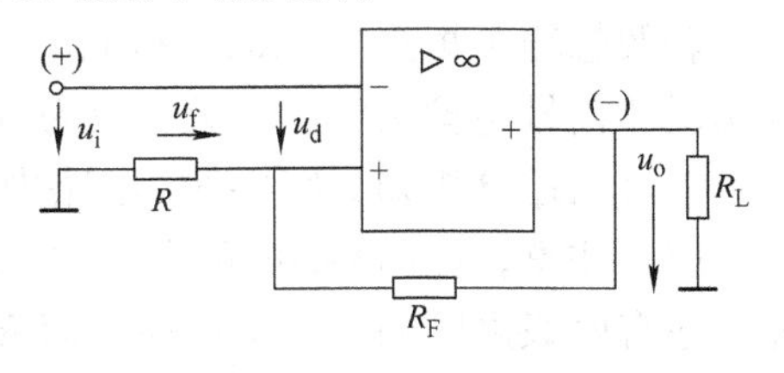

图9-19　例9-4图

判定电路为正反馈后，就不需要再判别是串联反馈还是并联反馈，是电压反馈还是电流反馈了。

分立元件放大电路中反馈的判别，同样可以用上述判别反馈的步骤和方法进行。下面举例说明。

例9-5　试判别图9-20a、b两个电路中的级间反馈。要求找出级间反馈网络，判别反馈极性，若判定是负反馈，再判别其反馈类型。

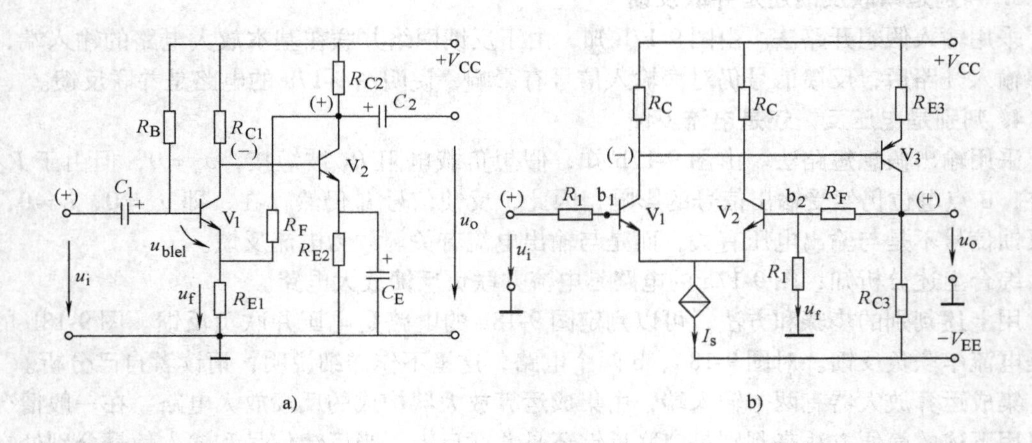

图 9-20　例 9-5 图

1. 分析图 9-20a 的电路

图 9-20a 是由两级共射放大电路组成，R_F 把第二级的输出回路与第一级的输入回路联系起来了，因此，该电路级间有反馈。反馈网络是由 R_F 和 R_{E1} 构成。

设某瞬时所加的输入信号 u_i 的极性对“地”为（+），由于耦合电容 C_1 的容量足够大，在讨论的信号频率范围内，可认为电容 C_1 对信号相当于短路，故 u_i 相当于直接加到 V_1 的基极，V_1 的集电极信号与其基极信号是反相位关系，可得到 V_2 的集电极信号极性为（+），即 u_o 在该瞬时的极性为（+），反馈回到 R_{E1}上的信号 u_f 在该瞬时的极性是上（+）下（−），因此净输入信号 $u_{b1e1}=u_i-u_f$，可见，由于反馈信号 u_f 的存在，使净输入信号 u_{b1e1}削弱了，故为负反馈。

若假想输入开路，反馈信号 u_f 的变化就不会影响净输入信号 u_{b1e1}，所以该电路是串联反馈。

若假想输出短路 $u_o=0$，这时由第二级输出回路送回到第一级输入回路的信号 $u_f=0$，说明反馈信号与输出电压有关，故为电压反馈。

综合上述分析知，图 9-20a 电路中的级间反馈为电压串联负反馈。

应当注意，在图 9-20a 的电路中，R_F 和 R_{E1}除了构成两级之间的交流电压串联负反馈之外，还有两级之间的直流负反馈，而 R_{E1}还构成第一级电路的交流电流串联负反馈和直流负反馈，R_{E2}因并联有电容 C_{E2}，所以 R_{E2}仅构成第二级的直流负反馈。这里再强调指出，直流负反馈只能稳定放大电路的静态工作点，而交流负反馈才能改善放大电路的性能。

2. 分析图 9-20b 的电路

图 9-20b 电路的第一级是由 V_1 和 V_2 组成的单端输入单端输出的差动放大电路，第二级是由 V_3 构成的共射放大电路。R_F 把第二级的输出回路与第一级的输入回路联系起来了，因此，电路中级间是有反馈的。R_F 和 R_1 构成反馈网络。

在放大电路输入端若加上对“地”为（+）的输入信号 u_i，可得到 V_1 管的集电极信号极性为（−），V_3 的集电极信号极性为（+），反馈到 R_1 上的信号 u_f 亦为正，净输入信号 $u_{b1b2}=u_i-u_f$，可见，由于反馈信号 u_f 的存在，使净输入信号 u_{b1b2}削弱了，故为负反馈。

假想输入开路后，这时反馈信号 u_f 的变化不会影响净输入信号 u_{b1b2}，所以该电路是串联反馈。

输出假想短路后，$u_o=0$，这时由第二级输出回路送回到第一级输入回路的信号 u_f 也为零了，所以是电压反馈。

综合上述分析知，图 9-20b 电路的级间反馈为电压串联负反馈。

例 9-6　判别图9-21a和 b 两个电路中的级间反馈类型。

1. 分析图 9-21a 的电路

图 9-21a 是由两级共射放大电路组成。R_F 联系了第二级的输出回路与第一级的输入回路，因此，该电路级间有反馈。反馈网络由 R_F 和 R_{E2} 构成。又根据瞬时极性法可判定为负反馈。

同样根据例 9-5 的方法分析可知，图 9-21a 的电路，级间反馈为电流并联负反馈。

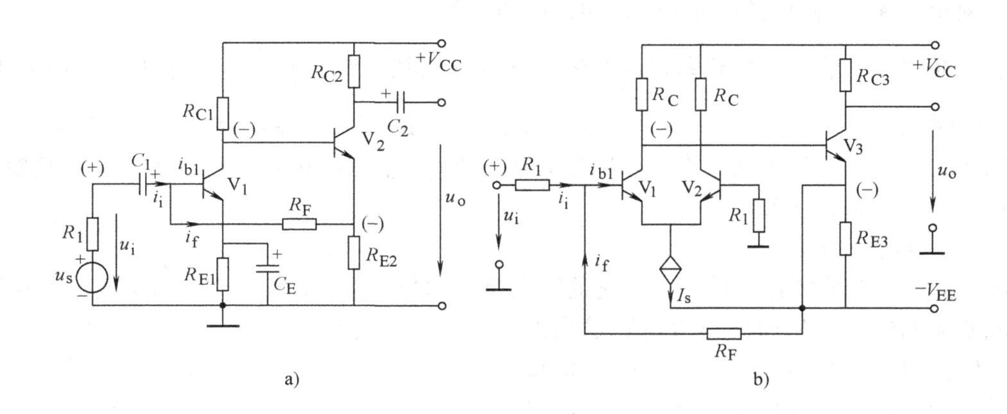

图 9-21　例 9-6 图

2. 分析图 9-21b 的电路

依照上例图 9-20b 的分析方法，可知图 9-21b 电路的极间反馈为电流并联负反馈。

9.3.4　负反馈对放大电路性能的影响

1. 提高放大倍数的稳定性

在放大电路中由于各种原因，例如环境温度、管子及元件参数、电源电压以及负载电阻的变化等，使得在输入信号一定的情况下，输出电压或输出电流将会随之发生变化，因而引起放大倍数的改变。如果引入负反馈，就可稳定输出电压或输出电流，进而使放大倍数稳定。尤其在深度负反馈条件下，由于 A_f 只与 F 有关，使放大倍数更加稳定。为了说明放大倍数稳定的程度，可将开环放大倍数 A 与闭环放大倍数 A_f 的相对变化量进行比较。

由图 9-13 可以推导出负反馈放大电路增益的一般表达式为

$$A_f=\frac{A}{1+AF}$$

引入负反馈后，A_f 的相对变化量仅为 A 的相对变化量的 $1/(1+AF)$，即放大倍数的稳定性提高了 $(1+AF)$ 倍，但放大倍数也相应下降到开环时的 $1/(1+AF)$。例如，当 (1 +

$AF)=10$ 时，则 A_f 的相对变化量只有 A 的相对变化量的1/10。若 A 相对变化1%，即 $dA/A=0.01$，那么 A_f 的相对变化量 $dA_f/A_f=0.001$。由此可见，只要开环放大倍数足够高，就可通过引入负反馈获得满意的闭环放大倍数及其稳定性。

2. 扩展通频带

由于在深度负反馈时，闭环增益 $\dot{A}_f$ 基本不随开环增益 $\dot{A}$ 而变化。在上限频率 f_h 和下限频率 f_l 所处的区域，当频率升高和降低引起 $|\dot{A}|$ 减小时，只要满足 $|\dot{A}F|\gg1$（设 F 为实数），则 $|\dot{A}_f|=|\dot{A}/(1+\dot{A}F)|\approx1/F$ 就保持不变。因而，闭环增益的幅频特性 A_f 的水平部分向两侧延伸，如图9-22所示。当在高频区继续升高频率和在低频区继续降低频率时，$|\dot{A}|$ 继续下降，使 $|\dot{A}_f|\ll1$，此时 $|\dot{A}_f|=|\dot{A}/(1+\dot{A}F)|\approx|\dot{A}|$，即 A 与 A_f 的幅频特性重合，如图9-22所示。由图可见，引入负反馈后放大电路的通频带由原来的 $f_{bw}=f_h-f_l$ 扩展为 $f_{bwf}=f_{hf}-f_{lf}$。其展宽频带的程度与反馈深度有关。

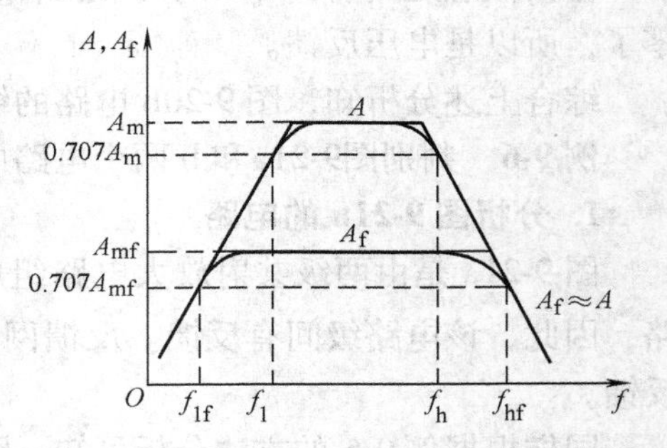

图9-22 负反馈使通频带展宽

3. 减小非线性失真

由于晶体管是非线性元件，例如它的输入特性的非线性，在输入信号较大时，将引起基极电流波形的失真，从而使放大电路输出波形也产生失真。如图9-23a所示。引入负反馈后，由于反馈网络是线性网络（例如由电阻组成），不会引起失真，所以取自输出信号的反馈信号（如图b中的 x_f 的波形）也和图a中的 x_o'相似。又因净输入信号是输入信号与反馈信号之差，即 $x_i'=x_i-x_f$，所以净输入信号波形（图b的 x_i）和无反馈时输出波形（图a中 x_o'）的失真情况相反，这样的净输入信号经过放大以后，将大大减小非线性失真的程度，其输出波形如图9-23b中的 x_o 所示。当然减小非线性失真的程度也与反馈深度有关。

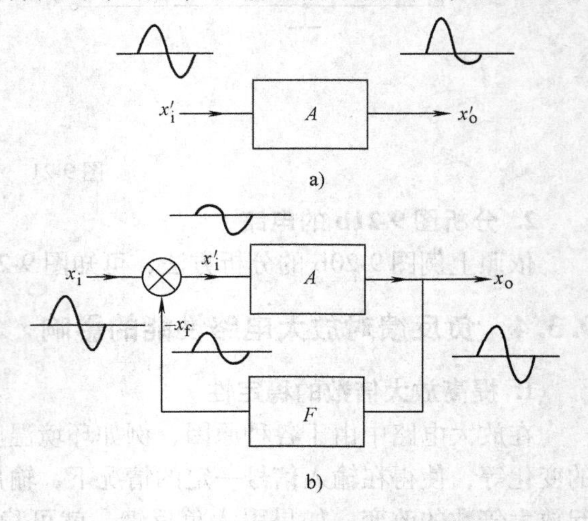

图9-23 负反馈减小非线性失真

应当指出，由于负反馈的引入，在减小非线性失真的同时，降低了输出幅度。此外，输入信号本身固有的失真，是不能用引入负反馈来改善的。

4. 抑制放大电路内部的干扰和噪声

首先需要了解一下什么是干扰和噪声。放大电路中的干扰和噪声，有来自外部的，与输入信号同时混入；有放大电路本身产生的，即没有输入信号时（$u_i=0$），也会有杂乱无章的波形输出，这就是放大电路内部的干扰和噪声，它的来源是多方面的，如晶体管和电阻中有协流子随机性不规则的热运动引起的热噪声，以及电源电压波动等原因造成的电路内部的干扰等。

放大电路中如有较大的干扰和噪声，在输入微弱信号时，则输出信号也较弱，甚至可能淹没在噪声之中而无法区别，如图9-24a所示。在这种情况下，只有增大输入信号才能将信号从干扰和噪声中区别出来。这就是说，由于放大电路内部的干扰和噪声的存在，限制了放大电路输入信号不能太小。

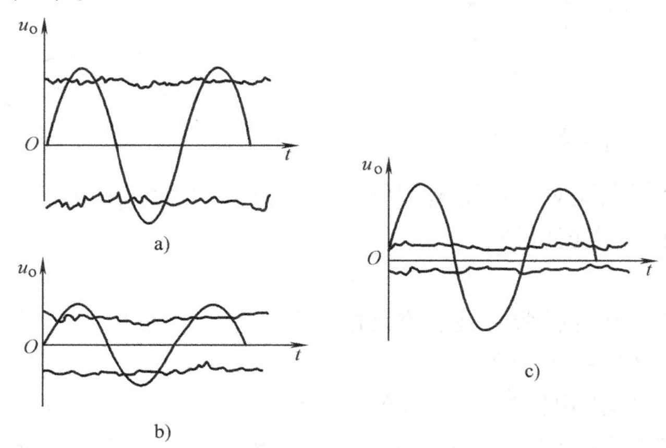

图9-24　负反馈抑制干扰和噪声

上述分析说明，干扰和噪声对信号的影响，不完全取决于其本身的大小，也与信号的大小有关。它们之间的关系通常用放大电路的输出信号功率与输出端的噪声功率之比值来表示，简称为信噪比。即

$$信噪比=\frac{信号功率}{噪声功率}$$

信噪比往往也采用对数单位——分贝表示，信噪比越大，则干扰和噪声的影响越小，如果信噪比太小，则输出端的信号和噪声将难以区别。

实际上，引入负反馈之后对输入信号和内部噪声同时减小，也就是说引入负反馈后，虽然噪声有所减小，但有用的信号也减小了，如图9-24b所示，因而输出端的信噪比并未改变。可是，信号的减小可以通过提高输入信号的幅度来弥补，而内部噪声则是固定的，如图9-24c所示，这样可以提高信噪比。当然，噪声和干扰减小的程度也取决于反馈深度的大小。

需要指出，对于外部的干扰以及与信号同时混入的噪声，采用负反馈的办法是不能抑制的。

5. 对输入电阻和输出电阻的影响

引入负反馈后，由于反馈类型和反馈深度不同，可以不同程度地改变反馈放大电路的输入电阻和输出电阻。

（1）对输入电阻的影响

1）串联负反馈使输入电阻增大：由于反馈信号 u_f 和输入信号 u_i 串联于输入回路，u_f 削弱了 u_i 的作用，所以在同样的 u_i 作用下，串联负反馈的输入电流比无反馈时的要小，也就是串联负反馈具有提高输入电阻的作用。从图9-25串联负反馈框图的输入回路中可以看出，输入电阻是增大的。基本放大电路的输入电阻为

$$r_i = \frac{u_i'}{i_i}$$

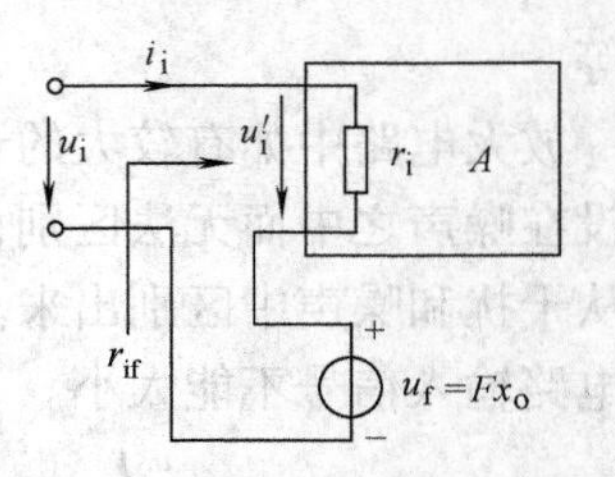

图 9-25 串联负反馈的输入电阻

反馈放大电路的输入电阻为

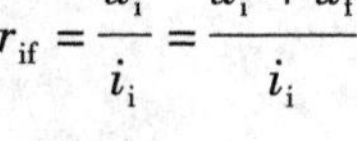

$$r_{if} = \frac{u_i}{i_i} = \frac{u_i' + u_f}{i_i}$$

反馈电压为

$$u_f = Fx_o = FAu_i'$$

输出回路中，若为电压反馈时，这里 x_o 为 u_o、F 为 F_u、A 为 A_u；若为电流反馈时，x_o 为 i_o、F 为 F_{ui}、A 为 A_{iu}。代入整理可得

$$r_{if} = (1 + AF)r_i \tag{9-15}$$

可见，无论输出回路是电压反馈还是电流反馈，只要是串联负反馈，就使反馈环路内的输入电阻增大到开环时的 $(1 + AF)$ 倍。

2）并联负反馈使输入电阻减小：由于反馈信号 i_f 和输入信号 i_i 并联作用于输入回路，则输入电流 $i_i = i_i' + i_f$。因此在相同的 u_i' 作用下，与无反馈时相比，因 i_f 的存在而使 i_i 增大，也就是输入电阻比无反馈时为小。从图 9-26 并联负反馈框图的输入回路可以看出输入电阻减小的程度（推导略）。

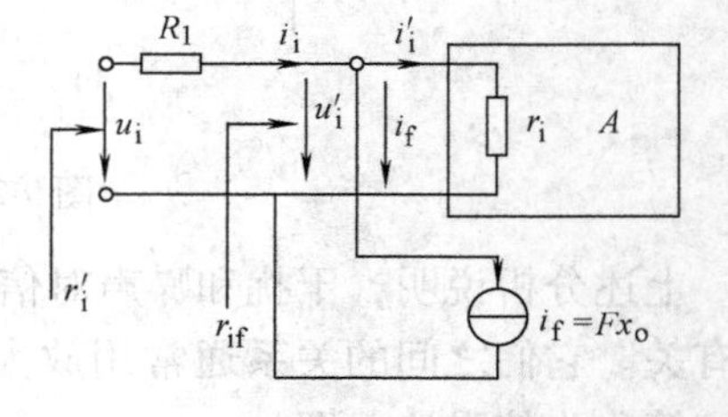

图 9-26 并联负反馈的输入电阻

并联负反馈的输入电阻为

$$r_{if} = \frac{r_i}{1 + AF} \tag{9-16}$$

无论输出回路是电压反馈，还是电流反馈，只要是并联负反馈，就使反馈环路内的输入电阻减小到开环时的 $1/(1 + AF)$。

（2）对输出电阻的影响

1）电压负反馈使输出电阻减小：由前所述，电压负反馈具有稳定输出电压 u_o 的作用，即在负载电阻变化时，可维持 u_o 不变，可认为是具有内阻很小的电压源。也就是说，电压负反馈的引入使输出电阻比无反馈时为小。可从图 9-27 电压负反馈框图的输出回路看出它减小的程度（为简化分析过程，框图的输入回路采用一般形式表示）。这里仍然采用使输入信号为零（$x_i = 0$），输出端外加电压 u 来求输出电阻的办法。

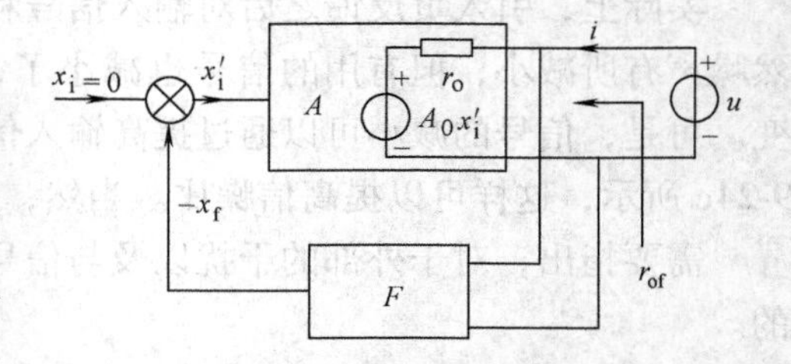

图 9-27 电压负反馈的输出电阻

图中，A_0 是 $R_L = \infty$ 时的开路开环放大倍数。R_o 是基本放大电路的输出电阻。（输入回路中，若为串联负反馈时，x_i、x_i' 和 x_f 分别为 u_i、u_i' 和 u_f，这时 A_0 为 A_{ou}、F 为 F_u；若为并联负反馈时，x_i、x_i' 和 x_f 分别为 i_i、i_i' 和 i_f，这时 A_0 为 A_{oui}、F 为 F_{iu}）。

略去反馈网络 F 对 i 的分流作用时可得

$$u = ir_o + A_0 x_i' = ir_o - A_0 x_f = ir_o - A_0 Fu$$

整理得

$$r_{of}=\frac{u}{i}=\frac{r_o}{1+A_0F} \tag{9-17}$$

可见，无论输入回路是串联负反馈，还是并联负反馈，只要是电压负反馈，就使反馈环路内的输出电阻减小到开环时的 $1/(1+A_0F)$。

2）电流负反馈使输出电阻增大：在射极接入 R_E 的电流负反馈放大电路中，电流负反馈具有稳定输出电流（i_C）的作用，即在 R_L'改变时，可维持 i_o 基本不变，这就与内阻很大的电流源相似。所以说电流负反馈的引入，使输出电阻比无反馈时增大。可由图9-28电流负反馈框图的输出端看出它增大的程度。

电流负反馈稳定的是通过总负载 R_L'的电流 i_C，因此，基本放大电路的输出电阻 R_o（即 r_{ce}）中不包含 R_C，R_C 属于反馈环路以外的电阻，不考虑 R_C 时的反馈放大电路的输出电阻 r_{of}，如图9-28所示。

略去 i_2 在反馈网络 F 上的压降，可得

$$r_{of}=\frac{u}{i_2}=r_o(1+A_0F) \tag{9-18}$$

可见，无论输入回路是串联负反馈，还是并联负反馈，只要是电流负反馈，就使反馈环路以内的输出电阻增大到开环时的（$1+A_0F$）倍。

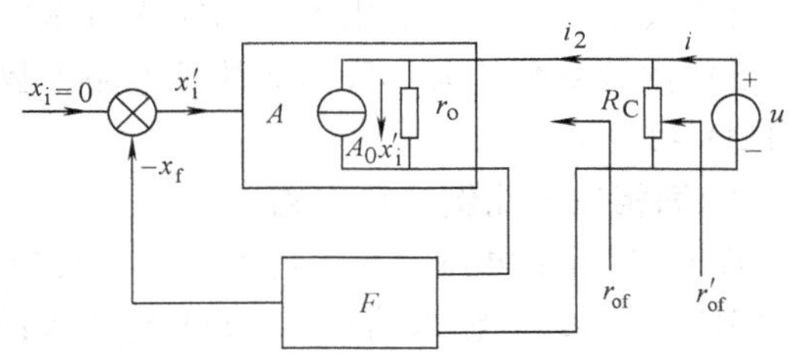

图9-28　电流负反馈的输出电阻

实际上，电流负反馈放大电路的输出电阻要考虑 R_C 的并联作用，即应为

$$r_{of}'=r_{of}//r_C\approx R_C$$

应指出式（9-17）和式（9-18）中的 $A_0\neq A$，其中 A_0 为开路或短路开环放大倍数，A 为开环放大倍数，使用时不能混淆。

9.4　集成运算放大器的线性应用

9.4.1　三种基本运算电路

1. 反相输入比例运算电路

图9-29所示的电路就是由集成运放组成的反相输入比例运算电路，输入信号从反相输入端加入，又叫反相放大器。反馈电阻 R_F 跨接在输出端与反相输入端之间，使电路工作在闭环工作状态。图中 R'称为平衡电阻，由于集成运放的输入级为差动放大器，为减少失调参数的影响，故要求输入回路两端对称，即要求集成运放两个外部入端电阻相等。图中反相输入端的入端等效电阻为 $R_1//R_F$，因此取 $R'=R_1//R_F$。

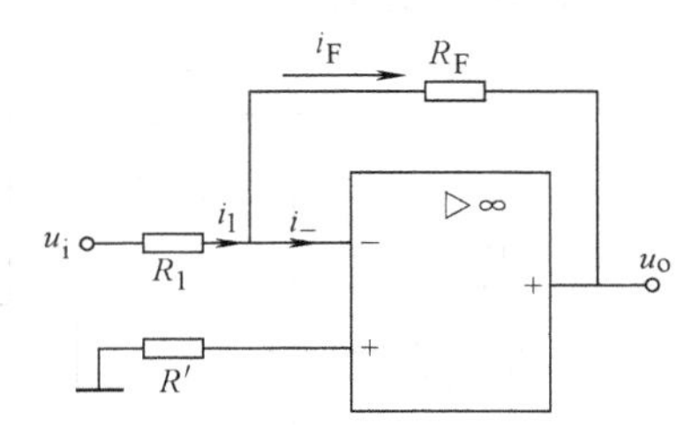

图9-29　反相比例运算电路

把图中运放视为理想运放，则根据虚断和虚短的概念可得

$$i_+=i_-=0$$

$$u_{-}=u_{+}=0$$

$$i_1=i_F$$

$$i_1=\frac{u_i-u_{-}}{R_1}$$

$$i_F=\frac{u_{-}-u_o}{R_F}$$

综合上述各式可得

$$u_o=-\frac{R_F}{R_1}u_i \tag{9-19}$$

由式（9-19）可得如下结论：

1）输出电压与输入电压成正比例关系，比例系数为 R_F/R_i，若取 $R_1=R_F$，则电路成为反相器或倒相器。

2）式中负号表明输出电压与输入电压反相位，这也是反相比例运算电路名称的由来。

3）比例系数的大小仅与运放外电路参数 R_F 与 R_1 的取值有关。一般地 R_1 与 R_F 的取值为 1kΩ～1MΩ。

2. 同相输入比例运算电路

图9-30所示电路为同相输入比例运算电路，也称同相放大器，它是同相比例运算电路中最基本的形式。输入信号 u_i 通过 R_2 加到集成运算放大器的同相输入端，负反馈电阻 R_F 跨接在输出端与反相输入端之间，平衡电阻 $R_2=R_1/\!/R_F$。

根据虚短与虚断的概念可得

$$u_{-}=u_{+}=u_i$$

$$i_1=i_F$$

$$i_1=\frac{0-u_{-}}{R_1}$$

$$i_F=\frac{u_{-}-u_0}{R_F}$$

联立上述4式得

$$u_o=\left(1+\frac{R_F}{R_1}\right)u_i \tag{9-20}$$

式（9-20）表明，输出电压 u_o 与输入电压 u_i 成比例关系，比例系数是（$1+R_F/R_1$），而且 u_o 与 u_i 同相位。当 $R_F=0$ 时，电路称为同号器或电压跟随器，u_o 与 u_i 的关系为 $u_o=u_i$，如图9-31所示。

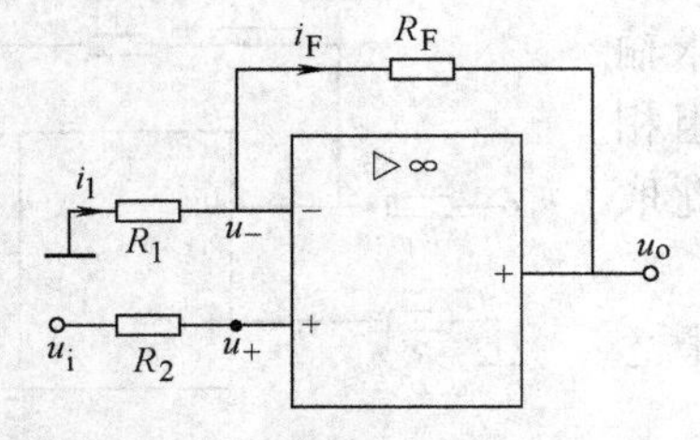

图9-30 同相输入比例运算电路

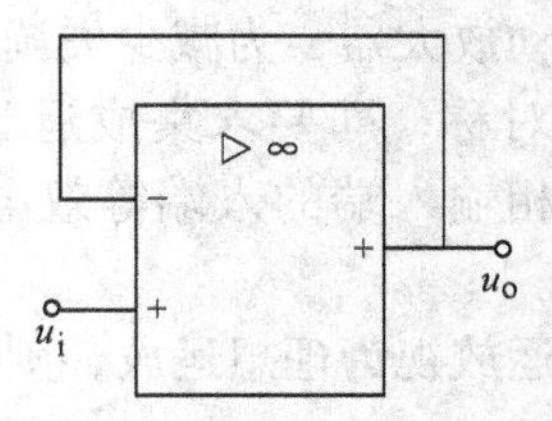

图9-31 电压跟随器

同相输入比例运算电路还有一种形式如图9-32所示。u_o与u_i的关系应为

$$u_o=\left(1+\frac{R_F}{R_1}\right)\frac{R_3}{R_2+R_3}u_i \tag{9-21}$$

式（9-21）的推导读者可以自己完成。

3. 差动输入比例运算电路

当集成运算放大器的同相输入端和反相输入端都接有输入信号时，称为差动输入运算电路，它的基本电路形式如图9-33所示，4个外接电阻应满足$R_1/\!/R_F=R_2/\!/R_3$。输入与输出关系的推导可采用两种方法。

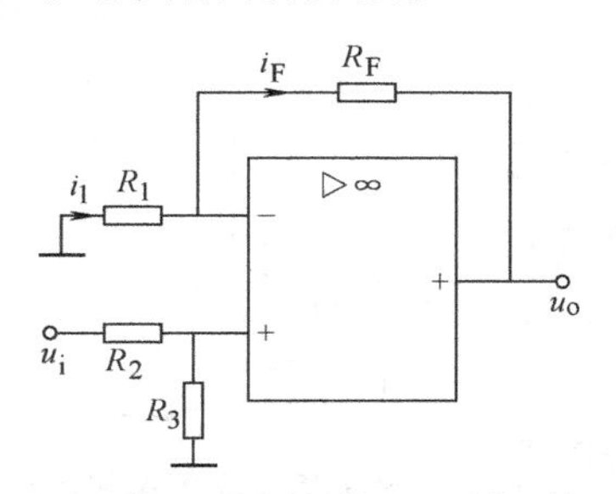

图9-32　带R_3的同相输入比例运算电路

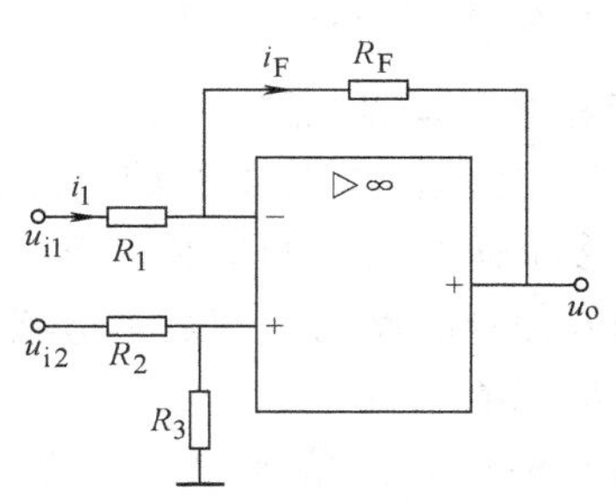

图9-33　差动输入比例运算电路

1）仍用虚短与虚断的概念，可得

$$u_-=u_+=\frac{R_3}{R_2+R_3}u_{i2}$$

$$i_1=\frac{u_{i1}-u_-}{R_1}$$

$$i_F=\frac{u_--u_o}{R_F}$$

$$i=i_F$$

联立上述4式求得

$$u_o=\left(1+\frac{R_F}{R_1}\right)\frac{R_3}{R_2+R_3}u_{i2}-\frac{R_F}{R_1}u_{i1} \tag{9-22}$$

2）使用叠加原理。运算放大器做线性应用时，均可使用叠加原理。对图9-33电路，令u_{i1}和u_{i2}分别单独作用，这样可借用前面推导过的基本反相、同相比例运算电路的结果，直接写出式（9-22）。

例9-7　图9-34是由集成运放构成的两级放大电路，图中$R_1=10\text{k}\Omega$，$R_F=50\text{k}\Omega$，$R_3=R_4=20\text{k}\Omega$，$E=0.5\text{V}$，试求$u_o=$？并计算R_2与R_5的阻值。

解　设第一级运放的输出为u_{o1}。两级电路均为基本反相比例运算电路，所以可直接写出

$$u_{o1}=-\frac{R_F}{R_1}E=-\frac{50}{10}\times0.5\text{V}=-2.5\text{V}$$

u_{o1}作为第二级电路的输入，则第二级运放对地输出u_o'为

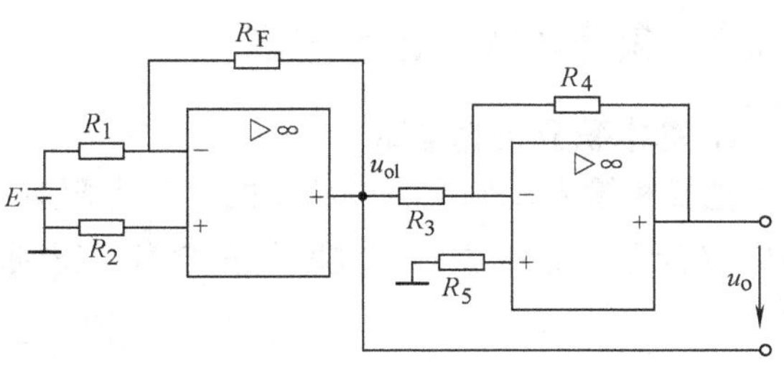

图9-34　例9-7图

$$u_o' = -\frac{R_4}{R_3}u_{o1} = \frac{R_4 R_F}{R_3 R_1}E = \frac{20\times50}{20\times10}\times0.5\text{V} = 2.5\text{V}$$

所求输出电压为

$$u_o = u_o' - u_{o1} = (2.5 + 2.5\text{V}) = 5\text{V}$$

$$R_2 = R_1 /\!/ R_F = (10/\!/50)\text{k}\Omega = 8.33\text{k}\Omega$$

$$R_5 = R_3 /\!/ R_4 = (20/\!/20)\text{k}\Omega = 10\text{k}\Omega$$

取 $R_2 = 8.2\text{k}\Omega$，$R_5 = 10\text{k}\Omega$。

9.4.2　算数求和运算电路

1. 反相求和运算电路

在反相比例运算电路的基础上再增加几个输入支路，就可实现对多个输入信号的求和运算，图 9-35 所示电路是具有三个输入信号的反相求和运算电路，图中平衡电阻 $R_4 = R_F /\!/ R_1 /\!/ R_2 /\!/ R_3$。

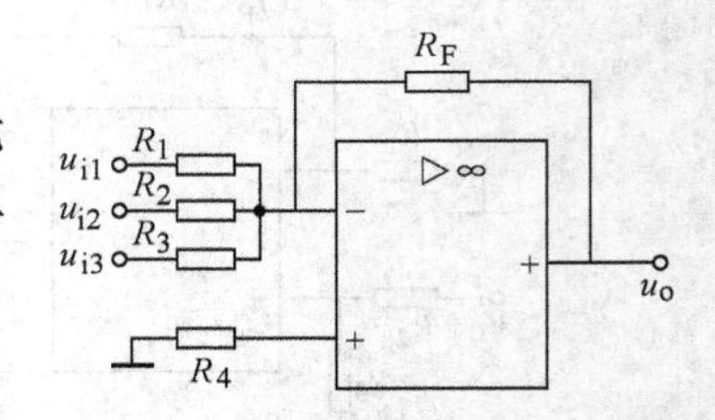

图 9-35　反相求和运算电路

根据图 9-35 应用叠加原理，结合式（9-19）可得电路输出为

$$u_o = -\left(\frac{R_F}{R_1}u_{i1} + \frac{R_F}{R_2}u_{i2} + \frac{R_F}{R_3}u_{i3}\right)$$

由上式可看出，输出电压不仅与输入电压反相，而且按不同的比例反映各输入信号的作用，完成了 $Y = -(ax + by + cz)$ 的运算，因此称为反相比例求和。

若取 $R_1 = R_2 = R_3 = R_F$，则

$$u_o = -(u_{i1} + u_{i2} + u_{i3})$$

如果在电路的输出端接一个反相器，则可完成常规的算术加法运算。

2. 同相求和运算电路

图 9-36 是一个典型的同相求和运算电路，三个输入信号均加于同相输入端，为做到电路对称，各电阻应满足 $R_2 /\!/ R_3 = R_1 /\!/ R_F$。

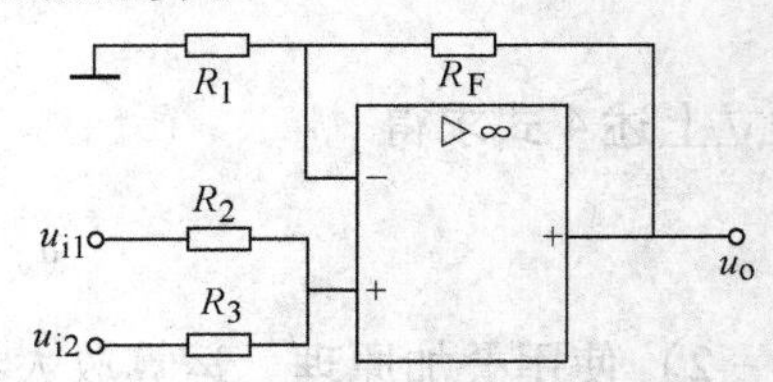

图 9-36　同相求和运算电路

应用叠加原理可方便地写出输入与输出之间的关系：

$$u_o = \left(1 + \frac{R_F}{R_1}\right)\left(\frac{R_3}{R_2 + R_3}u_{i1} + \frac{R_2}{R_2 + R_3}u_{i2}\right)$$

若取 $R_2 = R_3$，上式可以简化，请读者自己写出简化式。

9.4.3　积分和微分运算电路

1. 基本积分运算电路

把反相输入比例运算电路中的反馈电阻 R_F 换成电容 C，则构成基本积分运算电路，如图 9-37 所示。根据虚短与虚断的概念可以得到

$$i_1 = \frac{u_i}{R_1}$$

$$i_1 = i_C$$

而
$$u_o = -u_C = -\frac{1}{C}\int_0^t i_C \mathrm{d}t$$

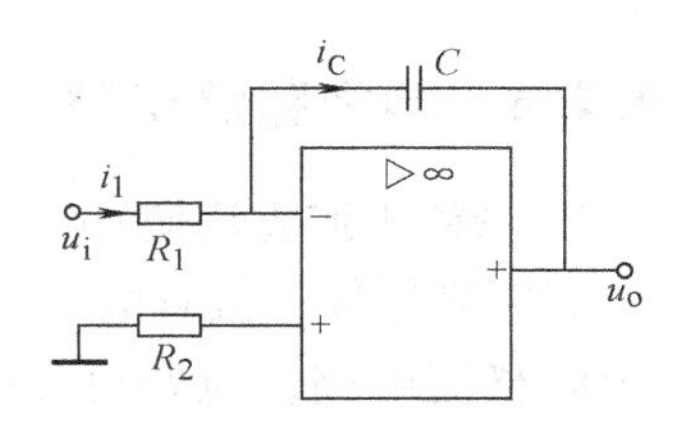

图 9-37　基本积分运算电路

以上三式联立解得
$$u_o = -\frac{1}{R_1 C}\int_0^t u_i \mathrm{d}t \tag{9-23}$$

式(9-23)说明输出电压是输入电压 u_i 对时间的积分，式中负号表明输出与输入反相位。

若设 $t=t_0$ 时，输出电压初值为 $U(t_0)$，则 t_0 到 t 时间内，u_o 值可写为
$$u_o(t) = -\frac{1}{R_1 C}\int_{t_0}^t u_i \mathrm{d}t + U(t_0) \tag{9-24}$$

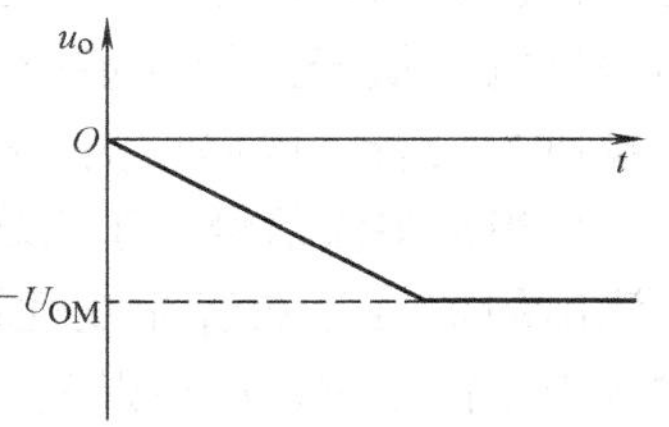

图 9-38　积分电路的阶跃响应

如果输入为直流信号，且 $t=t_0$ 时刻电容电压为 $U(t_0)$，则
$$u_o = -\frac{1}{R_1 C}U_i(t-t_0) + U(t_0) \tag{9-25}$$

式（9-25）说明输入为直流信号时，输出 u_o 将随时间线性增长，但是注意，不可能无限增长下去，当达到集成运放的输出饱和值时，就停止了积分。积分运算电路的阶跃响应如图 9-38 所示。

2. 基本微分运算电路

微分运算是积分运算的逆运算，将基本积分电路中的 R_1 和 C 对调位置就构成了微分运算电路。图 9-39a 所示电路为基本微分运算电路。根据理想运放虚短与虚断的概念可得

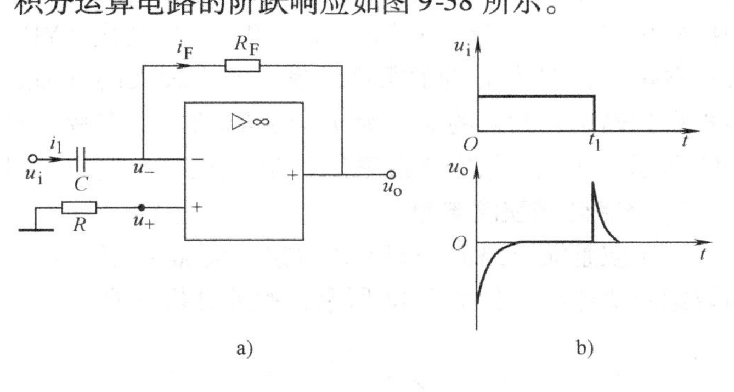

图 9-39　基本微分运算电路及其响应

$$i_1 = i_F,\ u_+ = u_- = 0$$
$$i_1 = C\frac{\mathrm{d}u_i}{\mathrm{d}t}$$
$$u_o = -i_F R_F$$

整理得
$$u_o = -R_F C\frac{\mathrm{d}u_i}{\mathrm{d}t} \tag{9-26}$$

式（9-26）表明输出电压 u_o 与输入电压对时间的微分成正比。如果在 $t=0$ 时刻有 $u_i=E$ 突然加入，而在 $t=t_1$ 时刻又突然撤除，如图 9-39b 上部所示，则微分电路的输出信号对应波形如图 9-39b 下部所示。可见在输入信号突变时，输出响应为一尖脉冲，脉冲幅度受集成运放输出饱和值的限制。

由上述讨论可知，微分电路对突变信号反应非常灵敏，因此在自动控制系统中，常用微分电路来改善系统的灵敏度。

*9.4.4　精密整流电路

1. 精密半波整流电路

利用半导体二极管的单向导电性可以组成半波整流电路。图 9-40a 即是一个简单的二极管半波整流电路，电路可以把正弦交流信号变成单向脉动的直流信号。但是二极管存在着约为 0.7V 的正向管压降，也称门坎电压，因此当被整流的信号电压低于此门坎值时，信号无法导通二极管，电路就失去了整流作用。而当被整流信号大于门坎电压时，整流出的信号存在着非线性误差，当输入为小信号时，这种误差不能忽略。显然，图 9-40a 所示电路不适合小信号的整流。

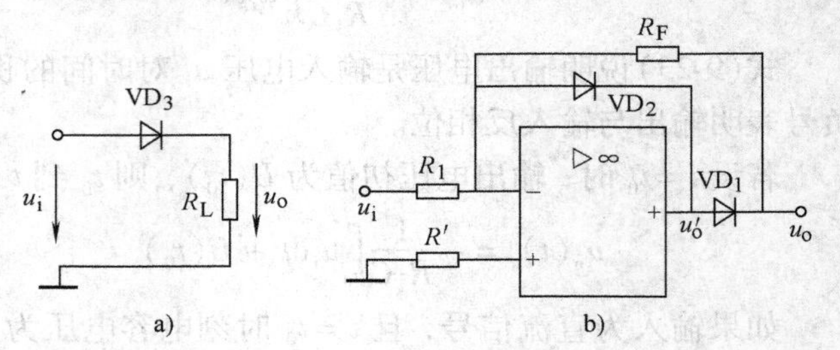

图 9-40　二极管半波整流电路
a）简单二极管半波整流电路　b）精密二极管整流电路

利用集成运算放大器构成整流电路可以有效地克服上述两方面的缺点。图 9-40b 是实现精密半波整流的一种方案。由图可分析电路的工作原理，当 $u_i>0$ 时，$u_o'<0$，VD_2 导通，VD_1 截止，$u_o=0$；当 $u_i<0$ 时，$u_o'>0$，VD_2 截止，VD_1 导通，（由于运放的开环差模电压放大倍数很大，即使 u_i 的值很小，也可产生较大的 u_o' 而足以使 VD_1 导通）利用虚短的概念，不难得到输出与输入的关系为 $u_o=-R_F/R_1 u_i$，是完全的线性关系。电路输入输出波形如图 9-41 所示。实现了精密半波整流并兼有比例放大作用，比例系数为 R_F/R_1。

2. 精密全波整流电路

在半波整流电路的基础上，再接一级加法运算电路，就构成了精密全波整流电路，也称为取绝对值电路，如图 9-42 所示，此处分析从略。

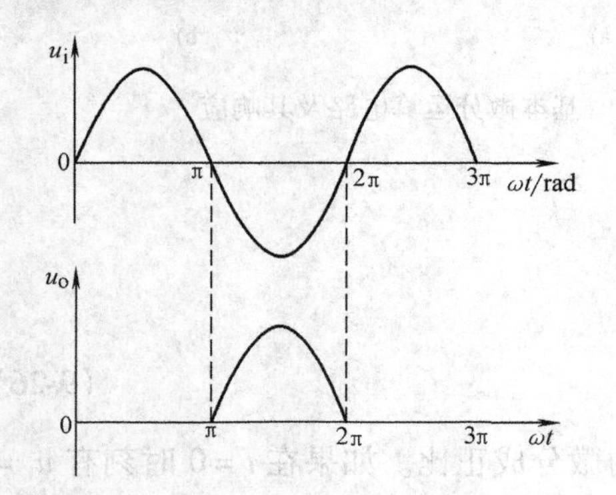

图 9-41　精密半波整流电路的输入与输出波形

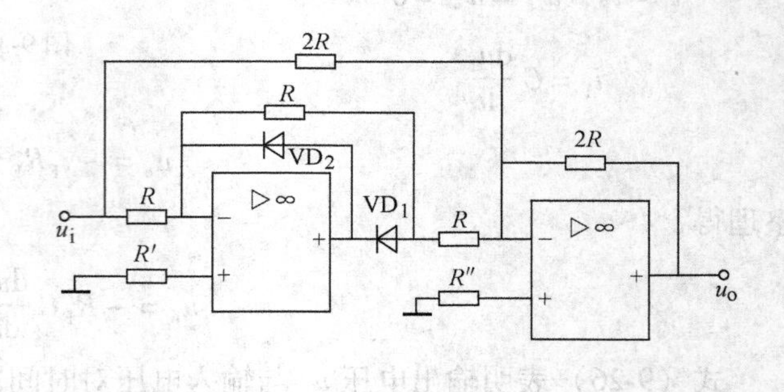

图 9-42　精密全波整流电路

由运算放大器还可以构成其他应用电路，如处理音频、视频信号的交流耦合运算电路、有源滤波电路等。

9.5　集成运算放大器的非线性应用

上一节所讨论的各种运算与应用电路，均是通过外接反馈网络使集成运放处于深度负反馈状态，此时的集成运放是工作在线性区，电路的输入输出关系几乎与集成运放本身的特性无关，而主要由外接网络的参数所决定。

集成运放的另一种工作状态是非线性工作状态，这一状态下电路的构成特点是运放开环或接正反馈，而集成运放的输出不是偏向于正饱和值（U_{oM}），就是偏向于负饱和值（$-U_{oM}$），输入与输出不再有线性关系。运算放大器的这种非线性特性，在数字电路和自动控制系统中同样也获得了广泛的应用。本节将介绍电压比较电路和非正弦信号产生电路，这些电路都是集成运放典型的非线性应用电路。

1. 电压比较电路

（1）基本电压比较电路　电压比较电路是一个用来比较两个电压大小的电路。图9-43a是一基本电压比较电路，其中一个输入端加参考电压U_R，一般U_R为直流基准电压，另一输入端加信号电压u_i，是被比较的对象，输出电压u_o用来反映比较的结果。这时，运放处于开环工作状态，具有很高的开环电压放大倍数。当输入信号u_i大于参考电压U_R时，运放处于负饱和状态，输出负饱和值$-U_{oM}$；当输入信号略低于U_R时，运放即转入正饱和状态，输出正饱和值U_{oM}。图9-43b是理想的电压传输特性。

若输入信号为一正弦量，则电路输出为一矩形波，如图9-44所示。显然矩形波正负半周的宽度受参考电压U_R的控制，而幅值将受运放的工作电源的限制。

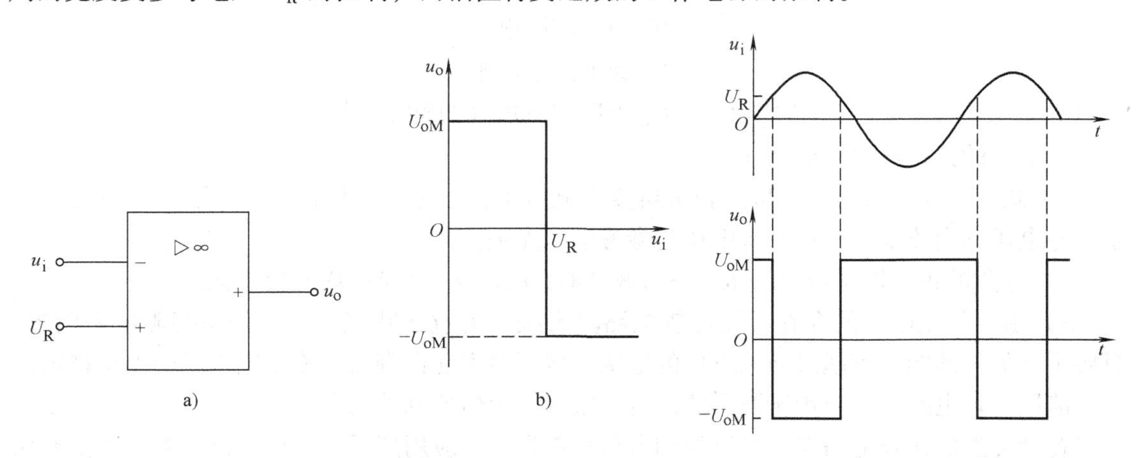

图9-43　基本电压比较电路及电压传输特性　　图9-44　基本电压比较电路的正弦响应

如果参考电压$U_R=0$，则输入信号电压每次过零时，输出就要产生突变，这种比较电路被称为过零比较电路。

（2）滞回比较电路　滞回比较电路又称施密特电路，其电路构成如图9-45a所示。根据运放虚断的概念，则有

$$u_-=u_i$$

$$u_+=\frac{R_3}{R_2+R_3}U_R+\frac{R_2}{R_2+R_3}u_o$$

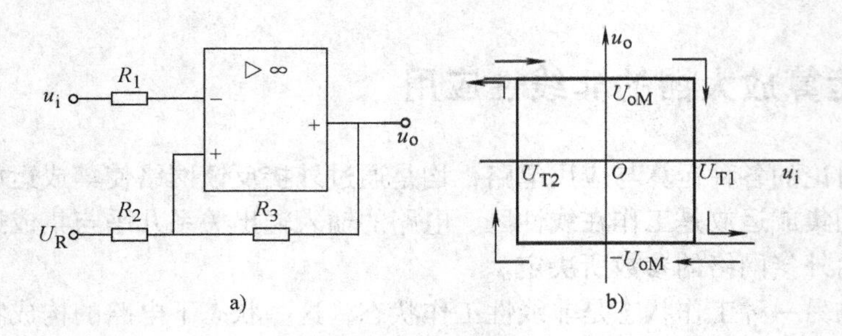

图 9-45　滞回比较电路及电压传输特性

电路实质上是对 u_i 和 u_+ 进行比较。当 $u_i > u_+$ 时，电路输出 $u_o = -U_{oM}$；当 $u_i < u_+$ 时，电路输出 $u_o = U_{oM}$。现设电路当前输出为正饱和值 U_{oM}，这时电路的翻转电平为 U_{T1}

$$U_{T1} = u_+ = \frac{R_3}{R_2 + R_3}U_R + \frac{R_2}{R_2 + R_3}U_{oM} \tag{9-27}$$

当 u_i 稍大于 U_{T1} 时，电路便发生翻转，输出变为负饱和值 $-U_{oM}$。此后电路的翻转电平变为 U_{T2}

$$U_{T2} = u_+ = \frac{R_3}{R_2 + R_3}U_R - \frac{R_2}{R_2 + R_3}U_{oM} \tag{9-28}$$

当 u_i 稍小于 U_{T2} 时，电路再次发生翻转，输出跳变为正饱和值，其电压传输特性如图 9-45b 所示。由于 $U_{T1} \neq U_{T2}$，电路出现两个翻转电平，所以传输曲线具有滞回特性，这也是滞回比较电路名称的由来。图中的三个重要参数被称为

U_{T1} 为上门限电平

U_{T2} 为下门限电平

$\Delta U = U_{T1} - U_{T2}$ 为回差电压（简称回差）

由上面的分析可总结如下几点：

1）式（9-27）与式（9-28）表明当参考电压 U_R 改变时，上下门限电平随之改变，但是回差电压不会改变，可见回差电压与参考电压无关。

2）电路的正反馈系数 $R_2/(R_2 + R_3)$ 改变时，U_{T1}、U_{T2} 及 ΔU 均发生变化。

3）由于回差电压的存在，使比较电路具有很强的抗干扰能力，在任一门限电平附近，只要干扰信号的幅度不超过回差电压的范围，就不会引起误翻转，输出电平就会保持稳定。

滞回比较电路广泛应用于波形的产生、整形和幅值鉴别等场合。

各种类型的比较电路在信号测量和自动控制领域中应用广泛。实用的比较器可以由通用型集成运放构成，也有专用集成电压比较器，国产的专用集成电压比较器型号很多，如：BG307；高速电压比较器 CJ0710，CJ0510，CJ0306；双高速电压比较器 CJ1414，CJ0514，CJ0811；双精密电压比较器 CJ0119 等。

2. 非正弦信号产生电路

（1）方波产生电路　图 9-46a 是一个基本方波产生电路，它是在滞回比较电路的基础上，靠正反馈和电容的充放电延时而构成的自激振荡电路。图中两个稳压管对接，起到正、负向输出的双向限幅作用。

按图中参数，滞回比较器的两个门限电压分别是

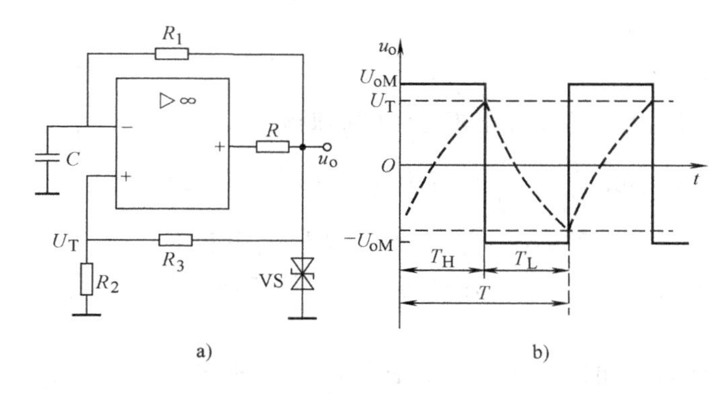

图 9-46　方波产生电路及其波形

$$U_{T1}=\frac{R_2}{R_2+R_3}U_{oM}$$

$$U_{T2}=-\frac{R_2}{R_2+R_3}U_{oM}$$

其中 U_{oM} 为电路限幅后的最大输出，$U_{oM}=U_Z+U_D$，U_Z 和 U_D 分别为稳压管稳压值和正向导通时的管压降。

设电路稳态工作后的某一时刻输出为 $u_o=U_{oM}$，此时 u_C 一定低于 $U_T=U_{T1}$，同时 u_o 会通过 R_1 为 C 充电使 u_C 不断上升，当出现 $u_C\geqslant U_T=U_{T1}$ 时，满足滞回比较电路的翻转条件，运放立即变为负饱和，电路输出为 $u_o=-U_{oM}$，门限电压跳变为 $U_T=U_{T2}$。因为 $u_C>u_o$，所以电容通过 R_1 放电，u_C 渐渐变小，经过一段时间后，$u_C\leqslant U_T=U_{T2}$ 时，又满足滞回比较电路的翻转条件，电路输出变为 $u_o=+U_{oM}$，门限电压跳变为 $U_T=U_{T1}$，电容又开始被充电，这样周而复始产生振荡。由于电容充放电的时间常数相同，电路正负输出幅值相同，两个门限电压也对称，所以电路的输出电压为对称的方波，其波形如图 9-46b 所示，图中虚线表示电容上电压 u_C。T 是方波的周期，显然有 $T=T_H+T_L=2T_H$。

方波的周期由集成运放的外电路参数所决定，计算如下：

应用一阶电路的三要素法可得出 $t>0$ 后电容电压随时间的变化规律为

$$u_C=U_{oM}-\left(\frac{R_2}{R_2+R_3}U_{oM}+U_{oM}\right)e^{-t/(R_1C)}$$

当 $t=T_H$ 时，$u_C(T_H)=R_2/(R_2+R_3)U_{oM}$，代入上式并整理可解得

$$T_H=R_1C\ln\left(\frac{2R_2}{R_3}+1\right) \tag{9-29}$$

$$T=T_H+T_L=2R_1C\ln\left(1+\frac{2R_2}{R_3}\right) \tag{9-30}$$

式（9-30）表明，改变 R_1、C、R_2、R_3 之中的任一参数，均可改变方波的周期。定义脉冲波形占空比 $Q=T_H/T$，其中 T_H 为脉冲宽度，称 $Q=1/2$ 的波形为方波。

（2）矩形波产生电路　在方波产生电路中，由于电容的充放电时间常数一样，所以输出波形的占空比为 $Q=1/2$，因而形成方波。如果令电路中电容的充放电时间常数不相同，则波形占空比 $Q\neq1/2$，输出波形就变成了矩形波。图 9-47 就是采用不同充放电时间常数来构成矩形波产生电路的例子。图中充放电时间常数分别为

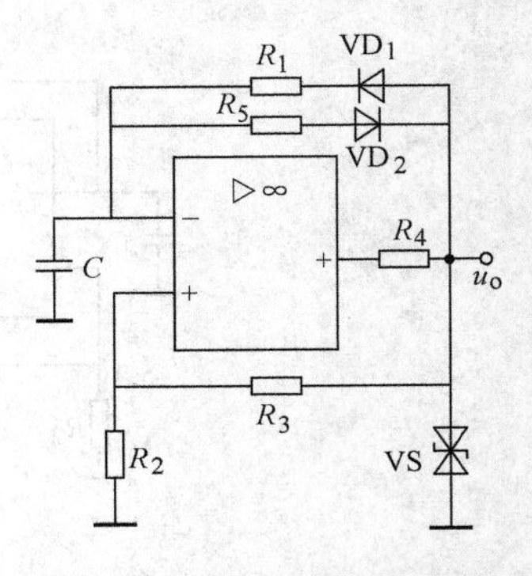

图 9-47　矩形波产生电路

充电时间常数 $\tau_1=(R_1+R_D)C$

放电时间常数 $\tau_2=(R_5+R_D)C$

其中 R_D 为二极管正向电阻。从而导出矩形波的周期为

$$T=T_H+T_L=\tau_1\ln\left(\frac{2R_2}{R_3}+1\right)+\tau_2\ln\left(\frac{2R_2}{R_3}+1\right) \tag{9-31}$$

（3）三角波产生电路　图 9-48 所示的为周期性上升和下降的波形称为锯齿波。当锯齿波的上升时间 T_H 与下降时间 T_L 相等时称为三角波。

图 9-49 所示电路为三角波产生电路，它是由一滞回比较器 N_1 和反相积分器 N_2 组成的。由于 N_1 是比较器，所以其输出 u_{o1} 只有两种状态即 $u_{o1}=\pm(U_Z+U_D)$，（U_D 为稳压管正向电压），而后一级电路接受 u_{o1} 作为输入信号，由于积分的作用，必然得到线性上升（当 $u_{o1}<0$）或线性下降（当 $u_{o1}>0$）的输出。下面分析电路的工作原理。

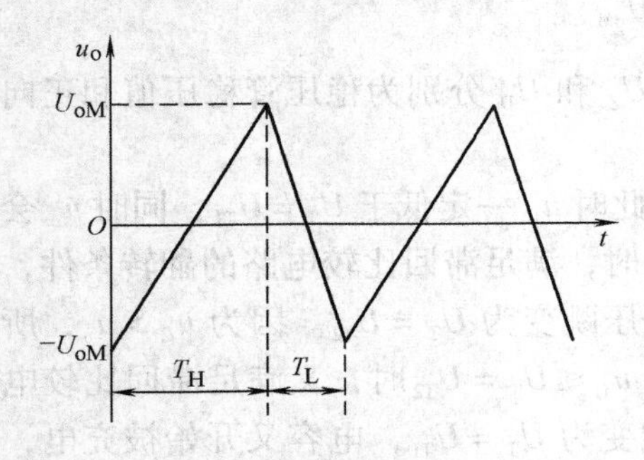

图 9-48　锯齿波形

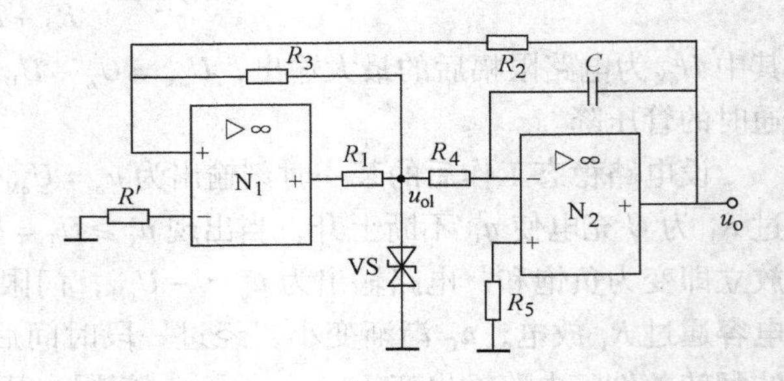

图 9-49　三角波产生电路

对于运算放大器 N_1 有

$$u_+=\frac{R_3}{R_2+R_3}u_o+\frac{R_2}{R_2+R_3}u_{o1}$$

或

$$u_+=\frac{R_3}{R_2+R_3}u_o\pm\frac{R_2}{R_2+R_3}(U_Z+U_D) \tag{9-32}$$

式(9-32)表明 u_+ 随 u_o 的变化而变化。

设电路已进入正常状态。从 $u_{o1}=-(U_Z+U_D)$ 开始分析，此刻 $u_+<0$，同时 u_o 线性上升，u_+ 也随之上升，当 $u_+\geqslant 0$ 时，电路发生翻转，$u_{o1}=+(U_Z+U_D)$。由式(9-32)得出电路最大输出为

$$u_o=U_{oM}=\frac{R_2}{R_3}(U_Z+U_D)$$

当 u_{o1} 变为正值后，u_o 也从线性上升转为线性下降，同时 u_+ 也从大于零的值渐渐下降。当 $u_+\leqslant 0$ 时，电路再次发生翻转，又有 $u_{o1}=-(U_Z+U_D)$，同样由式(9-32)得出电路最小输出为

$$u_o=-U_{oM}=-\frac{R_2}{R_3}(U_Z+U_D)$$

此后电路将重复上述过程。如此周而复始，产生自激振荡，输出端便得到三角波输出，

而 u_{o1} 为方波，如图 9-50 所示。由图可见，三角波的峰值为 $\pm U_{oM}=\pm R_2(U_Z+U_D)/R_3$，显然，改变 R_2、R_3 和 U_Z 中的任一值，均可改变波形的幅值。

三角波的周期可由积分电路输入输出的关系求出

$$2U_{oM}=\frac{1}{R_4C}\int_0^{T_H}(U_Z+U_D)\mathrm{d}t$$

即

$$2\frac{R_2}{R_3}(U_Z+U_D)=\frac{T_H}{R_4C}(U_Z+U_D)$$

$$T_H=\frac{2R_2R_4C}{R_3}$$

由于积分电路的正反向积分时间常数相等，所以 $T_H=T_L$，因此三角波的周期为

$$T=2T_H=\frac{4R_2R_4C}{R_3}$$

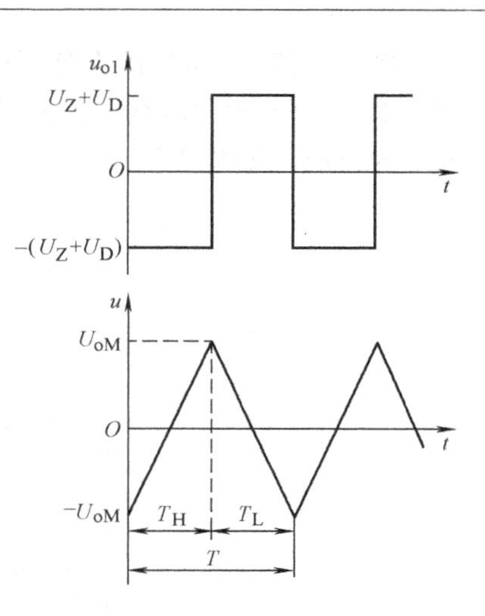

图 9-50　三角波产生电路的工作波形

(4) 锯齿波产生电路　改变三角波产生电路的正反向积分时间常数就可得到锯齿波产生电路，如图 9-51 所示，其电路结构与工作原理与三角波产生电路相同，输出幅度相同，只是 $T_H\neq T_L$。T_H 段和 T_L 段的积分时间常数分别为 $(R_5+R_D)C$ 和 $(R_4+R_D)C$，借用三角波产生电路的分析结果可得

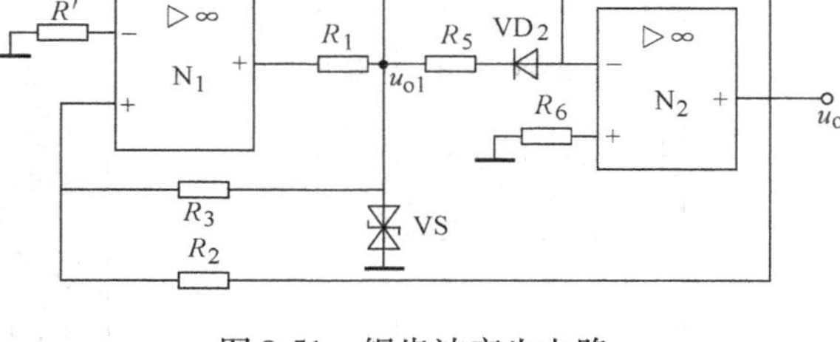

图 9-51　锯齿波产生电路

$$T_H=\frac{2R_2(R_5+R_D)C}{R_3}$$

$$T_L=\frac{2R_2(R_4+R_D)C}{R_3}$$

根据 T_H、T_L 可以得出 u_o 的周期 T 和频率 f，波形如图 9-48 所示。

9.6　使用 EWB 的分析与设计应用实例

实例一　使用 EWB 仿真分析例 9-7。在 EWB 中创建图 9-52 仿真电路，在第一级运放和第二级运放的输出端接入电压表测量 u_{o1}、u_{o2}。从电压表读数看出，其仿真结果与理论计算相同。

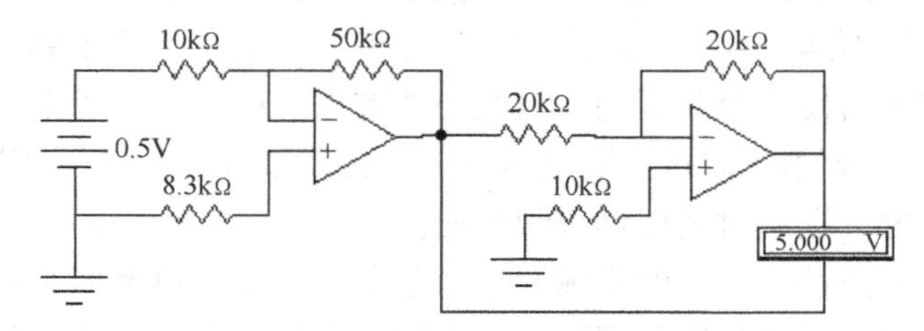

图 9-52　例 9-7 的仿真分析

实例二 使用 EWB 仿真分析运算放大器非线性应用电路，以方波发生器为例。在 EWB 中创建如图 9-53 所示电路，打开示波器，可以看到电容两端的波形为一个三角波，而输出端波形为方波，如图 9-54 所示。

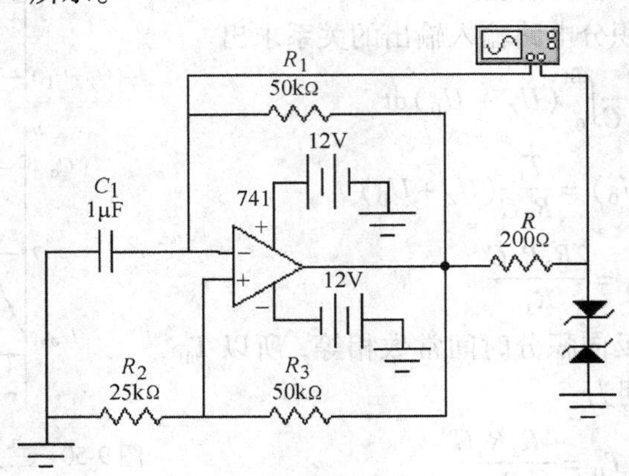

图 9-53 方波发生器仿真电路

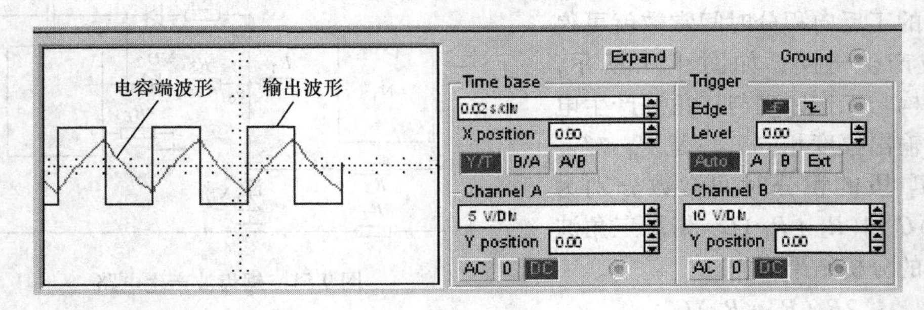

图 9-54 方波发生器输出波形

9.7 使用集成运算放大器应注意的问题

集成运算放大器的应用十分广泛，在设计电路之前，必须学会怎样使用它，这包括要做好筛选、调零、补偿、保护等几项工作，这样才能使设计出来的电路实用、合理，从而确保电路完成预期的功能。

1. 集成运放的选择

目前，国内外各厂家生产的集成运放型号数以千计，性能各异，有通用型运放，也有某些方面性能突出的专用型运放。在使用之前，设计者首先要明确选用哪种型号能满足电路要求。由于通用型运放价格便宜容易买到，因此一般首先考虑选用通用型，如果通用型不能满足要求，才会根据需要选用相应的专用型运放。专用型集成运放有高阻、高压、高速、宽带、大功率等各种类型，选用时需仔细查阅手册。

由于器件参数的分散性，运放的实际参数与手册上给出的典型值是不一样的，所以在安装运放芯片之前，应对重要参数进行测试。参数测试可用专门的集成运放参数测试仪，也可参考有关资料自己搭接电路进行测试。

使用集成运放时还应注意手册上对使用环境的要求，如温度、湿度、电气、机械条件和安装工艺等。

2. 调零

集成运算放大器由于失调电压和失调电流的存在，当输入信号为零时，输出不为零。为补偿输入失调量造成的不良影响，使电路输入为零时，其输出也为零，因此，电路要有调零的措施。

通常双运放和四运放等因受引脚限制常常省掉调零端，这种运放在要求比较严格的情况下，需外接调零电路进行调零。外接调零电路的原则是不能影响集成运放的正常工作。

图9-55分别给出反相放大器和同相放大器的典型调零电路。图中R、R_3、RP和$\pm U_s$构成调零电路，在A点引入一个直流电压即补偿电压U_A，通过调节电位器RP可以改变U_A直至达到调零目的，为保证不影响放大电路的正常工作，应使$R_3 >> R_1$，这里给出一组参数，如图9-55所示。

值得注意的是上述调零只解决了失调电压的影响，而失调电流的影响需要通过另加偏流补偿电路才能消除。

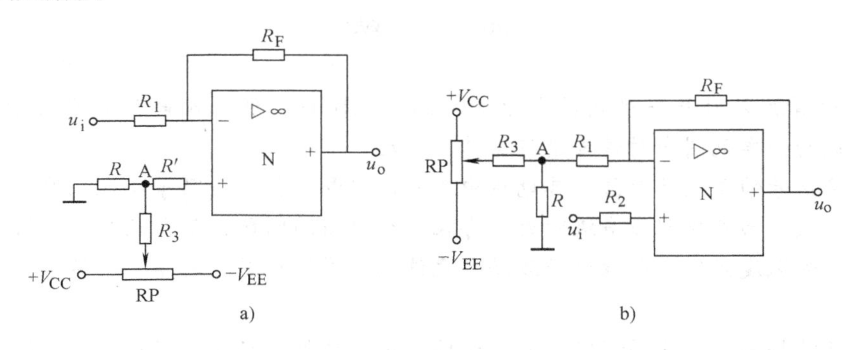

图9-55　运算放大器典型调零电路

R_1　10kΩ　R_2　150kΩ　R_3　200kΩ　RP　500kΩ

3. 保护措施

集成运放本身的耐功耗能力很低，当电源电压接反、输入电压过大、输出端短路或过载时，都可能造成集成运放的损坏，所以在使用时必须加必要的保护电路。

（1）电源的反接保护　如图9-56所示在电源引线上分别串联二极管VD_1、VD_2，用以保护集成运放。当电源极性接对时，二极管正向导通，运放获得电源。当电源极性接反时，二极管截止使电源加不到运放上，从而保护了运放芯片。

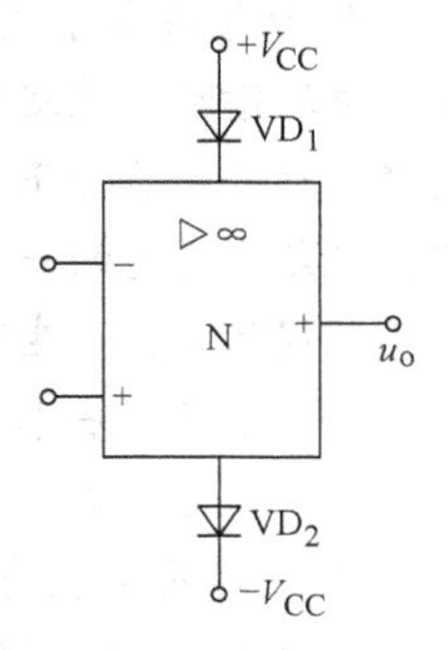

图9-56　集成运放电源反接保护

（2）输入保护与输出保护　集成运放的输入差模信号和共模信号是有一定限制的，超过规定值时，会造成集成运放输入级晶体管的损坏，因此需加装相应的保护。

集成运放的线性应用电路，均接成负反馈的闭环形式，由于存在虚短现象，故输入级可以不加保护措施。

一般的集成运放，其内部都有较为完整的输入输出保护电路，因此使用时通常不需要考虑输入输出保护的问题。

4. 单电源供电

许多集成运放需要正负两组电源供电，才能正常工作，但有些场合为了方便希望采用单电源供电，因此可选用允许单电源工作的集成运放，如国产的F124/224/324、XC348、F3104、F358等。当特殊场合要求选用双电源运放而只有单电源供电的情况下，可采用如下电路，如图9-57所示，电路中采用电阻分压的办法，使得两个输入端 u_+ 与 u_- 及输出端 u_o 的静态电位同为 $V_{CC}/2$，即工作电平被抬高到 $V_{CC}/2$，对于此电平来说，集成运放相当于加双电源即 $\pm V_{CC}/2$。图9-57是典型的提高电平的电路，利用类似的办法可以方便地将单电源转变为双电源。

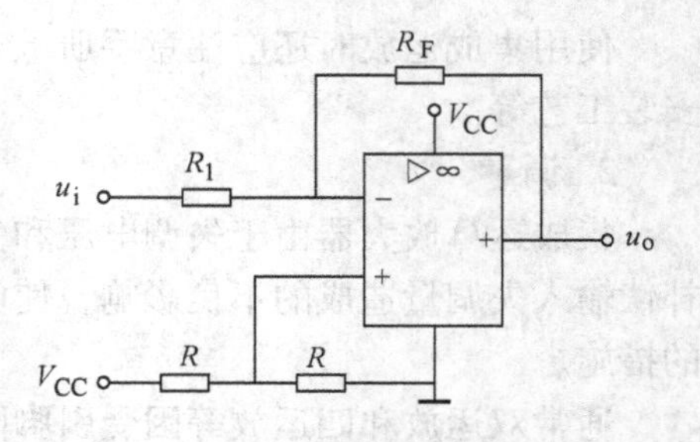

图9-57 双电源集成运放单电源供电的放大电路

集成运算放大器是一个应用广泛的器件，在使用它的时候，除了要熟悉它的主要参数、工作原理之外，还应该多查手册，多实践，才能够准确、熟练地运用它。

小 结

1. 集成运算放大器是一种高放大倍数、高输入阻抗、低输入电阻的直接耦合放大器，它可以在很宽的频率范围内对信号进行运算、处理。

处理直流信号的多级放大器，其电路中不能使用电容、变压器等电抗元件，级间只能采用直接耦合方式。而直接耦合多级放大器存在一个突出的问题就是零点漂移。引起零点漂移的原因很多，如温度变化、电源电压波动、元件老化等均可引起零漂。一般地，温度引起的零漂尤为严重。

克服零点漂移除了采用高稳定电源、元件老化处理外，目前应用较为广泛的是输入级采用差动式放大电路。

差动放大电路克服零漂的关键点有两个：一个是电路对称，这样可以保证电路双端输出时无零漂，另一个是在对称的前提下增大 R_E 值，可抑制单管零漂，从而更有效地抑制整个电路的零漂。具有恒流源的差动放大电路，大大增加了动态 R_E 值，能够更有效地抑制零漂。

2. 反馈在电子技术中应用十分广泛。反馈有正、负之分。负反馈主要应用于模拟放大电路中，负反馈既能稳定放大电路的静态工作点又能改善放大电路的各种性能。放大电路很少接成正反馈。在一定条件下放大电路中的负反馈可转化为正反馈，形成自激振荡，使放大器不能正常工作，这是要避免的一面。正反馈还有可利用的一面，那就是在波形产生电路中，人为地把电路接成正反馈形式，产生所需要的波形。关于负反馈的问题，应掌握好以下要点：

1）反馈的基本概念。

2）负反馈类型的判别。

负反馈的类型有4种：

电压串联负反馈；

电压并联负反馈；

电流串联负反馈；

电流并联负反馈。

3）负反馈对放大器性能的影响。

3. 运算放大器的应用

1）集成运放的工作区可分为两个：一个是线性工作区；一个是非线性工作区。对运放施加深度负反馈，可使运放进入线性工作区。线性工作区的运放同时存在虚短与虚断的现象，输入与输出呈线性关系。运放处于开环或正反馈状态时便可进入非线性工作区，在非线性工作区时，运放的输出状态只有两个，分别是正饱和值 U_{OM} 和负饱和值 $-U_{OM}$。非线性区的运放始终存在虚断现象。

2）反相输入、同相输入和差动输入三种运算电路是集成运放线性应用电路中最基本的电路。分析运放的线性应用电路，应抓住虚短和虚断两个概念。

3）集成运放的非线性应用是以开环比较器为基础的，这时的运放处于非线性工作区，输出只有两种稳定状态，分析电路时要抓住虚断的概念，注意电路的翻转电平。对于波形产生电路，注意 RC 电路的瞬态响应，当具体计算时，要把集成运放的 $u_+=u_-$ 作为电路状态的转换点。

4）随着集成电路工艺的发展，许多过去需要外加的保护电路及消振电路等均已移至集成运放内部，使用时需查手册。只有在必要时才考虑外加保护等措施。

习　题

9-1　有甲、乙两个直流放大器，已知它们输出端的漂移电压分别为0.8V和0.5V，甲、乙两个放大器的电压放大倍数分别为2000和200，试问甲、乙两个放大器中，哪个零漂指标好？为什么？

9-2　一个直流放大器的电压放大倍数为300，在温度为25℃时，输入信号 $u_i=0$，输出端口的电压为5V，当温度升高到35℃时，输出端口的电压为5.15V。试求放大电路折算到输入端的温度漂移（μV/℃）。

9-3　如图9-1所示的典型差动放大电器中，已知 $u_{i1}=10\text{mV}$、$u_{i2}=8\text{mV}$，试求电路的差模输入信号 u_{id} 及共模输入信号 u_{ic}。

9-4　若已知差动放大电路的差模输入信号为5mV，而共模输入信号为4mV，试求两个输入端对地的电压 u_{i1} 和 u_{i2}。

9-5　电路如图9-58所示，设图中 $\beta_1=\beta_2=60$，晶体管的输入电阻 $r_{be1}=r_{be2}=1\text{k}\Omega$，$U_{BE1}=U_{BE2}=0.7\text{V}$，试求：

1）计算电路的静态值 U_{CE1} 和 U_{CE2}；2）计算电路差模电压放大倍数；3）计算电路的差模输入电阻和输出电阻。

9-6　电路如图9-59所示。图中毫安表的满偏电流为100μA，毫安表支路的总电阻为2kΩ，两晶体管的 β 均为50，试计算：1）每个管子的静态电流 I_B 和 I_C（已知 $U_{BE1}=U_{BE2}=0.7\text{V}$）；2）为使毫安表达到满偏需要加的输入信号 u_i 应是多少？

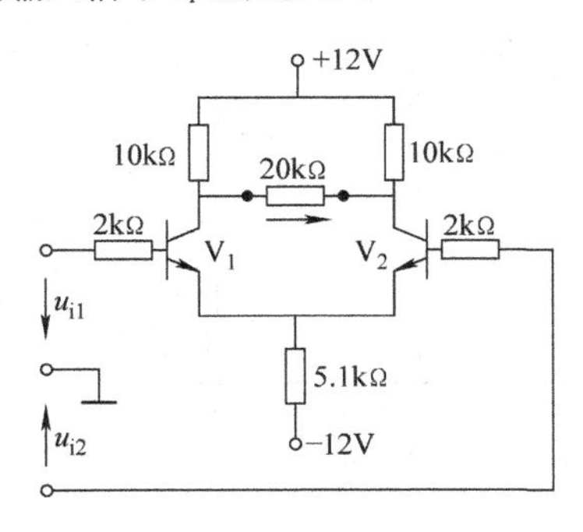

图9-58　题9-5图

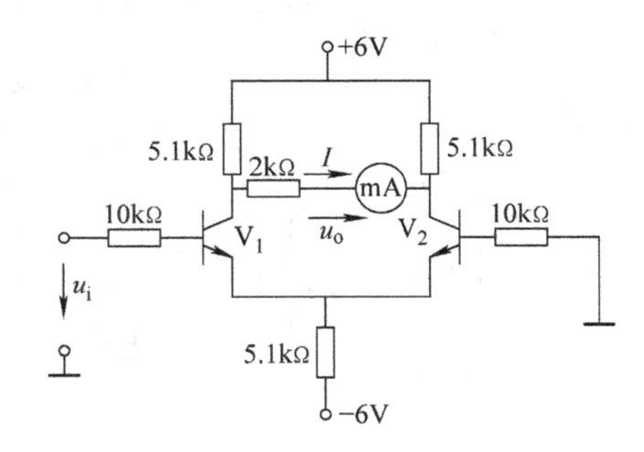

图9-59　题9-6图

9-7　试判断图 9-60 所示的各电路，引入的反馈是直流反馈还是交流反馈？是正反馈还是负反馈？并指明反馈网络由哪些元件组成。

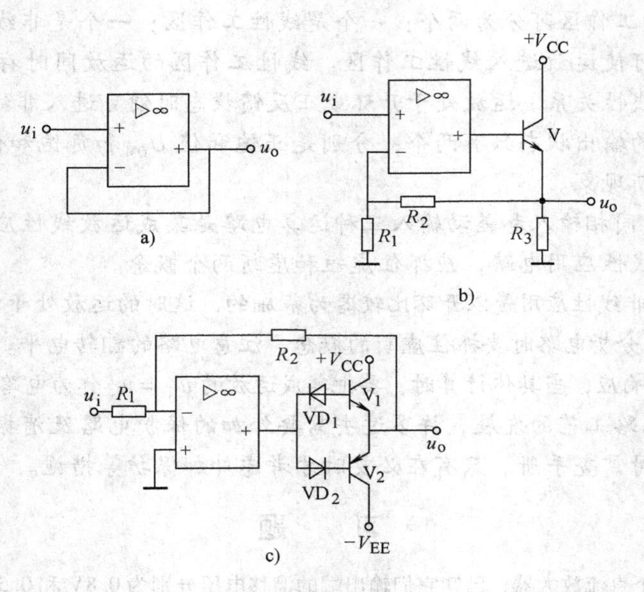

图 9-60　题 9-7 图

9-8　在图 9-61 所示的各电路中，说明哪些是直流反馈？哪些是交流反馈？哪些是正反馈？哪些是负反馈？并分别指出那些交流负反馈的反馈类型。

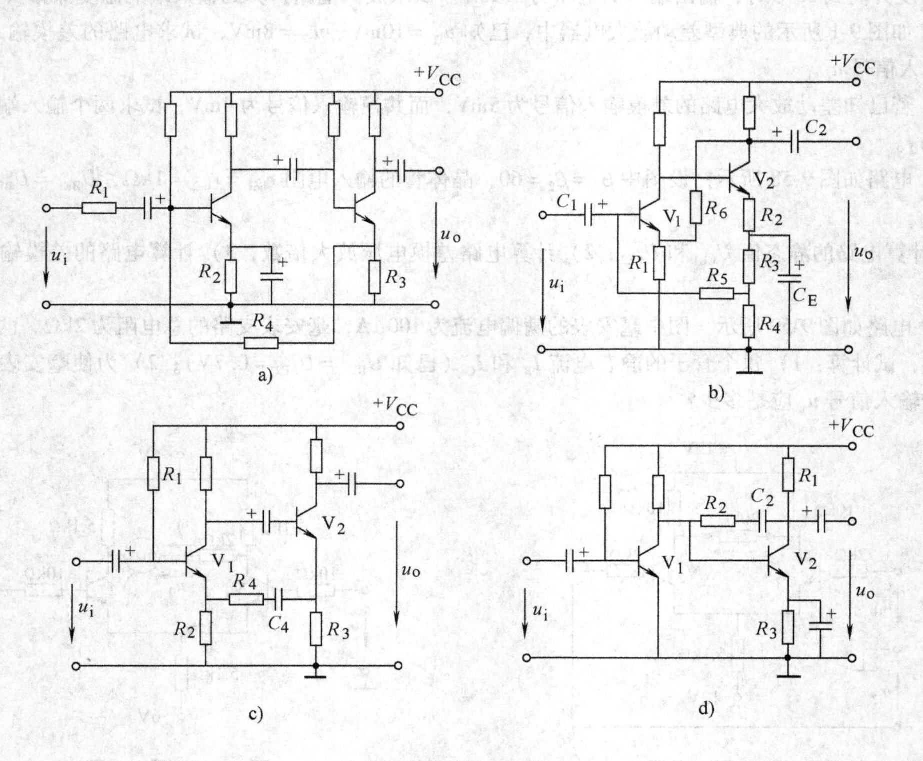

图 9-61　题 9-8 图

9-9　在图9-62的放大电路中，引入负反馈后，希望：①能够降低输入电阻；②输出端接上（或改变）负载电阻 R_L 时，输出电压变化小。试问应引入何种组态的负反馈？在图上接入反馈网络。

9-10　在图9-63的放大电路中，引入负反馈后，希望：①能够使电路带负载能力增强；②信号源向放大电路提供的电流较小。试问电路应引入何种组态的负反馈？在图上接入反馈网络。

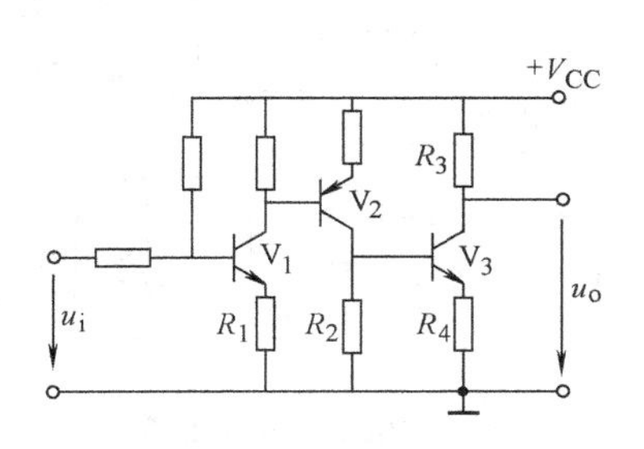

图9-62　题9-9图

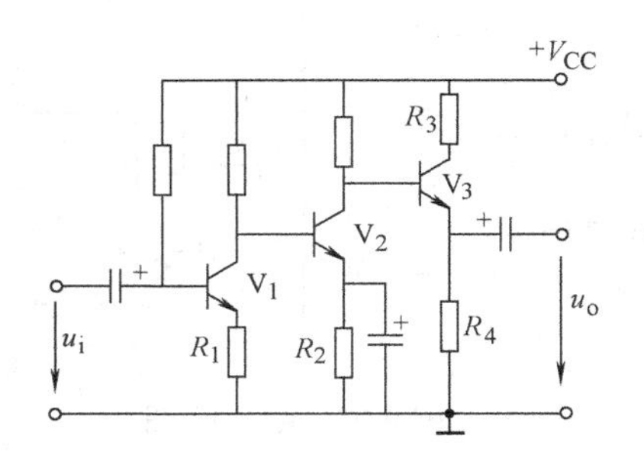

图9-63　题9-10图

9-11　在图9-64所示的两个电路中，集成运算放大器的最大输出电压 $U_{om}=\pm 13\text{V}$。试分别说明，在下列三种情况下，是否存在反馈？若有反馈是什么类型的反馈？

1）当m点接至a点时；2）当m点接至b点时；3）当m点接“地”时。

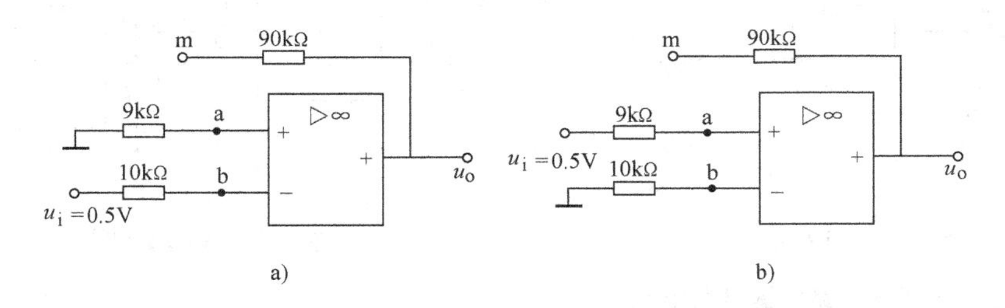

图9-64　题9-11图

9-12　集成运放在线性工作方式时存在虚短与虚断的现象，在非线性工作方式时是否也存在此种现象？

9-13　任何一个电压比较电路，其输出只有两种状态，它们分别是正饱和值和负饱和值，这种说法对吗？

9-14　如果没有输出限幅，比较电路的输出幅值取决于什么？

9-15　图9-65电路中，N为理想运放，$R=60\text{k}\Omega$，$R_F=180\text{k}\Omega$。试求：

1）推导出电路输入与输出的关系。

2）确定平衡电阻 R'。

3）画出电压传输特性。

9-16　电路如图9-66所示，求输出电压 u_o。

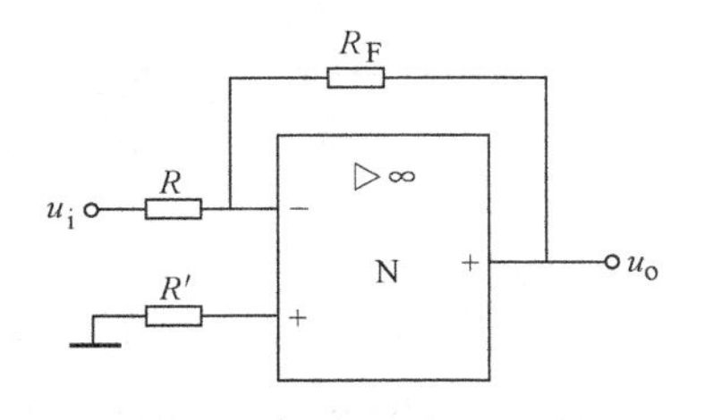

图9-65　题9-15图

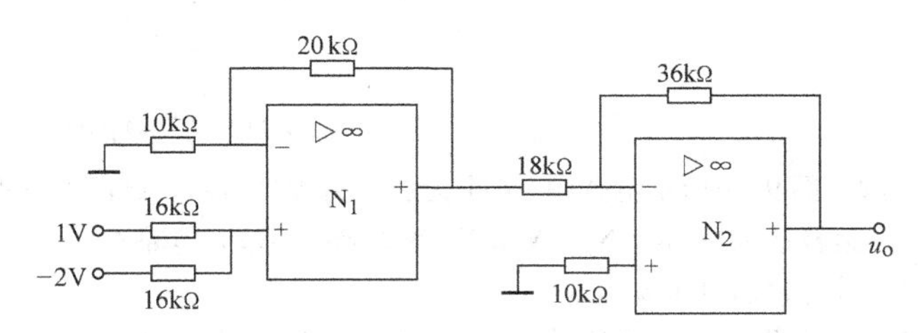

图9-66　题9-16图

9-17 电路如图9-67所示，试导出 u_o 与 u_i 的关系式并求出平衡电阻 R' 及 R''。

9-18 图9-68所示电路是应用集成运放测量电阻的原理电路，设图中集成运放为理想元件，当输出电压为 $-5V$ 时，试计算电阻 R_x 的阻值。

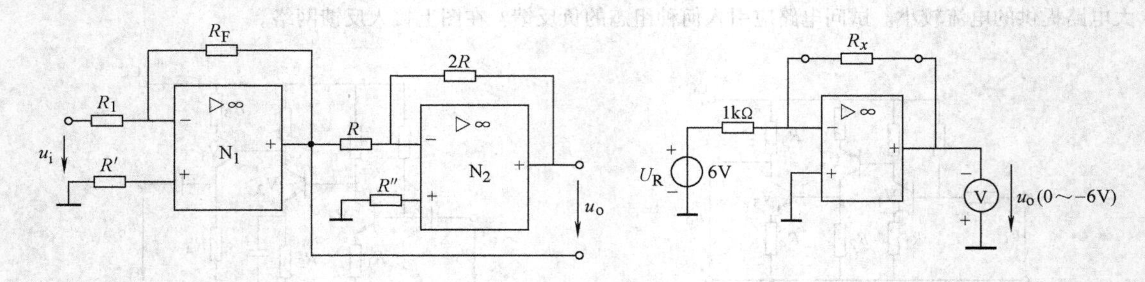

图9-67 题9-17图　　图9-68 题9-18图

9-19 电路如图9-69所示，E_1 为0.1V，E_2 为0.2V，试求输出电压 u_o。

9-20 图9-70所示电路中，各输入信号均为1V，求 u_o。

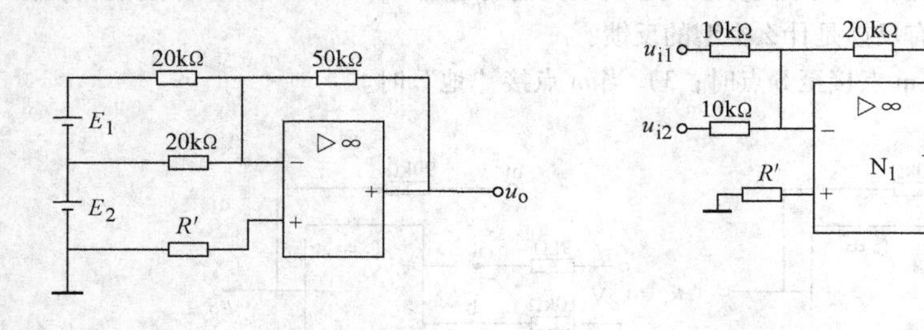

图9-69 题9-19图　　图9-70 题9-20图

9-21 求图9-71所示电路的输出电压 u_o。

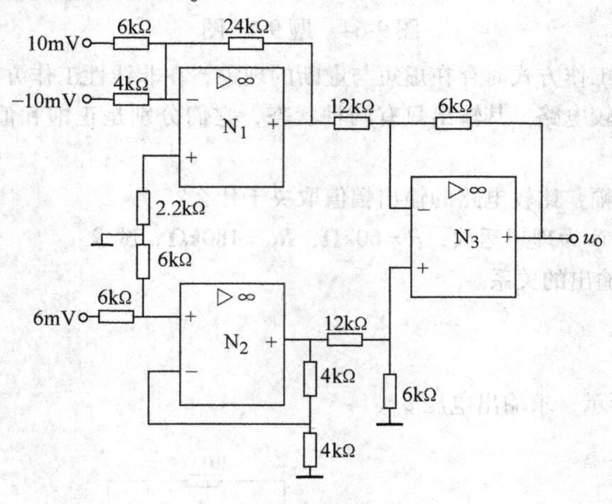

图9-71 题9-21图

9-22 图9-72所示电路中，4个运放均为理想器件，试回答下列问题：

1）运算放大器 N_1、N_2、N_3、N_4 各构成何种单元电路？

2）计算输出电压 u_o = ?。

9-23 电路如图9-73所示，其中，$R_1 = 20k\Omega$，$R_2 = 40k\Omega$，$R_3 = R_4 = 100k\Omega$，$C_1 = 1\mu F$，$C_2 = 10\mu F$。试导出 u_o 与 u_{i1}、u_{i2} 的关系式（设电容上电压初值为零）。

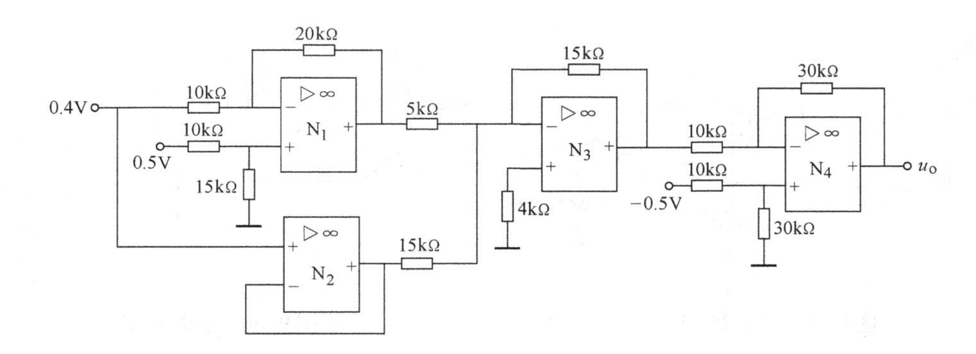

图9-72　题9-22图

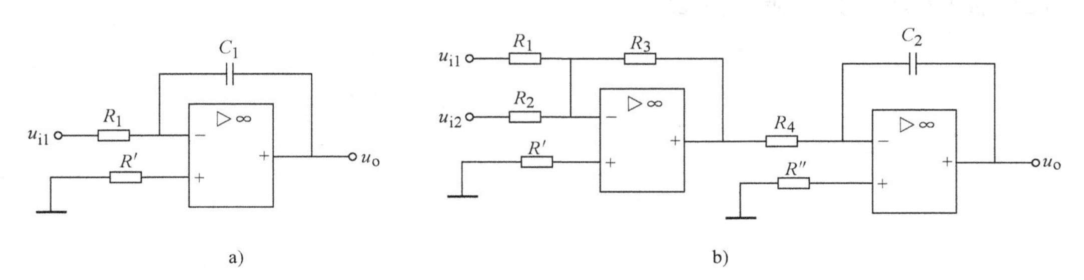

图9-73　题9-23图

9-24　图9-74中N_1、N_2均为理想运放，试回答下列问题：

1）指出电路由哪种基本单元电路构成的？

2）$u_{i1}=1V$时，$u_{o1}=?$

3）$u_{i1}=1V$时若使$u_o=0V$，则$u_{i2}=?$

4）设$t=0$时，$u_{i1}=1V$，$u_{i2}=0V$，$u_C(0)=0V$，求$t=10s$后，$u_o=?$

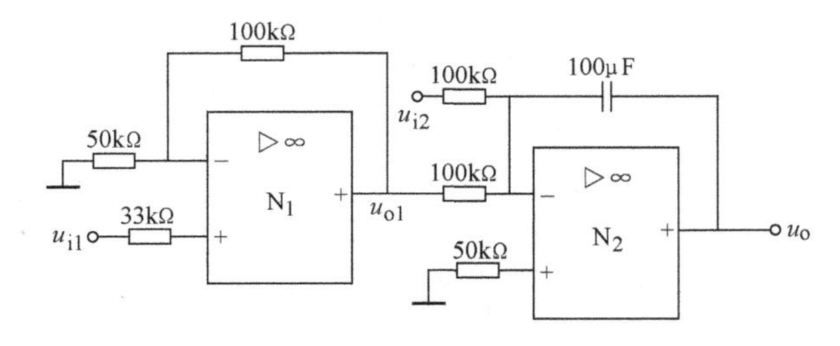

图9-74　题9-24图

9-25　设图9-75电路在$u_{i1}=u_{i2}=0$时，$u_C=0$。若将$u_{i1}=-10V$加入0.2s后再将$u_{i2}=+15V$也加入电路中，求再经过多长时间$u_o=-6V$。

9-26　电路如图9-76所示。

1）指出该电路由哪些基本单元电路组成？

2）设$u_{i1}=u_{i2}=0$时，$u_C=0$，$u_o=+12V$。当$u_{i1}=-10V$，$u_{i2}=0$时，试问经过多少时间u_o由+12V变为-12V？

3）u_o变为-12V后，u_{i2}由0改为+15V，试问再经过多少时间u_o由-12V变为+12V？

9-27　试用工具软件EDA求解题9-19。

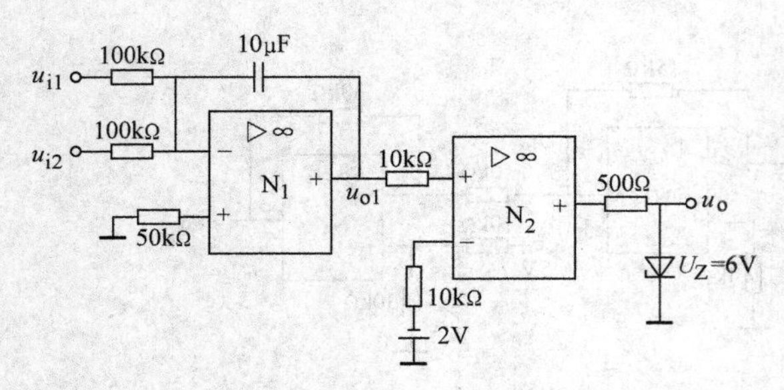

图 9-75　题 9-25 图

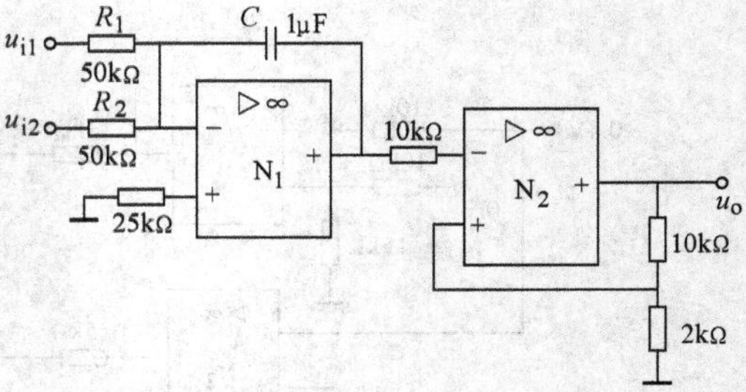

图 9-76　题 9-26 图

9-28　试用 EDA 直接仿真求解 9-20 和题 9-21。

9-29　试用 EDA 直接仿真求解题 9-22。

第 10 章　直流稳压电源

电子设备和自动控制装置都需要稳定的直流电源。为了得到直流电源，除了用直流发电机外，目前广泛采用各种半导体直流电源，通常是由电网提供的交流电经过变压、整流、滤波和稳压以后得到的。对于直流电源的主要要求是输出电压幅值稳定，当电网电压或负载电流波动时基本保持不变；直流输出电压平滑，脉动成分小；交流电变换成直流电时转换效率高。图 10-1 是一般半导体直流电源的原理框图，各部分的功能如下：

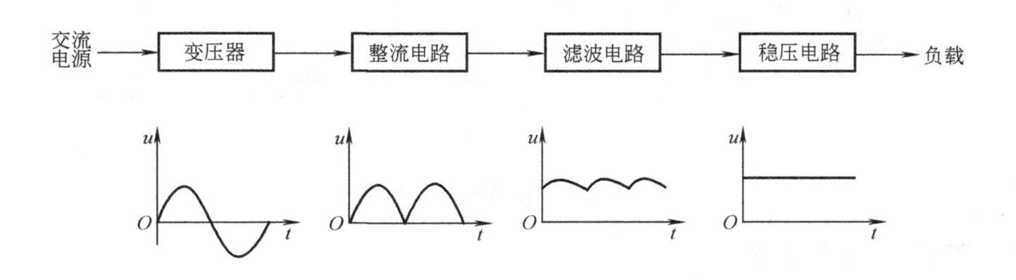

图 10-1　直流稳压电源的原理框图

变压器：将交流电源电压变换为符合整流电路所需要的交流电压。

整流电路：利用具有单向导电性的整流元件（整流二极管、晶闸管等），将交流电压变换为单向脉动直流电压。

滤波电路：减小整流电压的脉动程度，供给负载平滑的直流电压。

稳压电路：在交流电源电压波动或负载变化时，通过该电路的自动调解作用，使直流输出电压稳定。

10.1　单相桥式整流电路

小功率的整流电路，一般采用单相半波、全波和桥式整流电路，使用较多的是单相桥式整流电路。

10.1.1　电路的组成

电路是由单相电源变压器 T、4 只整流二极管 $VD_1 \sim VD_4$ 和负载电阻 R_L 组成。其中，4 只二极管接成电桥形式，如图 10-2 所示，故称桥式整流电路。

图 10-2 中 a、b、c 是单向桥式整流电路的三种不同画法，图 d 是简化的画法。有的电路把 4 只二极管制作在一个集成块内，标有交流输入端“～”、整流后输出极性“＋、－”，叫做“全桥”整流块或整流桥。

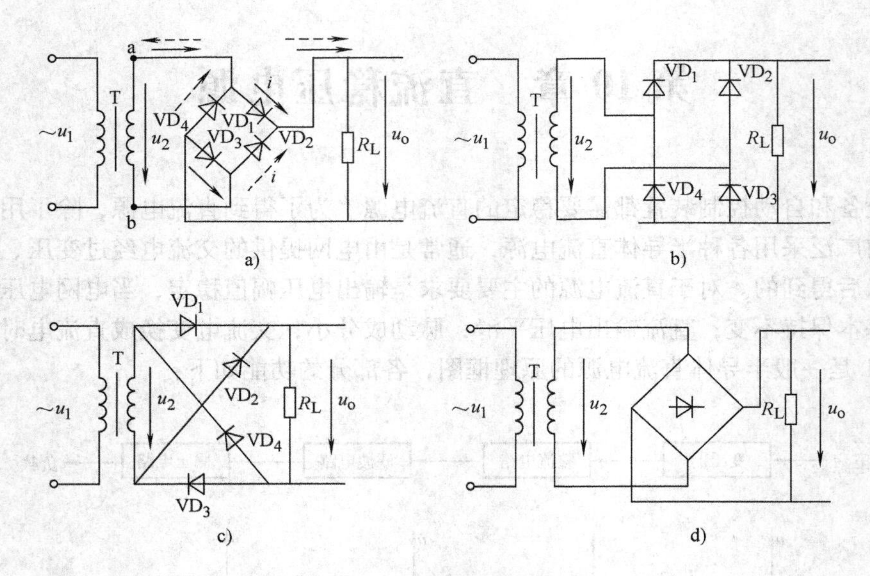

图 10-2　单相桥式整流电路

10.1.2　工作原理与波形

为了分析方便，假设变压器和二极管都是理想元器件，即忽略变压器绕组阻抗上的电压降与二极管的正向压降和反向电流。在图 10-2a 中，设变压器二次电压为

$$u_2 = \sqrt{2} U_2 \sin\omega t$$

其波形如图 10-3a 所示。

在 u_2 的正半周，即在 $\omega t = 0 \sim \pi$ 期间，a 点极性为正 b 点为负，VD_1、VD_3 承受正向电压而导通，VD_2、VD_4 承受反向电压而截止。电流 i 的通路是

$$a \rightarrow VD_1 \rightarrow R_L \rightarrow VD_3 \rightarrow b \rightarrow a$$

此时，负载电阻 R_L 上得到一个近似等于 u_2 的正半波电压，如图 10-3b 所示。

在 u_2 的负半周，即在 $\omega t = \pi \sim 2\pi$ 期间，b 点极性为正 a 点为负，VD_1、VD_3 承受反向电压而截止，VD_2、VD_4 承受正向电压而导通。电流 i 的通路是

$$b \rightarrow VD_2 \rightarrow R_L \rightarrow VD_4 \rightarrow a \rightarrow b$$

此时，负载电阻 R_L 上电流仍然是从上向下流，即在负载电阻 R_L 上仍然得到一个近似等于 u_2 的正半波电压，如图 10-3b 所示。

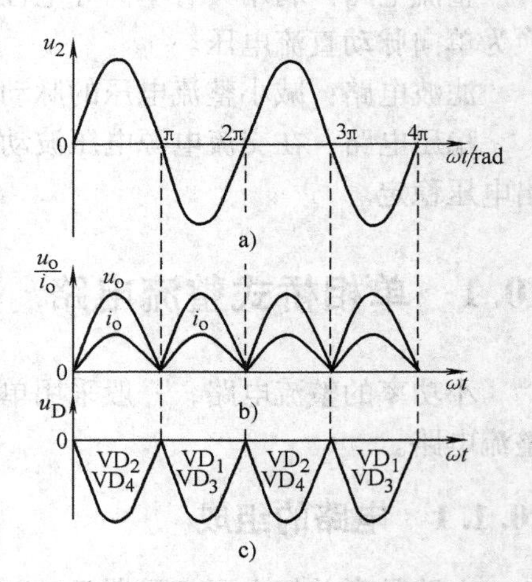

图 10-3　单相桥式整流电路的波形

因此，当电源电压 u_2 变化一周时，在负载电阻 R_L 上得到的电压 u_o 和电流 i_o 是单方向全波正脉动波形，如图 10-3b 所示。

10.1.3 定量计算

1. 负载电阻 R_L 上的电压平均值和电流平均值

$$U_O = \frac{1}{\pi}\int_0^{\pi} u_o \mathrm{d}(\omega t)$$

$$= \frac{1}{\pi}\int_0^{\pi} \sqrt{2}U_2 \sin\omega t \mathrm{d}(\omega t) \tag{10-1}$$

$$= \frac{\sqrt{2}U_2}{\pi} \times 2 = 0.9U_2$$

$$I_O = \frac{U_O}{R_L} = 0.9\frac{U_2}{R_L} \tag{10-2}$$

2. 变压器二次电压和电流有效值

$$U_2 = \frac{U_O}{0.9} = 1.11U_O \tag{10-3}$$

$$I_2 = \frac{U_2}{R_L} = 1.11\frac{U_O}{R_L} = 1.11I_O \tag{10-4}$$

3. 整流二极管的额定值

在单相桥式整流电路中，整流二极管的正向电流和反向电压的数值是选取整流二极管的依据。由上面分析可知，一个周期中，每两只二极管串联导通半个周期，负载电阻中一个周期内均有电流流过，所以每只二极管中流过的电流平均值是负载电流的一半，即

$$I_{OF} = \frac{1}{2}I_O = 0.45\frac{U_2}{R_L} \tag{10-5}$$

在变压器二次绕组电压正半周时，VD_1、VD_3 导通，相当于短路，二极管 VD_2、VD_4 的阴极接到 a 点，阳极接到 b 点，所以 VD_2、VD_4 承受最高反向电压就是 u_2 的幅值$\sqrt{2}U_2$。同理，在负半周时，VD_1、VD_3 承受的最高反向电压也是$\sqrt{2}U_2$，如图 10-3c 所示。

因此，单相桥式整流电路中，二极管承受的最高反向电压为

$$U_{DRM} = \sqrt{2}U_2 \tag{10-6}$$

例 10-1 单相桥式整流电路（见图 10-2a），已知交流电源电压 $U_1 = 220V$，负载电阻 $R_L = 50\Omega$，负载平均电压 $U_O = 100V$，试求变压器的电压比和容量，并选取二极管？

解 变压器二次绕组电压有效值 U_2，由式（10-1）得 $U_2 = \frac{U_O}{0.9} = \frac{100}{0.9}V = 111V$

当考虑到变压器二次绕组和二极管的压降时，二次电压应高出 5% ~10% 余量，即实际的 $U_2' = U_2 \times 1.1 = 111V \times 1.1 = 122V$。

因此变压器的电压比为

$$k = \frac{U_1}{U_2'} = \frac{220}{122} = 1.8$$

整流电流平均值

$$I_O = \frac{U_O}{R_L} = \frac{100}{50}\text{A} = 2\text{A}$$

变压器二次绕组电流有效值由式（10-4）得

$$I_2 = 1.11 I_O = 1.11 \times 2\text{A} = 2.22\text{A}$$

变压器容量　　　$S = U_2 I_2 = 122 \times 2.22\text{V} \cdot \text{A} = 270.8\text{V} \cdot \text{A}$

每只二极管流过的平均电流

$$I_{DF} = \frac{1}{2} I_O = \frac{1}{2} \times 2\text{A} = 1\text{A}$$

每只二极管承受的最高反向电压

$$U_{DRM} = \sqrt{2} U_2 = \sqrt{2} \times 122\text{V} = 172\text{V}$$

为工作安全起见，在选取整流二极管时，二极管的最大整流电流应大于计算的流过二极管的电流平均值，二极管的反向工作峰值电压 U_{RM} 应比计算的承受最高反向电压 U_{DRM} 大一倍左右。由此，依据手册或附录，选取二极管为 2CZ12D（3A，300V）或者 2CZ12E（3A，400V）。

10.2　滤波电路

从前面的分析可以看出，整流电路的输出电压虽然是单方向的直流，但还是包含了很多脉动成分（交流分量），这种电压用来作为电镀、蓄电池充电的电源是允许的，但作为电子设备的电源，将产生不良影响。因此，必须再通过滤波电路去掉交流分量，使其变成比较平滑的直流电压。常用的滤波电路有电容滤波电路、电感滤波电路和 π 形滤波电路。

10.2.1　电容滤波电路

1. 电路的组成

电路的连接方式如图 10-4 所示，它是在图 10-2b 单相桥式整流电路的输出端和负载电阻 R_L 之间并联一个足够大的电解电容 C，利用电容上的电压不能突变的原理进行滤波。

2. 滤波过程

现在分析滤波过程：图 10-5a 给出变压器二次侧交流电压 u_2 波形，图 10-5b 示出桥式整流后负载电阻 R_L 上的波形。假定变压器二次电压 $u_2 = \sqrt{2} U_2 \sin\omega t$ 由零开始上升，二极管 VD_1、VD_3 导通，电源经 VD_1、VD_3 向负载电阻 R_L 供电，同时对电容 C 充电，如果忽略变压器二次绕组和二极管正向压降，电容充电时间常数很小，可近似认为电容充电电压 u_C 与电源的正弦电压一致，如图 10-5c 的 Om 段波形所示，电源电压 u_2 在 m 点达到最大值，电容电压 u_C 也跟着达到最大值。过了 m 点后 u_2 按正弦规律下降的速率先慢后快，开始 mn 段 u_C 仍与 u_2 近似相同，过了 n 点以后 u_2 按正弦规律下降速率大于 u_C 通过 R_L 按指数规律衰减的速率，此时 $u_2 < u_C$，

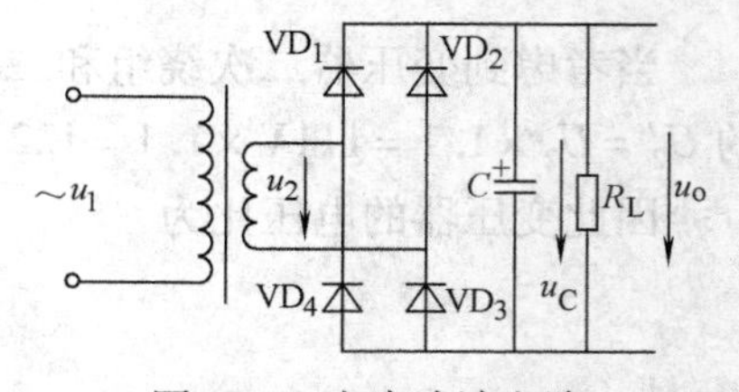

图 10-4　电容滤波电路

因此二极管 VD_1、VD_3 承受反向电压而截止，电容 C 向负载电阻 R_L 放电，由于电容放电时间常数 R_LC 一般较大，故电容电压 u_C 按指数规律衰减较慢，如图中 ng 段。在 g 点后，u_2 的负半周使二极管 VD_2、VD_4 导通，$u_2>u_C$，电源供电给负载电阻 R_L，又给电容充电，以后重复上述过程。

滤波电容电压 u_C 的波形近似锯齿波，它就是输出电压 u_o 的波形，如图 10-5c 所示。

实际上整流电路有内阻（二次绕组和二极管的电阻）的影响，输出电压 u_o 稍做改变如图 10-5d 所示。

3. 电容滤波电路的特点

1）从图 10-5c、d 波形可看到，加滤波电容 C 之后，由于电容储能元件端电压在电路状态改变时不能跃变，因此，输出电压的脉动大为减小，负载电阻两端电压比较平滑。

2）图 c、d 与图 b 的两个半波的平均电压只有 $0.9U_2$ 相比，并联滤波电容后，电容通过 R_L 放电，输出电压不过零，因此输出电压的平均值提高了。

3）电容滤波电路输出电压的平均值 U_O 的大小与电容 C 和负载电阻 R_L 的大小（即电容放电的时间常数 R_LC）有关。

①空载（$R_L=\infty$），$U_O=\sqrt{2}U_2$。

②当负载电流增大（即 R_L 减小），电容放电时间常数 R_LC 减小，按指数规律放电加快，输出电压平均值 U_O 小。当输出电流较大（R_L 很小）时，输出电压平均值 U_O 与单相桥式整流无电容滤波电路输出电压平均值（$U_O=0.9U_2$）接近相等。由此可见，电容放电时间常数（$\tau=R_LC$）越大，放电过程越慢，输出电压也越高，脉动成分也越少，滤波效果也越好。

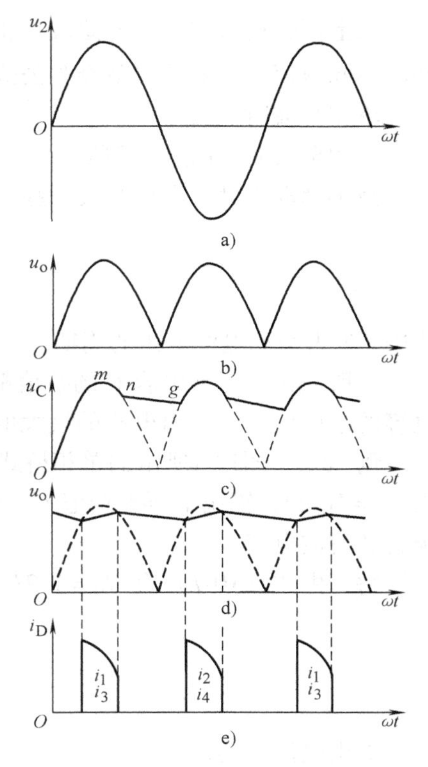

图 10-5　电容滤波电路波形

4）电容滤波的外特性。整流滤波电路的输出电压 U_O 与输出的负载电流 I_O 变化关系曲线叫整流滤波电路的外特性曲线。图 10-6 示出了整流滤波电路的外特性。图中曲线 a 表示电容滤波时输出电压 U_O 受负载电阻变化影响较大，外特性差，即电容滤波电路带负载能力较差；曲线 b 是没有滤波电容时的外特性，其中已考虑内阻的压降影响。

5）电容滤波电路中整流二极管的导电时间缩短了，易受较大的导通电流冲击。从图 10-5e 可看到，只有当 $u_2>u_C$ 时，二极管才能导通，故二极管的导通时间缩短，在一个周期内导通角小于 180°。但在一个周期内滤波电容平衡情况下，充电电荷等于放电电荷，即通过电容器的电流平均值为零，二极管电流平均值近似等于负载电流平均值 I_O。导通时间缩短，其二极管电流峰值必然较大，并产生大的冲击电流，容易损坏二极管。选取整流二极管时，电流值要留有充分余量。

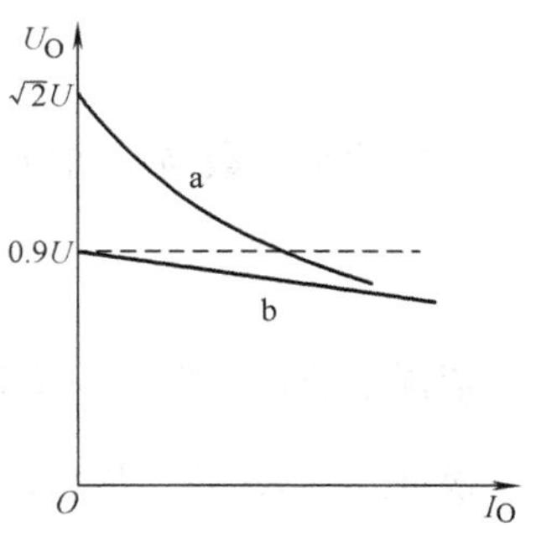

图 10-6　整流滤波电路的外特性

总之，电容滤波电路简单，输出电压平均值 U_O 较高，脉动较小，但是外特性较差，且有较大的冲击电流。因此，电容滤波电路适用于要求输出电压较高，负载电流较小并且变化也较小的场合。

4. 输出平均电压的计算

从上面分析可知，电容滤波单相桥式整流电路的输出电压平均值 U_O 在 $0.9U_2 \sim \sqrt{2}U_2$ 之间的不同数值，一般按以下经验公式进行计算：

单相半波时 $U_O = U_2$

单相全波时 $U_O = 1.2U_2$ (10-7)

为了减小脉动程度，R_LC 要大一些，并应满足条件

$$R_LC \geqslant (3 \sim 5)\frac{T}{2} \tag{10-8}$$

式中，T 为交流电源电压的周期。

一般来说，滤波电容 C 的数值都较大，为几十微法到几千微法，视负载电流大小而定；电容的耐压应大于输出电压的最大值；电容都是有正、负极性的电解电容。

例 10-2 图10-4所示的单相桥式整流电容滤波电路中，交流电源频率 $f = 50\text{Hz}$，负载电阻 $R_L = 100\Omega$，输出电压平均值 $U_O = 30\text{V}$。试确定变压器二次电压有效值 U_2，并选取整流二极管和滤波电容。

解 由式（10-7）有 $U_O = 1.2U_2$，变压器二次电压有效值

$$U_2 = \frac{U_O}{1.2} = \frac{30}{1.2}\text{V} = 25\text{V}$$

输出电流平均值

$$I_O = \frac{U_O}{R_L} = \frac{30}{100}\text{A} = 0.3\text{A}$$

流过二极管电流平均值

$$I_{DF} = \frac{1}{2}I_O = \frac{1}{2} \times 0.3\text{A} = 0.15\text{A}$$

二极管承受最高反向电压

$$U_{DRM} = \sqrt{2}U_2 = \sqrt{2} \times 25\text{V} = 35\text{V}$$

依据手册，选取 4 只 2CP21 二极管（$I_{DM} = 0.3\text{A}$，$U_{RM} = 100\text{V}$）。

根据式（10-8），$R_LC \geqslant (3 \sim 5)\frac{T}{2}$

$$T = \frac{1}{f} = \frac{1}{50}\text{s} = 0.02\text{s}$$

取　$R_{\mathrm{L}}C=5\times\frac{T}{2}$

所以　$C=\frac{5\times\frac{T}{2}}{R_{\mathrm{L}}}=\frac{5\times0.01}{100}\mathrm{F}=500\mu\mathrm{F}$

耐电压大于　$\sqrt{2}U_2=35\mathrm{V}$

最后选取 500μF，耐压 50V 的电解电容。

10.2.2　电感滤波电路

电路的连接方式如图 10-7 所示，它是在图 10-2 单相桥式整流电路的输出端和负载电阻 R_{L} 之间串联一个电感量较大的铁心线圈 L 构成。利用电感元件的电流不能突变的原理进行滤波。

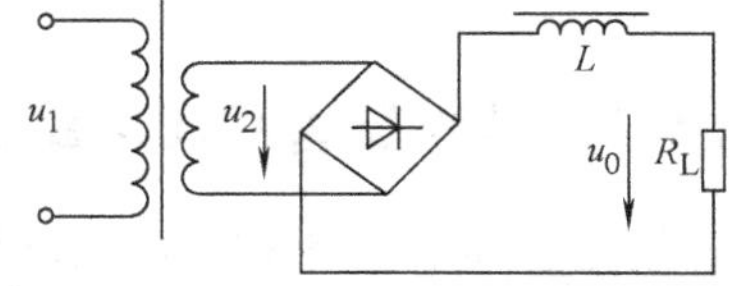

图 10-7　电感滤波电路

电感滤波作用可从两方面来理解：当电感中流过的电流发生变化时，线圈中产生自感电动势阻碍电流的变化。在电流增大时，自感电动势阻碍电流增加，同时将能量储存起来，使电流增加缓慢。相反，电流减小时，自感电动势方向与电流方向相同，自感电动势阻碍电流减小，同时将能量释放出来，使电流减小缓慢，结果使得负载电流和负载电压脉动大为减小。

从另一个角度看：交流电压 u_2 经整流后是个单方向脉动直流电压，含有各次谐波的交流分量，又含有直流分量，铁心线圈有很大的电感，交流阻抗很大，直流电阻很小，它与负载电阻 R_{L} 串联，所以直流分量大部分降在 R_{L} 上。对交流分量，谐波频率愈高，感抗也愈大，因而交流分量大部分降在电感上，这样就在输出端负载上得到比较平坦的电压波形。忽略电感线圈的电阻，此时，桥式整流电感滤波电路的输出电压平均值为

$$U_0=0.9U_2 \tag{10-9}$$

电感滤波电路的主要优点是带负能力强。缺点是体积大、成本高，元件本身的电阻还会引起直流电压损失和功率损耗。所以，电感滤波适用于大电流或负载变化大的场合。

10.2.3　整流滤波电路的仿真分析

用 EDA 软件对单相桥式整流电容滤波电路进行仿真，仿真图及输入输出波形分别如图 10-8 和图 10-9 所示。由图 10-8 可见，输出电压约为变压器二次电压的 1.2 倍，而由图 10-9 可见，整流滤波后的信号脉动程度很小。

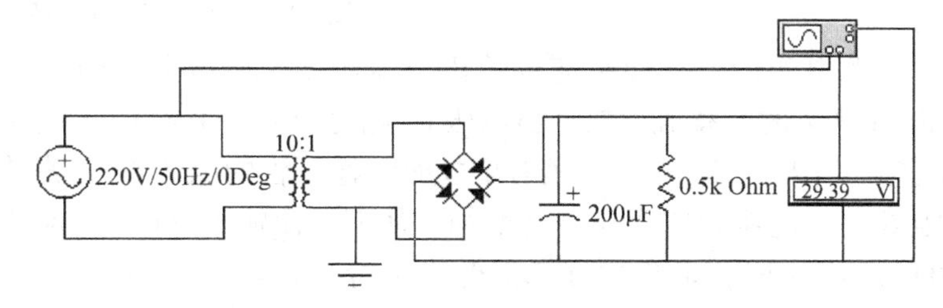

图 10-8　单相桥式整流滤波电路的仿真图

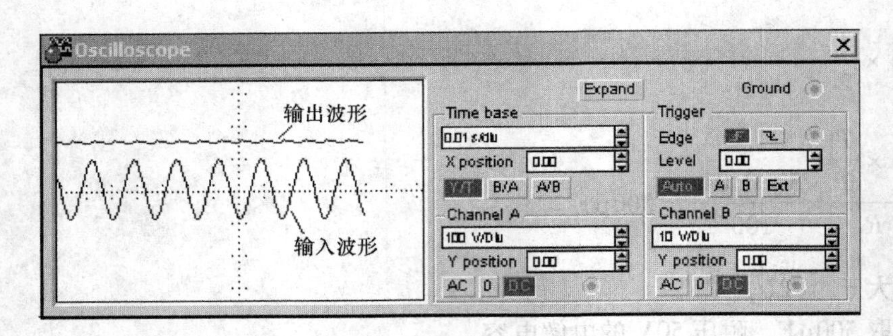

图 10-9　单相桥式滤波电路的输入输出波形

10.3　稳压电路

10.3.1　硅稳压管稳压电路的原理与实例仿真

经过变压、整流和滤波后的输出电压，虽然脉动的交流成分很小，但是它仍随交流电网电压的波动和负载电流的大小而变化。由式（10-7）中 $U_O = 1.2U_2$ 和图 10-6 的外特性可知，输出电压是不稳定的。将它直接供给放大电路、精密测量仪器、计算机的电源时，会带来很大误差，甚至不能正常工作，因此有必要进行稳压。

硅稳压二极管稳压电路是最简单的稳压电路。它主要是利用稳压二极管反向可逆击穿具有稳压特性（即进入稳压区后，在 $I_{Zmin} \sim I_{Zmax}$ 电流变化范围内，稳定电压 U_Z 的变化值 ΔU_Z 很小）来稳压。

1. 电路组成

由限流电阻 R 和稳压管 VS 组成，如图 10-10 所示。U_I 是经变压、桥式整流和电容滤波后得到的电压，负载 R_L 和稳压管 VS 并联。负载上的输出电压 U_O 就是稳压管的稳定电压 U_Z。

2. 稳压原理

由图 10-10 可知，限流电阻上的电流和压降分别是 $I_R = I_Z + I_L$ 和 $U_R = U_I - U_O$。这两式是分析稳压管稳压电路的基本方程式。

在整流滤波电路中，引起输出电压不稳定的主要原因是电源电压的变化和负载电流的变化。

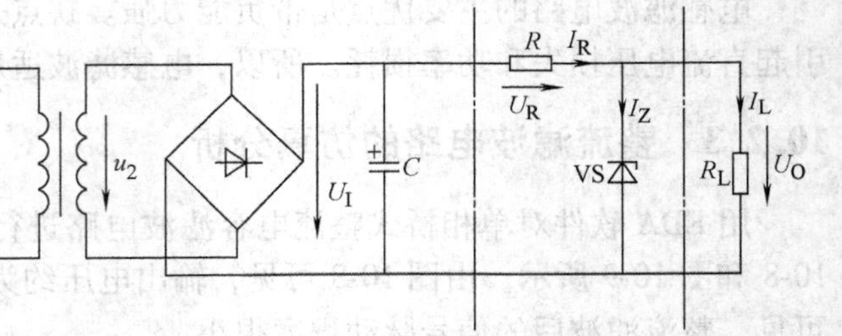

图 10-10　稳压管稳压电路

1）对于由于电源电压的变化而引起的输出电压的变化，该电路能起到稳压作用。例如，当交流电源电压增大时，整流滤波输出电压 U_I 随之上升，由式 $U_R = U_I - U_O$，负载电压 U_O 也有增大的趋势；当 U_O（$U_O = U_Z$）稍有增加时，稳压管的电流 I_Z 显著增加，由式 $I_R = I_Z + I_L$，限流电阻 R 上的电流和压降亦显著增加，从而，使输出电压 U_O 保持近似不变。反之，当交流电源电压减小时，输出电压 U_O 也能保持近似不变。请读者自行分析稳压过程。

2）对于由于负载电流的变化而引起的输出电压的变化，该电路也能起到稳压作用。例如，当电源电压不变而负载电阻 R_L 减小时，负载电流 I_L 增加，由式 $I_R=I_Z+I_L$，限流电阻上的电流 I_R 和压降 U_R 有增大的趋势，由式 $U_R=U_I-U_O$，负载电压 U_O 也有减小的趋势；当 $U_O=U_Z$ 稍有减小时，稳压管的电流 I_Z 显著减小，由式 $I_R=I_Z+I_L$，限流电阻 R 上的电流和压降亦显著减小，从而，使输出电压 U_O 保持近似不变。反之，当电源电压不变而负载电阻 R_L 增大时，输出电压 U_O 也能保持近似不变。请读者自行分析稳压过程。

值得注意的是，限流电阻 R 除了起到电压的调整作用外，还起到限流作用，如果没有限流电阻 R，不仅没有稳压作用，还会使稳压管流过很大电流而烧坏。

选择稳压管稳压电路的元器件参数时，一般取

$$U_O=U_Z \tag{10-10}$$

$$I_{Zmin}<I_Z<I_{Zmax} \tag{10-11}$$

$$U_I=(2\sim3)U_O \tag{10-12}$$

3. 稳压管稳压电路的仿真图及仿真结果

用 EDA 软件对稳压管稳压电路进行仿真，仿真图及仿真结果如图 10-11 所示。

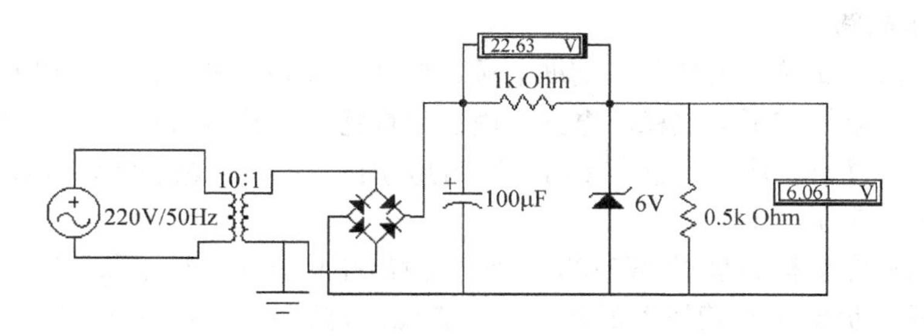

图 10-11　稳压管稳压电路的仿真图及仿真结果

10.3.2　三端固定 W78 系列串联型稳压电源的原理与应用实例

稳压管稳压电路，输出的电压不能调节，负载电流较小。为了克服这种缺点，采用串联型稳压电路和集成稳压电路。

1. 串联型稳压电路

图 10-12a 所示是串联型稳压电路的原理框图，由取样电路、比较放大电路、基准电压电路和调整管 4 部分组成。其电路原理图如图 10-12b 所示。U_I 是经整流滤波后的电压；取样电路由 R_1 和 R_2 组成，取样电压 $U_f=\dfrac{R_2}{R_1+R_2}U_O$；$R$ 与 VS 提供基准电压 U_Z；运算放大器构成比较放大电路，其输出 $U_B=A_{uo}(U_+-U_-)=A_{uo}(U_Z-U_f)$；而大功率管 VT 是调整管，管压降为 U_{CE}；U_O 是串联型稳压电路输出的稳定的直流电压，$U_O=U_I-U_{CE}$。

稳压原理如下：

设由于电源电压或负载电阻的变化使输出电压 U_O 升高时，则取样电压 U_f 随之升高，运放的输出 U_B 减小，调整管电流 I_C 下降，管压降 U_{CE} 上升，$U_O=U_I-U_{CE}$ 随之下降，使 U_O 保持稳定。这个自动调整过程实际上是一负反馈过程。从图 10-12b 可知，R_1 引入的是串联电压负反馈。取样电压 U_f 是正比于输出电压的反馈电压，基准电压 U_Z 可看做是输入电压。可

以认为 U_f 和 U_Z 相等。所以，有

$$U_O = \left(1 + \frac{R_1}{R_2}\right)U_Z \tag{10-13}$$

式（10-13）表明，改变基准电压或调整电位器，就可以改变输出电压。

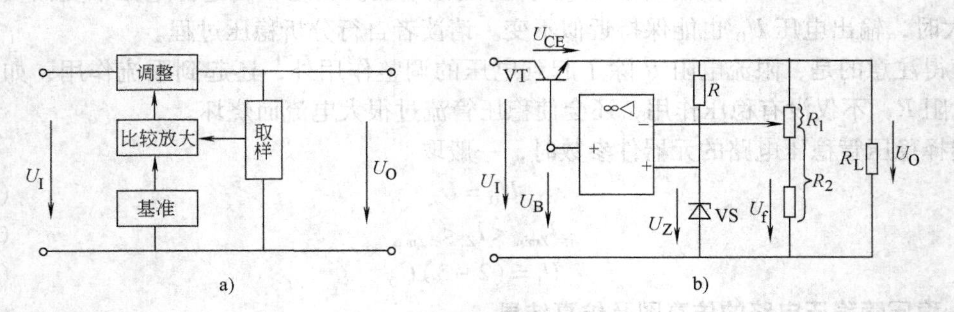

图 10-12　串联型稳压电路

2. 集成稳压电路

如果将调整管、比较放大环节、基准电源、取样环节和各种保护环节以及连接导线均制作在一块硅片上，就构成了集成稳压电路。由于集成稳压电路具有体积小、可靠性高、使用方便、价格低廉等优点，所以目前得到了广泛的应用。本节主要讨论 W7800 系列和 W7900 系列集成稳压器的应用。

图 10-13 所示是塑料封装的 W7800 系列（输出正电压）和 W7900 系列（输出负电压）稳压器的外形和引脚图。这种稳压器只有三个引脚：一个电压输入端（通常为整流滤波电路的输出），一个稳定电压输出端和一个公共端，故称之为三端集成稳压器。对于具体器件，"00"用数字代替，表示输出电压值，如：W7815 表示输出稳定电压 +15V，W7915 表示输出稳定电压 -15V。W7800 和 W7900 系列稳压器的输出电压系列有 5V，8V，12V，15V，18V，24V 等，最大输出电流是 1.5A。使用时除了要考虑输出电压和最大输出电流外，还必须注意输入电压的大小。要保证稳压，必须使输入电压的绝对值至少高于输出电压 2~3V，但也不能超过最大输入电压（一般为 35V 左右）。

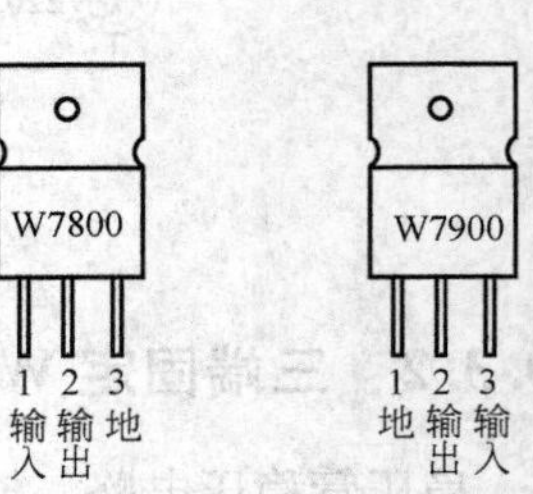

图 10-13　W7800、W7900 系列集成稳压器的外形和引脚

三端集成稳压器的应用十分方便、灵活。下面介绍几种常用电路。

（1）输出固定正电压的电路　电路如图 10-14 所示。其中，U_I 为整流滤波后的直流电压；C_I 用于改善纹波特性，通常取 0.33μF；C_o 用于改善负载的瞬态响应，一般取 1μF。

（2）输出固定负电压的电路　电路如图 10-15 所示。当要求输出负电压时，应选择相应的 W7900 集成稳压器，并注意电压极性及引脚功能。

（3）提高输出电压的电路　如果需要的直流稳压电源的电压，高于集成稳压器的固定输出电压，可以通过外接元件提高输出电压，如图 10-16 所示。

用 $U_{\times\times}$ 表示 W78××的固定输出电压值，显然图 10-16a 输出电压为

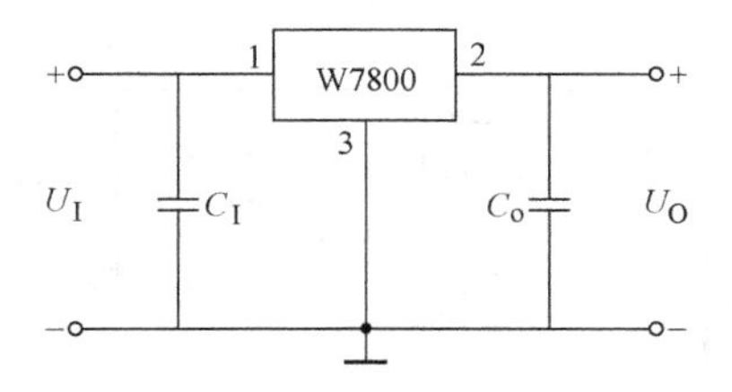

图 10-14　输出固定正电压的电路

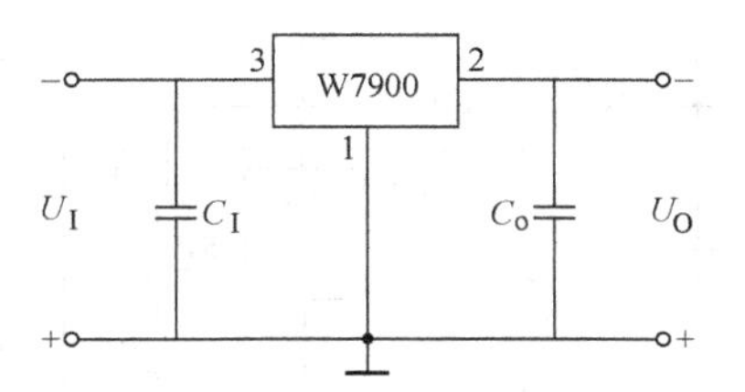

图 10-15　输出固定负电压的电路

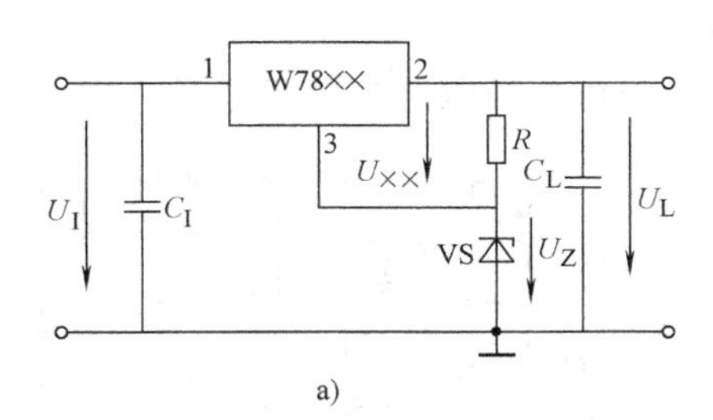

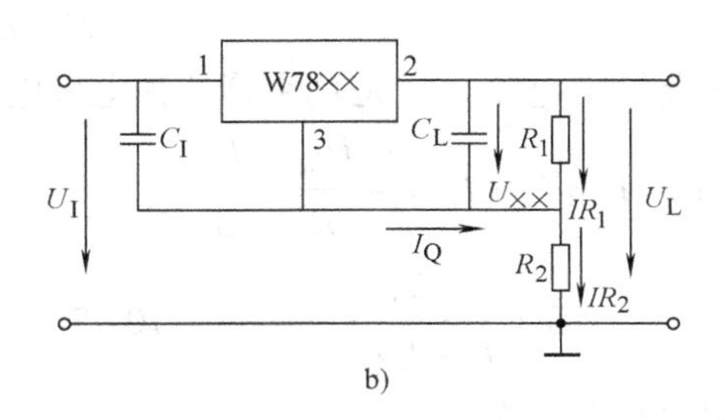

图 10-16　提高输出电压电路

$$U_L = U_{××} + U_Z$$

图 10-16b 中稳压器公共端接在电阻 R_1、R_2 之间，因此 R_1 两端电压为 $U_{××}$，流过电流 $I_{R1} = U_{××}/R_1$，假定稳压器的静态电流为 I_Q，则流过 R_2 的电流为

$$I_{R2} = I_{R1} + I_Q$$

如此，输出电压

$$U_L = U_{××} + I_{R2}R_2 = \left(1 + \frac{R_2}{R_1}\right)U_{××} + I_QR_2$$

一般情况下，$I_{R1} >> I_Q$，忽略 I_QR_2，输出电压

$$U_L = \left(1 + \frac{R_2}{R_1}\right)U_{××} \tag{10-14}$$

改变外接电阻 R_1、R_2 可以提高输出电压。如果 R_2 在适当范围内变化，输出电压还可调。

（4）输出电压可调的稳压电路　图 10-17 是输出电压可调的稳压电路。其中集成运算放大器起电压跟随作用，忽略稳压器的静态电流 I_Q，当电位器 RP 滑点移到最下端时

$$U_{Lmin} = \frac{R_1 + R_{RP} + R_2}{R_{RP} + R_1}U_{23} \tag{10-15}$$

当滑点移到最上端时

$$U_{Lmax} = \frac{R_1 + R_{RP} + R_2}{R_1}U_{23} \tag{10-16}$$

因此，滑动 RP 可调节输出电压。

（5）扩大输出电流电路　当负载所需电流大于集成稳压器输出电流时，采用外接功率管 V 的方法，可以扩大输出电流，如图 10-18 所示。

从图中看到：输出电流

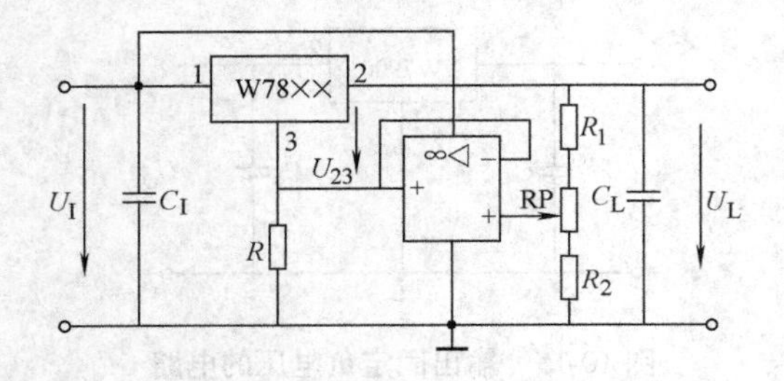

图 10-17 输出电压可调的稳压电路

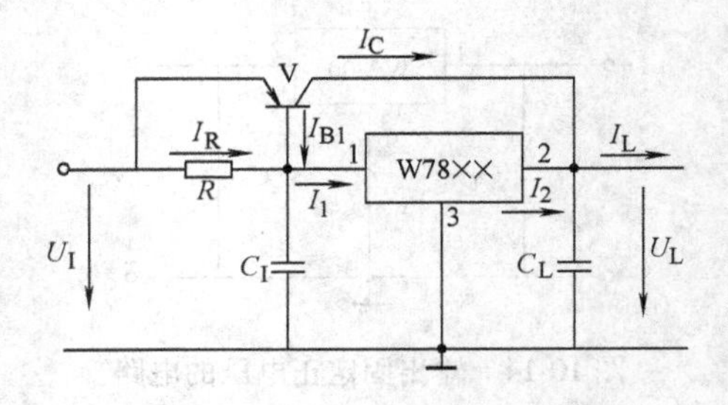

图 10-18 扩大输出电流电路

$$I_L = I_2 + I_C$$

I_2 是稳压器输出电流，I_C 是功率管的集电极电流。当略去稳压器的静态电流 I_Q 时，有

$$I_2 \approx I_1 = I_R + I_B = -\frac{U_{BE}}{R} + \frac{I_C}{\beta}$$

$$R = \frac{-U_{BE}}{I_1 - I_C/\beta} \qquad (10\text{-}17)$$

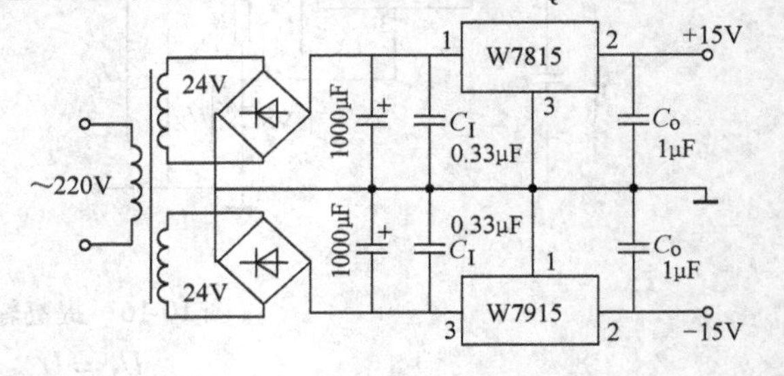

图 10-19 输出正负电压的电路

这是电阻 R 的计算公式。

输出电流较小时由稳压器提供，只有输出电流较大，R 上压降达到 U_{BE} 导通值时，功率管才导通，提供较大输出电流。

（6）输出正负电压的电路 电路如图 10-19 所示。本电路输出的是 ±15V 电压。

*10.4 晶闸管和可控整流电路

10.4.1 晶闸管

晶闸管是晶体闸流管的简称，又称作可控硅整流器，以前被简称为可控硅。在电力二极管开始得到应用后不久，1956 年美国贝尔实验室发明了晶闸管，1957 年美国通用电气公司开发出世界上第一只晶闸管产品，并于 1958 年达到商业化。由于其开通时刻可以控制，而且各方面性能均明显胜过以前的汞弧整流器，因而立即受到普遍欢迎，从此开辟了电力电子技术迅速发展和广泛应用的崭新时代，其标志就是以晶闸管为代表的电力半导体器件的广泛应用，有人称之为继晶体管发明和应用之后的又一次电子技术革命。自 20 世纪 80 年代以来，晶闸管的地位开始被各种性能更好的全控型器件所取代，但是由于其所能承受的电压和电流容量仍然是目前电力电子器件中最高的，而且工作可靠，因此在大容量的应用场合仍然具有比较重要的地位。

晶闸管这个名称往往专指晶闸管的一种基本类型——普通晶闸管。但从广义上讲，晶闸管还包括许多类型的派生器件。

1. 晶闸管的结构与工作原理

图 10-20 所示为晶闸管的外形、结构和电气图形符号。从外形上来看，晶闸管也主要有螺栓形和平板形两种封装结构，均引出阳极 A、阴极 K 和门极（控制端）G 三个连接端。对于螺栓形封装，通常螺栓是其阳极，做成螺栓状是为了能与散热器紧密连接且安装方便；

另一侧较粗的端子为阴极，细的为门极。平板形封装的晶闸管可由两个散热器将其夹在中间，两个平面分别是阳极和阴极，引出的细长端子为门极。

晶闸管内部是PNPN四层半导体结构，分别命名为P_1、N_1、P_2、N_2四个区。P_1区引出阳极A，N_2区引出阴极K，P_2区引出门极G。四个区形成J_1、J_2、J_3三个PN结。如果正向电压（阳极高于阴极）加到器件上，则J_2处于反向偏置状态，器件A、K两端之间处于阻断状态，只能流过很小的漏电流；如果反向电压加到器件上，则J_1和J_3反偏，该器件也处于阻断状态，仅有极小的反向漏电流通过。

晶闸管导通的工作原理可以用双晶体管模型来解释，如图10-21所示。如在器件上取一倾斜的截面，则晶闸管可以看作由$P_1N_1P_2$和$N_1P_2N_2$构成的两个晶体管V_1、V_2组合而成。如果外电路向门极注入电流I_G，也就是注入驱动电流，则I_G流入晶体管V_2的基极，即产生集电极电流I_{C2}，它构成晶体管V_1的基极电流，放大成集电极电流I_{C1}，又进一步增大V_2的基极电流，如此形成强烈的正反馈，最后V_1和V_2进入完全饱和状态，即晶闸管导通。此时如果撤掉外电路注入门极的电流I_G，晶闸管由于内部已形成了强烈的正反馈会仍然维持导通状态。而若要使晶闸管关断，必须去掉阳极所加的正向电压，或者给阳极施加反压，或者设法使流过晶闸管的电流降低到接近于零的某一数值以下，晶闸管才能关断。所以，对晶闸管的驱动过程更多的称为触发，产生注入门极的触发电流I_G的电路称为门极触发电路。也正是由于通过其门极只能控制其开通，不能控制其关断，晶闸管才被称为半控型器件。

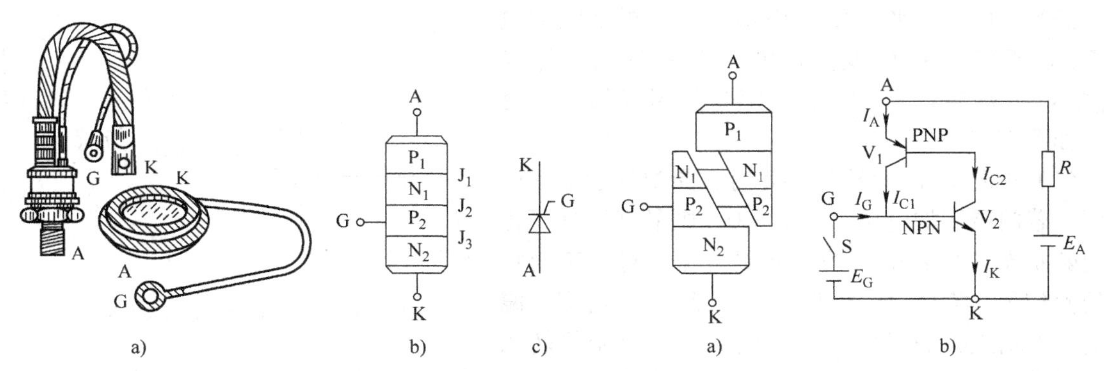

图10-20 晶闸管的外形、结构和电气图形符号
a）外形 b）结构 c）电气图形符号

图10-21 晶闸管的双晶体管模型及其工作原理
a）双晶体管模型 b）工作原理

按照晶体管工作原理，可列出如下方程：

$$I_{C1}=\alpha_1 I_A+I_{CBO1} \tag{10-18}$$

$$I_{C2}=\alpha_2 I_K+I_{CBO2} \tag{10-19}$$

$$I_K=I_A+I_G \tag{10-20}$$

$$I_A=I_{C1}+I_{C2} \tag{10-21}$$

式中，α_1和α_2分别是晶体管V_1和V_2的共基极电流增益；I_{CBO1}和I_{CBO2}分别是V_1和V_2的共基极漏电流。

由式（10-18）~式（10-21）可得

$$I_A=\frac{\alpha_2 I_G+I_{CBO1}+I_{CBO2}}{1-(\alpha_1+\alpha_2)} \tag{10-22}$$

晶体管的特性是：在低发射极电流下α是很小的，而当发射极电流建立起来之后，α迅速增大。因此，在晶体管阻断状态下，$I_G=0$，而$\alpha_1+\alpha_2$是很小的。由式（10-22）可看出，此时流过晶闸管的漏电流只是稍大于两个晶体管漏电流之和。如果注入触发电流使各个晶体管的发射极电流增大以致$\alpha_1+\alpha_2$趋近于1的话，流过晶闸管的电流I_A（阳极电流）将趋近于无穷大，从而实现器件饱和导通。当然，由于外电路负载的限制，I_A实际上会维持有限值。

晶闸管在以下几种情况下也可能被触发导通：阳极电压升高至相当高的数值造成雪崩效应；阳极电压上升率du/dt过高；结温较高；光直接照射硅片，即光触发。这些情况除了由于光触发可以保证控制电路与主电路之间的良好绝缘而应用于高压电力设备中之外，其他都因不易控制而难以应用于实践。只有门极触发是最精确、迅速而可靠的控制手段。光触发的晶闸管称为光控晶闸管（Light Triggered Thyristor，LTT），将在晶闸管的派生器件中简单介绍。

2. 晶闸管的基本特性

总结前面介绍的工作原理，可以简单归纳晶闸管正常工作时的特性如下：

1）当晶闸管承受反向电压时，不论门极是否有触发电流，晶闸管都不会导通。

2）当晶闸管承受正向电压时，仅在门极有触发电流的情况下晶闸管才能开通。

3）晶闸管一旦导通，门极就失去控制作用，不论门极触发电流是否还存在，晶闸管都保持导通。

4）若要使已导通的晶闸管关断，只能利用外加电压和外电路的作用使流过晶闸管的电流降到接近于零的某一数值以下。

晶闸管的导通和阻断是由阳极和阴极之间的电压U_{AK}、阳极电流I_A及门极电流I_G控制的，I_A与U_{AK}之间的关系$I_A=f(U_{AK})$即为晶闸管的伏安特性。如图10-22所示。

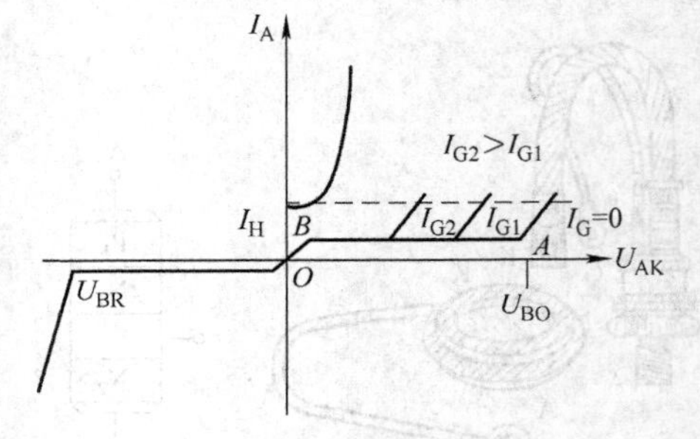

图10-22 晶闸管的伏安特性

（1）正向特性 当$U_{AK}>0$时，晶闸管承受正向电压，若门极不加电压，即$I_G=0$，则晶闸管处于正向阻断状态，只有很小的正向漏电流，对应正向特性的OA段。当U_{AK}增大到U_{BO}时，J_2结被击穿，漏电流突然增大，曲线由A点跳到B点，晶闸管转入导通状态，U_{BO}称为正向转折电压。这种导通是由正向击穿造成的，容易造成晶闸管的损坏，实际使用时应避免。而当门极加正向电压时，转折电压减小，门极电流越大，转折电压越低，如图10-22所示。

晶闸管导通后，可以通过很大的电流，而导通管压降只有1V左右。其正向特性类似于二极管的正向特性。

（2）反向特性 晶闸管的反向特性与二极管类似。当$U_{AK}<0$时，晶闸管承受反向电压，处于阻断状态，只流过很小的反向漏电流，当反向电压U_{AK}数值增大到U_{BR}时，晶闸管反向击穿，反向电流剧增，U_{BR}称为反向击穿电压。

3. 主要参数

为了合理地选择和正确地使用晶闸管，有必要了解晶闸管主要参数的意义。

（1）正向平均电流I_F

在规定温度和标准散热条件下，晶闸管可以连续通过的工频正弦半波电流在一个周期内的平均值。

（2）维持电流 I_H

门极断开后，维持晶闸管通态所需最小电流。

（3）正向重复峰值电压 U_{FRM}

在晶闸管门极开路和正向阻断情况下，可以重复加在晶闸管上的正向峰值电压。U_{FRM}为U_{BO}的 80%。

（4）反向重复峰值电压 U_{RRM}

在晶闸管门极开路时，可以重复加在晶闸管上的反向峰值电压。U_{RRM}为 U_{BR}的 80%。

除以上几项主要参数，晶闸管的参数还包括开通时间、关断时间、通态电流上升率、断态电压上升率等。使用时可查阅有关手册。

晶闸管广泛应用于整流、逆变、交直流调压和开关等方面。在稳压电流方面的应用主要是构成可控整流电路。

10.4.2　可控整流电路

在桥式整流电路中，若整流管由晶闸管组成即构成可控整流电路。如果整流管全部采用晶闸管，则组成单相桥式全控整流电路，如图 10-23a 所示。

1. 带电阻负载的工作情况

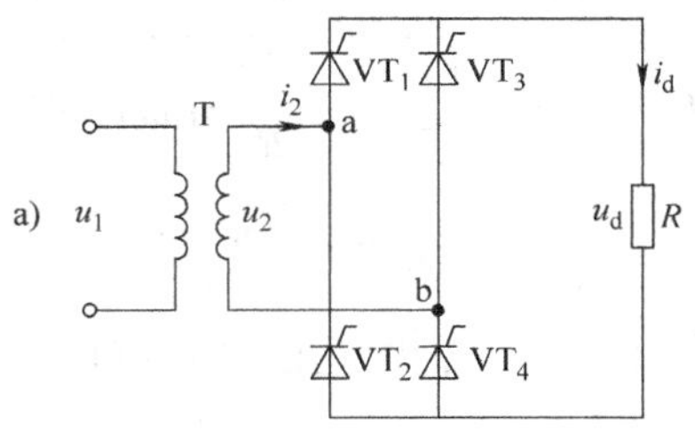

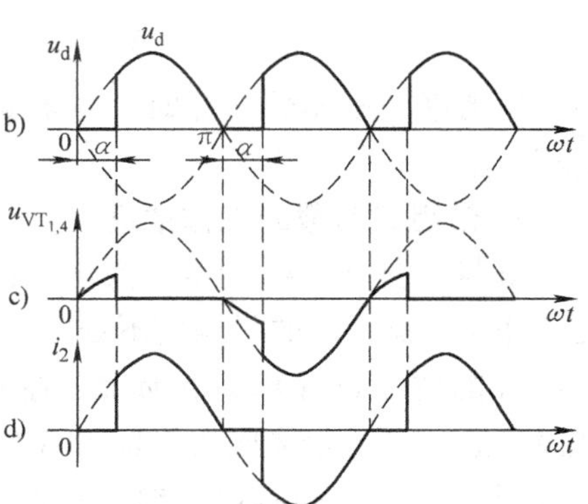

图 10-23　单相桥式全控整流电路带电阻负载时的电路及波形

在单相桥式全控整流电路中，晶闸管 VT_1 和 VT_4 组成一对桥臂，VT_2 和 VT_3 组成另一对桥臂。在 u_2 正半周（即 a 点电位高于 b 点电位），若 4 个晶闸管均不导通，负载电流 i_d 为零，u_d 也为零，VT_1、VT_4 串联承受电压 u_2，设 VT_1 和 VT_4 的漏电阻相等，则各承受 u_2 的一半。若在触发延迟角 α 处给 VT_1 和 VT_4 加触发脉冲，VT_1 和 VT_4 即导通，电流从电源 a 端经 VT_1、R、VT_4 流回电源 b 端。当 u_2 过零时，流经晶闸管的电流也降到零，VT_1 和 VT_4 关断。

在 u_2 负半周，仍在触发延迟角 α 处触发 VT_2 和 VT_3（VT_2 和 VT_3 的 $\alpha=0$ 处为 $\omega t=\pi$），VT_2 和 VT_3 导通，电流从电源 b 端流出，经 VT_3、R、VT_2 流回电源 a 端。到 u_2 过零时，电流又降为零，VT_2 和 VT_3 关断。此后又是 VT_1 和 VT_4 导通，如此循环地工作下去，整流电压 u_d 和晶闸管 VT_1、VT_4 两端电压波形分别如图 10-23b 和 c 所示。晶闸管承受的最大正向电压和反向电压分别为$\frac{\sqrt{2}}{2}U_2$ 和$\sqrt{2}U_2$。

由于在交流电源的正负半周都有整流输出电流流过负载，故该电路为全波整流。在 u_2 一个周期内，整流电压波形脉动 2 次，脉动次数多于半波整流电路，该电路属于双脉波整流电路。变压器二次绕组中，正负两个半周电流方向相反且波形对称，平均值为零，即直流分量为零，如图 10-23d 所示，不存在变压器直流磁化问题，变压器绕组的利用率也高。

整流电压平均值为

$$U_d = \frac{1}{\pi}\int_{\alpha}^{\pi}\sqrt{2}U_2\sin\omega t\mathrm{d}(\omega t) = \frac{2\sqrt{2}U_2}{\pi}\frac{1+\cos\alpha}{2} = 0.9U_2\frac{1+\cos\alpha}{2} \tag{10-23}$$

$\alpha=0$ 时，$U_d=U_{d0}=0.9U_2$；$\alpha=180°$时，$U_d=0$。可见，α 角的移相范围为0°～180°。

向负载输出的直流电流平均值为

$$I_d = \frac{U_d}{R} = \frac{2\sqrt{2}U_2}{\pi R}\frac{1+\cos\alpha}{2} = 0.9\frac{U_2}{R}\frac{1+\cos\alpha}{2} \tag{10-24}$$

晶闸管 VT_1、VT_4 和 VT_2、VT_3 轮流导电，流过晶闸管的电流平均值只有输出直流电流平均值的一半，即

$$I_{dVT} = \frac{1}{2}I_d = 0.45\frac{U_2}{R}\frac{1+\cos\alpha}{2} \tag{10-25}$$

为选择晶闸管、变压器容量、导线截面积等定额，需考虑发热问题，为此需计算电流有效值。流过晶闸管的电流有效值为

$$I_{VT} = \sqrt{\frac{1}{2\pi}\int_{\alpha}^{\pi}\left(\frac{\sqrt{2}U_2}{R}\sin\omega t\right)^2\mathrm{d}(\omega t)} = \frac{U_2}{\sqrt{2}R}\sqrt{\frac{1}{2\pi}\sin2\alpha + \frac{\pi-\alpha}{\pi}} \tag{10-26}$$

变压器二次电流有效值 I_2 与输出直流电流有效值 I 相等，为

$$I = I_2 = \sqrt{\frac{1}{\pi}\int_{\alpha}^{\pi}\left(\frac{\sqrt{2}U_2}{R}\sin\omega t\right)^2\mathrm{d}(\omega t)}$$

$$= \frac{U_2}{R}\sqrt{\frac{1}{2\pi}\sin2\alpha + \frac{\pi-\alpha}{\pi}} \tag{10-27}$$

由式（10-26）和式（10-27）可见

$$I_{VT} = \frac{1}{\sqrt{2}}I \tag{10-28}$$

不考虑变压器的损耗时，要求变压器的容量为 $S=U_2I_2$。

2. 带阻感负载的工作情况

电路如图 10-24a 所示。为便于讨论，假设电路已工作于稳态，i_d 的平均值不变。

u_2 的波形如图 10-24b 所示，在 u_2 的正半周期，触发延迟角 α 处给晶闸管 VT_1 和 VT_4 加触发脉冲使其开通，$u_d=u_2$。负载中有电感存在使负载电流不能突变，电感对负载电流起平波作用，假设负载电感很大，负载电流 i_d 连续且波形近似为一水平线，其波形如图 10-24d 所示。u_2 过零变负时，由于电感的作用晶闸管 VT_1 和 VT_4 中仍流过电流 i_d，并不关断。至 $\omega t=\pi+\alpha$ 时刻，给 VT_2 和 VT_3 加触发脉冲，因 VT_2 和 VT_3 本已承受正电压，故两管导通。VT_2 和 VT_3 导通后，u_2 通过 VT_2 和 VT_3 分别向 VT_1 和 VT_4 施加反压使 VT_1 和 VT_4 关断，流过 VT_1 和 VT_4

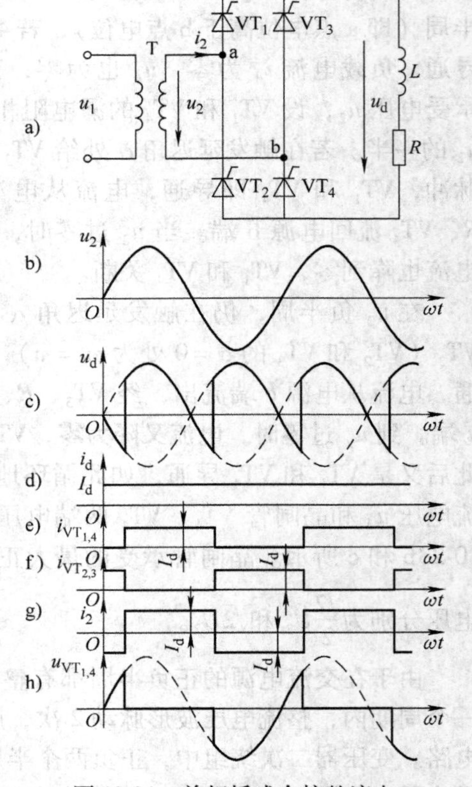

图10-24 单相桥式全控整流电路带阻感负载时的电路及波形

的电流迅速转移到 VT_2 和 VT_3 上，此过程称为换相，亦称换流。至下一周期重复上述过程，如此循环下去，u_d 的波形如图 10-24c 所示，其平均值为

$$U_d = \frac{1}{\pi}\int_{\alpha}^{\pi+\alpha}\sqrt{2}U_2\sin\omega t\mathrm{d}(\omega t) = \frac{2\sqrt{2}}{\pi}U_2\cos\alpha = 0.9U_2\cos\alpha \tag{10-29}$$

当 $\alpha=0$ 时，$U_{d0}=0.9U_2$；$\alpha=90°$时，$U_d=0$。晶闸管移相范围为0°～90°。

单相桥式全控整流电路带阻感负载时，晶闸管 VT_1、VT_4 的电压波形如图 10-24h 所示，晶闸管承受的最大正反向电压均为$\sqrt{2}U_2$。

晶闸管导通角 θ 与 α 无关，均为 180°，其电流波形如图 10-24e、f 所示，平均值和有效值分别为：$I_{dVT}=\frac{1}{2}I_d$ 和 $I_{VT}=\frac{1}{\sqrt{2}}I_d=0.707I_d$。

变压器二次电流 i_2 的波形为正负各 180°的矩形波，如图 10-24g 所示，其相位由 α 角决定，有效值 $I_2=I_d$。

小　　结

1. 直流稳压电源是由电源变压器、整流电路、滤波电路和稳压电路4部分组成。

2. 整流电路就是利用二极管的单向导电性将交流电转换成单方向的脉动的直流电的电路。如果整流电路输入的是单相交流电，则称为单相整流电路。

3. 电容滤波电路适用需要较高电压、较小电流且负载变化小的场合，同时，电容滤波对整流二极管有较大的冲击电流；电感滤波电路适用需要低电压、大电流、且负载变化大的场合，同时，电感滤波对整流二极管的冲击电流小。

4. 稳压管稳压电路是简单的稳压电路，输出电压不能调节，负载电流小；集成稳压电路由取样、基准电源、比较放大、调整、起动及保护电路等组成。

习　　题

10-1　图 10-2 所示整流电路中，如果 VD_3 短路、断路、接反将分别产生怎样的后果。

10-2　在单相桥式整流电路中，已知负载 $R_L=80\Omega$，用直流电压表测得负载上的电压为 110V，试求：

1）负载中通过电流的平均值。

2）变压器二次电压的有效值。

3）二极管的平均电流及承受的最高反向工作电压，并选择合适的二极管。

10-3　已知交流电源电压为 220V、频率为 50Hz，要求负载电压为 20V，输出电流平均值为 50mA，采用单相桥式整流电容滤波电路；试画出电路图，求出变压器的电压比，选取合适的整流二极管和电解电容，当负载电阻断开时，输出电压为多少？

10-4　在图 10-10 所示稳压管稳压电路中，已知 $U_2=15V$，$C=100F$，稳压管稳压电路 $U_Z=5V$，负载电流 I_L 在 0～30mA 之间变化，交流电源电压不变，试估算使 I_Z 不小于 5mA 时限流电阻 R 的值为多少？R 确定后，I_Z 的最大数值是多少？

10-5　图 10-25 中，已知 $R_L=80\Omega$，直流电压表 V 的读数为 110V，试求：

1）直流电流表 A 的读数；

2）整流电流的最大值；

3）交流电压表 V_1 的读数。二极管的正向压降忽略不计。

10-6　一桥式整流滤波电路，已知电源频率 $f=50\text{Hz}$，负载电阻 $R_L=100\Omega$，输出直流电压 $U_O=30\text{V}$。试求：

1）流过整流二极管的电流和承受的最大反向压降；

2）选择滤波电容；

3）负载电阻断路时输出电压 U_O；

4）电容断路时输出电压 U_O。

10-7　图 10-26 电路中，已知变压器二次电压有效值 $U_2=20\text{V}$，稳压二极管 2CW3 的稳压值 $U_Z=10\text{V}$，稳压最小电流 $I_{Zmin}=5\text{mA}$，稳压最大电流 $I_{Zmax}=26\text{mA}$，负载电阻 $R_L=400\sim1000\Omega$。试求：

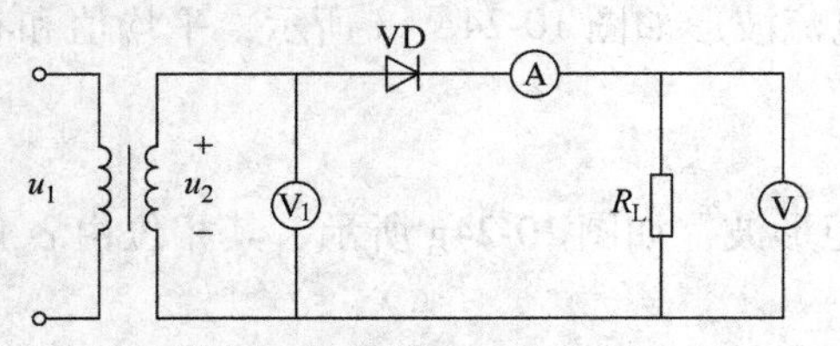

图 10-25　题 10-5 的电路

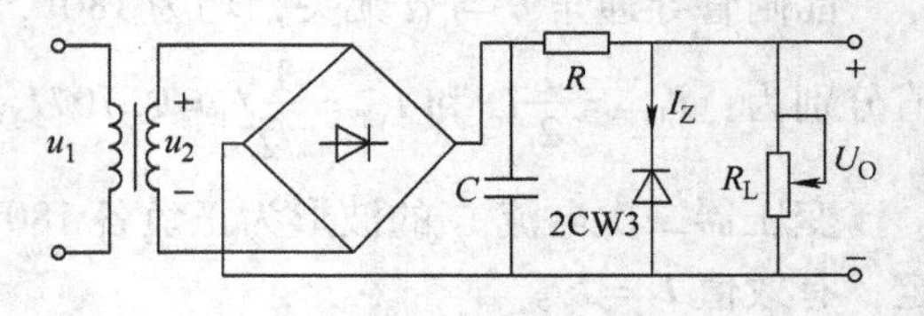

图 10-26　题 10-7 的电路

1）若滤波电容 C 足够大，计算电容两端电压；

2）稳压二极管电流 I_Z 何时最大，何时最小？

3）选取限流电阻 R。

10-8　输出电压可调的稳压电路如图 10-27 所示，试求输出电压 U_O 的可调范围是多少？

10-9　整流滤波电路如图 10-28 所示，二极管为理想器件，已知负载电阻 $R_L=55\Omega$，负载两端直流电压 $U_O=110\text{V}$，试求变压器副边电压有效值 U_2，并在下表中选出合适型号的整流二极管。

型号	最大整流电流平均值/mA	最高反向峰值电压/V
2CZ12C	3000	200
2CZ11A	1000	100
2CZ11B	1000	200

10-10　整流滤波电路如图 10-29 所示，二极管是理想器件，电容 $C=500\mu\text{F}$，负载电阻 $R_L=5\text{k}\Omega$，开关 S_1 闭合、S_2 断开时，直流电压表 V 的读数为 141.4V，求：

1）开关 S_1 闭合、S_2 断开时，直流电流表 A 的读数；

2）开关 S_1 断开、S_2 闭合时，直流电流表 A 的读数；

3）开关 S_1、S_2 均闭合时，直流电流表 A 的读数。（设电流表、电压表为理想的）

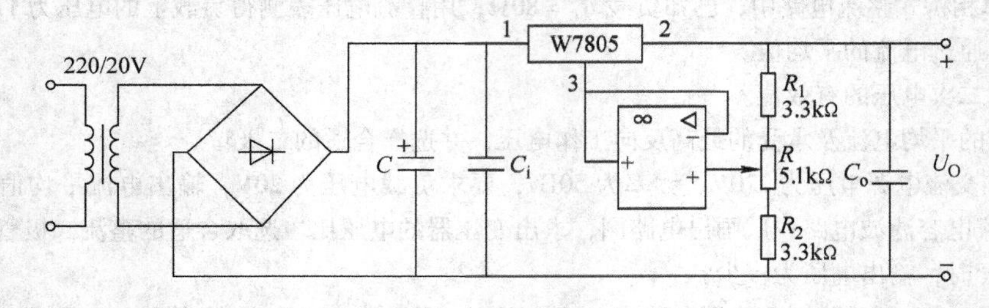

图 10-27　题 10-8 的电路

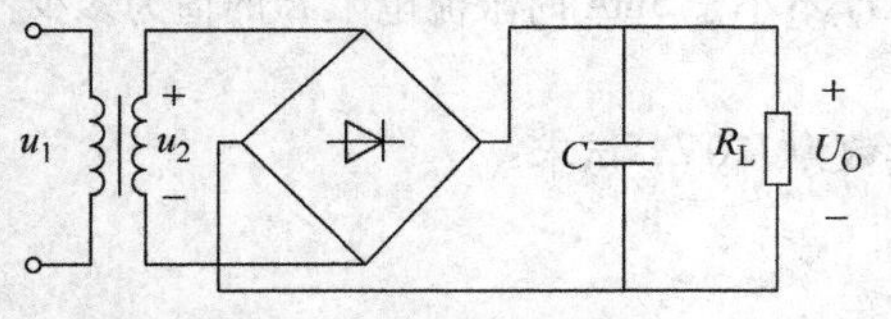

图 10-28　题 10-9 的电路

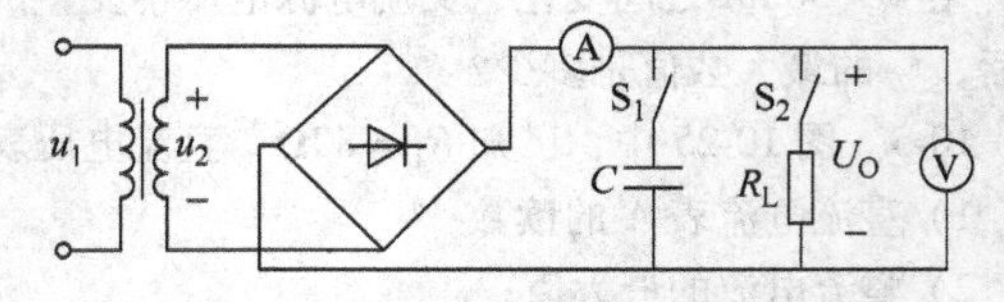

图 10-29　题 10-10 的电路

第3篇　数字电子技术

第11章　逻辑函数及其化简

11.1　逻辑函数及其公式化简法

11.1.1　基本逻辑关系

在逻辑代数中，最基本的逻辑运算有“与”、“或”、“非”三种，其他任何复杂逻辑运算都可以由这三种基本逻辑运算组成。

1. “与”逻辑运算

日常事物中往往会有这种情况，要得到某种“结果”，必须同时满足几个“条件”，这种“条件”和“结果”的关系就是“与”逻辑关系。“与”逻辑运算可以用图11-1串联电路来实现。图中A、B表示输入逻辑变量，是得到某种结果的“条件”，电灯F的状态是输出的“结果”。设A、B两开关闭合状态为“1”，断开状态为“0”，电灯F亮为“1”，灭为“0”。由图11-1可知，只有当A和B全为“1”时，F为“1”，否则F均为“0”，故“与”逻辑关系的表达式为

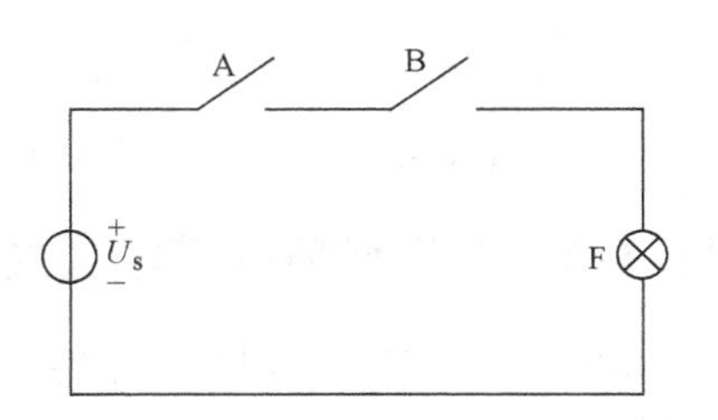

图11-1　“与”逻辑关系电路

$$F = A \cdot B$$

为了详细描述“与”逻辑关系，经常把“条件”和“结果”的各种可能性列写表格对应地表示出来，这种表示逻辑关系的表格称为真值表。表11-1是“与”逻辑关系的真值表。由表11-1可以看出，两个输入变量共有4种（$2^2=4$）组合状态。

2. “或”逻辑运算

在几个“条件”中，只要满足一个或一个以上“条件”，则能得到某个“结果”，这种“条件”和“结果”的关系就是“或”逻辑关系。“或”逻辑关系可以用图11-2并联电路来实现。图中A、B是输入逻辑变量，F是输出逻辑变量。显然A、B全断开时，电灯F才灭，只要有一个闭合，电灯F就亮，故“或”逻辑关系的表达式为

$$F = A + B$$

其真值表如表11-2所示。

3. “非”逻辑运算

当某个“条件”满足的时候，却得不到某一“结果”；当此“条件”不满足时，才能得

到此“结果”。这种“条件”和“结果”的关系就是“非”逻辑关系。“非”逻辑运算可以用图11-3电路来实现。图中A为输入逻辑变量，F为输出逻辑变量。显然，A断F亮，A合则F灭，故“非”逻辑关系的表达式为

$$F=\overline{A}$$

其中输入逻辑变量A上方加符号“—”表示“非”的意思。若A=0，则$\overline{A}=1$。表11-3是“非”逻辑关系的真值表。

表11-1 “与”逻辑真值表

A B	F
0 0	0
0 1	0
1 0	0
1 1	1

表11-2 “或”逻辑真值表

A B	F
0 0	0
0 1	1
1 0	1
1 1	1

表11-3 “非”逻辑真值表

A	F
0	1
1	0

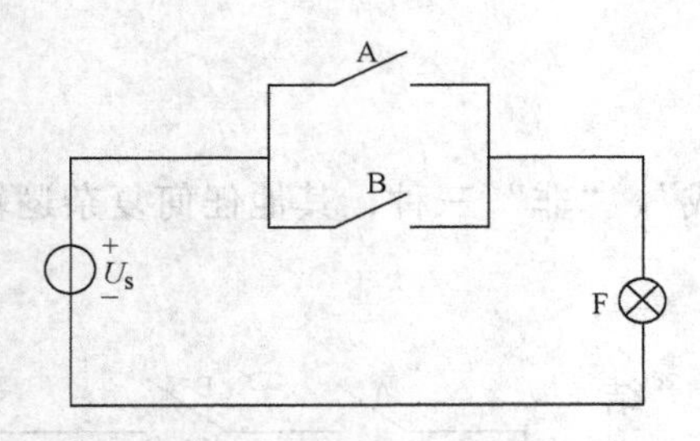

图11-2 “或”逻辑关系电路

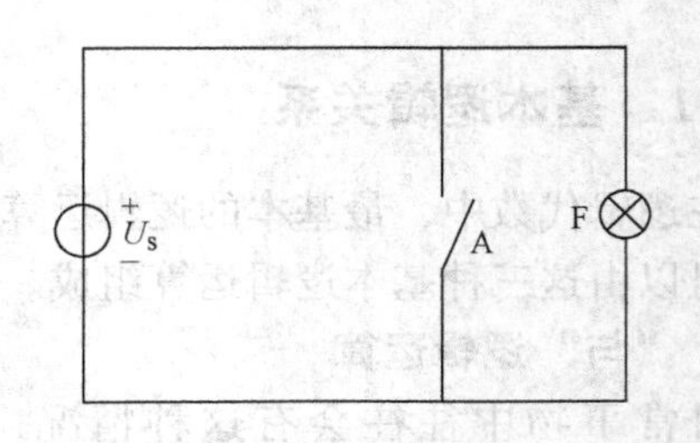

图11-3 “非”逻辑电路

11.1.2 逻辑代数的基本公式和定理

逻辑代数中的公理和基本定理是逻辑运算及将要介绍的逻辑函数化简的基本依据。下面分别介绍。

1. 公理

① $0\cdot0=0$　　⑤ $0+1=1$

② $0\cdot1=0$　　⑥ $1+1=1$

③ $1\cdot1=1$　　⑦ $\overline{0}=1$

④ $0+0=0$　　⑧ $\overline{1}=0$

2. 基本公式

(1)“与”运算

公式① $A\cdot1=A$

公式② $A\cdot0=0$

公式③ $A\cdot A=A$

公式④ $A\cdot\overline{A}=0$

(2)“或”运算

公式⑤ $A+1=1$

公式⑥ $A+0=A$

公式⑦ $A+A=A$

公式⑧　$A+\overline{A}=1$

（3）"非"运算

公式⑨　$A=\overline{\overline{A}}$

3. 代数定理

（1）交换律

公式⑩　$A \cdot B=B \cdot A$

公式⑪　$A+B=B+A$

（2）结合律

公式⑫　$(A \cdot B) \cdot C=A \cdot (B \cdot C)$

公式⑬　$(A+B)+C=A+(B+C)$

（3）分配律

公式⑭　$A \cdot (B+C)=A \cdot B+A \cdot C$

公式⑮　$A+BC=(A+B) \cdot (A+C)$

4. 摩根定理

公式⑯　$\overline{A \cdot B}=\overline{A}+\overline{B}$

公式⑰　$\overline{A+B}=\overline{A} \cdot \overline{B}$

5. 若干常用公式

公式⑱　$A \cdot B+A \cdot \overline{B}=A$

公式⑲　$A+A \cdot B=A$

公式⑳　$A+\overline{A} \cdot B=A+B$

公式㉑　$A \cdot B+\overline{A} \cdot C+B \cdot C=A \cdot B+\overline{A} \cdot C$

公式㉒　$\overline{A \cdot B+\overline{A} \cdot C}=A \cdot \overline{B}+\overline{A} \cdot \overline{C}$

从上面讲到的各种逻辑关系中可以看出，输入逻辑变量与输出逻辑变量之间是一种函数关系，我们将这种函数关系称之为逻辑函数，写作

$$Y=F(A,B,C,\cdots)$$

任何一件具体事物的因果关系都可以用一个逻辑函数来描述。同一个逻辑功能，其逻辑函数的表达式可以有不同的形式。逻辑函数的表达式越简单越好，因为实现一个简单逻辑表达式所需要的逻辑元件的数量少，这不仅可以节省材料，还可以提高系统的可靠性。所以设计逻辑电路时，将逻辑式化成最简式十分重要，这就是逻辑函数的化简。

11.1.3　逻辑函数的公式化简法

公式化简法的实质就是反复使用逻辑代数的基本公式和常用公式消去多余的乘积项和每个乘积项中多余的因子，以求得逻辑表达式的最简形式，下面举例说明，并引入化简时经常使用的方法——并项法、吸收法和消去多余项法。

例 11-1　用逻辑代数的基本公式和定理证明常用公式⑱～公式㉒。

公式⑱　$A \cdot B+A \cdot \overline{B}=A$　（并项法）

证明：左式$=A(B+\overline{B})=A=$右式

公式⑲　$A+A \cdot B=A$

证明：左式$=A(1+B)=A=$右式

公式⑳　$A+\overline{A}B=A+B$　（吸收法）

证明：左式 $=(A+\overline{A})(A+B)=A+B=$ 右式

公式㉑　$A\cdot B+\overline{A}\cdot C+B\cdot C=A\cdot B+\overline{A}\cdot C$　（消去多余项法）

证明：左式 $=A\cdot B+\overline{A}\cdot C+B\cdot C\cdot(A+\overline{A})$

$=A\cdot B+A\cdot B\cdot C+\overline{A}\cdot C+\overline{A}\cdot C\cdot B$

$=A\cdot B(1+C)+\overline{A}\cdot C(1+B)$

$=A\cdot B+\overline{A}\cdot C=$ 右式

公式㉒　$\overline{A\cdot B+\overline{A}\cdot C}=A\cdot\overline{B}+\overline{A}\cdot\overline{C}$

证明：左式 $=\overline{A\cdot B}\cdot\overline{\overline{A}\cdot C}=(\overline{A}+\overline{B})(A+\overline{C})$

$=A\cdot\overline{A}+\overline{A}\cdot\overline{C}+A\cdot\overline{B}+\overline{B}\cdot\overline{C}$

$=\overline{A}\cdot\overline{C}+A\cdot\overline{B}=$ 右式

在这里要注意一个问题，当逻辑函数的表达式中输入变量是"与"关系时，其符号可以省略，例如：A · B · C 可以写成 ABC，两者均表示三个输入变量是"与"关系。

在逻辑代数中，除了三种基本逻辑关系外，还有两种逻辑关系，即"同或"和"异或"逻辑关系。这两种逻辑关系在数字电路中经常用到。"异或"逻辑的逻辑表达式为

$$F=A\oplus B=A\cdot\overline{B}+\overline{A}\cdot B$$

其真值表如表11-4所示。从真值表中可以看出，"异或"逻辑是当两个输入逻辑变量相同时，"结果"不发生，当两个输入逻辑变量不相同时，"结果"发生。

"同或"逻辑的表达式为

$$F=A\odot B=AB+\overline{A}\ \overline{B}$$

其真值表如表11-5所示。从真值表中可以看出，"同或"逻辑的逻辑关系是当两个输入的逻辑变量取值相同时，"结果"发生，当两个输入的逻辑变量取值不同时，"结果"不发生。

表11-4　"异或"逻辑真值表

A B	F
0 0	0
0 1	1
1 0	1
1 1	0

表11-5　"同或"逻辑真值表

A B	F
0 0	1
0 1	0
1 0	0
1 1	1

例11-2　证明下列等式：

①$A\oplus 1=\overline{A}$

②$A\oplus 0=A$

③$A\odot 1=A$

④$A\odot 0=\overline{A}$

⑤$\overline{A\oplus B}=A\odot B$

证明：

等式①左边 $=A\cdot\overline{1}+\overline{A}\cdot 1=\overline{A}=$ 右式

等式②左边 $=A\cdot\overline{0}+\overline{A}\cdot 0=A=$ 右式

等式③左边 $=A\cdot 1+\overline{A}\cdot\overline{1}=A=$ 右式

等式④左边 $= A \cdot 0 + \bar{A} \cdot \bar{0} = \bar{A} =$ 右式

等式⑤左边 $= \overline{A\bar{B} + \bar{A}B} = \overline{A\bar{B}} \cdot \overline{\bar{A}B} = (\bar{A} + B)(A + \bar{B})$

$= \bar{A}A + \bar{A}\bar{B} + AB + B\bar{B} = AB + \bar{A}\bar{B} = A \odot B =$ 右式

例 11-3　利用公式法化简下列逻辑函数：

① $F = A\bar{B} + BD + DCE + D\bar{A}$

② $F = ABC\bar{D} + ABD + BC\bar{D} + ABC + BD + B\bar{C}$

③ $F = AB(C + D) + D + \bar{D}(A + B)(\bar{B} + \bar{C})$

④ $F = (A \oplus B)C + ABC + \bar{A}\bar{B}C + \bar{B}D$

解　利用公式法化简逻辑函数的关键在于熟练地运用逻辑代数中的基本公式和定理。

① $F = A\bar{B} + BD + DCE + D\bar{A}$

$= A\bar{B} + D(B + \bar{A}) + DCE$

$= A\bar{B} + \overline{\bar{B}A} \cdot D + DCE$　（摩根定理）

$= A\bar{B} + D + DCE$　（公式⑳）

$= A\bar{B} + D(1 + CE)$

$= A\bar{B} + D$　（公式⑤）

② $F = ABC\bar{D} + ABD + BC\bar{D} + ABC + BD + B\bar{C}$

$= ABC(\bar{D} + 1) + BD(A + 1) + BC\bar{D} + B\bar{C}$

$= ABC + BD + BC\bar{D} + B\bar{C}$　（公式⑤）

$= B(\bar{C} + AC) + B(D + C\bar{D})$

$= B(\bar{C} + A) + B(D + C)$　（公式⑳）

$= AB + B\bar{C} + BC + BD$　（公式⑭）

$= AB + B(\bar{C} + C) + BD$　（公式⑱）

$= AB + B + BD$　（公式⑤）$= B(A + 1 + D) = B$

③ $F = AB(C + D) + D + \bar{D}(A + B)(\bar{B} + \bar{C})$

$= ABC + ABD + D + (A + B)(\bar{B} + \bar{C})$　（公式⑳）

$= ABC + D + A\bar{B} + A\bar{C} + B\bar{C}$　（公式⑲）

$= ABC + D + A(\bar{B} + \bar{C}) + B\bar{C}$

$= D + A(BC + \overline{BC}) + B\bar{C}$　（公式⑯）

$= D + A + B\bar{C}$

④ $F = (A\bar{B} + \bar{A}B)C + ABC + \bar{A}\bar{B}C + \bar{B}D$

$= A\bar{B}C + \bar{A}BC + ABC + \bar{A}\bar{B}C + \bar{B}D$

$= \bar{B}C(A + \bar{A}) + BC(A + \bar{A}) + \bar{B}D$　（并项）

$= \bar{B}C + BC + \bar{B}D$

$= C + \bar{B}D$　（公式⑱）

用公式法化简逻辑函数时，没有固定步骤和系统的方法可循，关键在于熟练地掌握基本公式和定理。因而在化简的过程中，有很大的技巧性，而且结果有时难以肯定是最简、最合理的。为此，下面介绍一种既简便又直观的化简方法——图形化简法，即用卡诺图化简逻辑函数。

练习与思考

11-1-1　三种基本逻辑关系是什么？写出相应的逻辑表达式。

11-1-2　什么是“同或”逻辑关系？什么是“异或”逻辑关系？两者之间存在怎样的关系？

11-1-3　写出吸收定理和多余项定理的逻辑表达式。

11-1-4　若逻辑表达式 $F=\overline{A+B}$，则下列表达式中与 F 相同的是（　）。

a）$F=\overline{A}\,\overline{B}$　　b）$F=\overline{A}\,B$　　c）$F=\overline{A}+\overline{B}$　　d）$F=\overline{AB}$

11.2　逻辑函数的卡诺图化简法

11.2.1　逻辑函数的最小项和卡诺图

在介绍卡诺图化简法之前，先来熟悉一下与卡诺图化简有关的两个概念——逻辑函数的最小项和卡诺图。

1. 逻辑函数的最小项

在 n 个变量的逻辑函数中，如果一个乘积项包含了所有的变量，而且每个变量都以原变量或反变量的形式在该乘积项中出现且仅出现一次，那么该乘积项就称 n 个变量的最小项。

例如，A、B、C 三个变量，其最小项有 $2^3=8$ 个。即 $\overline{A}\,\overline{B}\,\overline{C}$、$\overline{A}\,\overline{B}C$、$\overline{A}B\overline{C}$、$\overline{A}BC$、$A\overline{B}\,\overline{C}$、$A\overline{B}C$、$AB\overline{C}$、$ABC$，同理，两个变量有 $2^2=4$ 个最小项，4 个变量有 $2^4=16$ 个最小项。

为了分析最小项的性质，列出三变量的所有最小项取值表（如表 11-6 所示），由表可见最小项具有下列性质：

1）每个最小项中，因子个数等于逻辑函数变量的个数。

2）在最小项中，逻辑变量都以原变量或反变量的形式出现一次，且仅出现一次。

3）每个最小项都对应了一组变量的取值，对于任意一个最小项，只有一组变量的取值使它为 1，其余的取值均为 0。例如最小项 $A\overline{B}C$ 只有当变量 ABC 取值为 101 时，其值为 1，否则其值均为 0。

4）任意不同的两个最小项的乘积恒为 0。

5）n 个变量全体最小项之和恒为 1。

表 11-6　三变量全部最小项取值表

ABC	$\overline{A}\,\overline{B}\,\overline{C}$	$\overline{A}\,\overline{B}C$	$\overline{A}B\overline{C}$	$\overline{A}BC$	$A\overline{B}\,\overline{C}$	$A\overline{B}C$	$AB\overline{C}$	ABC
000	1	0	0	0	0	0	0	0
001	0	1	0	0	0	0	0	0
010	0	0	1	0	0	0	0	0
011	0	0	0	1	0	0	0	0
100	0	0	0	0	1	0	0	0
101	0	0	0	0	0	1	0	0
110	0	0	0	0	0	0	1	0
111	0	0	0	0	0	0	0	1

2. 卡诺图

所谓卡诺图，就是按一定规则排列起来的最小项方格图。因为这种方法是由美国工程师卡诺（Karnaugh）首先提出的，所以将这种框图叫做卡诺图。

图 11-4 给出了 3 ~ 5 个变量卡诺图的画法，其中图 11-4a 为三变量卡诺图，图 11-4b 为四变量卡诺图，图 11-4c 为五变量卡诺图。

图形两侧标注的 0 和 1 表示对应小方格内最小项为 1 的变量取值，同时，这些 0 和 1 组成的二进制数大小也就是对应最小项的编号。由图 11-4 的卡诺图上还可以看到，处在任何一行或一列两端的最小项也具有逻辑相邻性，因此，从几何位置上应当把卡诺图看成是上下、左右闭合的图形。

11.2.2　用卡诺图化简逻辑函数

既然任何一个逻辑函数都能表示为若干最小项之和的形式，那么自然就可以用卡诺图来表示逻辑函数。卡诺图的化简方法就是将逻辑函数的最小项填入卡诺图内，依据具有相邻性的最小项可以合并的原理，消去不同的因子，由于在卡诺图上几何位置相邻与逻辑上的相邻性是一致的，因而能从卡诺图上直观地找到那些具有相邻性的最小项并将其合并。

合并最小项的规则是：若两个最小项相邻则可合并为一项并消去一个因子；若 4 个最小项相邻，可合并为一项并消去两个因子；若 8 个最小项相邻，则合并为一项并消去三个因子。

下面举例说明用卡诺图化简逻辑函数的方法。

A \ BC	00	01	11	10
0	0	1	3	2
1	4	5	7	6

a)

AB \ CD	00	01	11	10
00	0	1	3	2
01	4	5	7	6
11	12	13	15	14
10	8	9	11	10

b)

AB \ CDE	000	001	011	010	110	111	101	100
00	0	1	3	2	6	7	5	4
01	8	9	11	10	14	15	13	12
11	24	25	27	26	30	31	29	28
10	16	17	19	18	22	23	21	20

c)

图 11-4　3 ~ 5 个变量的卡诺图

例 11-4　用卡诺图化简逻辑函数：

$$F = \overline{A}B\overline{C} + AB\overline{C} + \overline{B}CD + \overline{B}C\overline{D}$$

解　首先将逻辑函数 F 化为最小项之和的形式：

$$\begin{aligned} F &= \overline{A}B\overline{C}(D+\overline{D}) + AB\overline{C}(D+\overline{D}) + (A+\overline{A})\overline{B}CD + (A+\overline{A})\overline{B}C\overline{D} \\ &= \overline{A}\,\overline{B}C\overline{D} + \overline{A}\,\overline{B}CD + \overline{A}B\overline{C}\,\overline{D} + \overline{A}B\overline{C}D + A\overline{B}C\overline{D} + A\overline{B}CD + AB\overline{C}\,\overline{D} + AB\overline{C}D \\ &= m_2 + m_3 + m_4 + m_5 + m_{10} + m_{11} + m_{12} + m_{13} \end{aligned}$$

然后画卡诺图，如图 11-5 所示。填写最小项，合并最小项，将可能合并的最小项用线圈出，然后写出最简的“与-或”表达式

$$F = B\overline{C} + \overline{B}C$$

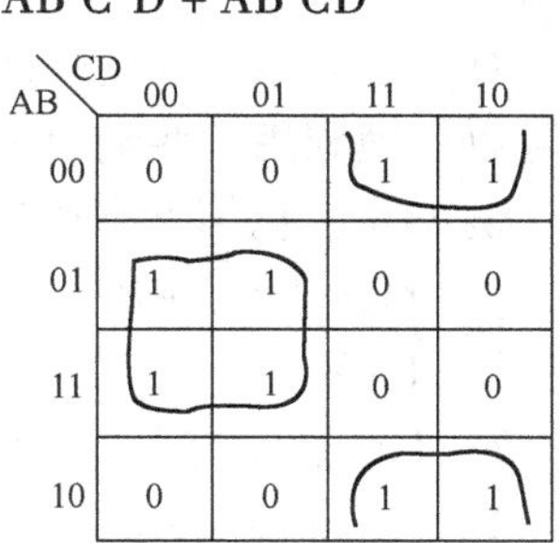

图 11-5　例 11-4 图

由以上例题可知，化简逻辑函数的步骤为

1）将逻辑函数化为最小项之和的形式。

2）画出表示该逻辑函数的卡诺图。

3）找出可以合并的最小项。

4）选择化简后的乘积项应遵循以下原则：

① 这些乘积项应包含逻辑函数的所有最小项。

② 所用的乘积项数目最少，亦即所圈的圆圈的数目应最少。

③ 每个乘积项所含的因子最少，亦即所圈的圆圈中应包含尽量多的最小项。

例 11-5　用卡诺图化简下列逻辑函数：

1）$F=\sum_m(1,3,4,5,7,10,12,14)$

2）$F=\sum_m(0,2,5,6,7,8,9,10,11,14,15)$

3）$F=\sum_m(0,1,3,4,6,7)$

解　逻辑函数的最小项之和的形式也可以写成本题的形式。

1）画卡诺图，如图 11-6a 所示，将最小项填入卡诺图中，并合并最小项，最后得

$$F=\overline{A}D+B\overline{C}\,\overline{D}+AC\overline{D}$$

2）卡诺图如图 11-6b 所示，则

$$F=\overline{A}BD+\overline{B}\,\overline{D}+A\overline{B}+BC$$

3）卡诺图如图 11-6c 所示，则

$$F=AB+\overline{B}\,\overline{C}+\overline{A}C$$

在实际的逻辑问题中，输入的逻辑变量的取值不是任意的，而是具有一定的制约关系，我们把这种制约关系叫约束。同时，这一组变量叫做具有约束的一组变量。

通常用约束条件来描述约束的具体内容。由于每一组输入变量的取值都使用一个，而且仅有一个最小项的值为 1，所以当限制某些输入变量的取值不能出现时，可以用它们对应的最小项恒等于 0 来表示，这就是约束条件的表示方法。

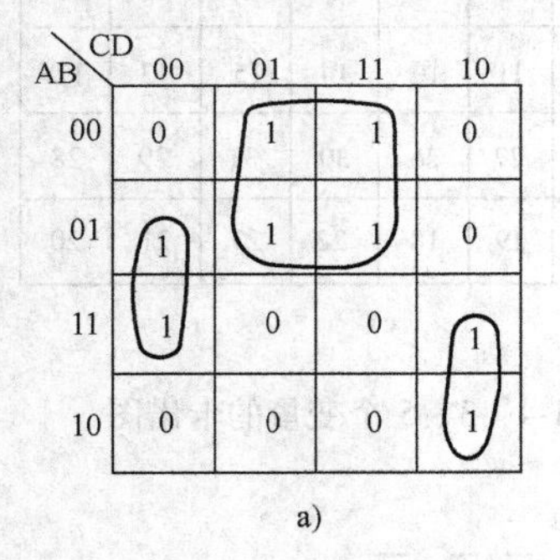

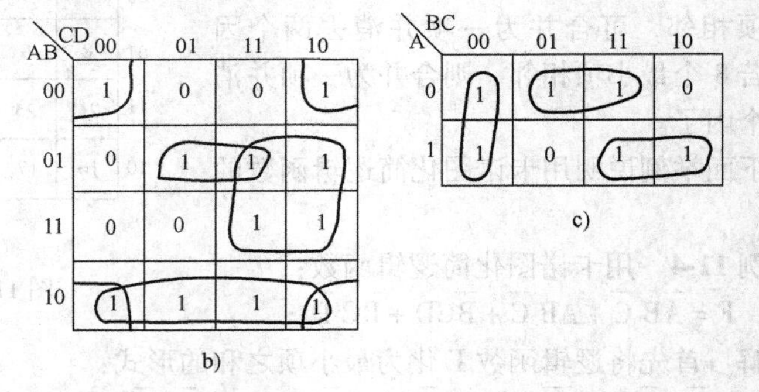

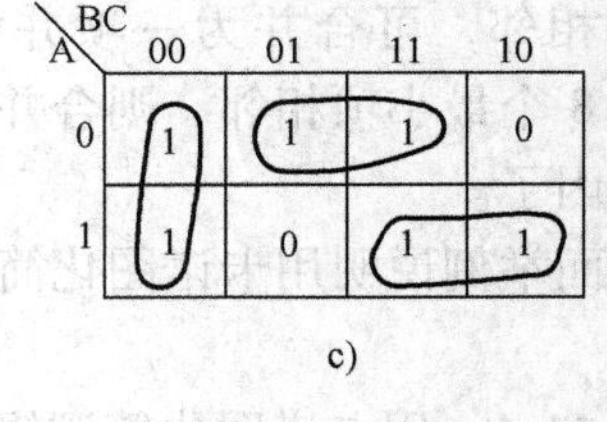

图 11-6　例 11-5 图

a）解 1）卡诺图　b）解 2）卡诺图　c）解 3）卡诺图

具有约束条件的逻辑函数的化简，可将约束条件直接加入逻辑表达式中或卡诺图中，这样可以合理利用这些约束项，得到更简单的化简结果。

例 11-6　化简下列逻辑函数：

1）$\begin{cases}F=\overline{A}B\overline{C}+\overline{B}\,\overline{C}\\AB=0\end{cases}$

2）$F=\sum_m(2,3,4,5,6)+\sum_d(10,11,12,13,14,15)$

解　1）$F=\overline{A}B\overline{C}+\overline{B}\,\overline{C}+AB$

$$=\overline{A}B\overline{C}+\overline{B}\,\overline{C}+ABC+AB\overline{C}$$

$=B\bar{C}+\bar{B}\bar{C}+ABC$

$=\bar{C}$　（去掉约束项 ABC）

2）具有约束项的卡诺图（如图11-7所示）

$$F=B\bar{C}+\bar{B}C+C\bar{D}$$

约束项可以圈到圈内，也可以不圈，关键在于有利于将逻辑函数化简成更简单的表达式。

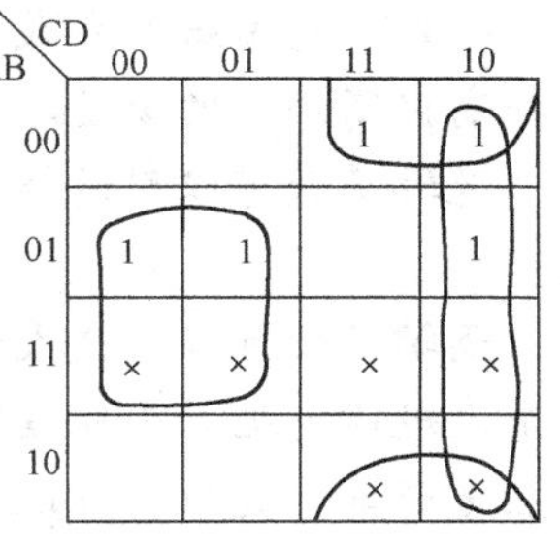

图11-7　例11-6图

逻辑函数的卡诺图化简，最后得到的结果均是最简的“与-或”表达式。在实际中，经常应用的是“与-非”、“与-或-非”和“或-非”表达式及其对应的门电路，所以，它们之间的转换是一个十分重要的问题。

例11-7　将最简的“与-或”表达式 $F=B\bar{C}+\bar{A}C+C\bar{D}$ 化成“与非-与非”表达式。

解　$F=B\bar{C}+\bar{A}C+C\bar{D}$

$=\overline{\overline{B\bar{C}+\bar{A}C+C\bar{D}}}$

$=\overline{\overline{B\bar{C}}\cdot\overline{\bar{A}C}\cdot\overline{C\bar{D}}}$

例11-8　将上例题逻辑函数化成“与-或-非”表达式。

解　$\bar{F}=\overline{B\bar{C}+\bar{A}C+C\bar{D}}$

$\bar{F}=\overline{B\bar{C}}\cdot\overline{\bar{A}C}\cdot\overline{C\bar{D}}=(\bar{B}+C)(A+\bar{C})(\bar{C}+D)$

$=\bar{B}\bar{C}+A\bar{B}D+ACD$

$F=\overline{\bar{B}\bar{C}+A\bar{B}D+ACD}$

练习与思考

11-2-1　已知函数 $F=\bar{A}B+\bar{B}C$，则它的“与非-与非”表达式为（　　）。

a）$\overline{\overline{\bar{A}B+\bar{B}C}}$　b）$\overline{\overline{\overline{AB}}\;\overline{\overline{BC}}}$　c）$\overline{\overline{\bar{A}B}\;\overline{\bar{B}C}}$　d）$\overline{\bar{A}B\;\overline{BC}}$

11-2-2　下列各式中哪个是三变量A、B、C的最小项（　　）？

a）$A+B+C$　b）$A+BC$　c）ABC　d）$\bar{A}+\bar{B}+\bar{C}$

11-2-3　图11-8是三个变量的卡诺图，则该逻辑函数的最简“与-或”表达式为（　　）。

a）$AB+AC+BC$　b）$A\bar{B}+\bar{B}C+AC$　c）$AB+\bar{A}C+B\bar{C}$　d）$AC+B$

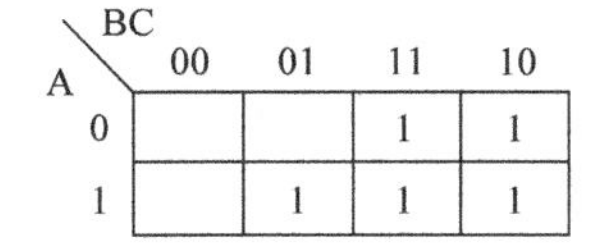

图11-8　练习与思考11-2-3图

小　　结

本章所讲的内容可以归纳为基本逻辑关系，逻辑代数的公式和定理、逻辑函数及其表示方法、逻辑函数的化简方法。

基本逻辑运算关系是构成一切复杂逻辑关系的基本单元，故必须明确这些基本逻辑关系式。

逻辑代数的基本公式和定理是公式法化简逻辑函数的先提条件，必须熟记。书中提到的常用公式，是由基本公式导出的，但尽可能多地掌握这些公式仍然是十分有益的，因为它可以提高化简函数的速度。

逻辑函数可以用逻辑函数表达式、真值表、逻辑图和卡诺图表示，它们之间可以相互转换。

逻辑函数可以用公式法和卡诺图进行化简。公式法化简的优点是不受任何条件限制，缺点是无规律可循，全凭技巧和经验，所得的表达式是否是最简的也难以确定。卡诺图化简的优点是简单、直观，可以看出结果是否是最简的。缺点是当逻辑变量超过 5 个时，卡诺图变得复杂，使用起来不再方便了。

在实际设计数字电路时，为减少所用器件，希望用单一逻辑功能的元器件实现，故逻辑表达式之间的相互转换是十分重要的。本章重点介绍了“与-或”表达式如何转换成“与非-与非”表达式及“与-或-非”表达式。

习　　题

11-1　试总结并说明：

1）从真值表写函数式的方法。

2）从函数式列真值表的方法。

3）从逻辑图写函数式的方法。

4）从函数式画逻辑图的方法。

11-2　已知逻辑函数的真值表如表 11-7 所示，试写出 F 的逻辑表达式。

表 11-7　题 11-2 真值表

A	B	C	F
0	0	0	1
0	0	1	1
0	1	0	0
0	1	1	0
1	0	0	1
1	0	1	1
1	1	0	0
1	1	1	1

11-3　证明下列异或运算公式：

1）$A\oplus B = B\oplus A$

2）$(A\oplus B)\oplus C = A\oplus(B\oplus C)$

3）$A(B\oplus C) = AB\oplus AC$

4）$A\oplus\overline{B} = \overline{A\oplus B} = A\oplus B\oplus 1$

11-4　证明下列等式成立：

1）$A(A+B) = A$

2）$\overline{A+B+C} = \overline{A}\cdot\overline{B}\cdot\overline{C}$

3）$(A+B)(\overline{A}+B) = B$

4）$AB + A\overline{B} + \overline{A}\,\overline{B} = A + \overline{B}$

5）$\overline{A}\,\overline{B} + \overline{B}\,\overline{C} + AC = \overline{B} + AC$

11-5　求下列逻辑表达式的值：

1）$F = \overline{A} + \overline{B} + \overline{C} + ABC$

2）$F = AB + A\overline{B} + \overline{A}B + \overline{A}\,\overline{B}$

3）$F = \overline{C\overline{\overline{D}} + CD + \overline{\overline{C}}D + \overline{\overline{C}}\,\overline{\overline{D}}}$

4）$F = (A\overline{B} + \overline{A}B)(AB + \overline{A}\,\overline{B})$

11-6　用摩根定理求下列函数的反：

1）$F = A[\overline{B} + (C\overline{D} + EG)Q]$

2）$F = A\overline{B} + B\overline{C}$

11-7　用公式法对下列函数进行化简：

1）$F = [(A+B)\overline{A} + C]\overline{B}$

2）$F = AD + A\overline{D} + AB + \overline{A}C + BD + A\overline{B}EG + \overline{B}EG$

3）$F = A\overline{B} + B\overline{C} + \overline{B}C + \overline{A}B$

4）$F = ABC\overline{D} + ABD + BC\overline{D} + ABC + BD + B\overline{C}$

11-8　什么叫最小项、逻辑相邻项及约束项？若逻辑函数有三个变量，则最小项共有多少个？哪些最小项是逻辑相邻项？

11-9　将下列函数写成最小项之和的形式：

1）$F = AB + BC + CA$

2）$F = \overline{\overline{A}(B + \overline{C})}$

11-10　用卡诺图化简下列逻辑表达式，并将所得到的最简“与-或”式转换成“与非-与非”表达式：

1）$F = (A \oplus B)C + ABC + \overline{A}\,\overline{B}C + \overline{B}D$

2）$F = \overline{A} + \overline{B}\,\overline{C} + AC$

3）$F = \overline{A}BC + \overline{A}\,\overline{B}C + AB\overline{C} + ABC$

11-11　用卡诺图化简下列逻辑函数：

1）$F = \sum_m (0,\ 2,\ 6,\ 8,\ 10,\ 14)$

2）$F = \sum_m (0,\ 2,\ 4,\ 6)$

3）$F = \sum_m (0,\ 1,\ 2,\ 4,\ 5,\ 6)$

4）$F = \sum_m (0,\ 1,\ 4,\ 5,\ 6,\ 8,\ 9,\ 10,\ 11,\ 12,\ 13,\ 14,\ 15)$

11-12　列出逻辑函数 $F = \overline{A}B + BC + AC\overline{D}$的真值表。

11-13　化简下列具有约束条件的逻辑函数，其约束条件为：$AB + AC = 0$

1）$F = \overline{A}\,\overline{B}C + \overline{A}BD + \overline{A}B\overline{D} + A\overline{B}\,\overline{C}\,\overline{D}$

2）$F = \overline{A}\,\overline{C}D + \overline{A}BCD + \overline{A}\,\overline{B}D$

11-14　用卡诺图化简具有约束条件的逻辑函数：

1）$F = \sum_m (0,\ 1,\ 3,\ 5,\ 8) + \sum_d (10,\ 11,\ 12,\ 13,\ 14,\ 15)$

2）$F = \sum_m (0,\ 1,\ 2,\ 3,\ 4,\ 7,\ 8,\ 9) + \sum_d (10,\ 11,\ 12,\ 13,\ 14,\ 15)$

3）$F = \sum_m (2,\ 3,\ 4,\ 7,\ 12,\ 13,\ 14) + \sum_d (5,\ 6,\ 8,\ 9,\ 10,\ 11)$

4）$F = \sum_m (3,\ 5,\ 6,\ 7) + \sum_d (0,\ 1,\ 2)$

11-15　写出图11-9各卡诺图所表示的逻辑函数式：

A \ BC	00	01	11	10
0	0	0	1	0
1	1	1	0	1

a)

AB \ CD	00	01	11	10
00	1	0	0	1
01	0	1	0	0
11	0	0	1	0
10	1	0	0	1

b)

图11-9　题11-15图

第 12 章　门电路与组合逻辑电路

逻辑门电路是构成各种数字系统的基本单元。所谓“门”就是一种条件开关，是实现一些基本逻辑关系的电路。由基本逻辑门电路构成的复杂电路，称为组合逻辑电路。本章主要介绍门电路和组合逻辑电路这两大部分的内容。

12.1　逻辑门电路

12.1.1　晶体管的开关特性

图 12-1 是典型晶体管的开关电路，其中输入信号为 u_i，输出信号为 u_o。

由前面学到的知识可知，晶体管有截止、放大、饱和三个工作区。当输入信号 $u_i \leqslant 0$ 时，晶体管发射结压降 $u_{BE} \leqslant 0$，因而晶体管工作在截止区。晶体管工作在截止区的特点是基极电流 $i_B \approx 0$，集电极电流 $i_C = i_{CEO} \approx 0$，所以晶体管的集电极—发射极之间如同一个断开的开关一样，这时的输出电压 $u_o = V_{OH} \approx V_{CC}$。其中 V_{CC}为电源电压，V_{OH}为晶体管截止时输出的高电平值。

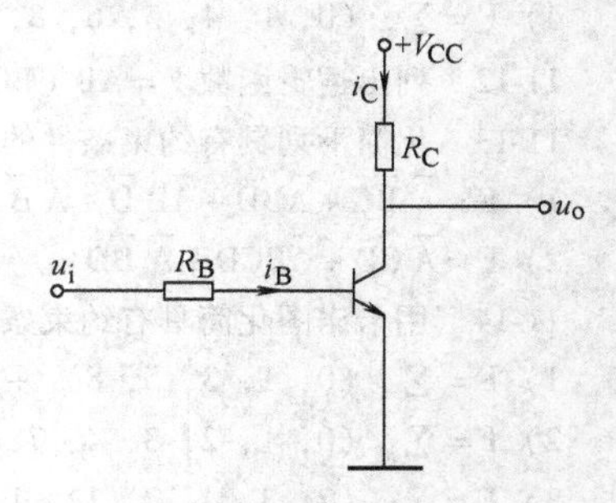

图 12-1　晶体管开关电路

当 u_i 为正时，选择适当的 R_B 和 R_C，使得 $i_B \geqslant I_{BS} = \dfrac{V_{CC} - U_{CES}}{\beta R_C}$，此时发射结和集电结均为正向偏置，晶体管工作在饱和区。晶体管工作在饱和区的特点是集电极—发射极之间的饱和压降 $U_{CES} \approx 0$，而且 i_C 不再随 i_B 增加而增大。此时集电极—发射极间如同开关短路一样，故 $u_o = V_{OL} \approx 0$。其中 V_{OL}为晶体管饱和导通时输出的低电平值。

可见，只要有 u_i 的高、低电平控制晶体管分别工作在饱和导通和截止状态，就可以控制它的开关状态，并在输出端得到对应的高、低电平。

图 12-2 给出了晶体管开关的等效电路。

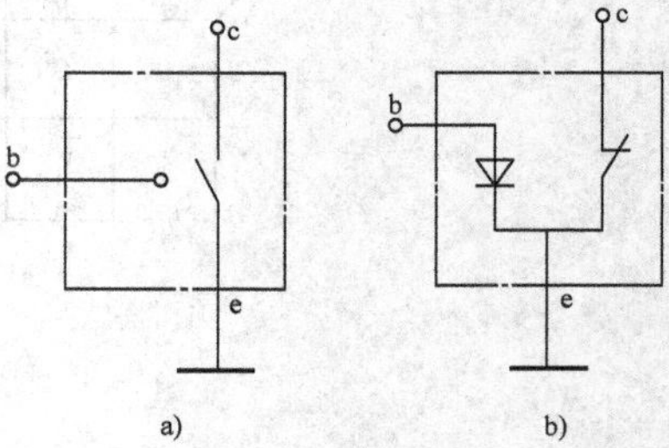

图 12-2　晶体管的开关等效电路

12.1.2　常用逻辑门电路

目前分立元件门电路已经很少使用了，但所有的集成门电路都是在分立元件门电路的基础上发展、演变而来的，因此有必要简单地介绍门电路的工作原理，为学习集成门电路打下基础。

1. 二极管的“与”门和“或”门电路

（1）二极管“与”门　实现“与”逻辑关系的电路称为“与”门。图 12-3 所示为二极管“与”门电路及其逻辑符号。它有两个输入端 A、B，一个输出端 F。

由图可见，A、B 当中只要有一个是低电平，则必有一个二极管导通，使 F 为低电平。只有 A、B 同时为高电平时，输出才是高电平。可见 F 和 A、B 间之间是“与”的逻辑关系。其真值表如表 12-1 所示。逻辑表达式 F = A · B。

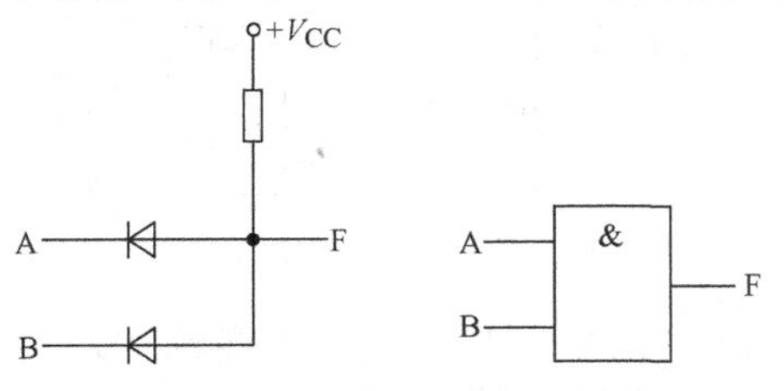

图 12-3　二极管与门电路及逻辑符号

表 12-1　“与”门真值表

A B	F
0 0	0
0 1	0
1 0	0
1 1	1

（2）二极管“或”门电路　实现“或”逻辑关系的电路称为“或”门。电路及逻辑符号如图 12-4 所示。其中 A、B 为输入端，F 是它的输出端。

由图可见，A、B 中有一个是高电平，F 就是高电平；只有 A、B 同时为低电平时，F 才是低电平。可见 F 和 A、B 之间是“或”的逻辑关系。真值表如表 12-2 所示。逻辑表达式为：F = A + B。

2. 晶体管的“非”门电路

实现“非”逻辑关系的电路称为“非”门。“非”门就是反相器。图 12-5 给出了其电路及逻辑符号，由图可知，输出端 F 和输入端 A 之间的逻辑关系为：$F = \overline{A}$。

“非”门的真值表如表 12-3 所示。

表 12-2　“或”门真值表

A B	F
0 0	0
0 1	1
1 0	1
1 1	1

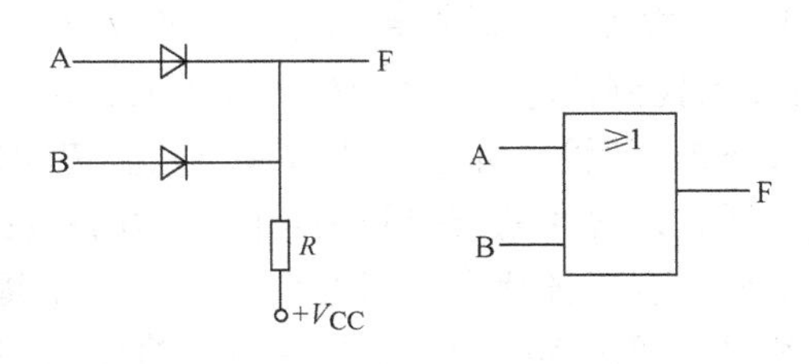

图 12-4　二极管或门电路及逻辑符号

3. 复合门电路

在实际电路中，逻辑门往往需要多级相连，如果将“与”门和“非”门连在一起，或“或”门和“非”门连在一起，便构成了“与非”、“或非”门电路。图 12-6 给出了“与非”门、“或非”门的逻辑符号。

在复合逻辑门电路中，还经常用到的一种门电路就是“异或”门，其逻辑符号如图 12-6c 所示。

4. 集成门电路

在双极型数字集成电路中应用最广泛的是 TTL 电路。目前国产的

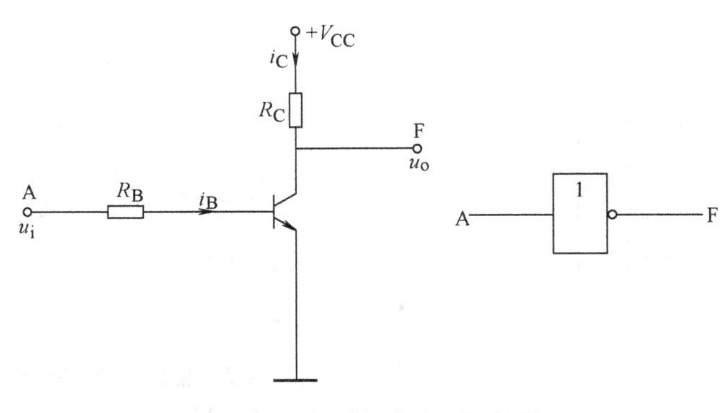

图 12-5　非门电路及逻辑符号

TTL 电路有 CT1000 系列，该系列为通用型或标准型器件；CT2000 系列，此系列为高速系列，相当于国际上的 SN54H/74H 系列；CT3000 和 CT4000 系列为低功耗肖特基元器件，相当于国际上的 SN54LS/74LS 系列。

表 12-3　“非”门真值表

A	F
0	1
1	0

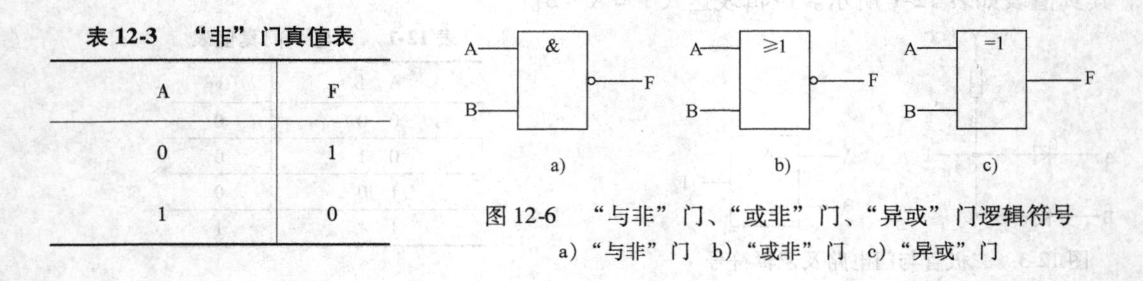

图 12-6　“与非”门、“或非”门、“异或”门逻辑符号
a）“与非”门　b）“或非”门　c）“异或”门

TTL 型集成电路是一种单片集成电路。这种电路的输入端和输出端电路的结构形式都采用了晶体管，所以称为晶体管—晶体管逻辑电路，简称 TTL 电路。TTL 集成电路具有结构简单、稳定可靠、工作速度快等优点，但它的功耗比 CMOS 集成电路大。

常见的 TTL 集成门电路有“与非”门、“或非”门、“异或”门，它们的逻辑符号及表达式与分立元件组成的相应门电路一致。除此之外，还有“与或非”门、集电极开路“与非”门（OC 门）、传输门及三态门。

表 12-4　真值表

A	EN	F
0	0	1
1	0	0
ϕ	1	高阻

图 12-7a 为“与或非”门的逻辑符号，相应的逻辑表达式为 $F=\overline{AB+CD}$。图 12-7b 为 OC 门的逻辑符号，相应的逻辑表达式 $F=\overline{AB}$。图 12-7c 为传输门的逻辑符号，其中 u_i 和 u_o 分别为输入、输出信号，C 和 $\overline{C}$ 为控制信号，当 $C=0$、$\overline{C}=1$ 时，输出呈高阻态；相反，若 $C=1$、$\overline{C}=0$，传输门导通，此时 $u_o=u_i$。传输门的另一个重要用途是作模拟开关，普通的模拟开关是由传输门和反相器组合而成的。三态门是指输出有三种状态：高电平、低电平和高阻态。图 12-7d 是三态门的逻辑符号，其中输入信号为 A，输出 F，EN 为使能端。由内部电路可知，当使能端 EN 为低电平时，输出端 F 和输入端 A 满足“非”的逻辑关系，即 $F=\overline{A}$；当使能端 EN 为高电平时，输出端 F 呈现高阻态。电路的一切逻辑功能均被禁止传送，其真值表如表 12-4 所示，其中 ϕ 表示逻辑变量 A 为任意状态。

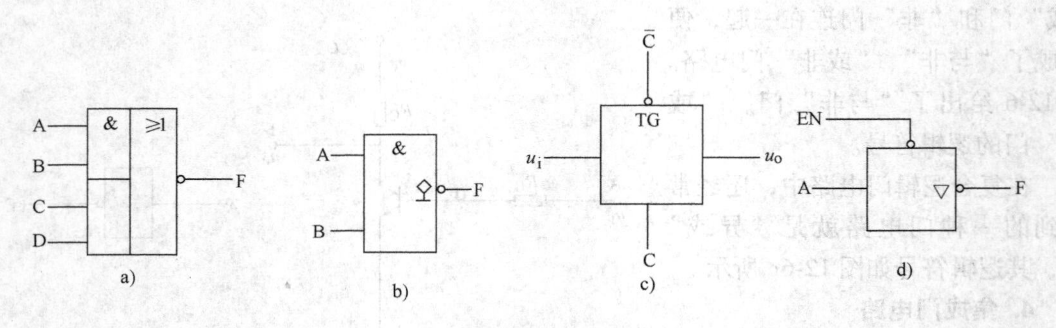

图 12-7　集成门电路逻辑符号
a）“与或非”门　b）OC 门　c）传输门　d）三态门

12.2　集成逻辑门电路的仿真分析实例

各种集成门电路的逻辑功能及真值表可通过 EWB 进行仿真，利用电压表的测量值或指示灯的显示，可验证逻辑电路的逻辑功能。

例 12-1　利用 EWB 验证图 12-8 电路是一个“同或”门电路。

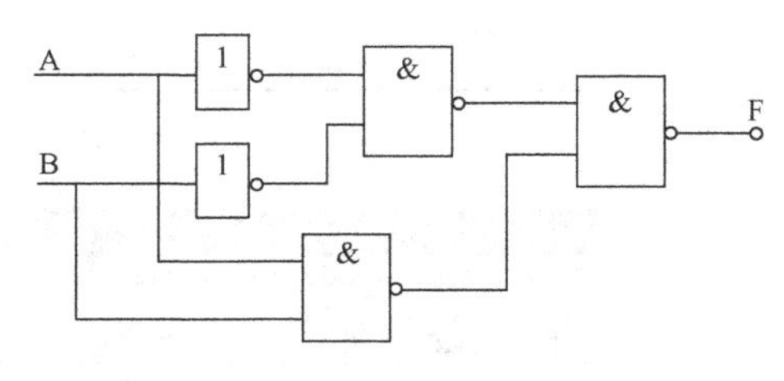

图 12-8　例 12-1 图

解　首先在 EWB 工作平面上画出图 12-8 逻辑图。其中“与非”门采用 74LS00，“非”门采用 74LS04，输入端 A、B 经开关接 5V 电源或“地”，输出端 F 接指示灯，如图 12-9 所示。当输入端接 5V 电源时，输入逻辑变量为高电平，即为“1”；当输入端接“地”时，输入逻辑变量为低电平，输出端 F 通过指示灯的亮灭判别逻辑高低电平，指示灯亮，F 为逻辑高电平，否则，F 为逻辑低电平。通过改变 A、B 的取值，获得输出端 F 的状态，列真值表如表 12-5 所示。可见，该电路为“同或”电路。

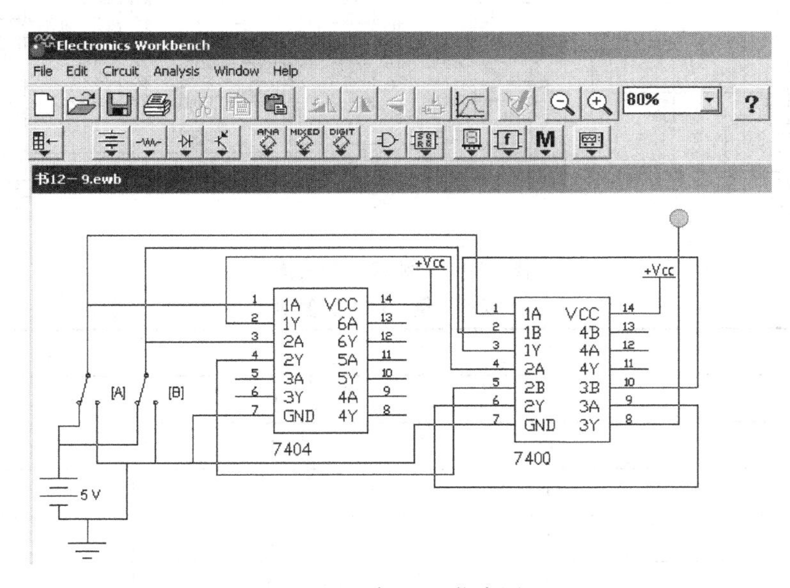

图 12-9　例 12-1 仿真图

例 12-2　用 EWB 仿真图 12-10，观察输出端 F 和输入端 A、B 的关系，列真值表。

解　在 EWB 平面上画出图 12-10 逻辑图。其中“与”门电路采用 74LS08，“或”门电路采用 74LS32，输入端通过例 12-1 的方法获得逻辑高低电平，输出端 F 通过接电压表获得相应的状态。如图 12-11 所示。通过改变输入端 A、B 的取值，获得输出端 F 的状态，其真值表如表 12-6 所示。

例 12-3　利用 EWB“仪器库”中的“逻辑转换仪”观察图 12-12 中“与非”门的逻辑图、表达式及真值表之间的相互转换。

表 12-5　“同或”门真值表

A	B	F
0	0	1
0	1	0
1	0	0
1	1	1

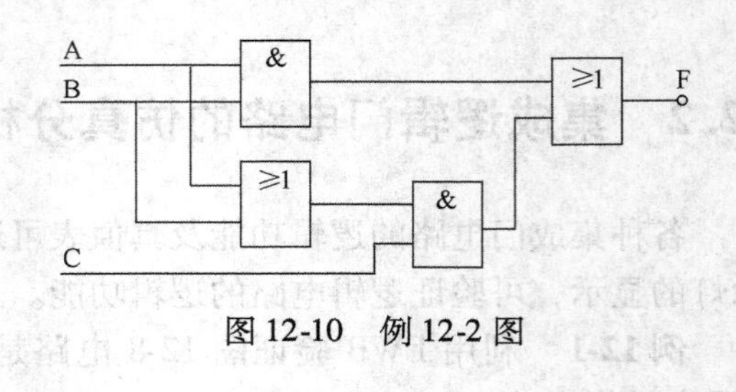

图 12-10　例 12-2 图

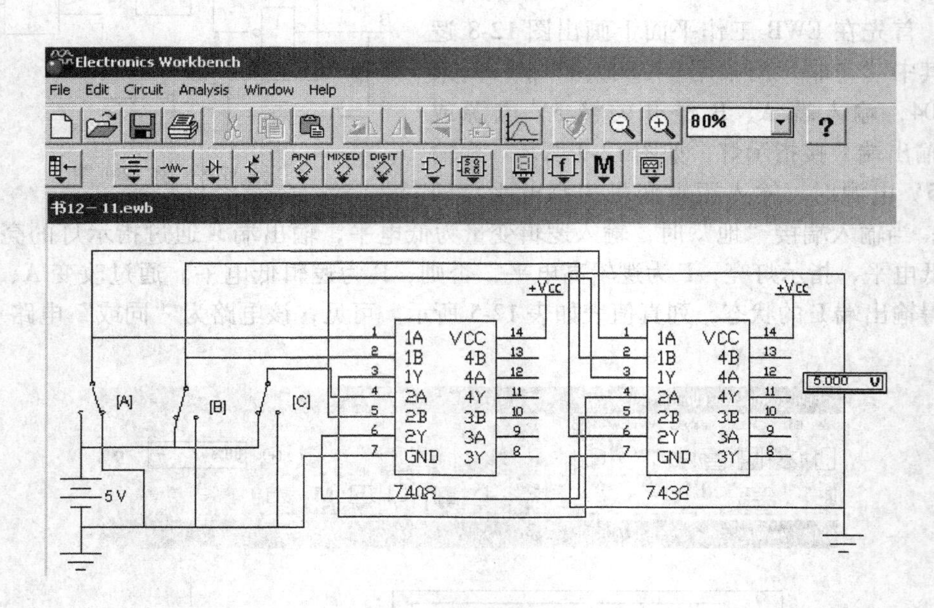

图 12-11　例 12-2 仿真图

表 12-6　例 10-11 真值表

A	B	C	F
0	0	0	0
0	0	1	0
0	1	0	0
0	1	1	1
1	0	0	0
1	0	1	1
1	1	0	1
1	1	1	1

解　首先将“逻辑转换仪”置成最大化形式，如图 12-13 所示。在“逻辑转换仪”图标右侧，显示了各种逻辑功能之间的相互转换关系，依次为逻辑图→真值表、真值表→表达式、真值表→简化表达式等。

按下第一个按钮，在“逻辑转换仪”上出现真值表。如图 12-13 所示，依次按不同按钮会得到不同逻辑功能的转换。

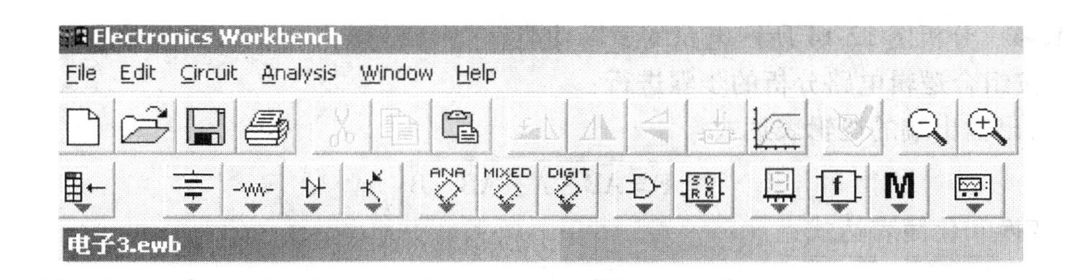

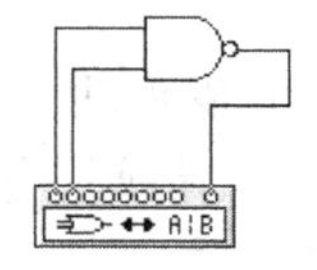

图 12-12　例 12-3 仿真图

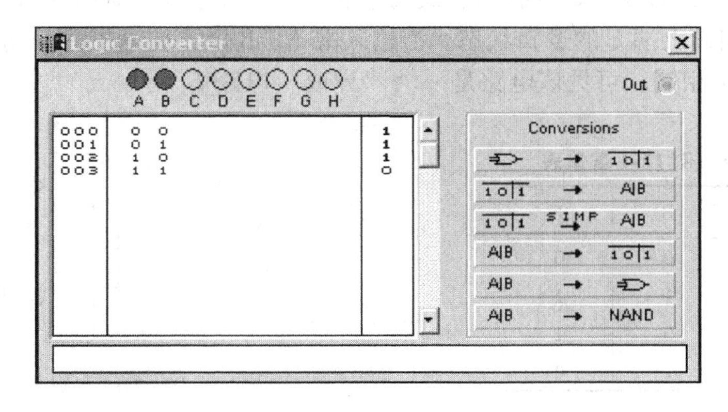

图 12-13　逻辑图与真值表之间的转换

12.3　组合逻辑电路的分析与实例仿真

数字电路按其逻辑功能的特点不同可分为组合逻辑电路（简称组合电路）和时序逻辑电路（简称时序电路）两大类。在组合电路中，任意时刻的输出信号仅取决于该时刻的输入信号，与信号作用前电路原来的状态无关，这就是组合电路的逻辑功能上的特点。

12.3.1　组合逻辑电路分析方法与实例仿真

组合电路的分析是根据给定的逻辑电路图，弄清楚它的逻辑功能，求出描述电路输出与输入之间逻辑关系的表达式，列出真值表。也就是说，电路图是已知的，待求的是真值表。其分析的基本步骤如下：

1）由已知的逻辑图写出输出端逻辑表达式。

2）变换和化简逻辑表达式。

3）列真值表。

4）根据真值表和逻辑表达式，确定其逻辑功能。

下面通过具体例题来说明组合电路的分析方法与仿真。

例 12-4　分析图 12-14 所示电路的逻辑功能。

解　按组合逻辑电路分析的步骤进行：

1）写出输出端的逻辑表达式：

$$F = \overline{\overline{\overline{AB}\cdot A}\cdot\overline{\overline{AB}\cdot B}}$$

2）变换和化简表达式：

$$F = \overline{\overline{\overline{AB}\cdot A}} + \overline{\overline{\overline{AB}\cdot B}} = \overline{AB}\cdot A + \overline{AB}\cdot B = (\overline{A}+\overline{B})A + (\overline{A}+\overline{B})\cdot B = A\overline{B} + \overline{A}B$$

3）列真值表，如表 12-7 所示。

4）分析逻辑功能：由真值表可知，该电路的逻辑功能为：当输入 A、B 相同时，F 为 0；当输入 A、B 不同时，输出 F 为 1。可见它是“异或”电路。

例 12-5　用 EWB 验证例 12-4 逻辑电路功能。

解　在 EWB 工作平面上画出图 12-14 逻辑图，如图 12-15 所示。将输入端 A、B 经过开关接 5V 电源或地，这样 A、B 端有高、低两个状态的电平。输出端 F 接直流电压表，通过电压表的读数可知输出端 F 的逻辑状态。当输入端 A、B 取不同电平时，测得输出端 F 的状态。结果与表 12-7 相同。可见该电路是一个“异或”电路。

表 12-7　例 12-4 真值表

A	B	F
0	0	0
0	1	1
1	0	1
1	1	0

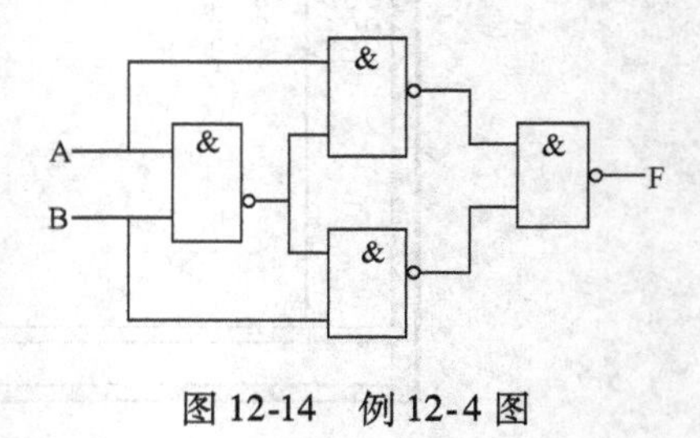

图 12-14　例 12-4 图

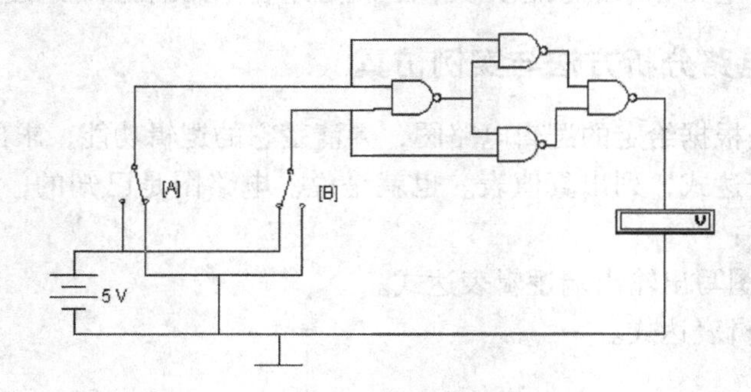

图 12-15　例 12-5 图

图 12-16 给出了 A、B 取 0、1 时，输出 F 的状态。

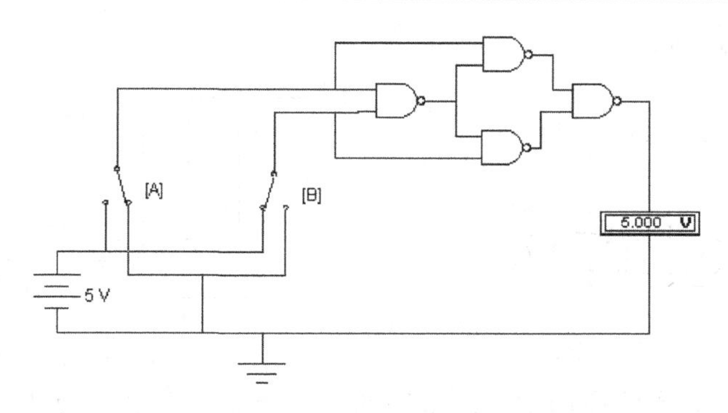

图 12-16　例 12-5 解图

12.3.2　组合逻辑电路设计方法与实例仿真

组合电路的设计是组合电路分析的逆运算，就是从给定的逻辑要求出发，求出最简单的逻辑电路图，其设计步骤如下：

1）根据给定的逻辑要求，列真值表。

2）根据真值表写逻辑表达式。

3）化简或变换逻辑表达式。

4）根据逻辑表达式画出相应的逻辑图。

下面以例题说明设计方法及仿真：

例 12-6　设计一个三人投票的表决电路，用 F 表示表决结果，F = 1 表示多数赞成，F = 0 表示多数不赞成。对于三个人，分别用 A、B、C 三个变量表示，用 1 表示赞成，用 0 表示反对。

解　根据组合电路设计的步骤。

1）根据已知的逻辑要求，列真值表，如表 12-8 所示。

表 12-8　例 12-6 真值表

A	B	C	F	A	B	C	F
0	0	0	0	1	0	0	0
0	0	1	0	1	0	1	1
0	1	0	0	1	1	0	1
0	1	1	1	1	1	1	1

2）由真值表写出逻辑表达式：

$$F = \overline{A}BC + A\overline{B}C + AB\overline{C} + ABC = \sum_m (3, 5, 6, 7)$$

3）化简该逻辑表达式，化简的方法可任选，可用公式法或卡诺图法。本题采用卡诺图化简法，如图 12-17 所示。

由卡诺图可知：F = AB + BC + AC

4）画出逻辑图，如图 12-18 所示。

在组成逻辑电路时，要考虑以下几个实际问题：

a. 输入信号既可以以原变量出现，也可以以反变量出现。

b. 电路的结构应紧凑。由于实际设计中普遍采用 SSI（小规模集成电路）和 MSI（中规格集成电路）设计电路，因此应根据具体情况，尽可能减少所用元器件的数量和种类，以使组装好的电路结构紧凑。

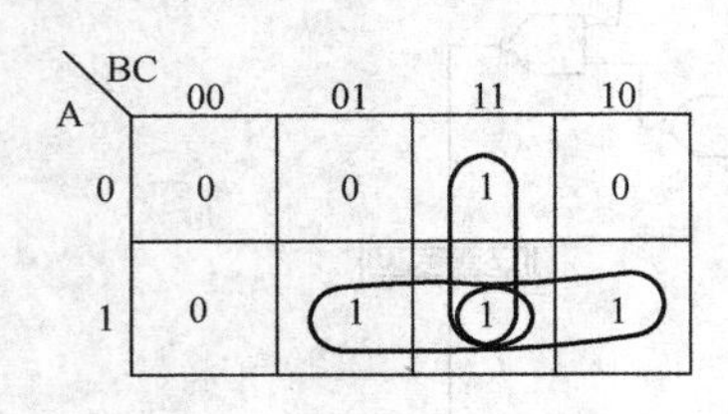

图 12-17　例 12-6 卡诺图

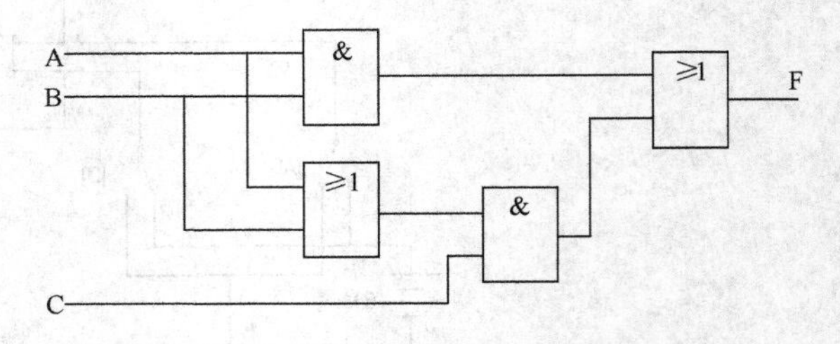

图 12-18　例 12-6 逻辑图

c. 考虑实际元件。实际应用中，经常用的现成产品大多是“与非”门、“或非”门、“与或非”门和“非”门电路。因此在进行组合电路设计时，还应对最简的表达式进行变换。

d. 实际中还应考虑信号的传输时间及门电路的带负载能力。

例 12-7　设三台电动机 A、B、C，要求：1）A 开机则 B 也必须开机；2）B 开机则 C 也必须开机，如果不满足上述要求则发出报警信号。试写出报警信号的逻辑表达式，并画出逻辑图。

解　根据组合电路设计的步骤：

1）根据已知的逻辑要求，列真值表，如表 12-9 所示。

表 12-9　例 12-7 真值表

A	B	C	F
0	0	0	0
0	0	1	0
0	1	0	1
0	1	1	0
1	0	0	1
1	0	1	1
1	1	0	1
1	1	1	0

2）由真值表写逻辑表达式：

$$F = \overline{A}B\overline{C} + A\overline{B}\,\overline{C} + A\overline{B}C + AB\overline{C} = \sum\nolimits_m (2, 4, 5, 6)$$

3）化简逻辑表达式。本题采用卡诺图化简方法，如图 12-19 所示。

由卡诺图可知，$F = B\overline{C} + A\overline{B}$

4）画逻辑图，如图 12-20 所示。

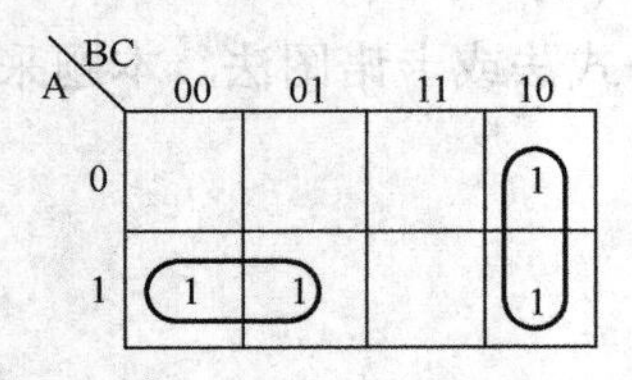

图 12-19　例 12-7 卡诺图

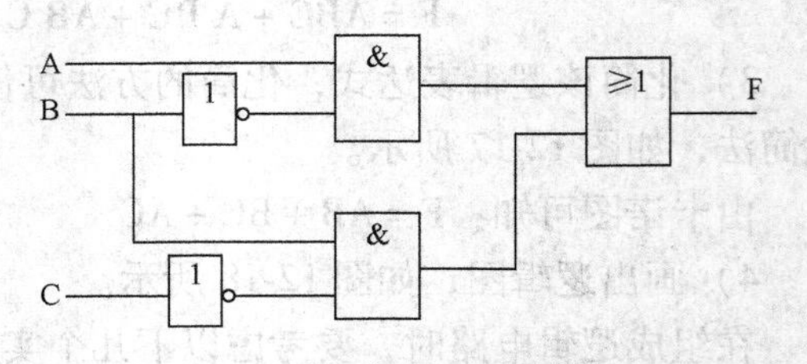

图 12-20　例 12-7 逻辑图

例 12-8　用 EWB 对例 12-7 进行仿真设计。

解　根据组合电路设计的步骤：

1）根据已知的逻辑要求，列真值表，方法与例 12-7 一致，真值表如表 12-9 所示。

2）由真值表写出逻辑表达式。利用 EWB 的逻辑转换仪实现由真值表到逻辑表达式的转换。

第一步根据输入变量的个数用鼠标器单击逻辑转换仪面板图顶部代表输入端的小圆圈（A 至 H），选定输入变量，本题有三个输入变量，因此选择 A、B、C 三个输入端（对应端钮变黑），如图 12-21 所示。此时在真值表区自动出现输入变量的所有组合，而右面输出列（靠近滚动条）的初始值全部为零。第二步根据表 12-9 所示的真值表修改输出值（0 或 1），如图 12-22 所示，第三步单击“真值表→表达式”按钮，在面板图底部逻辑表达式栏将出现相应的逻辑表达式，如图 12-22 所示。表达式中“A′”表示逻辑变量 A 的“非”。由图 12-22 可知：输出 $F=\overline{A}B\overline{C}+A\overline{B}\,\overline{C}+A\overline{B}C+AB\overline{C}$。

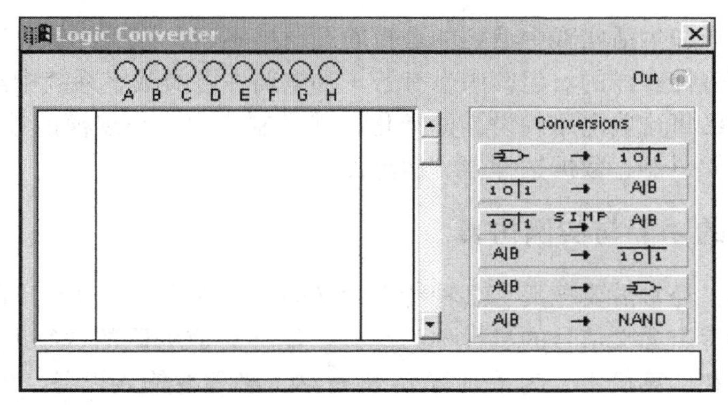

图 12-21　逻辑转换仪的面板图

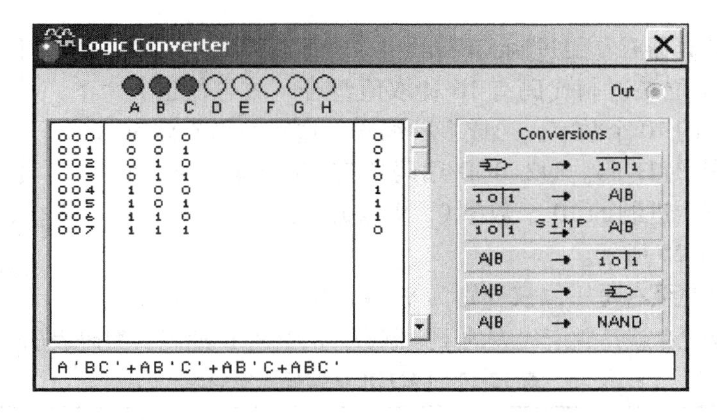

图 12-22　真值表及逻辑表达式显示图

3）化简逻辑表达式。用鼠标器单击逻辑转换仪中的“真值表→简化表达式”按钮即可在面板图底部得到简化的逻辑表达式：$F=A\overline{B}+B\overline{C}$。

4）画逻辑图。在“逻辑转换仪”的面板上，单击“表达式→电路”按钮，在 EWB 的原理图编辑窗口自动出现对应的逻辑电路，如图 12-23 所示。

如果若使该电路用“与非”门来实现，在已得到的“与-或”表达式基础上，单击“表达式-与非电路”按钮，便可得到由“与非”门组成的电路。“与非逻辑”电路图如图 12-24 所示。

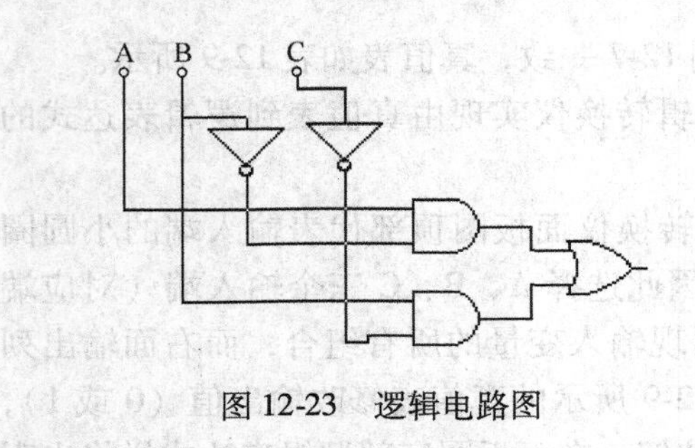

图 12-23　逻辑电路图

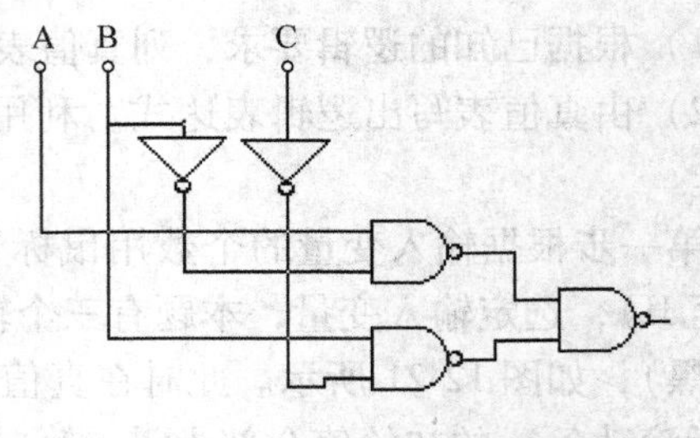

图 12-24　“与非逻辑”电路图

12.4　常用集成组合逻辑电路

由于人们在生产和生活实践中遇到的逻辑问题层出不穷，因而为解决这些逻辑问题而设计的逻辑电路也是多种多样的。但其中也有若干种电路在各类数字系统中经常大量出现。为了使用方便，目前已将这些电路的设计标准化，并且制成中、小规模的单片集成电路产品，其中包括编码器、译码器、数据选择器、运算器等。

12.4.1　编码器的功能与实例仿真

在数字系统中，经常需要把具有某种特定含义的信号变换成二进制代码，这种用二进制代码表示具有某种特定含义信号的过程称为编码。能够完成编码的数字电路，称为编码器。例如，在数字系统和计算机中，为了进行人-机对话，必须有输入设备。输入设备是多种多样的，其中以键盘最为简单。键盘控制电路，实际上就是一种将键号变成二进制信息输出的编码器。

常用的集成编码器有：二进制编码器、二-十进制编码器，其中二-十进制由于4位二进制代码有16种取值组合，故可任选其中10种表示0~9的10个数字，形成多种编码，这些编码统称为BCD码，最常用是8421码。8421BCD编码器有10个输入端，4个输出端，能够将十进制的10个数字0~9编成二进制代码。该电路的框图如图12-25所示。

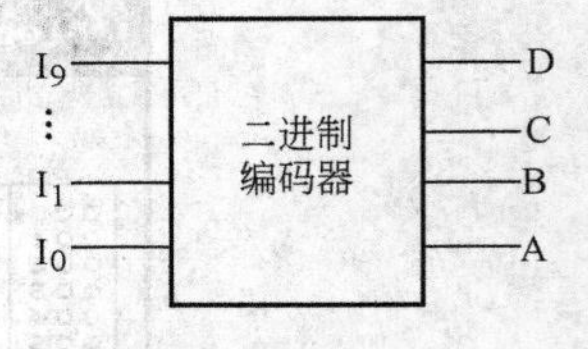

图 12-25　8421BCD编码器框图

8421BCD码自左至右每一位权分别为8、4、2、1，故而得名。每组代码加权系数之和就是它所代表的十进制数。8421BCD编码器编码表如表12-10所示。

表 12-10　8421BCD编码器编码表

十进制数	输入变量	8421BCD			
		D	C	B	A
0	I_0	0	0	0	0
1	I_1	0	0	0	1
2	I_2	0	0	1	0
3	I_3	0	0	1	1
4	I_4	0	1	0	0
5	I_5	0	1	0	1
6	I_6	0	1	1	0
7	I_7	0	1	1	1
8	I_8	1	0	0	0
9	I_9	1	0	0	1

图 12-26 是集成编码器 74LS147 的引脚图。该电路可以将 10 个输入信号 I_9、I_8、…、I_1、I_0（I_0 不需输入端，一般省略），按高位优先原则编成 8421BCD 码，输出为 Y_3、Y_2、Y_1、Y_0。该电路输入为低电平有效，即 $I_9 \sim I_1$ 取值为 0 时表示有信号，为 1 时为无信号，其输出为 8421 反码，例如当$\overline{I}_9=0$ 而其他信号任意时，$\overline{Y}_3\ \overline{Y}_2\ \overline{Y}_1\ \overline{Y}_0=0110$ 而不是 1001；当$\overline{I}_9=1$、$\overline{I}_8=0$ 时，$\overline{Y}_3\ \overline{Y}_2\ \overline{Y}_1\ \overline{Y}_0=0111$。

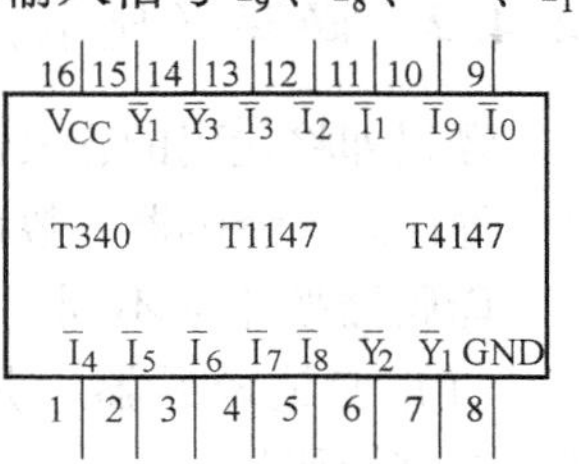

图 12-26　74LS147 引脚图

编码器的逻辑功能，可通过 EWB 进行仿真下面以实例说明仿真的具体过程。

例 12-9　利用 EWB 验证 74LS147 的逻辑功能。

解　首先在 EWB 平面上画出逻辑电路，如图 12-27 所示，输入端 1、2、3、4、5、6、7、8、9 分别接 5V 或“地”获逻辑高、低电平。输出端利用指示灯的亮灭表示逻辑高、低电平。

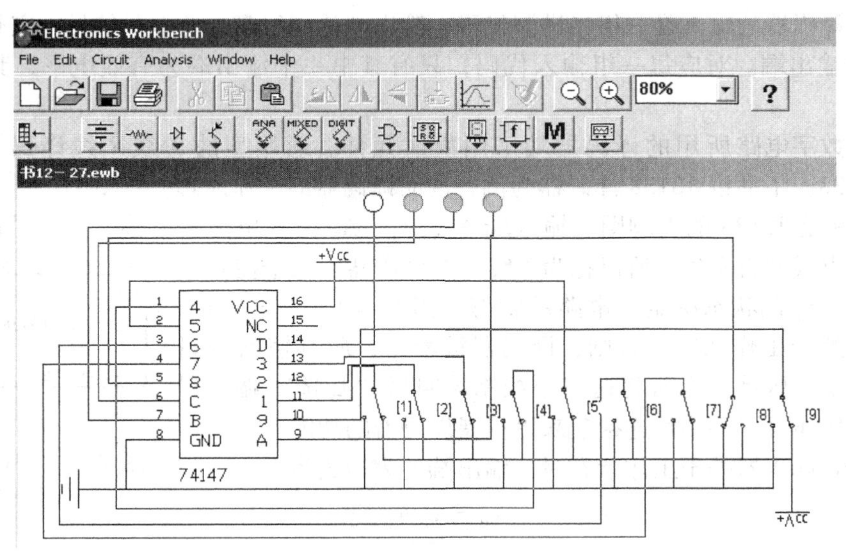

图 12-27　编码器仿真图

将 8 端置为“0”，9 端置为“1”其余端置为任意状态，打开仿真开关，则输出端 DCBA＝0111，即$\overline{Y}_3\ \overline{Y}_2\ \overline{Y}_1\ \overline{Y}_0=0111$，$Y_3Y_2Y_1Y_0=1000$，改变输入端的不同状态，输出结果如表 12-11 所示。由表 12-11 可以看出，该逻辑器件为编码器。

表 12-11　编码器的真值表

输入									输出			
1	2	3	4	5	6	7	8	9	D	C	B	A
1	1	1	1	1	1	1	1	1	1	1	1	1
×	×	×	×	×	×	×	×	0	0	1	1	0
×	×	×	×	×	×	×	0	1	0	1	1	1
×	×	×	×	×	×	0	1	1	1	0	0	0
×	×	×	×	×	0	1	1	1	1	0	0	1
×	×	×	×	0	1	1	1	1	1	0	1	0
×	×	×	0	1	1	1	1	1	1	0	1	1
×	×	0	1	1	1	1	1	1	1	1	0	0
×	0	1	1	1	1	1	1	1	1	1	0	1
0	1	1	1	1	1	1	1	1	1	1	1	0

12.4.2　译码（显示）器的功能与实例仿真

译码即将代码的含义翻译出来。译码器可以将输入的二进制代码翻译成一定的控制信号或另一种代码。译码器一般都是具有 n 个输入和 m 个输出的组合电路。其框图如图 12-28 所示。

译码器按用途不同，大致可分为以下三大类：

(1) 变量译码器　用以表示输入变量状态的组合电路，如二进制译码器。

(2) 码制变换译码器　用于一个数据的不同代码之间的相互变换，如二-十进制译码器。

(3) 显示译码器　将数字或文字、符号的代码译成数字、文字、符号的电路。

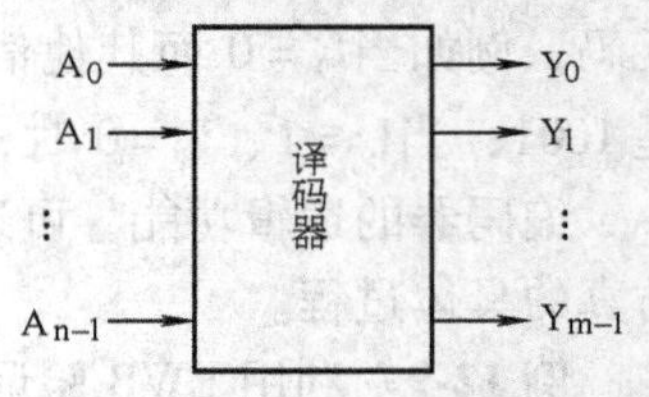

图 12-28　译码器框图

1. 二进制译码器

二进制译码器的输入是一组二进制代码，输出则是一组高、低电平信号。它具有 n 个输入端，2^n 个输出端。对应每一组输入代码，只有其中一个输出端为有效电平，其余输出端为无效电平。

目前，数字电路所用的译码器均采用集成元件。通用型的 3 线-8 线译码器有 T330、T3138、T4138。下面以 T3138 译码器为例，说明译码器的工作原理。

图 12-29 是 T3138 的引脚图。输入端 A_0、A_1、A_2 为 3 位二进制代码。输出线共有 8 条，所以称为 3 线-8 线译码器。三个控制输入端 S_1、$\overline{S}_2$、$\overline{S}_3$ 的状态决定了电路的状态。当 $S_1=1$、$\overline{S}_2=\overline{S}_3=0$ 时，译码器处于工作状态。否则，译码器被禁止，所有输出端同时出现高电平。因此，通常将这三个控制端叫做“片选”端，利用片选的作用还可以将多片连接起来以扩展译码器的功能。

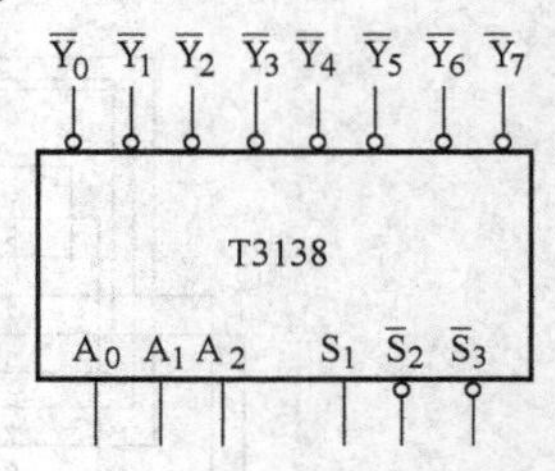

图 12-29　T3138 引脚图

当 T3138 译码器处于工作状态时，输出端的表达式为

$$\overline{Y}_0=\overline{\overline{A}_2\,\overline{A}_1\,\overline{A}_0}$$

$$\overline{Y}_1=\overline{\overline{A}_2\,\overline{A}_1A_0}$$

$$\overline{Y}_2=\overline{\overline{A}_2A_1\,\overline{A}_0}$$

$$\overline{Y}_3=\overline{\overline{A}_2A_1A_0}$$

$$\overline{Y}_4=\overline{A_2\,\overline{A}_1\,\overline{A}_0}$$

$$\overline{Y}_5=\overline{A_2\,\overline{A}_1A_0}$$

$$\overline{Y}_6=\overline{A_2A_1\,\overline{A}_0}$$

$$\overline{Y}_7=\overline{A_2A_1A_0}$$

利用 3 线-8 线译码器还可以产生一组多输出的逻辑函数，下面举例说明。

例 12-10　试利用 3 线-8 线译码器产生一组多输出逻辑函数：

$$Z_1=A\,\overline{C}+\overline{A}BC+A\,\overline{B}C$$

$$Z_2=BC+\overline{A}\,\overline{B}C$$

$$Z_3=A+\overline{A}BC$$

$$Z_4=\overline{A}B\overline{C}+\overline{B}\ \overline{C}+ABC$$

解　首先将 $Z_1 \sim Z_4$ 化成最小项之和。

$Z_1=A\overline{C}\ (B+\overline{B})\ +\overline{A}BC+A\ \overline{B}C=AB\overline{C}+A\ \overline{B}\ \overline{C}+\overline{A}BC+A\ \overline{B}C=m_3+m_4+m_5+m_6$

$Z_2=\ (A+\overline{A})\ BC+\overline{A}\ \overline{B}C=ABC+\overline{A}BC+\overline{A}\ \overline{B}C=m_1+m_3+m_7$

$Z_3=A+\overline{A}BC=A\ (B+\overline{B})\ (C+\overline{C})\ +\overline{A}BC=m_3+m_4+m_5+m_6+m_7$

$Z_4=\overline{A}B\overline{C}+\ (A+\overline{A})\ \overline{B}\ \overline{C}+ABC=m_0+m_2+m_4+m_7$

然后将最小项用 3 线-8 线译码器的输出端线表示，输入线分别接 A、B、C，则

$$Z_1=\overline{\overline{m_3}\ \overline{m_4}\ \overline{m_5}\ \overline{m_6}}=\overline{\overline{Y_3}\ \overline{Y_4}\ \overline{Y_5}\ \overline{Y_6}}$$

$$Z_2=\overline{\overline{m_1}\ \overline{m_3}\ \overline{m_7}}=\overline{\overline{Y_1}\ \overline{Y_3}\ \overline{Y_7}}$$

$$Z_3=\overline{\overline{m_3}\ \overline{m_4}\ \overline{m_5}\ \overline{m_6}\ \overline{m_7}}=\overline{\overline{Y_3}\ \overline{Y_4}\ \overline{Y_5}\ \overline{Y_7}\ \overline{Y_6}}$$

$$Z_4=\overline{\overline{m_0}\ \overline{m_2}\ \overline{m_4}\ \overline{m_7}}=\overline{\overline{Y_0}\ \overline{Y_2}\ \overline{Y_4}\ \overline{Y_7}}$$

上式表明，只需在译码器之外附加 4 个“与非”门，就可以得到 $Z_1 \sim Z_4$ 逻辑电路。电路的具体连接如图 12-30 所示。

2. 二-十进制译码器

二-十进制译码器具有将二进制数转换为十进制数的功能，是数字系统中常用的一种译码器。它的典型电路如图 12-31 所示。

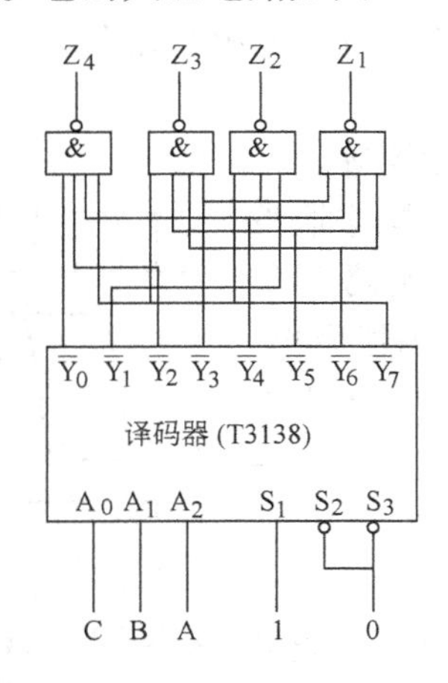

图 12-30　例 12-10 图

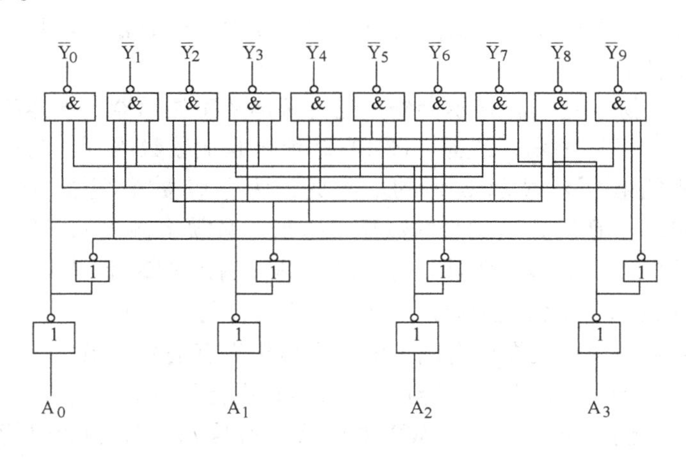

图 12-31　二-十进制译码器

二-十进制译码器的真值表如表 12-12 所示。

表 12-12　二-十进制译码器的真值表

对应十进制数	输入				输出									
	A_3	A_2	A_1	A_0	Y_0	Y_1	Y_2	Y_3	Y_4	Y_5	Y_6	Y_7	Y_8	Y_9
0	0	0	0	0	0	1	1	1	1	1	1	1	1	1
1	0	0	0	1	1	0	1	1	1	1	1	1	1	1
2	0	0	1	0	1	1	0	1	1	1	1	1	1	1
3	0	0	1	1	1	1	1	0	1	1	1	1	1	1
4	0	1	0	0	1	1	1	1	0	1	1	1	1	1
5	0	1	0	1	1	1	1	1	1	0	1	1	1	1
6	0	1	1	0	1	1	1	1	1	1	0	1	1	1

（续）

对应十进制数	输入				输出									
	A_3	A_2	A_1	A_0	Y_0	Y_1	Y_2	Y_3	Y_4	Y_5	Y_6	Y_7	Y_8	Y_9
7	0	1	1	1	1	1	1	1	1	1	1	0	1	1
8	1	0	0	0	1	1	1	1	1	1	1	1	0	1
9	1	0	0	1	1	1	1	1	1	1	1	1	1	0
伪码	1	0	1	0	1	1	1	1	1	1	1	1	1	1
		⋮							⋮					
	1	1	1	1	1	1	1	1	1	1	1	1	1	1

对于BCD代码以外的伪码（即1010～1111），输出$\overline{Y}_0$～$\overline{Y}_9$均无低电平信号产生，译码器拒绝“翻译”，因此这种电路结构具有拒绝伪码的功能。

3. 显示译码器

显示译码器能够将数字、文字和符号翻译成人们习惯的形式直观地显示出来。数字显示电路由译码器、驱动器和显示器等部分组成。下面首先介绍两种数码显示器。

（1）两种常用的数码显示器

1）半导体显示器。利用半导体的PN结制成，其特点是清晰悦目、工作电压低（1.5～3V）、体积小、寿命长（>1000h）、响应速度快、颜色丰富、工作可靠。

2）荧光数码管。荧光数码管是一种分段式真空显示器件，它的优点是工作电压低、电流小、清晰悦目、稳定可靠、视距较大、寿命较长。其缺点是需要灯丝电源、强度差、安装不便。

除上述两种显示器外，还有液体数字显示器、气体放电显示器等。

（2）显示译码器 图12-32所示是七段数码管，它是利用不同字段发光的组合来显示数码的。因此，为了使数码管能把输入的代码（如8421BCD码）所代表的数显示出来，必须将输入的代码通过译码器译出，然后经驱动器点亮对应的字段。例如输入8421码为0111，对应的十进制数是7，则译码器应使a、b、c各段点亮，其余字段不亮。即对应于某一组数码，译码器应有确定的几个输出端有信号输出。

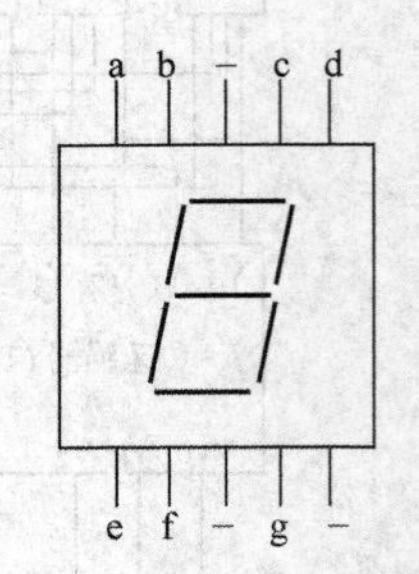

图12-32 七段数码管引脚图

译码器的逻辑功能可通过EWB进行仿真。下面以实例说明。

例12-11 利用EWB中显示译码器74LS47和数码管，组成一个能显示数字“5”的电路。

解 首先在EWB平面上画出逻辑图，如图12-33所示，74LS47显示译码器的输入端接V_{CC}或GND获得逻辑高、低电平。输出端接七段数码管用于直观显示译码结果。74LS47显示译码器的真值表如表12-13所示。

表12-13 译码器74LS47真值表

No.	Inputs $\overline{LT}$	$\overline{RBI}$	D C B A	$\overline{BI}/\overline{RBO}$	Outputs a b c d e f g
0	1	1	0 0 0 0	1	1 1 1 1 1 1 0
1	1	X	0 0 0 1	1	0 1 1 0 0 0 0
2	1	X	0 0 1 0	1	1 1 0 1 1 0 1
3	1	X	0 0 1 1	1	1 1 1 1 0 0 1

（续）

	Inputs				Outputs
No.	$\overline{LT}$	$\overline{RBI}$	D C B A	$\overline{BI}/\overline{RBO}$	a b c d e f g
4	1	X	0 1 0 0	1	0 1 1 0 0 1 1
5	1	X	0 1 0 1	1	1 0 1 1 0 1 1
6	1	X	0 1 1 0	1	0 0 1 1 1 1 0
7	1	X	0 1 1 1	1	1 1 1 0 0 0 0
8	1	X	1 0 0 0	1	1 1 1 1 1 1 1
9	1	X	1 0 0 1	1	1 1 1 0 0 1 1
10	1	X	1 0 1 0	1	0 0 0 1 1 0 1
11	1	X	1 0 1 1	1	0 0 1 1 0 0 1
12	1	X	1 1 0 0	1	0 1 0 0 0 1 1
13	1	X	1 1 0 1	1	1 0 0 1 0 1 1
14	1	X	1 1 1 0	1	0 0 0 1 1 1 1
15	1	X	1 1 1 1	1	0 0 0 0 0 0 0
BI	X	X	X X X X	0	0 0 0 0 0 0 0
RBI	1	0	0 0 0 0	0	0 0 0 0 0 0 0
LT	0	X	X X X X	1	1 1 1 1 1 1 1

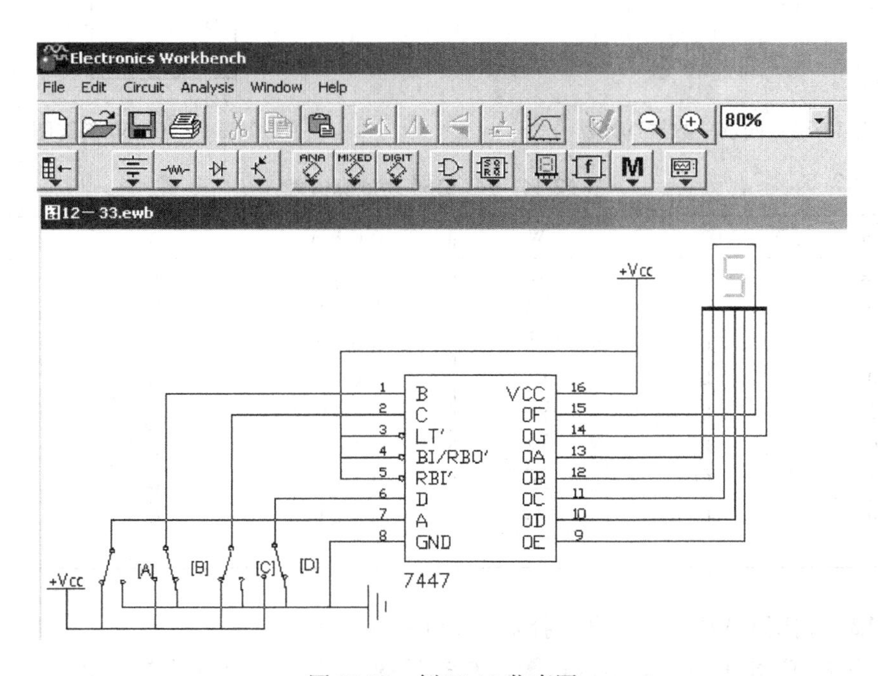

图 12-33　例 12-11 仿真图

将输入端置为 0101，$\overline{LT}$、$\overline{RBI}$和$\overline{BI}/\overline{RBO}$端均置为高电平，打开仿真开关，仿真结果如图 12-33 所示。显示数码管显示“5”。

12.4.3　数据选择器的功能与实例仿真

在数字信号的传送过程中，有时需要从很多数字信号中将任何一个需要的信号挑选出来，这就要用到一种叫做数据选择器的逻辑电路。

数据选择器的电路如图 12-34 所示。它是一个四选一数据选择器，其中 $D_0 \sim D_3$ 称为数据输入端，A_1A_0 为输入地址代码。当 A_1A_0 取不同值时，可以将 $D_0 \sim D_3$4 个数中的任何一个送到输出端 Y。

图中$\overline{S}$为控制端。利用$\overline{S}$端既可控制电路的工作状态，又可扩展功能。输出表达式为

$$Y = (D_0\overline{A}_1\overline{A}_0 + D_1\overline{A}_1A_0 + D_2A_1\overline{A}_0 + D_3A_1A_0)S$$

当控制端 S 为 1 时，可根据 A_0A_1 不同取值将其中某个值送到 Y 端。

图 12-35 是集成数据选择器 74LS150 引脚图，G 为控制端，W 为输出端。功能真值表如表 12-14 所示。

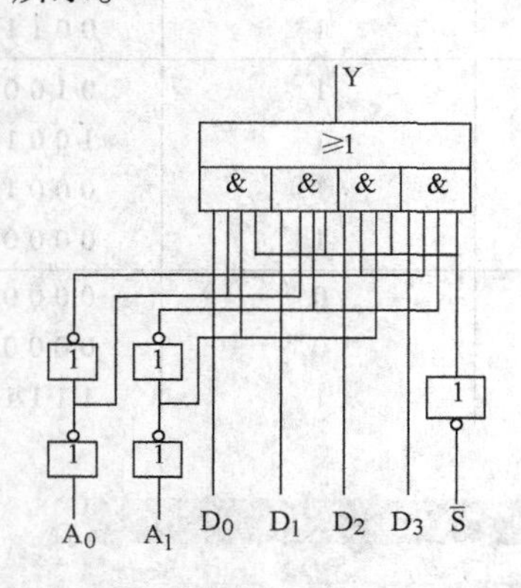

图 12-34　四选一数据选择器

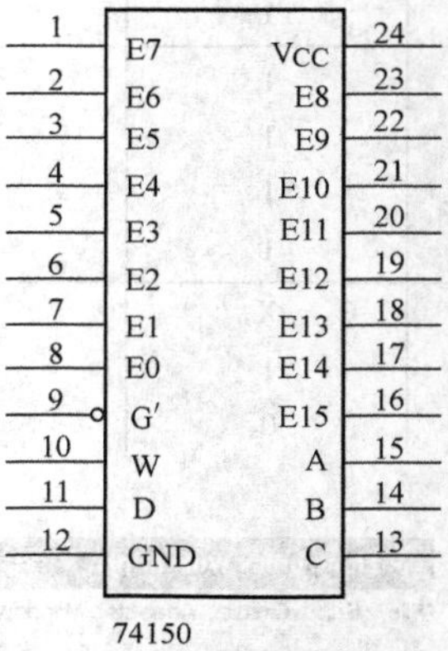

图 12-35　74LS150 引脚图

表 12-14　74LS150 功能真值表

D C B A	$\overline{G}$	W	D C B A	$\overline{G}$	W
× × × ×	H	H	1 0 0 0	L	$\overline{E8}$
0 0 0 0	L	$\overline{E0}$	1 0 0 1	L	$\overline{E9}$
0 0 0 1	L	$\overline{E1}$	1 0 1 0	L	$\overline{E10}$
0 0 1 0	L	$\overline{E2}$	1 0 1 1	L	$\overline{E11}$
0 0 1 1	L	$\overline{E3}$	1 1 0 0	L	$\overline{E12}$
0 1 0 0	L	$\overline{E4}$	1 1 0 1	L	$\overline{E13}$
0 1 0 1	L	$\overline{E5}$	1 1 1 0	L	$\overline{E14}$
0 1 1 0	L	$\overline{E6}$	1 1 1 1	L	$\overline{E15}$
0 1 1 1	L	$\overline{E7}$			

例 12-12　利用 EWB 仿真数据选择器 74LS150 的功能。

解　首先在 EWB 平面上画出逻辑图，如图 12-36 所示。地址输入端 DCBA、数据输入端 E_{15}……E_0 通过接 V_{CC}或 GND 获得逻辑高、低电平。输出端通过指示灯显示数据选择器的结果。将地址输入端 DCBA 置为 0001 时，打开仿真开关，若开关 1 置为高电平，则输出指示灯灭，若开关 1 置为低电平，则输出指示灯亮。其他开关 2……9，开关 E……J 动作输出状态均不变。可见数据选择器选择了第一路信号，输出以反码形式出现。改变 DCBA 的状态，可以得到表 12-14 的结果，可见该电路是一个数据选择器。

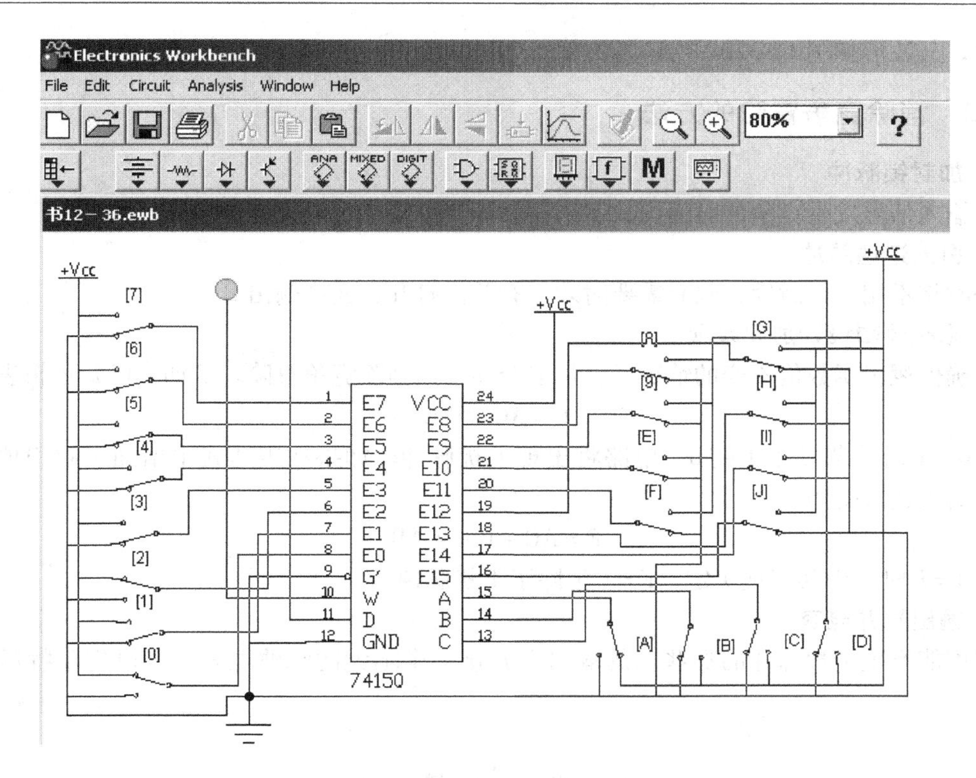

图 12-36　例 12-12 仿真图

*12.5　组合逻辑电路的竞争冒险

12.5.1　竞争冒险的概念及产生原因

所谓竞争冒险，是指在组合电路中，当输入信号改变状态时，输出端可能出现虚假信号——过渡干扰脉冲的现象。这个干扰脉冲虽然持续时间很短，但对电路影响很大，有时甚至会造成负载的误动作，可见找出产生竞争冒险的原因及消除它是很必要的。

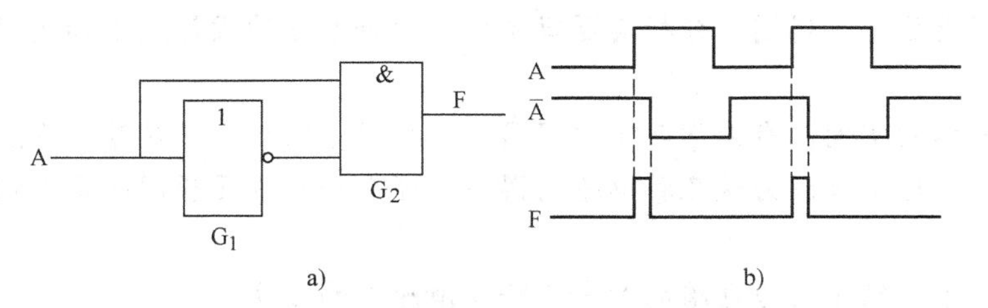

图 12-37　竞争冒险电路

a）逻辑图　b）工作波形

产生竞争冒险的原因之一是电路中存在着由反相器产生的互补信号。图 12-37a 所示电路，若忽略门的传输时间，则输出 F 始终为逻辑低电平，但当信号 A 由 0 变 1 时，由于 G_1 门传输信号需一定时间，G_1 的输出变为低电平要延迟一个门的传输时间，此时门 G_2 输入端将同时为高电平，则输出 G_2 为高电平，这个窄脉冲是不应该出现的。这就是组合电路的竞争冒险，其波形如图 12-37b 所示。

12.5.2 消除竞争冒险的方法

1. 加封锁脉冲

在输入信号发生竞争的时间内，引入一脉冲将可能产生干扰脉冲的门封住。

2. 引入造通脉冲

平时将不用的门封锁，只有需要时才把有关门打开，允许输出。

3. 修改逻辑设计加冗余项

在确保逻辑函数值不变的情况下，加多余项，以消除竞争冒险。例如，已知逻辑表达式

$$F = AC + B\overline{C}$$

当 A = B = 1 时，若 C 由 1 变 0，电路将出现干扰脉冲。如果在表达式中增加一乘积项 AB，则原逻辑表达式变为

$$F = AC + B\overline{C} + AB$$

当 A = B = 1 时，由第三项决定，F = 1 消除了干扰脉冲。

4. 输出端并电容

在可能产生干扰脉冲的那些门的输出端并接一个不大的滤波电容，可以把干扰脉冲吸掉。

小　结

门电路是构成各种复杂数字电路的基本单元，所以必须充分了解它的逻辑功能和电气特性，才能达到正确使用的目的。

晶体管在数字电路中的作用是利用它的开关特性，故应掌握它的开关条件。

分立元件是组成逻辑门电路的最原始形式，目前已被集成电路取代，但是它可以帮助我们理解门电路的基本概念，学会定量和定性分析门电路的方法。

数字电路共有两大类：第一类是组合逻辑电路；第二类是时序逻辑电路。

组合电路的特点是输出仅取决于输入，掌握组合电路是从分析和设计两个方面着手的。组合电路的分析是已知逻辑图，分析其逻辑功能。组合电路的设计是已知逻辑要求，最后画出逻辑图。

作为组合电路的实例，我们学习了编码器、译码器、数据选择器等，重点介绍了这几种电路的集成产品，这不仅因为这几种电路用得多，还有一个重要原因就是它们已形成系列产品，容易买到。

本章最后简单介绍了组合电路的竞争冒险及消除它的方法。

习　题

12-1 试画出实现下列逻辑关系的门电路符号。

1）$F = A \cdot B \cdot C$

2）$F = A + B + C$

3）$F = A \cdot B + C$

4）F =（A + B）· C

12-2　电路如图12-38a所示，已知A、B的波形，试求：

1）F的逻辑表达式；

2）画出F的波形。

12-3　对应图12-39所示的各种情况，分别画出F的波形。

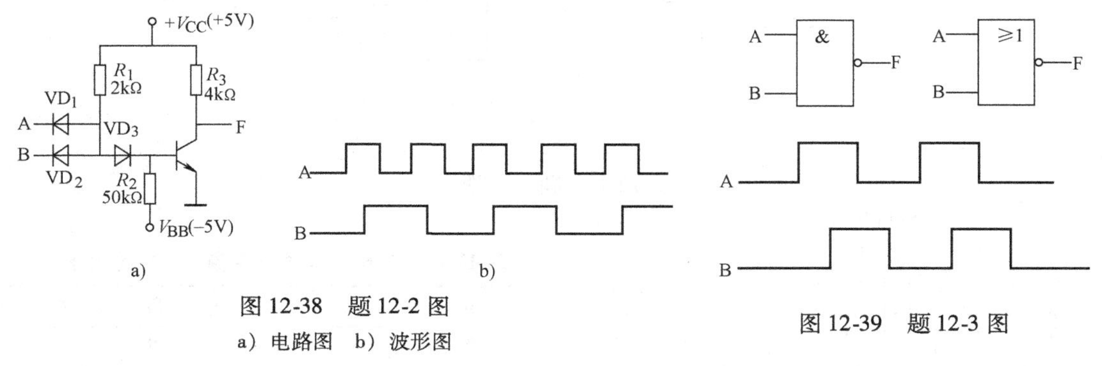

图12-38　题12-2图

a）电路图　b）波形图

图12-39　题12-3图

12-4　用EWB仿真图12-39，验证输出F和输入A、B之间的逻辑关系分别为“与非”和“或非”关系。

12-5　用EWB仿真图12-40，验证输出F和输入变量A、B、C之间的逻辑关系。

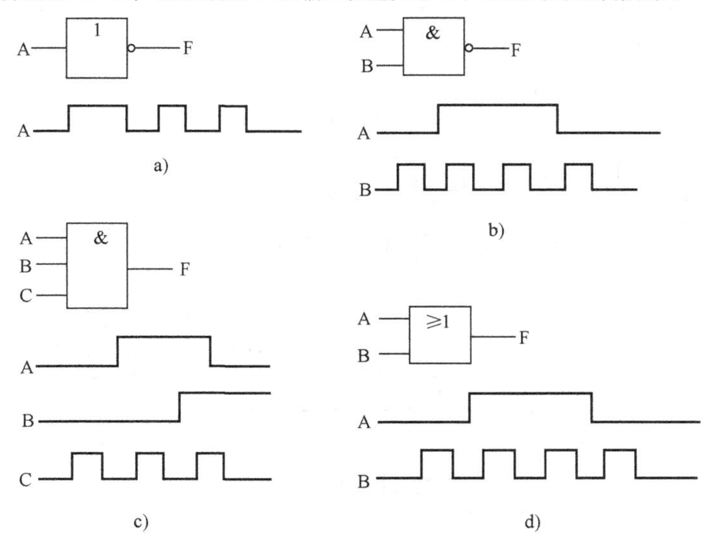

图12-40　题12-5图

12-6　分析图12-41电路的逻辑功能。

12-7　图12-42所示电路为一个多功能函数发生器，试写出$S_2S_1S_0$选取表12-15中的数值时，输出F的最简表达式。

12-8　分析图12-43所示电路逻辑功能，要求：

1）写出输出端F_1和F_2的表达式并化简；

2）列真值表；

3）指出该电路的逻辑功能。

12-9　逻辑函数如下：

$$F = \sum_m (0, 2, 6, 7, 8, 10, 14, 15) + \sum_d (4, 9, 11, 12, 13)$$

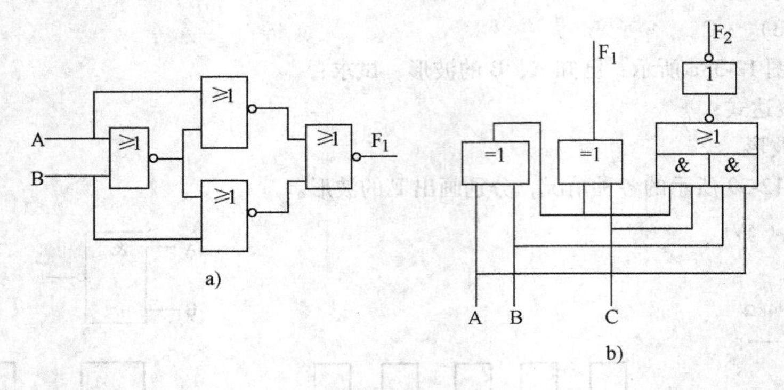

图12-41 题12-6图

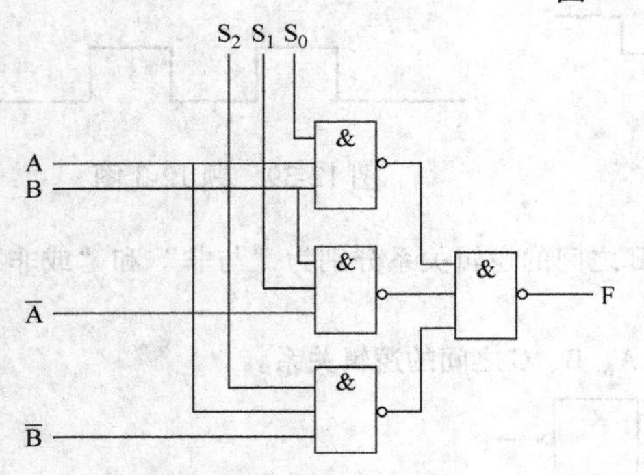

图12-42 题12-7图

表12-15 输出F与输入变量A、B的关系

S_2	S_1	S_0	F	S_2	S_1	S_0	F
0	0	0		1	0	0	
0	0	1		1	0	1	
0	1	0		1	1	0	
0	1	1		1	1	1	

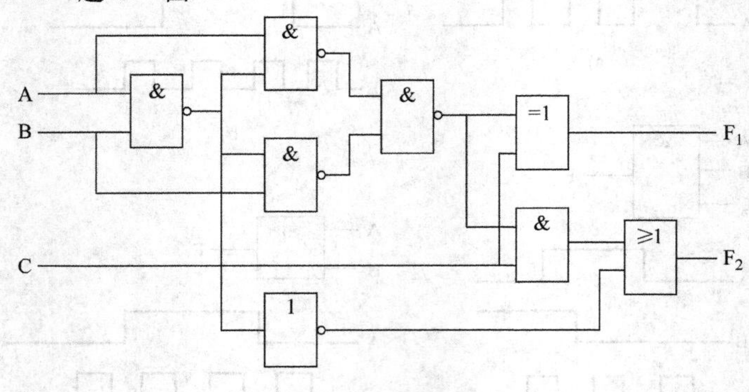

图12-43 题12-8图

要求：

1）用卡诺图化简该逻辑函数；

2）指出该函数与哪个变量无关？

3）设计该逻辑电路。

12-10 设计一个全减器，其中 A_i 是被减数，B_i 是减数，C_{i-1} 是低一位借位，S_i 是差值，C_i 是向高一位的借位。

12-11 分别设计能实现如下逻辑功能的组合电路：

1）四变量多数表决电路；

2）三变量判奇电路；

3）四变量判偶电路；

4）三变量一致电路。

12-12　甲、乙、丙、丁4位同学，甲晚上从不看电视，乙只有甲不在时才看电视，丙只有乙在时才能看电视，丁任何情况下都看电视。试用逻辑函数表示看电视的条件，画出对应的逻辑图。

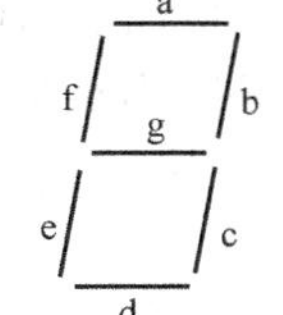

图12-44　题12-14图

12-13　试用3线-8线译码器T3138和门电路实现：

1）$Y_1 = \overline{A}\ \overline{B} + AB\overline{C}$

2）$Y_2 = \overline{B} + C$

3）$Y_3 = A\overline{B} + \overline{A}B$

12-14　在EWB平面上设计一个输入为BCD代码的七段字形译码器，七段字形显示器如图12-44所示。当各段为高电平时，字段发光。

12-15　试设计一个比较两位二进制数A和B的电路，要求当A = B时，输出F = 1，否则F = 0。

12-16　逻辑电路如图12-45所示，它能在S_0和S_1的控制下对两个4位二进制进行选择，假设$B_3B_2B_1B_0 = 1010$，$A_3A_2A_1A_0 = 0110$，试分析当$S_0 = 0$、S_1为任意状态时，输出$F_3F_2F_1F_0$是哪一组二进制数？当$S_0 = 1$、$S_1 = 0$时，输出又如何？

12-17　逻辑电路如图12-46所示，它有三个输入端A、B、C 8个独立的输出端$Y_0 \sim Y_7$，试分析当A、B、C取值不同时输出端$Y_0 \sim Y_7$的状态，分析其逻辑功能。

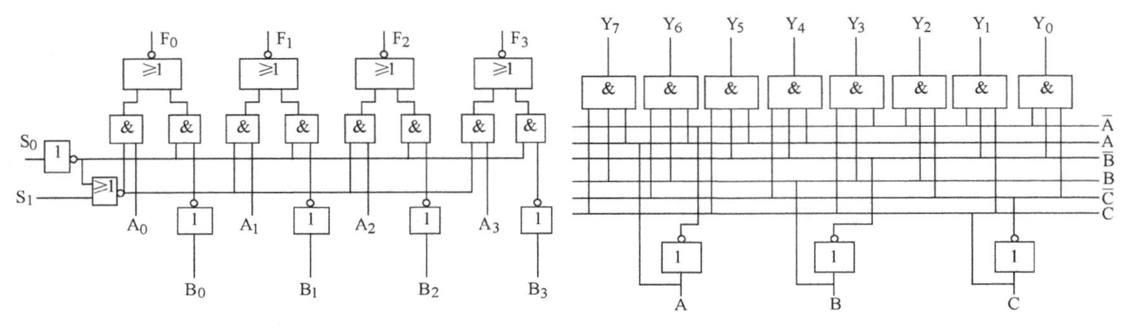

图12-45　题12-16图　　图12-46　题12-17图

12-18　图12-47是一个四通道的数据选择器，X_0、X_1、X_2、X_3为信号输入端，A、B为地址码输入端，试分析当A、B取值不同时，输出F与输入信号的关系。

12-19　利用数据选择器74LS150实现逻辑函数$F = \overline{A_1}\ \overline{A_0}\ \overline{G} + \overline{A_1}A_0\overline{G} + A_1\overline{A_0}G + A_1A_0\overline{G} + A_1A_0G$。

12-20　利用数据选择器实现逻辑函数$F = AB + BC + \overline{BC}$，画出逻辑图。

12-21　试述数据选择器的作用。

12-22　用图12-48所示电路产生逻辑函数$F = S_1 + S_0$。

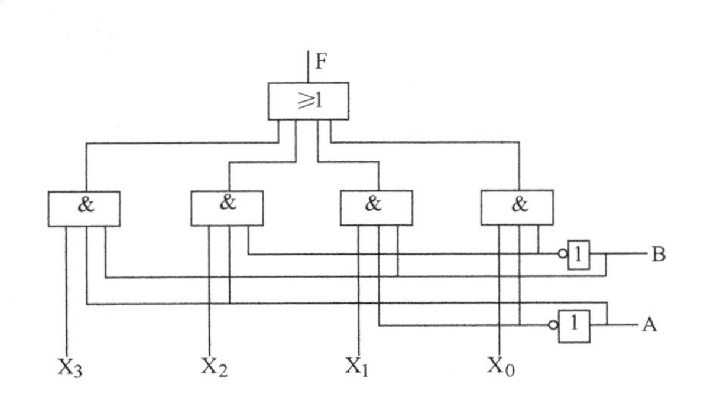

图12-47　题12-18图

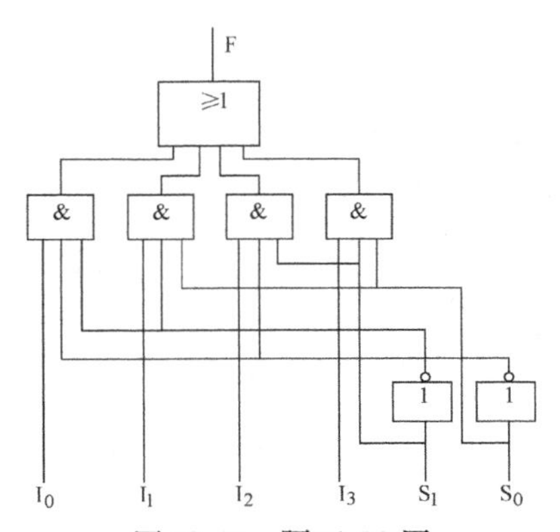

图12-48　题12-22图

12-23　什么叫竞争冒险？产生竞争冒险的原因是什么？

12-24　分析图 12-49 是否可能产生竞争冒险？若可能，如何消除。

图 12-49　题 12-24 图

第 13 章　触发器与时序逻辑电路

数字电路按结构和工作特点可分为组合逻辑电路和时序逻辑电路两大类，简称组合电路和时序电路。组合电路是由门电路组成的，其输出状态仅取决于该时刻的输入状态。时序电路是由触发器和门电路组成的，其输出状态不仅取决于该时刻的输入状态，而且还与电路原来的状态有关。

触发器的种类很多，按其逻辑功能分，可分为 RS、JK、D、T、T′触发器；按电路结构不同，可分为基本 RS 触发器、同步 RS 触发器、主从触发器和维持阻塞触发器；按触发方式不同可分为电平触发器、主从触发器和边沿触发器等；按构成触发器内部半导体器件类型不同则有双极型（如 TTL 型）和单极型（如 MOS 型）触发器之分。

本章主要讨论上述触发器的逻辑功能，各种类型触发器之间的相互转换以及常用的三种时序电路，即寄存器、计数器和脉冲分配器。

13.1　RS 触发器

13.1.1　基本 RS 触发器

基本 RS 触发器可以由两个 TTL“与非”门 G_1、G_2 交叉耦合构成，如图 13-1a 所示。图 13-1b 为其逻辑符号。

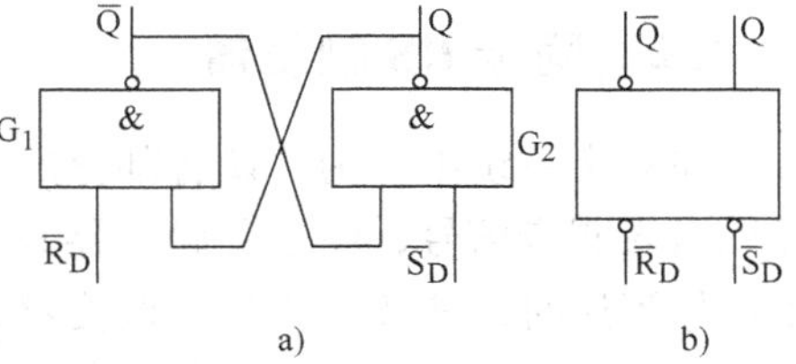

图 13-1　基本 RS 触发器
a）逻辑图　b）逻辑符号

由图 13-1a 可知，这种触发器有两个输出端，分别用 Q 和 $\overline{Q}$表示，它们的逻辑状态，在正常情况下总是互补的。在实际应用中，把Q端的状态作为触发器的输出状态。触发器有两个输入端，分别用$\overline{R}_D$、$\overline{S}_D$表示，其中$\overline{R}_D$ 称为直接置 0 端或复位端，$\overline{S}_D$ 称为直接置 1 端或置位端。由于基本 RS 触发器是采用低电平（或负脉冲）触发而引出 Q 端状态的翻转，所以在 R_D 和 S_D 上加一个非号或者用“○”符号表示，$\overline{Q}$端用“○”符号则表示 Q 与$\overline{Q}$状态相反。

由图 13-1a 可写出基本 RS 触发器的输出与输入的逻辑关系式：

$$\left.\begin{aligned} Q &= \overline{\overline{S}_D\,\overline{Q}} \\ \overline{Q} &= \overline{\overline{R}_D Q} \end{aligned}\right\} \tag{13-1}$$

下面按输入的不同组合，分析基本 RS 触发器的逻辑功能。

当$\overline{R}_D=1$、$\overline{S}_D=0$ 时，若触发器原态为 0，由式（13-1）可得 $Q=1$，$\overline{Q}=0$；若触发器原态为 1，由式（13-1）同样可得 $Q=1$、$\overline{Q}=0$。即不论触发器原状态如何，只要$\overline{R}_D=1$、$\overline{S}_D=0$，触发器将置成 1 态。

当$\overline{R}_D=0$、$\overline{S}_D=1$时，用同样分析可得$Q=0$、$\overline{Q}=1$，即触发器被置成0态。

当$\overline{R}_D=\overline{S}_D=1$时，按类似分析可知，触发器将保持原状态不变。

当$\overline{R}_D=\overline{S}_D=0$时，两个“与非”门的输出端Q和$\overline{Q}$全为1，则破坏了触发器的逻辑关系，在两个输入信号同时消失后，由于“与非”门延迟时间不可能完全相等，故不能确定触发器处于何种状态。在时序逻辑系统中，这种情况不允许出现。

综上所述，基本RS触发器的输出与输入的逻辑关系可列成真值表，如表13-1所示。

为了更形象地反映基本RS触发器的逻辑功能，通常还用图13-2所示的波形图来描述。

在图13-1a的基本RS触发器电路中，由于$\overline{R}_D$和$\overline{S}_D$的输入信号直接作用于G_1、G_2门上，所以输入信号在全部作用时间内（即$\overline{R}_D$或$\overline{S}_D$为低电平的全部时间），都能直接改变输出端Q和$\overline{Q}$的状态，故又把基本RS触发器称作直接置位、复位触发器。若将触发器的两个输入端同时置高电平1，则触发器的输出将保持于某一个状态（1态或者0态），这就是触发器的记忆和存储信息的功能。

表13-1 基本RS触发器真值表

$\overline{R}_D$	$\overline{S}_D$	Q
1	0	1
0	1	0
1	1	不变
0	0	不定

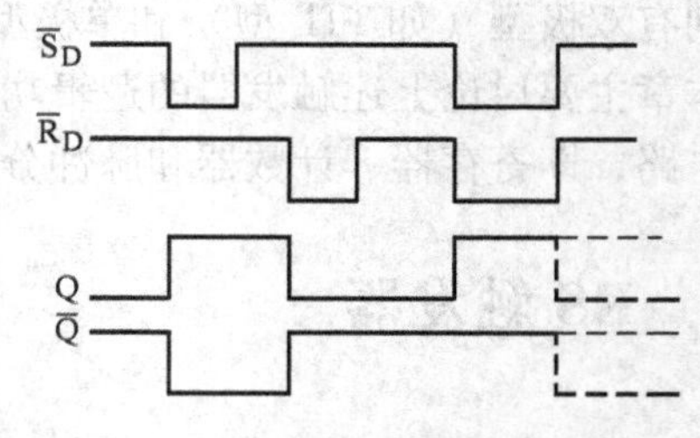

图13-2 基本RS触发器波形图

基本RS触发器也可由“或非”门组成，见习题13-2。

13.1.2 同步RS触发器

在数字系统中，为协调各部分的工作，常常要求某一些触发器于同一时刻动作。为此，必须引入同步信号，使这些触发器只有在同步信号到达时，才按输入信号改变状态。通常把这个同步信号叫做时钟脉冲信号，或简称时钟信号，用CP表示。受时钟控制的触发器称为时钟控制触发器。

图13-3a所示为同步RS触发器的逻辑图，它由G_1、G_2组成的基本RS触发器和由G_3、G_4组成的导引电路串联而成。通过导引电路来实现时钟脉冲对输入端R和S的控制。图13-3b是同步RS触发器的逻辑符号。

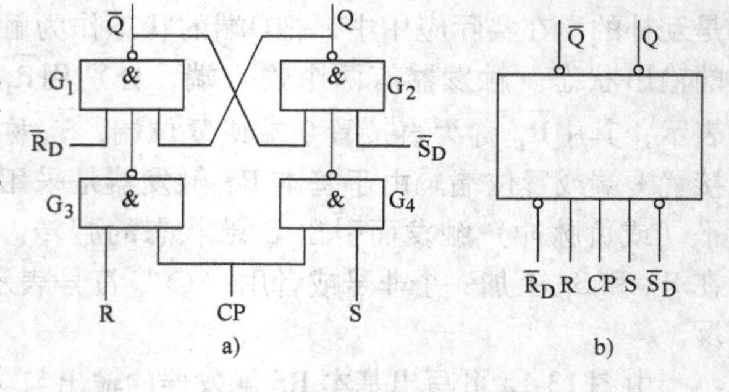

图13-3 同步RS触发器

a）逻辑图 b）逻辑符号

同步RS触发器的R端称为置0输入端，S端称为置1输入端，CP端为时钟脉冲输入端，$\overline{R}_D$和$\overline{S}_D$是直接复位和直接置位端，它不受时钟脉冲控制，只要在$\overline{R}_D$、$\overline{S}_D$端分别施加负脉冲（或置低电平），就可以将该触发器直接置0或置1。一般在工作之初，预先使触发器处于某一给定状态，工作过程中将$\overline{R}_D$、$\overline{S}_D$端接至高电平或悬空（TTL电路）。

时钟脉冲来到之前，即 CP = 0 时，不论 R、S 端的电平如何变化，G_3、G_4 门的输出均为 1，触发器保持原状态不变。

时钟脉冲来到后，CP = 1。如果此时 S = 1、R = 0，则 G_4 门输出将变为 0，向 G_2 门发一个置 1 负脉冲，触发器的输出端 Q 将处于 1 态，如果此时 S = 0、R = 1，则 G_3 门将向 G_1 门发置 0 负脉冲，触发器处于 0 态；如果此时 S = R = 0，则 G_3、G_4 门均为 1 态，触发器将保持原状态；若 S = R = 1，则 G_3、G_4 门输出均为 0，使 G_1、G_2 门输出均为 1，这违背了 Q 和 $\overline{Q}$ 状态应该相反的逻辑要求。当时钟脉冲过去后，G_1 门和 G_2 门的输出状态是不确定的。因此，这种不正常情况应避免出现。

表 13-2a 是同步 RS 触发器的逻辑真值表。若用 Q^{n+1} 表示触发器的新状态（亦称次态），用 Q^n 表示触发器的原状态（亦称初态），并将触发器由原状态向新状态的转换及其转换条件列入真值表，如表 13-2b 所示，称其为触发器状态转换真值表。由触发器的状态转换真值表可列出触发器的激励表，如表 13-2c 所示。所谓触发器的激励表是指在 t_n 时刻输入端所加的激励，它可将触发器在 t_n 时刻的状态 Q^n 转换成 t_{n+1} 时刻的新状态 Q^{n+1}。触发器的激励表是分析和设计由触发器构成各种时序逻辑电路的依据。表中 ϕ 表示输入端的取值任意，可以是 0，也可以是 1。

表 13-2　同步 RS 触发器逻辑真值表、状态转换真值表和激励表

a）逻辑真值表

S	R	Q
1	0	1
0	1	0
0	0	不变
1	1	不定

b）状态转换真值表

Q^n	S	R	Q^{n+1}
0	0	0	0
0	0	1	0
0	1	0	1
0	1	1	不定
1	0	0	1
1	0	1	0
1	1	0	1
1	1	1	不定

c）激励表

要求状态转换值		所需激励信号状态	
Q^n	Q^{n+1}	S	R
0	0	0	ϕ
1	0	0	1
0	1	1	0
1	1	ϕ	0

由表 13-2b 所对应的 Q^{n+1} 卡诺图如图 13-4 所示。S = R = 1 的情况是禁止出现的，可视为约束项，利用卡诺图化简可得同步 RS 触发器的特性方程为

$$\begin{cases} Q^{n+1} = S + \overline{R}Q^n \\ SR = 0 \text{（约束条件）} \end{cases} \tag{13-2}$$

S_nR_n \ Q_n	0	1
00	0	1
01	0	0
11	ϕ	ϕ
10	1	1

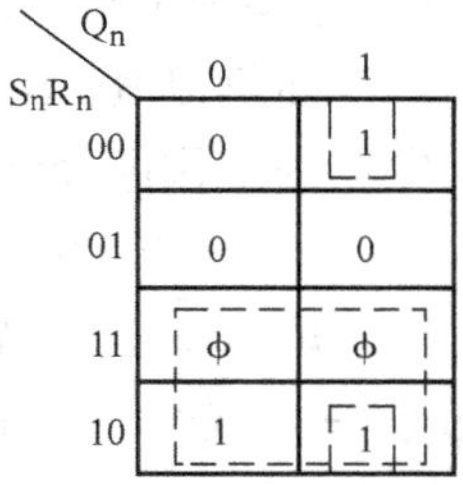

图 13-4　Q^{n+1} 卡诺图

将同步 RS 触发器的 $\overline{Q}$ 端反馈连接到 S 端，Q 端反馈连接到 R 端，在时钟脉冲端加计数脉冲，即构成计数式触发器，简称 T′触发器。图 13-5a 所示为其逻辑图。

图 13-5a 中的 G_3 门和 G_4 门分别受 Q 和 $\overline{Q}$ 控制，作为导引电路。若 Q = 0、$\overline{Q}$ = 1，在计数脉冲到来时，G_4 门将输出一个负脉冲，使触发器由 0 态翻转为 1 态；第二个计数脉冲到来时，由于 Q = 1、$\overline{Q}$ = 0，G_3 门将输出一个负脉冲使触发器由 1 态又翻转到 0 态，由此可见，每输入一个计数脉冲，触发器的状态将翻转一次。

其输出特性方程为

$$Q^{n+1} = \overline{Q}^n$$

图 13-5b 所示为该触发器的工作波形。

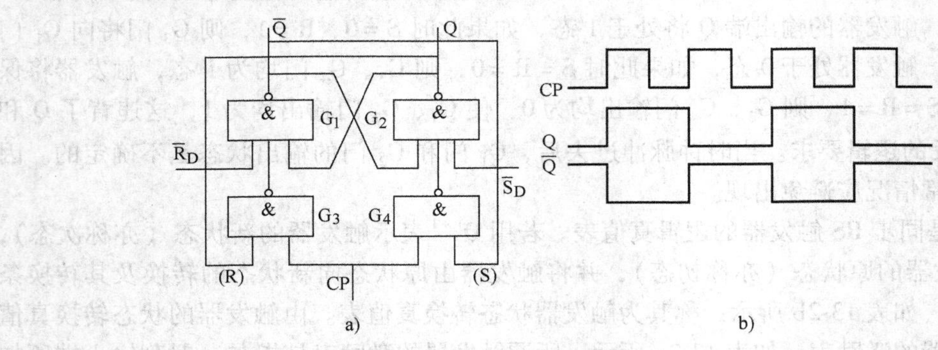

图 13-5　计数式触发器及计数工作波形
a）逻辑图　b）工作波形

事实上，上述触发器对计数脉冲的宽度有严格的要求。如果计数脉冲宽度较宽，就会出现在同一个计数脉冲作用期间，触发器产生两次或两次以上的翻转，即所谓“空翻”现象。例如当一个较宽的计数脉冲来到时，若触发器原态为 0，G_4 门输出一个负脉冲使触发器翻转为 1 态，如果计数脉冲仍为高电平，G_3 门就会输出置 0 负脉冲，使触发器又翻转为 0 态。可见在一个计数脉冲作用期间，触发器产生了多次翻转，造成触发器动作混乱，达不到每输入一个计数脉冲翻转一次的目的。图 13-6 为该触发器产生“空翻”的波形图。

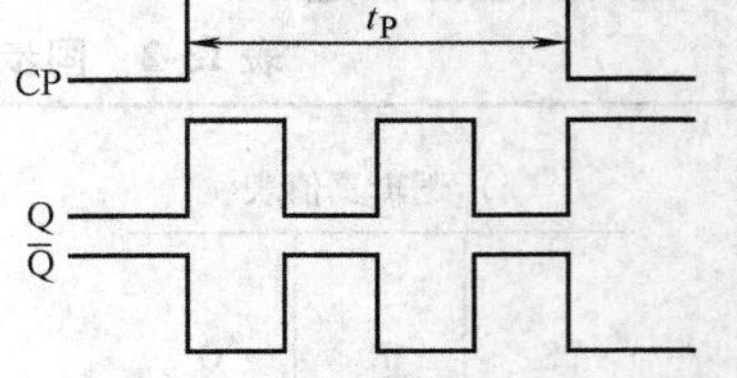

图 13-6　计数式触发器空翻波形

为了防止触发器的“空翻”，在结构上大多采用主从型触发器和维持阻塞型触发器。

13.1.3　主从 RS 触发器

图 13-7 为 TTL 主从型 RS 触发器的逻辑图，它由两个图 13-3a 所示的同步 RS 触发器构成，$G_5 \sim G_8$ 组成主触发器，$G_1 \sim G_4$ 组成从触发器。反相器 G_9 的作用是使主触发器和从触发器受互补时钟脉冲控制。

下面仍以 R、S 的 4 种不同组合情况，分析主从型 RS 触发器的工作原理和逻辑功能。

（1）S = 1、R = 0　若原状态为 0、CP = 1 时，由于 S = 1，R = 0，G_3 门输出负脉冲使主触发器翻转为 1 态，即 $Q' = 1$，$\overline{Q}' = 0$。但在 CP = 1 期间，由于 $\overline{CP} = 0$，G_3、G_4 门输出为 1，故不论 Q' 和 $\overline{Q}'$ 的状态如何变化，均对从触发器无影响，即从触发器维持原状态不变。

CP 由 1 变 0 后，G_7、G_8 门输出均为 1，主触发器的状态维持 1 态不变。此时从触发器中的 G_4 门输出一负脉

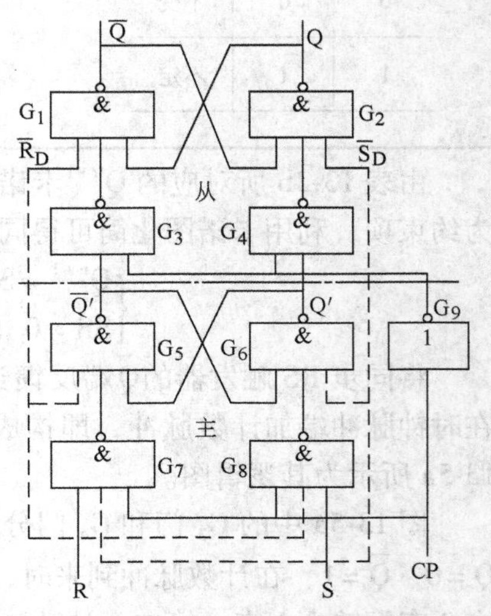

图 13-7　主从型 RS 触发器

冲，使从触发器翻转为1态，即 $Q=1$，$\overline{Q}=0$。

若触发器原状态为1，通过类似的分析可知，触发器将维持1态不变。

可见，不论触发器原状态如何，只要 $S=1$、$R=0$，在CP脉冲下降沿到来后，触发器均翻转为1态。由于这种触发器只是在CP脉冲由1变0时刻触发翻转，故为下降沿触发的触发器。在逻辑符号中用CP输入端的“○”表示下降沿动作。

（2）$S=0$，$R=1$　根据（1）的类似分析可知，在 $CP=1$ 时，主触发器的状态为 $Q'=0$，$\overline{Q}'=1$，在CP下降沿来到后，从触发器的状态为：$Q=0$，$\overline{Q}=1$，触发器处于0态。

（3）$S=R=0$　由图13-7可知，由于 $S=R=0$，当 $CP=1$ 时，G_7、G_8 门的输出均为1，主触发器维持原来状态不变，在CP下降沿到来后，从触发器也维持原来状态不变。

（4）$S=R=1$　在此条件下，当 $CP=1$ 时，G_7、G_8 门的输出均为0，因此主触发器的状态不能确定，当CP下降沿到来时，从触发器的状态也是未知的。

根据以上分析，可得出主从型RS触发器的逻辑真值表、状态转换真值表、激励表与表13-2相同，其状态方程也和式（13-2）相同。

例13-1　在图13-7所示的TTL主从型RS触发器电路中，若CP、S、R波形如图13-8所示，试画出Q和$\overline{Q}$波形。设触发器的初态为0。

解　TTL主从型RS触发器状态改变均发生在CP的下降沿，根据表13-2所列逻辑功能，可画出Q和$\overline{Q}$端波形，如图13-8所示。

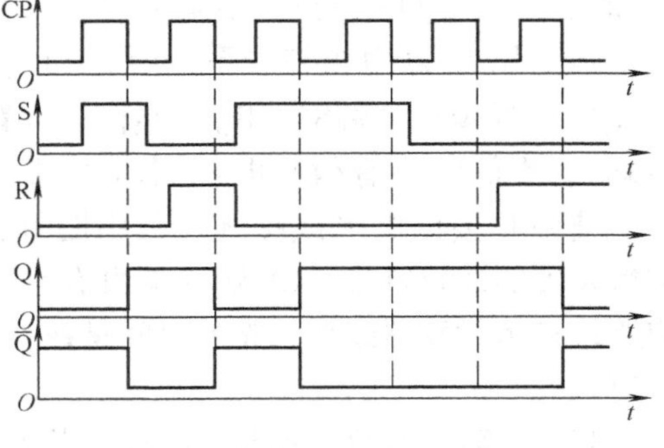

图13-8　例13-1波形图

通过以上分可见，主从触发器有如下两个动作特点：

第一，触发器的翻转分两步动作：第一步，在 $CP=1$ 期间主触发器接收输入端（R、S）的信号，被置成相应的状态，而从触发器不动；第二步，CP下降沿到来时从触发器按照主触发器的状态翻转，使Q和$\overline{Q}$相应地改变状态。因此主从触发器不存在空翻问题。

第二，因为主触发器是一个同步RS触发器，在 $CP=1$ 的全部时间里输入信号都对主触发器起控制作用，因此主从触发器有一个非常重要的现象，即输入信号在 $CP=1$ 期间只能一次性地使主触发器动作。如果输入信号有多次变化，输出端不能跟着作相应的变化，使信息丢失。如果在 $CP=1$ 期间，干扰信号使输入信号的状态发生改变，输出信号也将相应地出现错误。这就是所谓主从触发器的“一次翻转”问题。

例如在图13-7所示的主从RS触发器中，设初始状态为 $Q^n=0$，在 $CP=1$ 期间先是 $S=R=0$，但是在CP下降沿到来之前，由于干扰信号的作用使 $S=1$、$R=0$。触发器本应保持原来的状态，即 $Q^{n+1}=Q^n=0$。但实际上由于干扰信号的作用，在CP下降沿到来之前主触发器被置为1，CP下降沿到达之后从触发器也随之置1，使触发器的次态 $Q^{n+1}=1$。

由于存在一次翻转问题，使用主从型触发器时，必须保证 $CP=1$ 的全部时间里输入状态始终保持不变，用CP下降沿到达时的输入状态决定触发器的次态才是对的。否则，必须考虑 $CP=1$ 期间输入状态的全部变化过程，方能确定CP下降沿到来后触发器的次态。

在实际的数字系统中，触发器的输入端难免出现某些随机性的噪声电压，如果碰巧出现在CP为高电平时，就可能使触发器误动作。因此，主从触发器的抗干扰能力尚有待进一步提高。

13.2 JK 触发器

JK 触发器按电路结构不同可分为同步 JK 触发器、主从 JK 触发器和边沿 JK 触发器。同步触发器存在空翻问题，主从触发器存在一次翻转问题，边沿触发器克服了这两个问题，是性能优良的触发器。边沿触发器的特点是：只有当 CP 处于某个边沿（下降沿或上升沿）的瞬间，触发器才采样输入信号，并且同时进行状态转换。触发器的次态仅仅取决于此时刻输入信号的状态，而其他时刻输入信号的状态对触发器的状态没有影响，这就避免了其他时间干扰信号对触发器的影响，因此触发器的抗干扰能力较强。目前集成 JK 触发器大多采用边沿触发型。

主从型和边沿触发型 JK 触发器的逻辑符号相同（使用说明书上注明类型），如图 13-9 所示。其中图 a 是 TTL 型触发器的逻辑符号，CP 输入端的小圆圈和折线表示触发器改变状态的时间是在 CP 的下降沿（负跳变）；多输入端 J_1、J_2、J_3 和 K_1、K_2、K_3 各自为相与关系，即 $J=J_1J_2J_3$，$K=K_1K_2K_3$；异步输入端$\overline{S}_D$、$\overline{R}_D$（亦称直接置位、复位端），为低电平有效，即不用时可悬空或接电源，使用时接低电平或接地。其中图 b 是 CMOS 型触发器的逻辑符号，CP 输入端没有小圆圈而只有折线表示触发器改变状态的时间是在 CP 的上升沿（正跳变）；异步输入端 S_D、R_D 为高电平有效。

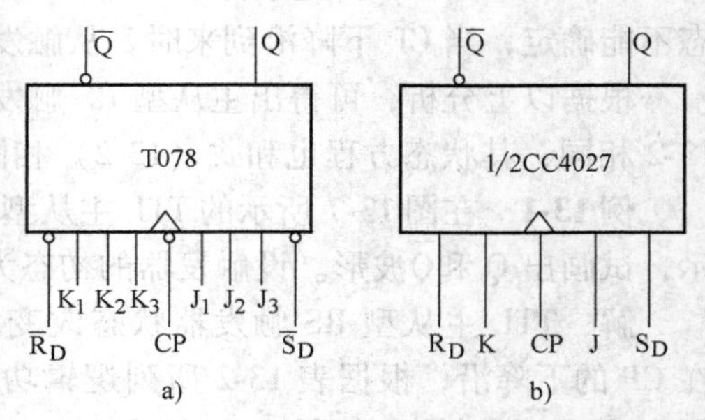

图 13-9 JK 触发器的逻辑符号
a）TTL 型 b）CMOS 型

TTL 型触发器的输入端悬空时相当接高电平。而 CMOS 型触发器的输入端不能悬空，必须通过电阻接电源置为“1”。

尽管 JK 触发器有不同的触发方式，不同的导电机理，但其逻辑功能是相同的。JK 触发器的逻辑功能可用表 13-3 所示的状态转换真值表（特性表）来表示。

表 13-3 JK 触发器状态转换真值表

CP		J	K	Q^n	Q^{n+1}	功能
TTL 型	CMOS 型					
↓（下降沿）	↑（上升沿）	0	0	0	0（Q^n）	保持
↓	↑	0	0	1	1（Q^n）	保持
↓	↑	0	1	0	0	置 0
↓	↑	0	1	1	0	置 0
↓	↑	1	0	0	1	置 1
↓	↑	1	0	1	1	置 1
↓	↑	1	1	0	1（$\overline{Q}^n$）	计数
↓	↑	1	1	1	0（$\overline{Q}^n$）	计数

由表可见，JK 触发器具有保持、置 0、置 1 和计数的功能，是逻辑功能较强的触发器，因而得到广泛应用。

JK 触发器的逻辑功能还可用特性方程表示。由状态转换真值表可得 JK 触发器的次态 Q^{n+1} 的卡诺图，见图 13-4。由卡诺图可得 JK 触发器的特性方程为

$$Q^{n+1}=J\overline{Q^n}+\overline{K}Q^n \tag{13-3}$$

常用的 JK 触发器例如 T078 是 TTL 型集成边沿触发器，其逻辑符号如图 13-9a 所示，其芯片接线图如图 13-10a 所示。CC4027 是国产 CMOS 型集成边沿 JK 触发器，其芯片内包含两个 JK 触发器单元，可单独使用，也可级联使用。CMOS 集成触发器供电电源有较宽的取值范围（3～18V），在数字系统中，考虑到与 TTL 集成芯片兼容，一般可取 $V_{DD}=5V$，$V_{SS}=0V$。双 JK 触发器 CC4027 的逻辑符号如图 13-9b 所示，其芯片接线图如图 13-10b 所示。CC4027 与国外产品 CD4027、MC14027 可直接换用。

例 13-2　已知集成边沿触发器 T078 的 CP、K、J 的波形如图 13-11 所示，试画出 Q 和 $\overline{Q}$ 端的波形。设触发器的初态为 0。

解　T078 为 TTL 型边沿触发器。触发器状态的改变只能在 CP 的下降沿。根据表 13-3JK 触发器的逻辑功能，可画出 Q 和 $\overline{Q}$ 端的波形，如图 13-11 所示。

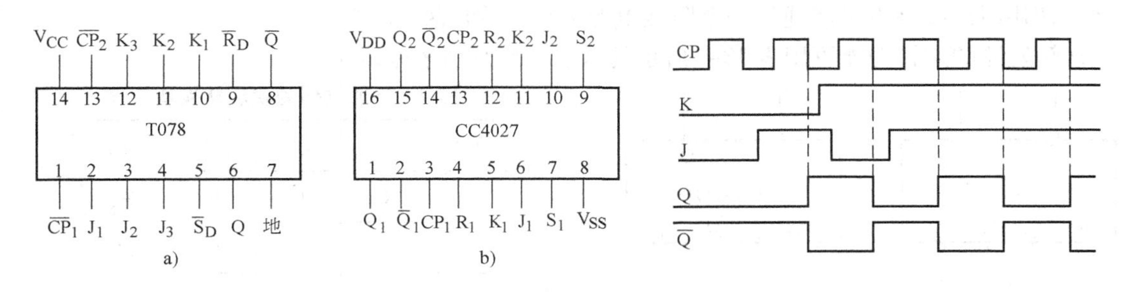

图 13-10　JK 触发器芯片接线图
a）T078　b）CC4027

图 13-11　例 13-2 图

例 13-3　图 13-12a 是由一片 CC4027（双 JK CMOS 边沿触发器）构成的单脉冲发生器，已知控制信号 A 和时钟脉冲 CP 的波形如图 13-12b 所示，并设各触发器的初态为 $Q_1=Q_2=0$，试画出 Q_1 和 Q_2 端的波形。

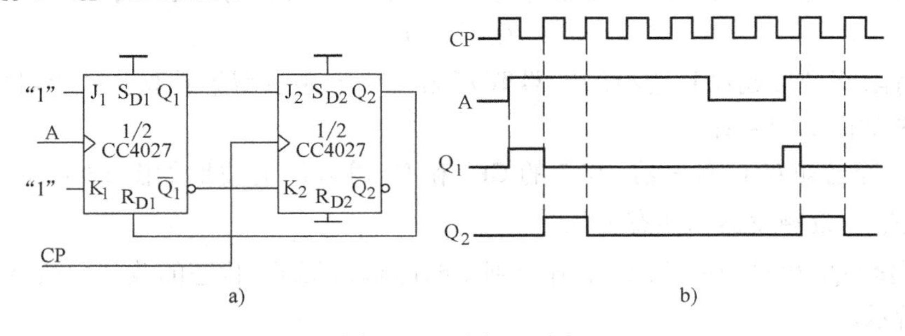

图 13-12　例 13-3 图
a）电路图　b）波形图

解　本题除了练习同步输入端的逻辑功能外，还应特别注意异步输入端的逻辑功能。在异步输入端有效电平到来期间，触发器应直接优先执行异步输入端的功能。本题利用了异步置 0 端 R_{D1}，当 $R_{D1}=1$、$S_{D1}=0$ 时，无论 J、K 和 CP 端状态如何，触发器将置为 0 状态。根据 JK 触发器的逻辑功能，可画出 Q_1 和 Q_2 端波形，如图 13-12b 所示。由图可见，每当控制

信号 A 的上升沿到来后，Q_2 端将输出一个持续时间等于 CP 周期的单个脉冲。

13.3　D 触发器

常见的 D 触发器有 TTL 维持阻塞结构和 CMOS 主从结构两种。这两种类型的 D 触发器都不存在“空翻”和“一次翻转”问题，都属于边沿触发器的，但前者要求输入信号的有效作用时间较长。

D 触发器的逻辑符号如图 13-13 所示。其中图 a 是 TTL 型 D 触发器的逻辑符号，例如双 D 触发器 T077 芯片中的一个 D 触发器即可用该符号表示。图 b 是 CMOS 型 D 触发器的逻辑符号，例如双 D 触发器芯片中的一个 D 触发器可用该符号表示。

TTL 型与 CMOS 型 D 触发器皆在 CP 上升沿时改变触发器的状态。TTL 型 D 触发器的异步直接置位端 $\overline{S}_D$ 和异步直接复位端 $\overline{R}_D$ 为低电平有效，不用时可悬空或接电源，使用时接低电平或接地。CMOS 型 D 触发器的异步直接置位和复位端 S_D、R_D 为高电平有效，不用时应接地，使用时应接高电平或通过一电阻接电源 U_{DD}，不能悬空。

D 触发器的逻辑功能可用表 13-4 所示的状态转换真值表来表示。

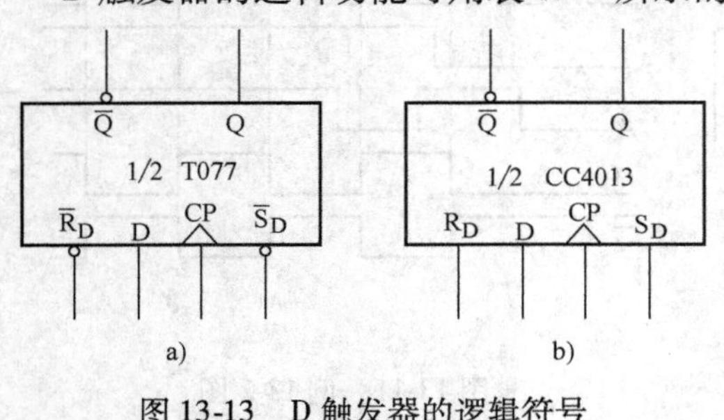

图 13-13　D 触发器的逻辑符号
a) TTL 型　b) CMOS 型

表 13-4　D 触发器的状态转换真值表

CP	D	Q^n	Q^{n+1}	功能
↑	0	0	0	保持
↑	0	1	0	置 0
↑	1	0	1	置 1
↑	1	1	1	保持

由表 13-4 可见，D 触发器具有保持、置 0 和置 1 的功能。置 0 和置 1 功能是在 CP 上升沿到来时将输入端 D 的信号传递给输出端，从信号传递的角度也称其为延迟功能。

由状态转换真值表可知，D 触发器的逻辑功能还可用特性方程表示，即

$$Q^{n+1} = D \tag{13-4}$$

TTL 维持阻塞型集成双 D 边沿触发器 T077 和 CMOS 主从型集成双 D 边沿触发器 CC4013 的芯片接线图如图 13-14 所示。

例 13-4　若已知双 D 触发器 T077 的 CP_1 和 D_1 输入端的波形如图 13-15 所示，试画出 Q_1 和 $\overline{Q}_1$ 的波形，设触发器的初态为 0。

解　输出端 Q_1 和 $\overline{Q}_1$ 在 CP_1 的上升沿到来时随输入端 D_1 状态的改变而改变，其波形图如图 13-15 所示。

例 13-5　图13-16a 为由一片双 D 触发器 CC4013 组成的移相电路，可输出两个频率相同但相位差为 90°的脉冲信号。已知 CP 波形，试画出 Q_1 和 Q_2 端波形，设 F_1 和 F_2 初态均为 0。

解　电路中 F_1 的 Q_1 端接 F_2 的 D_2 端，F_2 的 $\overline{Q}_2$ 端接 F_1 的 D_1 端，F_1 和 F_2 共用同一个时钟脉冲。电路工作时，在 CP 的作用下，可得如图 13-16b 所示的 Q_1 和 Q_2 端波形，并且 Q_1

超前 Q_2 相位角 90°(1/4 周期)。

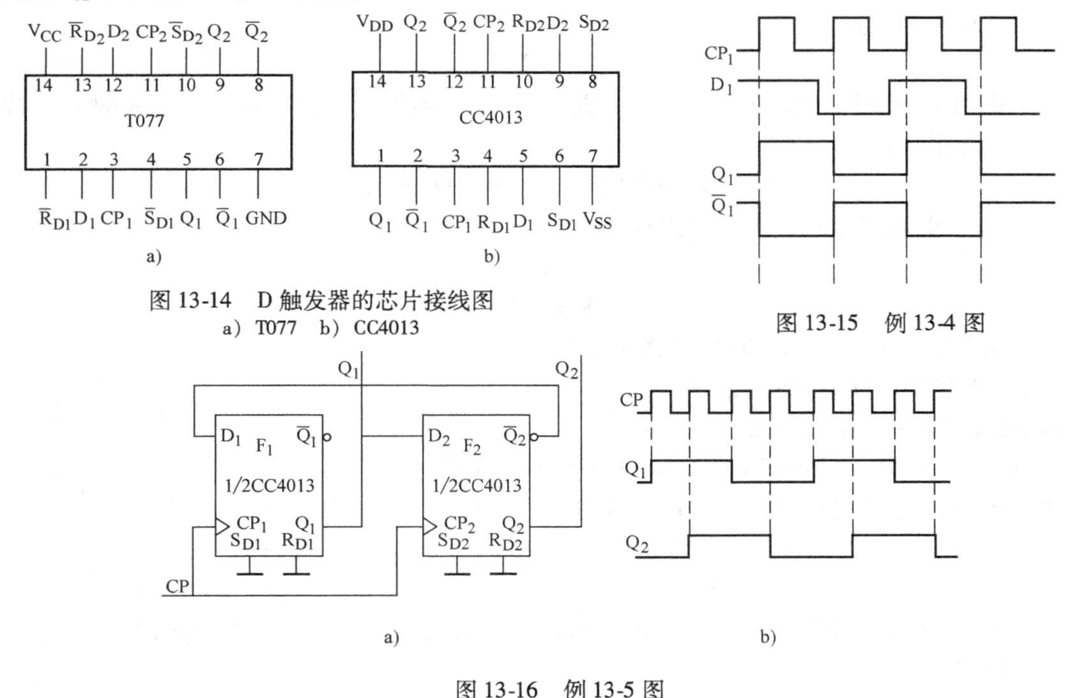

图 13-14　D 触发器的芯片接线图

a) T077　b) CC4013

图 13-15　例 13-4 图

图 13-16　例 13-5 图

a) 移相电路　b) 输出波形

13.4　触发器功能的转换

目前市场上出售的集成触发器大多数为 JK 或 D 触发器，为了得到其他功能的触发器，可将 JK 或 D 触发器通过一些简单的连线或附加一些逻辑门电路即可实现其逻辑功能的转换。

1. JK 触发器转换成 T、T′触发器

如图 13-17a 所示，将 JK 触发器的输入端 J、K 连在一起记作 T 输入端即得 T 触发器。T 触发器和 D 触发器一样具有单信号输入端，其逻辑功能是：当 T = 0 时，$Q^{n+1} = Q^n$，具有保持功能；当 T = 1 时，$Q^{n+1} = \overline{Q}^n$，具有计数功能。其特性方程为

$$Q^{n+1} = J\,\overline{Q}^n + \overline{K}Q^n = T\,\overline{Q}^n + \overline{T}Q^n \qquad (13\text{-}5)$$

图 13-17　JK 触发器转换为 T、T′触发器

a) 转换为 T 触发器　b) 转换为 T′触发器

若取 J = K = 1(即 T = 1) 即得 T′触发器，如图 13-17b 所示。T′触发器只具有计数功能，其特性方程为

$$Q^{n+1} = \overline{Q}^n \qquad (13\text{-}6)$$

2. JK 触发器转换成 D 触发器

触发器逻辑功能的转换一般可用特性方程比较法。这种方法是将待求触发器特性方程与已有触发器特性方程进行比较，从而得到所需的表达式，再画出转换所需的逻辑图。

JK 触发器的特性方程为

$$Q^{n+1}=J\,\overline{Q^n}+\overline{K}Q^n$$

D 触发器的特性方程为

$$Q^{n+1}=D$$

为了得到 J、K 用 D 表示的表达式，需要将 D 触发器的特性方程变换为与 JK 触发器特性方程相似的形式，即

$$Q^{n+1}=D=D(\overline{Q^n}+Q^n)=D\,\overline{Q^n}+DQ^n$$

将上式与 JK 触发器的特性方程比较后可知，若取

$$J=D$$
$$K=\overline{D}$$

便得到单输入端的 D 触发器，转换电路如图 13-18 所示。

图 13-18　JK 触发器转换为 D 触发器

3. JK 触发器转换成 RS 触发器

对 RS 触发器的特性方程变换如下：

$$Q^{n+1}=S+\overline{R}Q^n=S(Q^n+\overline{Q^n})+\overline{R}Q^n=S\,\overline{Q^n}+\overline{\overline{S}\,\overline{R}}Q^n$$

将该式与 JK 触发器的特性方程比较可知，只要取

$$J=S$$
$$K=\overline{S}R$$

便可实现 RS 触发器的功能。利用约束条件 SR = 0 可将上式进一步化简，得到

$$J=S$$
$$K=\overline{S}R+SR=R$$

据此可画出图 13-19 所示的转换电路。

4. D 触发器转换成 T、T′触发器

T 触发器的特性方程为

$$Q^{n+1}=T\,\overline{Q^n}+\overline{T}Q^n$$

与 D 触发器的特性方程比较，应有

$$D=T\,\overline{Q^n}+\overline{T}Q^n=T\oplus Q^n$$

据此可画出图 13-20a 所示的转换电路。

T′触发器的特性方程为 $Q^{n+1}=\overline{Q^n}$，只要取 D 触发器的输入端为 $D=\overline{Q^n}$，即将 $\overline{Q}$ 接回到 D 端，则可得 T′触发器。电路连接如图 13-20b 所示。

D 触发器转换成 RS、JK 触发器的方法同上，请读者自行分析。

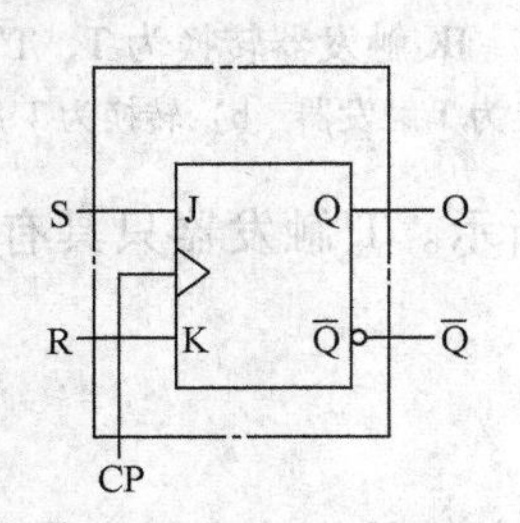

图 13-19　JK 触发器转换为 RS 触发器

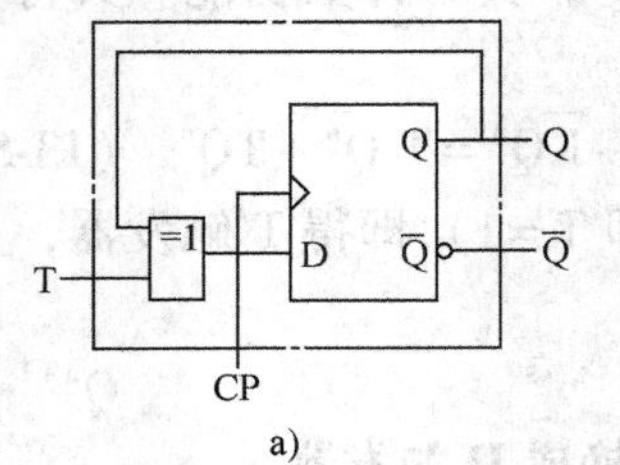

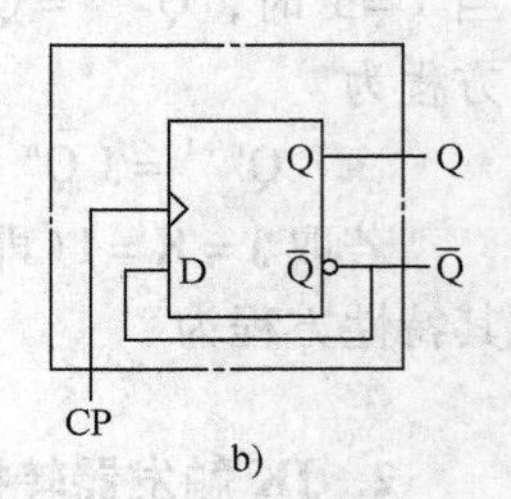

图 13-20　D 触发器转换为 T、T′触发器

a）转成 T 触发器　b）转成 T′触发器

练习与思考

13-4-1　按结构分双稳态触发器有哪几种？

13-4-2　按触发方式分双稳态触发器有哪几种触发方式？

13-4-3　按导电机理分双稳态触发器主要有哪几种类型？

13-4-4　按逻辑功能分双稳态触发器有哪几种？

13-4-5　同一种逻辑功能的触发器可否用不同的导电类型和不同的电路结构实现？同一种导电类型和电路结构的触发器可否做成不同的逻辑功能？

13-4-6　何种类型的触发器存在“空翻”和“一次翻转”问题，何种类型触发器不存在这两个问题？

13-4-7　试写出基本 RS、同步 RS、D、JK、T、T′触发器的特性方程。

13.5　寄存器

在数字系统和电子计算机中，经常需要把一些数据信息暂时存放起来，等待处理。能够暂时存放数码的逻辑部件称为寄存器。寄存器的记忆单元是触发器。一个触发器可以存储一位二进制数，N 个触发器可以存储 N 位二进制数。寄存器应具有清零、存数和取数的功能，并由相应的电路实现。

寄存器分为数码寄存器和移位寄存器两类。

13.5.1　数码寄存器

图 13-21 是 4 位数码寄存器逻辑图，它由 4 个基本 RS 触发器和一些与非门组成，其工作过程如下：

在接收数码前，先送入清零负脉冲，使所有触发器均置为 0 态。待存数码加在触发器的输入端 $D_3 \sim D_0$，设数码为 1010。当寄存器接到“寄存指令”（正脉冲）时，由于 $D_3=1$、$D_1=1$，则“与非”门 G_4、G_2 输出置 1 负脉冲，将触发器 F_3、F_1 置 1，而 $D_2=0$、$D_0=0$，G_3、G_0 门输出为 1，触发器 F_2、F_0 保持 0 态，因此数码寄存器便把输入数码存入寄存器中。需要取出数码时，发“取数指令”（正脉冲），在输出端 $Y_3 \sim Y_0$ 便可得到存放在寄存器中的数码，$Y_3Y_2Y_1Y_0=1010$。

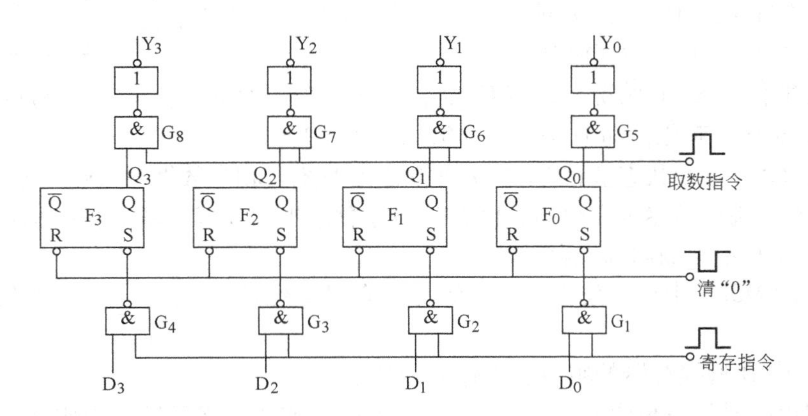

图 13-21　4 位数码寄存器

上述寄存器在接收数码时，各位数码是同时存入寄存器的，其输出也是从各位同时取出，因此这种寄存器又称并行输入并行输出寄存器。

下面列举两个常用的集成数码寄存器。

1. 8位三态输出数码寄存器 T3374

T3374 的逻辑图如图 13-22 所示。它的内部有 8 个 D 触发器，是用 CP 上升沿触发实现并行输入、并行输出的数码寄存器。其功能与国外产品 74LS374 相同。

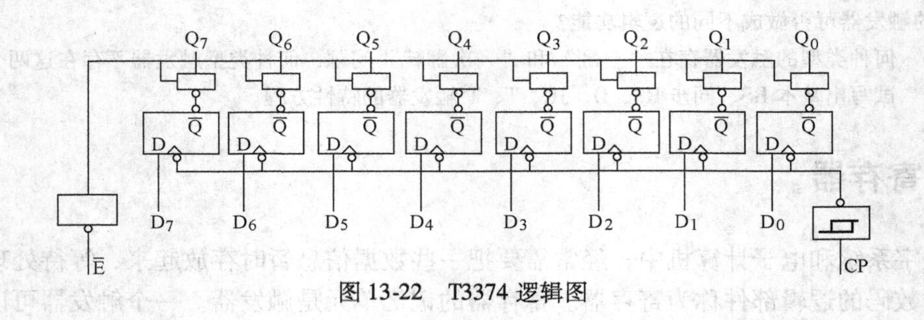

图 13-22　T3374 逻辑图

数码寄存器 T3374 有三个特点：一是三态输出；二是具有 CP 缓冲门；三是不需清零。$\overline{E}$ 端为使能输入端，当 $\overline{E}=0$（低电平使能）时，各触发器输出端 $\overline{Q}$ 经三态门反相后输出；而当 $\overline{E}=1$ 时，输出为高阻状态，输入时钟脉冲 CP 是经施密特触发器整形后才送入各触发器时钟端的，这使输入时钟出现滞后现象，但能减少交直流噪声干扰，有利于数据的传送和保持。关于施密特触发器的内容，将在第 13.8.3 中介绍。T3374 不需清零，当一组新的数据存入寄存器时，原有数据同时消失。

8 位三态输出寄存器 T3374 的引脚排列图如图 13-23 所示。

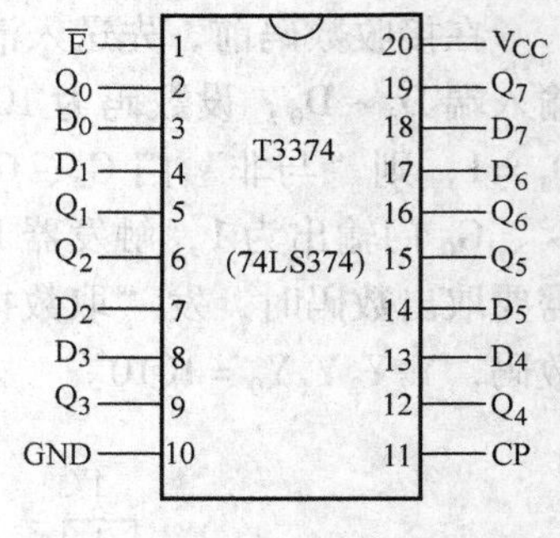

图 13-23　T3374 的引脚排列图

2. 8位D型锁存器 74LS373

74LS373 的逻辑图和引脚排列图如图 13-24 所示。由图可见它是三态输出结构，$\overline{E}$ 为输出使能控制信号端。当 $\overline{E}$ 为低电平时，8 个输出三态门导通；当 $\overline{E}$ 为高电平时，输出三态门为高阻态。

74LS373 内部集成有 8 位 D 型锁存器，1D、2D、…、8D 是 8 个数据输入端，CP 是锁存控制信号。

在输出使能信号 $\overline{E}=0$ 情况下，若 CP 为高电平，输出 Q 跟随输入数据 D 变化而变化，即 D=0，Q=0，D=1，Q=1。若 CP 为低电平，输出 Q 的状态被锁存在 CP 变 0 之前时刻各相应数据输入端的电平上。

当 $\overline{E}=1$ 时，输出虽然为高阻态，已有的锁存数据仍然保留，新的数据也可以进入，因而输出使能信号 $\overline{E}$ 不影响内部锁存功能。

经常使用的 MSI（中规模集成电路）锁存器有双 2 位、4 位、双 4 位、8 位透明锁存器等。

图 13-24a 中 D 型锁存器的组成和工作原理如下：

1 位 D 型锁存器的逻辑图如图 13-25 所示。两个与或非门交叉耦合构成基本 RS 触发器。当 CP 为高电平 1 时，D=1，Q=1；同样，CP=1，D=0，Q=0。输出 Q 的状态随 D 端数据变化而变化，相当 D 端数据直接输出至 Q 端一样，即所谓透明。当 CP 变为低电平 0 时，对“与或非”门构成的基本 RS 触发器的状态不产生影响。Q 端状态仍维持 CP 变为低电平之前 D 的状态。此后即使 D 端数据变化，由于 CP = 0，Q 端的状态也不变，实现锁存功能。该 D 型锁存器又称为 D 型透明锁存器。

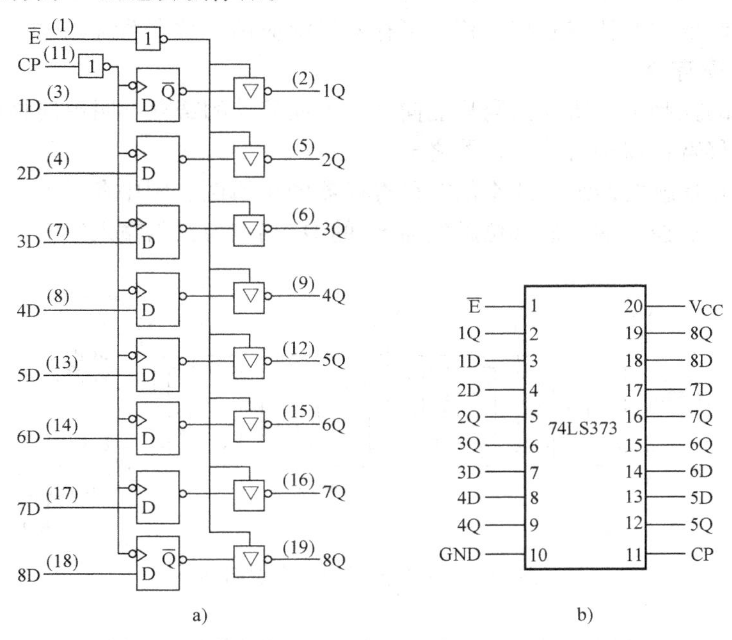

图 13-24　74LS373 的逻辑图和引脚图

a）逻辑图　b）引脚图

采用三态输出寄存器，因输出线上出现的数据和输入线上传来的数据不是同时存在的，所以可以共用数据总线。图 13-26 为微型计算机各寄存器示意框图。图中 RTA、RTB、RTC、RTD 为三态输出寄存器，全部挂在数据总线 BUS 上，其中双箭头数据线表示传输的数据是双向的。

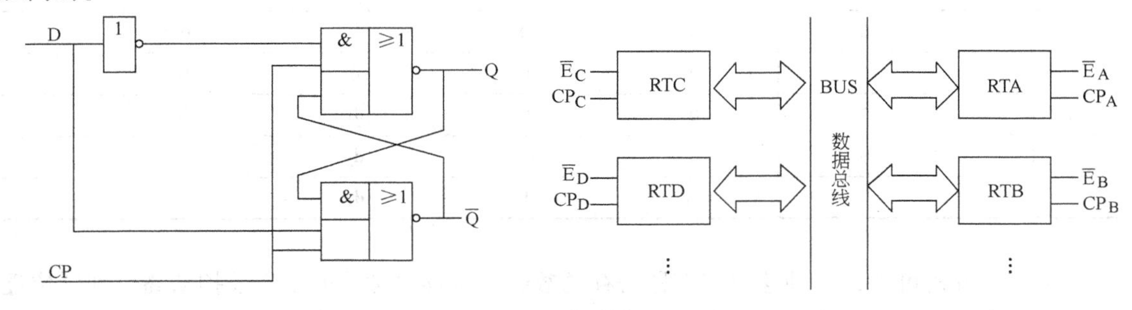

图 13-25　1 位 D 型锁存器逻辑图　　图 13-26　三态输出寄存器挂接数据总线

如果要将 RTA 中所存数据传送到 RTD 中去，只要分时实现 $\overline{E}_A = 0$，$CP_D = 1$ 即可。但此时必须关闭其他寄存器，即令其他寄存器在此期间 $\overline{E} = 1$，CP = 0。否则会出现其他寄存器

“争夺”数据总线的错误。

13.5.2 移位寄存器

移位寄存器不仅可以存放数码而且具有移位的功能。移位是指在移位脉冲的控制下，寄存器中所存的数码依次左移或右移。移位寄存器广泛应用于数字系统和电子计算机中。

1. 单向移位寄存器

在移位脉冲的控制下，所存数码只能向某一方向移动的寄存器叫单向移位寄存器，单向移位寄存器有左移寄存器和右移寄存器之分。

图 13-27 是由 D 触发器组成的 4 位左移寄存器的逻辑图。图中各位触发器的 CP 端连在一起作为移位脉冲的控制端，最低位触发器 F_0 的 D_0 端作为数码输入端 D。

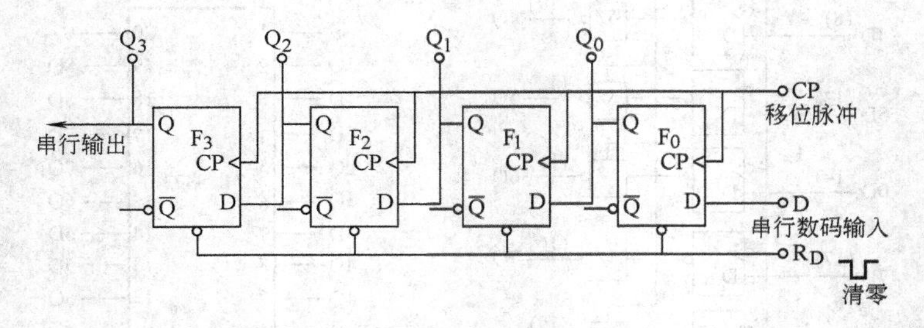

图 13-27 4 位左移寄存器逻辑图

设要存入的 4 位二进制数码 $d_3d_2d_1d_0=1101$，按移位脉冲的工作节拍，从高位到低位逐位送到 D_0 端，经过第一个 CP 后，$Q_0=D_3$，经过第二个 CP 后，F_0 的状态移入 F_1，F_0 又移入新数码 d_2，即 $Q_1=d_3$，$Q_0=d_2$，以此类推，经过 4 个时钟脉冲后，$Q_3=d_3$、$Q_2=d_2$、$Q_1=d_1$、$Q_0=d_0$，4 位数码全部存入寄存器中。

上述分析可用表 13-5 给出的状态表和图 13-28 所示的波形图表示。

表 13-5 4 位左移寄存器状态表

$\overline{R}_D$	CP	Q_3	Q_2	Q_1	Q_0
0	0	0	0	0	0
1	1	0	0	0	d_3
1	2	0	0	d_3	d_2
1	3	0	d_3	d_2	d_1
1	4	d_3	d_2	d_1	d_0

由上述分析可知，这种移位寄存器寄存的数码是按移位脉冲的工作节拍从高位到低位逐位输入到寄存器中，属串行输入方式。从寄存器中取数有两种方式：一是从 4 个触发器的 Q 端同时取数的并行输出方式；二是数码从最高位触发器的 Q_3 端逐位取出，即串行输出方式。

右移寄存器的特点是待存数码从低位到高位逐位送到最高位触发器的输入端，其工作过程与左移寄存器相同。

例 13-6 试分析图13-29 所示时序电路的逻辑功能。若输入数码 $d_3d_2d_1d_0=1101$，经过

4 个 CP 后，各触发器的状态 $Q_3Q_2Q_1Q_0$ 如何？

解　图 13-29 中，各触发器 CP 端连在一起作移位脉冲输入端，R_D 为高电平清零端，最高位触发器 F_3 接成 D 触发器，D 作串行数据输入端。需要移位的数码 $d_3d_2d_1d_0$ = 1101，按时钟脉冲工作节拍，从低位到高位将数码逐位送到 D 端。根据 JK 触发器特性方程，由图 13-29 可得

$$Q_3^{n+1} = D$$

$$Q_2^{n+1} = J_2\overline{Q_2^n} + \overline{K_2}Q_2^n = Q_3\overline{Q_2^n} + Q_3Q_2^n = Q_3$$

$$Q_1^{n+1} = J_1\overline{Q_1^n} + \overline{K_1}Q_1^n = Q_2\overline{Q_1^n} + Q_2Q_1^n = Q_2$$

$$Q_0^{n+1} = J_0\overline{Q_0^n} + \overline{K_0}Q_0^n = Q_1\overline{Q_0^n} + Q_1Q_0^n = Q_1$$

由此可见，它与图 13-27 所示的电路具有相似的逻辑功能。经过 4 个移位脉冲后，待存的 4 位数码从低位到高位逐位移入寄存器中。表 13-6 是该移位寄存器的状态表。

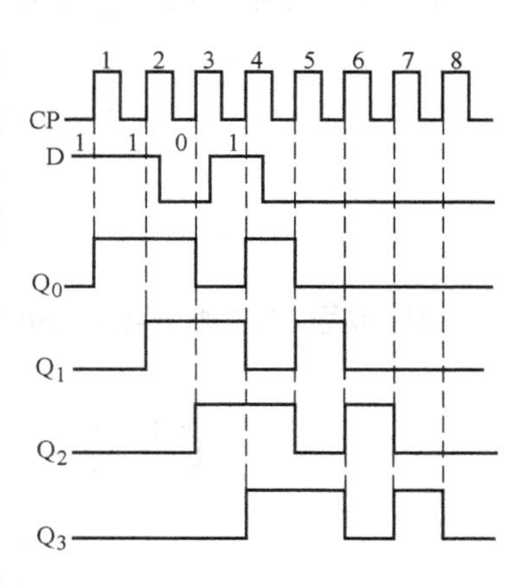

图 13-28　4 位左移寄存器波形图

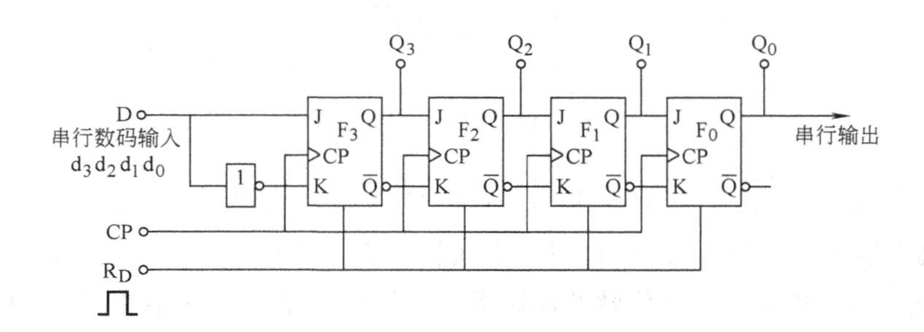

图 13-29　例 13-6 图

表 13-6　例 13-6 状态表

R_D	CP	Q_3	Q_2	Q_1	Q_0
1	0	0	0	0	0
0	1	1	0	0	0
0	2	0	1	0	0
0	3	1	0	1	0
0	4	1	1	0	1

由表 13-6 可知，该时序电路是 4 位右移寄存器。经 4 个 CP 后，各触发器的状态为 $Q_3Q_2Q_1Q_0 = 1101$。

2. 双向移位寄存器

寄存器中的数码既能左移，又能右移，这种功能的寄存器称为双向移位寄存器。

图 13-30 是双向移位寄存器的逻辑图。它由 4 个 CMOS 型 D 触发器和“与或非”门等控制电路组成。图中 D_L 为左移数码串行输入端，D_R 为右移数码串行输入端，CP 为移位脉冲输入端，X 为左/右移位控制端。

由图 13-30 可写出各位触发器输入端 D 的逻辑式：

$$D_0 = \overline{X\overline{D_L} + \overline{X}\,\overline{Q_1}}$$

$$D_1 = \overline{X\overline{Q_0} + \overline{X}\,\overline{Q_2}}$$

$$D_3 = \overline{X\overline{Q_1} + \overline{X}\,\overline{Q_3}}$$

$$D_4 = \overline{X\overline{Q_2} + \overline{X}\,\overline{Q_R}}$$

现仅以第二位触发器 F_1 为例，讨论该触发器如何实现左移和右移功能。

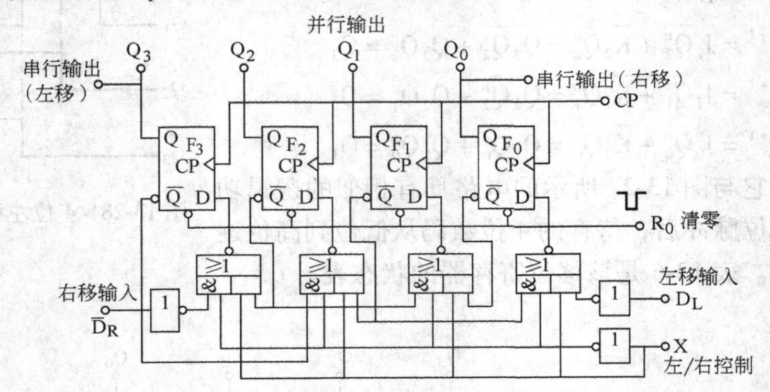

图 13-30　双向移位寄存器逻辑图

当 $X=1$ 时，$D_1 = \overline{X\overline{Q_0} + \overline{X}\,\overline{Q_2}} = \overline{1 \cdot \overline{Q_0} + 0 \cdot \overline{Q_2}} = Q_0$，相当于 D_1 与 Q_0 相接，在移位脉冲作用下，触发器 F_0 的状态左移到 F_1 中，使 $Q_1^{n+1} = Q_0^n$；当 $X=0$ 时，$D_1 = \overline{0 \cdot \overline{Q_0} + 1 \cdot \overline{Q_2}} = Q_2$，相当于 D_1 与 Q_2 相接，在移位脉冲作用下，触发器 F_2 的状态右移到 F_1 中去，使 $Q_1^{n+1} = Q_2^n$。

同理可分析出其他任意两位触发器之间的移位情况。可见图 13-30 所示的移位寄存器，在 $X=1$ 时，可向左移位，数码从 D_L 端由高位到低位逐位输入，在 CP 控制下移入寄存器；在 $X=0$ 时，则可向右移位，数码从 D_R 端由低位到高位逐位输入，在 CP 控制下移入寄存器。这种双向移位寄存器可以采用并行或串行输出方式。

下面介绍国产 CMOS 双向移位寄存器集成芯片 CC40194。

CC40194 是一种功能很强的通用寄存器。它具有数据并行输入、保持、异步清零和左、右移位控制的功能，其工作原理与上述双向移位寄存器基本相同。图 13-31 为 CC40194 片脚功能排列图。其中引脚 16 接电源 V_{DD}，引脚 8 接 V_{SS}（一般接地），其余片脚符号意义如下：

$\overline{C_r}$——清零端。$\overline{C_r}$低电平时寄存器清零。

CP——时钟脉冲输入端。

$P_0 \sim P_3$——数码并行输入端。

$Q_0 \sim Q_3$——数码输出端。

D_{SL}——左移数码输入端。

D_{SR}——右移数码输入端。

S_1、S_2——状态控制端。当 $S_1 = S_2 = 0$ 时，寄存器执行保持功能，这时寄存器内的数码保持不变；当 $S_1 = 0$、$S_2 = 1$ 时，寄存器

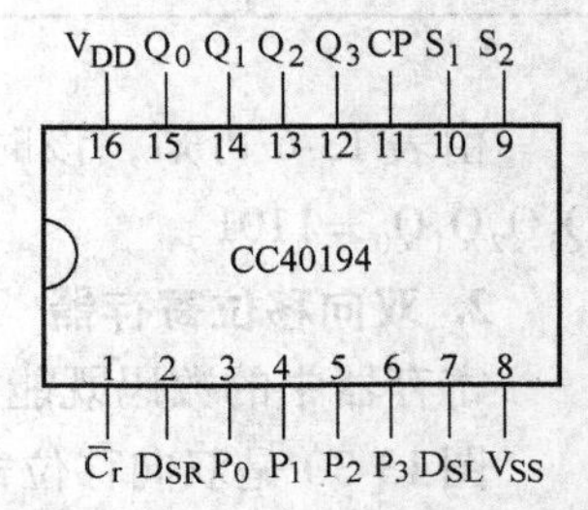

图 13-31　CC40194 片脚功能排列图

执行右移功能，数码从 D_{SR}端输入；当 $S_1=1$、$S_2=0$ 时，寄存器执行左移功能，数码从 D_{SL} 端输入；当 $S_1=S_2=1$ 时，寄存器执行并行输入数码功能，加在 $P_0\sim P_3$ 端的数码在时钟脉冲作用下，同时存入寄存器中，其逻辑功能真值表如表13-7所示。

表 13-7　CC40194 集成芯片逻辑功能真值表

$\overline{C_r}$	S_1	S_2	工作状态
0	φ	φ	清零
1	0	0	保持
1	0	1	右移
1	1	0	左移
1	1	1	并行输入

中规模集成 TTL 系列双向移位寄存器国内产品有 T4194，国外产品有 74LS194。其逻辑功能和片脚排列与 CC40194 相同。

例 13-7　用双向移位寄存器 T4194 组成一个 8 位双向移位寄存器。

解　T4194 为 4 位双向移位寄存器，欲构成一个 8 位双向移位寄存器，需用两片 T4194，其接法如图 13-32 所示。

当需要左移时，数码从第二片的 D_{SL2} 输入，且 $S_1=1$、$S_2=0$、$\overline{C_r}=1$，在 CP 脉冲作用下，数码逐位左移，从第一片 T4194 的 Q_0 串行输出；当需要右移时，令 $S_1=0$、$S_2=1$、$\overline{C_r}=1$，数码从第一片的 D_{SR1} 输入，在移位脉冲作用下，数码逐位右移，从第二片 T4194 的 Q_3 端串行输出。

13.5.3　寄存器应用举例

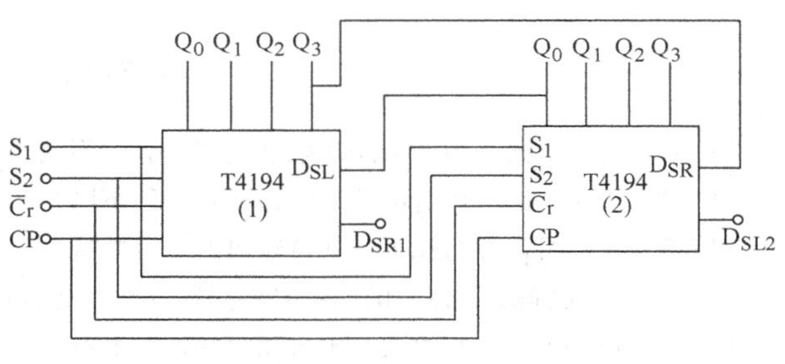

图 13-32　例 13-7 逻辑图

下面介绍移位寄存器在数据串一并行变换中的应用。

图 13-33 为 7 位并行变串行的数码变换器，其功能是把 7 位数据 $D_6\sim D_0$ 并行输入至寄存器，由 Q_{D2} 端逐拍串行输出。图中所用的寄存器是 CC40194，其工作过程如下：

启动时，在 G_2 门输入端加一启动负脉冲，使两个寄存器处于并行输入状态（$S_1=S_2=1$），由 CP 脉冲将数据并行地送入寄存器。于是 $Q_{A1}Q_{B1}Q_{C1}Q_{D1}=0D_0D_1D_2$、$Q_{A2}Q_{B2}Q_{C2}Q_{D2}=D_3D_4D_5D_6$。此时由于 $Q_{A1}=0$，所以“与非”门 G_1 的输出为 1，因而 $S_1=0$、$S_2=1$，寄存器自动转换成右移工作方式。在以后的 5 拍中，由于 G_1 的输入端总有一个为 0，所以 $S_1=0$、

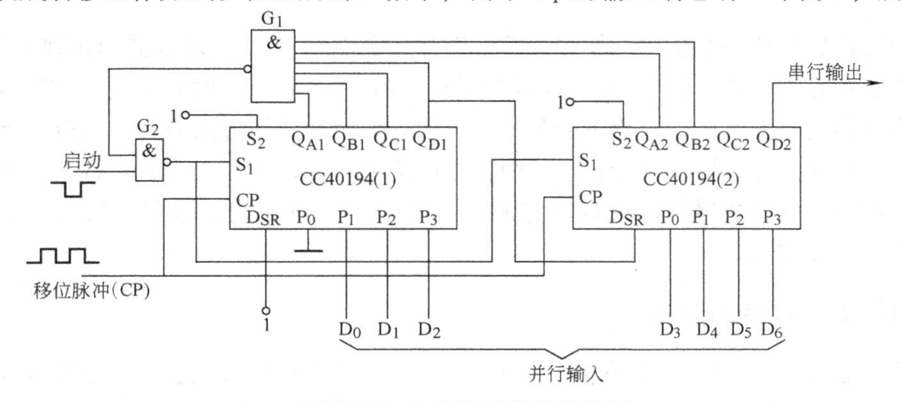

图 13-33　7 位并-串数据变换器

$S_2=1$ 的状态不变。因此所有数据在移位脉冲作用下逐拍右移，并由 Q_{D2} 端依次输出，直到第 7 拍到达时，G_1 门全部输入均等于 1，使 G_1 输出为 0，$S_1=S_2=1$，寄存器又自动转变成并行输入的工作方式，输入新数据，开始下一移位循环。移位过程详见表 13-8。由表 13-8 可知，并行输入的 7 位数据经 7 拍后，全部由 Q_{D2} 端输出，完成一次并→串行变换。

表 13-8　数据并→串行变换过程表

CP		寄存器各输出端状态								寄存器工作方式
		Q_{A1}	Q_{B1}	Q_{C1}	Q_{D1}	Q_{A2}	Q_{B2}	Q_{C2}	Q_{D2}	
1	↑	0	D_0	D_1	D_2	D_3	D_4	D_5	D_6	并行输入($S_1S_0=11$)
2	↑	1	0	D_0	D_1	D_2	D_3	D_4	D_5	右移($S_1S_0=01$)
3	↑	1	1	0	D_0	D_1	D_2	D_3	D_4	右移($S_1S_0=01$)
4	↑	1	1	1	0	D_0	D_1	D_2	D_3	右移($S_1S_0=01$)
5	↑	1	1	1	1	0	D_0	D_1	D_2	右移($S_1S_0=01$)
6	↑	1	1	1	1	1	0	D_0	D_1	右移($S_1S_0=01$)
7	↑	1	1	1	1	1	1	0	D_0	并行输入($S_1S_0=11$)

练习与思考

13-5-1　时序电路与组合电路在电路组成上有何不同？

13-5-2　时序电路与组合电路的工作特点有何不同？

13-5-3　数码可以并行输入、并行输出的寄存器有（　　）。

a）数码寄存器　b）移位寄存器　c）二者皆可

13-5-4　数码可以串行输入、串行输出的寄存器有（　　）。

a）数码寄存器　b）移位寄存器　c）二者皆可

13-5-5　下列各种类型的触发器，哪些能组成移位寄存器？哪些不能组成移位寄存器？

a）基本 RS 触发器　b）同步 RS 触发器　c）主从结构触发器　d）维持阻塞触发器　e）边沿触发器

13.6　计数器

在电子计算机和数字系统中，使用最多的时序电路是计数器。计数器的用途相当广泛，它不仅能用于对时钟脉冲计数，还可以用作分频、定时、产生节拍脉冲和进行数字运算等。

计数器的种类繁多，按计数器中的各个触发器计数脉冲作用方式分类，可以把计数器分为同步计数器和异步计数器；按计数过程中数字的增减分类，可分为加法计数器、减法计数器和可逆计数器；按计数器循环模数（进制数）不同，又可分为二进制计数器、十进制计数器和任意进制计数器。

13.6.1　计数器功能的分析

计数器功能的分析，就是按上述对计数器的分类，用波形图或状态转换表等方法，分析计数器是同步的还是异步的；是加法计数、减法计数、还是可逆计数的；计数器的循环模数又是多少。下面举例说明。

例 13-8　试分析图13-34 所示时序电路的逻辑功能。设各触发器的初态 $Q_3Q_2Q_1Q_0=0000$。

解　图 13-34 所示时序电路无数码输入端，只有 CP 输入端，所以它是计数器而不是寄存器。

由于组成计数器的 4 个触发器的 CP 不全相同，所以它是一个异步计数器，其计数功能可用波形图（时序图）或状态转换表分析。

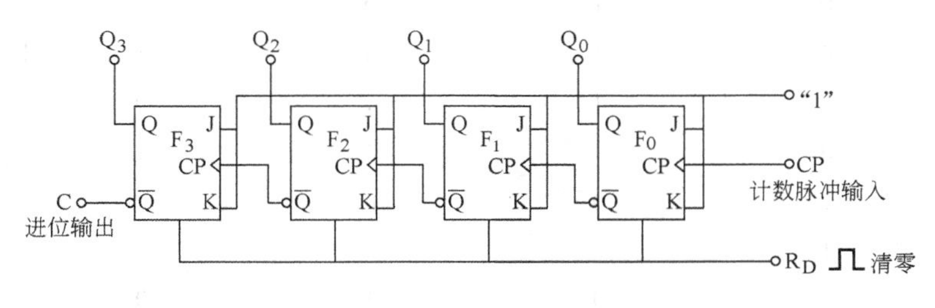

图 13-34　例 13-8 图

计数器的时钟方程为

$$CP_0=CP\quad CP_1=\overline{Q}_0\quad CP_2=\overline{Q}_1\quad CP_3=\overline{Q}_2 \tag{13-7}$$

各触发器的驱动方程为

$$\begin{cases}J_0=1\\K_0=1\end{cases}\quad\begin{cases}J_1=1\\K_1=1\end{cases}\quad\begin{cases}J_2=1\\K_2=1\end{cases}\quad\begin{cases}J_3=1\\K_3=1\end{cases} \tag{13-8}$$

将驱动方程代入特性方程，得到各触发器的状态方程为

$$\left.\begin{aligned}Q_0^{n+1}&=J_0\overline{Q_0^n}+\overline{K}_0Q_0^n=\overline{Q_0^n}\\Q_1^{n+1}&=J_1\overline{Q_1^n}+\overline{K}_1Q_1^n=\overline{Q_1^n}\\Q_2^{n+1}&=J_2\overline{Q_2^n}+\overline{K}_2Q_2^n=\overline{Q_2^n}\\Q_3^{n+1}&=J_3\overline{Q_3^n}+\overline{K}_3Q_3^n=\overline{Q_3^n}\end{aligned}\right\} \tag{13-9}$$

触发器状态的改变是由状态方程和时钟方程共同决定的，由状态方程可知，每输入一个计数脉冲，F_0 的状态改变一次，Q_0 的波形可根据 CP 的波形画出，如图 13-35 所示。低位触发器的 $\overline{Q}$ 与相邻的高位触发器的 CP 端相连，每当低位触发器状态由 1 翻转为 0 时，$\overline{Q}$ 端就输出一个由 0 变 1 的正跳变信号，使高位触发器翻转，由此可根据 Q_0 的波形画出 Q_1 的波形，由 Q_1 的波形画出 Q_2 的波形，由 Q_2 的波形画出 Q_3 的波形，如图 13-35 所示。

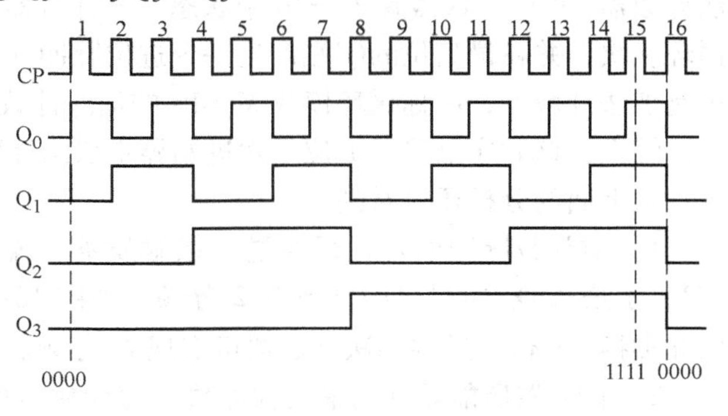

图 13-35　例 13-8 波形图

由波形图可列出该计数器的状态转换表，如表 13-9 所示。

表 13-9　例 13-8 状态转换表

计数脉冲序号	4 位触发器状态				对应的十进制数
	Q_3	Q_2	Q_1	Q_0	
0	0	0	0	0	0
1	0	0	0	1	1
2	0	0	1	0	2
3	0	0	1	1	3
4	0	1	0	0	4
5	0	1	0	1	5
6	0	1	1	0	6
7	0	1	1	1	7
8	1	0	0	0	8
9	1	0	0	1	9
10	1	0	1	0	10
11	1	0	1	1	11
12	1	1	0	0	12
13	1	1	0	1	13
14	1	1	1	0	14
15	1	1	1	1	15
16	0	0	0	0	16

由图 13-35 可见，计数器的状态随计数脉冲个数的增加由初态的 0000 变为 0001、0010、…，当第 15 个计数脉冲到达后，计数器的状态变为 1111，当第 16 个计数脉冲到达后，计数器的状态回到初态 0000。该计数器随计数脉冲个数的增加，计数器的值是递增的，因而该计数器是加法计数器。

该计数器由 4 个触发器组成，每个触发器表示 1 位二进制数，该计数器是 4 位二进制加法计数器，4 位计数器有 $2^4=16$ 个状态，该计数器每输入 16 个计数脉冲，计数器的状态就循环一次，并在最高位的 $\overline{Q^3}$ 端产生一个进位脉冲（逢 16 进 1），故又称该计数器为 1 位十六进制加法计数器，或称循环模数 M = 16 的加法计数器。

综上，该时序电路是 1 位十六进制异步加法计数器。

从上面的分析还可看到：

1）对计数脉冲而言，每经过一级触发器，输出脉冲周期增加 1 倍，频率降为原来的 1/2。于是从 Q_0 端引出的波形为 2 分频，如图 13-35 所示。从 Q_1 端引出的波形为 4 分频，以此类推，n 位二进制加法计数器可实现 2^n 分频。该计数器也可称 16 分频器。

2）计数器所能累计的最大脉冲数称为计数容量 L，一个 4 位二进制加法计数器能累计的最大脉冲数 $L=2^4-1=15$。同理，一个 n 位二进制加法计数器具有 2^n 个状态，其计数容量为 $L=2^n-1$。计数容量 L 比循环模数 M 少 1。

例 13-9　试分析图13-36a 所示时序电路的逻辑功能。设触发器的初态 $Q_1Q_0=00$。

解　该时序电路无数码输入端，两个 T′触发器的 CP 不同，因而是异步计数器，根据

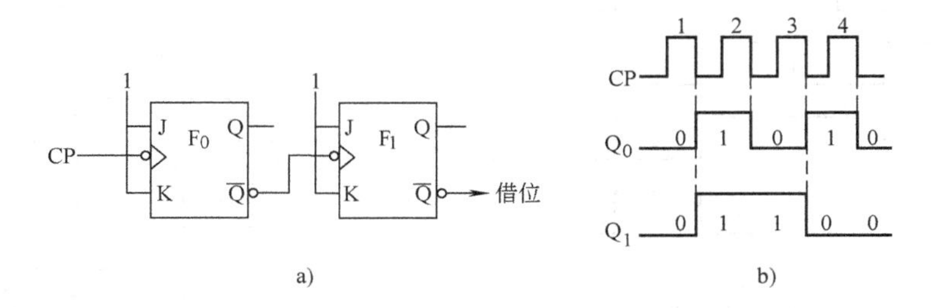

图13-36　例13-9图

CP波形可画出 Q_0、Q_1 端波形，如图13-36b所示。由图可知 Q_1Q_0 的状态转换规律是00、11、10、01、00…。从第二个CP以后，计数器随CP个数的增加而递减计数，符合二进制减法的运算法则：$1-1=0$；$0-1=1$，这时要向高位借位，借1当2，使本位为1。

第一个CP到达时，计数器的状态由00变为11，也是作减1的运算。低位的 F_0 由0变1，$\overline{Q_0}$端产生一个借位信号负跳变，使 F_1 翻转为1，F_1 的$\overline{Q_1}$端又产生一个借位信号，向高位借位。因此第一个CP过后计数器的状态是 $Q_1Q_0=11$。

综上，该时序电路是异步2位二进制减法计数器。或称为异步四进制减法计数器。

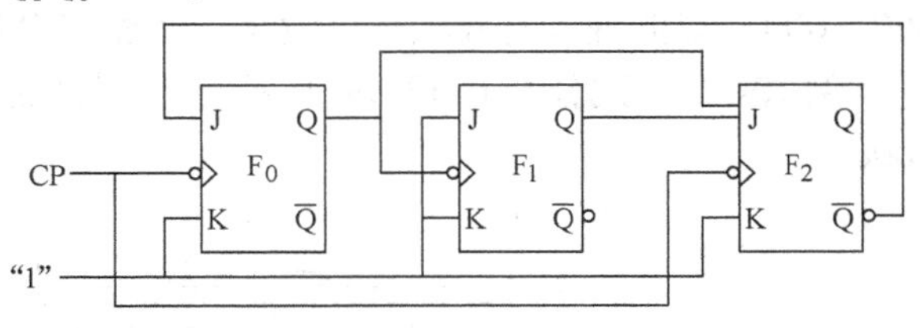

图13-37　例13-10图

例13-10　试分析图13-37所示计数器的功能，说明该计数器能否自启动。

解　该计数器由三个JK触发器组成，三个触发器的CP不尽相同，故电路称为异步计数器。电路的计数长度，即循环模数 $M\leqslant 2^3=8$。该电路的输入信号的关系比较复杂，应按下述步骤分析。

1）由电路图写各触发器的驱动方程

$$\begin{cases}J_0=\overline{Q_2}\\K_0=1\end{cases}\qquad\begin{cases}J_1=1\\K_1=1\end{cases}\qquad\begin{cases}J_2=Q_1Q_0\\K_2=1\end{cases}\tag{13-10}$$

2）写出各触发器的时钟方程

$$CP_0=CP\qquad CP_1=Q_0\qquad CP_2=CP\tag{13-11}$$

3）写各触发器的状态方程

$$\left.\begin{aligned}Q_0^{n+1}&=J_0\overline{Q_0}+\overline{K_0}Q_0=\overline{Q_2}\,\overline{Q_0}(CP\downarrow)\\Q_1^{n+1}&=\overline{Q_1}(Q_0\downarrow\text{时触发})\\Q_2^{n+1}&=Q_1Q_0\overline{Q_2}(CP\downarrow)\end{aligned}\right\}\tag{13-12}$$

触发器状态的改变是由状态方程和时钟方程共同决定的，而时钟方程是先决条件。应特别注意，F_1 只有在 Q_0 出现↓时，即 Q_0 由1跳回0时才被触发，并翻转。

4）由状态方程画波形图或列状态转换表。首先在计数器的 2^3 个状态中任意设一个初态，例如设初态 $Q_2Q_1Q_0=000$。然后将初态代入状态方程中，可得第一个CP到达后的次态001，将这个状态再代入状态方程，可得第二个CP到达后的状态010，…依此作下去，可得图13-38所示的波形图和表13-10的状态转换表。

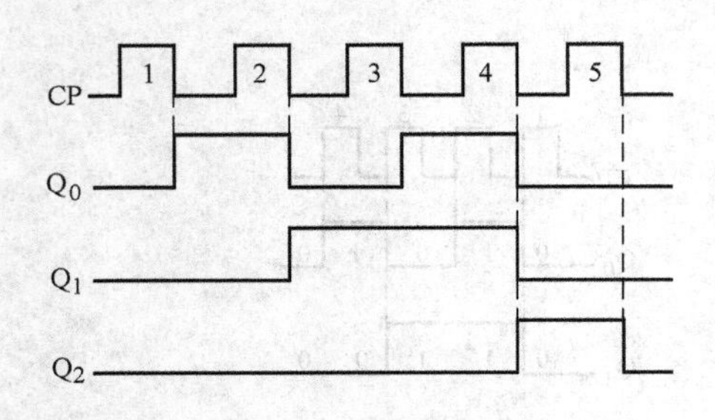

图 13-38　例 13-10 波形图

表 13-10　例 13-10 状态转换表

CP	Q_2	Q_1	Q_0
0	0	0	0
1	0	0	1
2	0	1	0
3	0	1	1
4	1	0	0
5	0	0	0

由波形图或状态转换表可见，计数器的状态经 5 个 CP 后又回到所设初态，并且随 CP 个数的增加递增计数，所以该计数器是异步五进制加法计数器。

该计数器还有三个无效状态，101、110、111。当计数器启动时或受到干扰时，可能进入无效状态。若经过有限个 CP 后能进入有效循环状态（如本例的状态表），则该计数器能自启动；若不能进入有效循环状态，则计数器不能自启动。

将无效状态 101、110、111 分别代入状态方程，各经过一个 CP 后，相应地状态为 010、000、000，都能进入有效状态，故该计数器能自启动。

例 13-11　试分析图13-39 所示计数器的逻辑功能。设各触发器的初态 $Q_3Q_2Q_1Q_0$ = 0000。

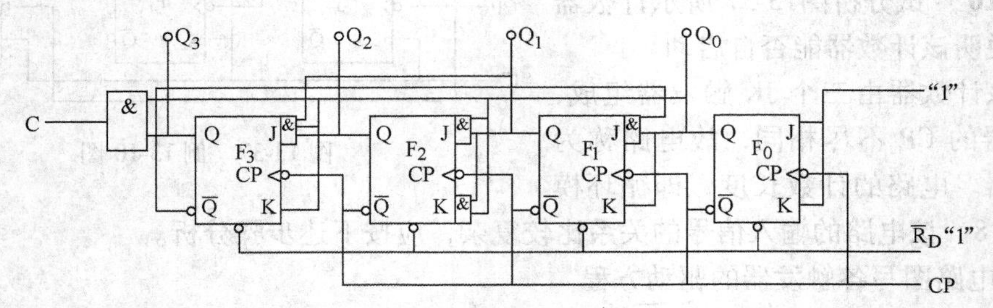

图 13-39　例 13-11 图

解　该计数器各触发器具有相同的 CP，是一个同步计数器，可用状态转换表分析其功能，状态转换表如表 13-11 所示。

表 13-11　例 13-11 状态转换表

CP	计数器状态				十进数	进位	驱动方程							
	Q_3	Q_2	Q_1	Q_0		$C=Q_3Q_0$	$J_3=Q_2Q_1Q_0$	$K_3=Q_0$	$J_2=Q_1Q_0=K_2$		$J_1=\overline{Q_3}Q_0$	$K_1=Q_0$	$J_0=1=K_0$	
0	0	0	0	0	0	0	0	0	0	0	0	0	1	1
1	0	0	0	1	1	0	0	1	0	0	1	1	1	1
2	0	0	1	0	2	0	0	0	0	0	0	0	1	1
3	0	0	1	1	3	0	0	1	1	1	1	1	1	1
4	0	1	0	0	4	0	0	0	0	0	0	0	1	1
5	0	1	0	1	5	0	0	1	0	0	1	1	1	1
6	0	1	1	0	6	0	0	0	0	0	0	0	1	1

（续）

CP	计数器状态				十进数	进位	驱动方程							
	Q_3	Q_2	Q_1	Q_0		$C=Q_3Q_0$	$J_3=Q_2Q_1Q_0$	$K_3=Q_0$	$J_2=Q_1Q_0=K_2$		$J_1=\overline{Q_3}Q_0$	$K_1=Q_0$	$J_0=1=K_0$	
7	0	1	1	1	7	0	1	1	1	1	1	1	1	1
8	1	0	0	0	8	0	0	0	0	0	0	0	1	1
9	1	0	0	1	9	1	0	1	0	0	0	1	1	1
10	0	0	0	0	0	0	0	0	0	0	0	0	1	1

状态表中的初态 $Q_3Q_2Q_1Q_0=0000$ 代入各触发器驱动方程，得驱动方程的值，该值决定第一个 CP 到达后各触发器的状态是 0001，按此法，第二个 CP 到达后，计数器的状态是 0010，第十个 CP 到达后，计数器回到初态 0000，并且在输出端 C 产生一个由 1 ~ 0 的负跳变的进位脉冲。

由表 13-11 可见，该计数器是同步十进制加法计数器。

该十进制计数器是用 4 位二进制数码来表示 1 位十进制数的，称为二-十进制编码的计数器，简称 BCD 码计数器。BCD 编码有多种方式，而该计数器取前十个状态 0000…1001 表示十进制数的 0…9，这组编码从高位到低位的位权是 8421，因此又称该计数器为 8421BCD 码计数器。

该计数器有 6 个无效状态 1010、1011、…、1111，将它们分别作为初态列状态转换表，经过有限个 CP 都能进入有效循环状态（略），故该计数器能自启动。

该计数器的波形图如图 13-40 所示。

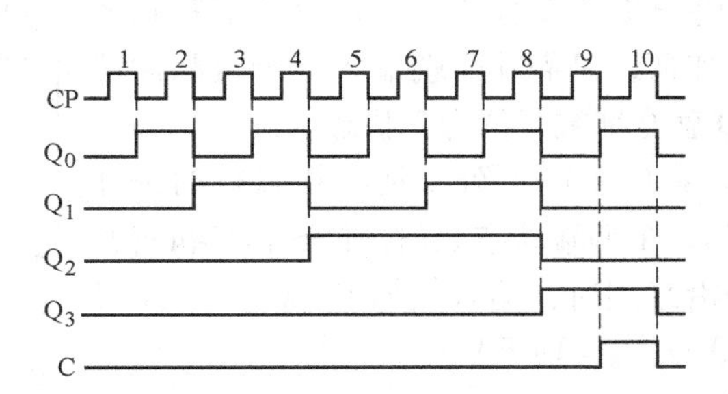

图 13-40　同步十进制加法计数器波形图

13.6.2　中规模集成计数器

1. 4 位二进制同步计数器

（1）4 位二进制同步计数器——T1161 的组成及功能　T1161 国外对应型号为 SN74161 或 SN54161，其功能与 74LS161 相同。它的逻辑图如图 13-41 所示。它采用 4 个主从 JK 触发器作为记忆单元。由图可见，外来的 CP 脉冲是经过反相器后才接到各触发器时钟端的，所以各触发器的翻转是靠 CP 脉冲的上升沿完成的。计数器备有清除端 $\overline{C_r}$，预置控制端（置数端）$\overline{LD}$，4 个数据置入端 A ~ D，使能控制端 P、T，Q_{CC} 为进位输出端。图 13-42 为引脚排列图，表 13-12 为功能表，图 13-43 为工作原理波形图。

T1161 的功能较强，从其功能表可看出它具有清除（清零）、预置（送数）、保持和计

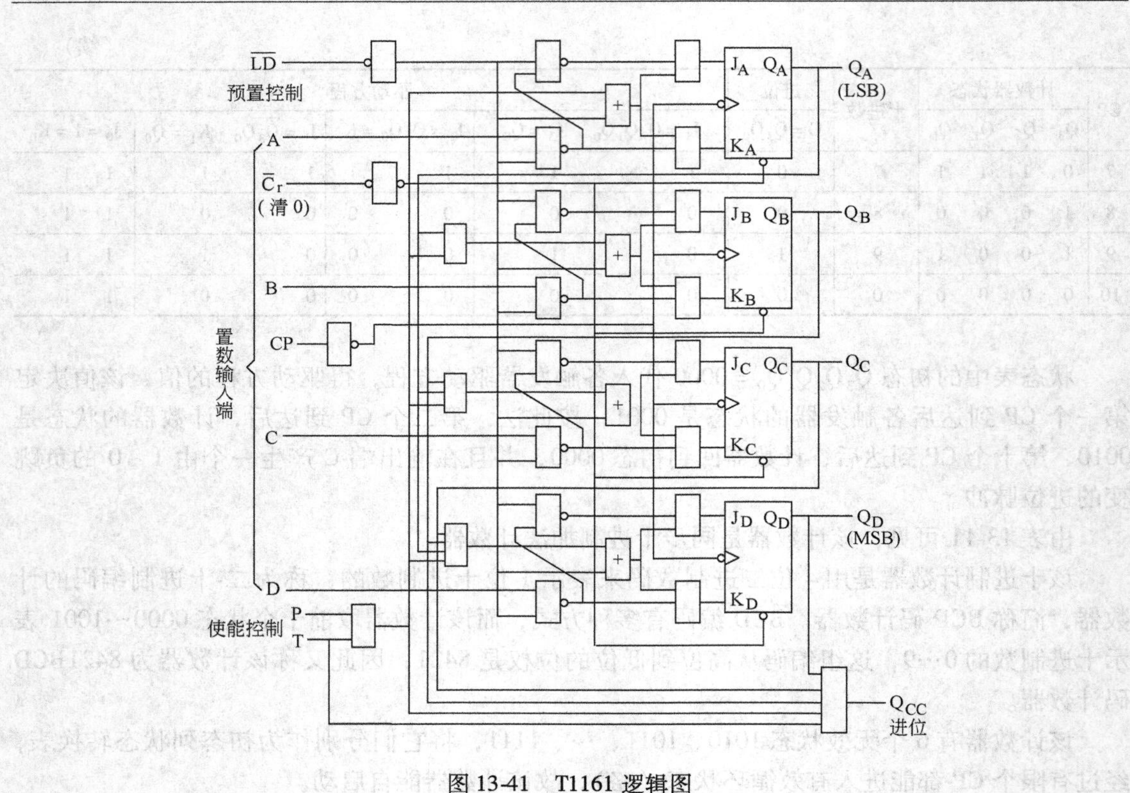

图 13-41　T1161 逻辑图

数的功能。

1）清零。T1161 采用异步清零方式。清零时，不管其他输入端（包括 CP）状态如何，只需在 $\overline{C}_r$ 端输入一个负脉冲信号，各触发器的输出端 Q 就全部被复位为 0 状态。

2）预置数（送数）。在 $\overline{C}_r = 1$（不处于清零状态）的条件下，若 $\overline{LD} = 0$，此时不管 P、T 两端状态如何，计数器都执行并行送数。当 CP 脉冲上升沿来到时，输入数据 D、C、B、A 置入各相应触发器，即 $Q_D Q_C Q_B Q_A = DCBA$。

3）计数。在 $\overline{C}_r = 1$（不清零）和 $\overline{LD} = 1$（不送数）的条件下，若使能控制端 P = T = 1 时，计数器执行计数。此时 T1161 为一种典型的 4 位二进制同步加法计数器。

V_{CC} Q_{CC} Q_A Q_B Q_C Q_D T $\overline{LD}$

T1161

$\overline{C}_r$ CP A B C D P GND

图 13-42　T1161 引脚排列图

表 13-12　T1161 功能表

输　入									输　出			
CP	$\overline{C}_r$	$\overline{LD}$	P	T	A	B	C	D	Q_A	Q_B	Q_C	Q_D
φ	0	φ	φ	φ	φ	φ	φ	φ	0	0	0	0
↑	1	0	φ	φ	A	B	C	D	A	B	C	D
φ	1	1	0	φ	φ	φ	φ	φ	保持			
φ	1	1	φ	0	φ	φ	φ	φ	保持			
↑	1	1	1	1	φ	φ	φ	φ	计数			

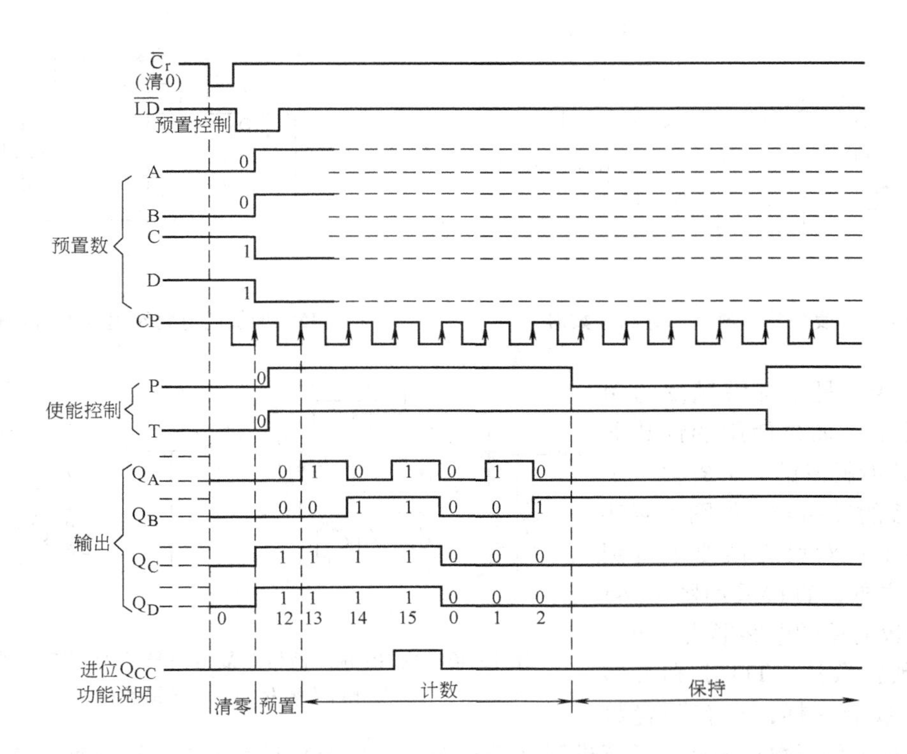

图13-43　T1161工作原理波形图

4）保持。在$\overline{C_r}=1$（不清零）和$\overline{LD}=1$（不送数）的条件下，当使能控制端P、T中只要有一个为0，则计数器处于保持状态，即各触发器保持原态不变，进位输出Q_{CC}也处于保持状态。

（2）T1161构成任意进制计数器

1）复位法。复位法是利用计数器的复位控制端$\overline{C_r}$构成任意进制计数器的方法。例如图13-44是用4位二进制计数器T1161构成十二进制计数器的逻辑图，是将计数器的Q_D、Q_C端通过与非门接到$\overline{C_r}$上。在计数过程中，当计数器的状态为$Q_DQ_CQ_BQ_A=1100$时，$\overline{C_r}$得一负脉冲，使计数器的状态回到0000。该计数器的有效循环状态是0000、0001、…、1011。

复位法存在以下两个问题：

① 多余状态问题。模数为M的计数器应该有M个不同的状态。M=12的计数器应从0000计到1011，再来一个CP后应立即回到0000。但复位法却要先进入到1100这个状态，并且一旦进入这个状态后计数器马上复位，所以计数器出现一个极暂短的多余状态，但这又是复位法所必需的。

② 复位法的可靠性较差。复位法的复位脉冲存在时间极短，计数器中各触发器的翻转时间又不尽相同，因而有可能出现动作较慢的触发器还没有复位，而复位脉冲已不存在了，这就会造成错误。

为了防止上述现象，可在反馈线上增加传输延迟时间，如图13-45所示。

还可以用一个RS触发器将复位信号暂存一下，如图13-46所示。由分析结果可知，复位信号$\overline{C_r}=0$的时间延长到CP周期的一半（设CP的占空比为50%）。

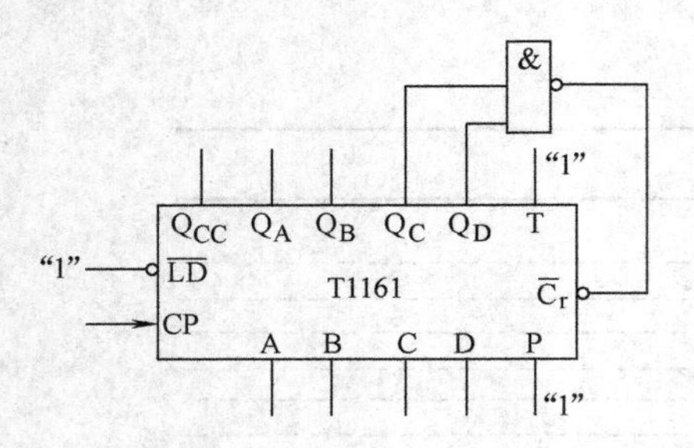

图 13-44　复位法构成十二进制计数器

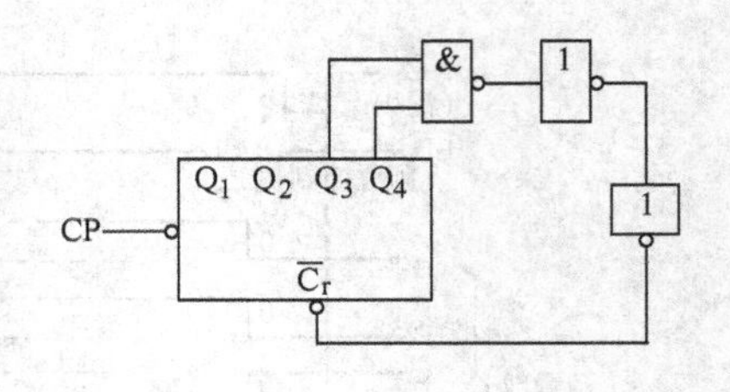

图 13-45　增加门电路延迟复位信号时间

图 13-46a 是下降沿触发的 M =12 计数器。如果使用的计数器是 CP 上升沿触发的，可省去一个与 CP 相接的反相器，如图 13-46b 所示。除了在对可靠性要求特别高的地方之外，直接采用图 13-45 那样的比较简单的电路形式即可。

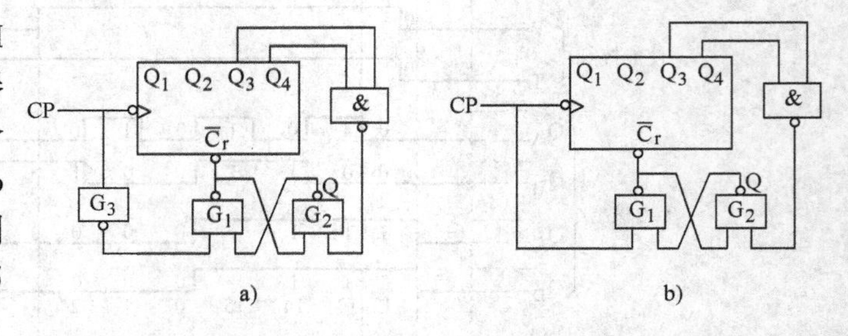

图 13-46　用 RS 触发器暂存复位信号的 M =12 计数器
a）下降沿触发　b）上升沿触发

2）预置数法。T1161 和大多数同步计数器一样，具有预置数的功能。利用预置数功能构成任意进制（任意循环模数 M）计数器有下面两种方法：

① 状态译码置数法。图 13-47 是用状态译码置数法构成 M =10 的计数器的例子。根据逻辑图，当 T1161 计数到 $Q_DQ_CQ_BQ_A$ =1001(9) 时，译码"与非"门 G_1 输出低电平，因为译码门 G_1 输出反馈到$\overline{LD}$端，为置数创造了条件。当下一个计数脉冲一到，各置数端数据 D、C、B、A 立即送到各触发器上。因为图 13-47 中 DCBA =0000，所以第十个脉冲一到，各触发器的状态全部变为 0。在连续计数脉冲 CP 的作用下，计数器又开始从 0000、0001、…、1000、1001 循环计数。所得到的是 8421 码十进制计数器。

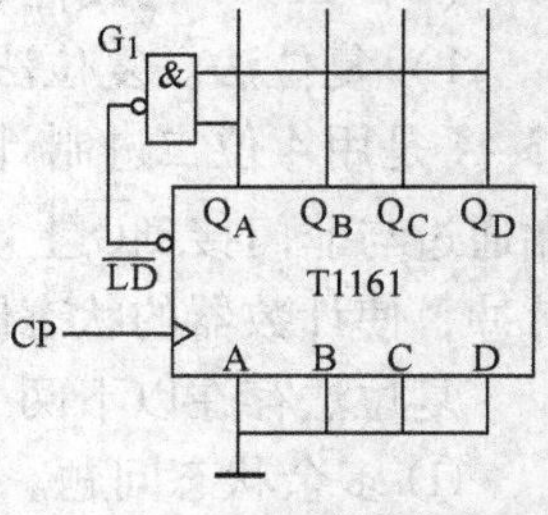

由于 T1161 是同步置数，所以当各置数端数据 DCBA = 0000 时，要构成 M 进制计数器，译码门必须对 M -1 所对应的状态进行译码，例如要构成八进制计数器，必须对 0111 进行译码，即"与非"门的输入要同 Q_C、Q_B、Q_A 相接。

图 13-47　状态译码置数法构成的十进制计数器

在图 13-47 所示电路中，若各置数端数据不是 DBCA =0000，而是其他数，它就不是十进制计数器。例如 DCBA =0100，图 13-47 电路就是一个六进制计数器。其计数器状态循环是：

$$0100 \to 0101 \to \cdots \to 1001$$

设各置数端数据为 N，要构成模数为 M 的计数器，译码"与非"门必须对 N + M -1 所对应的状态进行译码。例如 N =3(DCBA =0011)、M =10，"与非"门必须对 1100(12) 状态进行译码。即与非门的两个输入分别接 Q_D 和 Q_C，"与非"门输出接$\overline{LD}$端，这样由 T1161

构成的计数器是十进制计数器。

② 进位输出置数法。T1161 设置了进位输出端 Q_{CC}。当计数器计到 $Q_4Q_3Q_2Q_1=1111$ 状态时，即各触发器为全1时 Q_{CC} 为1。如果将 Q_{CC} 信号反相后反馈到 $\overline{LD}$ 端，那么当计数器输出为全1时，$\overline{LD}$ 端必为低电平。在下一个计数脉冲到来时，计数器将被置成置数端数据（DCBA）的状态。然后，在连续计数脉冲的作用下，再以 DCBA 的状态为起点计数。因此，改变置数端的数据就能改变计数器的模数。欲得到 M = 10 的计数器，则应使置数端数据为 DCBA = 0110(16 - 10 = 6)。图13-48 是采用进位输出置数法构成的十进制计数器的逻辑图。

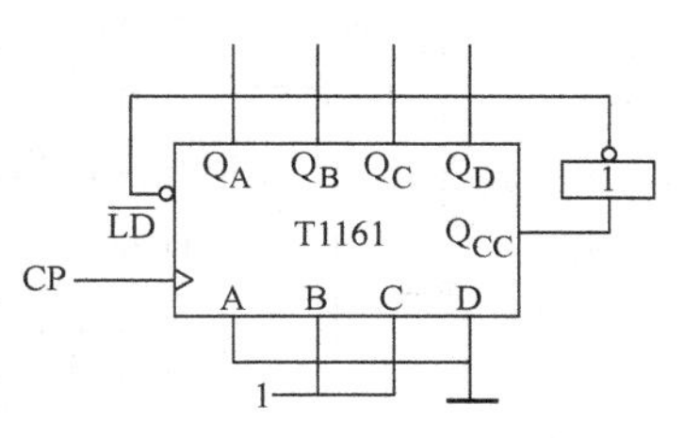

图 13-48 采用进位输出置数法构成的十进制计数器的逻辑图

用多片 T1161 采用状态译码置数法或进位输出置数法可获得模数大于16的任意模数的计数器。图13-49 是采用进位输出置数法构成256以内的任意模数的计数器原理电路。如欲构成 M = 125 的计数器，则需要预先置数为131(256 - 125)。只要2D、1B、1A 各端加1(高电平)，其余各置数端均接0(低电平)，图13-49 就是 M = 125 的计数器。

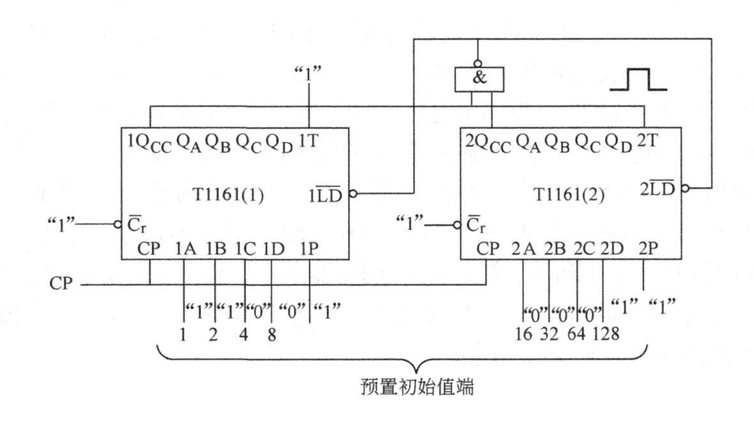

图 13-49 $M<2^8$（256）计数器的构成

还应注意到，采用上述置数法构成的计数器，如果置数端数据不是0，可能出现无效状态，计数清零后不能立即进入有效状态循环。

例 13-12 有一 T1161 集成芯片，试分别用状态译码置数法和进位输出置数法构成十四进制计数器。

解 1）状态译码置数法。已知循环模数 M = 14，若设置数端数据 DCBA = 0000，则应对 M - 1 = 14 - 1 = 13 所对应的状态译码，即将 Q_D、Q_C、Q_A 接"与非"门的三个输入端，"与非"门的输出端接置数控制端 $\overline{LD}$，其他控制端处于计数状态。如图13-50所示。

若置数端数据为 N，则应对 N + M - 1 所对应的状态译码，并应满足 $N+M-1\leqslant 15$。

2）进位输出置数法。将进位输出端 Q_{CC} 通过"非"门接至置数控制端 $\overline{LD}$，置数端的数据为 N = 16 - M = 16 - 14 = 2，将 B 接高电平，其他置数端接低电平，并使 T1161 处于计数状态，如图13-51所示。

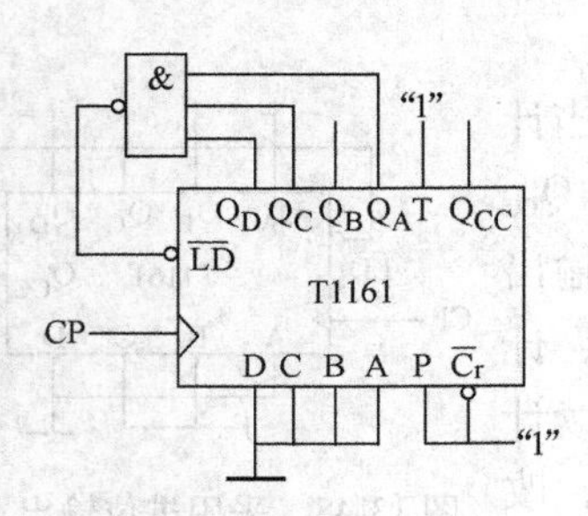

图 13-50 状态译码置数法十四进制计数器

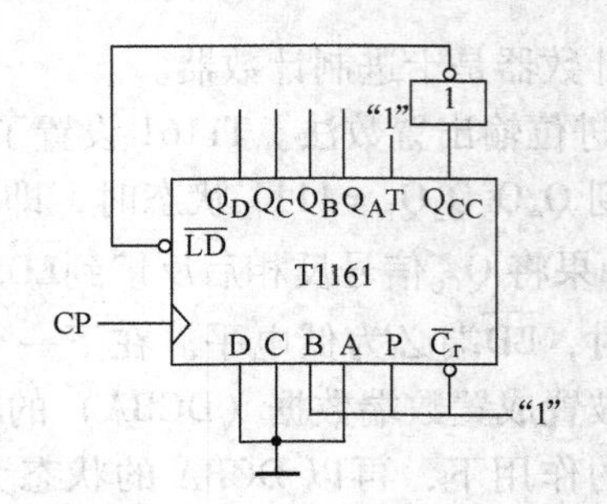

图 13-51 进位输出置数法构成十四进制计数器

例 13-13 试用两片 T1161 芯片构成六十进制的计数器。

解 已知 $M=60$，采用进位输出置数法，置数端数据应为 $N=256-M=256-60=196$，接线图见图 13-49，只需将图中的 2D、2C、1C 接高电平，其余各置数端接低电平即可。

2. 二-五十进制异步计数器 T4290

（1）T4290 的组成及功能 T4290 是一种较为典型的异步计数器，它可实现二、五、十进制计数。其逻辑电路结构、引脚图和功能分别示于图 13-52 和表 13-13 中。

T4290 计数器由 4 个主从 JK 触发器和两个"与非"门 G_1、G_2 组成。G_1 用作复位控制，G_2 用作置 9 控制。其中触发器 F_0 除 R_D、S_D 与 F_1、F_2、F_3 相接外，在逻辑关系上是独立的，F_0 是一个独立的二进制计数器，计数脉冲输入端是 CP_0。触发器 F_1、F_2、F_3 组成一个五进制计数器（见前述例 13-10），计数脉冲输入端是 CP_1，输出端是 Q_3。若在 T4290 芯片的外部将 Q_0 与 CP_1 相连接，并将 CP_0 作为计数脉冲输入端，则从 $Q_3Q_2Q_1Q_0$ 可获得 8421 码的十进制输出。若将计数脉冲从 CP_1 端输入，并在外部将 Q_3 与 CP_0 端相连接，则从 $Q_0Q_3Q_2Q_1$ 可获得 5421 码的十进制计数输出，且此时在 Q_0 端输出占空比为 50% 矩形波，这个对称的十分频矩形波常用于频率合成器等场合。

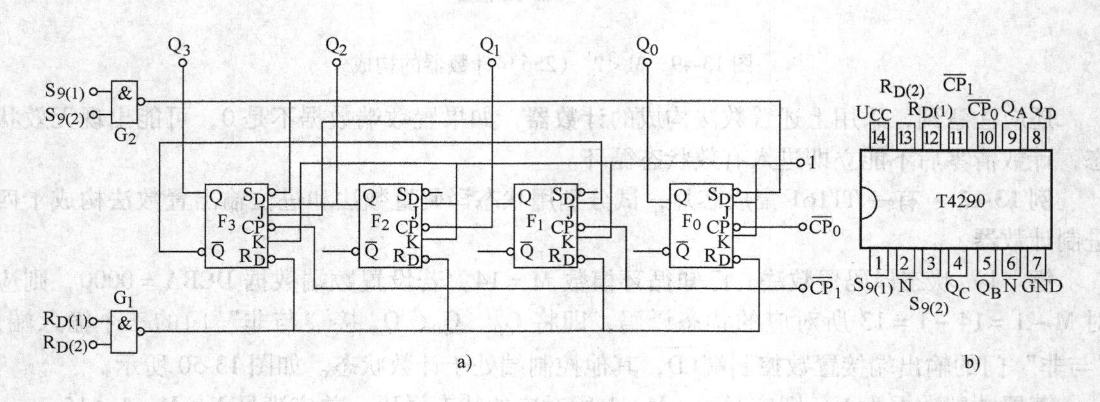

图 13-52 T4290 逻辑图和引脚图

由表 13-13 可知，当两个置 0 端 $R_{D(1)}$、$R_{D(2)}$ 和两个置 9 端 $S_{9(1)}$、$S_{9(2)}$ 各自至少有一个为 0 时，计数器处于计数状态。当 $S_{9(1)}$、$S_{9(2)}$ 全为 1，且 $R_{D(1)}$、$R_{D(2)}$ 至少有一个为 0 时，计数器被置成 9，即 $Q_3Q_2Q_1Q_0=1001$。当 $R_{D(1)}$、$R_{D(2)}$ 全为 1，且 $S_{9(1)}$、$S_{9(2)}$ 至少有一个为 0 时，计数

器被置成0，即 $Q_3Q_2Q_1Q_0=0000$。如果置0和置9同时进行，则电路的状态决定于置位、复位脉冲中后撤销的一个；而当它们同时消失时，电路状态将不确定，因此这是不允许的。

表 13-13 T4290 功能表

输入				输出			
$R_{D(1)}$	$R_{D(2)}$	$S_{9(1)}$	$S_{9(2)}$	Q_3	Q_2	Q_1	Q_0
1	1	0	ϕ	0	0	0	0
1	1	ϕ	0	0	0	0	0
ϕ	0	1	1	1	0	0	1
0	ϕ	1	1	1	0	0	1
ϕ	0	ϕ	0	计数			
0	ϕ	0	ϕ				
0	ϕ	ϕ	0				
ϕ	0	0	ϕ				

与T4290完全相同的国外产品是74LS290。

（2）T4290构成任意进制计数器　一片T4290可构成循环模数 $M\leqslant10$ 的计数器，两片T4290可构成循环模数 $M\leqslant100$ 的计数器，n片T4290可构成循环模数 $M\leqslant10^n$ 的计数器。采用复位法，将M所对应的输出状态译成（有时不需加译码电路）复位端 $R_{D(1)}$、$R_{D(2)}$ 所需的电平即可构成M进制的计数器。

例 13-14　试用T4290芯片构成六进制和四十八进制两种计数器。画出接线图，标明计数脉冲输入端和进位脉冲输出端。

解　1）复位法构成六进制计数器。首先将T4290芯片的 CP_1 与 Q_0 相连接，计数脉冲由 CP_0 输入，构成在 $Q_3Q_2Q_1Q_0$ 端输出8421码的十进制计数器。然后将 $M=6$ 所对应的输出状态控制置0端，令计数器复位，如图13-53所示。计数器的有效循环状态是0000、0001、…、0101。

2）级联复位法构成四十八进制计数器。因 $16<M=48\leqslant100$，故需两片T4290芯片。每片先接成8421码的十进制计数器，再将低位（个位）的进位端 Q_3 接至高位（十位）的计数脉冲输入端 CP_0，然后将48所对应的输出状态通过译码“与”门送至两片T4290的复位端，使计数器在第48个CP下降沿到来时复位为0000 0000，$S_{9(1)}$、$S_{9(2)}$ 均接低电平，如图13-54所示。

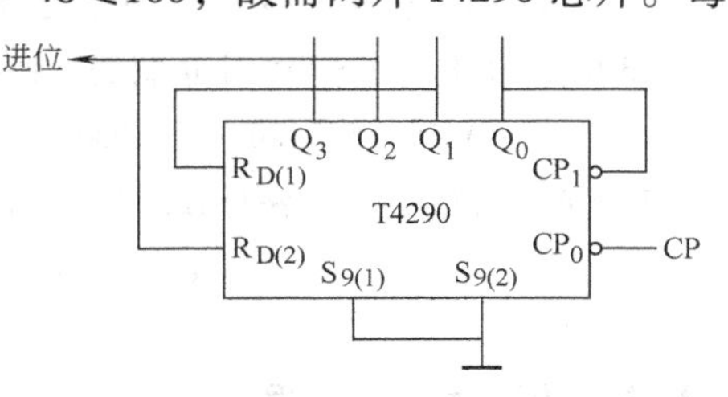

图13-53　复位法构成六进制计数器逻辑图

这种方法是级联后再复位构成M进制计数器，故称级联复位法。

3）复位级联法构成四十八进制计数器。用复位法先构成一个X进制和一个Y进制计数器，再将其级联后得一个X乘Y进制计数器的方法称为复位级联法。六进制计数器作为低位，进位脉冲应在 Q_2（片1）端输出，四十八进制计数器的进位脉冲在高位的 Q_3（片2）端输出，计数脉冲在低位的 CP_0（片1）端输入，所有的置9端接低电平，如图13-55所示。

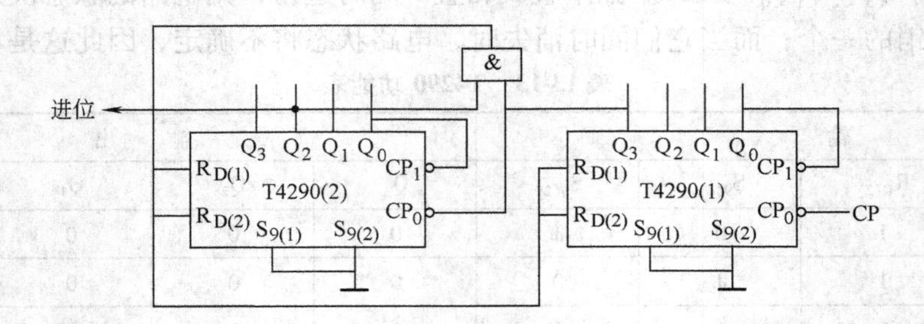

图 13-54　级联复位法构成四十八进制计数器逻辑图

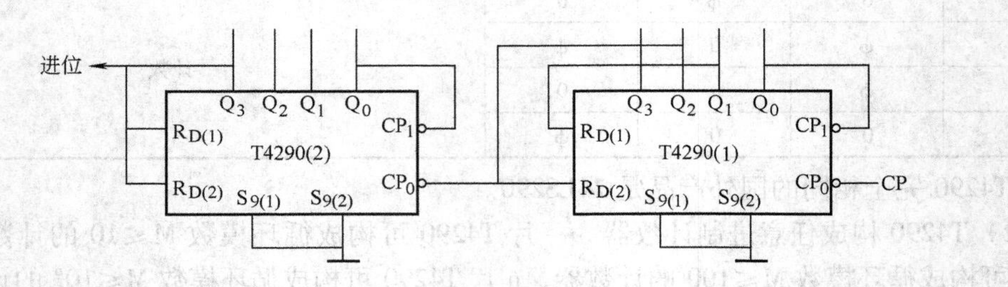

图 13-55　复位级联法构成的四十八进制计数器

练习与思考

13-6-1　计数器和寄存器在电路组成和功能上有何异同？

13-6-2　普通计数器是怎样分类的？

13-6-3　构成任意进制计数器的方法有几种？各适用于何种计数器？

13-6-4　现有两片 T4290 芯片，欲构成具有 8421BCD 码输出的二十四进制加法计数器，应采用的连接方法是（　　）。

a）复位级联法　b）级联复位法　c）预置数法

13-6-5　欲构成能记最大十进制数为 999 的计数器，至少需要（　　）个双稳态触发器。

a）10　b）100　c）1000

13-6-6　n 位二进制加法计数器有（　　）个状态，最大记数值 L 是（　　）。

a）2^{n-1}　b）2^n　c）2^n-1

13.7　脉冲分配器

脉冲分配器也称顺序脉冲发生器，或称节拍脉冲发生器，它能产生在时间上有先后顺序的脉冲信号，在数字系统和计算机中，用这些顺序脉冲信号来控制系统各部分分时有序地协调工作。

脉冲分配器通常由计数器和译码器两部分组成。图 13-56 为脉冲分配器逻辑图，图中两个 JK 触发器构成 2 位二进制加法计数器，4 个与门组成 2 线-4 线译码器。

由图 13-56 可写出译码输出的逻辑式：

$$
\left.\begin{aligned}
P_0 &= \overline{Q_1}\ \overline{Q_0} \\
P_1 &= \overline{Q_1} Q_0 \\
P_2 &= Q_1 \overline{Q_0} \\
P_3 &= Q_1 Q_0
\end{aligned}\right\} \tag{13-13}
$$

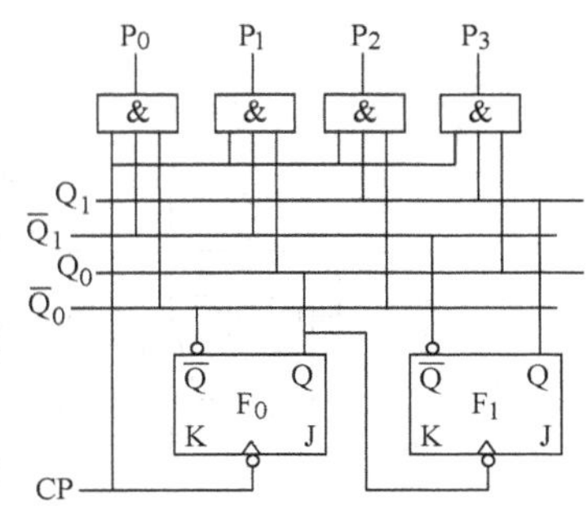

图 13-56　计数型脉冲分配器

计数器的状态决定译码输出的状态。当计数器的初始状态为 $Q_1Q_0=00$ 时，译码输出在 CP = 1 时为 $P_0=1$，其余输出为 0，CP = 0 时 4 个与门全被封锁；当第一个 CP 下降沿到来时，计数器的状态变为 $Q_1Q_0=01$，这个状态可保持到 CP = 1 时译码与门被打开，译码输出 $P_1=1$，其余输出为 0，依此分析可列出计数器状态转换和译码器输出状态转换表，如表 13-14 所示。

表 13-14　计数器状态转换和译码输出状态表

计数脉冲	计数器状态转换		译码输出状态			
CP	Q_1	Q_0	P_3	P_2	P_1	P_0
0	0	0	0	0	0	1
1	0	1	0	0	1	0
2	1	0	0	1	0	0
3	1	1	1	0	0	0
4	0	0	0	0	0	1

利用时钟脉冲去封锁译码与门，是为了消除译码电路所存在的竞争冒险现象。为使译码输出不产生干扰脉冲，封锁脉冲的持续时间要大于各触发器翻转延迟时间的总和。图 13-57 为该计数式脉冲分配器的波形图。

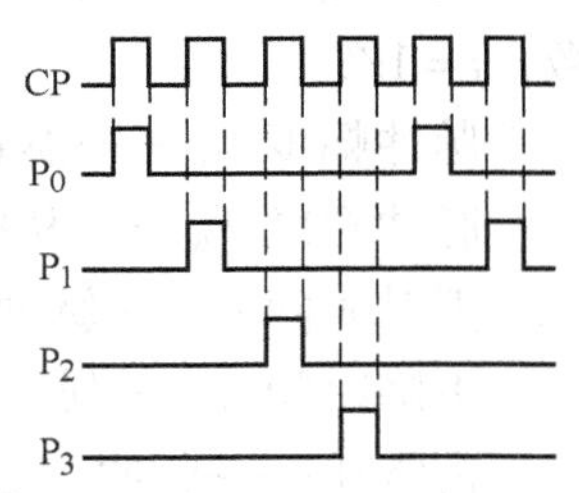

图 13-57　计数式脉冲分配器波形图

n 位二进制计数器加上译码器可产生 2^n 个节拍脉冲。

图 13-58a 是采用环形计数器的脉冲分配器，图中 $F_0 \sim F_3$ 构成一个移位寄存器，其输出端$\overline{Q_0}$、$\overline{Q_1}$、$\overline{Q_2}$通过“与”门 G 反馈到 F_0 的输入端 D。由于每个触发器的 Q 端输出便是顺序脉冲，不需要译码器，因而输出端也就不存在产生干扰脉冲的问题。环形计数器型脉冲分配器的波形图如图 13-58b 所示。

练习与思考

13-7-1　脉冲分配器的一般结构如何？它与计数器的主要区别是什么？

13-7-2　试列出图 13-58 所示环形计数器型脉冲分配器的状态转换表。

13.8　脉冲信号的产生与整形

通常广义地把非正弦波称之为脉冲波。脉冲波形分成矩形波、锯齿波、梯形波、阶梯波等多种。本章只介绍矩形波的产生与整形电路。

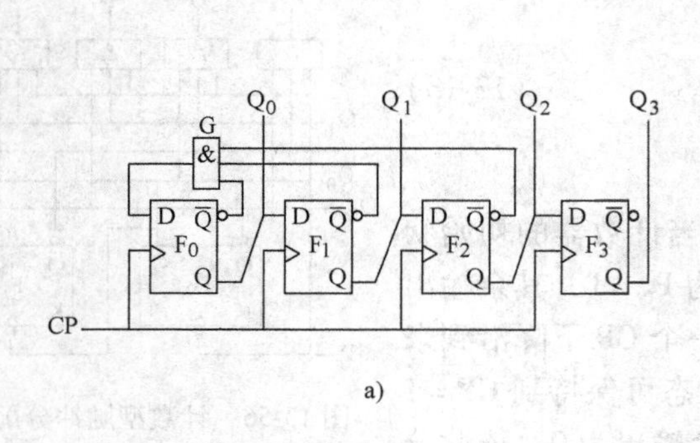

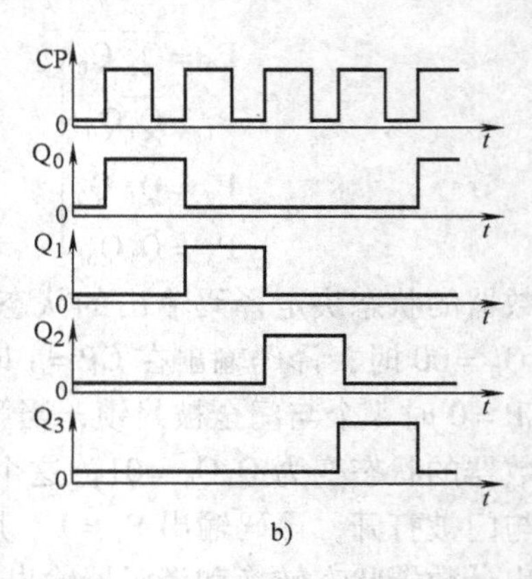

图 13-58　环形计数器型脉冲分配器波形图

矩形脉冲波形可以直接由多谐振荡器产生，也可以通过整形电路将已有的周期变化的非矩形波变换成所要求的矩形脉冲。

矩形脉冲在时序电路中常作为时钟信号。它的波形好坏将关系到电路能否正常工作。为定量描述矩形脉冲，通常采用图 13-59 所示参数。

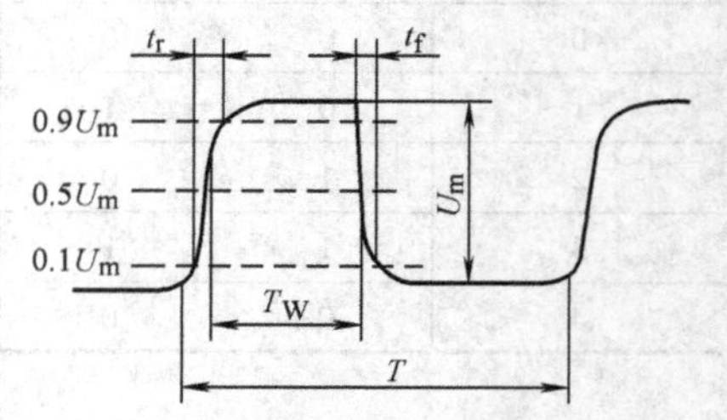

图 13-59　脉冲波形参数

脉冲周期 T——周期性变化的脉冲序列中，相邻两个脉冲间的时间间隔。

脉冲频率 f——频率 f 表示单位时间内脉冲重复的次数，$f = 1/T$。

脉冲幅度 U_m——脉冲波形的电压最大变化幅度。

脉冲宽度 T_W——从脉冲波形前沿上升到 $0.5U_m$ 起到后沿下降到 $0.5U_m$ 止的时间。

上升时间 t_r——脉冲波形的上升沿从 $0.1U_m$ 上升到 $0.9U_m$ 所需的时间。

下降时间 t_f——脉冲波形的下降沿从 $0.9U_m$ 下降到 $0.1U_m$ 所需的时间。

占空比——脉冲宽度 T_W 与脉冲周期 T 之比，即 $q = T_W/T$。

本章介绍的脉冲产生电路主要是多谐振荡器。整形电路主要是施密特触发器和单稳态触发器。它们可以用分立元件或集成逻辑门电路构成，也可以用 555 定时器构成。本章主要讨论用 555 定时器构成的施密特触发器、单稳态触发器、多谐振荡器。

13.8.1　555 定时器

555 定时器是一种多用途的中规模集成电路。它的型号很多，但最后三位为 555。CMOS 产品型号有 CC7555、CC7556，与国外产品 ICM555、ICM7556 相同。双极型 555 定时器 5G1555 与国外产品 NE555 相同。各种型号的 555 单定时器芯片的功能和片脚排列完全相同。

555 为单定时器；556 为双定时器，其内部包含两个独立的 555 单元，它们共用一组电源 V_{DD} 和 V_{SS}。下面以 CC7555 为例分析 555 定时器的工作原理及逻辑功能。

图 13-60 所示为 CC7555 的逻辑图。三个阻值相同的电阻 R 组成电阻分压器；N_1、N_2 为两个电压比较器；G_1、G_2 组成基本 RS 触发器；场效应晶体管 V_N 为放电开关。

电阻分压器将 V_{DD} 分压成 $U_1 = 2V_{DD}/3$，$U_2 = V_{DD}/3$。

两个比较器 N_1 和 N_2 的结构完全相同。当 $U_+ > U_-$ 时，比较器输出高电平 1；当 $U_+ < U_-$ 时，比较器输出低电平 0。比较器的输出作为由 G_1G_2 组成的基本 RS 触发器的输入。

放电开关 V_N 是一个 N 沟道场效应晶体管，当栅极为 1 时，V_N 导通；栅极为 0 时，V_N 截止，放电通过外接电容进行。$\overline{R}$ 为复位端，当 $\overline{R}=0$ 时，不论高触发端 TH 和低触发端 $\overline{TR}$ 的输入电平如何，输出 OUT 为 0。定时器正常工作时，$\overline{R}=1$。

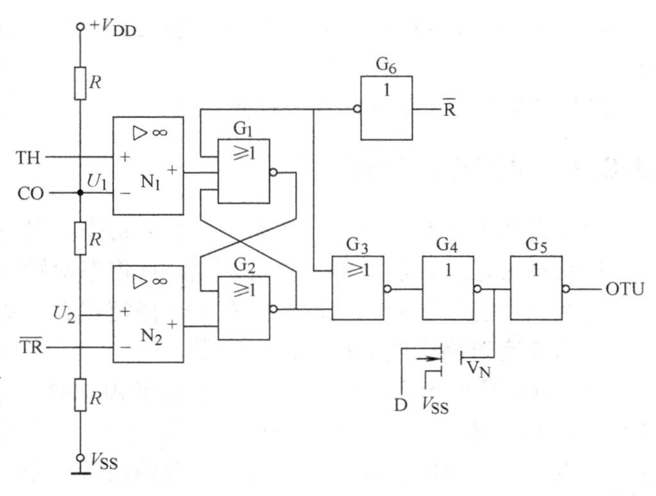

图 13-60　CC7555 定时器逻辑图

当高触发端 TH 输入电压大于 $2V_{DD}/3$，低触发端 $\overline{TR}$ 输入电压大于 $V_{DD}/3$ 时，比较器 N_1 输出为 1，比较器 N_2 输出为 0，则定时器输出为 0。

当 TH 输入电压小于 $2V_{DD}/3$，$\overline{TR}$ 输入电压大于 $V_{DD}/3$ 时，比较器 N_1 和 N_2 输出均为 0，定时器保持原状态不变。

当 TH 端和 $\overline{TR}$ 端的输入电压分别小于 $2V_{DD}/3$ 和 $V_{DD}/3$ 时，比较器 N_1 的输出为 0，比较器 N_2 的输出为 1，则定时器的输出为 1。

CC7555 芯片的上述逻辑功能如表 13-15 所示。

表 13-15　CC7555 逻辑功能表

输　入			输　出	
$\overline{R}$	TH	$\overline{TR}$	OUT	$D(V_N)$
0	ϕ	ϕ	0	接通
1	$>2V_{DD}/3$	$>V_{DD}/3$	0	接通
1	$<2V_{DD}/3$	$>V_{DD}/3$	原状态	原状态
1	$<2V_{DD}/3$	$<V_{DD}/3$	1	关断

图 13-61 为 CC7555 和 CC7556 的片脚引线图。图中 CO 端为电压控制端，如外接电压则可改变高触发端 TH 和低触发端 $\overline{TR}$ 的触发电平。不用时可将其悬空或经过 0.01μF 的电容接地。

CMOS 定时器具有如下特点：

1）静态电流小，每个单元为 80μA 左右。

2）输入阻抗极高，输入电流为 1μA 左右。

3）电源电压范围较宽，在 3～18V 范围内均可正常工作。

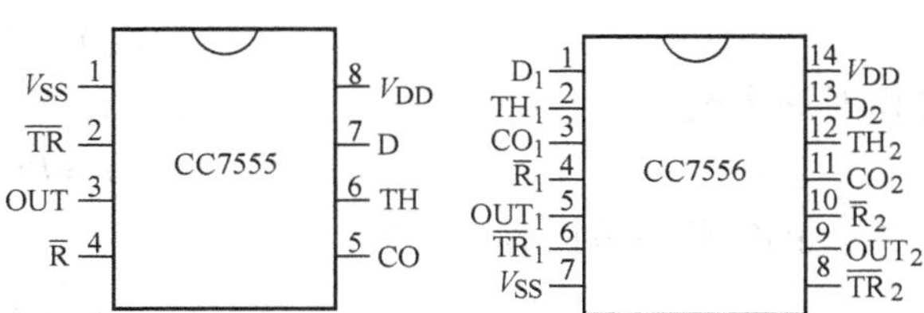

图 13-61　CC7555、CC7556 片脚引线

4）由于输入阻抗高，故作单稳态触发器使用时，比用双极型定时器定时时间长且稳定。

555定时器的主要性能参数见附录J。

13.8.2　单稳态触发器

单稳态触发器有两个工作状态：一个为稳态；另一个为暂稳态。未加触发脉冲时，电路的工作状态为稳态；加触发脉冲后，电路从稳态翻转到暂稳态，暂稳态持续一段时间后，又自动返回到稳态。单稳态触发器只有一个稳定状态，暂稳态是一个过渡状态。

1. 555定时器构成的单稳态触发器

图13-62是由555定时器构成的单稳态触发器。外接元件R和C串接于V_{DD}与地之间，高触发端TH和放电端D与R、C的连接点接在一起，该电路的触发信号从$\overline{TR}$端输入。外接电容C_1起电源滤波和防止自激振荡作用。

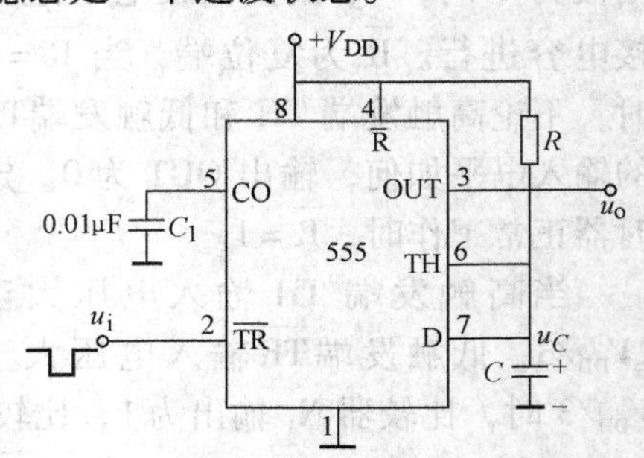

图13-62　555定时器构成的单稳态触发器

接通电源后，电源V_{DD}通过电阻R向电容C充电，充电到$u_C>2V_{DD}/3$时，N_1输出为1，N_2输出为0，RS触发器输出为1，定时器的输出OUT为0，放电开关V_N导通，使电容C放电至$u_C\approx0$，电路进入稳态。

当低触发端$\overline{TR}$加一幅值低于$V_{DD}/3$的负脉冲时，比较器N_2输出为1，RS触发器的输出为0，定时器输出$u_o=1$，放电开关V_N截止，电路进入暂态。因放电开关截止，电源通过R对电容C充电，当充电至$u_C>2V_{DD}/3$时，此时触发脉冲已结束，则N_1输出为1，N_2输出为0，RS触发器的输出为1，定时器输出$u_o=0$，电路恢复为稳态，同时，V_N导通，电容C通过V_N放电至$u_C\approx0$，完成单稳态触发器的一个工作过程。图13-63是单稳态触发器工作波形图。

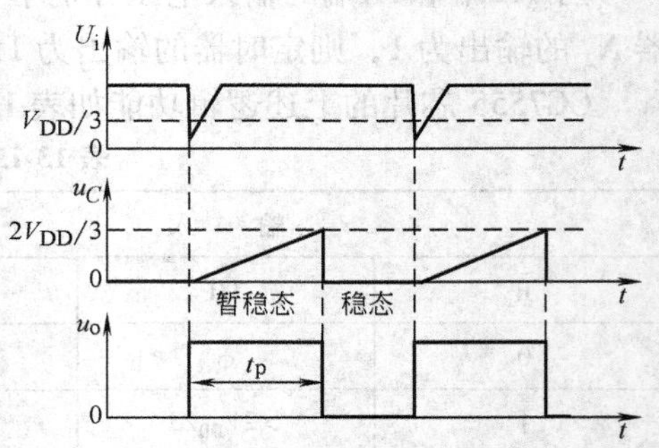

图13-63　单稳态触发器工作波形

若忽略V_N的饱和压降，u_C从零电平上升到$2V_{DD}/3$所需的时间，即为输出u_o的脉冲宽度T_W，T_W可由u_C的零状态响应方程式求得。由上述分析可知：

$$u_C(0_+)=0$$

$$u_C(\infty)=V_{DD}$$

$$u_C(T_W)=2V_{DD}/3$$

充电时间常数

$$\tau=RC$$

u_C的零状态响应方程式为

$$u_C(t)=V_{DD}(1-e^{-t/\tau})$$

当$t=T_W$时，有

$$2V_{DD}/3=V_{DD}(1-e^{-T_W/(RC)})$$

解得

$$T_W = RC\ln 3 \approx 1.1RC$$

通常 R 的取值在几百欧到几兆欧，C 的取值在几百皮法几百微法，T_W 的对应值为几微秒到几分钟。

为保证电路正常工作，输入触发负脉冲 U_i 的脉冲宽度应远小于 T_W。

2. 单稳态触发器的应用

单稳态触发器具有脉冲整形、定时和延时等功能，因而得到广泛应用。

（1）脉冲整形　单稳态触发器的输出脉冲宽度 T_W 仅取决于电路本身的参数，输出脉幅度 U_{om} 取决于输出高、低电平之差。在连续输入触发信号作用下，单稳态触发器输出脉冲波形的脉冲宽度是相等的，脉冲幅度也是相等的。当某一脉冲波形达不到要求时，可令其作为单稳态触发器的输入触发信号，而在单稳态触发器的输出端就能获得具有脉宽和幅度一定，并且前后沿较陡的整形脉冲。

（2）定时　单稳态触发器的定时时间，即其输出脉冲宽度仅由定时元件 R、C 的参数决定。图 13-64 是单稳态触发器定时的典型应用。调整 R、C 的参数，可使单稳态触发器的暂态持续时间 $T_W = 1\text{s}$，即单稳态触发器成为秒脉冲发生器。它作为与门的输入将决定“与”门的打开时间为 1s，则计数器所计的数就是 1s 内与门输出的脉冲个数，也就是输入脉冲 u_A 的频率。

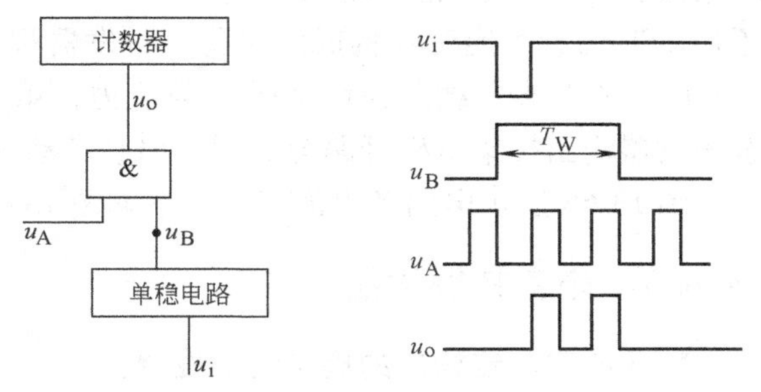

图 13-64　单稳态电路定时的逻辑图和波形图

（3）延时　延时和定时一样也是利用单稳态触发器输出脉冲宽度仅由其定时元件 R、C 的参数决定这一特点。但是延时指的是单稳态输出脉冲波形的下降沿较之触发脉冲的下降沿迟后 T_W 时间。

例 13-15　试用555 定时器、门电路及必要的阻容元件设计一个继电器控制电路。要求该控制电路接收到让继电器吸合信号 11s 后控制继电器吸合。另外，当继电器吸合 5.5s 后又能控制继电器释放。已知继电器动作电压为 12V，线圈内阻为 300Ω。

解　按题意需要由两个 555 定时器来构成单稳态触发器。第一个作延时用，第二个作定时用。选 $T_{W1} = 11\text{s}$，$T_{W2} = 5.5\text{s}$。控制电路如图 13-65 所示。

$$T_{W1} = 1.1R_1C_1 = 11\text{s}$$

$$T_{W2} = 1.1R_2C_2 = 5.5\text{s}$$

选 $R_1 = R_2 = R = 1\text{M}\Omega$，分别求出 C_1 和 C_2

$$C_1 = 10\mu\text{F},\ C_2 = 5\mu\text{F}$$

由于555 定时器构成的单稳态触发器需负脉冲触发，且触发负脉冲的宽度还必须小于单稳态触发器的输出脉冲宽度，故 T_{W1} 等于 11s 的第一级单稳态触发器输出的正脉冲不能直接做第二级单稳态触发器的触发脉冲。即使反向之后，负脉冲宽度为 11s，又大于 5s，也不适合直接做第二级单稳态触发器的触发脉冲。故只好对作延时用的单稳态触发器的输出脉冲进行微分。取 $R_3 = 100\text{k}\Omega$，$C_3 = 1\mu\text{F}$，微分电路的时间常数远远小于 T_{W1}。将微分电路产生的负尖脉冲作为第二级单稳态触发器的触发脉冲满足了要求。

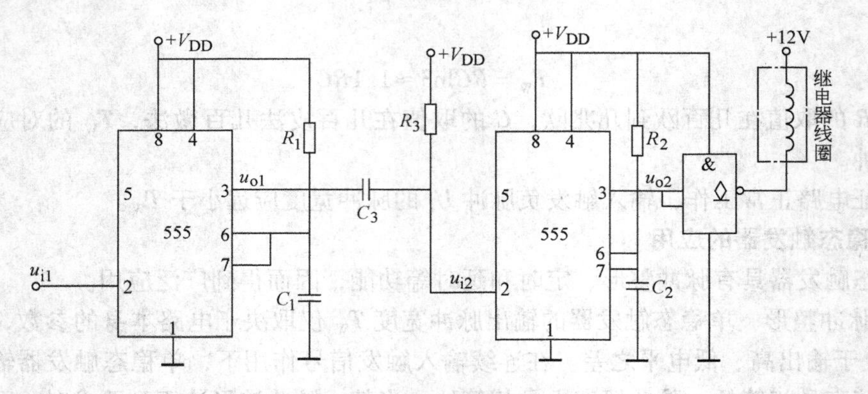

图 13-65 继电器控制电路

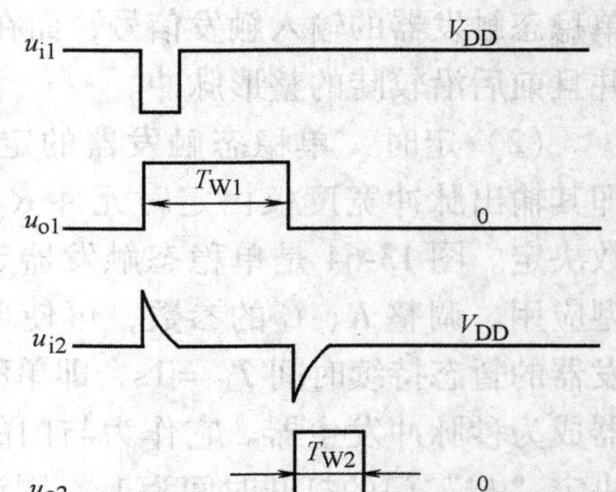

图 13-66 继电器控制电路各点波形

继电器动作电压12V，线圈电阻300Ω，线圈通电，继电器吸合时，流过线圈的电流为40mA。无论 CMOS 还是 TTL 的555 定时器构成的单稳态触发器都不可能驱动40mA 的电流负载。为增加带负载能力，第二个单稳态触发器输出接集电极开路与非门，由它带动继电器。

图 13-65 所示电路各点的工作波形如图 13-66 所示。

13.8.3 施密特触发器

1. 555 定时器构成的施密特触发器

若将 555 定时器的高触发端 TH 和低触发端$\overline{\mathrm{TR}}$接到一起作为输入信号端，如图 13-67a 所示，就可得一施密特触发器。其电压传输特性如图 13-67b 所示。当输入电压 $u_i < V_{DD}/3$ 时，输出为高电平，即 $u_o = u_{OH}$；当 $V_{DD}/3 < u_i < 2V_{DD}/3$ 时，u_o保持高电平；当 $u_i > 2V_{DD}/3$ 时，输出为低电平，即 $u_o = U_{OL}$。u_i增加时使输出状态变化（U_{OH}变为 U_{OL}）的电压称为上限阈值电压，记作

$$U_{TH} = 2V_{DD}/3$$

由图 13-67b 可知，u_i减小时使输出状态变化（U_{OL}变为 U_{OH}）的下限阈值电压为

$$U_{TL} = V_{DD}/3$$

上限阈值电压 U_{TH} 和下限阈值电压 U_{TL}的差值称为回差电压。555 定时器构成的施密特触发器的回差电压为

$$\Delta U_T = U_{TH} - U_{TL} = V_{DD}/3$$

如果在控制端 CO 上加一直流电压 U，可调节施密特触发器的回差电压 ΔU_T 的值，控制电压 U 越大，回差电压 ΔU_T 越大。

由于施密特触发器具有两个阈值电压，因而使它的电压传输特性呈现滞回特点。

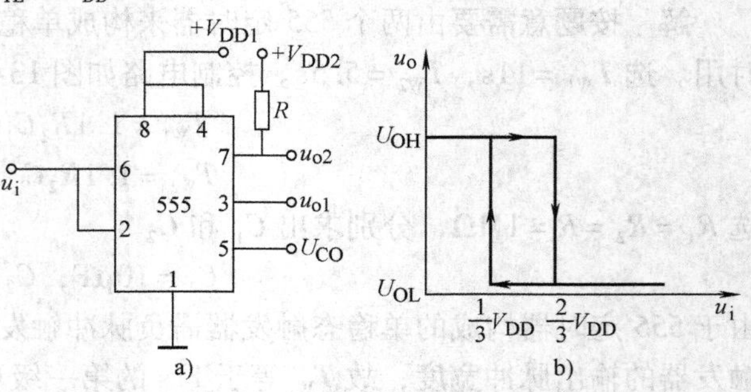

图 13-67 555 定时器构成的施密特触发器及其电压传输特性

由图 13-67b 可见，u_i 为低电平时，输出 u_o 为高电平；u_i 为高电平时，u_o 为低电平，呈现非门的逻辑功能，因而由 555 定时器构成的施密特触发器又称为施密特非门。若从放电端取输出，则构成施密特与门，其电压传输特性与逻辑功能请读者自行分析。

2. 施密特触发器的应用

利用施密特触发器的回差特性，可实现对脉冲波形的整形、变换和对脉冲幅度的鉴别等。

（1）脉冲整形　脉冲在传输中，常常会发生波形的畸变。为此，必须对畸变的脉冲进行整形。波形畸变的原因很多。例如，传输线上电容较大，会使波形前、后沿变得不陡；阻抗不匹配，会在上升沿和下降沿产生振荡，等等。畸变的矩形脉冲通过施密特触发器整形，都可以得到比较理想的矩形波。图 13-68 和图 13-69 分别给出两种整形的波形。

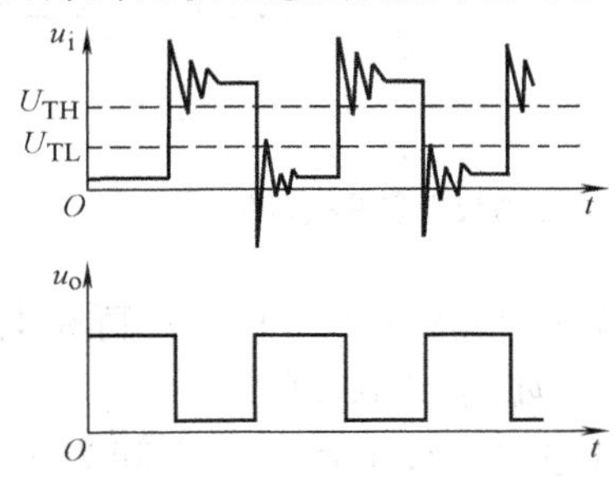

图 13-68　对边沿振荡整形

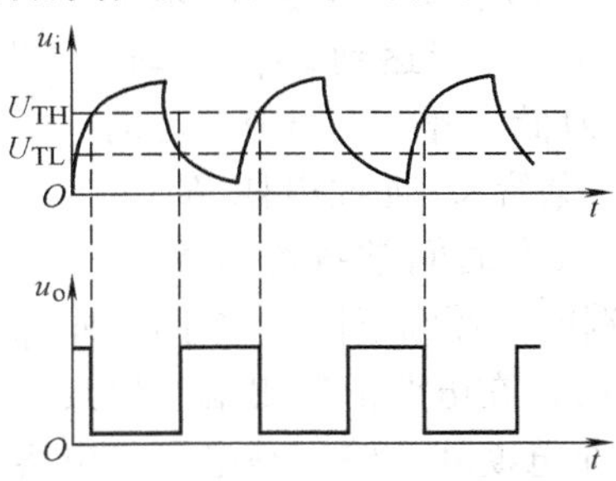

图 13-69　对边沿不陡整形

（2）波形变换　施密特触发器可以把边沿缓慢变化的波形变成矩形波。图 13-70 示出了将带有直流分量的正弦波变换成矩形波的例子。

（3）脉冲幅度鉴别　若想从信号幅度不等的一系列脉冲中，鉴别出幅度较大的脉冲，就可利用施密特触发器。图 13-71 所示就是在一系列脉冲中选出幅度大于 U_{TH} 的波形。上限阈值电压 U_{TH} 可通过加到控制端 CO 上的电压来调节。

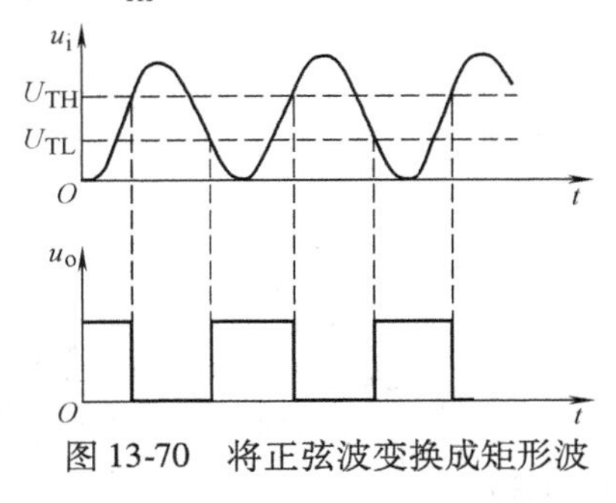

图 13-70　将正弦波变换成矩形波

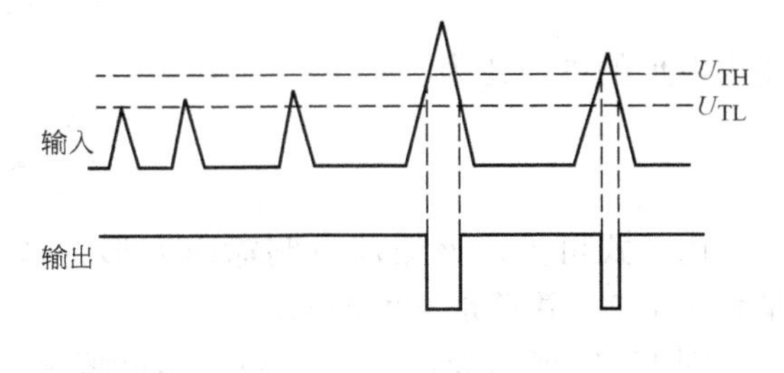

图 13-71　鉴别幅度大于 U_{TH} 的波形

13.8.4　多谐振荡器

1. 555 定时器构成的多谐振荡器

多谐振荡器是一种产生矩形波脉冲的自激振荡器。由于矩形波含有丰富的高次谐波。所以习惯上称矩形波振荡器为多谐振荡器。与单稳态触发器和施密特触发器比较，多谐振荡器没有稳定的输出状态，因而又称为无稳态触发器。

555 定时器构成的多谐振荡器如图 13-72a 所示。图中 R_1、R_2、C 是决定振荡周期的定时元件，555 定时器的高、低触发端 TH 和$\overline{\text{TR}}$没有接任何外部输入信号，这两个触发端都接在电容 C 上。

接通电源瞬间，定时电容 C 上的电压为零，TH 和$\overline{\text{TR}}$端电位均小于 $V_{DD}/3$，555 定时器的输出为高电平，$u_o=1$，放电场效应晶体管 V_N 截止，因此电源 V_{DD} 通过电阻 R_1、R_2 对电容 C 充电，充电时间常数为 $(R_1+R_2)C$，TH 与$\overline{\text{TR}}$端的电位逐渐升高，当达到 $2V_{DD}/3$ 时，输出端变为低电平，$u_o=0$，这时 V_N 导通，电容 C 通过电阻 R_2 和 V_N 放电，放电时间常数约为 R_2C，TH 和$\overline{\text{TR}}$端电位逐渐下降，当下降到 $V_{DD}/3$ 时，输出端又跳变为高电平，电容 C 再充电，依此周而复始，在电路的输出端产生具有一定周期的矩形波，如图 13-72b 所示。

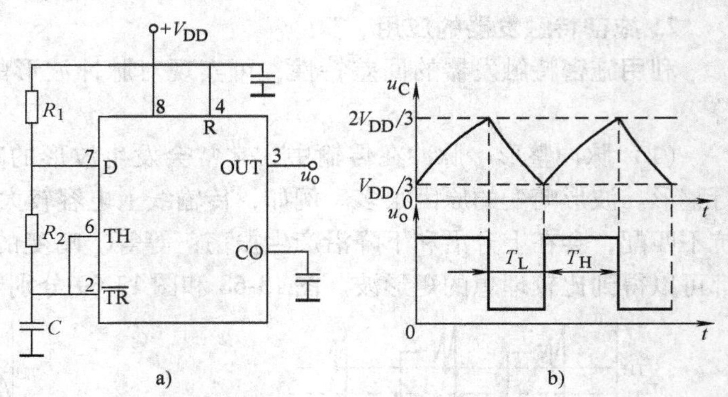

图 13-72　CC7555 多谐振荡器

电容充电期间，输出高电平；电容放电期间，输出低电平。设输出高电平间为 T_H，输出低电平时间为 T_L，则

$$T_H=(R_1+R_2)C\ln 2\approx 0.7(R_1+R_2)C$$

$$T_L=R_2C\ln 2\approx 0.7R_2C$$

电路的振荡周期

$$T=T_H+T_L\approx 0.7(R_1+2R_2)C$$

电路的振荡频率

$$f=\frac{1}{T}\approx\frac{1.43}{(R_1+2R_2)C}$$

输出波形的占空比为

$$q=\frac{T_H}{T}\approx\frac{R_1+R_2}{R_1+2R_2}$$

由上式可见，该振荡电路输出波形的占空比总是大于 1/2，并且是不可调的。

图 13-73 所示为占空比可调的多谐振荡器电路。充放电回路由二极管 VD_1、VD_2 引导，充电时间常数为 R_1C，放电时间常数为 R_2C，输出脉冲波形的占空比为

$$q=\frac{T_H}{T}\approx\frac{0.7R_1C}{0.7R_1C+0.7R_2C}=\frac{R_1}{R_1+R_2}$$

只要改变电位器 RP 滑动端的位置，即可调节输出波形的占空比。当使 $R_1=R_2$ 时，占空比 $q=1/2$。

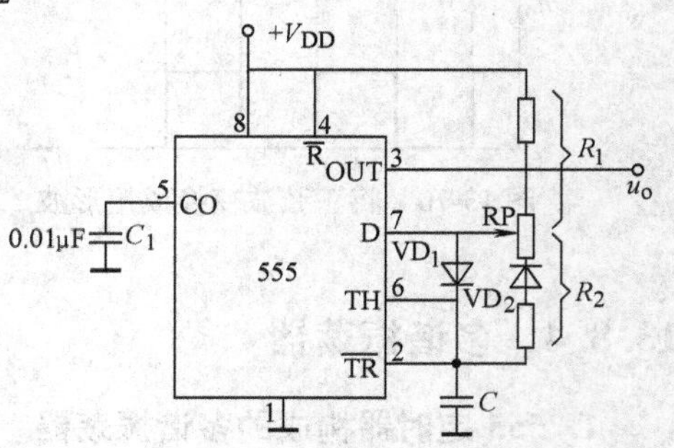

图 13-73　占空比可调的多谐振荡器

例 13-16 由555 定时器构成的多谐振荡电路如图 13-74 所示。试说明该振荡电路的构成特点，并根据给出的电路参数，定量画出 u_{o1}、u_{o2}波形。已知 $R_1=143\text{k}\Omega$，$R_2=857\text{k}\Omega$，$C_1=10\mu\text{F}$，$R_1'=R_2'=9.5\text{k}\Omega$，$C_2=1\mu\text{F}$。

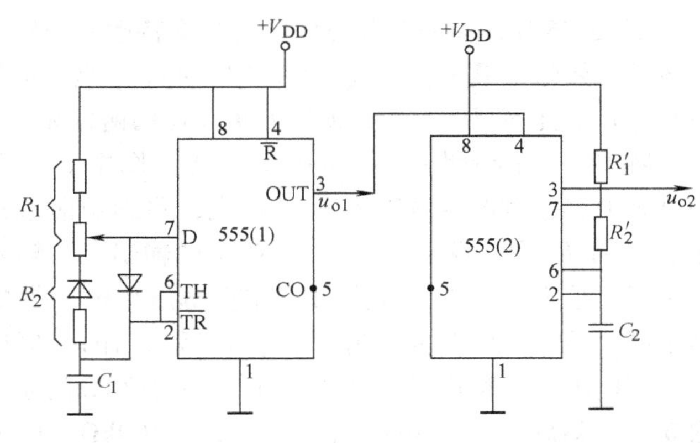

图 13-74 例 13-16 图

解 图 13-74 电路中，定时器 555（1）构成占空比可调的多谐振荡器，定时器 555（2）构成占空比固定的基本振荡电路。由于 555（1）构成的振荡器的输出接在 555（2）的复位端 $\overline{R}$ 上，所以只有在 u_{o1}输出正脉冲期间，555（2）构成的振荡器才能振荡。而在 u_{o1}输出负脉冲期间，555（2）构成的振荡器停振。

经过计算可求 555（1）振荡器的下面参数：

$$q_1\approx\frac{R_1}{R_1+R_2}=\frac{143\text{k}\Omega}{1000\text{k}\Omega}\approx\frac{1}{7}$$

$$T_{\text{H}}\approx0.7R_1C=0.7\times143\times10^3\times10\times10^{-6}\text{s}\approx1\text{s}$$

$$T_{\text{L}}\approx0.7R_2C=0.7\times857\times10^3\times10\times10^{-6}\text{s}\approx6\text{s}$$

可知 555（2）构成的振荡器振荡 1s，停振 6s。

555（2）构成振荡器的振荡周期。

$$T_2\approx0.7(R_1'+2R_2')C=0.7\times(9.5+2\times9.5)\times10^3\times10^{-6}\text{s}\approx0.02\text{s}$$

$$f_2=\frac{1}{T_2}=50\text{Hz}$$

u_{o1}和 u_{o2}的波形如图 13-75 所示。

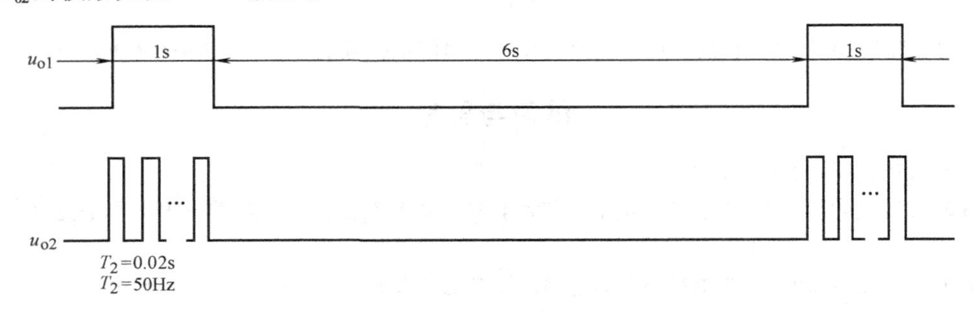

图 13-75 例 13-16 波形图

555 定时器构成的多谐振荡器的振荡频率范围一般为 0.1Hz～300kHz。振荡频率的稳定性从公式上看只与 *RC* 有关，应当稳定。振荡频率取决于达到上、下限阈值电压所需的时间，由于阈值电压的离散性和不稳定以及电路干扰等因素，都会影响振荡频率的稳定性。在要求振荡频率和振荡频率的稳定性较高的场合，可采用石英晶体多谐振荡器。

2. 石英晶体多谐振荡器

石英晶体多谐振荡器是以石英晶体作为选频元件构成的多谐振荡器。

图 13-76 所示是石英晶体的阻抗频率特性和符号。由图可见，只有当频率为 f_s 时，石英晶体的等效阻抗最小，并且是纯电阻性的。f_s 是石英晶体产生串联谐振时的频率，这一频率只与晶片的几何尺寸有关，所以石英晶体的谐振频率准确且稳定性高。

图 13-77a 所示为一石英晶体振荡器。图中 C_1、C_2 为耦合电容，对谐振频率 f_s 应足够大，不影响谐振频率。R_{F1} 和 R_{F2} 分别跨接在非门 G_1 和 G_2 的输出端与输入端之间，是为了使非门静态时工作在电压传输特性的转折区，易于产生振荡。为此要求 R_{F1} 和 R_{F2} 的阻值选在关门电阻 R_{OFF} 和开门电阻 R_{ON} 之间，对于 TTL 门通常取 0.7 ~ 2kΩ；对于 CMOS 门通常取 10 ~ 100kΩ。两个非门通过石英晶体振荡器、C_1 和 C_2 串联连接，在晶振的串联谐振频率 f_s 上形成正反馈，满足振荡的相位条件和幅值条件。

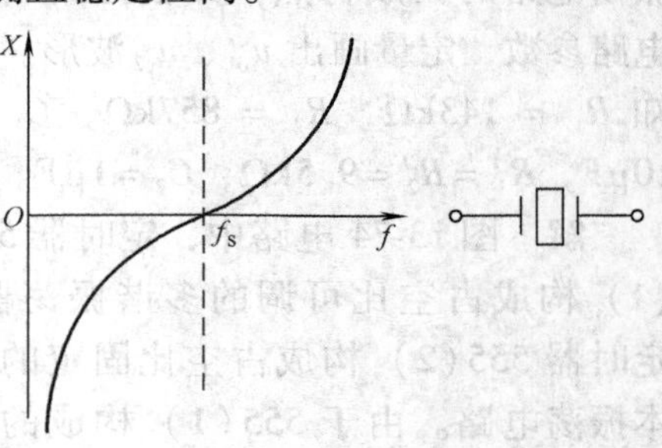

图 13-76　石英晶体的阻抗特性及符号

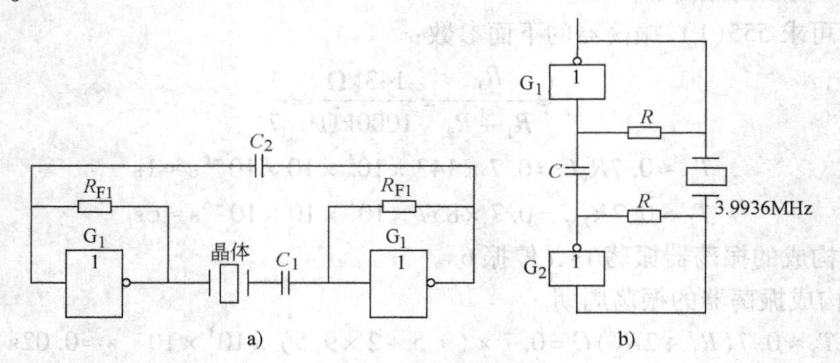

图 13-77　石英晶体振荡器

a）石英晶体振荡电路　b）TP-801B 主振源

C 0.01μF　R 1kΩ

图 13-77b 是单板机 TP-801B 的主振源电路，其晶振频率为 f_s = 3.9936MHz。

练习与思考

13-8-1　555 定时器的输出状态有几种？

13-8-2　555 定时器的 TH 端、$\overline{TR}$端电平分别大于 $2V_{DD}/3$ 和 $V_{DD}/3$ 时，定时器的输出状态是（　　）。

a）0　　b）1　　c）原状态

13-8-3　555 定时器的 TH 端电平小于 $2V_{DD}/3$，$\overline{TR}$端电平大于 $V_{DD}/3$ 时，定时器的输出状态是（　　）。

a）0　　b）1　　c）原状态

13-8-4　555 定时器的 TH 端、$\overline{TR}$端电平分别小于 $2V_{DD}/3$ 和 $V_{DD}/3$ 时，定时器的输出状态是（　　）。

a）0　　b）1　　c）原状态

13-8-5　单稳态触发器的输出状态有几种？各有什么特点？

13-8-6　单稳态触发器具有什么功能？

13-8-7　由 555 定时器构成的单稳态触发器的暂稳态持续时间 T_W 是怎样确定的？

13-8-8　单稳态触发器的触发电压 u_i 与电源电压 V_{DD}（V_{CC}）的关系为（　　）。

a）$u_i > V_{DD}/3$　b）$u_i > 2V_{DD}/3$　c）$u_i < V_{DD}/3$

13-8-9　单稳态触发器触发脉冲 u_i 的脉冲宽度 T_{WI} 与输出脉冲 u_o 的脉冲宽度 T_W 应满足（　　）。

a）$T_{WI} >> T_W$　b）$T_{WI} << T_W$　c）$T_{WI} = T_W$

13-8-10　怎样用555定时器构成施密特触发器？施密特触发的主要用途有哪些？

13-8-11　555定时器构成的施密特触发器的上、下限阈值电压和回差电压各是多少？

13-8-12　试画出555定时器构成的施密特触发器的电压传输特性。

13-8-13　试画出图13-67a中以 u_{o2} 为输出端的施密特触发器的电压传输特性，说明该传输特性的特点。

13-8-14　试用一个555定时器构成一个施密特与门和一个施密特非门。

13-8-15　怎样用555定时器构成自激多谐振荡器？又怎样构成占空比可调的多谐振荡器？

13-8-16　单稳态触发器、双稳态触发器、施密特触发器、多谐振荡器中有一个稳定状态、两个稳定状态和没有稳定状态的各是哪些？

13-8-17　多谐振荡器能产生（　　）。

a）单一频率的正弦波　b）矩形波　c）两者皆可

13-8-18　下列各触发器属于输入电平触发的有（　　）。

a）JK触发器　b）基本RS触发器　c）单稳态触发器　d）施密特触发器　e）无稳态触发器

13-8-19　下列各触发器能表示和记忆二进制数的有（　　）触发器。

a）单稳态　b）双稳态　c）施密特　d）无稳态

13-8-20　设多谐振荡器的输出脉冲宽度和脉冲间隔时间分别为 T_H 和 T_L，则脉冲周期 T 为（　　），脉冲波形的占空比 q 为（　　）。

a）$(T_H+T_L)/2$　b）T_H+T_L　c）T_H/T_L　d）T_L/T_H　e）$T_H/(T_H+T_L)$　f）$T_L/(T_H+T_L)$

13-8-21　555定时器构成的多谐振荡器的输出脉冲频率 f 的适用范围一般是（　　）。

a）0.1～300kHz　b）10^{-6}～10^{-2}Hz　c）10^6～10^9Hz

小　　结

触发器有0和1两个稳定状态，可表示和保存1位二值信息。因此，又把触发器叫做半导体存储单元或记忆单元。

触发器按逻辑功能上的差异可分为RS、JK、D、T和T′等几种类型，其逻辑功能可以用状态转换真值表和特性方程来描述。

按结构触发器可分为基本RS、同步RS、主从、维持阻塞等类型。RS触发器存在空翻问题，主从触发器存在一次翻转问题。

按触发条件和动作特点触发器可分为电平触发器和边沿触发器（包括主从触发型）两类。在逻辑符号上它们可用CP输入端的“^”号来区别，有此符号的为边沿触发器；无此符号的为电平触发器。边沿触发器仅在CP的有效边沿时刻才能改变状态；电平触发器在CP的有效电平期间总有可能改变状态。这是正确使用触发器的关键。

同一电路结构的触发器可以做成不同的逻辑功能；同一种逻辑功能的触发器可以用不同的电路结构来实现；不同结构的触发器具有不同的触发条件和动作特点。因此，在选用触发器时，不仅要知道它的逻辑功能，还必须知道它的结构类型，这样才能把握住它的动作特点，作出正确的选择和合理的设计。

与组合电路相比，时序电路任一时刻的输出信号不仅和该时刻的输入信号有关，而且还与电路原来的状态有关，这就是时序电路输出与输入在逻辑关系上所具有的特点。这种特点是由时序电路的电路结构决定的。时序电路与组合电路结构上不同，它不仅有门电路，而且还必须有具有记忆功能的触发器，这是时序电路在结构上的特点。

时序电路的分析方法有方程组法。方程组法是根据已知的时序电路，写出时钟方程、驱动方程、状态方程和输出方程所组成的方程组，并依此求得电路状态变化的规律，分析电路所具有的逻辑功能。

时序电路的分析方法还有状态转换表法和波形图（时序图）法等。有些简单的时序电路，例如4位二进制加法计数器、环形计数器等时序电路，很容易直接列出状态转换表或画出波形图。状态转换表的特点是给出了电路工作的全过程，使电路的逻辑功能一目了然，而波形图方法的特点是便于进行波形显示，适于实验观察。

对较复杂的时序电路的一般分析方法是先列方程组进行分析，再列出相应的状态转换表或画出时序图，进而确定时序电路的功能。

时序电路的种类繁多，本章介绍的寄存器、计数器、脉冲分配器只是其中常见的几种。对于由触发器构成的分立元件时序电路，应侧重于掌握它的结构、原理和分析方法；对于中规模集成时序电路应侧重于掌握其功能和应用。

本章主要内容还有555定时器及其在脉冲波形的产生和变换方面的应用。典型应用电路是555定时器构成的单稳态触发器、施密特触发器和自激多谐振荡器。

单稳态触发器只有一个稳定状态，还有一个暂稳态。用555定时器外接一个电阻R和一个电容C便可构成一个单稳态触发器。单稳态触发器具有定时、延时和脉冲波形整形的功能。当电源电压V_{DD}和控制电压U_{CO}一定时，暂稳态时间，即定时或延时时间T_W可表示为

$$T_W = RC\ln 3 \approx 1.1RC$$

T_W是由RC电路的零状态响应的时间常数决定的。

施密特触发器有两个稳定状态，其输出状态受控于输入电压u_i。只要将555定时器的高、低触发端TH和$\overline{\mathrm{TR}}$接在一起作为输入端，即构成施密特触发器。这种施密特触发器的输出与输入状态呈现非门的逻辑关系，因而又称为施密特非门。施密特触发器具有脉冲波形的变换和整形的功能。对施密特触发器常常采用波形图进行分析。

自激多谐振荡器没有稳定的输出状态，输出具有一定频率和一定占空比的矩形波。多谐振荡器由555定时器和外接的充电电阻R_1、R_2，放电电阻R_2，定时电容C构成。其输出波形的周期T由输出高电平时间T_H和输出低电平时间T_L相加得到。T_H是由充电回路的零状态响应过程决定的，T_L是由放电回路的零输入响应过程决定的，对于图13-72a所示的多谐振荡器有

$$T_H \approx 0.7(R_1 + R_2)C$$

$$T_L \approx 0.7R_2C$$

$$T = T_H + T_L \approx 0.7(R_1 + 2R_2)C$$

$$f = \frac{1}{T} \approx \frac{1.43}{(R_1 + 2R_2)C}$$

占空比为

$$q = \frac{T_H}{T} \approx \frac{R_1 + R_2}{R_1 + 2R_2}$$

单稳态触发器、施密特触发器和自激多谐振荡器除了用555定时器构成外，还有专用的

集成芯片。也可以用门电路构成，本章介绍的石英晶体振荡器就是一例。

习 题

13-1 对于图13-1a所示的基本RS触发器逻辑图，若输入如图13-78所示的波形，试分别画出原态为0和原态为1对应时刻的Q端和$\overline{Q}$端波形。

13-2 逻辑图如图13-79所示，试分析其逻辑功能，说明它是什么类型的触发器，画出它的逻辑符号。

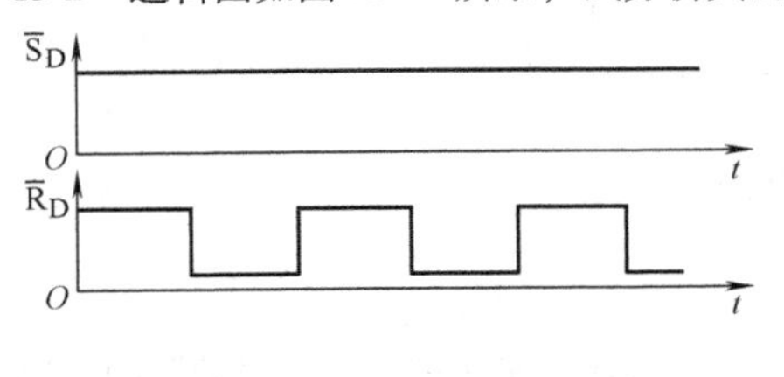

图13-78 题13-1图

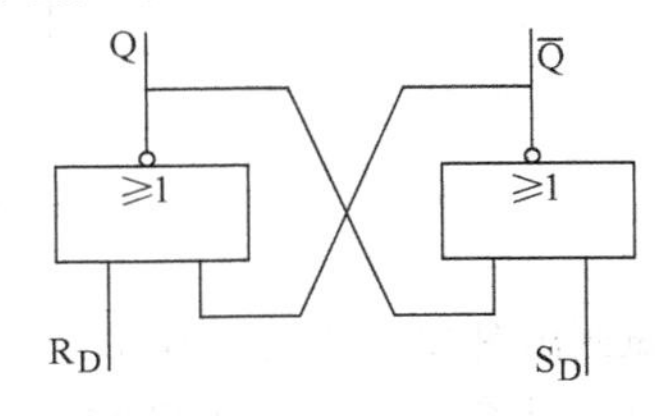

图13-79 题13-2图

13-3 同步RS触发器（电平触发型）各输入端的波形如图13-80所示，试画出对应时刻的Q和$\overline{Q}$端波形。设触发器的原状态为1。

13-4 主从型RS触发器各输入端的电压波形如图13-81所示，画出对应时刻的Q和$\overline{Q}$端波形。

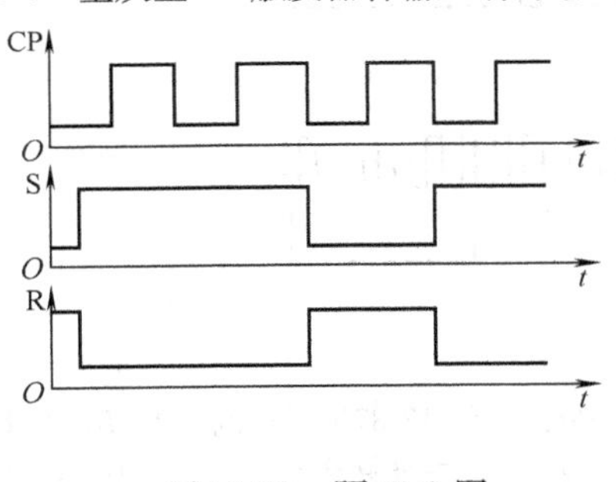

图13-80 题13-3图

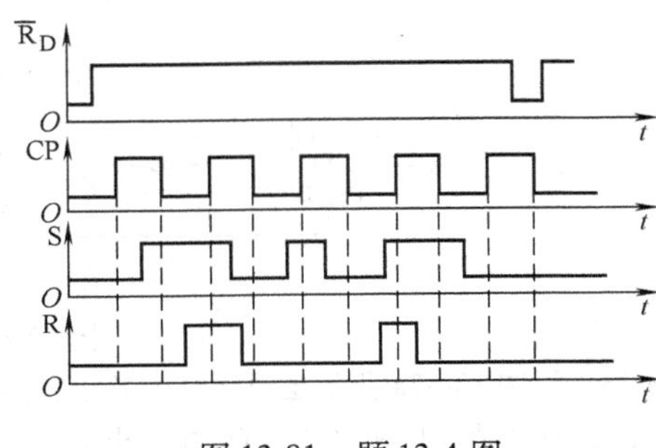

图13-81 题13-4图

13-5 在图13-82所示的CP、J、K输入信号激励下，试分别画出图13-9所示TTL主从型和CMOS边沿型JK触发器输出端Q的波形。设触发器的初态为0。

13-6 在图13-83所示输入信号激励下，试画出图13-13所示D触发器的输出端Q的波形。设触发器的初态为0。

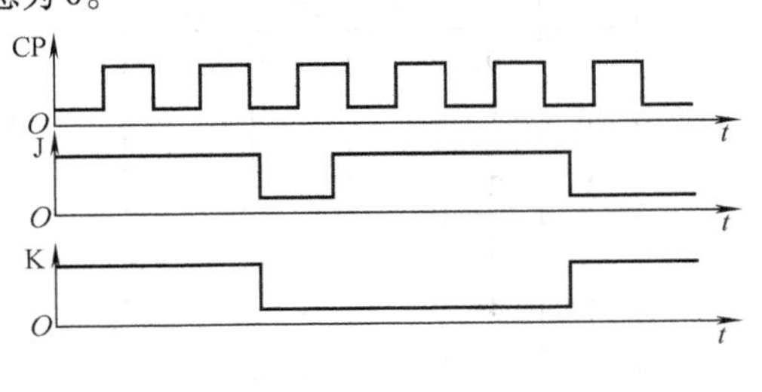

图13-82 题13-5图

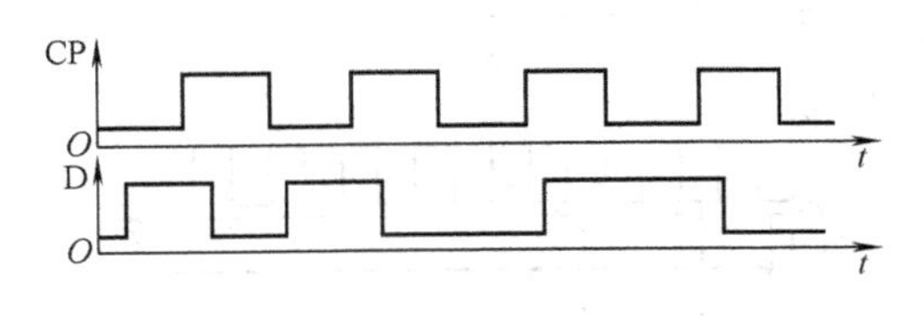

图13-83 题13-6图

13-7 试将RS触发器转换为下列功能的触发器并画出逻辑图。①JK触发器；②D触发器；③T触发器。

13-8 试将D触发器转换为下列功能的触发器，画出逻辑图。① JK触发器；② RS触发器。

13-9 一个触发器其特性方程为$Q^{n+1}=X\oplus Y\oplus Q^n$，试用：① JK触发器；② D触发器来实现这个触发器。

13-10 判断图13-84所示电路是什么功能的触发器，并写出其特性方程。

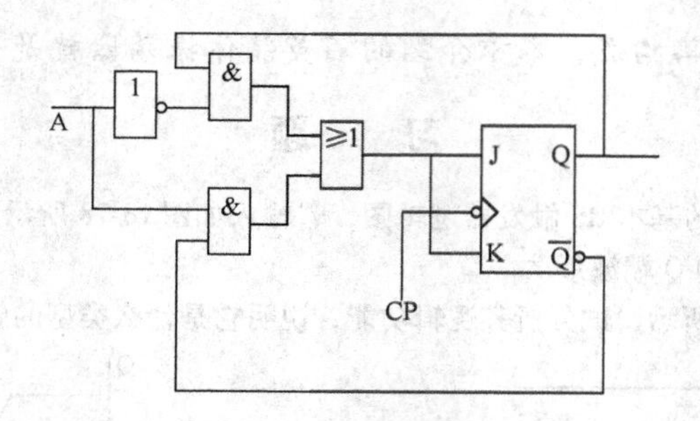

图 13-84　题 13-10 图

13-11　试画出图 13-85 所示电路中 Q_1、Q_2 端波形。

13-12　试画出图 13-86 所示单脉冲发生器输出端 B 的波形。已知输入端 A 的波形和时钟脉冲波形，并设各触发器的初态为 0。

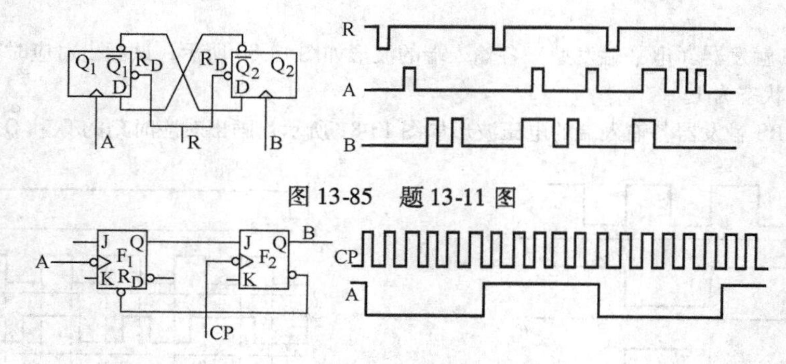

图 13-85　题 13-11 图

图 13-86　题 13-12 图

13-13　设图 13-87a 所示逻辑电路中各触发器的初态 $Q_0Q_1=00$，在图 13-87b 所示的 CP、R_D 及 D 信号激励下，试画出对应时刻的 Q_0、Q_1 端输出波形，并准确填写表 13-16 所示的状态转换表。图中 S_D 悬空相当于 $S_D=1$。

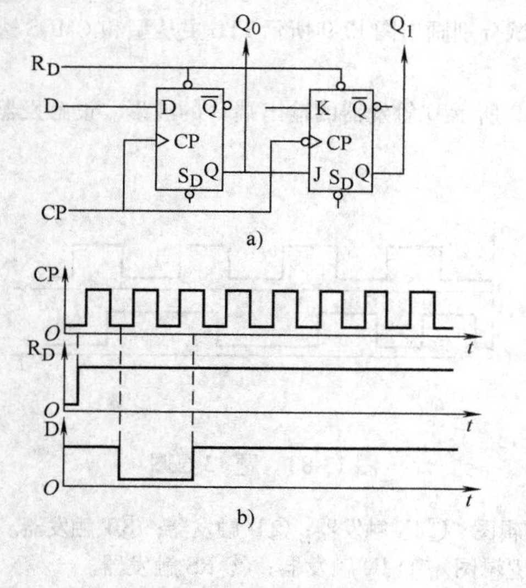

图 13-87　题 13-13 图

表 13-16　状态转换表

输入					输出	
D	R_D	CP	J	K	$Q_{0(n+1)}$	$Q_{1(n+1)}$
	1	0		1		
	1	1		1		
	1	2		1		
	1	3		1		
	1	4		1		
	1	5		1		
	1	6		1		
	1	7		1		
	1	8		1		

13-14　图13-88所示时序电路中，待输入数码为 $d_3d_2d_1d_0 = 1010$，数码的互补控制端 $\overline{R}_A\overline{R}_B\overline{R}_C\overline{R}_D = 0101$，试分析控制端 S_T 为0和为1时电路执行何种操作；它是具有何种功能的时序电路？

13-15　试分析图13-89所示时序电路的逻辑功能；若各触发器的初态为 $Q_3Q_2Q_1Q_0 = 1011$，问经过4个CP后各触发器的状态为何值？

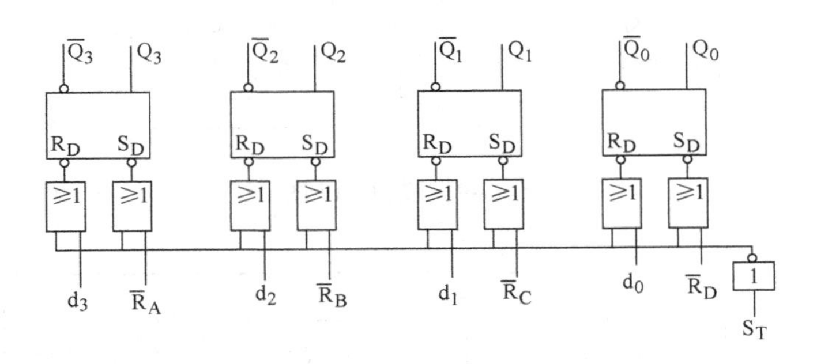

图13-88　题13-14图

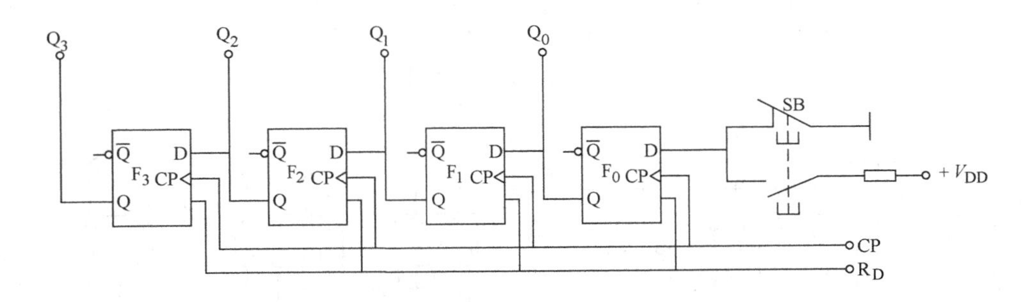

图13-89　题13-15图

13-16　分析图13-90所示时序电路的逻辑功能。要求：1）画出各触发器的时序波形；2）列写出状态转换表；3）指出该时序电路功能。

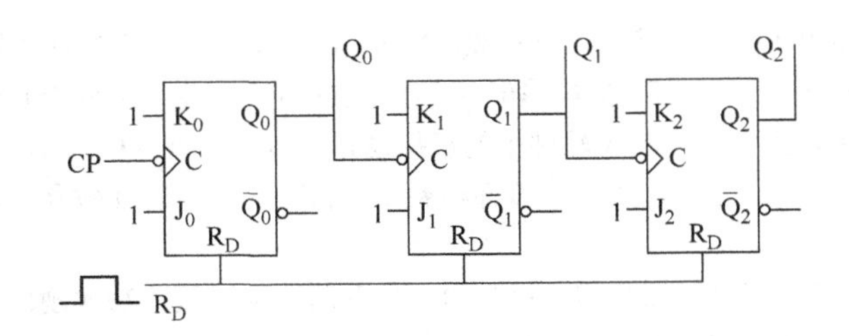

图13-90　题13-16图

13-17　分析图13-91所示时序电路的逻辑功能，要求分析过程。设触发器的初态为0。

13-18　图13-92所示时序电路由三个JK触发器构成，各触发器初态为零。要求：1）写出触发器输出端 Q_2^{n+1}、Q_1^{n+1}、Q_0^{n+1} 的表达式；2）画出各触发器的时序波形，并列出状态转换真值表；3）指出该时序电路功能。

13-19　在图13-93所示时序电路中，设各触发器的初态为 $Q_3Q_2Q_1 = 100$。试分析该时序电路的逻辑功能，并说明该时序电路能否自启动。

13-20　试分析图13-94所示时序电路的逻辑功能，设初态 $Q_3Q_2Q_1 = 000$。

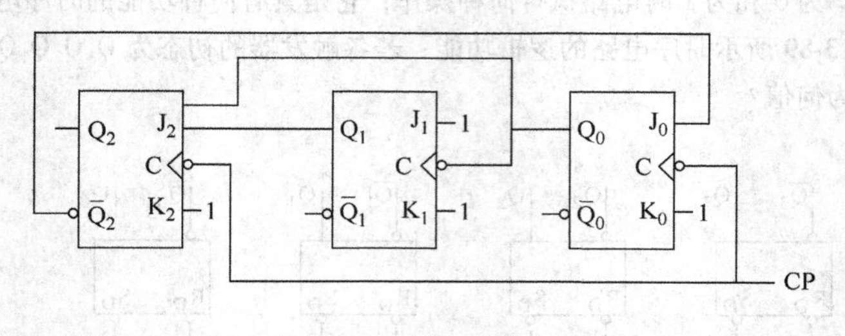

图 13-91　题 13-17 图

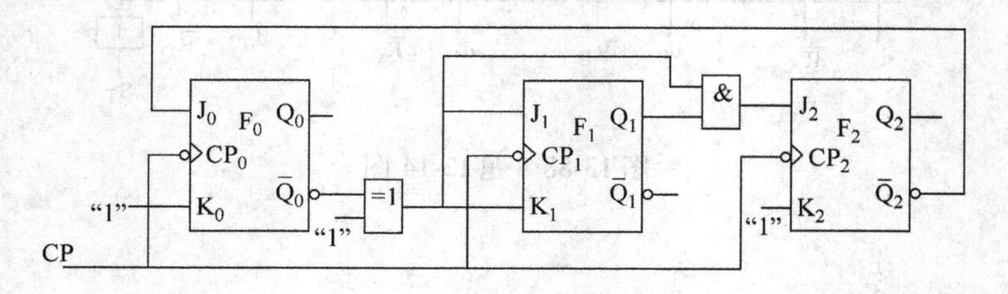

图 13-92　题 13-18 图

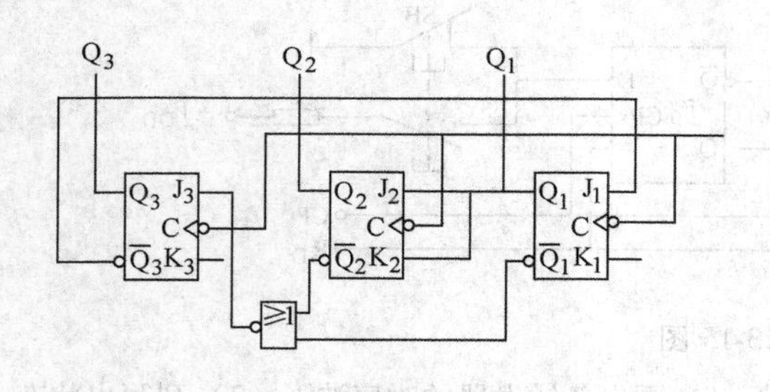

图 13-93　题 13-19 图

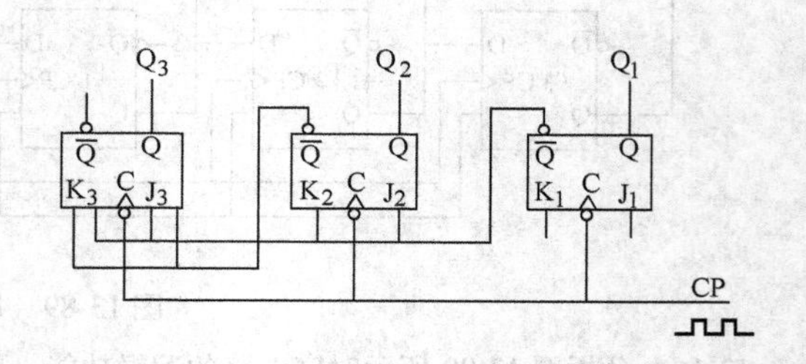

图 13-94　题 13-20 图

13-21　试采用进位输出置数法和状态译码置数法构成循环模数 M = 125 的计数器。

13-22　图 13-95a、b、c、d 是由 T1161(74163) 芯片组成的计数器，试分析它们各是多少进制的计数器，并列出相应的状态转换表；再用 EDA 软件中的虚拟逻辑分析仪进行分析。

13-23　试用 T1161(74163) 芯片分别接成循环模数 M 为 5、7、14 的计数器，画出接线图并列出状态转换表。

13-24　试分析图 13-96 所示计数器是多少进制的。是采用何种连接方法实现的？若还有与该电路结构相同的高位计数器，试画出该电路的进位输出电路。

13-25　试用两片 T1161(74163) 构成六十进制、一百八十三进制的计数器，试标出计数输入脉冲和进位输脉冲的位置，并说明采用的连接方法；再用 EDA 软件进行仿真分析。

13-26　图 13-97 是用中规模集成芯片 T4290 组成的计数器，试分析它是几进制的计数器，并列出状态转换表；再用 EDA 软件进行仿真分析。

13-27　列状态转换表分析图 13-98 所示电路是几进制的计数器。

13-28　图 13-99 是由两片 T4290 构成的计数器，试分析它是多少进制的计数器。

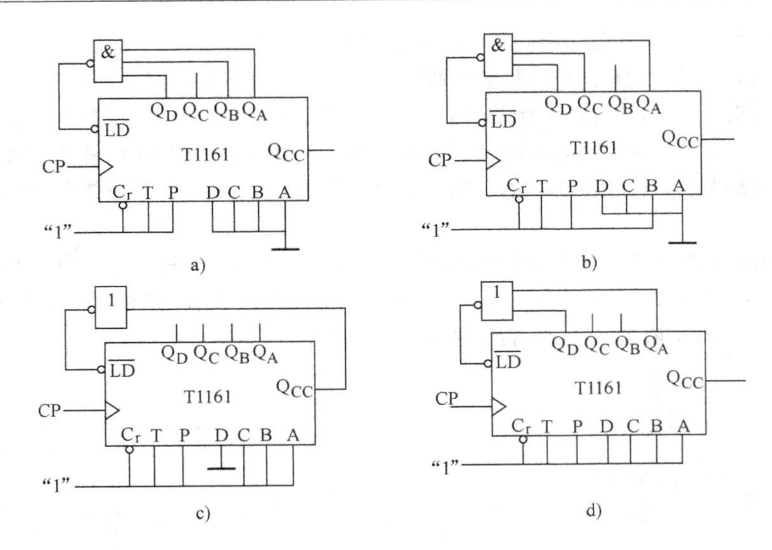

图 13-95　题 13-22 图

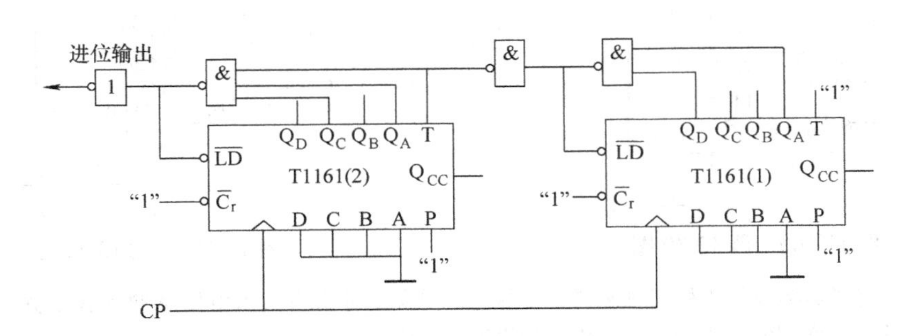

图 13-96　题 13-24 图

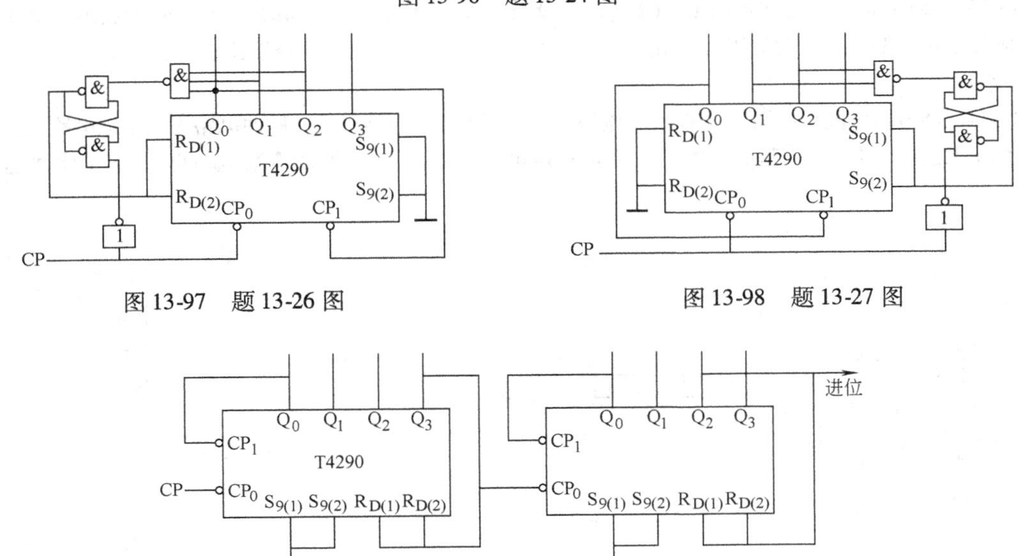

图 13-97　题 13-26 图

图 13-98　题 13-27 图

图 13-99　题 13-28 图

13-29　试用 T4290 中规模集成计数器芯片构成二十四、五十一、九十进制的加法计数器，画出接线图，并标出计数脉冲输入端和进位脉冲输出端；再用 EDA 软件进行仿真设计。

13-30　图 13-100 是由中规模集成计数器 T4290 和中规模集成七段译码显示器 T4048 组成的计数译码显示电路。T4048 的$\overline{LT}$、$\overline{I}_{BR}$、$\overline{I}_B/\overline{Y}_{BR}$分别为试灯输入端、清零输入端和灭灯输入/清零输出。1）该电路清零后，输入 5 个 CP，显示的十进制数是多少？2）若将 T4290 的 CP_0 接 Q_2 端，CP_1 作为计数脉冲的输入，计数器的循环模数 M 是多少？在一系列 CP 作用下，显示器所显示的一组十进制数依次是多少（从清零后开始）?

13-31　图 13-101 是由 T4290 和 3 线-8 线译码器芯片 T4138 组成的时序电路，当 T4138 的译码控制端 $\overline{S}_3$、$\overline{S}_2$ 同时为零且 S_1 为 1 时，芯片才能工作。试分析该时序电路的功能；若清零后输入 8 个 CP，输出端 $\overline{Y}_7\overline{Y}_6\overline{Y}_5\overline{Y}_4\overline{Y}_3\overline{Y}_2\overline{Y}_1\overline{Y}_0$ 的状态依次如何（$\overline{Y}$ 表示选通的数码输出为低电平）?

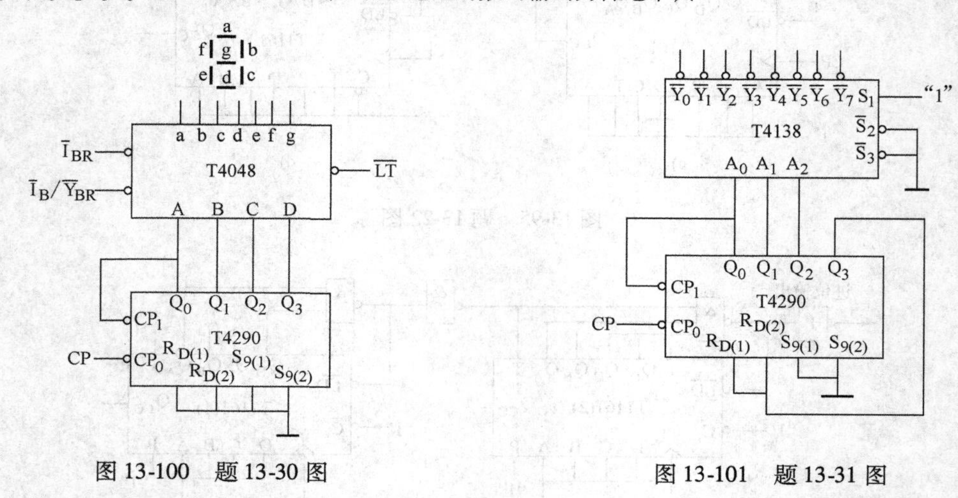

图 13-100　题 13-30 图　　　　图 13-101　题 13-31 图

13-32　555 定时器构成的单稳态触发器需正脉冲还是负脉冲触发？若触发脉冲的有效宽度大于单稳态触发器输出的脉冲宽度，电路能否正常工作？如果不能正常工作，应采取什么措施?

13-33　555 定时器的接法如图 13-102 所示。设图中 $R = 500\text{k}\Omega$，$C = 10\mu\text{F}$，已知 u_i 的波形，电路正常工作时求解下列各题：① 对应于 u_i 画出 u_C 和 u_o 的波形。② 输出脉冲下降沿比输入脉冲下降沿延迟了多少时间?

13-34　继电器线圈接在图 13-103 所示电路中，试用 555 定时器设计一脉冲电路去控制该电路。要求加入启动信号之后，经 1.1μs 延时，线圈才通电；通电 1.1s 后，继电器线圈断电，再用 EDA 软件进行仿真。

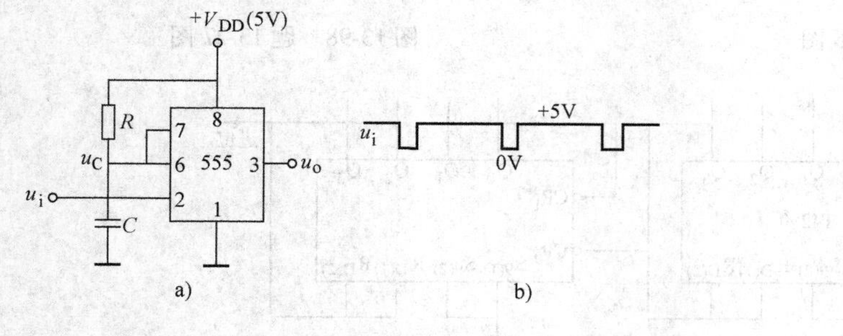

图 13-102　题 13-33 图
a) 电路图　b) u_i 波形

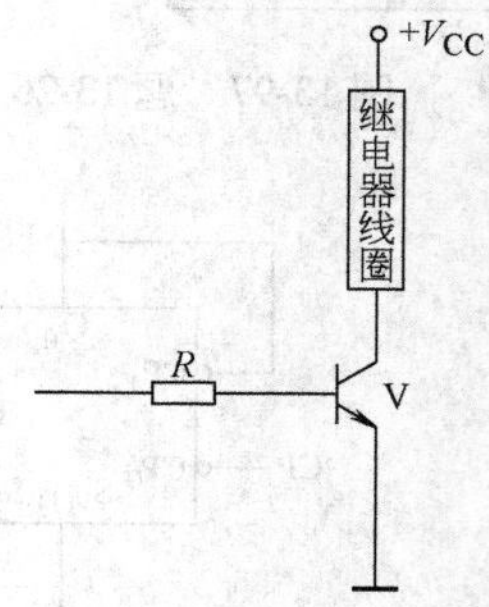

图 13-103　题 13-34 图

13-35　已知一施密特触发器的上、下限阈值电压分别为 $U_{TH}=2V$、$U_{TL}=1V$，输入信号 u_i 为一正弦波，其幅值为 3V，试画出对应于 u_i 的输出电压 u_o 的波形。

13-36　已知 555 定时器的 $V_{DD}=5V$，试回答用该定时器构成施密特非门时，上、下限阈值电压 U_{TH}、U_{TL} 各是多少？

13-37　图 13-104 是用 CC7555 定时器构成的施密特非门组成的电路，试定性画出 u_o 的波形。若电源电压 $V_{DD}=9V$，试估算 u_o 的频率。

13-38　在图 13-73 中，若 $R_1=R_2=10k\Omega$，$C=1\mu F$，试计算该电路的振荡频率 f 及输出波形的占空比 q。

13-39　试用 555 定时器设计一个振荡频率为 20kHz，占空比为 1/4 的多谐振荡器，并用 EDA 软件进行仿真。

13-40　由 555 定时器和晶体管等组成的电路如图 13-105 所示。图中 $V_{CC}=15V$、$R_1=5k\Omega$、$R_2=10k\Omega$、$R_E=20k\Omega$、$C=0.022\mu F$，晶体管的 $\beta=60$、$V_{EE}=0.7V$，外加触发信号 u_i 为一足够窄的负脉冲。试解答下列问题：① 说明该电路的名称和作用。② 说明晶体管电路的作用。③ 画出在 u_i 作用下相应的输出电压 u_{o1} 的波形，标明时间和幅度。④ 画出与 u_{o1} 相对应的 u_o 的波形。

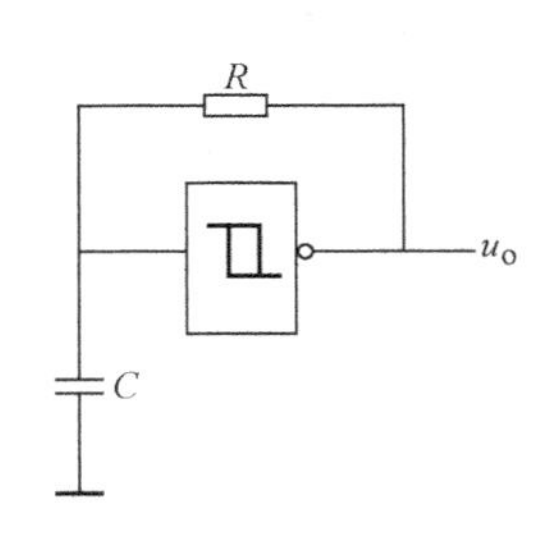

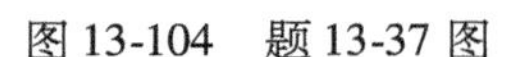
图 13-104　题 13-37 图

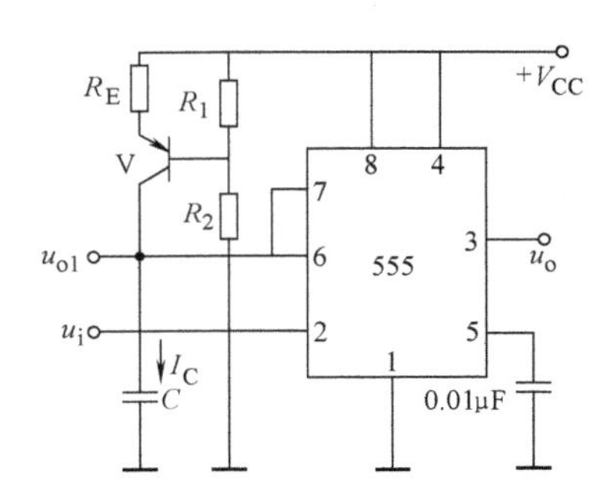

图 13-105　题 13-40 图

13-41　图 13-106 是一个简易电子琴电路。当琴键 $S_1 \sim S_n$ 均未按下时，晶体管 V 接近饱和导通，U_E 约 0.7V，使 555 定时器组成的振荡器停振；当按下不同琴键时，因 $R_1 \sim R_n$ 的阻值不等，扬声器便发出不同的声音。

若 $R_B=20k\Omega$、$R_1=10k\Omega$、$R_E=2k\Omega$、$C=0.1\mu F$，晶体管的电流放大系数 $\beta=150$，$V_{CC}=12V$，振荡器外接电阻、电容参数如图所示。试计算按下 S_1 时 555 定时器电压控制端（片脚 5）上的电压 U_{CO} 的值和扬声器发出声音的频率；若琴键电阻 $R_1 \sim R_n$ 阻值递增时，则 U_{CO} 的值和扬声器发出声音的频率如何变化？

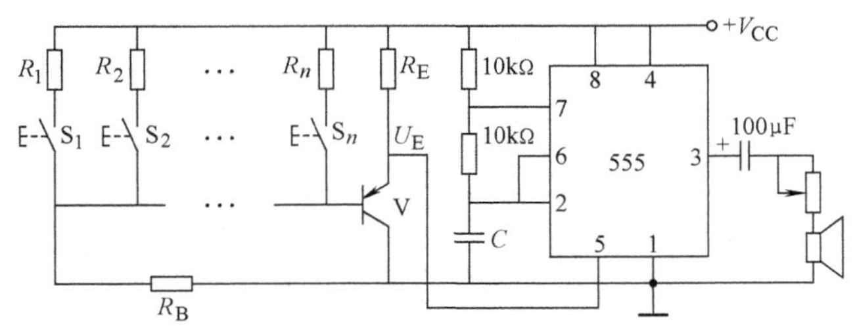

图 13-106　题 13-41 图

13-42　在图 13-107 所示电路中，VD 为理想二极管，试解答下列问题：1）每个 555 定时器各自组成什么电路？2）开关 S 在右端时，u_{oA} 和 u_{oB} 的各自周期是多少？3）画出开关 S 在左端时，u_{oA} 和 u_{oB} 的波形。4）若得到与第 3）小题中相似的波形还有哪种接法？

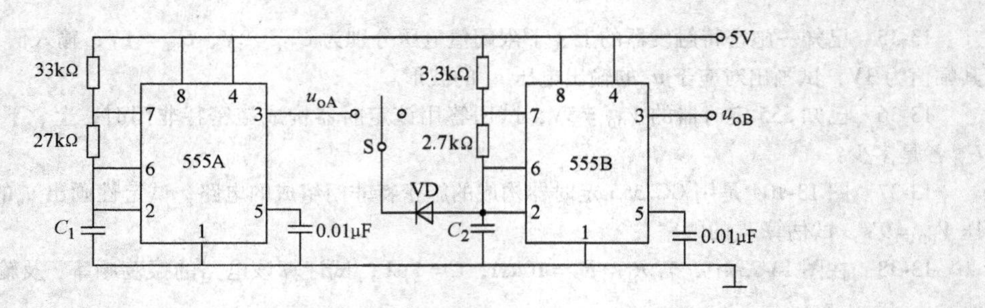

图 13-107　题 13-42 图

附　　录

附录 A　半导体分立器件型号命名方法

根据“中华人民共和国国家标准 GB/T 249—1989”半导体分立器件型号命名方法命名，通常由 5 个部分组成。具体的符号及含义见下表：

中国半导体器件型号组成部分的符号及其意义

第一部分		第二部分		第三部分		第四部分	第五部分
用阿拉伯数字表示器件的电极数目		用汉语拼音字母表示器件的材料和极性		用汉语拼音字母表示器件的类别		用阿拉伯数字表示序号	用汉语拼音字母表示规格号
符号	意　　义	符号	意　　义	符号	意　　义		
2	二极管	A	N 型，锗材料	P	小信号管		
		B	P 型，锗材料	V	混频检波管		
		C	N 型，硅材料	W	电压调整管和电压基准管		
3	三极管	D	P 型，硅材料	C	变容管		
		A	PNP 型，锗材料	Z	整流管		
		B	NPN 型，锗材料	L	整流堆		
		C	PNP 型，硅材料	S	隧道管		
		D	NPN 型，硅材料	K	开关管		
		E	化合物材料	X	低频小功率晶体管 ($f_a<3$MHz，$P_c<1$W)		
				G	高频小功率晶体管 ($f_a\geqslant3$MHz，$P_c<1$W)		
				D	低频大功率晶体管 ($f_a<3$MHz，$P_c\geqslant1$W)		
				A	高频大功率晶体管 ($f_a\geqslant3$MHz，$P_c\geqslant1$W)		
				T	闸流管		
				Y	体效应管		
				B	雪崩管		
				J	阶跃恢复管		

示例 1：锗 PNP 型高频小功率晶体管

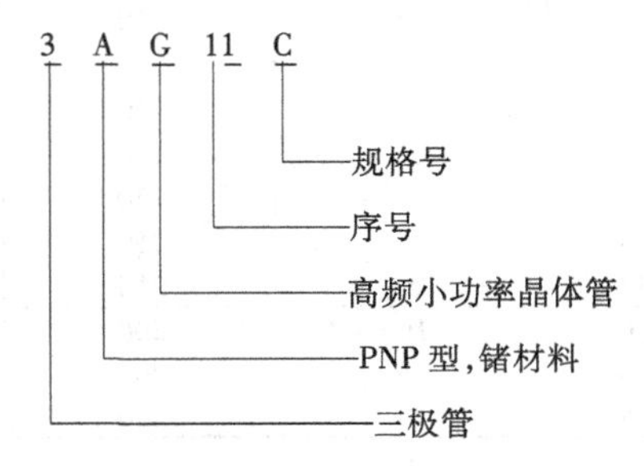

附录B　常用半导体器件的参数

1. 半导体二极管

(1) 检波与整流二极管

参数		最大整流电流	最大整流电流时的正向压降	最高反向工作电压
符号		I_{OM}	U_F	U_{RM}
单位		mA	V	V
	2AP1	16		20
	2AP2	16		30
	2AP3	25		30
	2AP4	16	≤1.2	50
	2AP5	16		75
	2AP6	12		100
型	2AP7	12		100
	2CP10			25
	2CP11			50
	2CP12			100
	2CP13			150
	2CP14			200
	2CP15	100	≤1.5	250
	2CP16			300
号	2CP17			350
	2CP18			400
	2CP19			500
	2CP20			600
	2CP21	300		100
	2CP21A	300		50
	2CP22	300		200

参数		最大整流电流	最大整流电流时的正向压降	最高反向工作电压
符号		I_{OM}	U_F	U_{RM}
单位		mA	V	V
	2CP31	250		25
	2CP31A	250		50
	2CP31B	250		100
	2CP31C	250		150
	2CP31D	250		250
	2CZ11A			100
型	2CZ11B			200
	2CZ11C			300
	2CZ11D	1000	≤1	400
	2CZ11E			500
	2CZ11F			600
	2CZ11G			700
	2CZ11H			800
号	2CZ12A			50
	2CZ12B			100
	2CZ12C			200
	2CZ12D	3000	≤0.8	300
	2CZ12E			400
	2CZ12F			500
	2CZ12G			600

(2) 稳压管

参数		稳定电压	稳定电流	耗散功率	最大稳定电流	动态电阻
符号		U_Z	I_Z	P_Z	I_{Zmax}	r_Z
单位		V	mA	mW	mA	Ω
测试条件		工作电流等于稳定电流	工作电压等于稳定电压	-60～+50℃	-60～+50℃	工作电流等于稳定电流
	2CW11	3.2～4.5	10	250	55	≤70
	2CW12	4～5.5	10	250	45	≤50
	2CW13	5～6.5	10	250	38	≤30
	2CW14	6～7.5	10	250	33	≤15
型	2CW15	7～8.5	5	250	29	≤15
	2CW16	8～9.5	5	250	26	≤20
	2CW17	9～10.5	5	250	23	≤25
	2CW18	10～12	5	250	20	≤30
号	2CW19	11.5～14	5	250	18	≤40
	2CW20	13.5～17	5	250	15	≤50
	2DW7A	5.8～6.6	10	200	30	≤25
	2DW7B	5.8～6.6	10	200	30	≤15
	2DW7C	6.1～6.5	10	200	30	≤10

(3) 开关二极管

参数		反向击穿电压	最高反向工作电压	反向压降	反向恢复时间	零偏压电容	反向漏电流	最大正向电流	正向压降
单位		V	V	V	ns	pF	μA	mA	V
型号	2AK1	30	10	≥10	≤200	≤1		≥100	
	2AK2	40	20	≥20	≤200	≤1		≥150	
	2AK3	50	30	≥30	≤150	≤1		≥200	
	2AK4	55	35	≥35	≤150	≤1		≥200	
	2AK5	60	40	≥40	≤150	≤1		≥200	
	2AK6	75	50	≥50	≤150	≤1		≥200	
	2CK1	≥40	30	30	≤150	≤30	≤1	100	≤1
	2CK2	≥80	60	60	≤150	≤30	≤1	100	≤1
	2CK3	≥120	90	90	≤150	≤30	≤1	100	≤1
	2CK4	≥150	120	120	≤150	≤30	≤1	100	≤1
	2CK5	≥180	180	150	≤150	≤30	≤1	100	≤1
	2CK6	≥210	210	180	≤150	≤30	≤1	100	≤1

2. 晶体管

(1) 3DG6 晶体管

参数符号		单位	测试条件	型号			
				3DG6A	3DG6B	3DG6C	3DG6D
直流参数	I_{CBO}	μA	$U_{CB}=10V$	≤0.1	≤0.1	≤0.1	≤0.1
	I_{EBO}	μA	$U_{EB}=1.5V$	≤0.1	≤0.1	≤0.1	≤0.1
	I_{CEO}	μA	$U_{CE}=10V$	≤0.1	≤0.1	≤0.1	≤0.1
	U_{BES}	V	$I_B=1mA$ $I_C=10mA$	≤1.1	≤1.1	≤1.1	≤1.1
	h_{FE} (β)		$U_{CB}=10V$ $I_C=3mA$	10～200	20～200	20～200	20～200
交流参数	f_T	MHz	$U_{CE}=10V$ $I_C=3mA$ $f=30MHz$	≥100	≥150	≥250	≥150
	G_P	dB	$U_{CB}=10V$ $I_C=3mA$ $f=100MHz$	≥7	≥7	≥7	≥7
	C_{Od}	pF	$U_{CB}=10V$ $I_C=3mA$ $f=5MHz$	≤4	≤3	≤3	≤3
极限参数	BU_{CBO}	V	$I_C=100\mu A$	30	45	45	45
	BU_{CEO}	V	$I_C=200\mu A$	15	20	20	30
	BU_{EBO}	V	$I_E=-100\mu A$	4	4	4	4
	I_{CM}	mA		20	20	20	20
	P_{CM}	mW		100	100	100	100
	T_{iM}	C		150	150	150	150

（2）3DK4 开关晶体管

参数符号		单位	测试条件	型号			
				3DK4	3DK4A	3DK4B	3DK4C
直流参数	I_{CBO}	μA	$U_{CB}=10V$	≤1	≤1	≤1	≤1
	I_{CEO}	μA	$U_{CE}=10V$	≤10	≤10	≤10	≤10
	U_{CES}	V	$I_B=50mA$ $I_C=500mA$	≤1	≤1	≤1	≤1
	U_{BES}	V	$I_B=50mA$ $I_C=500mA$	≤1.5	≤1.5	≤1.5	≤1.5
	h_{FE} (β)		$U_{CE}=1V$ $I_C=500mA$	20～200	20～200	20～200	20～200
交流参数	f_T	MHz	$U_{CE}=10V$，$I_C=50mA$ $f=30MHz$，$R=5\Omega$	≥100	≥100	≥100	≥100
	C_{ob}	pF	$U_{CB}=10V$，$I_E=0$ $f=5MHz$	≤15	≤15	≤15	≤15
开关参数	t_{on}	ns	$U_{CE}=26V$，$U_{EB}=1.5V$ 脉冲幅度 7.5V 脉冲宽度 1.5μs 脉冲重复频率 1.5kHz	50	50	50	50
	t_{off}	ns		100	100	100	50
极限参数	BU_{CBO}	V	$I_C=100\mu A$	20	40	60	40
	BU_{CEO}	V	$I_C=200\mu A$	15	30	45	30
	BU_{EBO}	V	$I_E=-100\mu A$	4	4	4	4
	I_{CM}	mA		800	800	800	800
	P_{CM}	mW	不加散热板	700	700	700	700
	T_{jM}	℃		175	175	175	175

3. 场效应晶体管

（1）结型场效应晶体管（N 沟道）

参　　数	符号	单位	测 试 条 件	型号		
				3DJ2	3DJ3	3DJ7
饱和漏极电流	I_{DSS}	mA	$U_{DS}=10V$　$U_{GS}=0V$	0.3～10	≥35	1～35
栅源夹断电压	U_P	V	$U_{DS}=10V$　$I_D=50\mu A$	≤| -9 |	| -2.5 | ～ | -5 |	≤| -9 |
栅源绝缘电阻	R_{GS}	Ω	$U_{DS}=0V$　$U_{GS}=10V$	≥10^7	≥10^7	≥10^7
共源小信号低频跨导	g_m	μA/V	$U_{DS}=10V$　$I_D=3mA$　$f=10^3Hz$	≥2000	≥3000	≥3000
最高振荡频率	f_M	MHz	$U_{DS}=10V$	≥300	1	≥90
最高漏源电压	BU_{DS}	V		20	20	20
最高栅源电压	BU_{GS}	V		20	20	20
最大耗散功率	P_{DM}	mW		100	100	100

注：3DJ3 是开关管。

（2）绝缘栅场效应晶体管

参数	符号	单位	型号			
			3DO4	3DO2（高频管）	3DO6（开关管）	3CO1（开关管）
饱和漏极电流	I_{DSS}	μA	$0.5\times10^3\sim15\times10^3$		≤1	≤1
栅源夹断电压	U_P	V	≤|−9|			
开启电压	U_T	V			≤5	−2～−8
栅源绝缘电阻	R_{GS}	Ω	$\geq10^9$	$\geq10^9$	$\geq10^9$	$\geq10^9$
共源小信号低频跨导	g_m	μA/V	≥2000	≥4000	≥2000	≥500
最高振荡频率	f_M	MHz	≥300	≥1000		
最高漏源电压	BU_{DS}	V	20	12	20	
最高栅源电压	BU_{GS}	V	≥20	≥20	≥20	≥20
最大耗散功率	P_{DM}	mW	1000	1000	1000	1000

注：1. 3CO1 为 P 沟道增强型，其他为 N 沟道管（增强型：U_T 为正值；耗尽型：U_P 为负值）。

2. 测试条件与结型场效应晶体管同。

4. 单结晶体管

参数名称		基极间电阻	分压系数	峰点电流	谷点电流	谷点电压	反向电流	反向电压	饱和压降	耗散功率
符号		R_{BB}	η	I_P	I_V	U_V	I_E	U_{EB1}	U_E	P_{BB}最大
单位		kΩ		μA	mA	V	μA	V	V	mW
测试条件		$U_{BB}=20V$ $I_B=0$	$U_{BB}=20V$	$U_{BB}=20V$	$U_{BB}=20V$	$U_{BB}=20V$		$I_{EO}=1\mu A$	$U_{BB}=20V$ $I_E=50mA$	
BT31	A	3～6	0.3～0.55	≤2			≤1	≥60	≤5	300
	B	5～10	0.3～0.55	≤2			≤1	≥60	≤5	(BT31
	C	3～6	0.45～0.75	≤2			≤1	≥60	≤5	BT32)
BT32	D	5～10	0.45～0.75	≤2	>1		≤1	≥60	≤5	500
	E	3～6	0.65～0.85	≤2	(BT32		≤1	≥60	≤5	(BT33)
BT33	F	5～10	0.65～0.85	≤2	BT33)		≤1	≥60	≤5	
BT35	A	2～4.5	0.45～0.9	<4.0	>1.5	<3.5	≤2	≥30	<4.0	500
	B	2～4.5	0.45～0.9	<4.0	>1.5	<3.5	≤2	≥60	<4.0	500
	C	4.5～12	0.3～0.9	<4.0	>1.5	<4	≤2	≥30	<4.5	500
	D	4.5～12	0.3～0.9	<4.0	>1.5	<4	≤2	≥60	<4.5	500

5. KP 型晶闸管

参数 / 单位 / 系列 KP	断态重复峰值电压 U_{DRM} 反向重复峰值电压 U_{RRM}	通态平均电压 U_F	额定通态平均电流 I_F	维持电流 I_H	浪涌电流 I_{FSM}	控制极触发电压 U_G	控制极触发电流 I_G	电压上升率 du/dt	电流上升率 di/dt	结温 T_j
	V	V	A	mA	A	V	mA	V/ns	A/ns	℃
1	100～3000	1.2	1	20	20	≤2.5	3～30	30	—	100
5	100～3000	1.2	5	40	90	≤3.5	5～70	30	—	100
10	100～3000	1.2	10	60	190	≤3.5	5～100	30	—	100
20	100～3000	1.2	20	60	380	≤3.5	5～100	30	—	100
30	100～3000	1.2	30	60	560	≤3.5	8～150	30	—	100
50	100～3000	1.2	50	60	940	≤3.5	8～150	30	30	100

（续）

系列 KP \ 参数 \ 单位	断态重复峰值电压 U_{DRM} 反向重复峰值电压 U_{RRM}	通态平均电压 U_F	额定通态平均电流 I_F	维持电流 I_H	浪涌电流 I_{FSM}	控制极触发电压 U_G	控制极触发电流 I_G	电压上升率 du/dt	电流上升率 di/dt	结温 T_j
	V	V	A	mA	A	V	mA	V/ns	A/ns	℃
100	100 ~ 3000	1.2	100	80	1880	≤3.5	10 ~ 250	100	80	100
200	100 ~ 3000	1.0	200	100	3770	≤4	10 ~ 250	100	80	115
300	100 ~ 3000	0.8	300	100	5650	≤4	20 ~ 300	100	80	115
400	100 ~ 3000	0.8	400	100	7540	≤5	20 ~ 300	100	80	115
500	100 ~ 3000	0.8	500	100	9420	≤5	20 ~ 300	100	80	115
800	100 ~ 3000	0.8	800	100	14920	≤5	30 ~ 250	100	100	115
1000	100 ~ 3000	0.8	100	100	18600	≤5	40 ~ 400	100	100	115

注：下角字表：F—正向，D—断态，R—反向（第一位）或重复（第二），S—不重复，G—控制极，M—最大值，H—维持。

附录 C　集成电路型号命名方法

1. 半导体集成电路型号命名方法之一

GB34 30—1989 中华人民共和国国家标准。

本标准适用于半导体集成电路系列和品种的国家标准所产生的半导体集成电路（以下简称器件）。

（1）型号的组成　器件的型号由 5 部分组成。其 5 个组成部分的符号及其意义如下：

第 0 部分		第一部分		第二部分	第三部分		第四部分	
用字母表示器件符合国家标准		用字母表示器件的类型		用阿拉伯数字表示器件的系列和品种代号	用字母表示器件的工作温度范围		用字母表示器件的封装	
符号	意　义	符号	意　义		符号	意　义	符号	意　义
C	符合国家标准	T	TTL 电路		C	0 ~ 70℃	W	陶瓷扁平
		H	HTL 电路		E	-40 ~ 85℃	B	塑料扁平
		E	ECL 电路		R	-55 ~ 85℃	F	多层陶瓷扁平
		C	CMOS 电路		M	-55 ~ 125℃	D	多层陶瓷双列直插
		F	线性放大器		⋮	⋮	P	塑料双列直插
		D	音响、电视电路				J	黑瓷双列直插
		W	稳压器				K	金属菱形
		J	接口电路				T	金属圆形
		B	非线性电路				⋮	⋮
		M	存储器					
		⋮	⋮					

（2）示例

1）肖特基 TTL 双 4 输入与非门

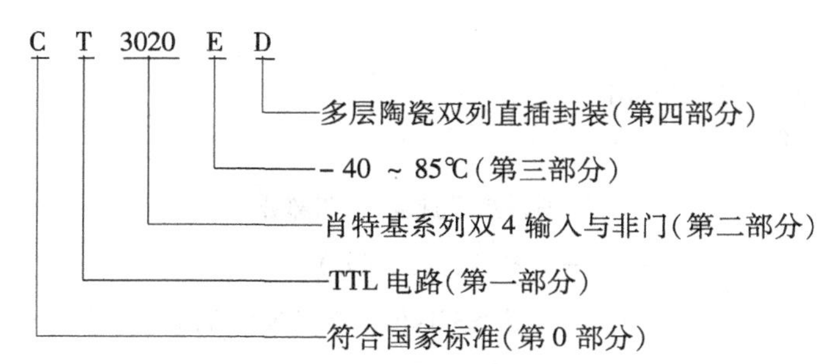

2）CMOS8 选 1 数据选择器（3S）

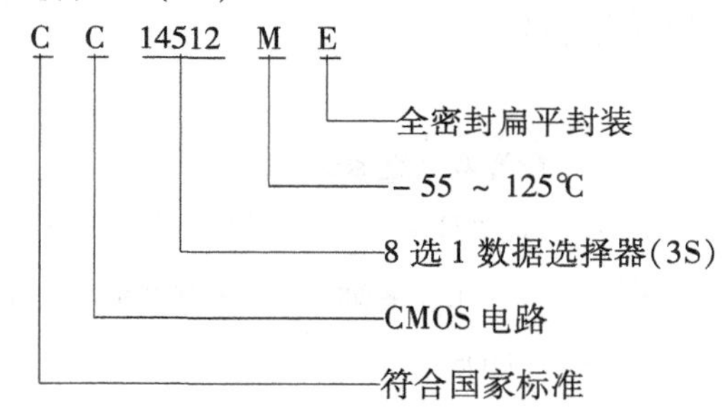

3）通用型运算放大器

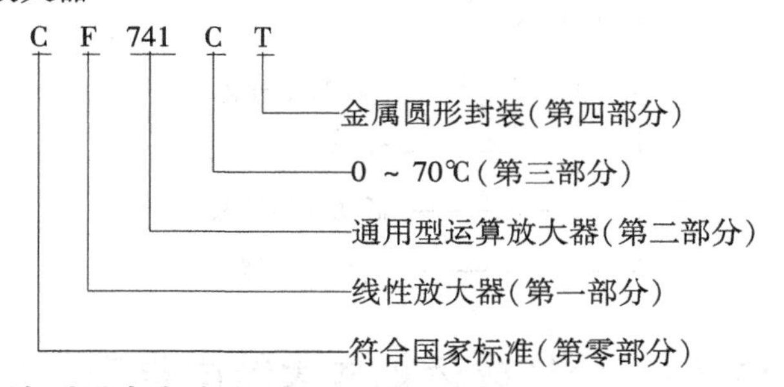

2. 半导体集成电路型号命名方法之二

本型号命名方法适用于部标准的《半导体集成电路系列品种》及其产品标准生产的半导体集成电路。

（1）半导体集成电路的型号　半导体集成电路的型号由 4 部分组成，其 4 个组成部分的符号及意义如下：

第一部分		第二部分	第三部分	第四部分	
电路的类型、用汉语拼音字母表示		电路的系列及品种序号，用阿拉伯数字表示	电路的规格号用汉语拼音字母表示	电路的封装用汉语拼音字母表示	
符号	意　义			符号	意　义
T	TTL			A	陶瓷扁平
H	HTL			B	塑料扁平
E	ECL			C	陶瓷双列
I	I^2L			D	塑料双列
P	PMOS			Y	金属圆壳
N	NMOS			F	F型
C	CMOS				
F	线性放大器				
W	集成稳压器				
J	接口电路				

（2）示例

1）TTL 中速四输入端双与非门

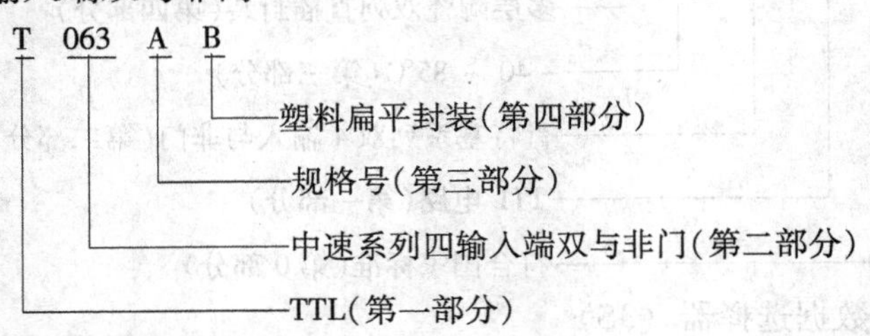

2）CMOS 二-十进制同步加法计数器

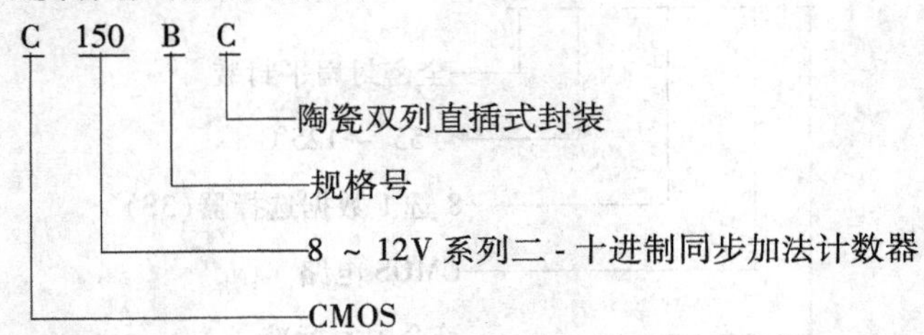

3）低功耗运算放大器

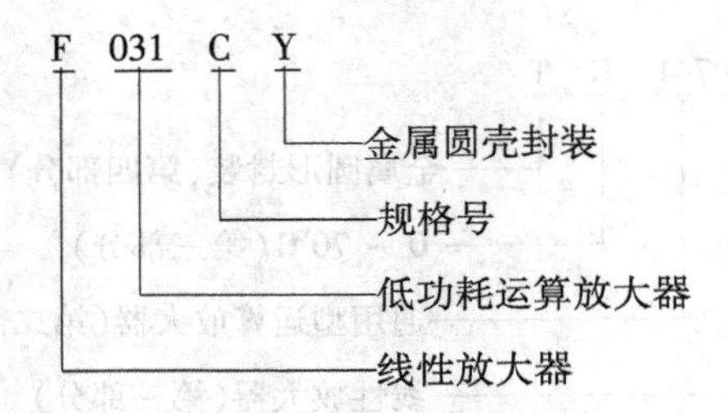

附录 D　国内外部分集成运算放大器同类产品型号对照表

部标准型号	厂标型号（旧型号）	国外同类产品型号
F001	8FC 1 XT 50 FC 1 FC 31 BG 301 7 XC 1 5 G 922	μA 702 μPC 51 TA 7501 HA 1301 MC 1430 CA 3008 SN 72702 LM 702 TAA 243 M 51702 RC 702
F 003（有调零端） F 005	FC 3 4 E 304 X 51	μA 709 LM 709 RC 709 μPC 55 TA 7502 MC 1709 SFC 2709 SN 72709 M 51709 MIC 709 RC 709
F 004	5 G 23	BE 809
F 006（外补偿） F 007（内补偿）	8 FC 4 FC 4 5 G 24 7 XC 3 4 E 322 NG 04 XFC 5 BG 308 DL 741	μA 741 TA 7504 ICB 8741 ICB 8741 CA 741 LM 741 SFC 741 AD 741 MC 1741 RC 1741 SN 72741
F 010	X 54 FC 54 XFC 4 7 XC 4	μPC 253
F 011	XPC 75	
F 012	5G 26	
F 013	KD 203 FC6	

（续）

部标准型号	厂标型号（旧型号）	国外同类产品型号
F 030	4 E 325 FC 72	AD 508
F 031	XFC 10	
F 033	8 FC 5	μA 725 RC 725 LM 725
F 050	XF 7-1 4 E 501	
F 052	X 55 XFC 76 XFC 55	LM 318
F 054	4 E 321 FC 92 XFC 7-2	
F 055	8 FC 6 5 G 27	μA 715 HA 17715
F 072		CA 3140
F 073	5 G 28	

附录 E　几种国产集成运算放大器参数规格表

参数名称	符　号	单　位	F001			F003　　F005			F005		
			A	B	C	A	B	C	A	B	C
输入失调电压	U_{OS}	mV	≤10	≤5	≤2	≤8	≤5	≤2	≤8	≤5	≤2
输入失调电流	I_{OS}	μA	≤5	≤2	≤1	≤0.4	≤0.2	≤0.1	≤1	≤0.5	≤0.2
输入偏置电流	I_B	μA	≤10	≤7	≤5	≤2	≤1.2	≤0.7	≤3	≤3	≤2
开环电压增益	A_d	dB	≥60	≥66	≥66	≥80	≥80	≥86	≥86	≥86	≥90
最大输出幅度	U_{OPP}	V	≥ ±4	≥ ±4.5	≥ ±4.5	≥ ±10	≥ ±10	≥ ±12	≥ ±10	≥ ±10	≥ ±10

参数名称	符　号	单　位	F001			F003　　F005			F004		
			A	B	C	A	B	C	A	B	C
静态功耗	P_{CO}	mW	≤150	≤150	≤150	≤150	≤150	≥150	≤200	≤200	≤200
共模抑制比	CMRR	dB	≥70	≥70	≥80	≥65	≥70	≥80	≥80	≥80	≥80
输入电阻	r_i	kΩ		≥3			100			100	
输出电阻	r_o	Ω		500			200			2000	
开环带宽	f_{BW}	kHz		100			10			3	
失调电压温漂	$\Delta U_{OS}/\Delta T$	μV/℃		<20			10			10	
失调电流温漂	$\Delta I_{OS}/\Delta T$	nA/℃		<16			3			3	
最大输入差模电压	U_{idM}	V		±6			±6			±6	
最大输入共模电压	U_{icM}	V		±0.5	−2		±10			±60	
电源电压范围	$+E_O$ $-E_O$	V		±12	−6		±6 ~ ±18			±6 ~ ±16	

（续）

参数名称	符　号	单　位	F006　F007			F010　F011			F013		
			A	B	C	A	B	C	A	B	C
输入失调电压	U_{OS}	mV	≤10	≤5	≤2	≤8	≤5	≤2	≤6	≤4	≤2
输入失调电流	I_{OS}	μA	≤0.3	≤0.2	≤0.1	≤0.3	≤0.1	≤0.05	≤0.2	≤0.1	≤0.05
输入偏置电流	I_B	μA	≤1	≤0.5	≤0.3	≤0.5	≤0.3	≤0.3	≤0.75	≤0.4	≤0.2
开环电压增益	A_d	dB	≥86	≤94	≥94	≥80	≥94	≥160	≥80	≥90	≥94
最大输出幅度	U_{OPP}	V	≥±10	≥±10	≥±12	≥±10	≥±10	≥±10	≥±10	≥±10	≥±10
静态功耗	P_{OO}	mW	≤120	≤120	≤120	≤15	≤9	≤6	≤6	≤6	≤6
共模抑制比	CMRR	dB	≥70	≥80	≥80	≥70	≥80	≥80	≥70	≥80	≥80
输入电阻	r_i	kΩ		500			500			500	
输出电阻	r_o	Ω		200			200			200	
开环带宽	f_{BW}	H		7			7			80	
失调电压温漂	$\Delta U_{OS}/\Delta T$	μV/℃		20			10			5	
失调电流温漂	$\Delta I_{OS}/\Delta T$	nA/℃		1			1			1	
最大输入差模电压	U_{idM}	V		±30			±30			±6	
最大输入共模电压	U_{icM}	V		±12			±12			±12	
电源电压范围	$-E_v$ $+E_g$	V	±9～±18			±3～±18			±3～±18		

附录 F　音频功率器件 D810 电路主要技术指标的典型值

项　目	条　件		典　型　值
静态电流	$U_+ = 14.4V$		12mA
输出功率	T. H. D = 10% $f = 1kHz$，$R_L = 4\Omega$	$U_+ = 14.4V$	6.0W
		$U_+ = 12V$	4.2W
		$U_+ = 9V$	2.6W
		$U_+ = 6V$	1.0W
频率响应	（−3dB），$C_3 = 820pF$		40Hz～20kHz
总谐波失真	$P_0 = 50mW \sim 3W$，$f = 1kHz$		0.3%
输入噪声	$R_g = 0$，$BW_{(-3dB)} = 20Hz \sim 20kHz$		2μV
输入灵敏度	$P_0 = 6W$，$R_N = 56\Omega$		80mV
输入电阻			5MΩ

附录 G　三端式集成稳压器性能参数

参数＼型号	XWY005 系列	WB824 系列	W7800 系列
输出电压 U_L	12V、15V、18V、20V、24V	5V、12V、15V、18V、24V	5V、8V、12V、15V、18V、24V
最大输入电压 U_{max}	26～36V（分档）	20～36V（分档）	35V
最大输出电流 I_{max}	0.5～1.0A（分档）	0.2～2A（分档）	2.2A
最小输入输出电压差	≤4.5V	4.5V	2～3V
输出阻抗 r_o		0.05～0.5Ω（分档）	0.03～0.15Ω（分档）
电压调整率 S_U	(0.04～0.16)%	(0.04～0.16)%	(0.1～0.2)%
最大功耗	无散热片 1W 有散热片 6～12W（分档）	无散热片 1.5W 有散热片 3～25W（分档）	

附录 H　功率场控器件的主要参数

参数＼型号	VDMOS 60-100	VDMOS 200-450
最大耗散功率 P_{DM}/W	20	50
最大漏源电流 I_{DSM}/A	10	10
夹断电压 U_P/V	2.5	2.5
栅源绝缘电阻 R_{GS}/Ω	2	1.5
漏源击穿电压 $U_{(BR)DSO}$/V	60～100	200～450
栅源击穿电压 $U_{(BR)GSO}$/V		20
正向跨导 g_m	1.5	1.5
栅源电容 C_{GS}/pF	650	650
栅漏电容 C_{GD}/pF	180	180
漏源电容 C_{DS}/pF	200	200
结构	VDMOS	VDMOS
外形	F-2	F-2

附录 I　二进制逻辑单元新旧图形符号对照表

名　称	新国标，图形符号	旧图形符号	逻辑表达式或说明
与门	& A B C Y	A B C Y	$Y=A\cdot B\cdot C$
或门	≥1 A B C Y	+ A B C Y	$Y=A+B+C$
非门	1 A Y	A Y	$Y=\overline{A}$
与非门	& A B C Y	A B C Y	$Y=\overline{ABC}$
或非门	≥1 A B C Y	+ A B C Y	$Y=\overline{A+B+C}$
与或非门	& ≥1 A B C D Y	+ A B C D Y	$Y=\overline{AB+CD}$
异或门	=1 A B Y	⊕ A B Y	$Y=A\overline{B}+\overline{A}B$
半加器	Σ CO	H A_i B_i C_i S_i'	
全加器	Σ CI CO	Q A_i B_i C_{i-1} C_i S_i	

（续）

名　称	新国标，图形符号	旧图形符号	逻辑表达式或说明
RS 触发器	S　Q R　$\overline{Q}$	$\overline{Q}$　Q R　S	
D 触发器	S 1D　Q C1　$\overline{Q}$ R	$\overline{Q}$　Q S　R CP D	上升沿 D 触发器
JK 触发器	S J C1　Q K　$\overline{Q}$ R	$\overline{Q}$　Q S　R J CP K	下降沿 JK 触发器
非门（具有施密特触发器）			

附录 J　555 定时器的主要性能参数

1. 5G555（1555）的主要性能参数

参 数 名 称	符　号	单　位	测 试 条 件	参　数
电源电压	V_{CC}	V		5～16
电源电流	I_{CC}	mA	$V_{CC}=15V$，$R_L=\infty$	10
阈值电压	U_{TH}	V	$V_{CC}=15V$	10
阈值电流	I_{TH}	μA	$V_{CC}=15V$	0.1
触发电压	U_{TR}	V	$V_{CC}=15V$	5
触发电流	I_{TR}	μA	$V_{CC}=15V$	0.5
控制电压	V_{CO}	V	$V_{CC}=15V$	10
输出低电平	V_{OL}	V	$V_{CC}=15V$，$I_L=-50mA$	1
输出高电平	V_{OH}	V	$V_{CC}=15V$，$I_L=50mA$	13.3
复位电压	U_R	V	$V_{CC}=15V$	≤0.4

（续）

参数名称	符　号	单　位	测试条件	参　数
复位电流	I_R	mA	$V_{CC}=15V$	≥0.5
最大输出电流	I_{omax}	mA	$V_{CC}=15V$	≤200
最高振荡频率	f_{max}	kHz	$V_{CC}=15V$	≤300
输出上升时间	t_r	ns	$V_{CC}=15V$	≤150
时间误差	Δt	%	$V_{CC}=15V$	≤5
时间误差温度飘移	$\frac{\Delta f}{f}/\Delta T$	%/℃	$V_{CC}=15V$	0.05
时间误差电压飘移	$\frac{\Delta f}{f}/\Delta V_{CC}$	%/V	$V_{CC}=5\sim15V$	0.05

注：5G555（1555）为上海元件五厂生产的双极型器件。替代型号有国营 749 厂的 F555 等。

2. CC7555 的主要性能参数

参数名称		符　号	单　位	测试条件	参　数
电源电压		V_{DD}	V	$-40℃\leq T_A\leq+85℃$	3~18
电源电流		I_{DD}	μA	$V_{DD}=3V$	60
				$V_{DD}=18V$	120
时间误差	初始精度		%	R_1、R_2 为 1~100kΩ	≤5
	温　漂		10^{-12}/℃	$C=0.1\mu F$	50
	随电压漂移		%/V	$5V\leq V_{DD}\leq15V$	1.0
阈值电压		U_{TH}	V	$5V\leq V_{DD}\leq15V$	$2/3V_{DD}$
触发电压		U_{TR}	V	$5V\leq V_{DD}\leq15V$	$1/3V_{DD}$
触发电流		I_{TR}	pA	$V_{DD}=15V$	50
复位电流		I_R	pA	$V_{DD}=15V$	100
复位电压		U_R	V	$5V\leq V_{DD}\leq15V$	0.7
控制电压		V_{CO}	V	$5V\leq V_{DD}\leq15V$	$2/3V_{DD}$
输出低电平		V_{OL}	V	$V_{DD}=15V$，$I_{OL}=-3.2mA$	0.1
输出高电平		V_{OH}	V	$V_{DD}=15$，$I_{OH}=1mA$	14.8
输出上升时间		t_r	ns	$R_L=10M\Omega$，$C_L=10pF$	40
输出下降时间		t_f	ns	$R_L=10M\Omega$，$C_L=10pF$	40
最高振荡频率		f_{max}	kHz	无稳态振荡	≥500

注：CC7555 是采用 CMOS 工艺制作的 555 定时器。本表参数取自《中国集成电路大全——CMOS 集成电路》。

参考文献

[1] 袁宏. 电工技术 [M]. 北京：机械工业出版社，2003.
[2] 高有华，李忠波. 电工技术试题题型精选汇编 [M]. 北京：机械工业出版社，2003.
[3] 秦曾煌. 电工学 [M]. 4版. 北京：高等教育出版社，1990.
[4] 高福华，杨晓苹. 电工技术 [M]. 北京：机械工业出版社，1999.
[5] 李忠波. 电子技术 [M]. 北京：机械工业出版社，2003.
[6] 龚淑秋，李忠波. 电子技术试题题型精选汇编 [M]. 北京：机械工业出版社，2003.
[7] 李忠波，袁宏. 电子设计与仿真技术 [M]. 北京：机械工业出版社，2004.
[8] 成立. 数字电子技术 [M]. 北京：机械工业出版社，2004.
[9] 阎石. 数字电子技术 [M]. 4版. 北京：高等教育出版社，1990.
[10] 荣雅君，余琼芳. 数字电子技术 [M]. 北京：机械工业出版社，1995.
[11] 李景华，高洪文. 数字电子技术基础 [M]. 沈阳：东北大学出版社，1994.
[12] 童诗白. 模拟电子技术基础 [M]. 2版. 北京：高等教育出版社. 1988.
[13] 许开君，李忠波. 模拟电子技术 [M]. 北京：机械工业出版社，1994.
[14] 康华光. 电子技术基础 [M]. 北京：高等教育出版社. 1988.
[15] 陈正传，罗会昌. 电子技术 [M]. 北京：机械工业出版社，1989.
[16] 王兆安，刘进军. 电力电子技术 [M]. 北京：机械工业出版社，2009.
[17] 魏红，张畅. 电工电子学 [M]. 北京：科学出版社，2011.